Practical Handbook for Composting Engineering

堆肥工程实用手册

（第三版）

李季　彭生平　李国学　主编

化学工业出版社
·北京·

内容简介

本书以堆肥工程为主线，共分十六章，内容包括绪论、堆肥原理、堆肥原料及调节、堆肥基本类型及特点、槽式堆肥、反应器堆肥、气流膜堆肥、堆肥设备与维护、堆肥厂规划与设计、堆肥过程控制、堆肥环境控制、堆肥质量评价、堆肥产品的加工及应用、堆肥厂运营管理、堆肥项目评价等内容；针对农业废弃物、市政废弃物、社区废弃物七个典型堆肥厂案例进行全面介绍，侧重其参考性和借鉴意义。

本书内容全面、系统性强，具有较强的技术应用性和可操作性，可供从事固体废物处理处置、资源化利用及管理等的工程技术人员、科研人员和管理人员参考，也可供高等学校环境科学与工程、市政工程、生态工程及相关专业师生参阅。

图书在版编目（CIP）数据

堆肥工程实用手册 / 李季，彭生平，李国学主编.
3版. -- 北京 ：化学工业出版社，2025. 9. -- ISBN
978-7-122-48662-2

Ⅰ. S141. 4-62

中国国家版本馆 CIP 数据核字第 2025B3P976 号

责任编辑：刘兴春　刘　婧　　　文字编辑：王丽娜
责任校对：李雨晴　　　装帧设计：孙　沁

出版发行：化学工业出版社
（北京市东城区青年湖南街13号　邮政编码100011）
印　　装：北京盛通数码印刷有限公司
787mm×1092mm　1/16　印张29　字数714千字
2025年11月北京第3版第1次印刷

购书咨询：010-64518888　　　售后服务：010-64518899
网　　址：http://www.cip.com.cn
凡购买本书，如有缺损质量问题，本社销售中心负责调换。

定　　价：238.00元

《堆肥工程实用手册》
编委会

主　　编： 李　季　彭生平　李国学

编委成员： 李　季　彭生平　李国学　魏雨泉　李彦明　袁　京
李吉进　徐鹏翔　张陇利　罗文海　吴德胜　王家骐
段崇东　李扬阳　许　艇　常瑞雪　贾小红　宋媛媛
王　博　齐自成　许俊香　于景鑫　张敬锁　任　莉
孙敏捷　徐赫赫　李　辉　丁　旻　詹亚斌　刘勇迪
高兴祖　安格尔　马若男　唐若兰　刘　燕　杨　燕
孔艺霖　王佳妮　田培雨　苏羽翱　陈嘉涛　吴　玥
尚贝尔　吴冰言

前言

本书是堆肥工程实用手册的第三版，从2005年第一版到2011年的第二版再到本次再版历时20年，期间伴随了共18届全国堆肥会议的召开，大家共同见证了中国堆肥产业逐渐成长的发展历程。

堆肥是一门传统又颇具现代特点的生物科学，也是一门综合性和应用性很强的工程科学。堆肥的目的就是通过一系列科学的工艺步骤，把多样化的有机废物转化成稳定、无害化、适合土壤培肥及环境修复的有机类肥料产品。

传统堆肥是一种操作简单、时间漫长、自积自用的劳动实践，现代堆肥则是以有机废物资源化利用为基础、产业化生产为途径、产品商品化转化为目的，突出了人与社会、资源与环境的和谐及统一，体现了生态文明、绿色发展的理念。

资料显示，我国城乡有机废物数量惊人（年产生量约55亿吨），若不加以科学利用，不仅会导致资源的巨大浪费，而且还会造成严重的环境污染。将这些宝贵的有机废资源利用起来，实现循环再生利用，保障城乡环境优美，促进区域经济协调发展，极具理论和实践意义。以养殖粪便和城市污泥为例，目前全国规模养殖业已呈现出明显的区域集中趋势，主要养殖省（自治区）如河南、山东、内蒙古、河北等的规模化养殖比重已超过70%，全国每年畜禽粪便产生量约30亿吨，但实际有效处理率不足20%；部分养殖场畜禽粪便因无法消纳而大量堆积，在造成环境污染的同时还对养殖安全构成巨大威胁。2023年我国已建成4800座县市级污水处理厂，全国污泥产生量约8000万吨。近年各地由于垃圾填埋场拒收、土地利用受阻、处理费用上涨等影响，生活污泥的科学处理及处置利用成为十分棘手的问题。探讨养殖粪便和生活污泥等优质有机资源的循环利用已成为国家和地方环保产业的重大现实需求。根据国内外发展经验，有机固体废物的处理应以资源化利用为主导方向，主要的技术途径之一就是通过堆肥处理实现废弃物的减量化、资源化和无害化。

纵观世界各国堆肥发展情况，能发展成产业的国家寥寥无几，美国、德国、日本等发达国家堆肥发展较好，其他国家都尚不能成为一个产业。中国堆肥产业始于20世纪80年代，尽管经历了40余年发展，但行业内人士对堆肥产业仍存有诸多困惑。当下最大的困惑就是堆肥产业到底是走商品有机肥的路线还是走就地堆肥或沤肥的路线，我国发展了20年的商品有机肥，目前也只解决了30亿吨畜禽粪便中的1.5亿吨，即使未来再翻一番解决的也只是巨量养殖废弃物的一个零头。而就地堆肥事实上缺乏管理，形同于“废物”，规模小，很难被资本看中，只能依靠政府作为一项公用事业来扶持。问题是这些简单堆沤的产品也会进入农田，并与商品有机肥形成底层竞争，这样一种特殊的“二元”有机肥结构值得大家深入思考并加以科学决策和引导。

本次修订针对近年来堆肥企业的实际需求做出了较大调整，特别是在堆肥原理、堆肥原料、堆肥工艺、堆肥设备、堆肥环境控制、堆肥案例等方面做了大量更新，如堆肥原料部分增加了近年来的大量分析参数，堆肥工艺部分针对槽式、反应器和气流膜堆肥分设了三章来介绍，堆肥设备部分则对预处理、堆肥、制肥、控制、加工等不同环节主流设备进行了详细介绍。在各部分内容得到扩充的基础上，第三版总体篇幅也大幅提升。

无论是工厂化堆肥还是就地堆肥，实际生产中由于缺乏技术指导，众多生产企业或主体均不同程度地面临着一系列技术难题：堆肥厂（点）如何设计与建设，堆肥物料如何选择和合理配比，堆肥过程通风、臭气、养分及气体排放等如何控制与管理，添加菌种有无必要和应注意的问题，堆肥周期以及堆肥质量如何衡量，如何选择不同的翻堆、曝气、除臭、监测设备，有机肥、生物有机肥、复合微生物肥料和功能有机肥等的生产应遵循哪些生产标准等，所有这些都迫切需要开展广泛深入的技术交流。

中国农业大学长期以来有一批科研人员从事有机废物的堆肥研究，包括养殖场畜禽粪便、农作物秸秆、厨余垃圾、市政污泥等的资源化利用，并在微生物发酵菌剂、好氧堆肥发酵、厌氧沼气生产、蚯蚓堆肥、功能有机肥以及有机无机复混肥生产、有机肥施用技术等方面开展了大量工作，取得了大量科研成果，并建立了众多的生产示范基地。根据国家中长期科技发展规划，废物资源化利用将成为未来国家重点支持的领域，如何把握发展机遇，自主研发和引进国外先进技术与工艺，推动国内堆肥产业的升级和壮大，成为广大科技工作者必须承担的重要任务。

本书是在国内堆肥产业发生重大变革的背景下，对2011年出版的《堆肥工程实用手册》（第二版）的修订。笔者结合20余年来各自的长期研究与实践，充分吸收自2004年以来共18届全国堆肥技术与工程研讨会的经验和知识，并结合日本、欧美等国家和地区堆肥产业的发展经历，形成了目前的基本结构。全书共分十六章：第一章绪论，介绍堆肥的定义、基本特点及发展历史，并对堆肥产业及发展前景进行了展望；第二章堆肥原理，包括堆肥基本原理、堆肥微生物及堆肥影响因素；第三章堆肥原料及调节，全面介绍了原料来源、数量、特点，堆肥初始条件与原料配方及原料调节、预处理；第四章堆肥基本类型及特点，包括堆肥系统分类、静态堆肥、条垛式堆肥、槽式堆肥、反应器堆肥、动物尸体堆肥；第五章槽式堆肥，全面介绍了槽式堆肥概念及特点、槽式堆肥工艺及系统构成、槽式堆肥设施建设及槽式堆肥的应用；第六章反应器堆肥，重点对反应器堆肥原理及特点、反应器堆肥主要类型、筒仓堆肥反应器、双筒仓堆肥反应器、混流箱堆肥反应器、其他堆肥反应器进行了总结；第七章气流膜堆肥，包括气流膜的定义、特点、发展历程、具体参数，气流膜堆肥工艺及设备设施，气流膜堆肥应用；第八章堆肥设备与维护，分别介绍了预处理设备、堆肥设备、制肥设备、控制系统、成套加工设备及设备操作维护；第九章堆肥厂规划与设计，全面介绍了堆肥厂基本构成要素、堆肥厂选址与布局、堆肥系统构成及规模、土建工程及其他等；第十章堆肥过程控制，对堆肥控制基本要素、通风控制、堆肥接种及注意事项、堆肥过程监测及常见问题进行了总结；第十一章堆肥环境控制，详细介绍了堆肥臭味控制、氮素损失与控制、硫素损失与控制、温室气体排放与控制；第十二章堆肥质量评价，全面分析了堆肥质量评价指标、堆肥质量控制标准、堆肥厂化验室建设、堆肥质量评价简易方法；第十三章堆肥产品的加工及应用，重点对堆肥产品的类型、标准、加工、应用及市场定位与营销进行了总结；第十四章堆肥厂运营管理，包括堆肥厂基本组织构架、堆肥原料管理、发酵工艺管理、堆肥储存管理、堆肥设施的维护管理；第十五章堆肥项目评价，介绍了环境效益评价、经济效益评价、物质能量评价、层次分析评价、南宫堆肥项目评价；第十六章典型堆肥厂案例，针对农业废弃物、市政废弃物、社区废弃物七个典型堆肥厂进行了全面介绍。

本书由李季、彭生平、李国学主编，主要编写分工如下：第一章由李季、魏雨泉、李彦明编写；第二章由王家骐、李彦明、李季、任莉编写；第三章由李吉进、许俊香、于景鑫编写；第四章由徐鹏翔、詹亚斌、刘勇迪、李季编写；第五章由张陇利、王博、孙敏捷编写；第六章由彭生平、宋媛媛编写；第七章由罗文海、高兴祖、安格尔编写；第八章由吴德胜、李辉、丁旻编写；第九章由彭生平、宋媛媛编写；第十章由李国学、彭生平、袁京、马若男、唐若兰编写；第十一章由李国学、袁京、刘燕、杨燕编写；第十二章由袁京、孔艺霖、王佳妮编写；第十三章由李彦明、常瑞雪、贾小红、张敬锁编写；第十四章由彭生平、段崇东、徐赫赫编写；第十五章由李扬阳、田培雨、苏羽翱、陈嘉涛、吴玥、尚贝尔、吴冰言编写；第十六章由许艇、张陇利、齐自成、李国学、李彦明、袁京、常瑞雪编写。全书最后由李季统稿并定稿。

本书编写过程中得到了众多热心人士的支持与帮助。感谢农业农村部徐晶莹，全国农技推广服务中心田有国、杜森、孟远夺，农业农村部科技发展中心陈彦宾、郑戈、熊炜，全国畜牧总站杨军香，农业农村部微生物肥料检测监督中心李俊、沈德龙、姜昕，山西农业大学张强，山东省土壤肥料总站刘延生、郭跃升，湖北省农科院夏贤格、陈云峰，江西农业大学黄英金，江西省土肥站邵华，广东省农业农村厅曾思坚，北京市耕地建设保护中心贾小红，广西壮族自治区土壤肥料工作站宾士友，江苏省土肥站梁永红等在历届堆肥会议中给予的大力支持。感谢中国农业机械科学研究院、北京沃土生物科技集团股份有限公司、广东省农科院资环所、广东省农业机械研究所、广西金穗生态科技集团股份有限公司、山东滨州京阳生物肥业有限公司、河北唐山新好农牧有限公司、山东阳谷祥雨有机肥有限公司、山东东营大地生物科技有限公司、上海久绿生物有机肥公司、安徽温氏畜牧有限公司、河南鹤壁东海生物科技有限公司、四川田宝生物科技有限公司、广东东瑞食品集团股份有限公司、宁夏顺宝现代农业股份有限公司等在开展堆肥研究与示范中给予的鼎力协助。感谢中国农业大学张利萍、周凯云、张奎、陈彦廷、刘宝驹、常远等同学在文献搜集整理中提供的辛勤劳动。

由于编写时间仓促以及知识所限，书中难免有疏漏和不足之处，恳请广大读者批评指正。

编者
2025 年 1 月

第一版前言

堆肥是一门传统又颇具现代特点的生物科学，也是一门综合性和应用性相当强的工程科学。堆肥的目的就是通过一系列科学的工艺步骤，把各种各样的有机废物降解为一种稳定的、无害化的、适合于土壤培肥的有机肥产品。

传统堆肥是一种操作简单、时间漫长、自给自足的生产实践，现代堆肥则是以有机废物的资源化利用为基础、产业化生产为途径、产品的商品化转化为目的，突出了人与自然、资源与环境的和谐和统一，体现了循环经济的理念。

资料显示，目前我国城市及农村各类有机固体废物已达到惊人数量，若不加以合理利用，不仅会导致有机物资源的大量浪费，而且还会造成环境的二次污染。如何将这些宝贵的有机废弃资源利用起来，实现资源再生利用，保障城乡环境优美，推动区域经济发展，具有重要的理论和实践意义。以养殖粪便和城市污泥为例，目前全国规模养殖业已呈现出明显的区域集中趋势，主要养殖省市如广东、北京、浙江、上海、福建、山东的规模化养殖比重已超过50%，全国每年畜禽粪便产生量近2.0×10^9t，但实际处理率尚不足10%，一些大型养殖场畜禽粪便无法消纳而大量堆积，对环境造成极大威胁；我国目前已建成600余座污水处理厂，未来污水处理厂将达到2000座以上，目前全国污泥产量约1.4×10^6t，未来可预测的污泥产生量至少在1.0×10^7t以上，近年南方各地由于垃圾填埋场拒收、土地紧张、周围扰民等，污泥的处理处置已成为十分迫切的问题，探讨养殖粪便和污泥这类优质有机资源的循环利用已成为国家和地方环保产业的重大需求。

根据国内外发展经验，有机固体废物的处理应以资源化利用为主导方向，主要的技术途径之一就是通过对这些废物资源进行生物堆肥处理，实现废物的减量化、无害化和资源化利用。

然而在开展有机固体废物生物堆肥生产有机肥的过程中，由于缺乏技术指导，众多生产企业仍不同程度地面临着一系列技术难题：堆肥物料如何选择和合理配比？堆肥过程中通风、臭气、养分等如何控制？添加菌种有无必要和应注意的问题有哪些？堆肥周期以及堆肥质量如何衡量？如何选择不同的翻堆设备？采取何种工艺才最适宜于堆肥条件？有机肥、生物有机肥和有机无机复混肥的生产应遵循哪些生产标准？等等，所有这些都迫切需要开展广泛深入的技术交流。

中国农业大学长期以来有一批研究人员从事固体废物的堆肥研究，包括养殖场畜禽粪便、农村秸秆、生活垃圾、市政污泥等的资源化利用，并在蚯蚓、微生物发酵菌剂、好氧堆肥发酵、厌氧沼气生产、堆肥工艺以及有机无机复混肥料生产方面开展了大量工作，取得了大量科研成果，并建立了众多的示范生产基地。根据国家中长期发展规划，废物的资源化利用将成为未来国家重点支持的领域，如何把握发展机遇，大量引进国外先进技术与工艺，尽快促进国内堆肥行业的基础研究和技术示范，成为广大科技工作者必须承担的重要任务。

第二版前言

堆肥是一门传统又颇具现代特点的生物科学，也是一门综合性和应用性很强的工程科学。堆肥的目的就是通过一系列科学的工艺步骤，把各种各样的有机废弃物降解成为一种稳定的、无害化的、适合于土壤培肥及环境修复的有机类肥料产品。

传统堆肥是一种操作简单、时间漫长、自产自用的劳动实践，现代堆肥则是以有机废弃物的资源化利用为基础、产业化生产为途径、产品的商品化转化为目的，突出了人与社会、资源与环境的和谐和统一，体现了循环经济的理念。

资料显示，目前我国城市及农村各类有机固体废弃物已达到惊人数量，若不加以合理利用，不仅会导致有机物资源的大量浪费，而且还会造成环境的二次污染。如何将这些宝贵的有机废弃资源利用起来，实现资源再生利用，保障城乡环境优美，推动区域经济发展，具有重要的理论和实践意义。以养殖粪便和城市污泥为例，目前全国规模养殖业已呈现出明显的区域集中趋势，主要养殖省市如广东、北京、浙江、上海、福建、山东的规模化养殖比重已超过 50%，全国每年畜禽粪便产生量近 30 亿吨，实际处理率尚不足 20%。一些大型养殖场畜禽粪便因无法消纳而大量堆积，在造成环境污染的同时还对养殖安全构成巨大威胁。我国目前已建成近 3000 座污水处理厂，未来污水处理厂将达到 4000 座以上，目前全国污泥产生量约 300 万吨（干），未来可预测的污泥产生量至少在 1000 万吨（干）以上，近年南方各地由于垃圾填埋场拒收、土地紧张、周围扰民等原因，污泥的处理处置已成为十分迫切的问题，探讨养殖粪便和污泥等优质有机资源的循环利用已成为国家和地方环保产业的重大现实需求。

根据国内外发展经验，有机固体废弃物的处理应以资源化利用为主导方向，主要的技术途径之一就是通过生物堆肥处理，实现废弃物的减量化、无害化和资源化。

然而在开展有机固体废弃物生物堆肥生产有机肥料的过程中，由于缺乏技术指导，众多生产企业仍不同程度地面临着一系列技术难题：堆肥厂如何设计建设，堆肥物料如何选择和合理配比，堆肥过程通风、臭气、养分等如何控制与管理，添加菌种有无必要和应注意的问题，堆肥周期以及堆肥质量如何衡量，如何选择不同的翻堆设备，有机肥、生物有机肥和有机无机复混肥的生产应遵循哪些生产标准等，所有这些都迫切需要开展广泛深入的技术交流。

中国农业大学长期以来有一批研究人员从事固体有机废弃物的堆肥研究，包括养殖场畜禽粪便、农村秸秆、生活垃圾、市政污泥等的资源化利用，并在蚯蚓、微生物发酵菌剂、好氧堆肥发酵、厌氧沼气生产、功能有机肥以及有机无机复混肥生产、有机农业生产技术等方面开展了大量工作，取得了大量科研成果，并建立了众多的示范生产基地。根据国家中长期发展规划，废弃物的资源化利用将成为未来国家重点支持的领域，如何把握发展机遇，大量引进国外先进技术与工艺，尽快推动国内堆肥行业的基础研究和技术示范，成为广大科技工作者必须承担的重要任务。

本书是在国内堆肥产业发生重大变革的背景下，对2005年出版的《堆肥工程实用手册》的修订。作者结合十余年来各自的长期研究与实践，充分吸收自2004年以来共六届全国堆肥技术与工程研讨会的经验和知识，并结合欧美、日本堆肥产业的发展经历，形成了目前的基本结构。全书共分十二章。第一章绪论，介绍堆肥的发展历史、基本特点及堆肥原理，并对堆肥产业进行了展望；第二章堆肥原料及调节，介绍了堆肥原料来源、特点、配方与调节方法；第三章堆肥系统及特点，全面介绍了不同堆肥工艺和特点；第四章堆肥厂规划与设计，介绍堆肥厂选址与布局、工艺设计以及土建、曝气、除臭、环保、水电暖等设计等；第五章堆肥过程控制，包括通风控制、臭味控制、氮素损失与控制、堆肥接种、堆肥过程监测与常见问题；第六章堆肥设备与维护，分别介绍了原料粉碎、翻堆、通风、脱水、后处理等设备及维护；第七章堆肥产品及加工，介绍了不同堆肥产品的技术特点以及加工方法；第八章堆肥质量评价，全面分析了堆肥腐熟及评价、堆肥质量与标准；第九章堆肥产品田间使用及效果，重点对堆肥产品田间施用技术及施用效果进行了分析；第十章堆肥产品登记及营销，对堆肥产品市场定位、产品登记、产品包装及标签、市场销售策略等进行了总结；第十一章典型堆肥厂案例，针对养殖粪便、生活垃圾、污泥、糖厂滤泥、堆肥、沼气联合五个典型堆肥厂进行了简略介绍，包括工艺说明、工程设计、成本及效益等；第十二章堆肥厂运行管理，介绍了堆肥厂预处理、发酵、储存等管理。

本书由李季、彭生平主编，主要编写分工是：李季编写第一章；任莉编写第二章；张陇利编写第三章；冉文静编写第四章；付博编写第五章；吴德胜、孙长征编写第六章；李彦明编写第七章；王定美编写第八章；杨玉宝编写第九章；丛昊燃、彭生平编写第十章；王见月、李国学、冉文静、张陇利编写第十一章；王见月、李季编写第十二章。全书最后由李季统稿。

本书编写过程中得到了众多热心人士的支持与参与。感谢农业部许发辉、李荣、杨帆、杜森，农业部微生物肥料检测监督中心李俊、沈德龙、江昕，国家环保部自然生态司李远、孔源、陈和东，山东省土壤肥料总站高瑞杰，广东省土肥站曾思坚，湖北省土肥站鲁明星，北京市土肥站贾小红等在全国系列堆肥培训会议中给予的大力支持，感谢中国农业机械科学研究院、北京沃土天地生物科技有限公司、山东诸城金大地有机肥有限公司、武汉合缘绿色生物工程有限公司、广东省农科院土肥所、广东省农业机械研究所、新兴县润田肥业有限公司、张家口金农生物科技有限公司、山东安绿肥业有限公司等在开展堆肥研究与示范中给予的鼎力协助，感谢中国农业大学何英、许晓英、黄雅曦、张亚宁、贺琪、陈展、牛志蓉、白春生、陶莎、普书贞等在外文翻译和校对中提供的辛勤劳动。

由于编写时间仓促以及知识所限，文中难免有所纰漏，恳请读者提出批评。

编者

2011 年 7 月

目录

第八章 堆肥设备与维护 152

第九章 堆肥厂规划与设计 200

第十章 堆肥过程控制 220

第十一章 堆肥环境控制 239

第十二章 堆肥质量评价 262

第一章 绪论

第一节 堆肥的定义及特点

一、堆肥的定义

堆肥既可在工艺中作为动词使用，也可在产品中以名词出现。有人提出作为一种工艺时可以用堆肥化（composting）来描述，而堆肥（compost）只针对肥料类产品。但实际上堆肥往往既可以作为一种固体废物处理工艺或方法，也可作为一种有机肥或土壤改良剂产品。

从处理工艺来看，堆肥一般可分为好氧堆肥和厌氧堆肥。好氧堆肥是指在有氧气条件下有机物料的分解过程，其代谢产物主要是二氧化碳、水和热；而厌氧堆肥则是指在无氧气条件下有机物料的分解过程，最后的代谢产物是甲烷、二氧化碳和许多小分子量的中间产物，如有机酸等。与好氧堆肥相比较，厌氧堆肥单位质量的有机质降解产生的能量较少，而且厌氧堆肥通常容易发出臭味。传统堆肥以厌氧堆肥为主，而现代堆肥系统则大都采用好氧堆肥。

欧盟堆肥品质检查委员会把堆肥定义为："在通风条件下，通过自身发热分解的产物，是一类不会招致害虫、无臭气、可防止病菌繁殖的有机物"。英国有机循环协会（UKCC）的定义与欧盟的定义完全一致。

美国堆肥协会（USCC）则认为："堆肥是有控制地通过生物分解有机废物后得到的产物，在分解过程中产生的热量可使原材料得到无害化和稳定化以有益于植物生长，其物理性质与初始的原材料已截然不同。堆肥是一种有机质资源，其特有的性质可以改善土壤或生长基质的化学、物理和生物性质，它虽含有植物养分，但还不是一种典型肥料"。

加拿大堆肥协会的定义是："堆肥是自然的生物过程，它在可控条件下把有机物转化成一种稳定的、类腐殖质的产品。堆肥过程主要通过微生物，包括细菌和真菌，把有机物分解为简单的化合物。堆肥是一好氧过程，意味着微生物需要氧气来完成其工作"。

日本于 2000 年修订的《肥料管理法》中将传统堆肥定义为："把稻秸、稻壳、树皮、动物排泄物及其他动植物的有机物质（污泥及鱼贝类的内脏器官除外）进行堆积或搅拌，腐熟而成的肥料"。日本有机资源协会于 2003 年出版的《堆肥手册》则把堆肥定义为："在堆积、搅拌、通风的好氧条件下，利用微生物分解原料中的有机物并产生热量，使水分蒸发，杀死病原菌、寄生虫卵和杂草种子，是一个安全、卫生的有机物稳定化过程"。

R.T. Haug 在其编著的《堆肥工程实用手册》(1993 版)（*The Practical Handbook of Compost Engineering*）中定义："堆肥是有机物质的生物降解和稳定化过程，在一定条件下生物发热可使堆体产生高温，并生产出一种稳定的、没有病原菌和植物种子的、能够有效施用于土地的产品，该产品是一种稳定的类腐殖质，可以安全地处理和保存，并有益于植物生长"。

Robert Rynk 等最新出版的《堆肥手册》(2022 版)（*The Composting Handbook*）中定义："堆肥是在可控条件下微生物对有机物的分解过程，是一个好氧或需氧的过程"。

国内对堆肥的理解，指在人工控制和一定的水分、C/N 值和通风等条件下通过微生物的作用，将有机废物转变为肥料的过程。通过堆肥化过程，有机物由不稳定状态转变为稳定的腐殖质物质，堆肥产品不含病原菌、杂草种子，而且无臭无蝇，可以安全处理和保存，是一种良好的土壤改良剂和有机肥。

从上述概念分析可知，堆肥实际就是废弃物稳定化的一种方式，但它需要特定的湿度和通气条件，以产生适宜的温度。一般认为这个温度要高于 55℃，保持这种高温可以使病原菌失活，并杀死杂草种子。堆肥后残留的有机物分解率较低并趋于稳定，其臭味得到明显控制。

堆肥实际上也是一种脱水工艺，而且由于它主要依赖微生物作用，不需要外部能量，因此往往具有低投入、低成本、产品增值使用等特征，在废弃物处理中广受欢迎。

二、堆肥的特点

堆肥无论是从废弃物处理还是土地利用方面均有许多好处，其中最重要的有两点：一是可以把令人讨厌的废弃物转变为易于处理的物料；二是能创造有价值的商品即堆肥产品。但是堆肥往往需要较长时间，也面临众多风险。表 1-1 给出了堆肥的主要优缺点。

表 1-1　堆肥的主要优缺点

堆肥的优点	堆肥的缺点
改变了原料性状	费时耗本
降低污染风险和臭味抱怨	加工需要场地
可杀灭病原菌	可能产生臭气
产品可销售	受天气影响大
优于新鲜原料直接利用	需要市场销售
可有效改良土壤	原料及其养分的转移
减轻土传病害	可能损失肥料中的氮素
作为养殖垫料	养分释放缓慢
获得政府补贴	可能不是必须的选择
降低成本	作为商业企业有一定风险

（一）堆肥的优点

堆肥的优点主要包括有效改良土壤、产品可销售、改变原料性状、减轻土传病害、降低污染风险和臭味抱怨、杀灭病原菌、用作养殖垫料、优于新鲜原料直接利用、获得政府补贴及降低成本等。

1. 改变原料性状

通过堆肥处理可以明显减轻原料的重量、水分和活性，便于后续操作；由于没有臭气和苍蝇问题，方便长期储存，可随时使用，从而减少了原料随意堆放处理不当而导致的径流和氮素损失。

2. 降低污染风险和臭味抱怨

在城市化和农业不断规模化发展的过程中，有机废物开始成为一种负担而不是财富。特别对一些农业养殖企业来说，由于没有大面积土地消纳这些动物粪便，动物数量远远超过了土地的承受能力，于是粪便的处理就成了令人头疼的问题。另外，在城市垃圾及污泥的堆放场所也普遍存在臭气问题，由此加剧了与附近居民的矛盾。

堆肥可以减轻这些问题的影响。由于人们对堆肥产品通常有需求，因此其出路就不再是问题。此外，堆肥可以储存和处理的性质允许它可以被运到比粪便或其他原料更远的地方，且一个运行良好的堆肥设施基本不会产生臭气和滋生苍蝇。

3. 杀灭病原菌

近年来一些研究发现有机废物包括畜禽粪便中可能含有一些病原微生物，如鞭毛虫（*Giardia*）和隐孢子虫（*Cryptosporidium parpum*）。这些病原微生物若得不到控制，会通过被感染动物的排泄物向环境传播，以致污染饲料、饮水，进一步感染牲畜特别是年幼动物。

多数病原微生物在堆肥温度达到60℃的条件下30min内就可以被杀死。有时堆肥靠近表层的部分可能达不到这个温度，但可以通过翻堆使所有的原料都达到所需的温度。

若堆肥温度达不到60℃，一般认为在较低的温度如55℃下停留较长时间，也能杀死这些病原微生物。

4. 产品可销售

堆肥最具吸引力的特征之一就是产品有市场，其潜在的消费者包括蔬菜、园林、庭院、草坪种植企业、农户等。由于它被看作一种废弃物产品，因此堆肥的价格变化很大，其价格主要由本地市场需求、堆肥质量以及原材料价格等决定。

5. 优于新鲜原料直接利用

相当部分有机废物仅经简单处理甚至直接就进行土地利用，这样虽也有肥料价值，并能起到改善土壤质量的作用，但还不能与堆肥相比。废弃物堆肥后使用具有以下优点：

① 堆肥可以使废弃物中的氮素转变为更加稳定的有机氮，尽管其中也有部分氮素损失，但剩余的氮素通常不容易淋失和挥发；

② 初始废弃物碳氮比偏高或偏低，直接施用到土壤后会导致土壤中氮不足或氮过量，影响作物生长，而经过堆肥后碳氮比趋于合理，更适合于土地利用；

③ 堆肥过程中产生的热量可以减少废弃物中杂草种子的数量，减轻了草害的影响。

6. 有效改良土壤

堆肥是一种很好的土壤改良剂，当堆肥被用于农田或退化土壤，可以增加有机质，改善土壤结构，并且可以减轻土壤的潜在侵蚀。

7. 减轻土传病害

已经发现良好的堆肥可以在不使用化学药物控制的情况下减轻植物的土传病害。堆肥的这种抑制病害的特点已经开始被广泛地认识和赞赏。

8. 用作养殖垫料

从动物福利及养殖环境改善的角度看，养殖圈舍内应铺设垫料层，一方面有利于吸附动物排泄物，减轻环境污染；另一方面也给动物提供了舒适的地面环境。

许多研究表明，堆肥可用来替代锯末、秸秆粉等在养殖场作为垫料使用。

9. 获得政府补贴

目前许多城市污水处理厂和垃圾场均在寻找可替代的处理方法。这时对于堆肥厂来说就有了一个机会，即通过堆肥处理非农业废弃物来收取处理费，这种因接收废弃物获得的费用也称为处置费。

事实上一些市政和工业废弃物可以改善堆肥的原料构成。大部分粪便需要加入相对干的并且可作为良好碳源的物料，如落叶、锯末、树皮和刨花等都是很好的这种原料；一些湿原料，如污水处理厂的污泥和食品加工中产生的废物，可以和如稻草一类的干物料混在一起堆肥。

在堆肥场地上堆制污泥、垃圾等废弃物可能需要进行单独处理，并且必须考虑臭气问题和臭气控制措施、周围居民抱怨以及更多环境法规的限制。由于原材料决定了堆肥产品的市场价值以及污染物（例如重金属）的浓度，因此对堆肥产品的质量和价值影响应给以足够考虑。

10. 降低成本

堆肥作为收集和处理废弃物的一种方式，其成本相对较低。在处理收费较高和运输距离较远的情形下，废弃物产生方可以就近或就地自行堆肥，或委托附近的堆肥场来处理。

另外，相比于新鲜物料，堆肥后的产品水分低，重量和体积明显减小，易于储存搬运，成本也较低。

（二）堆肥的缺点

堆肥的缺点包括费时耗本、占用场地、产生臭气、受天气影响、需要市场销售、原料及其养分的转移等。

1. 费时耗本

像其他工程一样，堆肥也需要设备、人力和管理。如果有现成机械和设备的话，堆肥的最初投入会非常低。这种方式对原料废弃物相对少的农场很适合，但是大部分中等到大型的堆肥厂已经发现仅利用现有设备需要太多的人力，因此应购买专门的堆肥设备。堆肥设备中便宜的需要 10 万元左右，好一些的则需要 100 万元以上。

2. 占用场地

堆肥处理、原料储存以及堆肥产品储存等都需要占用土地，有时甚至占用建筑用地。

3. 产生臭气

尽管最终的堆肥产品是没有臭味的，但是用来堆制堆肥的某些原料，如粪便、污泥以及食品垃圾都会产生臭气，特别是它们被放置一段时间后。如果处理不当，也可能在堆制过程中产生臭气。

有些场地由于位置关系必然对臭气是敏感的，需要对臭气进行处理。这与先前堆肥可以解决臭气问题的声明并不矛盾，对大部分原料来说，一个管理得很好的堆体只是一定时期会产生臭气，并且时间很短。在大部分例子中堆肥相比粪便的传统处理方法确实改进了许多。

4. 受天气影响

寒冷的天气会降低堆肥物料的温度，也会使堆肥过程变慢，还可能导致其他问题，如原料和设备冻结。雨和雪的潜在影响更加严重，大的降雨量会增加堆肥物料的水分含量，从而延长堆肥时间。目前多数堆肥厂均有顶棚设施，有的还装备了供暖设施，这些均大大减少了天气的负面影响。

5. 需要市场销售

销售堆肥需要市场，这意味着要寻找潜在的客户，并对产品进行包装、广告，还要管理库存，使产品符合顾客的需要并保持产品质量。

6. 原料及其养分的转移

堆制好的肥料作为产品出售出去，会把原料中的养分、有机质和培肥当地土壤的能力转移出去，这意味着养分及有机质的向外转移。若再通过购买商品肥料来补充农田失去的养分，显得得不偿失。

7. 氮素流失

堆制过的堆肥中氮素含量常常不足新鲜粪便中的 1/2。一个好的废物管理系统应能保留住绝大部分的氮素，堆肥实际上就代表了控制氮素损失的一条潜在途径。事实上，除非进行土壤混合和恰当的储存，否则废物中的氮素会很快释放到大气，最后释放的氮素可能比堆肥中残留的氮素还要多。

8. 养分释放缓慢

堆肥中的养分主要呈复杂的有机形态，需要在植物利用之前被矿化。例如，堆肥的总氮（TN）中仅有约 15% 的氮素能在首个种植季节被利用。与新鲜粪便相比，堆肥起始的使用量应大一些，这样才能达到与化学氮肥相同的肥效水平。

然而，在某一年份一般不会施加足够的堆肥以满足 100% 的作物氮素需要，因为这要耗费大量的时间与劳力。实际上在随后的几年中前茬提供的氮素会逐渐被作物利用掉。

9. 堆肥可能不是必须的选择

在农场上，新鲜粪便也会以其他更便宜的方式进行简单处理和利用，如堆放、晾晒或堆沤后直接还田或卖出，尽管这些处理方式很可能达不到无害化水平，也易造成烧苗、滋生病菌、杂草疯长等。

10. 作为商业企业有一定风险

堆肥一旦作为一个独立企业运行就会面临众多风险，如投资过高，产品成本过高失去竞争力；设备运行不正常，产能达不到，迟迟没有收益；产品质量控制不严，使用过程中技术服务跟不上，导致用户抱怨甚至赔偿等，这些均要求堆肥企业在开始就要科学规划与实施。

第二节　堆肥历史

一、西方堆肥历史

（一）早期记载

新石器时代，人类逐渐发展到农业定居社会，废物坑开始得到普遍使用。约 6000 年前，位于当今两河流域伊拉克地区的苏美尔人即开始有意识地将定居点的粪污放入坑内进行储存，而后用于农田中。公元前 2100 至公元前 1800 年米诺斯 - 迈锡尼文明时，在克里特岛克诺索斯城市大门旁也发现有类似功能的大坑。

罗马帝国在其权力鼎盛时期拥有约100万人口，其行政部门组织开发了城市废物管理系统，为了保持城市的卫生条件，城市垃圾由固定人员定期收集，运出城镇，最终施用于农田。同样，在文艺复兴时期之前的佛罗伦萨，农用马车在早上将食物运送到城镇，然后在晚上离开城市，将大量垃圾用于农场。

13世纪圣殿骑士团的手稿中对“堆肥”进行了相对准确的描述，包括其对恢复干旱和贫瘠土壤肥力的记录。首先准备不同的原料，规定其颗粒大小、长度、直径等，以获得适用于不同作物的堆肥；然后确定不同原料的配比，将牲畜粪便、木料等进行混合；最后确定料堆的尺寸，包括横截面的三角形和梯形尺寸。在堆肥过程中，料堆上面用树枝或土壤覆盖，以减少蒸发造成的水分损失。此外，还记载了单一原料的处理时间，并且建议了每种蔬菜或果树的堆肥施用（包括施用数量和施用时间）。

18世纪在北美大陆，土著部落和欧洲人在最初定居时即使用畜禽粪便进行堆肥。到19世纪中叶，许多新英格兰农民发现使用长岛湾盛产的白鱼或鲱鱼和粪便进行堆肥十分经济，具体做法是：先在地上铺一层30cm厚的粪便，然后在上面铺一层鱼，再铺一层粪便，再铺一层鱼，依此类推，最上面铺上一层粪便，直到达到1.5～2m的高度。粪便和鱼的比例约为10∶1，中间需要周期性地翻动，直到发酵完成（骨头除外），由此产生的堆肥是没有异味的。

根据记载，1787年美国第一任总统乔治·华盛顿（1732～1799年）在弗吉尼亚州弗农山庄园建造了最早的堆肥系统，他指导建造的堆肥坑长约9m、宽4.5m、深1.2m，用来对垃圾进行堆肥。坑的屋顶是木头，墙是用砖砌的，地板是鹅卵石（图1-1）。华盛顿将该设施称为“粪仓”，其靠近马厩，可用马车把粪便和垫料运过来，并铲送到坑里，堆肥完成后即运到附近农场使用。

图1-1 乔治·华盛顿庄园（Mount Vernon，VA）修建的堆肥坑

该堆肥坑位于主屋东南约91m处，图中箭头指向一块牌匾，上面写着“粪仓”（George E. Fitzpatrick，2005）

1848年，George Bommer关于有机固体废物堆肥方法获得美国专利授权，被称为庞默堆肥法（Bommer composting），这是堆肥历史上第一份正式授权的发明专利。该法是将动物粪便、蔬菜残体、淤泥、泥炭等混合后，堆沤制成有机肥，类似于中国明代《宝坻劝农书》中记载的“蒸粪法”。1888年12月，美国北卡罗莱那州农业试验站发表了《堆肥的原则、分析和价值》的第61号公告，该公告是首次通过文献发表的形式报道堆肥研究成果。

（二）20 世纪

20 世纪初，为应对人口迅速增长，欧美发达国家不断加大农业科技领域的投入，尤其是土壤化学和微生物学的快速发展，推动了现代堆肥技术体系的建立，拖拉机的发明则为堆肥操作的机械化提供了可能，人们开始不断提升堆肥工艺的机械化程度。

1950 年，J. I. Rodale 在其巨著《堆肥全书》中写到：“堆肥的起源连同成千上万的其他古老的实践已经丢失在历史暗淡的阴影中，不为人们所知。当人类首次发现粪便和来自森林的叶子对植物生长有益时，那还只是一种推测。重要的事情是人类发现了有机质的好处，并把这种知识传播到世界各地”。

西方对堆肥的介绍起始于 1940 年由英国农学家 Albert Howard 出版的《农业圣典》（*An Agricultural Testament*）一书，该书介绍了 Howard 先生于 1905 ～ 1934 年在印度创造的堆肥技术，就是广为人知的 Indore 方法。该方法是现代堆肥第一个有组织的技术方案，其实施程序是：

① 在地上铺一层干草，为堆体提供一个基础；

② 一层层地建堆，首先铺 0.15m 厚的“绿色物质”，如作物秸秆或树叶，接着铺 5cm 厚的粪便，然后在上面覆盖一薄层表层土壤或石灰石（绿色物与粪便的体积比为 3∶1）；

③ 重复铺层直至堆体高达到 1.5m，在 3 个月内每隔 6 周翻堆一次。

Indore 方法之所以成功是因为堆体会像预言的一样发热，而且不会腐败。使这项技术成为迈向现代堆肥系统的重要一步的原因至少有两个：第一，它提供了基质的配方，这比只用一种简单基质得到的堆肥效果好，这就意味着已经认识到堆肥原料调理的重要性；第二，该方法认识到成功的堆肥一定要满足科学的操作步骤，在原料配方和操作步骤确定时均可得到一致的结果。最初该法采用厌氧发酵工艺，只用于处理动物粪便。但不久后就开始用于蔬菜残体、动物和人粪便、稻草、树叶等有机固体废物的处理。据报道，1935 年，印度和斯里兰卡的茶园采用 Indore 方法一年可生产堆肥 100 万吨。

实际上不少西方人认为堆肥发源于东方。F. H. King 在《四千年的农民》一书中就提出，美国在农业生产上浪费了很多地力和物资，长久下去对美国的农业不利，应该借鉴远东农业古国是怎样养地保土、维护而且提高地力的优良传统做法，使美国农田能长久保持肥力，不致衰竭。其考察的重点对象是中国，所花时间约占 2/3。考查的重点项目是远东农民如何维持以及提高地力，使之经久不衰。1935 年，Scott 等也对中国北方农业进行的卫生堆肥进行了研究。

由 R.T. Haug 编写的《堆肥工程实用手册》（1993 版）在其前言中，曾引用了法国作家雨果（Victor Hugo）1862 年在其巨著《悲惨世界》中的描写：“经过长期的实验，科学现已证明人粪尿是最肥沃，也是最有效的肥料。我们不得不惭愧地承认中国比我们早知道了这一点。中国的农民没有进城不用扁担挑回两桶粪的。由于人为的施肥，中国的土地才保持着地力肥沃。中国的小麦产量是种子的 120 倍。没有哪种天然肥料可以比得上这种肥料的肥力。大城市是一个巨大的肥料库，如果利用城市来肥田，将会取得巨大的胜利。如果我们的黄金是粪便，那么，换句话说，我们的粪便就是黄金。”

第二次世界大战以后，西方的堆肥进入快速工业化发展阶段，许多堆肥工艺及方法被开发出来并进入产业生产，如贝盖洛尔（Beccari）工艺、范曼奈（van Mannen）工艺、丹诺

(Dano)工艺、贝特斯维勒(BELTSVILLE)工艺、爱温森(EWESON)转鼓式反应器工艺以及比尔德(Beard)筒仓工艺等。西方由此进入一个工业化的堆肥发展时期。

其中贝盖洛尔法(Beccari)为了促进堆肥的好氧发酵，提出将固体废物和人粪肥分层交替堆积，并使翻堆由 1 ~ 2 次改为多次翻堆（堆积 4 ~ 6 个月）（图 1-2）。但最终因无法控制恶臭气味以及渗滤液排放，纽约卫生部进行了干预并关闭了该设施。

图 1-2　意大利佛罗伦萨的贝盖洛尔法(Beccari)堆肥(Diaz L F，2011)

1932 年，荷兰 VAM 公司建立了欧洲第一个改良印多尔法的规模堆肥工厂，其工艺称为范曼奈法(van Mannen)。该法是将垃圾堆成大型条垛后，定期用铲车进行翻堆操作，并定期将堆肥过程产生的渗滤液喷洒在料堆上。后来该工艺被广泛引入北美、非洲、亚洲等地区，国内目前仍有许多企业在使用。

1933 年在丹麦出现了丹诺(Dano)堆肥工艺，这是一种运用转鼓进行好氧发酵的方法，特点是发酵周期短，一般只需 3 ~ 4d（图 1-3）。

图 1-3　Dano 工艺的经典转鼓装置(Diaz L F，2011)

罗代尔是另一位堆肥科学的先驱。1942 年，他创办了《有机庭园》杂志，并于 1950 年出版《堆肥全书》。在他的影响下于 1960 年春天创办了《堆肥科学》，于 1981 年重新命名为

《生物循环》，目前《生物循环》已成为堆肥工业的旗帜性杂志。

20 世纪 70 年代以后，许多堆肥工艺不断得到完善，一些新的堆肥工艺也被开发出来，如 1972 ～ 1973 年间美国农业部马里兰州的农业研究中心开发的通气静态堆肥工艺，也称贝特斯维勒（BELTSVILLE）工艺，该工艺在美国得到了广泛应用，1990 年有超过 76 座设备在运行。另外，还有如垂直通风搅拌固体床托马斯（EARP-THOMAS）工艺、日本的立式多层搅拌床式工艺（即塔式工艺）、爱温森（EWESON）转鼓式反应器系统、矩形搅拌床系统（国内也称为槽式堆肥，见图 1-4）以及比尔德（Beard）筒仓工艺等。

图 1-4　矩形搅拌床堆肥系统（George E Fitzpatrick，2005）

二、中国粪肥利用及早期堆肥历史

在距今 9000 ～ 7500 年的贾湖遗址、距今 6700 ～ 6000 年的半坡遗址、距今 7000 ～ 5000 年的河姆渡遗址等新石器时代的遗址中都发现了灰坑的踪迹。灰坑是由于古代人们利用废弃的窖穴、水井或建筑取土后的凹坑倾倒垃圾，垃圾中土壤变成灰色而形成的。灰坑中的土一般较文化层的土松软、色深，所含物质更为丰富。这种用于处理垃圾的灰坑在各个时期的遗址中都普遍存在。

随着人类文明的进步，人口增多、畜禽养殖兴起，对于人畜粪便这类难处理的废弃物，古人充分发挥了其剩余价值。西汉《氾胜之书》中提到："汤有旱灾，伊尹作区田，教民粪种，负水浇稼。"伊尹是夏末商初的政治家、思想家，商朝开国元勋。由此可见，早在殷商时代，我国祖先便知道施粪肥于农田中可获增产。

确切的文献记载，春秋战国、秦汉时期已经使用畜粪作为肥料。孟子（公元前 372 至公元前 289 年）言："耕者之所获，一夫百亩。百亩之粪，上农夫食九人"（《孟子·万章下》），是说一人耕种 100 亩地，全部施肥，所产粮食能养活 9 口人。

图 1-5 为古代"粪"字的演变。甲骨文及小篆体汉字"粪"的含义即双手拿着簸箕倒掉或撮取什么东西，或把粪储存起来，反映出粪肥远在秦以前即开始得到广泛利用。

图 1-5　古代"粪"字的演变

近年来学术界对老子在道德经中的“天下有道，却走马以粪；天下无道，戎马生于郊”展开讨论。其基本含义应是“天下太平时，养马是为了肥田；而天下战乱时，养马则是为了征战”，也反映出公元前475至公元前221年即道德经成书时期，人们已认识到利用动物粪便肥田，并发展农业生产、休养生息的道理。

《吕氏春秋•任地篇》提出：“地可使肥，又可使棘”，指明了土壤肥力可以改变的客观规律。在社会大变革时期的春秋战国时期，群雄蜂起，互相争霸。各诸侯国为立足图存，竞相发展经济，尤其重视农业生产。战国末期思想家荀况曾说：“树落为粪本”（《荀子•致士篇》），“掩田表亩，刺草殖谷，多粪肥田，是农夫众庶之事也”（《荀子•富国篇》）。荀况的学生韩非也说：“积力于田畴，必且粪灌”（《韩非子•解老篇》）。成书于战国时期的《周礼》所提“土化之法”，就是主张利用肥料改造土壤，把瘦地变为沃土，其中所提“粪种”，是利用各种牲畜粪来提高土壤肥力，如“骍刚用牛，赤堤用羊”，就是说“骍刚”（赤刚土）用牛粪，“赤堤”（赤黄土）用羊粪等，开创了因土施肥的先河。

陕西米脂县官庄村出土的拾粪画像石（图1-6），证明早在汉代先民即有利用动物粪便进行农业生产的习惯。

图1-6 汉代画像石有关拾粪的记载

西汉时《氾胜之书》开宗明义提出：“凡耕之本，在于趋时，和土，务粪泽，早锄早货。”并提出“区田以粪气为美，非必须良田也”。

北魏著名农学家贾思勰在《齐民要术》中提到：“凡人家秋收治田后，场上所有穰、谷等，并须收储一处。每日布牛脚下，三寸厚；每平坦收聚，堆积之。还依前布之，经宿即堆聚。经冬，一具牛踏成三十车粪。至十二月、正月之间，即载粪粪地”。这是目前看到的有关传统堆肥（厌氧）的最早记录。

宋元时期农田施肥蓬勃发展，尤其南宋出现了家家积肥的局面。据南宋程泌《洺水集》记载：“每见衢、婺之人，收蓄粪壤，家家山积，市井之间，扫拾无遗。故土膏肥美，稻根耐旱，米粒精美。”由于当时粪肥需要量极大，积肥的人日益增多，促使粪肥转化为商品，还出现了专门经营粪肥的专业户。南宋吴自牧在《梦粱录》中就有这样的记载：京师杭州的积肥专业户，走街串巷收集各家的粪便，然后车装船载，来往穿梭于水陆交通之中。

《陈敷农书》善其根苗篇（公元1149年）则描述了好氧堆肥的过程及特点，是我国最早对堆肥的科学记载："于始春又再耕耙转，以粪壅之，若用麻枯尤善。但麻枯难使，须细杵碎，和火粪窖罨，如作曲样；侯其发热，生鼠毛，即摊开中间热者置四旁，收敛四旁冷者置中间，又堆窖罨；如此三四次，直待不发热，乃可用，不然即烧杀物矣。"

该段文字特别提到了好氧堆肥中的两个科学点：一是堆肥的配料问题，只有把麻枯和火粪堆积发酵才能产热，显然这种配料的发明具有重要的微生物发酵意义；二是提出了堆肥物料一旦发热后要进行翻堆，起到调节温度、混合物料、均匀发酵的作用，这也是现代堆肥必须遵循的基本科学原则。这说明宋代的中国农民对堆肥的科学操作远早于目前西方的记载。

三、中国不同历史时期有机原料使用及堆肥制作方法

（一）不同历史时期对有机原料的使用

中国不同历史时期对有机原料的农业利用经历了一个逐渐认识发展的过程，不同阶段的主要农学著作对此均有详细的记录。

1. 西汉及以前

西汉及以前使用的"粪"主要是动物骨汁、雪汁、粪肥及部分中药。

2. 北魏时期

《齐民要术》中提到的堆肥原料包括植物秸秆、果实、动物骨骼、家畜或动物的粪便（牛粪、羊粪、鹿粪、猪粪、狗粪等）、大麻等，其中还有一样是比较特殊的——陈墙土。

3. 南宋时期

这个时期的肥料在种类和数量上有了显著的增加，新出现的肥料有河泥、麻枯（即芝麻饼）以及无机肥料石灰、石膏、食盐、硫黄等，另有大粪（即人粪）、牛粪、马粪、石灰（可使土壤变暖，有益发苗）等。

4. 元朝时期

《王祯农书》中提到的肥源有苗粪、草粪、火粪、大粪、小便、泥粪、旧墙土、草木灰、糠秕、谷壳、腐草、败叶、泔水、马蹄羊角灰、沃鱼水、沟泥水、淘米水、禽兽毛羽等，相比以前农书中提到的肥源大为增加了。

5. 明清时期

明代袁黄的《宝坻劝农书》中记述了苗粪、草粪、火粪、毛粪、灰粪、泥粪等，并指出"泥粪为上"。

苗粪按《齐民要术》云："美田之法，绿豆为上，小豆、胡麻次之，皆五六月下种，七八月犁，掩杀之，为春谷田，则亩收十石，其美与蚕矢、熟粪同。"

草粪按《礼》云："仲夏之月，利以杀草，可以粪田畴，可以美土疆"。农书谓，草木茂盛时芟倒地内掩烂则肥田。江南三月，草则刈以蹈稻田，岁岁如此，地力常盛。凡治田者，

腐藁、败叶、枯枝、朽根皆至宝也。

火粪：积上草木，叠而烧之，碾细听用。江南每削带泥草根，成堆而焚之，极暖田。

毛粪：禽兽退下毛羽，亲肌之物最为肥泽，积之为粪，胜于草木，以水浸烂连汁用之尤妙。

灰粪：灶中之灰，南方皆用壅田，又下曰水冷，亦有用石灰为粪，使土暖而苗易发。

泥粪：江南之家，河港内乘船，以竹为稔，夹取青泥，锹拨岸上，摄定裁成块子，担开用之。北方河内泥多，取之尤便，或和粪内用，或和草皆妙。他粪或有害田者，唯泥粪最中和而有益，故为第一也。

明末著名科学家徐光启在《粪壅规则》中的记录资料显示，当时还出现了用乌桕、油麻、豆渣、糖渣、酒糟、豆屑等制造的饼肥。饼肥在宋元时期主要为麻饼和豆饼，明清时期已有菜籽饼、大眼桐饼、乌桕饼、芝麻饼、棉籽饼、楂饼、猪干豆饼等。

另有“粪丹"，是一种综合性的肥料，其中包括多种动植物及各种物质，如麻渣、豆饼、鸟粪、鸡鸭粪、鸟类羽毛以及无机肥料砒霜等，约三五石在一起拌和，实际上是一种高浓度的有机复合肥料。

6. 清末至改革开放之前

适合于堆肥的原料在这一时期达到前所未有的全面，几乎农村的所有有机废物均得到了充分利用，主要类别包括以下几种。

（1）粪尿类　包括人粪尿、家畜粪尿、禽粪、海鸟粪、蚕沙等。

（2）饼肥类　包括各种饼肥和糟渣肥。

（3）海肥类　有动物性海肥、植物性海肥、矿物性海肥。

（4）绿肥类　有冬季绿肥、夏季绿肥、水生绿肥、多年生绿肥、野生绿肥。

（5）草炭类　有草炭、褐煤、腐殖酸肥料。

（6）杂肥类　有熏土、炕土、硝土、垃圾、烟筒灰、肥泥、草木灰、屠宰场废弃物等。

（二）不同历史时期堆肥制作方法

涉及历史时期各种有机原料的利用方式，明代《宝坻劝农书》给出了 6 种堆肥方法的介绍。

1. 踏粪法

“南方农家凡养牛羊豕属，每日出灰于栏中，使之践踏。有烂草腐柴，皆拾而投之足下，粪多而栏满，则出而叠成堆矣。北方猪、羊皆散放，弃粪不收，殊为可惜。然所有穰谷稭等，并须收储一处。每日布牛之脚下三寸厚，经宿，牛以蹂践便溺成粪。平旦收聚，除置院内堆积之。每日如前法，得粪亦多。”

2. 窖粪法

“南方皆积粪于窖，爱惜如金，北方唯不收粪，故街道不净，地气多秽，井水多盐。使人清气日微，而浊气口盛。须当照江南之例，各家皆置坑侧，滥则出而客之，家中不能立窖者，田首亦可置窖，拾乱砖砌之，藏粪于中。窖熟而后用，甚美。”这个方法主要是在南方用得比较多。

3. 蒸粪法

“农居空闲之地，宜诛茅为粪屋，檐务低，使遮风雨，凡扫除之土，或烧燃之灰，箕扬之糠粃，断藁落叶，皆积其中。随即栓盖，使气熏蒸糜烂。冬月地下气暖，则为深潭，夏月不必也。”

4. 酿粪法

“于厨栈下深凿一池，细甃使不渗漏，每舂米，则聚砻簸谷及腐草败叶，沤渍其中，以收涤器肥水，沤久自然腐烂。”

5. 煨粪法

“干粪积成堆，以草火煨之。”

6. 煮粪法

郑司农云：“用牛粪，即用牛骨浸而煮之，”其说具“区田”中。

1935 年，民国时期的邓崇岱对当时欧美发达国家关于有机固体废物堆肥的科技成果和成功经验进行了系统梳理和总结之后，出版了《堆肥新编》一书，该书详细地论述了堆肥的性质及效能，堆肥化的原料、场地、设施、方法、翻堆等生产过程及所需工具，堆肥过程有机物的转化及其原因，堆肥过程管理和堆肥成品的应用等。这应该是中国历史上第一部关于堆肥科学与技术的专著。

这些历史记录也反映出我国古代为了保持土壤肥力、提高农业生产力以及满足人口的食物需要，在有机废物的循环利用方面取得了令现代人叹为观止的成就，其利用范围和利用程度远超出当代。反过来我们才开始了处理这些废物和治理环境的艰辛历程。

四、中国现代堆肥发展

现代堆肥技术在我国的发展起始于 20 世纪 50 年代。大致可分为以下 3 个阶段。

（一）初始阶段（20 世纪 50 ~ 60 年代）

初始阶段的堆肥技术工艺较为简单，工艺只包含一次发酵，从利用人畜粪便和农业废弃物发展至处理城市生活垃圾生产有机肥料。较早建立的有代表性的、具有一次性发酵工艺特点的堆肥厂是天津河西区堆肥厂。这一时期的堆置方式多为露天堆垛，采用表面耕层土覆盖保温，自然通风供氧，没有专用的机械设备，多为厌氧或者兼氧堆肥，如早期建立的北京八里庄堆肥站。这种方法尽管存在发酵周期长、产品腐熟度和均匀性较差等缺点，但由于投资少、操作简单，可以有效消纳城市垃圾并提供农业所需肥料，颇受政府欢迎。如四川省 1953 年利用城市垃圾仅生产 650t 肥料，1955 年增长至 30000t 肥料。在堆肥微生物研究方面，1951 年，东北农科所沈正谊与任守让就已经从马粪中分离出高温纤维素分解菌“扎扎菌”，获得了适应于北方的高温堆肥法。

（二）发展研究阶段（20 世纪 70 ~ 80 年代）

这一阶段是我国堆肥技术工艺快速发展期。20 世纪 70 ～ 80 年代，中国城市垃圾问题日益突出、土地资源日益紧张，焚烧垃圾又带来更为严重的二次污染问题，因此堆肥化处理各种有机废物成为研究的热点。堆肥专用机械设备得到大量引进与开发，涌现出许多新工艺、新技术，堆肥机理也得到了深入研究。这一阶段主要采用二次发酵工艺。早期为“静态发酵工艺”，由北京市环境卫生科学研究所进行小试，由无锡市环卫部门和同济大学 1983 年共同开发了无锡环境卫生工程试验厂，该厂为典型的静态发酵工艺，也是国内最早的机械化堆肥设施之一，于 1988 年投入运行。在“七五”计划期间，我国开始重视固体废物处理技术的研究，1987 年，我国开始了动态堆肥的研究，典型工程有北京董村建立的处理规模 100t/d 的间歇式翻堆工艺的堆肥厂，杭州市环境卫生科学研究所建立的规模 10t/d 的采用间歇式出料动态工艺的试验装置。在此时期，武汉城市建设学院、中国纺织大学等也开展了反应器堆肥的研究，城市建设研究院在海口市建立了 50 t/d 规模的达诺连续动态发酵装置。国内开始引进国外堆肥微生物菌剂如美国 Nu-soil，这一时期上海农科院开发出堆肥微生物菌剂 CF 制剂。

（三）推广应用阶段（20 世纪 90 年代至今）

20 世纪 90 年代开始，国内已掌握了堆肥基本技术，主要堆肥工艺趋向成熟，具备了产业化发展的条件。1990 年，中国市政工程华北设计院进行了污泥与城市垃圾混合堆肥的中试；1997 年，北京市环境保护科学研究院设计、研制了污泥动态发酵器，该装置效率高、能耗低，便于操作管理和设备自动化；1999 年，中国农机院畜禽机械所开发出国内最早的槽式翻堆机，并与中国农业大学在山西建立了处理量 60 t/d 的污泥堆肥示范工程。在“八五”计划期间，开始大规模开展污泥工业化堆肥技术研究，推动了一系列示范工程的建设。“九五”期间机械科学研究总院环保所、北京环科院等单位完成了唐山市、秦皇岛市和北京市密云县 3 项污水处理厂污泥堆肥示范工程。城市生活垃圾堆肥技术更加成熟，如 1998 年正式运行的北京南宫堆肥厂采用静态强制通风隧道式堆肥工艺，日处理能力 400t，年产堆肥 40000t。1992 年，中国市政工程西南设计研究院设计开发出卧式滚筒发酵工艺，用于惠州市垃圾堆肥处理，日处理量为 70 ～ 80t。同一时期，农业废弃物堆肥也更加现代化、工业化，如 2007 年广西桂林某有机肥厂采用静态条垛式好氧堆肥工艺处理鸡粪生产有机肥。

21 世纪以来，我国堆肥微生物的研究与开发出现了新局面，堆肥工艺技术更加机械化和自动化，复合微生物菌剂开发与应用日益广泛。2002 年，北京沃土天地生物科技股份有限公司开发出用于堆肥的“VT”系列复合微生物接种剂；广州市微元生物科技有限公司开发的复合菌剂与湖南普泰尔环境股份有限公司开发的堆肥发酵菌剂，都已在众多堆肥厂得到应用；中国农业大学构建了国内好氧堆肥菌种资源库，揭示了堆肥核心微生物组。2010 年，上海朱家角污水处理厂引进了国内首例功能膜覆盖好氧堆肥系统，用于污泥的堆肥化处理。自此以来，如青岛志腾科技有限公司研发出防水透气 e-PTFE 好氧堆肥膜，已达到较高水平并应用广泛；中国农业大学创新研发了覆膜式好氧发酵生产有机肥 / 牛床垫料 / 基质系列专用传感器、成套化新装备和云平台，并已在全国 20 余省应用；南京思威博环保科技有限公司的分子膜发酵技术已在全国建设多个运营基地。广东省现代农业装备研究所在 2004 ～ 2017 年间研发出液压驱动的滚筒式槽式翻堆机、全进全出仓贮堆肥系统、堆肥过程监测和曝气自动控制及尾气收集处理系统，在工业化堆肥生产中得到推广应用。中国农业大学与北京沃土大地生物科技股份有限公司在 2011 ～ 2018 年间研制出系列链板式翻堆机和双轴桨叶混料机等核心设备，集成开发出国内外首套连续动态槽式堆肥系统（CDB），并在广西金穗推广应用，处理量可达 10^5t/a。2012 年，河南新大牧业引进日本中部公司第一台筒仓反应器，后续中国农业机械化科学研究院、北京沃土天地生物科技股份有限公司（现北京沃土生物科技集团股份有限公司）等实现筒仓反应器国产替代。同一时期，北京中科博联科技集团有限公司研发出CTB一体化智能好氧发酵设备，适用于中小型规模畜禽粪便、污泥和餐厨废弃物的好氧堆肥处理，已建立多个有机固体废物处理工程。青岛兴开环境科技有限公司研发的模块化卧式滚筒反应器可快速组装、操作简便，主要用于畜禽粪便的好氧堆肥，但尚未大规模推广。近年来，垃圾分类政策推动了厨余废弃物的资源化利用，箱式生化一体机得以快速推广。例如，苏州韩博环境科技有限公司于2017年开发了CFCZ系列装备，专用于餐饮企业、政府学校食堂等场景下厨余废弃物的好氧堆肥处理。这一时期还开发出堆肥的新工艺，如福建农林大学提出并推广了超高温好氧堆肥技术，清华大学开发出了水热裂解法制有机肥新技术。

20多年来，中国逐步对堆肥技术和工艺进行了标准上的完善，包括《可堆肥塑料技术要求》（GB/T 28206—2011）、《农村生活垃圾处理导则》（GB/T 37066—2018）、《塑料　适合家庭堆肥塑料技术规范》（GB/T 40553—2021）、《生活垃圾堆肥厂评价标准》（CJJ/T 172—2011）、《生活垃圾堆肥处理技术规范》（CJJ 52—2014）、《生活垃圾堆肥处理厂运行维护技术规程》（CJJ 86—2014）；《城镇污水处理厂污泥处置　分类》（GB/T 23484—2009）、《城镇污水处理厂污泥处置　园林绿化用泥质》（GB/T 23486—2009）、《城镇污水处理厂污泥处置　土地改良用泥质》（GB/T 24600—2009）、《农用污泥污染物控制标准》（GB 4284—2018）、《城镇污水处理厂污泥处置　农用泥质》（CJ/T 309—2009）、《污泥堆肥翻堆曝气发酵仓》（JB/T 11245—2012）、《城镇污水处理厂污泥处理稳定标准》（CJ/T 510—2017）、《沼气工程沼液沼渣后处理技术规范》（NY/T 2374—2013）；《粪便无害化卫生要求》（GB 7959—2012）、《畜禽养殖粪便堆肥处理与利用设备》（GB/T 28740—2012）、《绿化植物废弃物处置和应用技术规程》（GB/T 31755—2015）、《畜禽粪便无害化处理技术规范》（GB/T 36195—2018）、《畜禽粪便监测技术规范》（GB/T 25169—2022）、《农业废弃物资源化利用生物质资源综合利用》（GB/T 42679—2023）、《粪便消纳站堆肥翻堆机设备》（JB/T 11831—2014）、《农作物秸秆综合利用技术通则》（NY/T 3020—2016）、《畜禽粪便堆肥技术规范》（NY/T 3442—2019）、《蔬菜废弃物高温堆肥无害化处理技术规程》（NY/T 3441—2019）、《果蔬加工废弃物综合利用技术导则》（GH/T 1406—2022）；《规模养猪场粪便利用设备　槽式翻抛机》（GB/T 30471—2013）、《有机肥工程技术标准》（GB/T 51448—2022）、《堆肥自动监测与控制设备》（CJ/T 369—2011）、《好氧堆肥氧气自动监测设备》（CJ/T 408—2012）、《堆肥翻堆机》（CJ/T 506—2016）、《堆肥用功能性覆盖膜》（JB/T 13739—2019）、《立式堆肥反应器》（JB/T 14283—2022）等，对堆肥产品标准也进行了完善，包括《有机肥料》（NY/T 525—2021）等。

第三节　堆肥产业及发展前景

一、国外堆肥产业发展

（一）国外有机废物产生

在全球快速城市化和人口增长的推动下，有机废物产生量在全球范围内持续攀升，成为一个备受关注的环境问题。据不完全统计，2019年全世界有机废物产生量约223亿吨（以干重计算）；其中农业废弃物占91%，约203亿吨，其主要由160亿吨畜禽粪便和43亿吨秸秆组成。与之相比，城镇废弃物产生量相对较小，约为20亿吨。

有机废物产生情况在不同国家间存在显著差异，这与各国的经济发展水平、人口规模以及农业和工业结构有着密切的关系。这里仅对美国、欧盟和日本等国家和组织的有机废物产生情况作简要分析。2019 年，美国农业废弃物产生量 13.20 亿吨，其中畜禽粪便占主体，约 8.70 亿吨，秸秆约 4.50 亿吨；城镇废弃物产生量为 2.97 亿吨，主要由 2.92 亿吨生活垃圾和 0.05 亿吨城市污泥构成。2019 年，欧盟农业废弃物产生量 11.93 亿吨，畜禽粪便同美国一样占据主体，约 8.09 亿吨，而秸秆则约 3.84 亿吨；城镇废弃物产生量为 2.23 亿吨，其中生活垃圾 2.20 亿吨、城市污泥 0.03 亿吨，欧盟的有机废物体量跟美国差不多。日本作为一个高度发达的工业化国家，其有机废物产生量相对较小，2019 年，日本农业废弃物产生总量（约 0.55 亿吨）相对较少，但畜禽粪便（0.40 亿吨）与秸秆（0.15 亿吨）的比例与美国和欧盟接近；城镇废弃物产生量（0.45 亿吨）同样较少，由于日本人口密度大、生活水平高，生活垃圾的产生量（约 0.43 亿吨）依然相当可观，城市污泥则约 0.02 亿吨。

不同国家在有机废物的产生量和构成上存在着显著的差异，有效地处理和利用有机废物对于实现环境可持续发展具有重要意义。

（二）国外有机废物处理方式及比例

有机废物处理方式多种多样，主要包括露天倾倒、填埋、卫生填埋、控制性填埋、焚烧、回收利用、堆肥和其他等。面对不同类型和数量的有机废物，这些处理方式各有优缺点，所占比例也各不相同。以全世界生活垃圾处理为例，露天倾倒是最为普遍的处理方式，占生活垃圾总量的 33%，这种方法虽然成本低，但会造成严重的环境污染和卫生问题。填埋同样是生活垃圾的主要处理方式，约占 25.2%；该方法简便，但存在占用大量土地资源和潜在的地下水污染风险。卫生填埋和控制性填埋则分别占比 7.7%、3.7%，卫生填埋场具有完善的环境控制措施，包括防渗层、气体和渗滤液收集系统，有助于收集填埋过程中产生的沼气，用于能源回收；而控制性填埋的环境控制措施有限，可能缺乏完整的防渗和气体收集系统。焚烧处理占 11.1%，它可以大幅度减少垃圾体积，同时进行能源回收，但焚烧过程可能产生有害气体，需配备完善的污染控制设施。通过回收利用和堆肥处理的垃圾分别占 13.5% 和 5.5%，回收即回收材料实现资源再利用，而堆肥则通过将有机废物转化为肥料以实现资源化利用。剩下 0.3% 则通过其他方式进行处理，如图 1-7 所示。

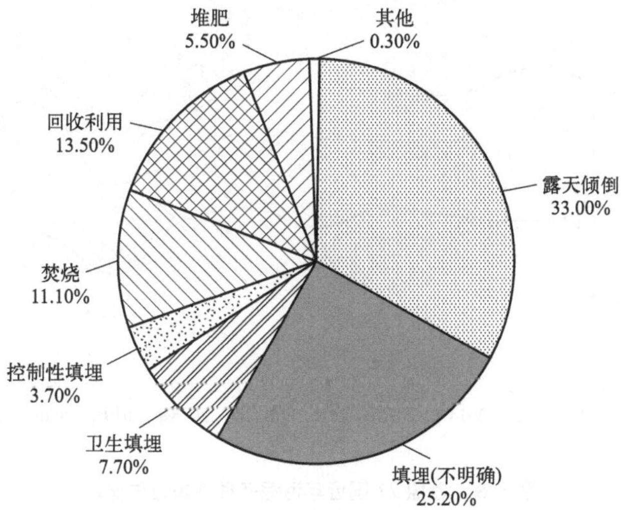

图 1-7 全球生活垃圾不同处理处置方式占比

资料来源：Kaza et al，2018

以上数据表明，全球大多数地区的生活垃圾处理方式仍以露天倾倒和填埋为主。然而，随着环境保护意识的增强和技术的进步，生活垃圾回收和堆肥等环保处理方式的比例将逐渐增加。这不仅有助于减少环境污染，还能实现资源和能源的有效利用。

不同国家的生活垃圾处理方式表现出较大差异，这与各国的政策、技术水平和环保意识等密切相关。欧盟生活垃圾处理方式表现出多样化和资源化利用的趋势，2021 年欧盟产生的城市生活垃圾中，31% 经过回收处理，23% 用于填埋，26% 焚烧处理，18% 进行堆肥处理，2% 采用其他处理方式。欧盟在垃圾回收处理上的比例较高，填埋、焚烧和堆肥处理占比略低，表明欧盟在提升城市生活垃圾资源化利用和减少填埋焚烧方面已走在世界前列。美国城市生活垃圾处理方式相对简单，其中 52.6% 用于填埋，34.6% 回收处理（包括堆肥等），剩余 12.8% 则通过焚烧进行处理。相比欧盟，填埋仍是美国主要的生活垃圾处理方式，反映出美国在城市生活垃圾资源化利用方面还有较大的提升空间。2022 年日本产生的生活垃圾中，80.05% 通过直接焚烧处理，资源化等处理方式占比达 14.25%，其中包括粗大垃圾回收 4.45%、堆肥 0.45%、饲料 0.02%、沼气 0.35%、燃料 1.26%、其他资源化 7.55%、其他处理 0.17%，还有 4.83% 直接资源化，而直接最终处置占 0.87%。不同于欧盟和美国，日本的生活垃圾处理方式主要集中于焚烧处理，这与其国土面积小、填埋场地有限有关。焚烧处理虽然可以减少垃圾体积，但也需要完善的污染控制措施。

污泥是废水生物处理过程中产生的固体废物，尤其是来自城市污水处理厂的固体废物。污泥主要的处理方式包括填埋、焚烧、土地利用、堆肥以及其他等，不同国家的污泥处理也表现出较大区别。欧盟 27 国近年污泥的处理方式占比如图 1-8 所示，2021 年所产生的污泥中 37% 用于农业利用，17% 采用堆肥处理，12% 进行填埋，16% 通过焚烧进行处理，最后 18% 则使用其他处理方式。2022 年美国所产生的生物固体（污泥）中，56% 用于

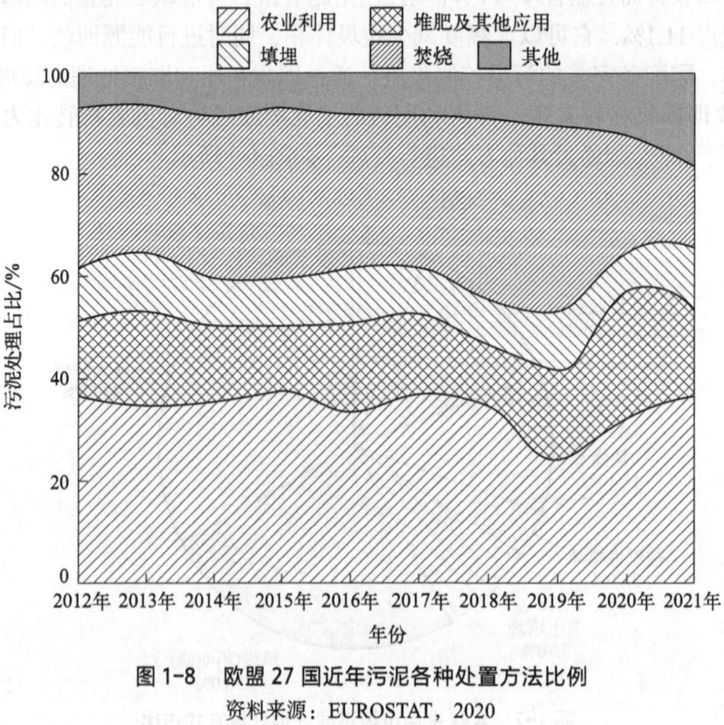

图 1-8　欧盟 27 国近年污泥各种处置方法比例

资料来源：EUROSTAT，2020

农业利用，27% 进行填埋处理，16% 通过焚烧处理，1% 使用其他处理方式。2022 年日本的污泥处理方式趋于多样化，50.3% 用于建筑材料，21.9% 进行填埋，13.6% 用于土地利用，9.8% 通过焚烧进行处理，此外有 3.7% 用于填海工程，0.6% 采用其他处理方式。综上所述，不同国家在污泥处理方面采取了多种方式，以适应各自的环境和经济条件。通过土地利用、堆肥、焚烧等方法，各国有效地处理了污泥，实现了资源的循环利用和环境保护。

秸秆作为农业生产的重要副产品，具有巨大的潜在利用价值。秸秆还田是国外秸秆的主要处理方式，其不仅能提高土壤肥力，还能减少环境污染。据美国农业部统计显示，美国 2019 年生产各种作物秸秆总共约 4.5 亿吨，占到美国农业废物生产总量的 34%，其中秸秆还田量占生产总量的 68%。此外据英国农业与环境部统计，2017 年英国秸秆产生量共 1173 万吨，其秸秆还田量占其生产总量的比例同样高达 76%。秸秆还田作为一种重要的农业废弃物处理方式，在美国和英国得到了广泛应用。现阶段国外秸秆还田基本上采用机械化作业的方式：农作物收获后，秸秆被切成短节均匀铺在地面上，然后通过机械设备将其翻埋于土壤中。这种方法不仅提高了作业效率，还能确保秸秆在土壤中快速分解，充分发挥其肥力作用，推动农业的可持续发展。

国外在畜禽粪污处理方面采用多种先进技术和管理措施，以减少环境污染、促进资源化利用和实现可持续发展。2020 年，欧盟所产生的畜禽粪污中，86.8% 经过再利用和还田处理，该方式不仅能将粪污中的有机物质转化为农田所需的养分，还能减少化学肥料的使用，改良土壤结构；8.3% 进行能量回收，有效地回收了其中的能源；4.4% 采用焚烧处理，能够迅速减小粪污的体积，并有效消灭其中的病原菌和寄生虫卵，生成的灰烬还可以用于建筑材料等领域。尽管填埋处理在粪污处理中逐渐被淘汰，但欧盟仍有 0.4% 的畜禽粪污进行填埋处理，该方式虽然简单，但存在占用土地资源和污染地下水的风险。最后，欧盟仍有 2.2% 采用其他处理方式。2022 年日本所产生的粪污 90.1% 通过粪便处理设施焚烧处理，8.9% 投入下水道处理，0.5% 利用甲烷化设施进行处理，而通过堆肥化设施和还田处理的方式占比均占 0.1%，剩余 0.3% 则采用其他处理方式。

堆肥作为一种处理有机固体废物的有效方法，已经在全球范围内得到广泛应用。堆肥不仅能够将有机废物转化为有用的肥料，还能减少废物对环境的污染。根据“What a Waste 2.0”中的数据（图 1-9），全球垃圾处理中采用堆肥方式处理的比例为 5.5%。这一比例虽然在整体上不算高，但在不同地区间有显著差异。南亚地区是堆肥处理垃圾比重最高的地区，达到了 16%，这可能与该地区农业活动密集且有机废物丰富有关。欧洲和中亚地区紧随其后，这些地区的堆肥处理比例为 10.7%。欧盟在有机垃圾处理方面表现尤为突出。据“ECN Data Report 2022”数据显示，欧盟 27 个国家每年通过堆肥和厌氧消化处理的城市有机垃圾总量达到 3800 万吨。具体来看，在这些国家中，有 70% 的城市有机垃圾采用堆肥处理，另外 30% 则采用厌氧消化处理（图 1-10）。这种处理方式的多样化不仅提高了有机垃圾的处理效率，还有效利用了其资源价值。欧盟 27 国、瑞士、挪威和英国共有 5800 个有机垃圾处理设施，其中 66% 为堆肥设施，数量达到了 3800 个，34% 为厌氧消化设施，共有 2000 个（见图 1-11）。这一数据表明，堆肥设施在欧洲占据了主导地位，反映了该地区对堆肥处理技术的高度重视和普及。

综上所述，堆肥产业在全球范围内的发展显示出其显著的区域差异和潜在增长空间。随着环境保护意识的提高和技术的进步，堆肥处理将在全球范围内得到进一步普及和发展，为减少环境污染和实现资源的有效利用做出更大的贡献。

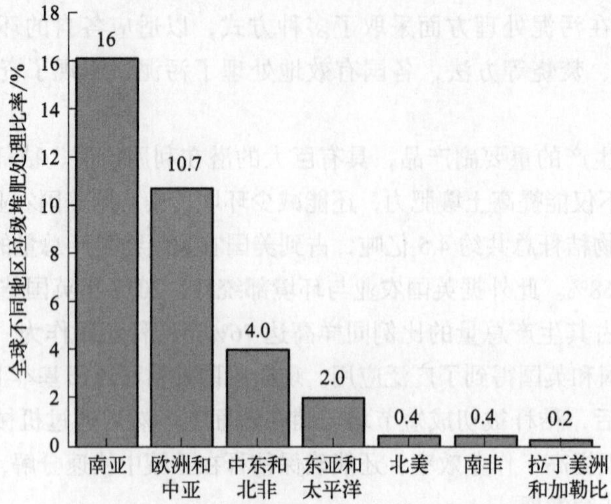

图 1-9 全球不同地区垃圾堆肥处理比率

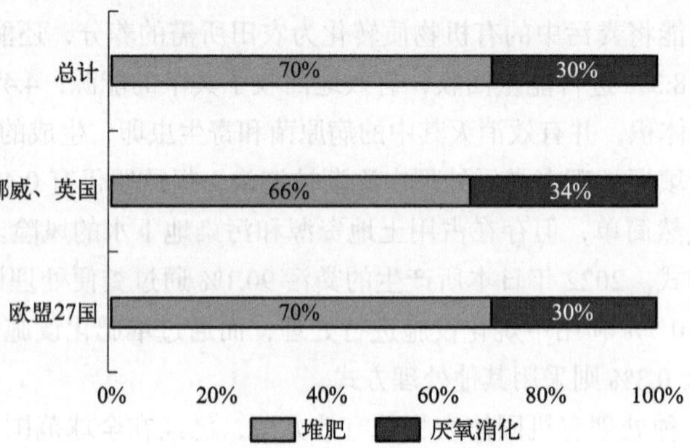

图 1-10 欧盟堆肥和厌氧消化处理占比

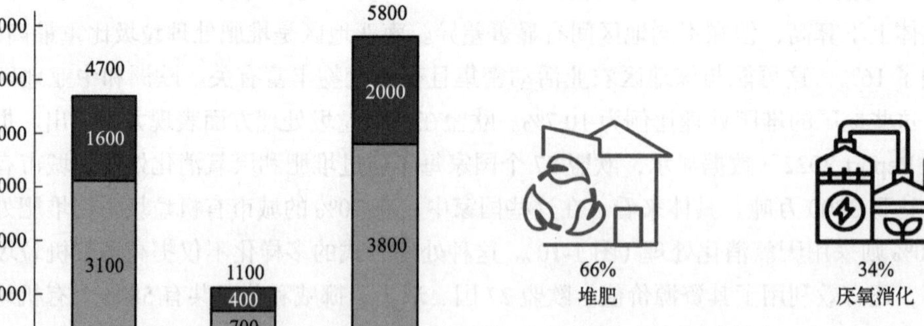

图 1-11 堆肥和厌氧消化设施数量

资料来源：European Compost Network，2022

（三）国际堆肥发展前景

1. 减少废物产生

通过产品及工艺设计在源头即减少废物的产生，并减少废物中有毒物质的危害水平；以及通过普及宣传号召生产者、消费者改变生产和生活习惯，减少废物产生。

2. 农业废弃物处理

欧美各国农业废弃物的处理均建立在种养结合或种养平衡基础上，即养殖业规模与周围土地环境负荷相协调的原则。在此基础上，养殖废物的处理基本采取了简单的就地处理就地利用方式，如粪污稳定塘处理结合土地利用，或厌氧发酵结合土地利用，或好氧堆肥结合土地利用等。

3. 生活垃圾源头分离

由于混合垃圾堆肥运行成本较高以及产品使用受到限制，人们开始关注垃圾源头分选而后进行堆肥或厌氧发酵。由于控制臭味成本增加及臭味抱怨增多，一些垃圾堆肥厂关门。相反园林垃圾堆肥则较为成功，美国已有 3400 余座（2014 年），这也与一些州禁止园林垃圾进入填埋场以及填埋处理费提高有关。

4. 堆肥工艺创新

国外堆肥工艺种类繁多，仅 Haug 主编的《堆肥工程实用手册》中就涉及 55 种不同工艺。现代堆肥工艺的几个方向是密闭化、快速高效、环境友好和低成本。

5. 加强堆肥质量控制

欧美很多国家建立了堆肥产品认证制度，并形成了一系列控制体系。包括对堆肥产品理化指标如水分、密度、总碳、NPK 含量、pH 值、重金属、挥发性固体、腐熟度等的全程检测，了解这些指标的实际变化，为控制质量奠定基础；尽量从原料及工艺角度出发保持堆肥中的养分水平，以确保产品的肥效及竞争力；优化堆肥施用技术，如施肥时间、施肥方法和施肥量等；消除堆肥毒性；生产抗病堆肥等。

6. 堆肥产品用途极其广泛

堆肥除作为传统的土壤调理剂外，还可加工成为有机肥、基质、覆盖物等，应用在农田、园艺、林地、草地、景观、道路护坡、水土流失控制等领域。

二、国内堆肥产业发展

（一）国内有机废物产生

有机固体废物作为人类日常生活和生产中产生的固体废物，其具有污染性、资源性和社会性等特征，需进行无害化、资源化、减量化和社会化处理，如不能妥善处理，就会污染环境、影响环境卫生、浪费资源、破坏生产生活安全。

我国有机废物具有产生量大、种类繁多、成分复杂等显著特点。随着我国农业、工业和城市化的快速发展，有机废物的产生量逐年增加，给环境保护和资源利用带来了巨大挑战。

据2020年中国统计年鉴数据显示，2019年我国各类有机废物产生量（按干重计算）为：畜禽粪便10.68亿吨、秸秆8.27亿吨、人粪尿2.23亿吨、生活垃圾1.40亿吨、污泥0.11亿吨，总计22.69亿吨（图1-12）。

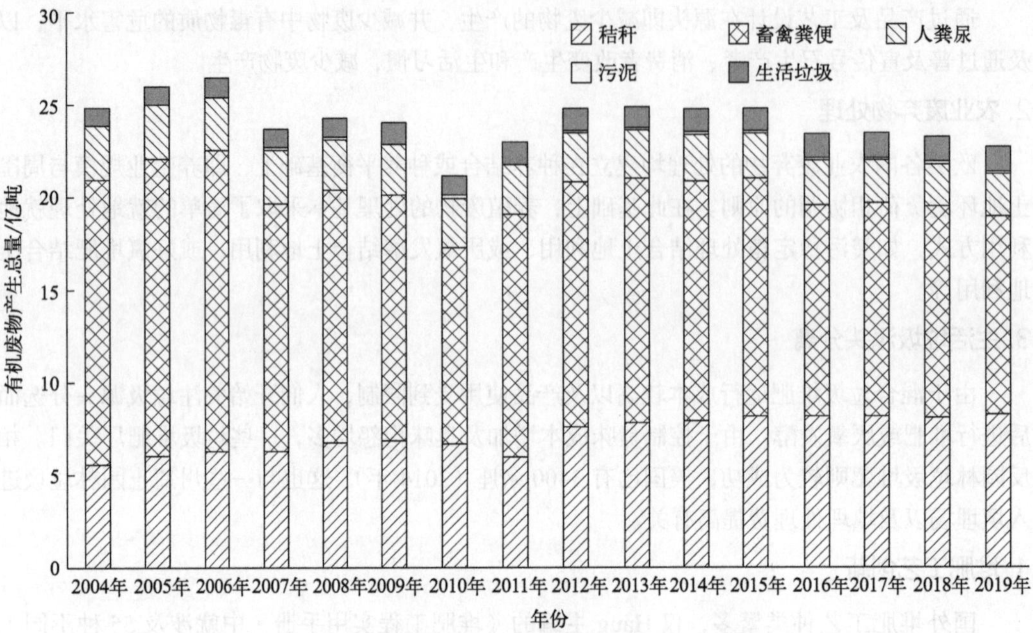

图1-12 我国2004 ~ 2019年有机废物产生量

资料来源：国家统计局，2020

我国城市有机废物主要来自生活垃圾以及城市污泥等。近年来，随着城市化进程的加快，城市生活垃圾的产量和处理量逐年增加。根据生态环境部2020年12月公布的《2020年全国大、中城市固体废物污染环境防治年报》，2019年，196个大、中城市生活垃圾产生量23560.2万吨，处理量23487.2万吨，处理率达99.7%。根据住房和城乡建设部2023年10月公布的《2022年城乡建设统计年鉴》，2022年我国城市生活垃圾清运量为24444万吨，无害化处理量为24419万吨（图1-13），生活垃圾处理率得到进一步提高，显示出我国在城市生活垃圾管理方面取得了显著进展。

城市生活污泥的处理是一个世界性的难题，处置不当易造成环境二次污染。根据住房和城乡建设部2023年10月公布的《2022年城乡建设统计年鉴》数据显示，截至2022年底，我国污水排放量共约638亿立方米，年处理量约626.9亿立方米，污水处理率达98.3%。此外，我国污水处理厂处理废水所产生的污泥量（含水量80%）约7876万吨，同时污泥处置量达7822万吨，折算下我国污泥处理率达99%，这表明我国在污水和污泥处理方面取得了显著进步，有效减少了污泥对环境的潜在污染风险。然而，尽管处理率高，污泥处理仍面临诸多挑战，包括如何进一步提高污泥减量化、资源化和无害化处理水平，以及如何有效利用污泥中的有机物和养分。此外，近年在南方各地由于垃圾填埋场拒收、土地紧张、周围扰民等，污泥处理处置问题更加紧迫。面对这些挑战，我国需要不断加强技术研发和创新，推广先进的污泥处理和资源化利用技术，实现污泥资源的有效利用，推动城市环境保护和可持续发展。

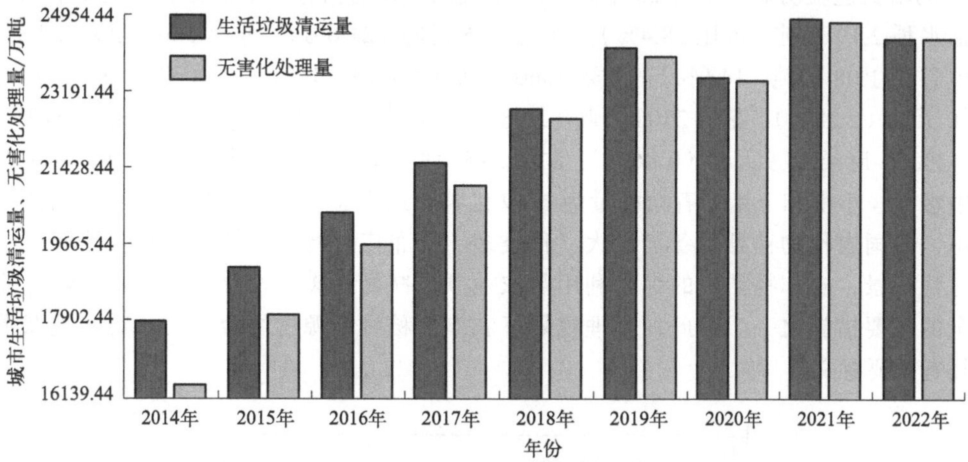

图 1-13 2014 ~ 2022 年中国生活垃圾清运量和无害化处理量

资料来源：中国住房和城乡建设部，2023

我国农村有机废物主要来自农村居民日常生活和生产过程，主要包含生活垃圾和生产性废弃物。生产性废弃物又主要包括种植废弃物和养殖废弃物两大类，即秸秆和畜禽粪污等。随着我国经济持续稳定发展、农村生活水平的提升和生产性活动的增加，我国农村有机废物产生量也持续增加。与城市垃圾相比，农村有机废物表现为成分简单，但产生范围广泛、产生源分散。由于缺乏系统的收集和处理机制，农村地区随意堆放废弃物的现象较为普遍，收运难度较大，因此我国农村有机废物处理行业未来发展面临着较大挑战。

随着经济的发展，畜禽养殖业逐渐从分散化向规模化转变，规模化程度不断提高。然而，大规模集中养殖带来了大量畜禽粪污的产生和堆积，使得畜禽粪污成为我国农村环境的主要污染源之一。这不仅污染了土壤和水环境，也成为限制养殖业可持续发展的主要因素。2020 年，我国所产生的畜禽粪污产量约 38 亿吨，其中 80% 来自规模化养殖场，尽管部分规模化养殖场通过堆肥和沼气发酵等方式对畜禽粪便进行处理，但综合利用率不到 60%。我国每年产生约 18 亿吨生猪粪污，14 亿吨牛粪污（其中肉牛 10 亿吨、奶牛 4 亿吨），6 亿吨家禽粪污，分别占总量的 47%、37% 和 16%。随着我国畜禽养殖污染防治相关法规及政策的推行，畜禽散户养殖和小规模养殖不断消减。2021 年全国畜禽粪污产量已下降至 30.5 亿吨，与 2015 年相比下降了 19.7%，但是畜禽粪污仍是生态环境污染的主要来源，我国需加强畜禽粪污的资源化利用技术，提升粪污资源化利用率，推动禽类养殖产业的绿色可持续发展。

秸秆作为我国丰富的生物质资源有着较高的利用价值。据国家统计局 2021 年粮食产量数据公告，我国粮食生产取得了 18 年连续丰收的巨大成就，农作物秸秆的产量也随之日益增长。然而，农作物秸秆长期被当作废弃物而弃置或焚烧，造成了严重的环境污染问题。由图 1-14 可知，近 40 年来我国农作物秸秆理论资源量和可收集秸秆资源量的时间分布趋势非常接近，总体上都呈现稳步增长的趋势。1981 ～ 2020 年，二者分别从 1981 年的 3.33 亿吨和 3.04 亿吨增长至 2020 年的 7.70 亿吨和 6.63 亿吨，分别净增长了4.37亿吨和3.59亿吨。总体来看1981～2020年我国农作物秸秆理论资源量近15年的增长速度明显高于前20年。2020年我国农作物秸秆理论资源总量主要来源结构包括水稻2.19亿吨（占比28.4%）、小麦1.66亿吨（21.6%）、玉米2.64亿吨（34.3%）、其他谷物1.08亿吨（14.0%）、豆类2660万吨（3.5%）、薯类630万吨（0.82%）、棉花1760万吨（2.28%）、花生2300万吨（2.98%）、油菜2630万吨（3.4%）、芝麻919万吨（0.12%）、麻类47.9万吨（0.06%）、甜菜515万吨（0.67%）和甘蔗515万吨（0.67%），其中水稻、小麦和玉米三者秸秆量为6.49亿吨，约占总秸秆资源量的84%。由此可以看出，我国农作物秸秆具备产量大、种类多、分布广的特点，结合如今碳达峰碳中和的时代背景，农作物秸秆的综合利用是农业领域减污降碳、发展现代农业和保障能源安全的重要措施之一。因此，合理规划好农作物秸秆资源的综合利用，对实现双碳目标具有重要意义。

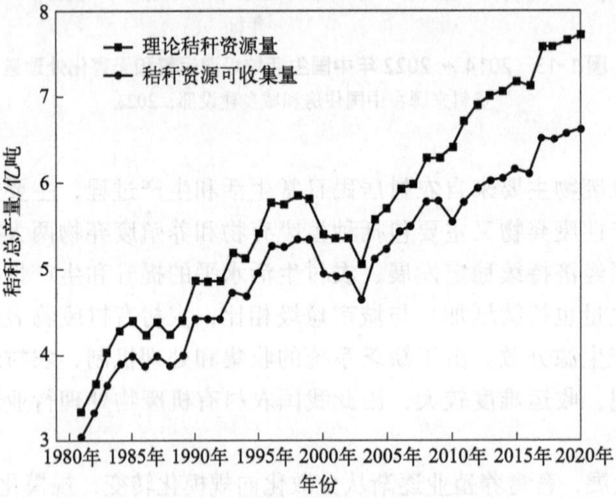

图1-14　1981～2020年中国农作物秸秆理论资源量与可收集资源量

资料来源：杨传文 等，2023

综上所述，城乡有机废物涉及面广、产生量大、处理利用途径和技术复杂，因其关系到环境保护、资源利用和民生健康，已成为我国经济社会发展中需要解决的重大问题。

（二）国内有机废物处理方式及比例

国内广泛应用的有机固体废物处理方法是卫生填埋、焚烧和其他（高温堆肥及厌氧消化）。我国的垃圾处理呈现出以卫生填埋为主、焚烧处理提升和堆肥处理衰退的特点。从2014～2022年中国城市生活垃圾处理结构变化情况来看（图1-15），卫生填埋从2014年的66%降低至2022年的12%，垃圾焚烧则逐渐成为垃圾处理的主要方式，2022年占比已提高到80%。近十年来，我国生活垃圾清运量和无害化处理率均保持增长态势，到2020年底，生活垃圾年清运量已达2.35亿吨，全国垃圾焚烧发电日处理能力超60万吨，年发电量778.3亿千瓦时，年焚烧处理垃圾量约为1.4亿吨，生活垃圾焚烧量年均增长18%。“十三五”“十四五”期间是我国垃圾焚烧发电行业发展的黄金阶段，东部沿海地区垃圾发电项目布局逐渐趋于饱和，目前正在向中西部省份发展。但随着未来项目的陆续落地，预计

“十四五”之后垃圾焚烧发电行业的国内市场容量将趋于饱和。目前，垃圾焚烧处理正朝着绿色、智慧和智能化方向发展，以减少不稳定焚烧带来的污染物问题，并逐步改善和提升垃圾焚烧的烟气排放质量。

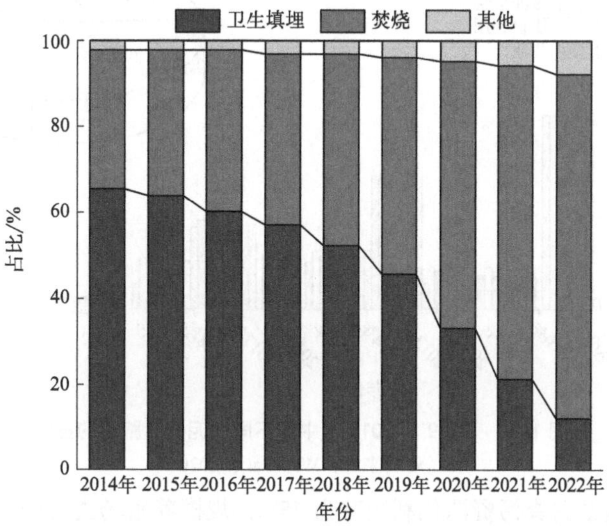

图 1-15 2014 ~ 2022 年中国城市生活垃圾处理结构变化情况

资料来源：中国住房和城乡建设部，2022

2019 年全国厨余废弃物年产生量为 1.2 亿～ 1.4 亿吨，上海、北京、重庆、广州等餐饮业发达城市尤为突出，厨余废弃物日产生量达到 2000t 以上。目前我国厨余废弃物处理技术有填埋、肥料化、饲料化和能源化等，以环太湖苏州、无锡、常州、湖州、嘉兴调研为例：厨余废弃物通过直接焚烧或厌氧消化产生沼气（沼渣焚烧）的能源化利用约占 86.7%，肥料化利用的比例较小，仅为 13.3%。而在未推行垃圾分类的地区，厨余垃圾混在生活垃圾中，其填埋比例约占 35%，焚烧比例占 58.9%，造成过多碳排放以及环境污染风险。随着垃圾分类制度的实施和环保压力的增大，厨余废物处理将迎来发展契机。

我国污泥产量大，针对其处理处置形势严峻的问题，《“十三五”全国城镇污水处理及再生利用设施建设规划》明确指出污泥应进行稳定化、无害化和资源化处理。截至 2021 年底，我国已建设污水处理厂 2827 座，污泥的处理方式主要包括污泥浓缩、脱水、厌氧消化、高温好氧发酵、热干化等。经过处理的污泥需要进行安全处置，因此围绕我国污泥有机质含量低、含沙量高的特点，形成了稳定化处理与安全处置的厌氧消化—土地利用、干化焚烧—灰渣填埋或建材利用、好氧发酵—土地利用、深度脱水—应急填埋 4 条主流技术路线。截至 2019 年年底，我国产生的污泥中，约 29.3% 通过土地利用，其次是焚烧（26.7%）和卫生填埋（20.1%），而通过建材利用（15.9%）和其他（8.0%）的比例较少（图 1-16）。土地利用是我国污泥处理处置的重要技术路线，且焚烧、堆肥、热水解和厌氧消化是我国污泥处理的主流技术，2019 年的处理量分别为 27122t/d、11250t/d、8342t/d 和 6944 t/d。焚烧优先在华东地区建设，相比之下，污泥堆肥在东北地区（46.5%）、华东地区（22.4%）和华中地区（12.8%）使用频率最高，而厌氧消化在华东、华北和华中地区使用频率最高。尽管近年来，特别是 2008 年以来，我国污泥管理取得了显著成就，但污泥处理处置现状仍有待提升。

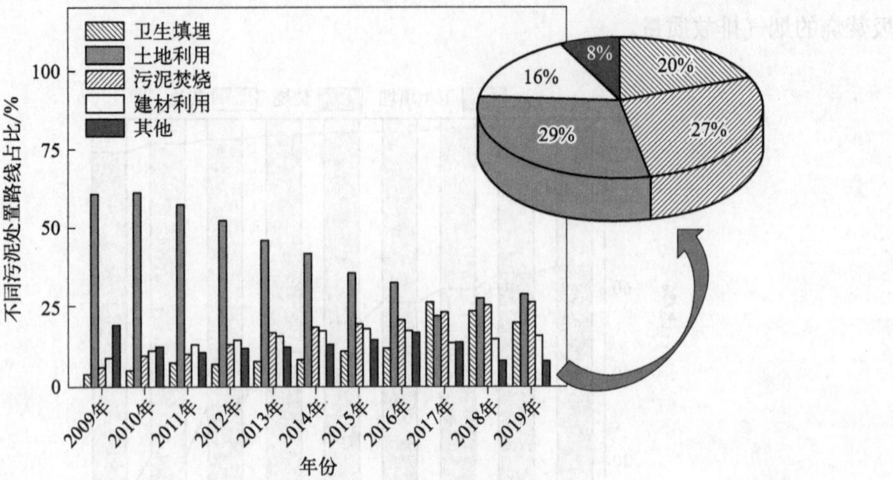

图 1-16　2009 ~ 2019 年中国不同污泥处置路线的占比

（资料来源：Wei et al.，2020）

2017 年，我国畜禽粪污资源化利用率为 75%，规模养殖场粪污处理设施装备配套率达 90% 以上，粪污处理设施基本具备，但大部分养殖场仍以粪便堆沤、粪水贮存等简易方式为主。根据 2019 ～ 2020 年农业农村部规划设计研究院调研，畜禽粪污处理方式以肥料化利用为主（94%，其中堆沤还田占 75%，商品有机肥利用占 19%），厌氧发酵产沼气、生活燃料、蚯蚓养殖等其他方式占 6%。此外，一些地方存在设施建设不规范和无害化不彻底等问题，畜禽粪污资源化利用效率还有待进一步提升。

随着农业生产和农民生活方式的转变、农村劳动力的转移、能源消费结构的改善以及各种替代材料的应用，秸秆利用方式发生了显著变化。目前我国农作物秸秆的利用方式大致可分为农作物秸秆用作肥料还田（肥料化）、畜牧饲料（饲料化）、生活能源（燃料化）、工业原料（原料化）和秸秆基料（基料化）5 个方面。据农业农村部发布的《全国农作物秸秆综合利用情况报告》显示，全国农作物秸秆综合利用率稳步提升，2021 年，全国农作物秸秆利用量 6.47 亿吨，综合利用率达 88.1%，较 2018 年增长了 3.4%。2021 年，秸秆还田量达 4 亿吨，其中玉米、水稻、小麦秸秆还田量分别为 1.26 亿吨、1.13 亿吨、1.04 亿吨，分别占可收集量的 42.6%、66.5%、73.7%。2021 年，秸秆离田利用率达 33.4%。饲料化利用量达 1.32 亿吨，饲料化利用率达 18%，较 2018 年提高了 3.7%；燃料化利用量稳定在 6000 多万吨；基料化、原料化利用量达 1208 万吨。因此，秸秆作为我国一项重要的农业资源，实现秸秆全量利用，坚持农用为主，秸秆综合利用向能源化、原料化、肥料化、饲料化方向发展，对促进绿色农业、高质量农业、低碳农业发展，提高秸秆生态效益和经济效益，应对气候变化具有十分重要的意义。

随着我国农业产业结构调整和“三绿工程”的实施，优质高效生态农业种植面积将逐年扩大，绿色食品、有机食品生产基地的扩大必然形成对有机肥的巨大需求。与此同时，国家对改善生态环境的巨大投入必将有效拉动林、草、花卉用肥需求的迅猛增长。堆肥可以实现有机废物的减量化、无害化、资源化处理，其不仅可以把令人讨厌的废物转变为易于处理的物料，还能创造有价值的堆肥产品。堆肥产品和有机肥企业联系紧密，据 2017 年对中国

23 个省份的 346 家有机肥企业的调研数据显示（图 1-17），315 家有机肥厂能够生产堆肥、商品有机肥、生物有机肥、其他产品（有机无机复混肥、微生物菌剂等），其产品类型占比分别为 29%、55%、12%、4%，此外有 27.5% 的企业能够同时生产两种或两种以上的产品。

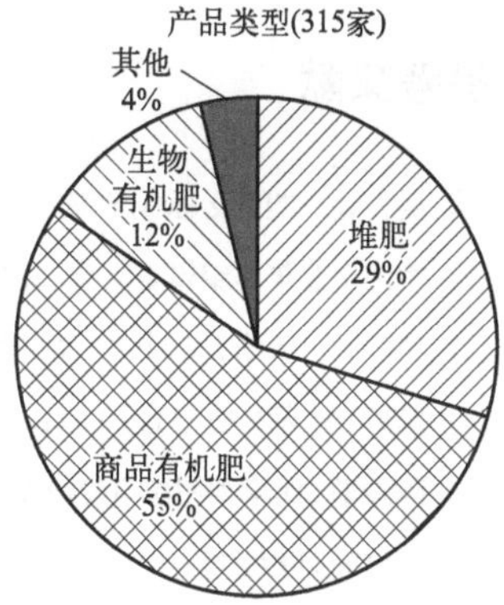

图 1-17　2017 年中国有机肥厂的产品类型

随着我国有机废物产量快速增长，堆肥处理需求也随之增加，堆肥技术的提升和设备的改进推动堆肥产业不断发展，我国堆肥产业市场规模持续扩大。根据国内外发展经验，有机固体废物的处理应以资源化利用为主导方向，主要的技术途径就是通过对这些废弃物资源进行生物堆肥处理，实现废弃物的减量化、资源化、无害化利用。

（三）国内堆肥发展前景

总体上，由于长期忽视对固体废物的管理以及技术装备等的不足，我国的堆肥产业目前仍处在一个工业化发展前期，堆肥规模、堆肥厂的数量以及堆肥工艺水平基本停留在一个粗放式的简单加工阶段，与发达国家相比距离甚远。事实上，中国目前已成为世界最大的有机固体废物产生国，仅养殖畜禽粪便年产量就达到 30 亿吨左右。大量的有机废物未经科学处理进入环境，带来了土壤和水体的富营养化和严重污染，实现有机废物有效处理和土地循环利用将成为未来重要的发展方向。随着国家对环境保护治理的加强以及社会资金对该行业的关注，规模化固体废物的生物堆肥以及有机肥生产必将进入蓬勃发展的阶段，也预示着本领域推广前景将十分广阔。具体表现在如下几个方面：

① 有机固体废物的堆肥处理和土地利用实质上是保持土壤和生态系统碳平衡的重要途径和方向，根据我们的研究结合欧洲的经验，我国有机废物土地利用合理的比例应占到产生总量的 50% 以上，这样才能保障土壤有机质的平衡，实现环境安全和农业生产能力的稳定与长久。

② 有机废物的堆肥利用关系到城镇有机废物及新农村的环境治理、固体废物环保产业的壮大、土壤长期培肥与生态建设以及持续农业生产体系的建立等重大农业与环境发展议题，目前国内研究及技术水平均不足以支撑上述发展需求，应加强相关领域的技术和设备研制，并鼓励建立不同模式的示范工程。

③ 据不完全统计，我国目前有机肥使用比例仅约 25%，远低于欧美等发达国家 50% 的使用比例。近年来我国农业主管部门发布了一系列有机肥替代化肥、绿色种养循环等行动计划、高标准农田建设规划等指导性意见，对有机肥的使用给予了大力支持。科学研究表明，理想的施肥结构应该是有机、无机肥各占 50%。由此分析，未来我国有机肥即使按实物量估算年生产能力也将达到 1 亿吨以上，有机肥产业前景十分广阔。

④ 中国的堆肥工艺和设备水平还较低，需要大量引进国外先进的技术和工艺，开展国际堆肥产业合作有很大的发展空间。

⑤ 不同于欧美国家，中国堆肥及有机肥的发展基本上走了一条独具特色的市场化道路，包括自主技术和设备的开发、堆肥菌剂的应用、快速堆肥工艺的提出和有机无机复混肥工艺和设备的建立，这些技术模式对世界各国都有借鉴意义。

参考文献

[1] 吴自牧 . 梦粱录 [M]. 西安：三秦出版社，2004.

[2] 中国农业年鉴编辑委员会 . 中国农业年鉴 [M]. 北京：中国农业出版社，2004.

[3] 柴晓利，张华，赵由才 . 固体废物堆肥原理与技术 [M]. 北京：化学工业出版，2005.

[4] 陈旉 . 陈旉农书 [M]. 北京：农业出版社，1956.

[5] 陈禹平 . 四川利用城市垃圾制造颗粒肥料 [J]. 农业科学通讯，1956（9）：523-526.

[6] 陈懋喆 . 欧盟 15 国污水污泥产生量与处理处置方法对比 [J]. 能源环境保护，2019，33（1）：6-12.

[7] 段崇东，彭生平，侯金龙，等 . 双轴桨叶混料机及配料装置：CN 201822252429.6 [P]. 2019-11-08.

[8] 戴晓虎 . 我国污泥处理处置现状及发展趋势 [J]. 科学，2020，72（6）：30-34，4.

[9] 冯国杰，成官文，王瑞平 . 菌渣、鸡粪联合堆肥工艺研究 [J]. 安全与环境学报，2007（3）：86-89.

[10] 桂厚瑛 . 污泥堆肥工程技术 [M]. 北京：中国水利水电出版社，2015.

[11] 郭若楠，殷建成，刘佳慧，等 . 畜禽粪污无害化及资源化利用研究进展 [J]. 特产研究，2023：1-6.

[12] 郭文韬 . 中国古代农业科技史 [M]. 北京：中国农业科技出版社，1989.

[13] 郭文韬 . 中国农业科技发展史略 [M]. 北京：中国科学技术出版社，1988.

[14] 黄超文，彭淑婧，郑海霞，等 . 一体化固废处理系统及其使用方法：CN 201711260971.X [P]. 2024-04-23.

[15] 何道全 . 太上老子 [M]. 道经（明）. 1644.

[16] 胡国恩，蒋子忠 . 北京市利用城市垃圾、粪便制造颗粒肥料的经验 [J]. 农科学通讯，1958（1）：41-42.

[17] 华经产业研究院 .2019—2025 年有机肥料行业市场深度调查及发展前景研究预测报告 [R/OL]. https：//www.huaon.com/story/376151.

[18] 胡菊，肖湘政，吕振宇，等 . 接种 VT 菌剂堆肥过程中物理化学变化特征分析 [J]. 农业环境科学学报，2005（5）：140-144.

[19] 韩跃国 . 一种安全性高的具有除臭功能的有机垃圾处理设备：CN 201711466656.2 [P]. 2023-04-28.

[20] 贾思勰 . 齐民要术 [M]. 北京：团结出版社，1996.

[21] 金书秦，唐佳丽，杨小明，等 . 欧盟有机肥产品标准、管理机制及其启示 [J]. 中国生态农业学报（中英文），2021，29（7）：1236-1242.

[22] 金维续 . 有机肥料研究四十年 [J]. 土壤肥料，1989（5）：35-40.

[23] 李帆，徐世永，邓凯东 . 畜禽粪污管理及资源化利用现状与展望 [J]. 现代畜牧科技，2023（10）：102-105.

[24] 李国学，李玉春，李彦富 . 固体废物堆肥化及堆肥添加剂研究进展 . 北京：农业环境科学学报，2003，22（2）：252-256.

[25] 李国学，黄懿梅，姜华 . 不同堆肥材料及引入外源微生物对高温堆肥腐熟度影响的研究 [J]. 应用与环境生物学报，1999，5（Sl）：139-142.

[26] 李莉，杨昕涧，何家俊，等 . 我国畜禽粪便资源化利用的现状及展望 [J]. 中国奶牛，2020（11）：55-60.

[27] 李季，吴卫中 . 城市污水处理厂污泥堆肥及土地修复利用 [C]. 首届北京生态建设国际论坛文集，北京，2005：7.

[28] 李季 . 快速堆肥过程及工艺 . 全国第一届堆肥技术与工程培训班培训材料，2004.

[29] 刘更令 . 中国有机肥料 [M]. 北京：农业出版社，1991.

[30] 陆晓林，戴传超，贾永 . 堆肥过程中优势功能微生物菌群多样性及其影响因素 [J]. 生态学杂志，2019，38（9）：2866-2874.

[31] 马志光，曾庆东，黄激文，等 . 一种堆肥翻堆机：CN 200420014504.0 [P]. 2005-02-09.

[32] 毛达如 . 有机肥料 [M]. 北京：农业出版社，1982.

[33] 闵三弟，唐桂清 . 微生物接种剂对堆肥影响的研究 [J]. 微生物学杂志，1988（2）：39-42.

[34] 农业部种植业管理司全国农业技术推广服务中心 . 土壤有机质提升 [M]. 北京：中国大地出版社，2007.

[35] 彭定一，邵军 . 城市垃圾的堆肥处理 [J]. 中国纺织大学学报，1989（1）：103-109.

[36] 全宏东 . 好氧堆肥试验装置的设计 [J]. 重庆环境科学，1989（5）：28-32.

[37] 石声汉 . 氾胜之书今释 [M]. 北京：科学出版社，1956.

[38] 石祖梁，李想，王久臣，等 . 中国秸秆资源空间分布特征及利用模式 [J]. 中国人口 • 资源与环境，2018，28（S1）：202-205.

[39] 孙晓曦，马双双，韩鲁佳，等 . 智能型膜覆盖好氧堆肥反应器设计与试验 [J]. 农业机械学报，2016，47（12）：240-245.

[40] 孙炘，Lam M C，朱婷 . 德国生活垃圾分类管理和资源化经验的启示 [J]. 节能与环保，2021（8）：48-50.

[41] 王家玲，李顺鹏，黄正 . 环境微生物学 [M]. 2 版 . 北京：高等教育出版社，2004：255-256.

[42] 王绍文，梁富智，王纪曾 . 固体废弃物资源化技术与应用 [M]. 北京：冶金工业出版社，2003.

[43] 王湘文，王圣泽，藏梓硕，等 . 一种智能化滚筒发酵罐：CN 202011417540.1 [P]. 2021-10-08.

[44] 王永厚 . 农业文明史话 [M]. 北京：中国农业科学技术出版社，2006.

[45] 王祯 . 王祯农书 [M]. 北京：农业出版社，1981.

[46] 吴德胜，赵明杰，赵景华，等 . 一种堆肥反应器：CN201410302798.5 [P]. 2016-08-24.

[47] 伍世德，黄激文，李世坤，等 . 全进全出仓贮堆肥发酵系统及其使用方法：CN 201210099178.7. [P]. 2014-04-16.

[48] 徐光启 . 农书草稿 [M]. 上海：上海古籍出版社，1983.

[49] 杨传文，邢帆，朱建春，等 . 中国秸秆资源的时空分布、利用现状与碳减排潜力 [J]. 环境科学，2023，44（2）：1149-1162.

[50] 杨丽楠，李昂，袁春燕，等 . 半透膜覆盖好氧堆肥技术应用现状综述 [J]. 环境科学学报，2020，40（10）：3559-3564.

[51] 杨荫冲 . “粪”字词义考释及其在古文献中的应用 [J]. 湖北社会科学，2008，6：108-110.

[52] 游修龄 . 农史研究文集 [M]. 北京：中国农业出版社，1999.

[53] 袁黄，程璇，王竹舫 . 宝坻劝农书 [M]. 北京：中国农业出版社，2000.

[54] 赵彬涵，孙宪昀，黄俊，等 . 微生物在有机固废堆肥中的作用与应用 [J]. 微生物学通报，2021，48（1）：223-240.

[55] 中国农村垃圾处理行业发展现状分析与投资前景研究报告（2022—2029 年），观研报告网 [EB/OL].2022-07-01.

[56] 中国农业博物馆 . 汉代农业画像砖石 [M]. 北京：中国农业出版社，1996.

[57] 中华人民共和国国家统计局 . 中国统计年鉴：2019[M]. 北京：中国统计出版社，2020.

[58] 中华人民共和国国家统计局 . 中国统计年鉴：2020[M]. 北京：中国统计出版社，2021.

[59] 中华人民共和国国家统计局 . 中国统计年鉴：2021[M]. 北京：中国统计出版社，2022.

[60] 周群英，王士芬 . 环境工程微生物学 [M]. 3 版 . 北京：高等教育出版社，2008：349-350.

[61] Abdullah N，Chin N L. Simplexcentroid mixture formulation for optimised composting of kitchen waste[J]. Bioresource Technology，2010，101：8205-8210.

[62] Albert H. An agricultural testament[M]. Oxford：Oxford University Press，1940.

[63] Arvanitoyannis I S，Kassaveti A. Current and potential uses of composted olive oil waste[J]. International Journal of Food Science & Technology，2010，42：281-295.

[64] Martin D L，Gershuny G. The rodale book of composting：Easy methods for every gardener[M]. New York：Rodale Press Inc，1992.

[65] Ekinci K . Theoretical and experimental studies on the effects of aeration strategies on the composting process [D]. Columbus：The Ohio State University. 2001.

[66] Fitzpatrick G E，Worden E C，Vendrame W A. Historical development of composting technology during the 20th century[J]. Hort Technology，2005，15 (1)：48-51.

[67] Franke-Whittle I H，Confalonieri A，Insam H，et al. Changes in the microbial communities during cocomposting of digestates[J]. Waste Management，2014，34：632-641.

[68] Haruta S，Nakayama T，Nakamura K，et al. Microbial diversity in biodegradation and reutilization processes of garbage[J]. Journal of Bioscience and Bioengineering，2005，99：187-188.

[69] Haug R T. The practical handbook of compost engineering[M]. Boca Raton：Lewis Publishers，1993.

[70] Haug R T. The practical handbook of compost engineering[M]. New York：Routledge，2018.

[71] Hu T，Wang X J，Zhen LS，et al. Effects of inoculating with lignocellulose-degrading consortium on cellulose-degrading genes and fungal community during co-composting of spent mushroom substrate with swine manure[J]. Bioresource Technology，2019，291：121876.

[72] Jin C，Sun S，Yang D，et al. Anaerobic digestion：An alternative resource treatment option for food waste in china[J]. Science of The Total Environment，2021，779，146397.

[73] Kaza，S. et al. What a Waste 2.0：A global snapshot of solid waste management to 2050. Washington DC：The World Bank，2018.

[74] Keener H M. Challenges and opportunities in composting organic waste[J]. Climate change and food security in South Asia，2010：295-324.

[75] King F H，Sc D. Farmers of forty centuries [M]. New York：Rodale Press Inc，1911.

[76] Diaz L F，Bertoldi de M，Bidlingmaier W. Compost science and technology. Elsevier，2011.

[77] Li C N，Li H Y，Yao T，et al. Effects of microbial inoculation on enzyme activity，available nitrogen content，and bacterial succession during pig manure composting[J]. Bioresource Technology，2020，306：123167.

[78] Lv B Y，Xing M Y，Yang J，et al. Pyrosequencing reveals bacterial community differences in composting and vermicomposting on the stabilization of mixed sewage sludge and cattle dung[J]. Applied Microbiology and Biotechnology，2015，99 (24)：10703-10712.

[79] Mao H L，Wang K，Wang Z，et al. Metabolic function，trophic mode，organics degradation ability and influence factor of bacterial and fungal communities in chicken manure composting[J]. Bioresource Technology，2020，302：122883.

[80] Op Den Camp H J M，Islam T，Stott M B，et al. Environmental，genomic and taxonomic perspectives on methanotrophic Verrucomicrobia[J]. Environmental Microbiology Reports，2009，1：293-306.

[81] Drechsel P，Qadir M，Wichelns D. Wastewater economic asset in an urbanizing world[J]. Wastewater，2015，12 (1)：3-14.

[82] Qdais HAA，Hamoda M F. Enhancement of carbon and nitrogen transformations during composting of municipal solid waste[J]. Journal of Environmental Science and Health Part A：Toxic/Hazardous Substances & Environmental Engineering，2004，39：409-420.

[83] Rodale J I. The complete book of composting [M]. New York：Rodale Press Inc，1972.

[84] Tortosa G，Torralbo F，Maza-Márquez P，et al. Assessment of the diversity and abundance of the total and active fungal population and its correlation with humification during two-phase olive mill waste ("alperujo") composting[J]. Bioresource Technology，2020，295：122267.

[85] United States Environmental Protection Agency. 2018 Wasted food report.Wsahington：EPA headquarters [R]，

2020.

[86] Walling E, Trémier A, Vaneeckhaute C. A review of mathematical models for composting[J]. Waste Management, 2020, 113: 379-394.

[87] Wang K, Chu C, Li X K, et al. Succession of bacterial community function in cow manure composing[J]. Bioresource Technology, 2018, 267: 63-70.

[88] Wang K, Yin X B, Mao H L, et al. Changes in structure and function of fungal community in cow manure composting[J]. Bioresource Technology, 2018, 255: 123-130.

[89] Wang B, Wang Y, Wei Y Q, et al. Impact of inoculation and turning for full-scale composting on core bacterial community and their co-occurrence compared by network analysis[J]. Bioresource technology, 2022, 345: 126417.

[90] Wei H, Wang L, Hassan M, et al. Succession of the functional microbial communities and the metabolic functions in maize straw composting process[J]. Bioresource Technology, 2018, 256: 333-341.

[91] Wei L, Zhu F, Li Q, et al. Development, current state and future trends of sludge management in China: Based on exploratory data and CO_2-equivaient emissions analysis[J]. Environment International, 2020: 106093.

[92] Wei Y, Zhao Y, Shi M, et al. Effect of organic acids production and bacterial community on the possible mechanism of phosphorus solubilization during composting with enriched phosphate solubilizing bacteria inoculation[J]. Bioresource Technology, 2018, 247: 190 - 199.

[93] Zhang L L, Zhang H Q, Wang Z H, et al. Dynamic changes of the dominant functioning microbial community in the compost of a 90-m^3 aerobic solid state fermentor revealed by integrated meta-omics[J]. Bioresource Technology, 2016, 203: 1-10.

[94] Zhong X Z, Ma S C, Wang S P, et al. A comparative study of composting the solid fraction of dairy manure with or without bulking material: performance and microbial community dynamics[J]. Bioresource Technology, 2018, 247: 443-452.

[95] Zhou G, Xu X, Qiu X, et al. Biochar influences the succession of microbial communities and the metabolic functions during rice straw composting with pig manure[J]. Bioresource Technology, 2019, 272: 10-18.

第二章　堆肥原理

第一节 堆肥过程

一、好氧堆肥

好氧堆肥的基本反应过程可以表示为：

$$\text{有机固体废物} + O_2 \xrightarrow{\text{微生物代谢}} \text{稳定的有机残余物} + CO_2 + H_2O + \text{热}$$

好氧条件下，堆肥物料中的可溶性有机物透过微生物的细胞壁和细胞膜被微生物吸收；固体和胶体有机物质先附着在微生物体外，由微生物分泌胞外酶将其分解为可溶性物质，再渗入细胞。好氧堆肥反应过程如图 2-1 所示。

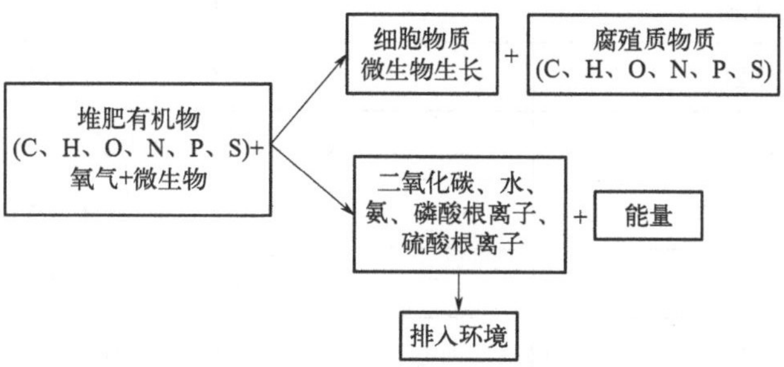

图 2-1 好氧堆肥反应过程

同时微生物通过自身的代谢活动，将一部分有机物氧化成简单的无机物，并释放出能量；另一部分有机物用于合成自身的细胞物质，提供微生物各种生理活动所需的能量，使机体能进行正常的生长与繁殖。

堆肥中有机物的氧化与合成过程主要包括有机物的氧化、细胞物质的合成及细胞物质的氧化。

好氧堆肥过程按温度大致可划分为 3 个阶段。

1. 升温阶段

一般指堆肥过程的初期。在该阶段，堆体温度逐步上升到 45℃左右，微生物以嗜温性微生物为主，包括细菌、真菌和放线菌，分解底物以糖类和淀粉类为主。在该阶段能发现真菌的子实体，也可能有动物及原生动物参与分解。

2. 高温阶段

堆温升至 45℃以上即进入高温期，在这一阶段，嗜温性微生物受到抑制甚至死亡，而嗜热性微生物则上升为主导微生物。堆肥中残留的和新形成的可溶性有机物质继续被氧化分解，复杂的有机物如半纤维素、纤维素和蛋白质也开始被强烈分解。微生物的活动交替出现，通常在 50℃左右时最活跃的是嗜热性真菌和放线菌；温度上升到 60℃时真菌几乎完全停止活动，仅有嗜热性细菌和放线菌活动；温度升到 70℃时大多数嗜热性微生物已不再适应，并大批进入休眠和死亡阶段。现代化堆肥生产的最佳温度一般为 55℃，这是因为在该温度范围内大多数微生物最活跃，最易分解有机物，而病原菌和寄生虫大多数可被杀死（表 2-1）。

表 2-1 病原微生物寄生虫在不同温度下的死亡情况

名称	死亡情况
沙门伤寒菌	46℃以上不生长；55 ~ 60℃，30min 内死亡
沙门菌属	56℃，1h 内死亡；60℃，15 ~ 20min 死亡
志贺杆菌	55℃，1h 内死亡
大肠杆菌	绝大部分，55℃，1h 死亡；60℃，15 ~ 20min 死亡
阿米巴原虫	50℃，3d 死亡；71℃，50min 内死亡
美洲钩虫	45℃，50min 内死亡
流产布鲁杆菌	61℃，3min 内死亡
酿脓链球菌	54℃，10min 内死亡
化脓性细菌	50℃，10min 内死亡
结核分枝杆菌	66℃，15 ~ 20min 内死亡；67℃，死亡
牛结核杆菌	55℃，45min 内死亡
蛔虫卵	55 ~ 60℃，5 ~ 10d 死亡
钩虫卵	50℃；3d 死亡
鞭虫卵	45℃；60d 死亡
血吸虫卵	53℃，1d 死亡
蝇蛆	51 ~ 56℃，1d 死亡
霍乱弧菌	65℃，30d 死亡
炭疽杆菌	50 ~ 55℃，60d 死亡
布氏杆菌	55℃，60d 死亡
猪丹毒杆菌	50℃，15d 死亡
猪瘟病毒	50 ~ 60℃，30d 死亡
口蹄疫病毒	60℃，30d 死亡
小麦黑穗病菌	54℃，10d 死亡
稻热病菌	51 ~ 52℃，10d 死亡
麦蛾卵	60℃，5d 死亡
二化螟卵	55℃，3d 死亡
小豆象虫	60℃，4d 死亡
绕虫卵	50℃，1d 死亡

资料来源：周学彬，2012。

3. 降温阶段（腐熟阶段）

在降温阶段，温度下降，需氧量大大减少，发热量减少，有机物趋于稳定化，堆肥进入腐熟阶段。此时堆体内只剩下部分较难分解的有机物和新形成的腐殖质，嗜温性微生物占优势，对难分解有机物做进一步分解，腐殖质不断增多且稳定化，从而有助于有机废物的腐熟，减少植物性毒性物质和抑制有害病原菌。

二、厌氧堆肥

厌氧堆肥是在缺氧条件下利用厌氧微生物进行的一种腐败发酵分解，其最终产物除二氧化碳和水外，还有氨、硫化氢、甲烷和其他有机酸等还原性产物。其中氨、硫化氢及其他还原性终产物有令人讨厌的恶臭，而且厌氧堆肥需要的时间也很长，完全腐熟往往需要几个月的时间。传统的农家堆肥就是厌氧堆肥。

厌氧堆肥过程主要分成两个阶段：第一阶段是产酸阶段，产酸菌将大分子有机物降解为小分子的有机酸和乙醇、丙醇等物质，并提供部分能量用于合成三磷酸腺苷（ATP）；第二阶段为产甲烷阶段，甲烷菌将有机酸继续分解为甲烷气体。

厌氧堆肥过程没有氧分子参加，酸化过程中产生的能量较少，许多能量保留在有机酸分子中，在甲烷菌作用下以甲烷气体的形式释放出来。厌氧堆肥的特点是反应步骤多、速度慢、周期长。图 2-2 为厌氧堆肥主要生化过程。

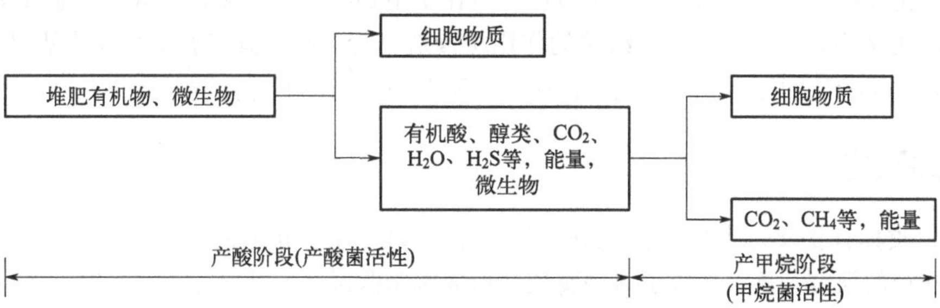

图 2-2　厌氧堆肥主要生化过程

第二节　基本原理

一、物质转化

（一）矿化

1. 碳水化合物分解

堆肥过程中微生物首先分解容易利用的碳水化合物，如纤维素、糖类和淀粉等，这些物质在微生物分泌的酶作用下被水解为单糖。葡萄糖在通气良好的条件下迅速分解，酒精、醋酸和草酸等中间产物不易积累，最终被氧化为二氧化碳和水，同时释放出一定的热量，为微生物的生命活动提供动力。如果通气不良，在厌氧微生物作用下，单糖分解缓慢，产生热量少，并积累一些中间产物——有机酸。

2. 含氮有机物分解

蛋白质在微生物分泌的蛋白酶作用下，逐步水解为多肽和氨基酸。氨基酸再经过脱氨基作用将氨基去除，进一步生成氨、二氧化碳和有机酸等，再经氨化作用、硝化作用而分别形成铵盐、硝酸盐，可以被植物吸收利用。蛋白质等含氮有机物在微生物的作用下分解产生氨的过程称为氨化作用。在有氧条件下，氨被硝化细菌氧化为亚硝酸盐，进而氧化为硝酸盐的过程称为硝化作用；在缺氧条件下，硝酸盐被反硝化细菌还原为氮气等气态氮的过程称为反硝化作用，这一过程会导致堆肥中的氮素损失。

3. 其他有机物转化

（1）含磷有机物的转化　堆肥中的含磷有机化合物在多种腐生性微生物的作用下形成磷酸，成为植物能够吸收利用的养分。

（2）含硫有机物的转化　堆肥中含硫有机物经微生物的作用生成硫化氢。硫化氢在嫌气环境中易积累，对植物和微生物会产生毒害。但在通气良好的条件下，硫化氢在硫细菌的作用下氧化成硫酸，并和堆肥中的盐基作用形成硫酸盐，不仅消除了硫化氢的毒害，还成为植物能吸收的硫素养料；在通气不良的情况下会发生反硫化作用，硫酸转变为硫化氢散失，并对植物产生毒害。堆肥发酵过程中，可以通过定时翻倒措施改善堆肥的通气性，消除反硫化作用。

（3）脂类及芳香类有机物的转化　鞣酸、树脂等结构复杂，分解较慢，其最终分解产物也是二氧化碳和水；木质素是含植物性原料（如树皮、木屑等）堆肥中特别稳定的有机化合物，它结构复杂、含芳香核，并以多聚形式存在于植物组织中，极难分解。在通气良好的条件下，木质素主要通过真菌、放线菌的作用缓慢地进行分解，其芳香核可变为醌型化合物，它是再合成腐殖质的原料之一。当然，这些物质在一定条件下还会继续被分解。

（二）腐殖化

腐殖质具有复杂的结构，它能够改善土壤的物理、化学和生物学性质。经过多年对腐殖酸合成途径的研究，逐渐形成了多种腐殖酸形成机制假说，包括以非生物途径为主的形成机制假说如木质素 - 蛋白学说、多酚 - 蛋白假说、多酚自缩合反应以及美拉德反应，和以生物途径为主的形成机制假说如微生物合成假说、微生物多酚学说、细胞自溶学说及活性氧理论。

关于腐殖质的形成机制虽然有很多种不同的说法，但大体都分为形成前体和合成腐殖质两个阶段。木质素和纤维素等较难分解的物质在堆肥后期被一些特殊的微生物缓慢分解，这些微生物能够分泌特殊的酶来降解这些复杂的有机物质，分解产物与其他中间产物相互作用形成小分子化合物（多酚、脂肪酸、糖类以及氨基酸等化合物），这些物质被称为腐殖质的前体。接着，堆肥中的微生物利用分解有机物产生的多种不同来源前体物质，通过聚合、缩合等反应最终合成腐殖质。

（三）合成代谢

堆肥开始后，微生物分泌的水解酶类，如蛋白酶、淀粉酶和脂肪酶等，率先发挥作用。蛋白酶能够分解有机氮化合物，将其转化为可供微生物利用的氨基酸和肽类物质；淀粉酶致力于水解淀粉和多糖，释放出葡萄糖等简单糖类，为微生物的生长和代谢提供能量来源；脂肪酶则分解脂肪类物质，使之转化为脂肪酸和甘油。

随着堆肥进程的推进，纤维素酶和半纤维素酶的活性逐渐增强。纤维素和半纤维素是植物细胞壁的主要成分，分解这些复杂的大分子物质对于堆肥的腐熟至关重要。微生物产生的纤维素酶和半纤维素酶能够有效地断裂化学键，将纤维素和半纤维素转化为更易被利用的小分子化合物。

进入堆肥的高温阶段，微生物的群落结构发生显著变化，与之相应的酶活性也出现调整。此时，一些耐高温的微生物所分泌的酶，如木质素酶等活性显著上升。木质素是一种顽固的有机聚合物，其分解对于堆肥的完全腐熟和有机物的充分转化具有重要意义。木质素酶能够分解木质素的复杂结构，促进堆肥的进一步稳定化。

在堆肥的降温阶段，酶活性的变化继续反映着微生物的代谢需求和环境条件的改变。氧化还原酶类，如过氧化氢酶和多酚氧化酶等的活性逐渐增强，多酚氧化酶在芳香族化合物的催化氧化和易降解中间体物质的生成中起着重要作用。此外，这些酶有助于清除堆肥过程中产生的过氧化物等有害物质，同时参与有机物的氧化反应，进一步改善堆肥的品质。

二、热力学与热失活原理

（一）热力学原理

热力学是一门涉及能量及其转化的学科，其原理也广泛应用于堆肥系统的分析。

热力学第一定律为能量守恒定律，即能量既不会凭空产生也不会凭空消失。因此，可以认为能量进入一个系统后只有两条出路：一是储存起来；二是流出此系统。堆肥工艺中的主要能量输入是堆肥基质的有机分子，当这些有机分子被微生物分解时，能量可转化为微生物机体或以热释放到周围环境中。由此可见，有机物分解产生的能量推动了堆肥化进程，使温度升高，同时还可干燥湿基质。实际上也正好可以使微生物继续获得能量对周围有机质进行分解。

热力学第二定律则提出了能量的散失方向，即对于所有独立系统来讲，其熵的变化总是向着无序增加的状态进行的。堆肥过程中始终伴随着热量的散失，热量一旦损失就不可逆转，必须靠微生物进一步利用有机碳源来获得能量。

堆肥热力学过程（见图 2-3）描述了系统的主要输入、输出过程。主要输入有基质、调理剂、空气及其携带的水蒸气；主要输出是堆肥产品、排出的干燥气体和水蒸气。图 2-3 分析了与这些物质相关的能量输入和输出，虽然散发到环境中的热损失没有计在内，但通常这部分热损失只是热输出的一小部分；堆肥回料和膨胀剂回料没有在图 2-3 中标出，这些物料的流动属于系统边界的内部因素，它们对于系统内的平衡是重要的，但不影响整个系统的热平衡。

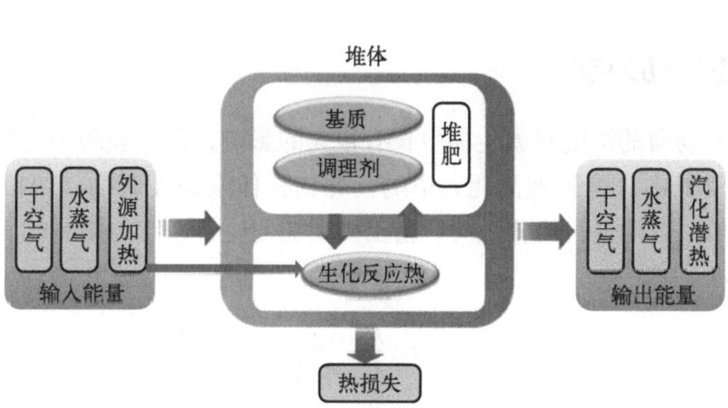

图 2-3 堆肥过程中的热力学边界和主要的输入、输出过程

有机物分解产生的热量使堆肥混合物中的水、气和固体基质温度升高，也驱动了水分随气体排出而蒸发。由于堆垛温度比周围环境温度要高，热量会从暴露于空气的堆垛表面散失。堆垛的隔离效应一定程度上可限制热传导，并减少了热损失。条垛或堆体在机械搅拌下也会产生热量损失。

（二）热失活原理

许多堆肥所用基质携带人类、动植物的病原体，以及其他有害生命体等，来源于城市生活污水处理后的污泥，就是典型的携带病原体的基质。在堆肥过程中，通过短时间的持续升温，可以有效地控制这些生物的生长。因此，高温堆肥的一个主要优势就是能够使人和动植物病原体以及植物种子失活。

细胞的死亡很大程度上是基于酶的热失活。在适宜的温度下酶的失活是可逆的，但在高温下是不可逆的。热力学的观点表明，超过适宜温度后，在一个很小的温度范围内酶的活性将迅速降低。如果没有酶的作用，细胞就会失去功能，然后死亡。只有少数几种酶能够经受住长时间的高温。因此，微生物对高温环境非常敏感。

热灭活可以有效消除病原体和其他有害生命体。通常在 50 ～ 60℃的温度下保持充足的时间，可以有效地消除病原体、大肠杆菌、蛔虫卵和杂草种子等；在 60 ～ 70℃的温度下，加热 5 ～ 10min 可破坏非芽孢细菌和芽孢细菌的非休眠体的活性；在 70℃及以上温度条件下，加热 30min 可以消灭污泥中的病原体。

三、动力学原理

（一）酶反应动力学

在堆肥过程中，主要生化反应都是在酶的催化下进行的，故这种反应亦可以说是一种酶促反应或酶反应。酶促反应受酶浓度、底物（反应物）浓度、pH 值、温度、反应产物、活化剂和抑制剂等因素的影响。酶是一种很重要的催化剂，在热力学限制范围内，酶能有选择地加速一些生化反应，并能传递电子、原子和化学基团。酶是具有生物适应性的高分子蛋白质，是一种两性化合物，它具有高度的催化能力且专一性强。根据酶的特性，在酶促进有机废物生化反应中，可以看成是底物与酶形成中间络合物，也可以看成是在酶的表面上首先吸附了底物然后再进行反应。因此有机废物的好氧堆肥化过程，也可近似地看作是酶催化反应过程。

（二）微生物生长动力学

培养基中营养物质的浓度对微生物生长有很大的影响，首先表现为对微生物生长速率的影响。在微生物培养中，首先被消耗完毕的营养物称作限制性底物。1940 年，Monod 采用单一限制基质和单一菌种进行培养试验，指出微生物比生长速率与限制性底物浓度的关系可用 Monod 方程表示，即

$$\mu=\frac{\mu_{\max}[S]}{K_s+[S]}$$

式中　μ——微生物的比生长速率，d^{-1}；

μ_{max}——微生物的最大比生长速率，d^{-1}；

$[S]$——限制性底物浓度，g/L；

K_s——饱和常数，其值等于比生长速率恰为最大比生长速率 1/2 时的限制性底物浓度，g/L。

Monod 方程是典型的均衡式生长模型。根据 Monod 方程，当限制性底物浓度很低，即 $[S] \leqslant K_s$ 时，若提高限制性底物的浓度，可以明显提高微生物的比生长速率，微生物比生长速率与限制性底物浓度为一级动力学关系；当 $[S] \geqslant K_s$ 时，$\mu \approx \mu_{max}$，若继续提高限制性底物浓度，微生物的比生长速率保持不变，此时比生长速率与限制性底物浓度无关，为零级动力学特点；当 $[S]$ 处于上述两种情况之间时，μ 与 $[S]$ 的关系符合 Monod 方程。

（三）堆肥过程动力学

在好氧堆肥过程中，微生物附着于固体物料上，固相底物的降解需要进行一系列相当复杂的反应过程，因此可将整个堆肥物料颗粒看作是一个固、液、气混合结构体。在厌氧区，固相可降解基质被水解菌分泌的胞外酶水解为可溶解组分，这些可溶解组分又被发酵菌迅速分解为以挥发性酸为主的发酵产物。这些发酵产物经扩散作用转移到堆肥物料颗粒表层的好氧区，在好氧区被微生物氧化为二氧化碳等简单的无机物、水以及新的微生物组织，并释放出多余的能量。微生物死亡后会形成腐殖质的一部分。好氧堆肥的反应主要由固相底物的增溶、溶解基质的扩散、氧的渗透和传递、好氧微生物对溶解基质的氧化四个主要的动力学过程组成，各动力学过程都可能成为好氧堆肥过程的主要限速步骤。

第三节 堆肥微生物

一、微生物来源

堆肥过程中的微生物可以分为内源微生物和外源微生物。

（一）内源微生物

内源微生物主要指各种废弃物原料本身携带的微生物，如农作物秸秆、枯枝落叶、畜禽粪便及修剪下来的树枝和草屑等在自然环境中就附着有丰富的微生物群落。这些微生物会随着废弃物进入堆肥体系，在堆肥过程中会继续发挥作用，参与有机物的分解转化。

（二）外源微生物

外源微生物主要包括一些自然环境本身含有的和人为筛选添加的微生物。一方面，自然环境的微生物主要来自土壤、空气和水等，在收集有机废物的过程中或在堆肥场地中，可能会混入少量土壤，其中含有大量细菌、真菌、放线菌等，这些微生物会进入堆肥体系参与反应。空气中悬浮着各种微生物，在堆肥过程中，随着空气的流通，部分微生物也会进入堆肥堆体。此外，如果在堆肥过程中添加水来调节堆体湿度，水中也可能携带一定的微生物。另一方面，为了提高堆肥效率和质量，人们常常会向堆肥中添加特定的微生物菌剂，这些菌剂可以是通过购买得到的商用菌剂，如 VT 菌剂、苏柯汉菌剂和生物菌肥发酵剂等，也可以是从堆肥或一些特定材料、环境中筛选和培育得到的高效分解菌种。

二、微生物演替

（一）群落演替

堆肥过程是一个由微生物主导的生化反应过程，在每个阶段都有特定的微生物类群，在不同类群和不同功能微生物的协同作用下，有机废物逐渐转化为腐熟的有机肥料。堆肥过程中微生物的种群随温度变化发生如下的交替变化：低、中温菌群为主转变为中、高温菌群为主，中、高温菌群为主转变为中、低温菌群为主。堆肥过程中微生物群落的演替规律可以概括为：嗜温性细菌、真菌→纤维素分解菌（嗜热性细菌、真菌、放线菌）→纤维素分解菌（嗜热性细菌、放线菌）→木质素分解菌（放线菌等）。

在高温堆肥中，微生物的活动主要分为糖分解期、纤维素分解期、木质素分解期 3 个时期。堆肥初期以氨化细菌、糖分解菌等无芽孢细菌为主，对糖类等水溶性有机物以及蛋白质类物质进行分解，称为“糖分解期”。当堆内温度升高到 50 ～ 70℃的高温阶段时，高温纤维素分解菌占优势，除继续分解易分解的有机物质外，主要分解半纤维素、纤维素等复杂有机物，同时也开始了腐殖化过程，这一阶段称为“纤维素分解期”。当堆内温度降至 50℃以下时，高温纤维素分解菌的活动受到抑制，中温性微生物显著增加，主要分解残留下来的纤维素、半纤维素、木质素等物质，称为“木质素分解期”。

（二）丰度变化

在堆肥初期，以中温性微生物为主导，尤其是细菌中的芽孢杆菌属（*Bacillus*）和假单胞菌属（*Pseudomonas*）快速增殖。*Bacillus* 具有较强的分解有机物的能力，能够迅速将复杂的大分子物质（主要是淀粉和蛋白质）分解为较简单的小分子，为后续的微生物活动创造条件；*Pseudomonas* 则在氮素转化方面发挥着重要作用，助力氮元素在堆肥中的循环与利用。

在堆肥高温期，嗜热性细菌、真菌和放线菌占主导地位，主要分解复杂的有机物质（如纤维素、半纤维素和果胶等物质）。例如，梭杆菌属（*Fusobacterium*）和高温放线菌属（*Thermoactinomyces*）等微生物大量繁殖，它们能够在高温环境下高效分解纤维素、半纤维素和木质素等顽固的有机成分，使得堆肥中的有机物得以更充分地分解，进一步加速堆肥的腐熟进程。

在堆肥腐熟期，中温性微生物再度活跃起来。随着纤维素和半纤维素含量的减少，嗜温性真菌、放线菌占主导地位。真菌中的木霉属（*Trichoderma*）和曲霉属（*Aspergillus*）等开始崭露头角，*Trichoderma* 能够分泌多种酶类，进一步分解残留的有机物，木质素开始被 *Trichoderma* 通过分泌木质素酶的方式分解成酚和醌等物质，然后形成腐殖酸；*Aspergillus* 则在改善堆肥结构和提高堆肥质量方面发挥着积极作用。放线菌对温度和 pH 耐受力强，常见的 *Streptomyces*、*Nocardia*、*Monosporium*、*Arthrobacter* 是高温期和降温腐熟期降解木质纤维素的优势种群。

三、微生物类型

（一）细菌类

在好氧堆肥系统中，存在着大量的细菌。细菌凭借大的比表面积，可以快速将可溶性底物吸收到细胞中。所以在堆肥过程中，细菌在数量上通常要比体积更大的微生物（如真菌）多得多。从不同的堆肥环境中分离出的细菌在分类学上具有多样性，其中包括假单胞菌属（*Pseduomonas*）、克雷伯菌属（*Klebsiella*）以及芽孢杆菌属（*Bacillus*）的细菌。

一些细菌例如芽孢杆菌，能够生成很厚的孢子壁以抵抗高温、辐射和化学腐蚀。因此芽孢杆菌属（*Bacillus*）的一些种，例如枯草芽孢杆菌（*B. subtilis*）、地衣芽孢杆菌（*B. licheniformis*）和环状芽孢杆菌（*B. circulans*）成为堆肥高温阶段的代表性细菌或优势菌。嗜温细菌是堆肥系统中最主要的微生物，研究表明，在堆肥过程的初始阶段，嗜温细菌最为活跃，其数量为 8.5×10^8 ～ 5.8×10^9 个 /g 干物料，主要包括假单胞菌属（*Pseudomonas*）、不动杆菌属（*Acinetobacter*）、佩特里单胞菌属（*Petrimonas*）等，随着堆温达到最大值，其种群数量达到最低；在降温阶段，嗜温细菌的数量又有所回升。

不同原料堆肥具有特定的微生物组成，其变化不尽相同。如猪粪堆肥中厚壁菌门（Firmicutes）占主导地位，而变形菌门（Proteobacteria）在牛粪中更为丰富。在以餐厨废弃物为主要原料的堆肥过程中，厚壁菌门（Firmicutes）和变形菌门（Proteobacteria）为优势菌门，随着堆肥进程的推进，拟杆菌门（Bacteroidetes）和放线菌门（Actinobacteria）逐步成为优势菌门。厚壁菌门与多种代谢活动密切相关，也是木质纤维素降解的重要参与者，其在堆肥升温及高温阶段对于堆肥中物质的降解和转化起着重要作用。拟杆菌门也能有效地降解大分子物质，如纤维素和木质素。变形菌门则有助于降低堆肥产品的生物毒性，提升堆肥品质。在属水平上，芽孢杆菌属是餐厨废弃物堆肥过程中的主要优势物种之一。在堆肥过程中芽孢杆菌能够分泌大量的蛋白酶、淀粉酶和脂肪酶等，可促进大分子有机物的分解转化。这也进一步说明了厚壁菌门在餐厨废弃物堆肥过程中占主要优势的原因。

（二）真菌类

在堆肥过程中，真菌扮演着至关重要的角色，其种类繁多，主要分为酵母菌、霉菌、担子菌和半知菌等类群。在植物性原料如农作物秸秆和锯末的堆肥中，霉菌和担子菌如青霉属、曲霉属、木耳属和蘑菇属等，可有效地分解纤维素、半纤维素和木质素，从而促进有机物的稳定化。而在动物性原料如动物粪便和骨粉的堆肥中，酵母菌和霉菌如根霉属和毛霉属则更多地参与蛋白质和脂肪的分解，产生酒精等代谢产物。当使用混合原料进行堆肥时，这些不同的真菌类群共同作用，不仅能分解各种有机物，还能产生多种代谢产物，如挥发性有机酸、抗生素、激素和维生素等。这些产物不仅能改善堆肥的物理和化学性质，还能促进养分的转化和释放，提高堆肥的肥料效果。真菌的功能和作用因原料的不同而有所区别，但总体而言，它们在分解复杂有机物、产生热量、抑制病原微生物生长以及促进植物生长等方面发挥着不可或缺的作用。

真菌是降解木质纤维素类难降解物质的主要菌群，子囊菌门（Ascomycota）和担子菌门（Basidiomycota）可以分泌多种纤维素和半纤维素降解酶，例如粗糙脉孢菌（*Neurospora crassa*）可以分泌纤维素降解酶和木聚糖降解酶，黄孢原毛平革菌（*Phanerochaete chrysosporium*）能够分泌纤维二糖水解酶、降解半纤维素的木聚糖酶和纤维素内切酶等酶类。在猪粪堆肥中，真菌散囊菌目（Eurotiales）主导堆肥初始时期和腐熟时期，一些属于 Eurotiales 的真菌可以降解顽固的物质，如脂肪族化合物、氯酚和多环芳烃。在堆肥后期，牛羊粪堆肥中嗜热链球菌属（*Mycothermus*）的相对丰度较高，而猪、鸡粪堆肥中以热白丝菌（*Melanocarpus*）

为主。真菌在腐熟阶段也具有重要作用，其中部分担子菌在腐殖化过程中与腐殖化参数呈显著正相关。提高腐殖化过程中真菌群落的丰度，特别是增加子囊菌门（Ascomycota）和担子菌门（Basidiomycota）的丰度是促进腐殖化进程的有效方法。

（三）其他微生物

1. 放线菌

放线菌是一类特殊的细菌，因其对温度和 pH 有较强的耐受力，能够通过分泌一些胞外酶分解木质纤维素类的复杂化合物，且在高温条件下能分解纤维素、角质素等，成为堆肥高温期和降温腐熟期分解木质纤维素的优势种群。堆肥过程中放线菌的数量和多样性总体上呈现上升—下降—上升的趋势。经过高温期并在堆肥过程中长期存活甚至占据优势地位的放线菌，往往具有耐高温、酸碱适应性好等优点，嗜热子囊菌属（*Thermobifida*）、糖单孢菌属（*Saccharomonospora*）、链孢子囊菌属（*Streptosporangium*）在堆肥高温期大量存在。堆体温度达到最高 70℃时放线菌的数量出现下降趋势，随着堆体温度下降放线菌数量又重新升高，甚至在堆肥表面形成肉眼可见的菌落。

2. 古菌

在堆肥过程中，古菌作为一种独特的微生物类群，同样发挥着重要作用。常见的古菌主要包括甲烷古菌（*Methanogens*）、热古菌（*Thermoprotei*）和硫化菌（*Sulfolobus*）等几种类型。这些古菌在堆肥过程中具有各自独特的生理特性和功能，对堆肥的腐熟和稳定化有着重要影响。甲烷古菌在堆肥中的作用主要是通过甲烷发酵将二氧化碳还原为甲烷；热古菌和硫化菌则主要存在于高温堆肥过程中，它们能够在较高温度下生存并参与有机物的分解，同时还可分解堆肥原料中的蛋白质、脂肪和碳水化合物，从而促进有机物的稳定化。不同原料的堆肥过程中，古菌的种类和功能存在一定的差异。此外，这些古菌在堆肥过程中还能产生一系列代谢产物，如有机酸、醇类、酮类和酯类等，这些物质能够改善堆肥的物理和化学性质，增强堆肥的肥效和土壤改良作用。

3. 原生动物

原生动物是一类以细菌或真菌为食的初级消费者，根据其生态功能可分为自养型、共生型、吞噬型和腐生型。其中腐生型原生动物对堆肥中有机物质的分解具有重要作用。另外，原生动物倾向于捕食含氮量高的细菌，所以可能会影响堆肥过程中的氮循环。一般原生动物存在于堆肥的水滴中，数量相对较少，其行为与细菌类似。目前关于堆肥中原生动物的研究较少。

4. 病毒

在堆肥过程中，病毒作为一种微生物粒子，虽然在数量上远不及细菌和真菌，但它们对堆肥系统的影响同样不容忽视。堆肥过程中常见的病毒主要分为噬菌体和植物病毒两大类。噬菌体作为一类专性侵染细菌的病毒，广泛存在于堆肥当中，能够通过裂解细菌促进颗粒有机物向可溶性有机物转化，在微食物环中形成了病毒回路。植物病毒在堆肥过程中较为少见，但它们可以通过感染堆肥原料中的植物残体而影响堆肥的腐熟过程。植物病毒的感染可能会导致植物组织的降解速度加快，从而在一定程度上影响堆肥的质量。目前堆肥中噬菌体相关的研究仅仅是从堆肥中分离获得如伯克氏菌（*Burkholderia*）、耐万古霉素粪肠球菌

（vancomycin-resistant *Enterococcus faecalis*）等不同病原菌的噬菌体，研究噬菌体的基础特性，并未关注噬菌体对堆肥过程微生物和物质变化的影响。所以未来堆肥相关的研究还可以关注堆肥过程中的原生动物和噬菌体群落的结构及其功能。

四、菌种筛选

（一）菌种筛选原则

1. 安全性原则

在筛选菌种时，必须确保其对人体和环境无任何危害。首先，菌种不得产生对人体有害的代谢产物，避免筛选到致病菌或产生毒素、抗生素抗性基因等的菌株。其次，菌种在堆肥过程中不能影响堆肥产品的品质，如影响土壤的生态环境、降低堆肥的肥效等。为了确保安全性，需要从以下几个方面进行菌种筛选：

① 选择已知的、经过长期实践验证安全的菌种。

② 对筛选出的菌种进行严格的生物学特性分析，包括生长速度、繁殖能力、代谢产物等。

③ 对菌种进行安全性评价，包括对人体的致敏性、毒性、遗传稳定性等。

2. 适应性原则

菌种必须能够在堆肥的特定环境中生存和繁殖，这包括对温度、湿度、pH 值等环境条件的适应性。

（1）温度适应性　菌种应能在堆肥过程中的不同温度阶段生存，包括高温阶段和低温阶段。不同菌种对温度的适应性有所不同，因此在筛选时应根据堆肥的具体温度条件选择合适的菌种。

（2）湿度适应性　堆肥过程中的湿度对菌种的生长至关重要。菌种应能在一定范围内适应湿度的变化，以保持良好的生长状态。

（3）pH 值适应性　堆肥过程中，pH 值会影响菌种的生长和代谢。筛选时，应选择能在堆肥的 pH 值范围内生存的菌种。

（4）营养适应性　堆肥原料中的营养成分复杂，菌种应能利用这些营养生长和繁殖。筛选时应关注菌种对堆肥原料中有机物的利用能力。

3. 功能性原则

筛选的菌种应具备特定的功能，如高效降解纤维素、蛋白质等有机物质，或者能够增加堆肥中的营养元素。

4. 经济性原则

菌种筛选和应用应考虑成本效益，确保堆肥过程的经济可行性。

（二）菌种筛选方法

1. 富集筛选

由于微生物群落中各个菌种之间协同作用、相互依存和各菌种对环境的苛刻要求等，自然界中的微生物大部分都是无法在通常实验室的培养基上进行分离培养的，常规的培养基分离培养的方法往往只能得到很小的一部分微生物。堆肥中的微生物群落也同样具有此种特性，所以在堆肥接种微生物制剂的研究方法中，不少研究人员就采用了直接从堆肥物料中筛选的方法。由于还是采用有一定针对性的筛选培养基，所以得到的菌剂也往往是具有一定特定功能的，而不是整个堆肥体系中微生物群落的复制。

2. 功能菌株筛选

虽然直接从堆肥物料中筛选操作相对简单，而且保存了许多不能在平板上进行划线分离的菌株，但是由于缺乏对其中菌株的深入了解，人们还是不能完全对其进行重现，而且对其发生作用的机理也缺乏足够的了解。所以在堆肥微生物菌剂的研究方面，有不少学者选择了对一些菌株进行组合从而得到有针对性的微生物菌剂的研究方法。在这种研究中，所用到的菌株有些是已保藏的常见菌株，有些是从堆肥物料中筛选的功能菌株，对于它们的基本性状都有了一个比较详细的了解。这样研究者就可以按照自己的意图，配制有一定功能、对堆肥有较明显针对性的微生物菌剂。采用这种方法开发出的微生物菌剂，对其所产生的效果可以进行比较好的分析，这是一个比较明显的优点。这种方法的弊端就是研究时必须考虑接种微生物群落的适应性问题，要处理好它们和原生微生物群落的关系，避免外源微生物在群落结构的演替过程中被原生微生物淘汰掉。在这个方面，由于所用的微生物不少是从堆肥中分离出来的，微生物菌剂在使用前也都经过了反复的驯化和培养，而且都具有一些特定的有益于堆肥进程的生理生化功能，能够较好地参与堆肥的进程，与其他微生物协同发挥作用，同时对堆肥中的环境均能较好适应，所以这种微生物菌剂均能较好地在堆肥过程中发挥积极作用。

3. 其他人工选育方法

堆肥微生物菌种选育除了采用常见的基于生理功能的筛选等较基础的方法，还可以通过人为引起的菌种遗传变异或基因重组来寻找合适的堆肥接种菌剂，如诱变育种、杂交育种、原生质体融合、基因工程技术等。只是由于这些方法技术要求比较高，而且堆肥对象过于复杂，从适应性和功能性上来说，对于经过人工改造的单一菌株要求很高，所以在这方面研究者们做的工作还很有限。但是，这些方法的针对性更强，所用菌株较少，一旦选育出合适的菌株将更好操作和监测，是很有前途的选育方法。

（1）诱变育种　是利用各种被称为诱变剂的物理因素和化学试剂处理微生物细胞，提高基因突变频率，再通过适当的筛选方法获得所需要的高产优质菌种的育种方法。常用的诱变剂主要是包括物理、化学和生物三大类。物理诱变主要采用辐射，如紫外线、X 射线、γ 射线、激光和快中子。化学诱变剂主要是能与核酸碱基发生反应的化合物，如烷化剂、亚硝酸、羟胺，以及核酸碱基类似物等。核酸碱基类似物的分子结构与碱基结构类似，在脱氧核糖核酸（DNA）复制时，它们可以被错误掺入 DNA，引起诱变效应。具体操作步骤如下：a. 选择合适的出发菌株；b. 制备待处理的菌悬液；c. 诱变处理；d. 筛选，诱变处理后必须进行大量的筛选才能获得高产菌株；e. 发酵条件的优化研究，确定最佳的发酵条件后进行保藏和扩大培养。

（2）原生质体融合　原生质体融合技术提供了充分利用遗传重组杂交的方法，首先用酶分别酶解两个出发菌株的细胞壁，在高渗环境中释放出原生质，将它们混合；然后在助融剂或电场作用下使它们互相凝集，发生细胞融合，实现遗传重组。具体操作步骤如下：

① 原生质体的制备。使用各种酶分别酶解两个出发菌株的细胞壁，使其细胞壁全部消

化或部分破裂，释放出原生质体。为防止原生质体内部渗透压过高而破裂，必须将原生质体释放到高渗溶液中。

② 原生质体的融合。将两个出发菌株制备好的原生质体通过化学因子或电场诱导的方法融合。化学因子诱导多采用聚乙二醇（polyethyleneglycol，PEG）4000 和 6000 作为融合剂，并加入 Ca^{2+} 和 Mg^{2+} 等阳离子。电融合过程是原生质体在电场中极化成偶极子，并沿电力线方向排列成串，再加直流脉冲击穿原生质体膜，使原生质体发生融合。

③ 原生质体的再生和融合子的筛选等。融合后的原生质体具有生物活性，但由于缺少细胞壁，不是正常的细胞，不能在普通培养基上生长，要涂布在高渗培养基上令其再生。可以通过增加高渗培养基的渗透压或添加蔗糖来增加再生率。

（3）基因工程技术　是用人为的方法将所需的某供体生物的遗传物质 DNA 分子提取出来，在离体条件下切割后，把它与作为载体的 DNA 分子连接起来，然后导入某一受体细胞中，让外来的遗传物质在其中进行正常的复制和表达，从而获得新物种的一种崭新的育种技术。自 1973 年第一个目的基因重组以来，已用微生物表达和生产了许多重组基因产物，但主要用于疾病诊断和治疗，而在环境工程上的应用不多。研究者们发现利用降解性质粒的相容性，把能够降解不同有害物的质粒组合到 1 个菌种中，组建 1 个多质粒的新菌种，这样能使 1 种微生物降解多种污染物或完成降解过程的多个环节，或使不具有降解性的菌种带上质粒从而获得降解性。另外，可采用质粒分子育种，即在选定压力的条件下将不同质粒分子在恒化器内混合培养，使微生物发生质粒相互作用和传递，缩短了自然进化所需的时间，以达到加速培养新菌种的目的。

基因工程的基本操作如下：a. 获取目的基因；b. 选择载体；c. 目的基因与载体 DNA 体外重组；d. 重组 DNA 分子进入受体细胞；e. 筛选优良菌种；f. 将目的基因克隆到表达载体上导入寄主细胞，使之在新的遗传背景下实现功能表达，产生出人类需要的蛋白质。

第四节　堆肥影响因素

一、原料因素

（一）原料类型与来源

原料类型与性质对堆肥过程的影响非常大，因为不同的原料不仅会影响堆肥的分解速率，还会影响最终产品的质量、堆肥的稳定性和对环境的影响。小麦、水稻、玉米等农作物的秸秆及其残余物等原料，含有较多的纤维素、半纤维素和木质素等难降解组分，这类原料在堆肥过程中的矿化稳定耗时相对较长。林木修剪枝条、落叶等原料不但木质素含量高，还含有鞣酸等抑制好氧微生物活性的物质，这虽然会增加堆肥过程的矿化稳定难度，但是这类原料非常适合用作膨胀剂。禽畜粪便、尾菜、糖蜜、酒糟、污泥和餐厨垃圾等原料，富含氮、磷、钾等养分资源，同时也多属于高湿物料，不但在堆肥过程中极易出现厌氧状态，导致大量氨挥发，环境污染严重，还需耗费大量的低含水辅料来调理水分。

不同类型原料之间最主要的区别在于营养结构的差异，尤其是有机物含量的不同，有机物是微生物赖以生存和繁殖的重要因素，堆肥反应的特性是它需要一个合适的有机物含量范围。在高温好氧堆肥中，适合堆肥的有机物含量范围为 20% ～ 80%。当有机物含量低于

20% 时，堆肥过程产生的热量不足以提高堆层的温度而达到堆肥的无害化，也不利于堆体中高温分解微生物的繁殖，无法提高堆体中微生物的活性，最后导致堆肥工艺失败。当堆体有机物含量高于 80% 时，由于高含量的有机物在堆肥过程中对氧气的需求很大，而实际供气量难以达到要求，往往会使堆体中达不到好氧状态而产生恶臭，也不能使好氧堆肥顺利进行。

（二）碳氮比

碳氮比是影响堆肥过程中微生物生长的重要因素之一。在微生物的新陈代谢过程中，对于碳和氮的需求量是不同的。微生物新陈代谢过程所要求的最佳碳氮比（C/N 值）在 30 ～ 35（干重比）。理论上，物料中可生物降解有机物的 C/N 值也应控制在这个范围，但由于大部分不含氮的有机物比含氮有机物难降解，所以以质量计算得到的 C/N 值与微生物实际能够摄取到的 C/N 值并不完全符合。实际所应用的 C/N 值范围在 25 ～ 50 之间，而实践证明，当 C/N 值为 25 ～ 35 时发酵过程最快。如果物料中 C/N 值过低，会因产生大量 NH_3 而抑制微生物的繁殖，导致有机物分解缓慢且不彻底，而且超过微生物生长需要的多余氮就会以氨的形式逸散，并可能污染环境；如果物料中 C/N 值过高，将影响有机物的分解和细胞质的合成，微生物的繁殖就会受到氮源的限制，导致有机物分解速率和最终的分解率降低，延长发酵时间。同时，若将 C/N 值过高的堆肥施入土壤，将会发生夺取土壤中氮的现象，出现土壤“氮饥饿”状态，导致对作物生长产生不良的影响。总的情况是，随着堆肥发酵的进行，整个过程中的 C/N 值呈逐渐下降趋势。

堆肥原料中各种物料的 C/N 值有很大的差别，表 2-2 中列出了一些代表性的数据，使用时应根据需要进行调配。

表 2-2　部分物料的氮含量与碳氮比

物质	N（干重）/%	C/N 值	物质	N（干重）/%	C/N 值
水果废物	1.52	34.8	家禽粪	6.3	15
屠宰废物	6.0 ~ 10.0	2.0	活性污泥	5.6	6.3
马铃薯叶	1.5	25	生污泥	4 ~ 7	11
人粪尿	5.5 ~ 6.5	6 ~ 10	木屑	0.13	170
牛粪	1.7	18	消化活性污泥	1.88	25.7
羊粪	2.3	22	燕麦秆	1.05	48
马粪	2.3	25	小麦秆	0.3	128
猪粪	3.75	20	玉米秆	0.75	53

为保证成品堆肥具有一定的碳氮比和在堆肥过程中使有机物分解有序地进行，必须调整好堆肥原料的碳氮比，适合堆肥的碳氮比为（20 ～ 30）：1。一般初始原料的碳氮比均低于最佳值，调整的方法是加入秸秆、园林剪枝等调节剂使之升高。

当有机原料的碳氮比已知时可按下式计算所需添加的氮源物料量：

$$K = \frac{C_1 + C_2}{N_1 + N_2}$$

式中　　K——混合物料中的碳氮比，通常其最佳范围值在配合后为 35 : 1；

C_1、C_2、N_1、N_2——有机原料和添加物料的碳、氮质量。

此外，磷也是非常重要的因素，磷含量对发酵有很大影响。在垃圾发酵时，添加污泥的原因之一就是污泥中含有丰富的磷。堆肥物料适宜的碳磷比为（75 ～ 150）: 1。

（三）粒径

在进行有机废物堆肥发酵前，必须对堆肥原料进行必要粉碎，使其成为大小适宜的颗粒，有利于加强微生物的代谢活动。堆肥所需要的氧气是通过堆肥原料颗粒孔隙供给的，微生物通常在有机颗粒的表面活动，堆肥原料颗粒度会影响空气与有机物的接触面积，足够小的粒度可以增大有机物与微生物及空气的接触面积，进而增强好氧微生物对物料的分解作用。减小颗粒物尺寸，增加表面积，将促进微生物的活动并加快堆肥速度。但如果原料太细，又会阻碍堆体内空气的流动，有的物料遇水受压后其堆积密度会增大，使颗粒孔隙大大缩小，将减少堆体内可利用的氧气量，反而会减缓好氧微生物的活动速度。因此，为加快堆肥发酵过程，通常堆肥原料最佳的粒径范围为 12 ～ 60mm，随废弃物物理特性的变化而变化。为促进发酵升温，在保证空气通透的前提下应尽量减小堆肥原料的粒径。

（四）含水率

堆肥初始物料水分比例的调节对加快堆肥发酵进程和提高堆肥产品质量有不可忽视的重要作用。水是溶解废物中有机物和营养物质以及合成微生物细胞质必不可少的物质，所以堆肥物料中必须维持一定的含水率。水分在堆肥中的作用有：

① 溶解有机物并参与微生物的新陈代谢。原料中的水包括内部结合水和孔隙水，只有后者能影响微生物摄取溶解性养分。

② 通过水分蒸发带走热量，以调节堆体发酵层的温度。

堆肥初始物料的最佳含水率为 50% ～ 70%。若含水率过高，水就会阻碍空气流通，出现厌氧状况，甚至使营养物和病原微生物随水流出。当含水率＞ 70% 时，水分将充满孔隙而使空气含量减少，堆肥由好氧向厌氧转化，温度急剧下降，于是形成发臭的中间产物（硫化氢、硫醇、氨等）以及源于硫化物的堆料腐败发黑。若含水率过低，会使有机物分解速率降低。若含水率低于 40%，则无法满足微生物生长需要，有机物难以分解。

实际上原料含水率的高低主要取决于其物理组成，一般情况是：

① 若有机物含量＜ 50%，最适宜含水率为 45% ～ 50%；

② 有机物含量达到 60% 时，最适宜含水率也可达 60%；

③ 当无机物灰分过多，原料含水率＜ 30%，这时微生物繁殖较慢，有机成分分解迟缓；

④ 若含水率＜ 12%，则微生物的繁殖将会停止。

堆肥初始物料含水率可通过将不同废物按一定比例混合来调整。若含水率过高，可以将一定比例的堆肥产品循环使用来调节；若含水率低于最佳值，一般需添加调节剂如污水、污泥、人畜尿、粪便等，以提高其含水量。在中温或高温阶段，若水分散失过多则需要及时补充水分。

不同有机固体废物的含水率差别很大，在实际堆肥中应注意对物料的调配，以达到初始含水率标准。如有机固体废物中水分含量过高，可采取的措施有：

① 若土地空间和时间允许，可将物料摊开进行晾晒，结合翻堆促进水分蒸发；

② 添加松散或吸水物料（常用的有稻草、谷壳、干树叶、木屑和堆肥产品等），以辅助吸收水分，增加其孔隙容积。

二、环境因素

（一）温度

在堆肥过程中，温度的控制对于微生物的生长乃至细菌种群的繁殖和生物的活性（分解有机物的速度）均有重要影响。随着物料中微生物活动的加剧，其分解有机物所释放的热量也增加，当所释放出的热量大于堆肥的热耗时，堆肥温度将明显升高。因此，温升是表征微生物活动剧烈程度的最好参数。

就有机物的降解效率而言，一般认为高温菌所起的作用要高于中温菌，现在的快速、高温好氧堆肥正是利用这一特点。在堆肥的初期，堆体温度一般与环境温度相近，经过中温菌1～2d的作用，堆体温度便能达到高温菌的理想温度50～65℃，此时嗜温菌受到抑制而嗜热菌进入激发状态（见表2-3）。嗜热菌的大量繁殖和温度的迅速提高促使堆肥发酵由中温阶段进入高温阶段，并将稳定一段时间。在此温度范围内，堆肥中的寄生虫和病原菌均被杀死，一般只需5～6d无害化过程即可完成。在此期间腐殖质开始形成，堆肥达到初步腐熟。

表2-3 堆肥温度与微生物生长的相关性

温度/℃	温度对微生物生长的影响	
	嗜温菌	嗜热菌
常温～38	激发态	不适应
38～45	抑制状态	开始生长
45～55	毁灭期	激发态
55～60	不适应（菌群萎退）	抑制状态（轻微）
60～70	—	抑制状态（明显）
>70	—	毁灭期

在后发酵阶段（即二次发酵），由于大部分有机物已在主发酵阶段（即一次发酵）得以降解，故此时的热量释放减慢，堆肥将一直维持在中温30～40℃，所生成的堆肥产物进一步稳定，最后达到深度腐熟。

因此，在堆肥过程中堆体温度应控制在50～65℃之间，但以55～60℃时为更好。为达到杀灭病原菌的效果，对装置（反应器）式系统和强制通风静态垛系统，堆体内部温度＞55℃的时间必须达3d；而对条垛式系统，由于其中的病原菌等较之于仓式系统中更难杀灭，因而要求在其堆体内部维持温度＞55℃的时间至少为15d，且操作过程中至少翻堆5次。

常规影响堆肥温度变化的因素主要是供氧情况和物料含水量。温度的控制一般可通过控制通风量加以实现。通常，在堆肥初期的 3 ～ 5d 中，通风的主要作用在于满足所需氧量，使生化反应得以顺利进行，达到提高堆体温度的目的。当堆体温度升至峰值后通风量的调节则以控制温度为主。

（二）pH 值

pH 值是一项能对细菌环境做出评估的有效参数。在堆肥的生物降解及消化过程中，pH 值随着时间和温度的变化而变化，因此，pH 值也是揭示堆肥分解过程的一个极好标志。适宜的 pH 值可使微生物有效地发挥其应有的作用，而过高或过低的 pH 值都会对堆肥的效率产生影响。一般认为，pH 值在 6.5 ～ 8.5 时堆肥化的效率最高。

在堆肥过程中，pH 值随时间和温度发生变化，其变化情况和温度的变化一样，标志着有机物分解过程的进展。在堆肥的初始阶段，堆肥物料分解产生有机酸，此时有利于微生物生存繁殖，随之 pH 值可下降到 4.5 ～ 5.0；随着有机酸被逐步分解，pH 值逐渐上升，最终可以达到 8 ～ 8.5。好氧堆肥的 pH 值在 5.5 ～ 6.5 时，是大多数微生物活动的最佳范围。新鲜堆肥产品对酸性土壤有益，但对正在发芽的种子则是不利的。二次发酵可除去大部分氨，最终的堆肥产品 pH 值基本维持在 6.5 左右而成为一种中性肥料。

由此可以看出，在堆肥过程中，尽管 pH 值在不断变化，但能够通过自身活动得到调节。一般认为，当堆肥物料为生活垃圾时，没有必要在其中添加中和剂如石灰、磷酸盐、钾盐等以改变其 pH 值，如若照样继续添加反而会引发不良后果。若堆肥过程中 pH 值有下降趋势，可通过逐步增强通风加以补救。一般认为，在 pH=6.5 ～ 8.5 时，堆肥的效率最高。正常情况下，不必人为调整 pH 值，因为微生物的繁殖和活动可在较大的 pH 值范围内进行。

（三）通风

通风是好氧堆肥得以成功的重要因素之一，也是影响好氧堆肥过程中温度变化、微生物活性、气体成分、水分去除和产品质量的重要参数。通风量主要取决于堆肥原料中有机物含量、挥发度、可降解系数等，是整个好氧堆肥过程管理中最为重要的一个环节。通风的作用主要包括：

① 增加堆体内部氧气含量，以促进微生物繁殖及生长代谢作用。如果堆体内氧气含量不足，将会造成微生物厌氧的情况发生，降低微生物降解速度，也会产生大量臭气，对堆肥质量以及环境造成恶劣的影响。

② 调节温度。堆体内微生物降解活动将会发生高温反应，温度过高容易导致嗜热细菌的活性下降甚至失去活性，降低堆肥效率。因此，需要通过供氧量的控制调节温度。

③ 促进水分的散失。在维持适宜温度的条件下，加大通风量可以去除水分，干燥堆料。

基于以上几点可见，通风会直接影响好氧堆肥微生物的生长活动，对堆体内可降解有机质以及温度变化具有直接影响。过小的通风量不足以给微生物提供充足的氧气，影响堆体温度的升高；过大的通风量则有可能造成堆体内的热量散失，影响堆肥无害化程度。

在通风供氧过程控制中，必须注意供氧的浓度。在堆肥初始阶段，有机物料中易降解的物质会被微生物快速分解代谢，氧气消耗量最大，因此，在初始阶段需要提供足够的氧气来维持堆肥进程，并实现热量蓄积。之后的阶段对氧气的需求量就会缓慢下降。一般来讲，堆体内需维持的最低氧浓度是5%，若没有足够的氧气，就会造成堆体内局部甚至完全的厌氧发酵。厌氧发酵过程是缓慢和低效的，无法产生足够的热量使物料中的水分大量挥发，进而会加剧堆体内的厌氧情况。同时，厌氧发酵过程中会产生如甲烷、有机酸、硫化氢等物质，这些化合物会产生臭气并会引起安全问题。适宜的通风量一般取0.6～1.8m^3/（d・kg挥发性固体物），或将氧气浓度控制在10%～18%。

从技术上来讲，通风供氧方式包括：

① 自然通风供氧。也称表面扩散供氧，将堆体表面散开通过自然吹风达到供氧效果。该方式只能保证一次发酵阶段堆体表层约20cm厚的物料内有氧存在；在二次发酵阶段，氧可自堆层表面扩散至内部约1.5m处。

② 翻堆供氧。利用各种专用翻堆机或者人为对堆体进行翻堆作业，加强堆体的通风效果，增加堆体内部含氧量。

③ 机械供氧。包括鼓气、抽气和鼓抽气混合的三种方式，需使用专用机械设备达到供氧效果，如采用风机强制通风供氧。采用风机供氧时，必须要有一定风压，否则风不能有效穿透堆体。通常强制通风可取的经验数据为0.05～0.2m^3/（min・m^3堆料），或将氧浓度控制在10%～18%。

三、人为因素

（一）翻堆

在堆肥过程中，翻堆的作用主要有：

① 重塑堆体结构。翻堆可增加堆体内部的空气流通，防止厌氧环境的形成，促进好氧微生物的活动；定期翻堆有助于减少氨气、硫化氢等有害气体的产生，提高堆肥过程的环保性。

② 均匀物料。翻堆可将堆体内部的高温物质与外部较冷的物质混合，均匀分布热量，防止局部过热，保护有益微生物的生存环境；还可使堆肥原料中的水分和养分更均匀地分布，使微生物在整个堆体中能够均衡地生长和分解有机物。

③ 破碎物料。翻堆可将一些大块或密实的有机物料破碎，使未降解物料得到充分地暴露和分解，有利于提高堆肥的分解效率，加快腐熟过程。

翻堆的频率或次数取决于堆肥的规模、原料种类、含水量、温度以及堆肥工艺的要求。一般来说，翻堆频率需要根据堆肥的进程来调整，以确保有氧条件和适宜的温度。堆肥开始时（前1～2周），微生物活动旺盛，堆体温度迅速上升，通常需要每2～3d翻堆一次，以确保有足够的氧气供应和防止温度过高。这一阶段的频繁翻堆可以加速有机物的初步分解。进入中温阶段后（2～4周），微生物的活性相对稳定，堆体温度开始下降，此时可以减少翻堆频率，大约每周翻堆一次。此时翻堆的目的是调节温度和均匀分布水分以及养分，继续促进分解过程。在堆肥的腐熟阶段（4周以后），堆体温度接近常温，分解速率明显下降，堆体结构逐渐稳定，这时可以进一步降低翻堆频率，通常每2～3周翻堆一次，或根据堆体的状况酌情进行，以避免堆体过于干燥或厌氧。在实际操作中，应根据堆肥温度变化、气味、含水量以及堆体结构状态来调整翻堆频率。适宜的翻堆频率能够优化堆肥过程中的氧气供应、温度调控和物料均匀性，从而提高堆肥效率和最终产品质量。

（二）接种

在堆肥过程中，为了提高有机质的降解效率、提升堆肥产品的质量、减少污染物排放以及针对特定污染物进行降解，常使用接种剂进行处理。根据接种剂的性质，这些接种剂可分为无机接种剂、有机接种剂和生物接种剂三大类。

1. 无机接种剂

无机接种剂主要包括金属氧化物、矿物质和磷肥。这些添加剂在自然界中广泛存在，具有成本低、环保、比表面积大等优点。它们在堆肥过程中主要用于促进有机物的分解和腐殖化过程。研究表明，无机接种剂能够显著促进腐殖化程度，范围在 5.58% ～ 82.19% 之间。

（1）金属氧化物　金属氧化物（如锰氧化物和铁氧化物）是无机矿物的主要反应组分，在堆肥过程中被广泛使用。由于锰氧化物的高还原电位和混合价态结构，它们能通过生物和非生物途径有效促进有机物的腐殖化。锰氧化物不仅易得而且环保，这使得它成为一种理想的堆肥添加剂。

（2）矿物质　一些矿物质，如蒙脱石、麦饭石、膨润土和沸石等，因其多孔性和较大的比表面积，能够吸附有机分子并提供更多的反应位点，从而促进有机物的降解和转化。例如，蒙脱石这种层状水合硅铝酸盐矿物，能够提高矿物营养素的生物利用度，增强有机物的腐殖化作用。研究表明，添加蒙脱石可使鸡粪和稻壳堆肥中的胡敏酸浓度增加 38.96%，而经过热处理的蒙脱石更能增加 39.3% 的腐殖化物质含量。

（3）磷肥　磷作为微生物生长所必需的元素，是堆肥过程中不可或缺的成分。然而，磷肥作为添加剂时，其过量使用会导致堆肥体系的 pH 值降低，抑制微生物活性。因此，适量的磷肥添加能够促进有机物的腐殖化，而不影响堆肥的总体稳定性和效率。

2. 有机接种剂

有机接种剂在近年的研究中得到了广泛关注，它们不仅可以加快有机质的分解，还能有效调节温室气体的排放、钝化重金属以及改善堆肥的整体性质。常见的有机接种剂包括生物表面活性剂、三羧酸（TCA）循环调节剂、腐殖酸前体物质和生物炭。

（1）生物表面活性剂　生物表面活性剂因其两亲性结构，可以降低堆肥基质中纤维素和半纤维素表面水膜的表面张力，增强酶对疏水性有机物的降解能力。这些表面活性剂还能通过改变微生物细胞膜的流动性和渗透性，刺激分泌更多的酶，从而加速堆肥过程。

（2）三羧酸循环调节剂　三羧酸循环调节剂通过直接调节微生物代谢过程，减少堆肥中二氧化碳的排放，进而增加堆肥中的碳封存量和腐殖酸含量。与传统的微生物接种剂不同，TCA 循环调节剂通过影响细胞内的代谢途径来增强腐殖化的效果。

（3）腐殖酸前体物质　腐殖酸前体物质（如多酚、氨基酸、还原糖等）可以通过不同的化学反应路径（如木质素 - 蛋白质聚合反应、多酚 - 蛋白质聚合反应和 Maillard 反应）促进腐殖酸和胡敏酸的形成。此外，这些前体物质的加入还可以减少某些微生物对还原糖、多糖和氨基酸的消耗，从而有效提高腐殖酸的产量。

（4）生物炭　生物炭是通过有机生物质的热解或气化形成的含碳固体副产品，它不仅含有大量的腐殖酸前体物质，还具有多孔结构和高比表面积，能调节堆肥的水分含量、氧气水平和营养条件，提供良好的微生物生长环境。研究表明，生物炭的添加可以显著提高堆肥的腐殖化效率，减少养分流失，同时增加腐殖酸的含量。

3. 生物接种剂

堆肥的核心是微生物对有机物的转化，因此微生物在堆肥腐殖化过程中起着至关重要的作用。当堆肥原料中缺乏适宜的微生物或存在环境压力时，外源微生物接种是一种有效的堆肥加速策略。研究显示，接种具有木质纤维素降解能力的微生物可以促进堆肥腐殖化，改善堆肥质量，其腐殖化效果可提高 2.3% ～ 40%。

木质纤维素是堆肥中最难降解的有机组分之一，对堆肥过程的速度和腐殖质的形成有很大影响。接种能降解木质纤维素的微生物（如黄孢原毛平革菌）能够显著提高腐殖酸的含量，增加堆肥的稳定性和提高堆肥质量。黄孢原毛平革菌能分泌多种胞外木质纤维素降解酶（如锰过氧化物酶、木质素过氧化物酶和漆酶），这些酶能有效分解木质纤维素，从而加速堆肥的腐殖化过程。除了单一微生物的接种外，混合微生物接种通常能更有效地促进堆肥过程，因为多种微生物之间的协同作用可以更全面地分解有机物。此外，微生物接种的效果还取决于接种时间、堆肥物料的特性以及操作条件等因素。一般来说，在堆肥开始时进行接种更为有效，但也有研究建议考虑在不同堆肥阶段进行多次接种。

（三）智控

智能控制技术的引入正在显著改变传统堆肥过程的管理方式，使其更加高效、可控和环保。其对堆肥过程的影响主要体现在以下几个方面。

（1）精确监测与反馈调节　智能控制系统能够实时监测堆肥的温度、湿度、氧气浓度、pH 值和电导率等关键参数。通过传感器和物联网技术，这些数据可以被实时采集和传输到中央控制系统。控制系统基于预设的堆肥参数和目标，可自动调节翻堆频率、通风强度和水分补充量，确保堆肥过程处于最佳状态。

（2）优化堆肥过程　智能控制系统可以通过算法分析数据，判断堆肥过程的不同阶段，如高温期、中温期和后熟期，自动调整操作策略。这种精细化的控制能够缩短堆肥周期，减少能源和水的消耗，提高有机物分解效率和堆肥品质。

（3）降低人工成本　传统的堆肥管理依赖于经验和人工操作，而智能控制系统可以减少对人工的依赖，降低人力成本。同时，减少了人为操作的误差，使堆肥过程更加规范化和标准化，确保了最终产品的稳定性和一致性。

（4）减少有害气体排放　智能控制系统能够根据实时数据优化氧气供应和温度控制，避免厌氧条件的形成，减少甲烷、硫化氢、氨气等有害气体的产生和排放，提升堆肥过程的环保性。

（5）数据驱动的优化改进　智能控制系统能够长期记录堆肥过程中产生的各种数据，这些数据可以用来分析不同条件对堆肥效果的影响。通过机器学习和数据分析，可以不断优化堆肥工艺参数，为未来的堆肥操作提供数据支持，实现堆肥管理的不断改进和创新。

（6）应对不同原料和环境的变化　智能控制技术使堆肥过程具备更强的适应性，可以根据不同的有机废物类型（如农业废弃物、餐厨垃圾、污泥等）和外部环境条件（如气候、季节变化）自动调整操作参数，确保堆肥在各种条件下都能高效运行。

总体而言，智能控制技术为堆肥过程提供了更加科学和高效的管理方式，不仅提高了堆肥过程的效率和产品质量，还提升了环境效益和经济效益。这种技术将传统的堆肥生产方式转变为数据驱动的精细化管理模式，有助于堆肥行业的现代化和可持续发展。

参考文献

[1] 蔡瑞，徐春城．堆肥用微生物及其效果研究进展［J］．中国土壤与肥料，2019（5）：1-7.

[2] 常远，李若琪，李珺，等．好氧堆肥腐殖酸形成机制及促腐调控技术概述［J］．中国环境科学，2023，43（10）：5291-5302.

[3] 丁晓艳，王越，王宁，等．外接堆肥微生物在餐厨废弃物好氧堆肥中的应用［J］．生物技术通报，2022，38（5）：47-55.

[4] 吉婕莉，王永忠．接种枯草芽孢杆菌对沼渣好氧堆肥的性能强化［J］．中国科技论文在线精品论文，2022，15（3）：303-310.

[5] 蒋建国．固体废弃物处理处置工程［M］．北京：化学工业出版社，2012.

[6] 李季，王禄山．堆肥微生物：过去，现在和未来［J］．生物技术通报，2022，38（5）：1-3.

[7] 荣楠，李备，唐昊冶，等．微生物菌种筛选技术方法研究进展［J］．土壤，2021，53（2）：236-242.

[8] 王孝芳，万金鑫，韦中，等．畜禽粪便堆肥过程中微生物群落演替［J］．生物技术通报，2022，38（5）：13-21.

[9] 王宇蕴，赵兵，马丽婷，等．堆肥腐殖化过程及微生物驱动机制［J］．生物技术通报，2022，38（5）：22-28.

[10] 赵由才，牛冬杰，柴晓利．固体废弃物处理与资源化［M］．北京：化学工业出版社，2019.

[11] 周学彬．牛粪有氧发酵高温杀灭病原菌及杂草种子［EB/OL］．［2012-05-17］．http：//www.dairyfarmer.com.cn/kxyn_fwcl/2012-05-17/56173.chtml.

[12] Awasthi M K，Pandey A K，Bundela P S，et al. Co-composting of organic fraction of municipal solid waste mixed with different bulking waste：Characterization of physicochemical parameters and microbial enzymatic dynamic［J］. Bioresource Technology，2015，182：200-207.

[13] Biyada S，Merzouki M，Demcenko T，et al. Microbial community dynamics in the mesophilic and thermophilic phases of textile waste composting identified through next-generation sequencing［J］. Scientific Reports，2021，11（1）：23624.

[14] Cai R，Zhang S，Cui X，et al. Reasonable water replenishment strategies can improve the fermentation efficiency and bacterial community of sheep manure composting on the qinghai-tibet plateau［J］. Journal of Material Cycles and Waste Management，2023，25（2）：1204-1215.

[15] Cai R，Zuo S，Cao X，et al. Effects of turning frequency on fermentation efficiency and microbial community metabolic function of sheep manure composting on the qinghai-tibet plateau［J］. Bioresources and Bioprocessing，2023，10（1）：53.

[16] Chen L，Chen Y N，Li Y P，et al. Improving the humification by additives during composting：A review［J］. Waste Management，2023，158：93-106.

[17] Hu T，Wang X，Zhen L，et al. Effects of inoculating with lignocellulose-degrading consortium on cellulose-degrading genes and fungal community during co-composting of spent mushroom substrate with swine manure［J］. Bioresource Technology，2019，291：121876.

[18] Huang D，Qin X，Xu P，et al. Composting of 4-nonylphenol-contaminated river sediment with inocula of phanerochaete chrysosporium［J］. Bioresource Technology，2016，221：47-54.

[19] Jiang Z，Lu Y，Xu J，et al. Exploring the characteristics of dissolved organic matter and succession of bacterial community during composting［J］. Bioresource Technology，2019，292：121942.

[20] Liu L，Wang S，Guo X，et al. Succession and diversity of microorganisms and their association with physicochemical properties during green waste thermophilic composting［J］. Waste Management，2018，73：101-112.

[21] Liu Y，Cheng D，Xue J，et al. Changes in microbial community structure during pig manure composting and its relationship to the fate of antibiotics and antibiotic resistance genes［J］. Journal of Hazardous Materials，2020，389：

122082.

[22] Ma S，Fang C，Sun X，et al. Bacterial community succession during pig manure and wheat straw aerobic composting covered with a semi-permeable membrane under slight positive pressure[J]. Bioresource Technology，2018，259：221-227.

[23] Mao H，Wang K，Wang Z，et al. Metabolic function，trophic mode，organics degradation ability and influence factor of bacterial and fungal communities in chicken manure composting[J]. Bioresource Technology，2020，302：122883.

[24] Meng Q，Yang W，Men M，et al. Microbial community succession and response to environmental variables during cow manure and corn straw composting[J]. Frontiers in Microbiology，2019，10：529.

[25] Rastogi M，Nandal M，Khosla B. Microbes as vital additives for solid waste composting[J]. Heliyon，2020，6（2）：e03343.

[26] Ren G，Xu X，Qu J，et al. Evaluation of microbial population dynamics in the co-composting of cow manure and rice straw using high throughput sequencing analysis[J]. World Journal of Microbiology & Biotechnology，2016，32（6）：101.

[27] Thai M，Safianowicz K，Bell T L，et al. Dynamics of microbial community and enzyme activities during preparation of agaricus bisporus compost substrate[J]. ISME Commun，2022，2（1）：88.

[28] Tortosa G，Torralbo F，Maza-Marquez P，et al. Assessment of the diversity and abundance of the total and active fungal population and its correlation with humification during two-phase olive mill waste（"alperujo"）composting[J]. Bioresource Technology，2020，295：122267.

[29] Trap J，Bonkowski M，Plassard C，et al. Ecological importance of soil bacterivores for ecosystem functions[J]. Plant and Soil，2016，398（1/2）：1-24.

[30] Wan X，Wang X，Yang T，et al. Livestock manure type affects microbial community composition and assembly during composting[J]. Frontiers in Microbiology，2021，12：621126.

[31] Wang K，Yin X，Mao H，et al. Changes in structure and function of fungal community in cow manure composting[J]. Bioresource Technology，2018，255：123-130.

[32] Wang W K，Liang C M. Enhancing the compost maturation of swine manure and rice straw by applying bioaugmentation[J]. Scientific Reports，2021，11（1）：6103.

[33] Wang X，Wan J，Jiang G，et al. Compositional and functional succession of bacterial and fungal communities is associated with changes in abiotic properties during pig manure composting[J]. Waste Management，2021，131：350-358.

[34] Xu J，Jiang Z，Li M，et al. A compost-derived thermophilic microbial consortium enhances the humification process and alters the microbial diversity during composting[J]. Journal of Environmental Management，2019，243：240-249.

[35] Zhang L，Zhang H，Wang Z，et al. Dynamic changes of the dominant functioning microbial community in the compost of a 90-m（3）aerobic solid state fermentor revealed by integrated meta-omics[J]. Bioresource Technology，2016，203：1-10.

[36] Zhao Y，Zhao Y，Zhang Z，et al. Effect of thermo-tolerant actinomycetes inoculation on cellulose degradation and the formation of humic substances during composting[J]. Waste Management，2017，68：64-73.

[37] Zhao Z B，He J Z，Geisen S，et al. Protist communities are more sensitive to nitrogen fertilization than other microorganisms in diverse agricultural soils[J]. Microbiome，2019，7（1）：33.

[38] Zhong X Z，Li X X，Zeng Y，et al. Dynamic change of bacterial community during dairy manure composting process revealed by high-throughput sequencing and advanced bioinformatics tools[J]. Bioresource Technology，2020，306：123091.

第三章 堆肥原料及调节

第一节　原料来源及数量

据统计，我国目前畜禽粪便排放量（湿重）超过400亿吨，农作物秸秆产生量为68.7亿吨，城市生活垃圾产生量为30亿吨，肉类加工厂（包括肉联厂、皮革厂和屠宰场）废弃物产生量为5亿～8亿吨，城市污泥产生量为0.3亿吨。

经推算仅农业废弃物（包括作物秸秆和畜禽粪便）氮、磷、钾养分储量为氮（N）2264.4万吨、磷（P_2O_5）459.1万吨、钾（K_2O）2715.7万吨，相当于全国当年磷肥（P_2O_5）施用量的1/2、钾肥（K_2O）施用量的2/3。另外，还含有6亿多吨有机质以及作物生长所必需的中、微量营养元素。目前这些废弃物的利用率很低，只有10%～20%，大量的作物秸秆被焚烧，污染了大气环境，规模化畜禽养殖场的粪便未经处理即大量排入河流湖泊，成为面源污染的重要来源。如何有效利用这些废弃物，变废为宝，实现经济社会的持续发展已成为政府及科技界的重要使命。

堆肥原料一般来源于农业及市政固体废物。适合于堆肥的原料很多，表3-1给出了常用的堆肥原料。附录1则提供了详细的备选堆肥原料清单以及它们的性质（氮、碳、碳氮比、水分等）。

表3-1　堆肥常用原料

牲畜粪便	市政污泥	水藻和其他水生植物	木灰
家禽粪便	造纸污泥	淤泥和污泥	石灰
牛粪	甘蔗和甜菜滤泥	厨余垃圾、木屑和刨片	屠宰场废弃物
羊粪	肥料和尿素堆肥的终产物	制药业培养基废渣	米糠及稻壳
马粪	水果和蔬菜废弃物	中药渣	麸皮
作物秸秆及残渣	食品加工废弃物	粉煤灰	花生壳
饼粕	泥炭	树皮	堆肥返料

一般情况下，堆肥原料的运输距离不超过100km，所以堆肥厂应尽量在本地寻找合适的有机原料。

第二节　原料特点

要选择合适的堆肥原料，首先要了解各种原料的基本特性，特别是一些适合于产业化、商品化生产的特性，例如原料的来源是否广泛、稳定，原料的各项养分指标能否满足制作肥料的要求，原料是否能够快速腐熟等。表3-2列出了当前全国各地堆肥生产中可能会碰到和使用的一些原料，并对原料来源进行了描述。其中对养分和腐熟难易的概括性描述是经验性的，目的是为生产者进行原材料的初步筛选提供参考，这是非常有意义的。

表 3-2 堆肥原料类型及评价

原料种类	原料名称	主要来源	评价
作物秸秆	稻秸、麦秸、油菜秸等	水稻、小麦、油菜	易腐熟、养分低
	棉花秆、黄豆秆等	棉花、黄豆	不易腐熟、养分偏低
	花生藤、红薯藤等	花生、红薯	易腐熟、养分偏低
	玉米秸等	玉米	较易腐熟、养分偏低
谷物加工副产品	谷壳	稻谷	难腐熟、养分低
	米糠	稻谷	较易腐熟、养分中等
	麦麸	小麦	较易腐熟、养分中等
畜禽粪便	猪粪、牛粪、马粪	养殖业	极易腐熟、养分低
	鸡粪、鸭粪、鹌鹑粪	养殖业	极易腐熟、养分偏高
	羊粪、兔粪	养殖业	极易腐熟、养分中等
食品加工业副产品	甘蔗滤泥、甜菜滤泥	制糖工业副产品	极易腐熟、养分偏高
	甘蔗渣	制糖工业副产品	难腐熟、养分低
	甜菜渣	制糖工业副产品	易腐熟、养分低
	啤酒泥	啤酒工业副产品	养分高
	酱油渣	酱油厂副产品	极易腐熟、养分偏高
	木薯渣	柠檬酸厂副产品	极易腐熟、养分中等
	味精厂废水回收物	味精厂废液	养分高
	麦芽粉	啤酒厂副产品	易腐熟、养分高
饼粕	豆粕、花生粕、芝麻粕	植物油加工副产品	易腐熟、养分高
	棉粕、菜籽粕、蓖麻粕	植物油加工副产品	易腐熟、养分偏高
	葵花籽粕、胡麻粕	植物油加工副产品	易腐熟、养分中等
	桐籽粕、茶籽粕	植物油加工副产品	不易腐熟、养分偏低
制药工业副产品	西药药渣	抗生素培养基	易腐熟、养分高
	中成药药渣	中成药加工副产品	易腐熟、养分偏高
	中药药渣	中药加工副产品	不易腐熟、养分极低
	酶制剂废渣	酶制剂生产厂	养分高
城市垃圾	动植物类厨房垃圾	厨房垃圾	易腐熟、养分中等
	其他类有机垃圾	纸、布、塑料等	难腐熟、养分低
	城市污泥	河道、污水处理厂	养分低
煤及燃煤废物	风化煤	煤矿	养分低
	煤灰、煤渣	电厂、工厂燃煤	养分低

续表

原料种类	原料名称	主要来源	评价
水生植物	浮萍	河道湖泊野生	极易腐熟、含钾量高
	水花生	河道湖泊野生	极易腐熟、含钾量高
	其他水生植物	河道湖泊野生	依对象而定
其他	锯木屑	木材加工厂	难腐熟、养分中等
	花生壳	食用油厂	较难腐熟、养分偏高
	菇渣	食用菌基地	较易腐熟、养分低
	剑麻渣	剑麻加工厂	易腐熟、养分低
	糠醛渣	相关厂	较难腐熟、养分低
	木糖醇渣	相关厂	较难腐熟、养分低
	鱼粉	商品	易腐熟、养分高

由于原材料的种类太多，不可能对每一种原料的特点做出详细描述，下面仅对几种常见原料进行介绍。

一、畜禽副产品

（一）禽类粪便

主要有鸡粪、鸭粪、鹌鹑粪等，这类粪便通常含氮量高、水分适中，并含有较多的钙等其他中量和微量元素，适合与含碳量较高的一些原料如秸秆粉、蘑菇渣、草炭、锯末等配合。通常这类粪便从养殖场取出时可能有一部分已经腐熟，其高含氮量和高 pH 值会导致释放氨，造成氮素损失，同时还易产生臭气，可能需要用低 pH 值的调理剂来降低酸碱度。家禽粪便容易腐熟并且腐熟温度较高，属于热性肥料。使用禽类粪便作原料，发酵分解迅速，并能制成养分较高的肥料，是非常好的堆肥原料。

（二）牲畜粪便

这类原料以猪粪为代表，其含氮量较高但含水量大，含有较多的腐殖质，对提高土壤肥力有很好的作用；其水分含量和 C/N 值取决于是否使用垫料、垫料的类型和数量、管理方式、养殖方法以及气候等，通常臭味重；采取干湿分拣方式收集可有效降低含水量，并控制臭气，也是一类较好堆肥原料。牛粪中的有机质部分较难分解、腐熟较慢、发酵温度较低；羊粪质地较细、含水量少，其氮素形态主要是尿素态氮，易被分解利用；马粪尿中有机质含量较高，还含有大量的纤维分解菌，在堆肥时能产生高温。

（三）其他牲畜粪便

山羊、绵羊、兔子和其他牲畜粪便作为堆肥原料通常都很好堆制，因为它们大多从堆积粪便的垫层收集，因此水分含量相对低但 C/N 值较高；在没有垫层的情况下，该类粪便湿度大、含氮量高。其中，兔粪中氮、磷、钾含量分别是鸡粪的 1.53 倍、2.88 倍和 1.6 倍，羊粪的 3.29 倍、4.6 倍和 2.67 倍，1t 兔粪相当于硫酸铵 108.5kg、过磷酸钙 100.9kg、硫酸钾 17.85kg。将这些粪便与垫料分离后将是很好的堆肥原料。

主要畜禽粪便的污染物含量与特征如表 3-3 所列。在考虑各种家畜粪尿的水分含量时，因为乳牛、肉牛、猪的粪中含有 70% 以上的水分，所以即使把粪、尿分别进行收集，也有必要调整水分含量。大多数情况下，用稻壳等辅料进行水分含量调整，但同时也要注意常年保证畜禽粪便的需求量和在堆肥工艺中的处理量。

表 3-3　主要畜禽粪便的污染物含量与特征

指标	含量	乳牛	肉牛	猪	蛋鸡	小型肉用鸡
生化需氧量（BOD）	粪/（mg/L）	24000	24000	60000	65000	65000
	尿/（mg/L）	4000（5800）	4000	5000（3300）		
	合计/（mg/L）	18400	18400	23300	65000	65000
化学需氧量（COD）	粪/（mg/L）	19000	19000	35000	45000	45000
	尿/（mg/L）	6000	6000	9000		
	合计/（mg/L）	15360	15360	17667	45000	45000
悬浮物（SS）	粪/（mg/L）	120000	120000	220000	130000	130000
	尿/（mg/L）	5000（5800）	5000	5000（5300）		
	合计/（mg/L）	87800	87800	76667	130000	130000
氮	粪/（mg/L）	4500	3000	5000	25000	20000
	尿/（mg/L）	8000	12000	7000		
	合计/（mg/L）	5480	5520	6333	25000	20000
磷	粪/（mg/L）	1000	1000	5000	4500	2500
	尿/（mg/L）	100	100	500		
	合计/（mg/L）	748	748	2000	4500	2500
有机物含量	粪（干基）/%	80	80	85	70	70
	尿（干基）/%	70	70	70		
	合计（干基）/%	79.90	79.90	84.50	70	70

资料来源：社团法人日本有机资源协会．堆肥化手册。

（四）畜禽残体

畜禽残体大多具有强烈的恶臭，且黏性强。例如内脏中水分约占 65%、氮约为 0.5%、磷酸为 0.35%、钾为 0.09%、pH 值为 6.9，但是部位不同，内脏的性状也大不相同。此外，有些内脏不能进行发酵和堆肥化，所以选择原材料时必须进行分拣。由于死畜禽堆肥不能实现堆肥原料的完全混合，所以同普通堆肥在条件控制上有一定的不同。堆肥处理死畜禽的过程中，氧含量不能低于5%，最好在10%以上，这样可以很好地维持死畜禽的分解过程。由于死畜禽本身含水量较大，堆肥处理时应适当减少死畜禽周围填充剂的含水量。畜禽残体一般来说难以利用，容易被认为是难以堆肥的原材料。但实际上，它是能使堆肥产品变成附加价值更高的有机肥料的贵重原材料。畜禽加工原材料的成分比例如表3-4所列。

表3-4　畜禽加工原材料的成分比例

原材料	pH值	水分/%	氮/%	磷酸/%	钾/%	电导率/(mS/cm)
生血液	6.9	92.15	1.38	0.11	0.02	33.3
处理血液	8.6	64.04	5.76	0.47	0.08	2.5
内脏（胃、肠等）	6.9	64.62	0.5	0.35	0.09	1.1
未孵化的蛋	6.8	50.06	2.06	0.53	0.2	2.4
肺	6.5	79.13	2.75	0.7	0.16	3.3
毛	5.9	52.5	1.15	0.46	0.08	0.7
其他	4	43.7	3.24	0.07	0.14	37.5

资料来源：社团法人日本有机资源协会．堆肥化手册。

二、秸秆类

农田秸秆的有机质含量高，富含农作物生长所需的营养元素，几乎不含杂质，是堆肥的较佳原料，其堆肥产品的农用价值较高。秸秆类具有低水分含量的特点，为8%～15%。稻秸和稻壳的C/N值为60～70，麦秸的C/N值为110～120，均比适合堆肥的C/N值高。因此，秸秆类不适合单独作为堆肥的原材料。稻壳是用来保护米的，因此含有很硬的硅酸质，若不加工就用于堆肥，吸水率不高，仅为75%～85%，堆肥化需要很长的时间。但粉碎后，其吸水率变为130%～250%，利于堆肥。常见秸秆类的性状如表3-5所列。

表3-5　常见秸秆类的性状

性质	稻秸	小麦秸秆	大麦秸秆	稻壳	粉碎稻壳
水分/%	10.60	9.84	12～15	11.60	8.3～9.1
容积重/(t/m^3)	0.05	0.03	0.02	0.1～0.13	0.2
吸水率/%	300～430	226～498	285～443	75～80	136～250
总碳（TC）/%	40.97	37.7	—	43.13	—
总氮（TN）/%	0.99	0.72	—	2.09	—
C/N值	48.51	62.80	—	32.80	—
纤维素/%	24.7			32～42	
半纤维素/%	20.6			29～37	
木质素/%	7.7			1.3～38	

资料来源：有机肥原料养分数据库与堆肥配方软件；社团法人日本有机资源协会．堆肥化手册。

三、厨余垃圾

厨余垃圾的性质各不相同，特别是由于季节和地域的不同，厨余垃圾的性质差异较大，因此有必要根据计划事先进行分析检测，确实把握其性质。一般来说，厨余垃圾中水分占 70% ～ 85%、BOD 为 24000 ～ 58000mg/kg、氮为 2000 ～ 11000mg/kg、磷酸为 210 ～ 2900mg/kg、pH 值为 4 ～ 6。最近，垃圾进行分类回收，因此堆肥的原材料多为含不可发酵物质少、厨余垃圾比例高的家庭垃圾。厨余垃圾堆肥系统升温快，堆肥周期短，堆制过程中的生物可利用碳短缺，堆肥氮素损失量大，可通过添加适当碳源等措施来减少厨余垃圾堆肥的氮素损失。厨余垃圾的含水率高达 90%，发酵过程中糊状垃圾将整个堆垛全部空间填满，空气无法进入内部，致使微生物处于厌氧状态，有机物降解速度减慢，并产生硫化氢等臭气，同时使堆肥温度下降，影响堆肥质量。

四、食品副产物

食品产业副产物的有机物含量很高，达到了 40%，氮、磷等肥效成分丰富，C/N 值平均约为 7。但是它们普遍含有浓缩分离后脱水率差的物质，比较容易腐烂和变质，易产生恶臭和寄生虫，应注意保存和保管。食品制造业使用原材料的肥效成分如表 3-6 所列。

表 3-6 食品制造业使用原材料的肥效成分

业种	调查 / 件	氮 /%	磷酸 /%	钾 /%	胃蛋白酶消化率 /%
乳业	11	6.94	5.01	0.99	46.55
乳酸饮料	9	6.81	3.92	0.53	44.46
肉类加工	7	8.53	4.73	0.75	55.6
屠宰	2	5.67	1.72	0.14	65.78
清凉饮料	6	6.67	3.87	0.87	53.05
啤酒	10	6.73	3.44	0.65	42.15
面包	10	6	3.75	0.58	43.62
酵母	4	7.14	2.38	1.61	51.98
馅儿	3	7.71	3.79	0.65	41.26
酱油	4	5.92	2.67	0.33	58.21
黄酱	3	7.08	6.36	2.14	50.72
小麦淀粉	4	9.29	6.77	0.69	70.24
玉米淀粉	2	8.07	4.82	1.01	63.95
橘子加工	9	4.39	2.31	0.44	44.33
水产加工	2	9.8	3.97	0.49	51.16
沙拉酱	3	7.35	2.76	0.58	46.16
制油	2	5	6.11	0.64	26.72
平均		7.01	4.02	0.77	50.37

资料来源：社团法人日本有机资源协会 . 堆肥化手册。

（一）豆渣

豆渣干基中一般除含有蛋白质、脂质外，还含有碳水化合物、矿物质和维生素等许多其他成分，营养成分非常丰富，适合用作堆肥原料。湿豆渣的含水率在80%～90%，极易腐败变质。由于豆渣含氮量较高，堆肥时应适当加入碳素。豆渣的成分分析如表3-7所列。

表3-7 豆渣的成分分析

项目	水分/%	蛋白质/%	脂肪/%	粗纤维/%	灰分/%	钾/(mg/kg)	钙/(mg/kg)	磷/(mg/kg)	镁/(mg/kg)	铁/(mg/kg)	铜/(mg/kg)
样品1	80.9	5	2.2	3.5	0.7	2900	680	630	360	20	1.3
样品2	84.2	4.1	1.8	2.8	0.5	2280	550	500	270	10	1.2
样品3	78.2	5.3	2.5	3.7	0.8	4070	600	810	390	20	1.8
样品4	77.5	5.9	3.8	3.8	0.8	3520	620	840	420	20	1.8
样品5	78.8	4.9	3.2	4.2	0.8	3480	740	790	380	10	0.7
样品6	81.3	4	1.9	4	0.6	2750	780	590	290	10	0.7
平均值	80.2	4.9	2.6	3.7	0.7	3160	662	693	352	15	1.3
干基质含量	0	24.5	13	18.4	3.5	15940	3340	3490	1770	80	6.5

资料来源：社团法人日本有机资源协会．堆肥化手册。

（二）啤酒泥

啤酒泥的成分分析如表3-8所列。

表3-8 啤酒泥（干基质）的成分分析

水分/%	碳/%	氮/%	C/N值	纤维/%	蛋白质/%
10.3	40.7	2.9	14	60.7	24.28

资料来源：社团法人日本有机资源协会．堆肥化手册。

（三）酒糟

酒糟中含有大量的有机质，但是N、P、K含量偏低，含水量约为90%。酒糟用作堆肥原料后，通过堆肥过程中微生物的分解作用降解其中所含有机质，可以产生N、P、K等物质，提高有机肥的品质。

由各种原材料制成的酒糟的成分分析如表3-9所列。

表3-9 由各种原材料制成的酒糟的成分分析

原材料	水分（实物）/%	BOD/(mg/L)	pH值	氮（实物）/%	磷酸（实物）/%	钾（实物）/%
甘蔗	93.5	41900	4.2	0.24	0.03	0.18
麦		37700	3.7	0.39	0.04	0.04
红糖	95.1		4.2	0.49	0.04	0.89

资料来源：社团法人日本有机资源协会．堆肥化手册。

（四）咖啡渣

咖啡渣的成分分析如表 3-10 所列。

表 3-10　咖啡渣（干基质）的成分分析

项目		咖啡渣 A	咖啡渣 B	咖啡渣 C
水分（实物）/%		66.3	3.7	4.99
表观密度（实物）/（g/mL）				0.55
pH 值		5.8	5.9	5.1
电导率（EC）/（mS/cm）				0.65
有机物 /%		98.8	98.9	98.7
粗脂肪 /%				6.1
全碳 /%				55.2
全氮 /%		1.99	2	2.17
C/N 值				25.4
NH_4^+-N/（mg/kg）				3.68
NO_3^--N/（mg/kg）				0.14
全 P_2O_5/%		0.24	0.22	0.24
全 K_2O/%		0.27	0.26	0.44
阳离子交换容量（CEC）/（meq/100g）				26.5
CaO/%		0.24	0.18	0.14
MgO/%		0.26	0.24	0.2
MnO/（mg/kg）		36.8	37.3	
B_2O_3/（mg/kg）		3.3	13	
Fe/（mg/kg）		1，190	1，970	44
Cu/（mg/kg）		39	25	18
Zn/（mg/kg）		15	9	6.7
As/（mg/kg）		0.09	0.06	<0.1
Cd/（mg/kg）				<0.1
Hg/（mg/kg）		0.03	0.03	0.02
水溶性酚 /%				840
氮元素的无机化率 /%	7d 后	<0	<0	<0
	14d 后	<0	<0	<0
	28d 后	<0	<0	<0

资料来源：社团法人日本有机资源协会 . 堆肥化手册。

（五）精糖渣

精糖渣饼粕和甘蔗渣的成分分析如表 3-11 所列。

表 3-11 精糖渣饼粕、甘蔗渣的成分分析

成分	精糖渣饼粕	甘蔗渣
水分 /%	29.26	39.61
有机碳 /%	49.79	42.32
全氮 /%	2.92	2.79
全磷（P_2O_5）/%	1.03	1.20
钾（K_2O）/%	0.71	0.35
C/N 值	21.68	22.57

资料来源：有机肥原料养分数据库与堆肥配方软件。

（六）果实残渣

柳橙渣的成分分析如表 3-12 所列，苹果渣的一般成分、糖质及果胶含量如表 3-13 所列。

表 3-12 柳橙渣的成分分析 单位：%

材料	水分	TS	VTS	RTS	VTS/TS 值	NH_4^+-N	Org-N	TN	PO_4^{3-}
柳橙渣	87	13	12.5	0.5	96.1	0.009	0.193	0.202	0.042

注：TS—总固体；VTS—挥发性总固体；RTS—残留总固体；Org-N—有机氮；TN—总氮。

表 3-13 苹果渣的一般成分、糖质及果胶的含量 单位：%

材料	一般成分						糖质		果胶
	水分	粗蛋白质	粗脂肪	无氮浸出物	粗纤维	粗灰	单糖	多糖	
苹果渣	79.7	0.9	0.9	14.2	3.9	0.4	2.3	2.7	2.9

资料来源：社团法人日本有机资源协会 . 堆肥化手册。

（七）田园尾菜

蔬菜废弃物原料成分及含量如表 3-14 所列。

表 3-14 蔬菜废弃物原料成分及含量

样品名称	含水率 /%	全氮 /%	全磷 /%	全钾 /%	有机碳 /%	C/N 值
白菜	94.93 ~ 95.9	2.72 ~ 5.56	0.56 ~ 0.77	4.40 ~ 4.99	29.70 ~ 35.90	8.57
花椰菜	88.24	4.23	0.53	0.80	34.98	8.27
紫甘蔗	89.62	3.78	0.46	1.57	36.86	9.75

续表

样品名称	含水率 /%	全氮 /%	全磷 /%	全钾 /%	有机碳 /%	C/N 值
生菜	93.90 ~ 94.80	3.56 ~ 4.77	0.47 ~ 0.61	4.93 ~ 5.37	35.00 ~ 41.70	10.00
青菜	88.00 ~ 88.70	3.99 ~ 5.69	0.35 ~ 0.54	1.85 ~ 2.01	36.68 ~ 47.41	9.80
西芹	92.80 ~ 94.00	2.76 ~ 3.96	0.67 ~ 0.82	4.99 ~ 6.08	33.03	9.83
萝卜	91.25	4.04	0.52	1.99	36.17	8.94
胡萝卜	87.04	3.23	0.49	2.96	39.51	12.23
平均值	90.67 ~ 91.19	3.54 ~ 4.41	0.51 ~ 0.59	2.94 ~ 3.22	35.24 ~ 38.14	9.67

五、污泥

污泥分为生污泥和消化污泥，富含氮素并且水分含量很高，需要用高碳素含量的干物料来调节。淤泥和生污泥分解迅速，消化污泥分解能力中等。生污泥产生臭气的可能性大，消化污泥臭味稍轻。污泥中常含有大量病原微生物，工业污泥的重金属含量较高，故使用污泥制作堆肥时需要采取一些工艺和技术措施。通常采用生活污水处理厂产生的污泥进行堆肥比较合适。

生活排水污泥分为以下 3 种。

（一）粪尿处理污泥

粪尿处理污泥（脱水污泥）的性质根据脱水机的机种和脱水凝结剂的种类不同而不同。基本性质为水分 75% ～ 85%、有机物 43%、C/N 值 7.2、氮 4.3%、磷 1.8%、钾 0.5%、pH 值 7.3。

表 3-15 给出了根据实测数据得出的收集粪尿和收集净化槽污泥的基本性质。

表 3-15　根据实测数据得出的收集粪尿及收集净化槽污泥的基本性质

项目	收集粪尿			收集净化槽污泥		
	未超过概率 /%			未超过概率 /%		
	50	75	84	50	75	84
pH 值	7.9	8.3	8.4	6.8	7.3	7.5
BOD/（mg/L）	9500	12000	13000	3900	5600	6400
COD/（mg/L）	5600	6800	7400	3400	4700	5300
悬浮物 /（mg/L）	11000	14000	16000	8100	12000	13000
蒸发残留物 /（mg/L）	22000	27000	29000	9700	13000	15000
全氮 /（mg/L）	3100	3900	4300	530	980	1200
全磷 /（mg/L）	460	580	640	110	170	200
氯离子 /（mg/L）	2400	3200	3500	140	520	710

资料来源：社团法人日本有机资源协会．堆肥化手册。

粪尿处理污泥的成分分析结果如表 3-16 所列。

表 3-16 粪尿处理污泥（脱水污泥）的成分分析结果

项目	水分 /%	有机物 /%	C/N 值	全氮 /%	全磷 /%	全钾 /%
平均值	75.03	42.96	7.2	4.31	1.77	0.53
标准偏差	14.23	22.72	2.15	2.51	0.95	0.83
数据数	103	17	4	98	6	94

资料来源：社团法人日本有机资源协会 . 堆肥化手册。

（二）下水污泥

一般情况下，下水污泥含有水分 70%、有机物 60% ～ 70%、C/N 值 10、氮 1% ～ 8%、磷 3% ～ 5%、1% 的微量钾、pH5 ～ 7。但是若使用石灰凝结剂，pH 值则为 8 ～12。重金属等有害物质不利于堆肥的进行，所以若解决好这个问题，那么下水污泥则可成为品质优良的堆肥原材料。

（三）村镇排水污泥

村镇排水处理设施产生的污泥为浓缩污泥，通过污泥脱水机脱水，移动脱水车收集脱水后，所得污泥称为脱水污泥。其中水分含量会有所改变，但其他性质不变。

浓缩污泥中，水分约为 98%、C/N 值为 5.3 ～ 6.6、氮为 5.6% ～ 7.0%、磷（P_2O_5）为 4.7% ～ 5.5%、钾（K_2O）为 0.5% ～ 0.9%、pH 值为 6.7 ～ 6.9。村镇排水污泥不会有工厂排放的污水和重金属混入，所以有利于堆肥化。

六、木质废弃物

木质废弃物的水分含量低，富含纤维素和木质素，分解所需的时间长，甚至不易分解，能较长时间保持原有的形态，通风性好，能确保好氧分解正常进行。

（一）树皮

树皮堆积过程中 C/N 值及有机成分的变化如表 3-17 所列。

表 3-17 树皮堆积过程中 C/N 值及有机成分的变化

堆积期间	TC /%		TN /%		C/N 值		可溶性碳水化合物 /%		纤维素 /%		木质素 /%		还原糖 /%	
	针叶	阔叶	针叶	阔叶	针叶	阔叶	针叶	阔叶	针叶	阔叶	针叶	阔叶	针叶	阔叶
原材料	51.7	49.2	0.3	0.37	172	133	14.5	16.2	34.7	28.0	31.5	27.9	42	40
30d	48.9	43.4	1.17	1.27	41.8	34.2	11.8	12.2	33.4	25.2	31.8	28.1	41	38
70d	47.8	43.4	1.11	1.22	43.1	35.5	11.4	11.1	34.1	23.2	31.4	30.5	42	35
140d	45.5	40.0	1.19	1.79	38.2	22.3	10.6	8.8	26.6	17.1	33.1	35.1	36	29
350d	40.4	37.5	1.31	1.98	30.8	18.9	9.3	7.5	21.5	9.9	33.0	35.7	34	21

资料来源：社团法人日本有机资源协会 . 堆肥化手册。

（二）锯末、木屑

由于木材在加工前已被人为或自然干燥，所以木材加工时产生的锯末和木屑水分含量比较低。其中锯末的水分含量为25%～45%，木屑的水分含量为15%～30%。所以锯末和木屑可以作为调整堆肥原材料水分的调整材料，或者作为水分含量高的污泥、畜禽粪尿、厨余垃圾的辅料。虽然锯末、木屑的产量和供给不稳定，并且和树皮一样，C/N值在100以上，不易分解，但是它们能够很好地保持通风性，所以在供给稳定、能够保证堆肥产品品质的情况下，可以充分加以利用。

七、沼气发酵残渣

通过沼气发酵，废弃物中易分解的有机物成分可变成沼气，产生能量；剩下沼气发酵液中不易分解的木质素、纤维素和盐分，可处理后用于农地，也可以脱水后以液肥和堆肥的形式还用于农地。最近在有机废物的资源化处理方面，提倡先进行沼气发酵，再用残渣进行堆肥，以提高有机废物复合化、资源化的效率。

八、其他

（一）堆肥返料

堆肥返料通常可作为湿物料的调理剂，由于其C/N值中等偏低，通常需跟其他物料混合使用。堆肥返料水分含量不高，适合与中等水分含量的物料配合，并能部分提供初始微生物，但频繁地循环使用可能造成盐分浓度过高。在不需要提高C/N值而使混合物水分降低的情形下，堆肥返料是一种很好的调理剂。

（二）尿素及其他化肥

尿素或其他高浓度氮源化肥有时被添加到高含碳量的堆肥原料中，用来降低C/N值。虽然这些物料确实能降低初始C/N值，但作用不可能长期有效。化肥中的氮素比有机物中的碳素更易被微生物吸收利用，特别是当易分解的碳素很快被分解完后，氮素就会出现剩余，并以氨的形式挥发掉，所以无机氮的利用率通常较低。

（三）石灰

像肥料一样，石灰也常被当作一种添加剂，既可以用来调节pH值也可以控制臭气。但一般的堆肥原料是不用添加石灰的，石灰使用过量会导致pH值上升，造成氮的过量损失。其他含碱浓度较高的堆肥原料如炉灰、木灰也与石灰作用类似。

第三节 堆肥初始条件与原料配方

堆肥生产中，如果仅通过感官或经验来判断原料搭配是否合理、水分调节是否适宜，往往偏差较大，特别是当原料或工艺发生变化时差异会更大，这也是造成堆肥产品质量不稳定的重要原因。要优化堆肥条件和配方，必须按照原料的理化参数，通过科学的计算来确定。

堆肥配方的设计就是平衡 C/N 值和水分的过程，目的是使它们均处于合理的范围内。通常一个指标先调整合适后，堆肥的配方就可基本确定下来，若需要进一步调整比例，则一般要在不明显影响第一个指标的情形下对第二个指标进行优化。

一、碳氮比

堆肥化过程中，碳素是堆肥微生物的基本能量来源，也是构成微生物细胞的基本材料。堆肥微生物在分解含碳有机物的同时，还会利用部分氮素来构建自身细胞体，氮是构成细胞中蛋白质、核酸、氨基酸、酶、辅酶的重要成分。

据研究，一般情况下，微生物每消耗 25g 有机碳，需要吸收 1g 氮素，微生物分解有机物较适宜的 C/N 值为 25 左右。C/N 值过高，微生物生长繁殖所需的氮素来源受到限制，微生物繁殖速度低，有机物分解速度慢，发酵时间长；有机原料损失大，腐殖质化系数低；并且还会导致堆肥产品 C/N 值高，施入土壤后易造成土壤缺氮，从而影响作物生长发育。C/N 值过低，微生物生长繁殖所需的能量来源受到限制，发酵温度上升缓慢，氮过量并以氨气的形式释放，有机氮损失大，还会散发出难闻的气味。合理调节堆肥原料中的 C/N 值，是加速堆肥腐熟、提高腐殖化系数的有效途径。

常见的有机固体废物含碳量一般为 40% ～ 55%，但氮的含量变化却很大，因此 C/N 值的变化幅度也较大。一般禾本科植物的 C/N 值较高，在 40 ～ 60 之间；畜禽粪便、城市污泥的 C/N 值较低，为 10 ～ 30。为达到理想的堆肥有机物分解速度，通常将 C/N 值较高的秸秆粉、草炭、蘑菇渣等，与 C/N 值较低的畜禽粪便、城市污泥等进行混合调整。在堆肥化过程中，由于微生物的作用，有近 2/3 的碳素会以 CO_2 的形式释放出来，剩余部分与氮素一起用于合成细胞生物体。所以堆肥化过程是一个 C/N 值逐渐下降并趋于稳定的过程，腐熟堆肥的 C/N 值一般为 15 左右。

此外，不同堆肥原料其适宜的 C/N 值也存在差异。这种差异主要来源于两方面：一方面取决于堆肥原料中有机物的生物有效性（或可降解性，见表 3-18）；另一方面取决于堆肥原料粒度。虽然从理论上讲堆肥物质中的大多数碳是可以利用的，但也存在一些很难生物降解的有机化合物，如木材中的木质纤维素，因此，当这类物质含量较高时，应设置一个较高的 C/N 值。相同原料由于粒度不同，比表面积存在差异，可被微生物利用的碳或者说其被微生物分解的速度也存在差异，这些都是进行堆肥 C/N 值设计时应考虑的。

表 3-18 某些有机基质的可降解性

有机基质	可降解性（占挥发性固体的比例）/%
垃圾（总有机组分）	43 ～ 54
庭院修剪废弃物	66
鸡粪	68
牛粪	28
垃圾	66

二、水分

堆制过程中保持适宜的水分含量，是堆肥制作成功的首要条件。由于微生物大都缺乏保水机制，所以对水分极为敏感。当含水量在 35% ～ 40% 之间时，堆肥微生物的降解速率会显著下降；当含水量下降到 30% 以下时，降解过程会完全停止。通常有机物吸水后会膨胀软化，有利于微生物分解；水分在堆肥中移动时，所携带菌体也会向四周移动和扩散，并使堆肥分解腐熟均匀；水中溶解的各种物质还会为微生物提供营养，并为微生物的繁殖创造条件。水分太少，微生物活动受到限制，影响堆肥速度；水分太多，会堵塞堆肥物料间的空隙，影响其通透性，易形成厌氧环境，并产生臭气，养分损失大，堆肥也同样缓慢。堆制过程中不同的原料具有不同的最适水分上限，最适水分上限由原料物质的粒径和结构特性所决定。

对于绝大多数堆肥混合物，推荐的含水量上限为 50% ～ 60%。一般情况下，可以用不太精确的挤压测试来测量混合物料的湿度。如使用挤压测试时，堆肥混合物应该感觉起来比较潮湿，并有渗水的情形，但还不至于呈现大量水滴。要计算出堆肥物料的最佳混合比例，首先必须了解不同物料的最大持水能力，然后根据设定的堆肥混合物最适水分含量，以调节 C/N 值为前提确定不同物料的比例。

表 3-19 列出了部分堆肥基质的最大水分含量范围。水分含量值与堆肥基质的结构有关，含纤维或不易处理的基质如稻秸、木屑，在保持结构完整的条件下持水量均较高。

表 3-19 不同堆肥基质的最大水分含量

基质类型	水分含量（占总重的比例）/%
理论上	100
稻秸	75 ~ 85
木屑	75 ~ 90
稻壳	75 ~ 85
城市垃圾	55 ~ 65
粪便	55 ~ 65
消化污泥或生污泥	55 ~ 60
湿基质（厨余垃圾等）	50 ~ 55

许多堆肥基质如城市垃圾、农业废弃物和庭院废弃物，都是以相对干燥的状态进行堆肥的，甚至动物粪便在堆肥前还需进行风干。然而污泥和其他湿有机物却不然，城市污泥的含水率一般大于 70%，况且污泥不含亲水性的纤维，如果单独以污泥饼进行堆肥，则会因其缺乏储存氧气的自由通气孔隙，而需要不断地机械搅拌输入空气。

图 3-1 为牛粪堆肥中初始基质水分含量对堆肥过程温度的影响，表明牛粪堆肥中水分的控制尤为重要。该实验在 2.4m 深的堆肥仓中进行，仓底装有强制通风系统。当水分含量为 66% 时（起始点），系统最高温度上升到 55℃就停止了；清仓后向其中加入干基质

并调节水分含量到 61%，温度会迅速升到 75℃以上；如果继续提高水分含量，则会阻碍堆肥进程，因为过量的水分会因基质挤压而减少自由通气孔隙，以致减少空气在基质中的分布。

保持适当的水分含量和孔隙率是平衡堆肥过程的重要手段。要保证足够的生物稳定性，必须有足够的水分含量，但不能高到自由通气孔隙量减少而导致氧气传输量下降的状态，进而降低生物活性。另外，适当的水分含量和自由通气孔隙量有利于生产干燥的堆肥产品，易于储存和运输。当然在实际操作中是不可能使所有的控制因素同时达到最佳的，所以有时需要相互协调。

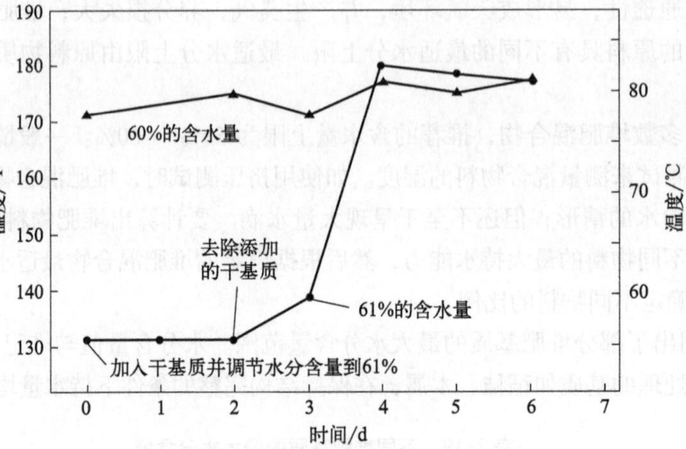

图 3-1　牛粪堆肥中初始基质水分含量对堆肥过程温度的影响（引自 Senn，1971）

三、粒径

堆肥物料的分解主要发生在颗粒的表面或接近颗粒表面的地方，由于氧气可以扩散进入包裹颗粒的水膜内，所以这些地方有足够的氧气以保证有氧代谢的需求。

在体积或质量相同的情况下，小颗粒相比大颗粒有更大的表面积，所以如果供氧充足，小颗粒物料一般降解得要快一些。实验证明将堆肥物料加以粉碎后，可以使降解速率提高 2 倍以上。一般推荐的颗粒粒径为 1.3 ～ 7.6mm，这个区间的下限适用于通风或连续翻堆的堆肥系统，上限适用于静态堆垛或其他静态通风堆肥系统。

对湿基质进行结构调整时，调理剂的粒径大小也非常重要。如果调理剂粒径过小，会导致难以达到预期的自由通气孔隙，并可能使混合基质固相体积不易达标。例如，有些堆肥系统使用粒径很小的被称为“木粉”的木屑，导致混合基质呈饱和泥状，因缺少空隙而易发生厌氧反应。为规范调理剂的使用，美国一些地方规定木屑应不少于总固相的 65%，95% 可以通过 12mm 筛，而通过 2.23mm 筛的应小于 50%；有的地方规定粗木屑占总固相的 50% ～ 70%，95% 可通过 12.5mm 筛，通过 4.75mm 筛的应小于 20%。同时，对粒径大的颗粒进行限制，避免最后的产品颗粒过大而需过筛。如果堆肥产品应用于园艺或在草坪、花园上施用时，粒径一般不要大于 10mm。

总之，小颗粒调理剂如木屑等易于生物降解，但从结构角度来看应避免使用过多的小颗粒调理剂。

四、pH 值

pH 值是影响微生物生长繁殖的重要因素之一。虽然不同研究得出的堆肥微生物适宜 pH 值范围存在些许差异，但共同的研究结果表明，多数堆肥微生物适合在中性或偏碱性环境中繁殖与活动。细菌和放线菌最适合的生长条件为中性和微碱性，真菌嗜酸性。细菌和真菌消化有机物时会释放有机酸，故通常在堆肥初期有机酸累积而导致 pH 值下降，从而有利于真菌的生长以及木质素和纤维素的降解。随着有机酸进一步被降解，pH 值逐渐升高，细菌和放线菌的繁殖会逐渐加快。

然而，当堆肥体系变成厌氧状态时，有机酸的累积可以使 pH 值降低到 4.5 以下，这时会严重影响微生物的活动，通常可以通过通风增氧将堆肥 pH 值调节到正常范围。同样，当堆肥 pH > 10.5 时，大多数细菌活性减弱，高于 11.5 时开始死亡。总之过高和过低的 pH 值都会引起蛋白质变性，如氨基、羧基基团变异，改变其物理结构，并使酶蛋白失活。

常见的堆肥原料如畜禽粪便、市政污泥、作物秸秆、草炭、蘑菇渣等一般不需要进行 pH 值调节，但当原料 pH 值偏离正常堆肥 pH 值（5 ～ 9）较大时就必须进行 pH 值调节。当 pH 偏酸性时（< 4），通常用石灰调节，有时为减少氮素损失，也用碱性磷肥调节酸碱度；当 pH 偏碱性时（> 9），可以通过添加氯化铁或明矾来调节，有时也用强酸或堆肥返料进行调节。

在 pH 值调节时，要注意的是石灰的用量不宜过大，一般控制在 5% 以内，否则会延长堆肥过程的缓冲期，不利于堆肥化进程。

五、堆肥配方确定及计算

表 3-20 列出了影响堆肥的一些初始因素，并推荐了一些基本参数，供参考。

表 3-20　快速堆肥的推荐条件

条件	合理范围①	最佳范围
碳氮比（C/N 值）	20 ~ 40	25 ~ 30
水分含量 /%	40 ~ 65	50 ~ 60
颗粒直径 /cm	0.32 ~ 1.27	可变②
pH 值	5.5 ~ 9.0	6.5 ~ 8.0

① 这些推荐值是针对快速堆肥而言的，在这些范围以外的条件同样可以堆肥成功。

② 依特定的物料、堆体大小和天气条件而变。

在处理湿物料时，水分是最重要的指标，因为高水分会引发厌氧条件、产生臭气和降低分解率。而不合适的 C/N 值影响并不严重，通常最好先根据水分来设计一个初始配方，然后再逐步调整，获得一个可接受的 C/N 值。干物料与 C/N 值是成比例的，因为比较容易通过加水来调节。

表 3-21 给出了堆肥配方的计算公式，它是以干重为基础计算的。

表 3-21 堆肥配方计算公式

<table>
<tr><th>单个原料计算公式</th><th>混合物料一般计算公式</th></tr>
<tr><td>水重量 = 总重量 × 水分含量
干重 = 总重量 - 水重量 = 总重量 ×（1- 水分含量）
氮含量 = 干重 ×（氮百分含量 ÷100）
碳含量 = 干重 ×（碳百分含量 ÷100）= 氮含量 ×（C/N 值）</td><td>$水分含量=\frac{原料a水分含量+原料b水分含量+原料c水分含量+\cdots}{所有原料的总重量}$
$=\frac{aM_a+bM_b+cM_c+\cdots}{a+b+c+\cdots}$
$\frac{C}{N}=\frac{原料a碳重量+原料b碳重量+原料c碳重量+\cdots}{原料a氮重量+原料b氮重量+原料c氮重量+\cdots}$
$=\frac{C_a a(1-M_a)+C_b b(1-M_b)+C_c c(1-M_c)+\cdots}{N_a a(1-M_a)+N_b b(1-M_b)+N_c c(1-M_c)+\cdots}$
式中 a、b、c、⋯——原料 a、b、c、⋯的总重量；
M_a、M_b、M_c、⋯——原料 a、b、c、⋯的水分含量；
N_a、N_b、N_c、⋯——原料 a、b、c、⋯的氮含量（干重）；
C_a、C_b、C_c、⋯——原料 a、b、c、⋯的碳含量（干重）。</td></tr>
</table>

对单个组分来讲，必须知道其水分含量、氮含量（%，干重）和碳含量（%，干重）以及 C/N 值。若要把重量转变为体积或相反，则还要知道每一成分的比重。下面给出了计算堆肥配方比例、水分和 C/N 值的案例和步骤。对两种原料的配方来说，如粪便和调理剂，调理剂的比例可以直接从预期 C/N 值或水分含量求得（表 3-22）。

表 3-22 两种原料配方时调理剂的计算

针对两种物料时的计算步骤：

1. 在预期水分含量下，单位重量原料 b 所需原料 a 的重量为

$$a=(m_b-M)/(M-m_a)$$

2. 在预期 C/N 值下，单位重量原料 b 所需原料 a 的重量为

$$a=\frac{N_b}{N_a}\times\frac{(R-R_b)}{(R_a-R)}\times\frac{1-m_b}{1-m_a}$$

然后，再检查混合物水分是否合适。

式中 a——单位重量原料 b 所需原料 a 的重量；

M——预期混合物料水分含量；

m_a——原料 a 水分含量；

m_b——原料 b 水分含量；

R——预期混合物料 C/N 值；

R_a——原料 a 的 C/N 值；

R_b——原料 b 的 C/N 值。

但对 3 种或 3 种以上原料来说，其配方应根据表 3-22 中的公式反复计算求得。在这种情况下，可先确定各原料的配比，然后计算相应的 C/N 值和水分。若无论是 C/N 值还是水

分均不合适，就需要调整配方继续计算，直至取得合适的C/N值和水分为止。这种计算很烦琐，若依赖计算机程序则要简单许多。

【例 3-1】 某堆肥厂以鸡粪为原料，鸡粪水分为70%，为获得良好堆肥效果，需要用35%水分含量的锯末进行调节。假定鸡粪的C/N值为10，氮含量为6%；锯末的C/N值为500，氮含量为0.11%。确定合适的堆肥配方。

第一步：根据确定的混合物料水分含量，求物料的搭配比例。

如设定混合物料的水分不超过60%，1kg鸡粪需要*S*kg锯末

则

$$混合物料水分=\frac{鸡粪中水分含量+锯末中水分含量}{总重量}=\frac{0.7+(0.35\times S)}{1+S}$$

$$S=0.4$$

即每千克鸡粪至少需要用0.4kg水分含量为35%的锯末进行搭配，才能保证混合物料的水分含量不超过60%。

第二步：根据上述搭配比例，检验混合物料的C/N值是否合适。

首先依据下列公式计算两种物料的C量和N量

$$水重量=总重量\times水分含量$$

$$干重=总重量-水分重量$$

$$氮量=干重\times N\%$$

$$碳重=C/N值\times氮重$$

每1kg鸡粪含：

$$水=1\times0.7=0.7（kg）$$

$$干物质=1-0.7=0.3（kg）$$

$$氮=0.3\times0.06=0.018（kg）$$

$$碳=0.018\times10=0.18（kg）$$

每1kg锯末含：

$$水=1\times0.35=0.35（kg）$$

$$干物质=1-0.35=0.65（kg）$$

$$氮=0.65\times0.0011=0.00072（kg）$$

$$碳=0.00072\times500=0.36（kg）$$

然后计算混合物料的C/N值

$$C/N=\frac{鸡粪C量+锯末C量}{鸡粪N量+锯末N量}=\frac{0.18+(0.4\times0.36)}{0.018+(0.4\times0.00072)}=17.7$$

计算结果表明，混合物料C/N值过低，必须调整物料比例，增加C含量即锯末的使用量。

第三步：不断调整锯末比例，每调整一次，都按上述步骤重新计算混合物料的水分含量和C/N值，直到都符合堆肥基本要求为止。

经过反复计算，本案例的优化结果是每千克鸡粪添加0.6kg锯末，混合物料水分为57%，C/N值为21。

第四节　原料调节、预处理

一、原料调节

一个好的堆肥系统首先面对的就是起始物料的配比，以保证有合适的孔隙、水分、C/N 值以及热值。在实践中，通常采用的方法包括：

① 加入有机的或无机的调理剂；

② 加入膨胀剂，例如木屑、花生壳等；

③ 堆肥产品回料；

④ 上面 3 种方法的结合使用。

（一）调理剂和膨胀剂的使用

1. 调理剂

调理剂是一种加入其他基质内以调节原料混合物性质，如水分、孔隙、C/N 值等的物质。具体主要有 2 种：

① 结构调理剂：一种有机的或无机的物质，加入基质后可降低其容重并且增加气体空间，以允许适当的通风。

② 能量调理剂：一种有机物质，加入后可提高可降解有机物在混合物中的数量，因此可以提高混合物的能量。

调理剂已被广泛用于湿基质调节，包括木屑、稻草、泥炭、稻壳、棉壳、粪便、垃圾组分、庭院废弃物、蛭石和许多其他的废物。理想的调理剂是干燥的、容重小、可降解的。堆肥产品再循环可使混合物的密度变小，在这个意义上，参加再循环的堆肥产品就可称为调理剂。然而，再循环的堆肥不同于其他的调理剂，因为在循环时不需要在加工过程中加入新的物料。用湿基质堆肥时，再循环的产品经常与调理剂一起用。再循环的优点是可以降低加入的调理剂的数量。

2. 膨胀剂

膨胀剂是一种有机或无机的物质，主要用来保持堆肥基质的结构和通气性，使堆体不致坍塌。有时也称“蓬松剂”或“蓬松颗粒”。膨胀剂可以形成三维的固体颗粒结构，通过颗粒之间的相互联系可以自我支持。

如果膨胀剂是有机的，还可提高混合物的能量含量。3 ～ 5mm 长的木屑是应用最普遍的膨胀剂，其他材料包括粒状垃圾、碎轮胎、花生壳、树木的修剪物等。

无论是基质还是调理剂或膨胀剂都属于原料的一部分。

（二）湿基质处理

由于湿基质含水率可达 70% ～ 80%，如果水分得不到控制，会导致堆肥温度降低和操作无效。

通常，有机物料的水分含量越高，就需要越大的空间以保证充分通风。粪便、污泥均属不易碎的物料，且缺少多孔结构，另外具有可塑性，物料自重也会使料堆变得更加紧实，这样孔隙体积会变得更少，使得堆肥起来就十分困难。

对于湿基质，在设计或操作时应注意：

① 原料要进行结构调节，以获得易碎的混合物料，如添加锯末、秸秆等；

② 进行能量调节，使得堆肥启动快速，保证热动力平衡，包括添加能值高的物料或添加接种剂。

另外还要考虑通畅的空气供应系统和温度控制系统，同时还要保护堆肥混合物免受风雨的侵蚀，因为水分过大堆制就很难进行。

1. 风干

除了用回流产品和调理剂进行水分调节外，还可以在堆肥前对湿基质进行风干脱水，去除表面多余的水分。风干一般仅在蒸发超过降水的干燥地区适用，另外风干脱水只局限于相对稳定的基质如消化污泥、粪便等。

比较起来，风干是非常有效的且成本低的结构调节方式，也是能量调节的方式之一。

2. 烘干

提高湿基质固相含量的另一种方法是在堆肥前对基质进行加热烘干，也称为“热脱水”。烘干和风干一样能很好地完成湿基质的水分调节，即保留可生物降解的固相，除去多余的水分。另外，烘干一般不会受外界环境影响。

但比较起来烘干所需设备投资与运行成本均比较高。因此，堆肥一般不采用烘干法来调节基质湿度。

烘干法的另一种方法是把堆肥基质和回流产品一起加热以更好的调节水分含量，这时若把堆肥基质固相从 50% 干燥到 70%，每 1g 固相堆肥需去除 0.57g 水分，显然要比直接烘干基质成本低。

（三）干基质的调节

干基质一般都是易碎多孔的，不必像湿基质一样进行结构调整，且干基质很少需要膨胀剂。但为了使结构更合理，需进行预处理以减小粒径，另外要分离杂质。

【例 3-2】 50t/d 的风干粪便，固相含量为 60%，与 25t/d 固相含量为 55% 的庭院垃圾、25t/d 固相含量为 65% 的回流堆肥混合。要求初始混合基质水分含量为 50%，计算所需水分。

解：

基本变量：

X_s——每天生产的主要基质的湿重；

X_r——每天物料循环的湿重；

X_a——每天进入堆肥混合物的调理剂的湿重；

X_w——每天加入的水重量；

X_m——每天进入堆肥过程的混合物料的湿重；

S_s——堆肥基质中固相的比；

S_r——固相中循环物料的比；

S_a——调理剂固相比；

S_m——进料混合物的固相比。

1. 初始基质要求的固相含量 S_m=1-0.50=0.50。

2. S_m=0.50，由式（3-1）计算水分量 X_w:

$$X_w = [X_s(S_s - S_m) + X_a(S_a - S_m) + X_r(S_r - S_m)] / S_m \quad (X_w > 0) \tag{3-1}$$

X_w=[50（0.60-0.50）+25（0.55-0.50）+25（0.65-0.50）]/0.50=20（t/d）

即要保持初始混合基质水分含量为 50% 时，每天应加水 50t。

3. 由式（3-2）、式（3-3）可计算不加水的 S_m 值:

$$X_s + X_a + X_r = X_m \tag{3-2}$$

$$S_sX_s + S_aX_a + S_rX_r = S_mX_m \tag{3-3}$$

X_m=50+25+25=100（t/d）

S_m=50（0.60）+ 25（0.55）+25（0.65）= 0.60 = 60%

4. 可以在下节了解到，当水分含量＜ 40% 时堆肥过程受水分限制很明显。因此，利用干基质进行堆肥时需考虑随时加水防止干燥。

（四）营养调节

某些基质可能除了需要进行水分和孔隙调整外，还需其他的调节。如有些富纤维物质象庭院垃圾和部分城市固相废物，可能缺少微生物快速增长的必需营养，所以需对初始基质进行调节，以保证微生物有合适的环境生长繁殖。

另外堆肥基质需要一些无机营养来保证微生物的生长。在堆肥系统中氮的需求比其他无机营养物高，所以主要调节氮营养。

在好氧代谢过程中，微生物利用 1 份氮需要 15 ～ 30 份碳，即 C/N 值 =15 ～ 30。如果 C/N 值增加，则堆肥时间延长，如 C/N 值为 20，堆肥需要 12d，C/N 值为 78，则需要 21d。含氮量低会造成“氮”营养受限，限制微生物生长，影响整个堆肥进程。去除一部分高含碳物质或（和）加入一些高含氮物质可以解决高 C/N 值的问题。

如果 C/N 值≤ 15，则氮过量，不会出现氮限制的情况。堆肥文献中通常认为混合基质的 C/N 值必须在 15 ～ 30 范围内，其实不然，只是 C/N 值为 15 ～ 30 时可避免氮营养受限。当 C/N 值小于 15 时，过量的氮会随氨挥发而损失。

应用 C/N 值时一般假定碳源和氮源基质都是易降解的。需注意的是：对于难降解的有机氮，则不管 C/N 值多少，这部分氮都是无效的。所幸的是，自然状态下基质所含的氮绝大部分都是在蛋白质分子中，相对易降解。另外，如果存在难降解的碳源基质，即使是高 C/N 值也不会影响堆肥进程，因为这部分碳几乎不参与微生物的分解和合成。

二、原料预处理

原料预处理是堆肥生产的一个重要环节，对堆肥化进程、发酵效果以及产品质量影响极大，然而在堆肥实践中却往往被忽视。

（一）预处理对堆肥的影响

由于常用的堆肥原料要么是没加任何处理的新鲜物料，水分大、杂质多，如畜禽粪便中通常混杂有大量秸秆或垫料；要么是放置时间较长、形成了大小不一块状的物料，如干鸡粪等。即使是一致性较好的原料，原料间也存在粒度的差异。由于水分、C/N 值、C/P 值、pH 值等对发酵的影响将在堆肥发酵与调控部分做详细介绍，这里重点讨论物料粒度对堆肥的影响。

1. 对发酵速度的影响

物料粒度过大，不仅影响水分调节的效果，而且也影响混合的均匀度，特别是一些较大团块或纤维素含量较高的物料，如不加破碎或不破碎到一定程度，会造成微生物分解速度的减慢。如常见的稻秸堆肥，如果稻草不加粉碎，即使在夏季，完全腐熟大概需要 2 个月左右；如将稻草切成 10cm 左右的小段，完全腐熟大概不到 1 个月；如果将稻草磨成 3 ～ 5mm 的草粉，则其完全腐熟时间只要 10 ～ 15d。由此可见原料预处理对发酵速度的影响。

2. 对发酵效果的影响

不仅原料水分、C/N 值、C/P 值以及 pH 值等影响发酵效果，物料粒度也影响到发酵效果。堆肥过程中，通常能够观察到一些较大的团块是没有发酵或发酵不彻底的，主要原因是团块较大时，要么水分吸收过多，含水量过大，物料内部处于一种厌氧状态，好氧性微生物不能繁殖或存活；要么是团块吸水性较差，物料内部水分过低，微生物也无法繁殖。

3. 对产品质量的影响

堆肥过程中，如部分物料没经发酵或发酵不彻底，会相应增加未降解有机物的比例，同时也会提高病原微生物发生的概率；如部分物料处于厌氧发酵，该部分物料的养分损失也大，同时厌氧性病原微生物繁殖或发生的概率也高，这些对产品质量都会产生较大影响。

（二）预处理环节

原料预处理涉及水分调节、粒度及均匀度调节、养分调节以及 C/N 值、C/P 值、pH 值调节等，通俗的说，就是涉及物料的破碎、物料的相互搭配以及物料的均匀混合。

1. 水分调节

由于堆肥原料水分差异大，而堆肥对水分又有比较严格的要求，通常采取物料水分高低搭配、干湿混合的办法进行水分调节。当主料水分较高时，应搭配较低水分含量的辅料；当主料水分含量较低时，辅料的干湿状况对水分调节不会产生大的影响；当主辅料水分含量都高时，应首先选择干燥辅料或部分易干燥的主料，但应以成本最低化为原则。

2. 粒度及均匀度调节

堆肥有机物的分解主要发生在物料颗粒的表面或接近颗粒表面的地方，物料比表面积越大，也就是说物料颗粒越细，有机物的降解速度越快，但其前提条件是需要有足够的氧气供应。通常情况下，当物料粒度达到一定限度后，它和孔隙度是成反比关系的。生产和日常生活中，经常遇到当物料过细遇水呈“面糊”状的现象，所以粒度调节是为了寻求物料比表面积和物料孔隙度的平衡，保持物料较好的自然供氧量，维持较高的堆肥有机物分解速率。一般堆肥物料适宜的粒度范围为 3 ～ 15mm，最佳粒度范围为 5 ～ 10mm。不同的发酵或供氧方式对物料粒度要求不同，条垛式或静态堆肥取上限，而具有曝气或强制性通风系统的取下限。常用的粒度调节方法有破碎法和混合法，其中破碎法就是将大的物料用粉碎设备进行破碎至合适的粒度；混合法就是将高水分、过细的物料用适宜粒度的干物料进行混合，调整至适宜的粒度。实际生产中一般都是两种方法同时使用。

在堆肥调节过程中，与粒度调节密切相关的还有均匀度调节，即原料的混合均匀度。均匀度调节的好坏不仅影响到粒度调节，而且也影响到水分、C/N 值、C/P 值、pH 值等调节，并最终影响到发酵效果。由于均匀度调节目前还没有一个量化标准，只能采取目测或通过随机取样检测水分、C/N 值、pH 值等进行判断，而在生产实践中往往被忽视。

3. 养分调节

另一个易被忽视的环节是堆肥的养分调节，也是导致堆肥产品质量和应用效果不稳定的重要因素。几乎目前所有的堆肥设计和生产都没考虑过养分调节，而堆肥产品的销售和实际应用效果又主要是由养分决定的。不同的 C、N、P 含量可以获得相同的 C/N 值、C/P 值，但在肥料产品中却形成了不同的养分含量。所以在项目和产品设计中，应首先确定产品类型，根据产品类型估算出 C、N、P 等指标基数，再根据现有物料的 C、N、P 的实际数，按照 C/N 值、C/P 值确定值和发酵过程中 C 的挥发量，计算出应补充的 C、N、P 量。

4. C/N 值、C/P 值、pH 值调节

大量研究表明，快速堆肥适宜的 C/N 值为 20 ～ 40、C/P 值为 75 ～ 150、pH 值为 5.5 ～ 9.0，最适 C/N 值为 25 ～ 30、pH 值为 6.5 ～ 8.0。堆肥过程中，应根据原料类型，结合养分调节，选择合适的 C/N 值、C/P 值、pH 值。

参考文献

[1] 傅海平，常硕其，刘红艳，等 . 茶园绿肥品种的筛选 [J]. 茶叶通讯，2010，37（3）：6-7.

[2] 黄芬，曹建华，丁俊峰，等 . 黔西南岩溶区饲料灌木营养元素分析 [J]. 热带地理，2010，30（3）：237-241.

[3] 解开治，徐培智，陈建生，等 . 绿肥压青配伍不同促腐剂对稻田土壤肥力及其水稻产量的影响 [J]. 中国农学通报，2010，26（21）：177-181.

[4] 李瑜，付海冬，姚慧敏 . 集约化畜禽养殖场畜禽粪便资源化利用途径 [J]. 现代农业科技，2009（5）：241-242.

[5] 李爱萍，郑开斌，林碧英，等 . 蚕豆提高土壤肥力及土壤效力研究 [J]. 农业与技术，2007（2）：61-63.

[6] 李银平，徐文修，李钦钦，等 . 绿肥压青对棉田土壤肥力的影响 [J]. 新疆农业科学，2009，46（2）：262-265.

[7] 刘红献，铁桂春，李启业 . 小冠花特性及应用价值 [J]. 安徽农业科学，2007（6）：1646.

[8] 罗瑛，刘壮，赵君华，等 . 肿柄菊的矿质营养元素分析及评价 [J]. 热带农业工程，2009，33（3）：36-39.

[9] 牛俊玲，李彦明，陈清，等 . 固体有机废物肥料化利用技术 [M]. 北京：化学工业出版社，2009：202-203.

[10] 孙志翱，金保升，章名耀，等 . 玉米秆在流化床中燃烧特性的初步研究 [J]. 太阳能学报，2008，29（12）：1563-1568.

[11] 王晓军，于凤芝，宿庆瑞，等 . 不同绿肥品种综合利用价值的比较 [J]. 黑龙江农业科学，2010（6）：55-57.

第四章　堆肥基本类型及特点

第一节 堆肥系统分类

国内外堆肥历史悠久，所采用的堆肥系统也各式各样。早期的堆肥一般只是简单地将原料堆成一堆，进行长时间的堆制，很少进行通风和管理。这种堆肥系统长期以来一直是我国农村普遍采用的堆肥方法，适合于农户小规模的有机肥积造。由于其不能满足连续供氧的要求，因而在堆肥过程中厌氧微生物占据统治地位，实质上就是一种厌氧堆肥，存在着堆体升温慢、温度低、有机物分解缓慢、易产生硫化氢以及其他臭味化合物的特点。为克服这种传统堆肥系统的缺点，国外自 20 世纪 50 年代以来开发出了各种各样的现代堆肥系统，这些系统具有机械化程度高、处理量大、堆肥速度快、无害化程度高等诸多特点，因此得到了广泛的应用。本章主要介绍国内外一些主流的堆肥系统，以帮助读者掌握堆肥的基本工艺类型和发展趋势。

因依据要素不同，堆肥系统的分类结果也就丰富多样。有人将堆肥系统按堆料的运动与否分成静态堆肥系统和动态堆肥系统，有人根据堆肥化过程中所采用机械设备的复杂程度，将堆肥系统分为简易堆肥和机械堆肥。应用反应器的系统通常被称为“机械的”、“封闭的”或“容器的”系统，而不用反应器的系统被称为“开放的”系统。堆肥系统也可依据反应器类型、物料流动特点、翻搅类型以及氧气供应方式等来分类。

目前来看，堆肥系统仅按某一种分类方式进行划分难以全面地介绍清楚实际所采用的不同堆肥工艺，因此，常采用多种分类方式同时并用的情形进行描述。表 4-1 基本概括了国内外大部分历史上和目前沿用的堆肥系统。

表 4-1 国内外主要堆肥系统分类

开放性	搅 动	鼓 风	堆肥类型
开放	无搅动	不鼓风	传统堆肥
		鼓风	静态堆肥
	有搅动	不鼓风	条垛式堆肥（自然通风）
		鼓风	条垛式堆肥（强制通风）
密闭	物料流动方向	干预方式	堆肥类型
	水平	静态	隧道式堆肥
		搅拌	槽式堆肥
		翻转	转鼓式（DANO）堆肥
	垂直	搅拌	塔式堆肥
		填充	筒仓式反应器堆肥

根据堆肥技术的复杂程度以及使用情况，主要有条垛式堆肥、槽式堆肥和反应器堆肥三大类堆肥系统。其中，条垛式堆肥主要通过人工或机械定期翻堆配合自然通风来维持堆体中的有氧状态；与条垛式堆肥相比，槽式堆肥过程更易控制，能更有效地确保堆体达到高温和病原菌灭活，堆肥周期缩短；反应器堆肥则在一个或几个容器中进行，通气和水分条件得到了更好的控制。表 4-2 对常见的静态堆肥、条垛式堆肥、槽式堆肥和反应器堆肥的优缺点进行了比较。

表 4-2　各种堆肥系统的优缺点比较

项目	静态堆肥	条垛式堆肥	槽式堆肥	反应器堆肥
投资成本	低	低	高	高
运行和维护费用	较低	低	较高	高
操作难度	较低	低	较难	难
受气候条件影响大小	较大	大	小	小
臭味控制	良	差	良	优
占地面积	中	大	较大	小
堆肥时间	长	较长	较短	短
堆肥产品质量	良	良	优	优

需要说明的是，国内目前大量使用的槽式堆肥实际上是一种介于条垛式堆肥与反应器堆肥间的特殊类型，它具备搅拌设备和通风设施，但又不属于露天开放式堆肥，虽然通常建有顶棚遮盖设施，但又不具备严格的反应器控制系统。考虑到这种堆肥方式的普及性，下面也将给予专门介绍。

第二节　静态堆肥

一、基本类型

静态堆肥一般以传统堆沤为代表，堆肥过程中不进行翻堆、曝气等操作，堆肥周期较长。通常将原料混合物放在用小木块、碎稻草或其他透气性能良好的材料做成的通气层上，通气层中可以铺设管道，也可以不铺设。与条垛式堆肥相比，二者的不同之处在于静态堆肥过程中不进行物料的翻堆或者通风。

静态堆沤有就地堆沤、覆膜堆沤和集中堆沤等形式，可根据原料类型、收集运输距离和场地特点等条件进行灵活选择，常见的静态堆沤形式见图 4-1。

(a) 粪便田间堆沤　　(b) 秸秆田间堆沤

图 4-1

(c) 尾菜覆膜堆沤　　(d) 粪便集中堆沤

图 4-1　静态堆沤现场

二、技术及特点

由于静态堆肥过程中不采用强制通风措施，以被动通风为主，故堆体中常处于厌氧或兼氧状态。静态堆肥主要用于湿基质的堆肥，通常通过添加膨胀材料来调节堆体的孔隙度，也可以铺设管道便于空气进入堆体，加速堆肥腐熟进程。静态堆肥系统简图见图 4-2。

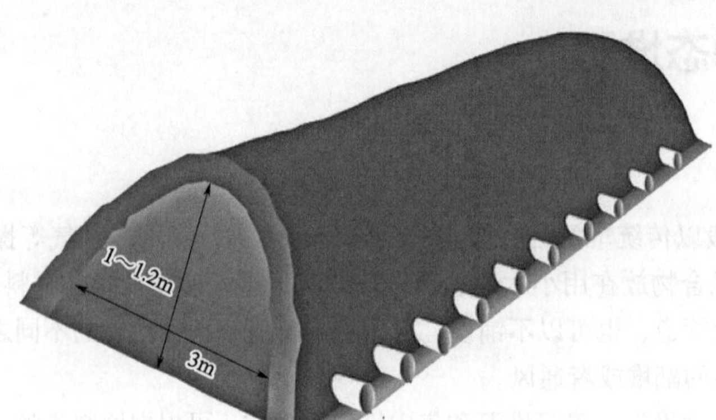

图 4-2　静态堆肥系统

如果空气供应很充足，堆料混合均匀，堆肥周期为 3 ～ 5 周。近年来应用较多的膜覆盖堆肥技术（membrane cover technology，MCT）其本质也是一种静态堆肥工艺，是高温好氧发酵过程在半透性柔性复合功能膜覆盖的环境下进行，通过控制堆料与周围环境的物质能量交换而进行的堆肥发酵。

静态堆肥可以根据原料的透气性、天气条件以及所用设备性能来建造。一般来说，建造相对高的堆体有利于冬季保存热量，另外可以在堆体的表面铺一层腐熟堆肥，使堆体保湿、隔热、防止热量损失、防蝇并过滤氨气和其他可能在堆体内产生的臭气。静态堆肥为被动通风的堆肥系统，建议堆肥体积适中，不可堆制得太大。

堆体的长度受堆体中气体输送条件的限制。如果堆体太长，距离鼓风机最远的位置很难得到氧气，可能形成厌氧环境，使部分堆肥不能达到腐熟。通常需要添加体积较大的调理剂（如稻草和碎木片）来维持堆体良好的通气性结构。为了使空气分布更合理，粪便或污泥等含水量较高的物料在堆制之前必须加入调理剂并进行彻底混合。

由于静态堆肥不进行翻堆，故通气是堆肥过程中的关键操作。通气可采用向堆体强制通气或抽气的方式。通气控制通常有两种方法，其中一种叫时间控制法，其原理是采用定时器控制鼓风，是一种简单而又廉价的方法，该方法可通过控制时间来提供足够的空气以满足堆体对氧气的需要。尽管如此，但这种方法并不能保持最佳的温度，有时温度甚至会超过所需的限度，堆肥发酵的速度也会由于高温而受到限制。另外一种叫温度控制法，该方法为保持最佳堆体温度采用温度传感器（如热电偶）进行实时监测，当堆体温度达到设定温度时，从传感器中发出的电子信号能通过控制器让鼓风机工作或停止。当堆体温度达到设定的高温点时，鼓风机启动，起到降温的作用；当堆体冷却到设定的低温点时，系统则会关闭鼓风机。和时间控制法比较，温度控制法所需的鼓风机更大，气流速率更快，因而需要更昂贵和更先进的温度控制系统。

通常静态堆肥系统的操作步骤如下：

① 按比例把物料和调理剂混合；

② 在永久的通气管或临时的多孔通气管上覆盖约 10cm 厚的调理剂，形成堆肥床；

③ 把物料和调理剂的混合物加到堆肥床上；

④ 在堆体的外表覆盖一层已过筛或未过筛的腐熟堆肥。

考虑到湿基质发酵过程中添加的膨胀剂（如木屑）体积较大且成本较高，以及清除大型膨胀剂后可改善堆肥产品质量的情形，一般要求发酵完成后要把膨胀剂分离出来并重新再利用。若采用木屑或其他可降解材料作为膨胀剂，发酵过程中必然存在降解和物理性破碎，最后由于基质直径减小，有些膨胀剂会通过筛眼进入发酵料中，这样就需要在下次发酵时添加新的膨胀剂以保持平衡。被动通风堆肥系统中，堆体通常会产生渗滤液，因此需要设置一个水池收集渗滤液。

第三节 条垛式堆肥

一、基本类型

条垛式堆肥是一种传统的堆肥技术，其特征是将混合好的原料排成条垛，并通过机械周期性地翻抛进行发酵。条垛式堆肥工艺的核心设备是翻堆车，分为自行式和牵引式，详见图 4-3。

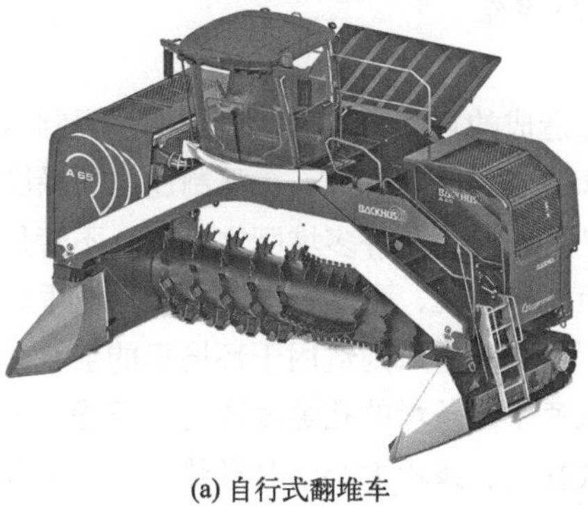

(a) 自行式翻堆车

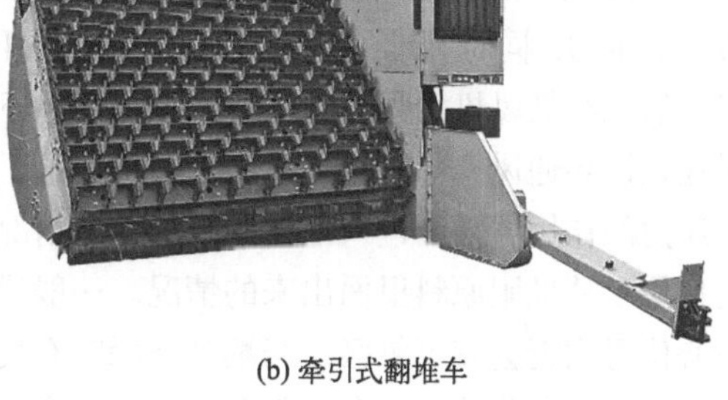

(b) 牵引式翻堆车

图 4-3 翻堆车

条垛式堆肥在国内外应用较为普遍，可分为开放型条垛式堆肥和密闭型条垛式堆肥。覆膜条垛式堆肥是近年来推广应用较快的一种密闭型条垛式堆肥技术。

二、技术及特点

（一）传统条垛式堆肥

传统条垛式堆肥系统是开放式堆肥的典型例子，它是从传统堆沤逐渐演化而来的，典型特征是将混合好的原料排成行，通过机械设备周期性地翻动堆垛。由于其操作灵活、适合多种原料以及运行成本低，条垛式堆肥目前已得到广泛应用。

印度的 Albert Howard 先生在 1925 年提出的堆肥工艺实质上就属于条垛式堆肥系统。他将垃圾、厩肥、大粪、土壤、稻草或木材类物质等堆成层，直到 1.5m 高，堆制时间一般是 120 ～ 180d，期间手工翻堆若干次，这种工艺经印度农业研究委员会改进之后被广泛应用。现代的条垛堆肥系统配套的场地更大、设备更先进、处理能力更大，已广泛地用于堆制包括粪便、污水污泥、树叶和庭院废弃物等多种有机废物。

条垛的高度、宽度和形状随原料的性质和翻堆设备的类型而变化。条垛的断面可以是梯形、不规则四边形或三角形，常见的堆体高 1 ～ 3m，宽 2 ～ 8m，长度可根据堆肥物料量和堆场的实际位置来决定，一般在 30 ～ 100m。条垛式堆肥系统见图 4-4。

图 4-4 条垛式堆肥系统

条垛式堆肥的氧气主要通过条垛里的热气上升造成的自然通风来供应或通过强制通风来供应（图 4-5），同时翻堆过程中的气体交换也可以部分地供应氧气。在强制通风条垛堆肥系统里，氧气在鼓风机的强制或诱导通风的帮助下进入条垛。在许多堆肥文献里，不管是强制通风还是诱导通风，都采用“强制通风”一词。但严格地说，强制通风适用于环境里的空气在正压力的作用下强制进入堆肥原料里面的情况；而诱导通风则适用于环境里的空气在负压力的作用下从堆肥原料里面出来的情况。一般通风速率由条垛的孔隙度决定，条垛太大，在其中心位置附近会有厌氧区，当翻动条垛时有臭气释放；条垛太小，其散热迅速，堆温不能杀灭病原体和杂草种子，水分蒸发少。

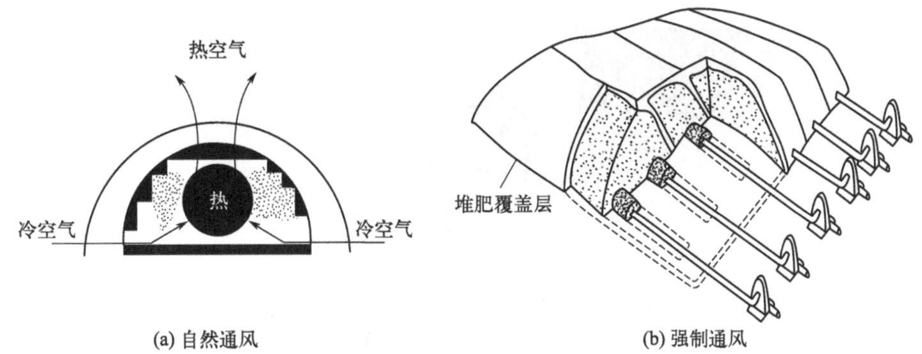

图 4-5　条垛式堆肥通风

无论哪种情况都要对条垛进行周期性的翻动，使其结构得到调整。条垛式堆肥的翻堆主要通过翻堆机来完成，国内外现已开发出许多用于条垛翻堆的专门机械，这些机器大量地节省了时间和劳力，使原料能完全混合，堆肥也更均匀。在这些设备中，一部分机器靠农场拖拉机牵引，一部分自身具有驱动系统，还有一部分机器能装载在条垛旁的卡车或货车上。

条垛式堆肥系统可以作为单一系统独立使用，也可以与其他堆肥系统联合使用。例如以色列和墨西哥将条垛式堆肥系统用在其他反应器堆肥系统的后处理阶段。

条垛式堆肥翻堆频率为每周 3 ～ 5 次，整个发酵过程需要 30 ～ 60d。条垛式堆肥工艺的主要优点：工艺简单，操作简便，投资少。主要缺点：无法精确控制堆体的温度和氧气含量，发酵时间长，占地面积大，臭气不易控制，产品质量不稳定。通常条垛式堆肥适用于土地相对充裕、远离居民区、固定投资少的西北、东北等地区的中小型养殖场。

（二）覆膜条垛式堆肥

覆膜好氧堆肥工艺因对气溶胶和臭气的综合防治功能而被广泛应用，它是在静态条垛式堆肥的堆体上方覆盖一层具有选择渗透作用的功能膜，使堆体在相对密闭的环境中完成发酵过程。覆膜堆肥一般采用曝气风机供氧，属于强制通风堆肥类型。

覆膜堆肥工艺过程主要包括原辅料的预处理、进料布料、一次发酵、二次发酵、出料和储存等工序。覆膜堆肥系统见图 4-6。

曝气风机通过曝气管道将空气输送到堆体内部，使有机物在有氧条件下被微生物分解为 CO_2、水和热量。由于堆体上方功能膜的阻碍作用，通入堆体的空气及堆肥过程中产生的气体未能完全排出堆体，在相对密闭的空间内形成了“微正压”环境。在“微正压”的作用下，氧气与物料的接触面积增大、接触时间延长，提高了氧气的利用率和堆肥效率，减少了堆体局部厌氧情况，进而减少因厌氧作用而产生 CH_4 和 N_2O 等温室气体。大量水蒸气在排出系统的过程中，由于孔隙数量有限，一部分未来得及排出的水蒸气在功能膜内层冷凝形成 “水膜”，氨气等易溶于水的物质溶于水膜内，聚集后在重力的作用下落回堆体进行再次发酵，可有效减少臭气排放和氮素损失，但不利于好氧堆肥堆体水分的散失。

通常覆膜堆肥工艺的操作步骤如下：

（1）原料预处理　原料先经机械均质预处理，即混合并分散为成分、含水率和粒径基本一致的小颗粒，然后用装载车或输送机送往通风发酵场地建堆。

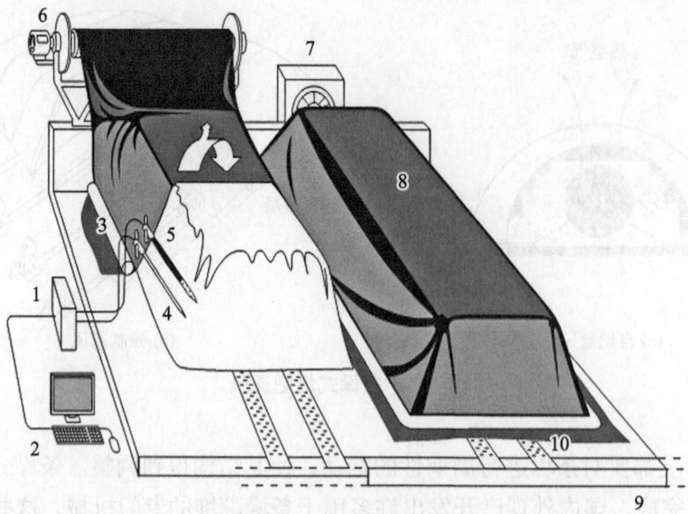

图 4-6 覆膜堆肥系统

1,2—控制系统；3—压膜管；4—温度传感器；5—溶解氧传感器；6—卷膜机；7—风机；8—堆肥槽；9—膜覆盖层；10—排水系统

（2）建堆 发酵场地宜采用水泥或沥青地面，以便防止渗漏和收集渗滤液。发酵场地可建成三面墙、顶部敞开的混凝土构筑物，可有效地增加物料堆积（处理）量。发酵场地地面下设通风沟，8m 宽场地一般用 2 条沟，沟上设金属盖板，盖板上均布有钻孔，用以曝气和收集渗滤液。气孔按高压均匀曝气原理设置。发酵地面向入口倾斜，坡度 2%，以便渗滤液流出和汇集。

（3）膜发酵 建堆后，将测试探头插入料堆预定位置，并立即用膜覆盖堆体。盖膜可人工操作，也有多种机械化的辅助手段方便盖膜和收膜，如卷膜机。盖膜后需固定膜：a. 可用沙袋压紧膜的四边密闭堆体；b. 或用消防水管环绕料堆并充满水，以固定膜；c. 发酵场地构筑物的墙可做成 1m 高、圆弧顶，使膜与墙顶贴合起密闭作用。膜的周边设吊环孔，以便悬挂重物后拉紧并固定膜。可用焊接挂钩的钢管作为垂吊重物。可在外墙上设挂环，与膜的吊环孔相配合，以便用绳索或挂钩固定膜。固定膜后，即可启动覆膜好氧发酵系统，一次发酵周期约 28d。根据经验，一次发酵可不用加水，不必中途翻堆。28d 后打开堆层，里面的易降解有机物基本被降解，此时要做的是拔去测试探头，将膜卷回。可用装载车（铲车）出料，送往二次发酵场地堆积。膜覆盖系统一般不需要建造生物滤池等附加装置，因为正常运行不会发生臭气问题。覆膜好氧堆肥现场见图 4-7。

图 4-7 覆膜好氧堆肥现场

1. 功能膜

功能膜是覆膜好氧堆肥工艺的核心部分，其主要由三层膜结构组成，如图 4-8 所示。中间层是功能层，主要由膨体聚四氟乙烯（ePTFE）膜构成，膜上分布的小孔可有效阻拦大分子如气溶胶和灰尘等向膜外扩散，但可以让好氧堆肥过程中产生的水蒸气和小分子物质排出。内外两层则由聚酯膜材料组成，它们对中间层起到保护和支撑作用。外层具有防紫外和耐腐蚀的功能，能够隔绝雨雪等恶劣气候条件对好氧堆肥过程的影响。

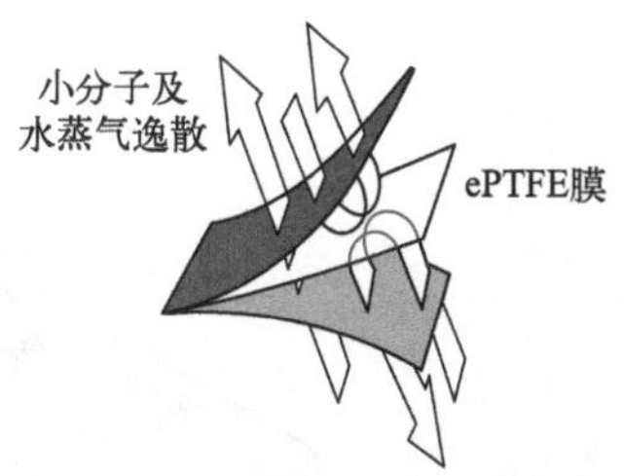

图 4-8 膜材料结构及工艺原理

2. 通风系统

通风系统主要包括曝气风机和通风管道，曝气风机的选型和通风管道的布局需要根据实际工况需求进行设置。通风系统和功能膜覆盖系统共同作用，为堆体营造了一种相对密闭的“微生态环境”，使得物料在这一环境中可高效完成好氧发酵过程。

3. 智能控制系统

智能控制系统主要包括智能控制柜、温度传感器、氧浓度传感器和压力传感器等实时监测设备，传感器采集到温度、氧气浓度和压力数据后传输到智能控制柜，并通过智能控制柜反馈调节堆肥通风策略，以实现堆肥过程通风供氧的智能控制。

与传统的堆肥工艺相比，在未增加占地面积且电能消耗一致的前提下，覆膜堆肥工艺具有以下优势：

① 发酵堆体相对密闭，可以减少温室气体及臭气等排放，同时减少外界气候条件对堆肥过程的影响；

② 堆肥过程氧气利用率高，发酵过程良好，堆肥产品质量高。

第四节 槽式堆肥

一、基本类型

槽式堆肥一般在长而窄的被称作“槽”的通道内进行，槽壁上方铺设有轨道，在轨道上安装翻堆机，可对物料进行翻搅，槽的底部铺设有曝气管道，可对堆料进行通风曝气，是一类将强制通风与定期翻堆相结合的堆肥系统。

根据物料的移动方式，可以将槽式堆肥分为两种类型。一种是整进整出料式，也称为静态槽式堆肥，是将堆肥物料通过布料机或者铲车一次布满整个发酵槽，利用桨叶、链板和滚筒等不同的翻拌设备，使堆肥物料通风、粉碎，并保持孔隙度，物料在整个发酵过程中不发生位移，或者位移很小，发酵结束后用出料机或者铲车再将物料清出。另一种是连续进出料式，也称为连续动态槽式堆肥（图 4-9），堆肥物料在发酵槽中的翻搅是通过链板、料斗等能使物料发生位移的设备完成的，一般翻堆一次物料可以在发酵槽中前进 2 ～ 4m，也可以通过皮带传输进行更长距离的位移。在连续进出料式槽式堆肥中，原料被布料斗放置在槽的首端，随着翻堆机在轨道上移动、搅拌，堆肥混合原料向槽的另一端位移，当原料基本腐熟时刚好被移出槽外。这种堆肥系统因为操作简便、节约人工、能耗低，近年来在我国应用较为广泛。

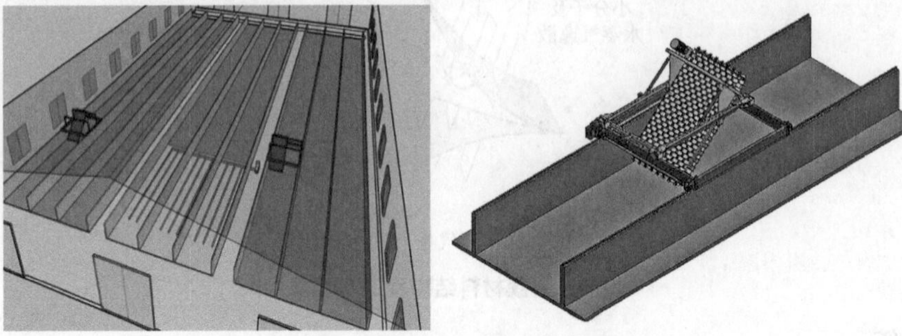

图 4-9 连续动态槽式堆肥系统

槽式翻堆机与条垛式翻堆机相似，它用旋转的桨叶、蛟龙、链板或滚筒等带动堆肥物料翻动，使原料通风、粉碎并保持孔隙度。目前使用的翻堆机自动化程度高，可利用控制开关自动作业，有的还可以遥控；同时多数槽式翻堆机配备了移行车，能使翻堆机从一个槽转移至另一个槽上，这样一台翻堆机就能用于多个槽的翻堆，设备使用效率得到了提高。

二、技术及特点

连续动态槽式堆肥系统是北京沃土天地生物科技股份有限公司等单位于 2010 年在传统槽式发酵工艺基础上创新提出，并在实际工程中得到推广应用的新工艺，该系统由自动配料系统、自动进料系统、动态翻抛系统、底部分段曝气系统、自动出料系统、臭气收集与处理系统以及在线监测与控制系统七大子系统组成，各系统相互衔接与配合，实现了整个系统的自动化运行。槽式堆肥现场见图 4-10。

图 4-10 槽式堆肥现场

发酵槽的尺寸一般根据处理物料量的多少及选用的翻抛设备型号来确定。翻抛机搅拌的过程是对堆体进行破碎、混匀的过程，避免了发酵过程中堆体过分密实，提高了堆体的疏松度，有利于对堆体进行充氧；同时通过翻抛的作用，最底部和最上部物料都能经过高温过程，堆出的产品更加均匀。发酵槽底部安装有通风管道系统，通过强制通风来保证发酵过程所需的氧气。

槽式堆肥工艺包括一次发酵和二次发酵（陈化）两个阶段，一次发酵是高温发酵过程，主要目的是杀灭堆体中的病原菌等有害物使其实现无害化，同时去除堆体中的水分使其实现减量化；二次发酵是进一步腐熟阶段，主要目的是使堆肥物料实现稳定化。物料一般在入槽后 1 ～ 2d 即可达到 45℃，发酵周期为 15 ～ 30d。槽式堆肥工艺参数可参考表 4-3 和表 4-4。

表 4-3 一次发酵工艺参数

项目	参数	项目	参数
发酵周期	10 ~ 20d	发酵温度	55℃以上高温期≥ 7d
翻堆	1 ~ 2 次 /d	供氧	氧气浓度≥ 5%
发酵后含水率	≤ 45%	发酵后温度	≤ 40℃
卫生要求	无蝇虫卵		

表 4-4 二次发酵（陈化）工艺参数

项目	参数	项目	参数
陈化周期	15 ~ 30d	陈化温度	≤ 50℃
翻堆	1 次 /2 ~ 3d	供氧	根据发酵情况调整
陈化后含水率	≤ 35%	陈化后温度	≤ 35℃
卫生要求	无臭味		

槽式堆肥工艺过程控制如下所述。

（1）温度控制 温度是发酵效果的重要指标。温度直接影响微生物降解有机物的速度，是影响微生物活动和发酵工艺过程的重要因素。槽式堆肥一般堆积发酵 1 ～ 3d 后，温度就可升至 50 ～ 60℃，同时采取曝气、搅拌等措施将温度控制在 55℃以上维持 7 ～ 10d，起到杀死病原菌、寄生虫卵和杂草种子等作用。期间腐殖质开始形成，发酵达到初步腐熟。

（2）发酵时间控制 发酵时间一般与原料种类、辅料添加比例及堆料前处理方法等因素密切相关，这是因为其中易分解有机物的种类和含量有所不同。槽式堆肥工艺中，一次发酵一般需要 15 ～ 20d，二次发酵（陈化）一般需要 20 ～ 30d。

（3）翻堆控制 翻堆是通过翻倒、搅拌等方式使堆料、水分、温度和氧气等达到均一化，还可以起到供给空气、混合物料、散发水蒸气的作用。槽式堆肥工艺中通常将翻堆与供氧配合使用，每日翻堆 1 ～ 2 次。

（4）供氧控制 一次发酵过程需保证发酵堆体中始终均匀有氧。好氧堆肥的通风供氧方式主要有自然扩散、翻堆、被动通风及强制通风。一次发酵堆体氧气浓度应在 5% 以上，风机和阀门由智能程序控制，定时定量供氧，亦可根据发酵情况调节。

槽式堆肥工艺的主要优点：处理量大，发酵周期较短，机械化程度高，可精确控制温度和氧气浓度，臭气可收集易处理，不受气候影响，产品质量稳定。主要缺点：设备较多，操作较复杂，土建成本较高。通常槽式堆肥适用于土地面积较小、环保要求较高、固定投资高的大中型处理场。

第五节 反应器堆肥

一、基本类型

反应器堆肥是一种在反应器内进行有机废物好氧发酵处理的堆肥工艺。堆肥反应器必须具有改善和促进微生物转化的功能，在发酵过程中要运行翻堆、搅拌、混合、曝气等设施或操作来控制堆体的温度和含水率，同时在反应器堆肥中还要解决物料移动、进料、出料的问题，最终达到提高发酵速率、缩短发酵周期、实现自动化生产的目的。目前国内外的反应器堆肥系统技术已日趋完善，基本上达到了规模化和产业化的水平，反应器系统在实际生产中得到了越来越多的应用。

常见的堆肥反应器有筒仓式堆肥反应器、滚筒式堆肥反应器和箱式堆肥反应器几种。

二、技术及特点

1. 反应器堆肥设备及特点

（1）筒仓式堆肥反应器　筒仓式堆肥反应器是一种从顶部进料底部出料的立式堆肥系统，集成了自动进出料、微生物接种、在线数据监测与智能调控等功能，实现了设备的自动化运行，具有发酵周期短、节省占地面积、无需添加辅料、臭气密闭集中处理等特点。筒仓式堆肥反应器系统见图 4-11。

图 4-11　筒仓式堆肥反应器系统

以筒仓式密闭堆肥反应器为例，反应器高度一般为 4 ～ 6m，物料从仓顶加入，仓底出料，用高压涡轮风机强制通风供氧，以维持筒仓内物料的好氧发酵。物料发酵周期为 7 ～ 12d。

（2）滚筒式堆肥反应器 滚筒式堆肥反应器是一种从一端进料另一端出料的卧式堆肥系统，集成了上料、出料、除臭和自控等功能，使用滚筒抄板混合和移动物料，可根据需要配备曝气系统。滚筒式堆肥反应器可选择铲车或物料输送机作为原料和产品的输送设备，实现进出料功能。

滚筒式堆肥反应器系统见图 4-12。反应器的核心部件滚筒固定在支座上，可通过机械传动装置进行连续翻动，原料在滚筒中翻动时与空气混合均匀，实现好氧发酵。滚筒式堆肥反应器具有发酵周期短、处理效果好、臭气易控制等特点。

图 4-12 滚筒式堆肥反应器系统

2. 反应器堆肥工艺特点

反应器堆肥是将有机废物置于密闭式容器内进行好氧发酵的一种新型堆肥工艺，其工艺控制参数与传统条垛式堆肥和槽式堆肥具有较大差异。反应器堆肥工艺参数可参考表 4-5。

表 4-5 反应器堆肥工艺参数

项目	参数	项目	参数
发酵周期	7 ~ 12d	发酵温度	60℃以上高温期≥ 5d
翻堆	1 ~ 2 次 /d	供氧	氧气浓度≥ 5%
发酵后含水率	≤ 40%	发酵后温度	≤ 40℃
卫生要求	无蝇虫卵		

反应器堆肥工艺过程控制如下所述。

（1）原料控制 反应器堆肥原料可以单独用畜禽粪便，也可以用畜禽粪便和作物秸秆类辅料的混合物。原料控制包括原料成分控制和原料水分控制等。

① 原料成分应为可降解的有机固体废物，不应含有石块、玻璃、铁质类等杂质和有毒有害物质。

② 原料水分控制原则如下：原料水分含量为 55% ～ 65% 时可直接进料；原料水分含量为 65% ～ 85% 时，加入部分秸秆类辅料或腐熟堆肥返料，将水分含量调至 60% 左右后进料；原料水分含量小于 55% 时，加入部分水，将水分含量调至 60% 左右后进料。

（2）温度控制 反应器堆肥过程中，堆体温度应达到 60℃以上，保持 5d 以上；堆体温度大于 75℃时，应增加曝气。

（3）曝气与搅拌控制　曝气是维持堆体处于好氧状态的重要措施，堆体内部氧气浓度应大于 5%。反应器堆肥过程中一般采取间歇曝气方式，如风机开 30min/ 停 30min、开 60min/ 停 30min、开 90min/ 停 30min、开 120min/ 停 30min。实际运行中可根据堆体内部含氧量和堆体温度调整曝气量。

搅拌是调节物料结构、促进堆体均匀发酵的必要环节。反应器堆肥过程中一般采取间歇搅拌方式，如开 30min/ 停 30min、开 60min/ 停 60min、开 120min/ 停 120min。实际运行中可根据堆体温度和出料情况调整搅拌频率。

（4）水分控制　反应器堆肥过程中，水分去除是一项重要指标，一般要求出料含水率低于 35%。如出料含水率高于 40%，可通过增加搅拌频率和曝气时间来促进水分去除。

密闭式反应器堆肥工艺主要用于中小规模养殖场的有机固体废物就地处理。该工艺的主要优点：发酵周期短，占地面积小，无或少辅料，保温节能效果好，自动化程度高，臭气易控制。主要缺点：单体处理量小，大规模项目需要布置较多设备。通常反应器堆肥适用于土地面积小、环保要求高、立足就地处理的中小型处理场。

第六节　动物尸体堆肥

一、基本类型

动物尸体堆肥是堆肥技术的一种特殊应用，其目的在于以安全、经济和环保的方式处理动物尸体。动物尸体堆肥处理的是整个死亡的动物尸体和 / 或动物组织，如胎盘、内脏、器官、血液、鱼类废物、骨头、羽毛、皮革和被屠宰场处理后的生肉组织。首先，肥料的生产不是该技术的主要目的；其次，该技术会更关注疾病、卫生、气味、苍蝇、害虫等。

动物尸体堆肥的操作方法因尸体的大小和处理规模而异。最常见的情况是对常规的尸体进行堆肥处理，根据设施的类型和规模，每次堆肥处理的范围可以从一头成年牛的尸体到几十条鱼或几十只鸟。

不同的堆肥处理方法有其独特的操作步骤。在容器和滚筒中的反应器堆肥，通过在封闭空间好氧发酵将尸体分解。最常见的堆肥处理方法是被动通风式静态堆肥，动物尸体被完全包裹在调理剂中，通过丰富的调理剂促进空气循环来实现分解。

大多数动物尸体堆肥分为两个阶段。对于反应器堆肥而言，第一阶段是在容器内进行，时间相对较短；第二阶段采用的是传统的条垛式堆肥。对于被动通风式静态堆肥而言，动物尸体被分层放置在调理剂中，让它们不受干扰地分解数周或数月，完成第一阶段堆肥；之后翻动物料，堆肥进入第二阶段并持续几个月。被动通风式静态堆肥是迄今为止最常见的方法。

二、技术及特点

（一）被动通风式堆肥

被动通风式堆肥是由家禽尸体自然堆肥发展而来的，现在是所有类型尸体和屠宰场废弃物堆肥的标准方法。一些尸体被分层放置在干燥调理剂上，然后用更多的调理剂盖住，一层层地往上堆，直到堆体或堆肥箱达到预期的最大高度。小型尸体（如鸟类和鱼类）、中型尸体（如猪、小鹿和小牛）和屠宰场废弃物通常分层堆放，成年母猪、牛和马等整个大的尸体被放置在单一的一层。

第一阶段，尸体被分层放置在调理剂中后，静置分解数周或数月，直到肉体大部分被分解。第一阶段通常是“静态”的，即没有搅拌或翻动。第一阶段结束后，可以翻动物料。堆肥第二阶段会持续数月，第二阶段可以翻动物料以加快进程，而且在堆体高度降低时合并物料。

各个堆体和堆肥箱的尺寸随动物种类、死亡数量、频率和使用的设备而变化。独立的条垛堆体底部往往是 3 ～ 4.5m 宽，宽度随着高度的增加而增加，高度通常为 1.5 ～ 2m。

在条件良好的情况下，一头 500kg 的牛需要 3 ～ 6 月的堆肥时间将肉体分解完。对于像鸟类这样的小型尸体，肉体在 2 ～ 4 周内可分解完。然而这只是堆肥的第一阶段，一般认为 6 ～ 12 月的堆肥时间可以使原料彻底腐熟。

1. 被动通风式堆肥箱

中小规模的尸体通常在堆肥箱内堆肥。堆肥箱特别适用于家禽和鱼的尸体，箱体的大小和形状通常是固定的，它们被装满堆肥物料，盖上盖子，在堆肥的第一阶段完成之前不被扰动。在第二阶段，因为物料在堆肥过程中体积不断减小，两个堆肥箱的内容物可以合并成一个堆体或条垛进行第二阶段堆肥。

被动通风式堆肥的操作方法与上述几乎相同，主要的区别是箱体提供了物理密封，可防止食腐动物、害虫和气候的影响，而且空间使用更加有效。堆肥箱的缺点则在于大小尺寸固定，且增加了堆肥的材料成本。

堆肥箱体的尺寸因动物种类、死亡率、使用频率和设备而异。一般用于家禽和鱼类的箱体只有 1m 高，其他的则建议最大高度在 1 ～ 2m 之间，更高的堆肥箱通常用于中等大小的尸体，如猪的尸体。箱体的宽度通常取决于装载和卸载的手段。一般来说，手动装载的小型堆肥箱的宽度在 1m 以内。

2. 小型堆肥反应器

小型堆肥反应器是由托盘、木材、塑料或金属网制成的小型便携式箱体，箱体应设置保温层，以产生和保持足够的热量，最小尺寸为 1m×1m×1m。

小型堆肥反应器是被动通风式堆肥箱的一种特殊应用，是为家禽而研发的，但也可用于处理不超过 15kg 的小型动物，包括小猪、兔子和鱼。小型堆肥反应器的优点是，它们可以直接放置于动物饲养区域，在需要的地方移动，并且可以根据需要调整大小和数量。

（二）其他尸体堆肥

1. 强制通风式静态堆肥

虽然被动通风式堆肥是标准的处理方法，但在独立堆体和堆肥箱中强制通风也是可行的。强制通风式尸体堆肥方法与被动通风式堆肥的曝气方法相似，但有一些特殊的地方。大而集中的尸体对均匀分布的空气流动构成阻碍，空气可能会通过周围干燥多孔的调理剂找到优先通路，腐烂的组织在堆体中产生的集中气味也会随着流出的空气被带出去。由于这些原因，当尸体较小或被切碎并与调理剂充分混合时，强制通风更实用。否则，强制通风更适合于尸体堆肥的第二阶段。

2. 反应器堆肥

反应器堆肥系统具有固有的封闭性和过程控制优势，一系列的反应器堆肥技术已被用于动物尸体堆肥，包括搅拌床、封闭充气容器、筒仓、隧道和垂直单元。反应器堆肥系统在复杂程度和过程控制方面有所不同。大多数农场和商业规模的反应器堆肥系统是采用风扇曝气的，带有前置搅拌器，内置曝气装置，且尺寸较小。隧道和筒仓堆肥系统可以处理 2.5kg 以下的小型动物尸体、尺寸减小大型动物的尸体或屠宰场废弃物。由于固有的封闭性，与被动通风式堆肥相比，反应器堆肥每单位重量的动物组织所需的调理剂要减少 30% 左右。这些堆肥系统根据设计不同，可以分批处理原料，或连续进料。反应器堆肥系统的保留时间较短，从几天到几周不等。然而，产生的物料仍需进行第二阶段堆肥。

3. 滚筒堆肥

在滚筒堆肥过程中，原料的翻滚使物料暴露在空气和热量中，搅动尸体并使混合物均匀化，从而创造条件促进快速分解。尸体和调理剂的停留时间通常为 5 ～ 7d，但如果可以的话，可以保持更长的时间，在某些情况下长达 3 周。滚筒本身也可将尸体和气味与周围环境隔离开。

家禽尸体和其他小型动物尸体（＜ 15kg）可以完整地装入滚筒中并与调理剂混合。而超过 30kg 的尸体必须切成足够小的尸块再装入滚筒中，通常是在与调理剂混合之后装入，调理剂的重量占尸体总重量的 20% ～ 40%。

目前现有的一些滚筒系统已被用于动物尸体堆肥，这些滚筒通常直径为 3m，长度为 5 ～ 15m。滚筒长度通常根据要堆肥的尸体数量、调理剂比例和所需的停留时间来选择。大多数用于尸体堆肥的滚筒未使用风扇曝气。滚筒通过一端的端口用螺旋输送机装载，堆肥混合物通过另一端的卸货门或滑道排出。一个混合良好的堆体最后可将所有的软组织降解彻底，然而这部分物料仍需进一步地进行二次堆肥。

参考文献

[1] 李季，彭生平 . 堆肥工程实用手册 [M]. 2 版 . 北京：化学工业出版社，2011.

[2] Epstein E，Alpert J E. Composting：Engineering practice and economic analysis[J]. Wat Sci Tech，1983，15：157-167.

[3] Haug R T. The practical handbook of compost engineering[M]. Boca Raton：Lewis Publishers，1993.

[4] 陈佩芝，盛清凯 . 德国 UTV-GORE 膜覆盖式畜禽粪便高温好氧发酵法 [J]. 猪业科学，2016，33（6）：52-53.

[5] 马双双，孙晓曦，韩鲁佳，等 . 功能膜覆盖好氧堆肥过程氨气减排性能研究 [J]. 农业机械学报，2017，48（11）：344-349.

[6] 李俊，沈德龙，林先贵 . 农业微生物研究与产业化进展 [M]. 北京：科学出版社，2011：332-343.

[7] 张锐，韩鲁佳 . 好氧堆肥反应器系统在废弃物处理中的应用 [J]. 农机化研究，2006（10）：173-178.

[8] 李季，杨军香 . 粪便好氧堆肥技术指南 [M]. 北京：中国农业出版社，2017.

第五章　槽式堆肥

第一节 槽式堆肥概念及特点

一、槽式堆肥概念及发展

槽式堆肥是在传统条垛堆肥工艺基础上，为克服条垛堆肥堆体低、占地大、易受环境影响等不足而产生的一种堆肥工艺。其显著特征包括：由两条及两条以上混凝土墙构建成平行通道，墙体顶部设置钢轨，轨道上有移动的全自动或半自动翻抛设备。位移车可安装于通道的前部（进料口）或后部（卸料口），在单槽翻抛作业结束后，翻抛机可通过位移车从作业通道移动至下一个通道。物料进出槽由布料机或装载机完成，在槽的底部安装有强制曝气系统为堆体补充氧气，通道中堆肥物料的温度可通过安装在混凝土墙体内的温度探头进行监测，数据可反馈至中央控制系统，以达到控制堆肥过程及设定相关参数的目的。

已有资料显示，槽式堆肥是 20 世纪中叶出现的一种堆肥系统，最早由日本冈田制作所提出，又称为 OKADA 工艺。1966 年 Victor Brown 以处理能力达到 100 ～ 200t/d 为目的，设计出首个动态的槽式堆肥工艺——METRO-WASTE 工艺。该工艺由多个并列的槽构成，每个槽宽约 6m，高度约 3m，长度为 60 ～ 120m，设计堆肥周期为 7d，槽体墙上安装有轨道，轨道上设计安装“Agileloader”设备对堆体进行间断性搅拌。该工艺是美国在 19 世纪 50 ～ 60 年代设计较为成功的经典案例之一。1971 年，西班牙设计了 Tollemache 工艺，该工艺与 METRO-WASTE 工艺相似，均设计了堆肥发酵槽并配置了轨道翻抛机，在西班牙堆肥历史上具有重要的意义。1972 年，Carl Kipp 基于 METRO-WASTE 工艺设计出 PAYGRO 工艺系统，该系统设置了 4 个平行发酵槽，每个槽宽约 6m，长度约 200m，翻堆频率为每周 1 次，设计发酵周期为 21d，物料二次陈化周期为 180d。其中第 0 ～ 60 天采用覆盖陈化方式，第 60 ～ 180 天采用开放陈化方式。同时，该套系统增设了臭气收集和净化系统，臭气净化系统处理能力达到约 12000m^3/min。

1985 年，美国在日本堆肥工艺发展基础上提出一种多槽搅拌式槽式堆肥工艺（IPS 工艺）。相较于之前美国广泛推广的 METRO-WASTE 和 PAYGRO 工艺，IPS 工艺发酵周期为 18 ～ 24d，并将发酵槽高度降低至约 2m，采用自动化翻抛设备，无需操作员直接操作，翻堆频率提高至每天 1 次，每次翻堆时物料会沿发酵槽向前移动约 3m，而发酵槽的长度则依据发酵时间和物料移动距离设计调整。IPS 工艺增加了曝气措施，空气由发酵槽底部的曝气管道供应，由于采用搅拌与曝气相结合的技术，增加了物料处理类型，同时采用了自动化翻抛设备，降低了操作人员的操作风险。该工艺在美国推广迅速，5 年时间内推广 13 处设施，建成超过 90 条发酵槽。与此同时，Royer 股份有限公司也提出了类似于 IPS 工艺的 Royer 工艺，设计堆肥周期为 21d，发酵槽宽度降低至约 3m。目前 Royer 公司的主要业务已转型为槽式堆肥翻抛机。

KOCH 系统由德国 KOCH Transporttechnik GmbH 研发，发酵场地选用遮阳棚，设计建造 2 个发酵槽，单个发酵槽高度约 2.5m、宽约 23m、长约 180m，日处理能力为 200 ～ 250t，发酵槽上部安装一根横梁，翻堆机安装于横梁之上，并以“Z”字形方式进行翻抛。堆肥时物料先进行预处理，并通过滚筒混合堆肥物料及补充水分。1993 年，日本 Ebara 公司提出 RPF 往返桨式槽式堆肥工艺，发酵槽近似正方形，序批式进出料，翻抛用螺旋桨安装于移动起重机上，并以“Z”字形进行翻抛作业，日处理能力为235t。Sorain Cecchini公司在1987年提出了该公司第四代堆肥工艺，发酵槽尺寸为宽23m、高3m、长120m。该工艺首选对物料进行预处理，通过滚筒筛分将粒径＜8cm左右的物料用于堆肥，发酵槽使用绞龙式搅拌机进行搅拌，搅拌轴角度设计保持在45°左右，搅拌频率为每天1次，并通过预设的曝气管道进行曝气，设计堆肥周期为28d，处理能力约为每天200t。法国Jean-Pierre Levasseur提出了Siloda工艺，发酵槽宽度约为4m，高为1.6～3m，长度取决于物料处理量，采用直径3.5m的轮盘式搅拌设备，桨叶上安装刀片用于切割堆肥物料，桨轮速度约为15 km/h，翻堆频率为每周1次，并通过地板曝气系统进行曝气。LH公司槽式堆肥技术由Jack Pos教授提出，设计有3个发酵槽，槽长约30m，宽约4.5m，高约2m，设计堆肥周期为12d，翻堆频率为每天1次，翻抛机由可编程逻辑控制器（PLC）控制，可通过PLC控制改变翻抛与研磨动作，可保持恒定的翻抛深度，受物料深度变化影响较小。

国内自20世纪90年代大量推广应用堆肥技术后，槽式堆肥一直是主要推广工艺之一。1999年，中国农业机械化科学研究院畜禽机械研究所与中国农业大学联合开发出国内最早的槽式翻堆机，并在山西省建立了处理量为60t/d的污泥堆肥示范工程。至今国内大型堆肥厂均采用槽式堆肥工艺，最大规模日处理量可达1000t。国内外有多家单位均在开展槽式堆肥技术的研究和设备生产，如德国BACKHUS公司、中国农业机械化科学研究院、北京沃土生物科技集团股份有限公司、广东省农业机械研究所、北京中科博联科技集团有限公司等，槽式堆肥在工艺优化、设备配套、臭味控制等多方面取得了巨大技术进步。

综上所述，槽式堆肥工艺定期对物料进行翻抛、搅拌和曝气，有助于提高堆肥物料均匀化，解决物料结块问题，能够有效杀灭病原菌，降低物料的含水率，同时该工艺还具有机械化程度高、操作和控制灵活、工艺设备改造升级潜力大、物料监测难度较低等优点，因此应用也最为广泛。

二、槽式堆肥类型

（一）按进出料生产工序分类

槽式堆肥工艺按进出料生产工序可分为序批式和连续式两种类型。序批式进出料的特点是一次性将发酵槽全部装满堆肥原料，在发酵周期结束时，将发酵槽内物料全部整体移出。采用此种布料方式时，可以通过装载机或布料机一次性将发酵槽装满堆肥原料。由于发酵槽内一次性装满堆肥原料，物料装载存在一定的间歇性，因此该种方式对物料来源量和设备输送能力要求相对较低，而且整个发酵槽的堆肥物料处于基本相同的发酵阶段，堆肥过程控制与监控参数相对容易和统一。这种方式适合用于原料来源不稳定、物料输送和混合装备简易、堆肥过程控制参数相对简单的场景。

而连续式进出料是每天在发酵槽中加入一定量的新鲜堆肥物料，通过翻抛机每天对堆肥物料进行翻抛作业，使物料沿发酵槽出料口缓慢移动。该种进出料方式的特点是每天都能产生完成发酵的堆肥物料，翻抛机在搬运物料的同时也对物料进行充氧、粉碎和搅拌操作。这种进出料方式对物料输送系统要求较高，要能够实现物料的快速、均匀输送；同时这种进出料方式会导致发酵槽内物料处于不同的发酵阶段，过程参数控制相对复杂，需要较高的堆肥过程控制技术水平。但是新鲜物料与已发酵物料混合堆肥有助于快速提高堆体温度、缩短发酵周期。物料搅拌和位移依靠翻堆机实现，减少了物料移动对装载机或输送机的依赖。在实现良好堆肥过程控制的基础上，相较于序批式进出料方式，连续式进出料能提高堆肥效率、缩短发酵周期、提升成品的腐熟度及无害化程度，并在一定程度上能够降低堆肥成本。

（二）按物料状态分类

按照物料状态划分，槽式堆肥可分为动态槽式堆肥和静态槽式堆肥。动态槽式堆肥普遍采用翻堆措施为堆体补充氧气，主要通过分子扩散及能量梯度驱动下的空气质量运动使氧气进入堆体孔隙内部。翻堆措施能够提升物料的均匀度，改变堆体结构，提高堆体温度，延长高温期持续时间，避免堆体出现厌氧发酵的情况。

与动态槽式堆肥不同，静态槽式堆肥没有通过移动物料来为堆体补充氧气，一般采用强制通风，在堆体底部铺设通风管道，管道一端连接曝气风机，采用鼓风方式定时定量为堆体补充氧气。该种技术的代表是强制通风静态工艺。曝气方式一般分为连续曝气与间歇性曝气。两种曝气方式具有不同的特点，连续曝气的供氧量充足，能够满足堆体中微生物的生长需求，但存在供氧量过剩、氧气利用率低及促使 NH_3 排放等问题；而间歇性曝气可以使堆体在曝气间歇期继续利用未消耗完的氧气，有效提高氧气利用率，有效降低能耗。良好的曝气措施不仅能够满足堆体中微生物生长对氧气的需求，还能够调节堆体温度，加速堆体腐熟，缩短发酵周期。相较于动态槽式堆肥，静态槽式堆肥成本，包括设备设施折旧费、人员用工、电力及燃油消耗等成本均有不同程度的降低。

（三）按设备类型分类

按照翻堆设备分类，槽式堆肥可以划分为链板槽式（图 5-1）、拔齿槽式（图 5-2）、绞龙槽式（图 5-3）、滚筒槽式（图 5-4）、轮盘槽式（图 5-5）等。

图 5-1　链板槽式

图 5-2　拔齿槽式

图 5-3　绞龙槽式

图 5-4　滚筒槽式

图 5-5 轮盘槽式

按照翻堆设备和槽的宽度不同，槽式堆肥又可以分为窄槽式和宽槽式。通常窄槽式的发酵槽宽度在 5.0m 以内，由一台翻堆设备对多个发酵槽进行轮换翻堆。如一台 4m 链板槽式翻堆机通常配套建设 4 组 4m 宽的发酵槽，在单槽翻抛作业结束后，链板槽式翻堆机通过安装在出料端的移行车，从作业通道移动至下一个通道进行轮换作业。宽槽式的发酵槽宽度在 5.0m 以上，一般一台翻堆设备只负责一个发酵槽的翻堆操作。如一台轮盘翻堆机配套的发酵槽宽度通常为 18m，槽长 50m，槽高 2.5m，单台设备只负责一个发酵槽的翻堆作业。

序批式工艺通常通过绞龙式、拨齿式等翻堆机进行翻拌（图 5-6），持续通风供氧，发酵周期内物料不发生位移或者位移很小，发酵周期结束后再一次性将槽内物料全部移送出槽，进行下一批次进料，一般一个发酵槽间隔 20d 进出料一次。连续式工艺通常通过链板式、轮盘式等翻堆机使物料发生位移（图 5-7），翻堆一次物料可以在发酵槽中前进 2 ～ 4m，也可以通过皮带传输进行更长距离的位移。在连续式工艺中原料被放置在槽的首端，随着翻堆机在轨道上移动搅拌，发酵物料向槽的另一端位移，当物料基本腐熟时刚好被移出槽外。连续式工艺及其配套的设备因为操作简便、节约人工、能耗低，近年来在我国应用较为广泛。

(a) 拨齿式　　(b) 绞龙式

图 5-6 序批式槽式翻堆机

箭头表示旋转方向；虚线表示旋转中心轴

(a) 链板式

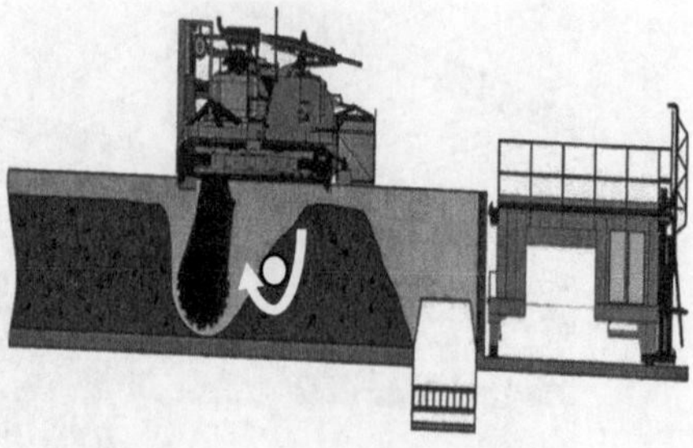

(b) 轮盘式

图 5-7 连续式槽式堆肥机

箭头表示旋转方向；虚线表示旋转中心轴

三、槽式堆肥特点

槽式堆肥工艺区别于其他堆肥工艺的特点是由其独特的槽结构所决定的。发酵槽的宽度和高度与翻堆机的大小一致，而发酵槽的长度在连续式工艺中是由发酵周期和物料位移的距离决定的。发酵槽的长、宽、高尺寸和数量总体上决定了系统的处理量，以 4 组 60m×4m×2m（长 × 宽 × 高）的槽式堆肥为例，采用链板式翻堆机，以每天翻堆一次物料位移 4m 计，则发酵周期为 15d，理论最大日处理量可达 $128m^3$。

槽式堆肥为了达到快速发酵的目的，要在发酵槽底部安装通风曝气装置。为保护机器设备并控制堆肥条件，发酵槽要建造在建筑物或温室内。在连续式工艺中由于沿着槽的长度方向放置的原料处于堆肥过程的不同阶段，因而沿着槽的长度方向将发酵槽分为起温、高温、降温等几个不同的通风带。在每个通风带可使用不同数量的鼓风机，每台鼓风机把新鲜干冷空气输送到特定区域，以保证好氧发酵的高效进行。通风曝气装置的启停可以通过温度、湿度和氧气传感器监测的数据反馈到可编程逻辑控制器（PLC）进行实时在线自动控制。

因此，槽式堆肥系统具有占地面积小、自动化程度高、操作方便、节省人工、温度和通气条件控制好、产品稳定、能有效杀灭病原菌并控制臭味、发酵效率高、时间短等优点。但该工艺需要建设发酵槽，设备配置多且要求高，总体上会增加投资成本。因此，槽式堆肥适合处理量较大、占地面积较小、过程要求可控、质量要求稳定的工厂化堆肥厂。

第二节　槽式堆肥工艺及系统构成

一、槽式堆肥工艺流程

槽式堆肥的系统构成较为完善，工艺流程涵盖原料预处理、自动进料、一次发酵、二次发酵（陈化）、加工制肥、臭气收集处理等，具体工艺流程如图 5-8 所示。

槽式堆肥通常都要设置预处理环节，不单单要处理各种原材料，还要调节水分、有机物，改善通气性，使原材料具备符合发酵的条件。实践中常根据各种原料的不同性质调整原料配比，使混合物料的水分和碳氮比等重要参数符合堆肥要求。将适宜发酵的有机废物原料和辅料按配料比例投入料仓，经皮带输送机输送至混料机进行混合；微生物菌剂储存在菌液罐中，用小型计量泵加入，添加菌种可以促进发酵过程快速进行。各种物料混合后由传送带经布料系统布置于发酵槽中。

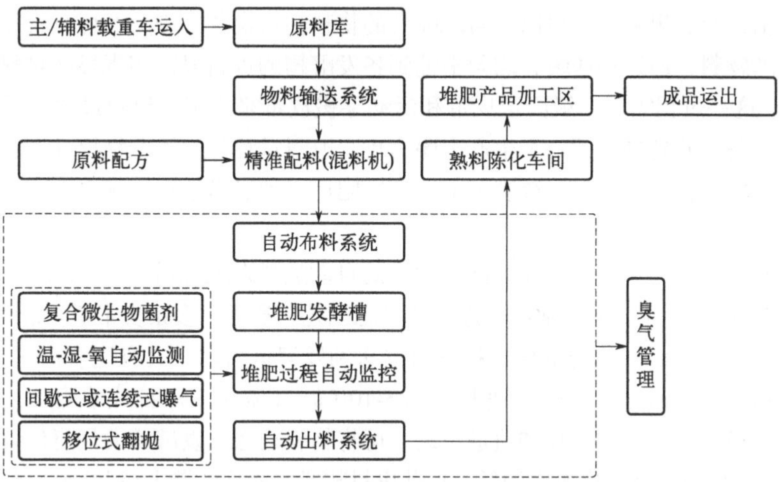

图 5-8　槽式堆肥工艺流程

槽式堆肥一次发酵周期为 15 ～ 20d，以无害化为主要目的，通过高温杀灭寄生虫卵和病原微生物，同时使有机物料的性质变得疏松、分散。槽式堆肥的场地利用率较高，通常可以达到 80% ～ 90%，槽内空间利用率达 80% 左右。如果按上述发酵周期和生产时间计算，每平方米年发酵产量大约为 10t，即年产万吨有机肥需要发酵场地大约 $1500m^2$。

槽式堆肥二次发酵（陈化）周期为 20 ～ 30d，也可根据生产周期和销售情况进行调整。陈化的目的是将有机废物中剩余大分子有机物进一步分解、稳定、干燥，同时作为后续处理利用的储备。在陈化环节可以采用静态堆垛发酵，也可以继续采用槽式发酵，待堆体温度下降至稳定在 40℃以下时堆肥腐熟，转入后续加工环节。

经过陈化后的腐熟物料呈粉状、棕褐色，产品类型根据市场需求确定。首先对腐熟物料进行筛分，将物料中的石块、玻璃片等废弃物筛出后，再通过皮带传送机将筛下物料输送到自动打包秤中计量包装，也可以将堆肥产品进一步加工成有机肥及生物有机肥等高附加值产品。

槽式堆肥在原料堆放场所和发酵环节均会产生硫化氢、氨等恶臭气体，需要对产生臭气的场所进行密封，防止臭气扩散。为此也需设置臭气收集及处理设施，将车间的废气通过引风机导到除臭设施中，确保臭气经过处理后达到环保排放要求。

二、槽式堆肥系统构成

堆肥系统和设备因堆肥类型而存在差异，条垛式堆肥系统设备配置简单、功能单一，仅通过对物料的机械搅动起到翻堆曝气作用；而槽式堆肥系统可根据功能需求配套自动进出料系统、翻堆系统、曝气系统等设备，实现机械化和自动化操作。

（一）自动进出料系统

配置自动进出料系统的目的是通过机械方法将物料输送到下一道工序，克服传统车辆转运存在的逸撒污染环境和人工能耗高的问题。自动进出料系统是槽式堆肥系统中最复杂的组成部分，包括进料、出料、返料以及与之配套的物料输送设备。进料过程是将经混料机混合加菌后的发酵物料，通过输送装置均匀平铺到各发酵槽的进料段，实现发酵物料从“点”到“面”输送，这一过程需要多级固定皮带和活动穿梭皮带来实现。出料过程为从发酵腐熟物料落入出料设备开始到进入下一个生产工序为止。返料过程是将筛上物提升、缓存并输送到配料混料装置中。自动进出料系统满足了大型堆肥厂机械稳定运行、减少二次污染以及降本增效的需求。

自动进料系统需与堆肥类型相匹配。常见的自动进料系统包括皮带式/螺旋式和容器式。皮带式及螺旋式进料（图 5-9）常用于连续式堆肥工艺，通常由多条皮带机/螺旋机和卸料器组成，进行提升、横纵向输送变化，将物料输送到发酵进料端，具有连续输送、进料稳定、结构简单、投资少的优点。容器式进料［图 5-10（a）］常用于序批式堆肥工艺，通常由架设到指定输送通道的牵引式料仓和轨道组成，可将物料输送到发酵槽的任意位置，但受限于应用工艺的自身特点，其工作效率较低。自动出料装置主要是皮带式/刮板式［图 5-10（b）］，常用于连续式堆肥工艺，由多条皮带机/刮板机组合而成，具有连续输送、输送距离远、输送量大、技术难度低等优点。

(a) 皮带式进料　　(b) 螺旋式进料

图 5-9　皮带式进料和螺旋式进料

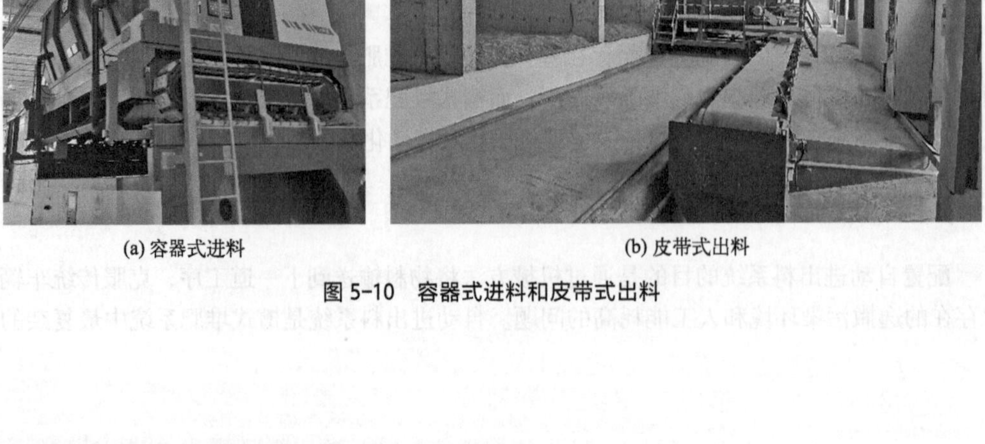

(a) 容器式进料　　(b) 皮带式出料

图 5-10　容器式进料和皮带式出料

（二）翻堆系统

翻堆除了能给堆体提供氧气外，还能使物料混合均匀，促进水分蒸发，利于堆料的走水干燥。在堆肥过程中可以通过对固体物料的翻动，把空气包裹到固体颗粒的间隙，从而达到供氧的目的。从理论上来说，如果仅靠翻堆来达到通风供氧的目的，那么固体颗粒间隙的氧气约30min就可以被耗尽，也就是说30min就需要翻堆一次，这在实际生产上是很难实施的。徐文龙指出，翻堆后13min堆体中的含氧量就降到4%以下，所以不能把翻堆作为向系统通风的手段，翻堆的作用主要是混合堆料、改善系统的均匀性。实际中，槽式堆肥在15～20d的发酵周期中，通常每天翻堆一次。而常规条垛工艺在30d的发酵周期中，通常堆肥开始的1～2周内每隔1～3d就翻堆一次，之后1周左右翻堆一次。若以温度作为翻堆指标，当堆体中心的温度达到55℃或60℃时就需要进行翻堆。

槽式堆肥主要依靠各类槽式翻堆机来实现物料搅拌均匀，促进热量和水分挥发并使物料在槽内缓慢位移。

（三）曝气系统

由于堆体较高，而且每天翻堆的次数有限，所以槽式堆肥中曝气的作用尤为重要。通风供氧是好氧微生物生长、繁殖的基本条件之一，因此槽式堆肥曝气的主要作用可以概括为：

① 为微生物的活动提供足够的氧气，同时将堆层中由于微生物呼吸作用释放的二氧化碳吹出；

② 去除过多的水分，调节堆肥含水量，便于后期加工利用；

③ 调节堆肥过程中的温度，在堆肥后期可降低温度和稀释臭味。

槽式堆肥通常采用强制通风为堆体提供氧气。强制通风系统一般由风机和通风管道组成，有正压鼓风、负压抽风以及由正压鼓风与负压抽风组成的混合通风方式。鼓风有利于管道畅通，排出水蒸气，防止堆体边沿温度下降，利于堆体温度均衡。一般在堆肥前期和中期采用正压鼓风，在堆肥后期采用负压抽风，有利于臭气的排出和尽快降低堆体的温度。通风量和通风频率是强制通风中需要考虑的两个关键因素。通风量过大，不仅会造成能源浪费，而且空气会带走堆体内的热量，使堆体温度升不上去；通风量过小，也会因为供气量不足，微生物的活性降低，甚至造成厌氧状态，影响堆肥进程和质量，因此必须合理地选择通风量。堆肥过程中合适的氧浓度为15%，最低为5%。氧浓度一旦高于15%，堆体易散热而冷却；氧浓度一旦低于5%容易使堆肥厌氧而产生恶臭。堆肥机械化装置中强制通风流量常取0.05～0.2m^3/（m^3·min）。

槽式堆肥中为了使全部原材料在均匀的好氧状态下进行发酵的同时蒸发掉原材料中的水分，在一次发酵设施中安装了曝气设备，进行二次发酵时，虽然有机物所需的空气没有一次发酵多，但是通过曝气也可以促进发酵的进行。

第三节 槽式堆肥设施建设

一、槽式堆肥主要设施

槽式堆肥工艺中，生产车间主要包括原料车间、发酵车间、陈化车间、加工车间、成品车间，配套辅助车间包括配电间、维修间、中控室、办公室等。槽式堆肥工艺区别于其他堆肥工艺的主要设施就是槽式发酵车间和发酵槽。

（一）槽式发酵车间

槽式发酵车间的设计需要考虑原料的堆积密度和处理规模（或产能），一般按照以下方法确定槽式发酵车间系统结构：

发酵区总体积 = 混合物料体积 × 发酵周期；

发酵区总面积 = 发酵区总体积 / 发酵槽高度；

发酵槽长度 = 物料移动距离 × 发酵周期；

单个发酵槽体积 = 发酵槽长度 × 发酵槽宽度 × 发酵槽高度；

发酵槽数量 = 发酵区总体积 / 单个发酵槽体积。

堆肥车间结构有多种形式，应根据工艺需要和环境保护要求进行选择。当环保要求较高时，应尽量选用封闭式的车间结构。发酵车间建设及日常维护中要考虑到，发酵过程中产生的水汽较大，应采用合理的排风装置；当堆肥设施设计有除臭系统时，可以对车间内换气起到较好的效果。车间屋架可使用钢结构，屋面采用彩钢板或阳光板结构，但均需要考虑到堆肥发酵产生化学物质的腐蚀，采用铁质材料时应做好防腐处理。

（二）发酵槽

发酵槽是槽式堆肥工艺用到的特殊结构，在整个槽式堆肥系统中具有重要地位，其结构设计的成败决定了堆肥设施使用功能的发挥。堆肥设施的发酵槽通常是高度为 1.5 ～ 2.5m 的钢筋混凝土墙。设计护墙的强度时，首先需要考虑由于堆肥堆积所带来的压力。另外，发酵槽同时受到堆肥堆积压力和翻堆机压力的作用，设计中要同时考虑料堆对槽壁产生的侧压力、翻堆机对槽壁产生的压力和振动。

发酵槽槽壁直接接触堆肥物料，是堆肥设施中受酸碱中和和盐化作用最为严重的部分，设计中要考虑结构的耐腐蚀性和施工工艺，确保发酵槽在堆肥设施使用年限内结构的稳定性。当使用砖混结构时，要采用间距适宜的构造柱，同时采用耐腐蚀的抹面材料。发酵槽地面要预留凹槽，用于铺设曝气管道。

二、槽式堆肥主要设备

槽式堆肥区别于其他堆肥工艺的核心设备主要是翻堆机、移行车和曝气系统。

（一）翻堆机

目前常用的主要是链板式翻堆机和轮盘式翻堆机。

（1）链板式翻堆机（图 5-11）　主要用于在槽式发酵条件下对料堆进行翻抛供氧，其主要工作原理是：工作架置于发酵槽上，可沿槽上轨道前后行走；小车置于工作架上，翻抛部件和液压系统安装在小车上；进行翻抛作业时，工作架从发酵槽初始端以一定速度前进，小车相对于工作架静止，翻抛部件深入槽中随设备整体前进，链板连续转动，以此不断攫取槽内物料并输送到后方重新置堆。沿槽完成一个行程的作业后，液压系统将翻抛部件抬升到不与物料干涉的高度，小车横向移动一个幅宽的距离，工作架后退至发酵槽初始端结束本次作业；或者通过移行车，链板式翻堆机移动至下一个通道，然后翻堆部件深入槽中，开始下一幅的作业。链板式翻堆机沿发酵槽轨道行走作业，在翻抛过程中将发酵物料连续地抛起、散落并产生一定的位移，使物料在槽内有规律、等距离地渐进式后移 4m，从而形成一种连续的好氧发酵过程。这种高效率的翻抛作业有利于加快发酵槽内物料发酵腐熟、降低水分和提高发酵后物料的稳定性。

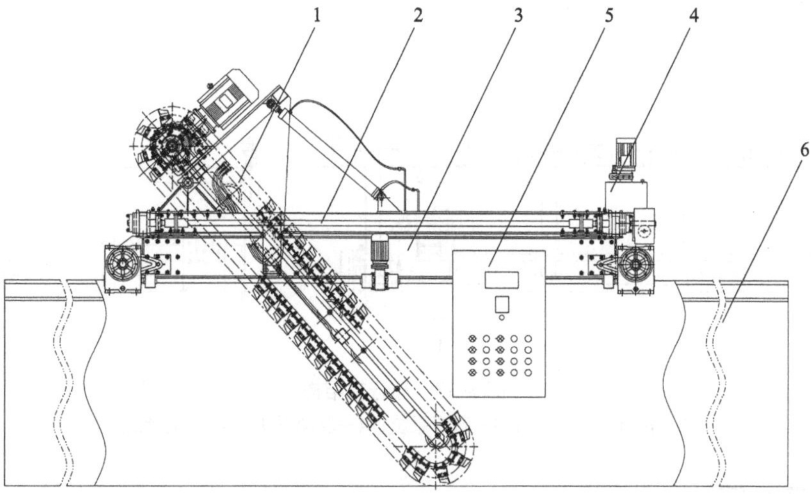

图 5-11　链板式翻堆机结构

1—翻抛部件；2—横向移动装置；3—纵向移动装置；4—液压系统；5—电控系统；6—发酵槽

（2）轮盘式翻堆机（图 5-12）　主要由大车行走框架机构、小车行走框架机构、轮盘翻抛机构、液压系统、电气控制系统 5 部分组成。其工作原理是：行走大车置于发酵槽上，可沿槽上轨道前后行走；小车行走框架置于大车行走框架上，翻堆机提升机构采用液压驱动方式，翻抛轮和液压系统安装在小车上；进行翻抛作业时，液压系统下放翻抛轮深入槽中，翻堆机行走小车以一定速度从发酵槽一侧向另一侧移动，翻抛轮连续转动向后翻抛物料；翻抛轮移动至另一侧后，行走大车前进，行走小车向另一侧返回移动。翻抛过程中翻抛轮连续转动，蛇形走位，以此不断翻抛槽内物料并输送到后方重新置堆。完成一个行程的作业后，液压系统将轮盘部件抬升到不与物料干涉的高度，小车横向移动至贴近槽墙一端，工作架后退至发酵槽初始端。轮盘式翻堆机沿发酵槽轨道行走作业，可使物料在槽内有规律、等距离地渐进式后移 2 ～ 3m，单台设备只负责一个发酵槽的翻堆作业。

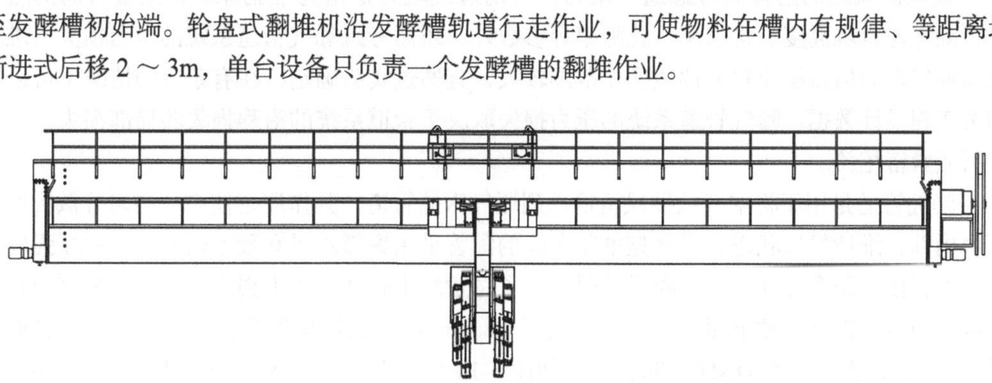

图 5-12　轮盘式翻堆机结构

（二）移行车

移行车主要用于槽式翻堆机的换槽作业，其结构如图 5-13 所示。移行车右框架和左框架上都装有轨道，两轨道的中心距与相匹配的翻堆机行走轮的中心距相等，左、右框架的轨道离地高度和发酵槽上轨道的离地高度相等。要移行时，翻堆机从发酵槽开到移行车上，移行车可在垂直于轨道的方向移动，当移动到与另一发酵槽轨道相对应的位置后，翻堆机从移行车开到发酵槽上，后退到位后开始工作。

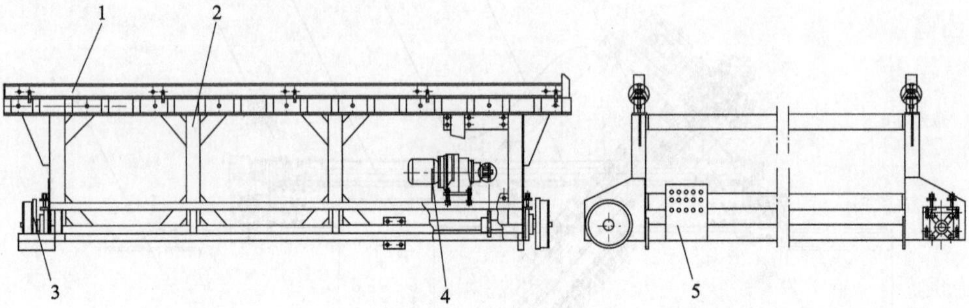

图 5-13 移行车结构

1—轨道；2—桁架；3—行走系统；4—驱动系统；5—电控系统

（三）曝气系统

曝气系统主要由曝气风机、管道和控制系统组成，如图 5-14 所示，曝气风机的作用是为堆肥物料提供强制通风。现阶段常用的曝气设备为鼓风机，按其所提供的压力分为高压鼓风机、中压鼓风机两种，按照工作原理分为涡轮型和容积型，实际应用中应根据堆肥物料计算所需的风量和风压进行选择。槽式堆肥中考虑到物料堆高特性，应用较多的是高压涡轮鼓风机。

具体的风量计算时，根据堆肥原料的不同其适宜的通气量也有所差异。例如，日本堆肥设计中 $1m^3$ 堆肥原料每分钟的通气量范围为 50 ～ 300L，一般每分钟 100L 左右的情况较多。我国堆肥设计中可参照 CJJ 52—2014 标准，在 0.05 ～ $0.20m^3/(min \cdot m^3)$ 范围内取值，也可通过实验获取准确数据。

鼓风机风压的选择需考虑通气阻力，所谓通气阻力是指为堆肥原料供给空气时的阻力值，除考虑料堆高度、含水率、孔隙率等参数外，还需考虑曝气管道系统的压力损失。堆肥原料通气阻力值根据原料的性质变化范围较大，宜通过实验确定，在有条件的情况下可采用相关工程设计数据。曝气管道系统的压力损失取决于管道系统的沿程损失和局部损失，与管道材质紧密相关。

曝气管道是用于将空气从鼓风机输送到通气床的管道，其作用是使空气均匀分散到堆肥原料内部、维持好氧状态。通气型堆肥车间的配管采用聚氯乙烯和聚乙烯管等，机械强度不大，但轻便，耐腐蚀性好。管路设计时，为了尽量减少管路的压力损失，必须尽量缩短管路长度，减少弯曲部、膨胀部、窄小部、分叉部。4m 链板翻堆机发酵槽曝气管道的主管通常采用 DN75，支管采用 DN50，布置方式如图 5-14（a）所示。通常在曝气支管上以 120° 方向间隔一定距离开孔，并在进料端预留渗滤液排水沟。

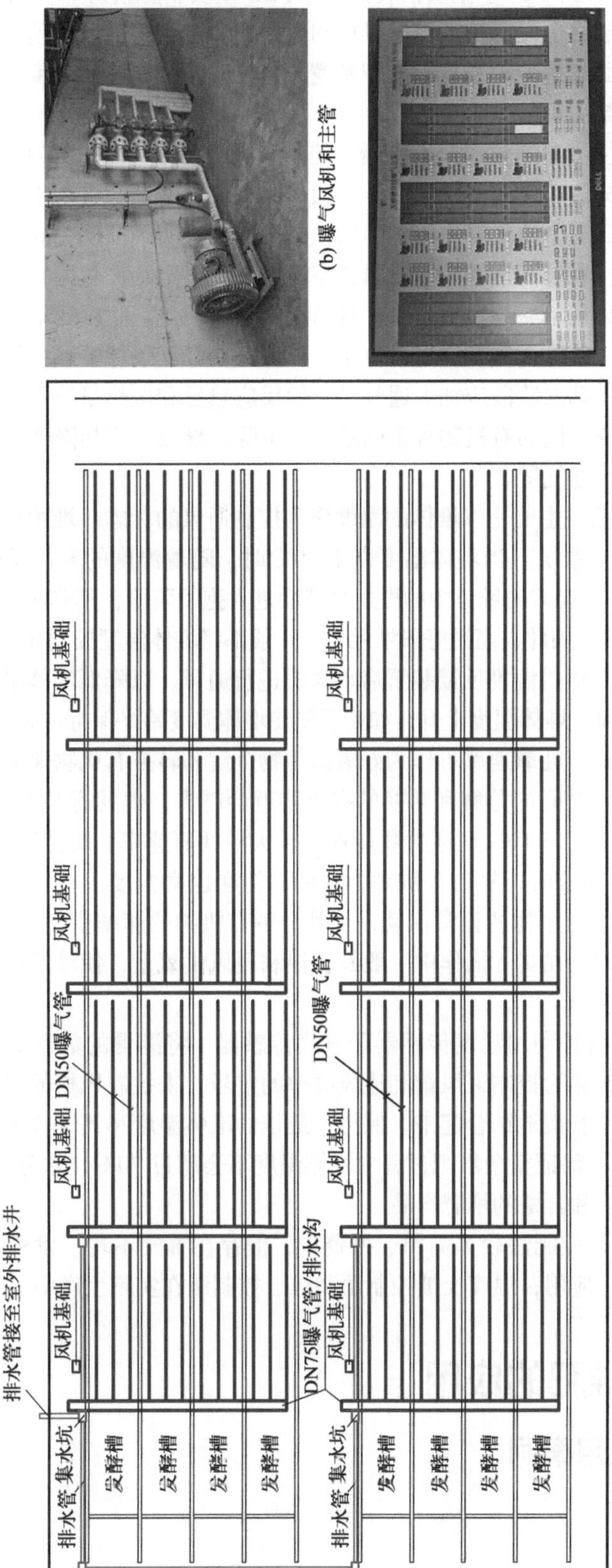

(a) 曝气管道布设

(b) 曝气风机和主管

(c) 曝气控制系统

图 5-14　曝气系统

曝气控制系统［图 5-14（c）］主要由传感器、PLC 模块、触摸屏、微机和强电控制箱等组成，可同时集中控制多个发酵槽的曝气风机和电磁阀启停，根据设定程序进行自动检测和控制，从而实现对堆肥过程的动态控制。控制逻辑包括时间控制法、温度反馈控制法、耗氧速率控制法和综合控制法等。

（1）时间控制法　主要是通过时间继电器来控制风机的开关，以达到为堆体提供氧气的目的。时间控制法又可分为连续式通风和间歇式通风。在堆肥的整个进程中，微生物的种类和活性都是不同的，因此各个阶段对氧气的需求也是不同的。实践证明，间歇式通风较连续式通风更适合堆肥过程。在堆肥过程中，通风速率又可采用恒定和变化两种，通风速率恒定就是在整个堆肥过程中采用单一的通风速率，自始至终不再变化。间歇式堆肥过程的气量控制可分为三个阶段：第一阶段通气量应尽量得小，以保证在好氧条件下减少气体带走的堆体热量，使堆体尽快升温；第二阶段应加大通气量，使反应热量和散热量持平，以控制堆温不再升高；第三阶段反应速率因为有机物含量的减少而下降，导致反应热降低，堆体温度开始下降，此时最好逐渐减小通气量。

（2）温度反馈控制法　主要是以堆体的温度作为控制通风的标志。堆肥是一个生物反应系统，有别于非生物反应系统。当堆体温度高于 60℃时，随着温度的升高反应速率反而会下降，因为当温度在 65 ～ 70℃时堆体中的微生物就会进入孢子阶段，其非活动状态会使堆体的反应速率变得十分缓慢。因此，高温好氧堆肥中，一般都将堆体温度控制在 55 ～ 60℃之间。当堆体温度超过 60℃时，通过温度反馈装置启动风机进行通风，以降低堆体温度；当堆体温度低于 60℃时，停止通风，堆体温度上升，如此反复使堆体温度始终保持在 60℃左右。

（3）耗氧速率控制法　耗氧速率可作为好氧微生物分解和转换有机物速率的标志。微生物的耗氧速率越大，单位时间内分解和转换的有机物就会越多，也就需要提供越多的氧气。实验表明，堆体中氧气浓度＞ 10% 时微生物能保持较大的耗氧速率，维持正常的生命活动；当堆体中氧气浓度低于 10% 时，氧的扩散动力降低，传递速率变慢，不能提供微生物生化反应所需要的氧，影响了微生物的正常活动，使其分解有机物的速率变慢。氧的浓度越小，这种影响就会越大。因此，在实际操作中一般都会控制通风供氧量，使堆体内的氧气浓度保持在 10% 的水平。

（4）综合控制法　就是利用温度传感器和氧气传感器，将测得的数据输入电脑，经过一定的程序加工处理，转化为控制通风量和通风频率的信号，来控制风机的开关。采用综合控制法将温度和耗氧速率有机地结合起来，保持了最佳的堆体温度和氧气含量，当氧气浓度控制在 15% 左右时，可以保证整个堆肥过程中堆体温度不会超过 70℃，水分含量逐渐降低，可获得满意的卫生学效果和合格的堆肥产品。

上述控制法中，时间控制法较为简单、投资少，但存在曝气不均、发酵效率不高等问题，仅在小型简易堆肥厂应用；温度反馈控制法和综合控制法在实际生产中应用较多。

第四节　槽式堆肥的应用

一、小型简易化应用案例

（一）项目背景

自 1988 年国家决定实施“菜篮子工程”以来，我国果蔬作物进入快速发展的新时期，果蔬作物的种植面积及比例趋于扩大。据统计资料显示，2023 年我国果蔬作物播种面积已达到 2300 万公顷，果蔬总产量 111.37 亿吨。随着果蔬农产品产量的不断增加和对果蔬产品质量的要求不断提高，果蔬废弃物的产生量也在急剧增加。果蔬废弃物堆积在果蔬产地周围，极易腐烂变臭，滋生蚊蝇，成为细菌性或真菌性病害的传染源，致使后茬作物发病，影响整个果蔬生产。因此，大量的果蔬废弃物已经成为果蔬产业可持续发展的限制因素。

果蔬废弃物养分含量丰富，其中氮含量为 3% ～ 4%（烘干基），磷含量为 0.3% ～ 0.5%（烘干基），钾含量为 3.6% 左右（烘干基）。但果蔬废弃物的水分含量高，通常在 90% 左右，成为其处理的难点。正常种植的果蔬作物，其产生的废弃物除了部分发生病虫害的果蔬组织之外，不含其他的有毒有害物质。大量的果蔬废弃物如果不进行回收利用，不仅会造成巨大的资源浪费，还会因为处理不当而成为污染源。因此，果蔬废弃物的有效处理和资源化利用对果蔬产业健康发展和环境保护意义重大。

（二）工艺设计及流程

项目针对北京市农业综合开发项目区域内的蔬菜种植废弃物，包括蔬菜叶、秧、茎、根及落果、秸秆、杂草等，设计日处理 20m^3 蔬菜废弃物。项目点周边的尾菜和秸秆等有机废物经收集统一运送到堆肥车间内，通过粉碎机粉碎后直接进入发酵槽。按比例喷洒 VT 复合菌剂以促进发酵过程快速进行，且具有明显的除臭效果。工艺流程如图 5-15 所示。

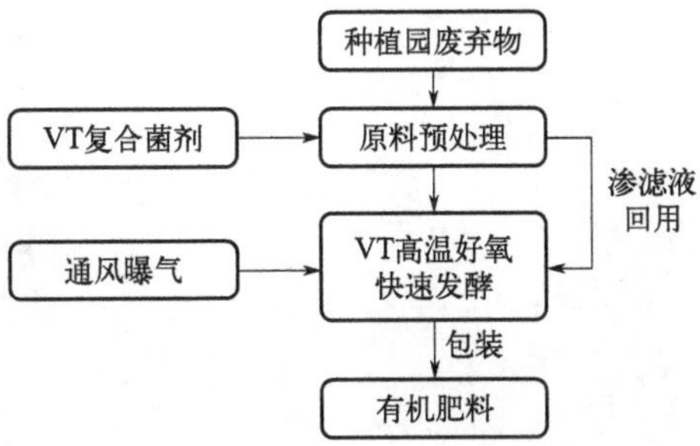

图 5-15　工艺流程

（1）原料预处理　将蔬菜废弃物，包括蔬菜叶、秧、茎、根及落果、秸秆、杂草等通过粉碎机粉碎，直接送入发酵槽。按比例喷洒 VT 复合菌剂后，通过链板式翻堆机搅拌均匀。粉碎过程中如有少量渗滤液产生，可收集喷洒到发酵中期的物料中，用于调节物料水分。添加 VT 复合菌剂可促进发酵过程快速进行，并且具有显著的除臭效果。

（2）VT 高温好氧快速发酵　好氧堆肥在发酵槽内进行，在发酵槽底部安装曝气装置，由鼓风机通过曝气管强制通风供给氧气，形成好氧发酵环境，避免有机物料在堆肥过程中厌氧发臭。氧的供给情况和发酵槽的保温程度对堆肥的温度上升有很大影响，本工艺中堆肥开始 24h 内，堆体温度可以上升至 50℃以上，12 ～ 15d 的堆肥周期中，50℃以上高温期可保持 7d 以上，达到无害化要求。链板式翻堆机在搅拌物料的同时，可将物料移位 2 ～ 3m，发酵结束时物料移动到发酵槽出料端。

（3）成品包装及存储　经过堆肥发酵后的有机物料其中大部分有机物已被降解，由于有机物的减少、代谢产物的累积和含水率的降低，微生物的生长及有机物的分解速度减缓，发酵温度开始降低。此时通过翻堆机将发酵槽内的物料移至移动式出料仓中，出料仓下部有装料口和开关，可以直接将有机物料打包送到成品存储区备用；也可直接由小型运输车出料转入存储区。

（三）建设内容

新建堆肥车间长42m，跨度6m，总面积252m^2，车间内设置原料暂存预处理区、发酵区、成品区。厂房采用轻型彩钢结构建设，其中发酵槽长为30m，宽为2m，高为1.5m。厂房设计过程中，必须充分考虑各工序的连接及生产操作的便利，尽量缩短物料在生产过程中的运输距离。原料暂存预处理区、发酵区、成品区依次布置，并留有足够的运输通道和人行通道，满足工艺生产流水线要求。原料入库和成品出库分别设置卷帘门，方便运输。

配套的主要工艺设备包括破碎机、链板式翻堆机、曝气系统、出料系统、筛分系统、电控系统。

本项目翻堆机选用链板式翻堆机（图 5-16），发酵槽设计有效宽度为 2m，翻堆机在搅拌物料的同时能够将物料向前移位，设计移位距离为 2.5m。每天翻堆一次，物料向后移动一次，发酵过程完成后，物料可以从进料端移动到出料端。项目中选用的粉碎机针对蔬菜废弃物的特性，利用揉搓等物理作用将蔬菜废弃物变成长短均匀、柔软细碎的丝片状，同时又增加了自动送料和退料装置，有效地防止了堵塞和进料不匀现象。

(a) (b)

图 5-16 链板式翻堆机

（四）项目实施及应用效果

经检测发酵后产品的有机质含量和重金属指标满足国家有机肥标准（NY 525）要求，种子发芽率大于 80%。产品以项目种植园区自用为主。

该模式在北京市顺义、昌平、大兴、房山、延庆等区的 50 余座种植园区建立了示范点，处理类型涵盖蔬菜、果树、瓜果等多种废弃物，是农业绿色发展的良好实践，并先后在天津、山西、河北等省（市）的多个种植园区得到推广应用。实践证明该模式是一种可行的种植废弃物就地简易化处理处置模式。图 5-17 为北京市田园清洁工程的工艺流程。

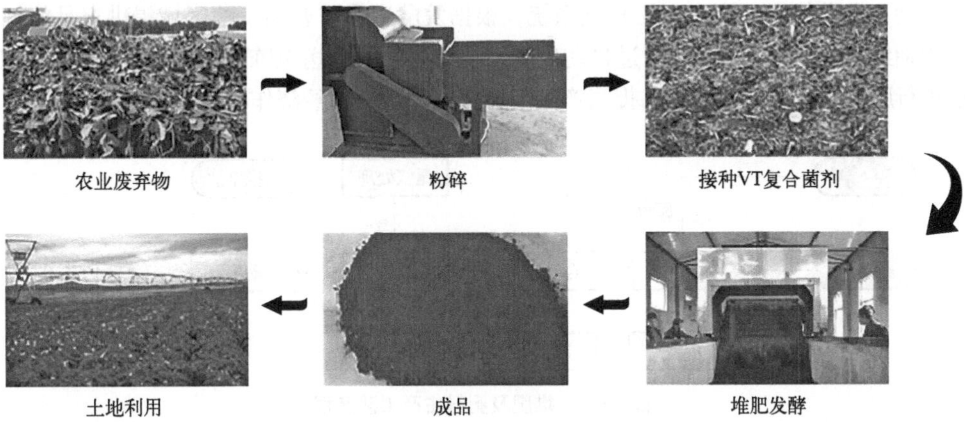

图 5-17　北京市田园清洁工程工艺流程

二、大型规模化应用案例

（一）项目背景

项目位于上海市崇明区绿华镇华西村，采用瑞士干式厌氧发酵核心工艺，每天可处理粪污 200t、秸秆 90t，是上海市规模最大的农业废弃物资源化综合利用项目，也是上海市财政局、上海市农业农村委员会联合批复的 2019 年上海市都市绿色农业发展示范项目。项目有机肥年产量达 3 万余吨，沼气年发电量达 506 万千瓦时，可减少 CO_2 排放 30122t/a，彻底缓解了农林废弃物、畜禽粪污无序处理带来的环境污染，可助力节能减排，并形成废弃生物质—热电—农业循环经济产业链模式。

（二）工艺说明

项目原料及辅料特性如表 5-1 所列。

表 5-1　原料及辅料特性

项目	猪粪沼渣	水稻秸秆	污泥
处理量 /（t/d）	166	40	14
含固率 /%	23	85	20
粒度 /mm	1	50	—

项目设计采用先进的无害化处置设施，养猪场产生的猪粪通过管道输送至处理设备先进行固液分离，然后固体部分和粉碎的秸秆混合均匀后进行厌氧发酵产生沼气；沼气净化后加压送到发电装置转化为电能，用于生活电力供应；沼渣与秸秆混合后发酵，生产有机肥。

其中堆肥及肥料生产工艺流程如图 5-18 所示，物料平衡如图 5-19 所示。

原料卸入料仓后经皮带输送机送至混料机，添加堆肥接种剂，各物料在混料机内混合均匀后，经自动布料系统送入 2 条发酵槽内。在发酵槽内用轮盘式宽槽翻堆机对物料进行搅拌、移动，发酵槽底部配有正压曝气系统，根据发酵进程需要和发酵区域提供充足的氧气，发酵周期约 30d。发酵完成后通过自动出料系统将腐熟物料送至陈化车间暂存，再根据市场需求进行肥料复配深加工生产，提高产品附加值，用于周边经济作物种植。

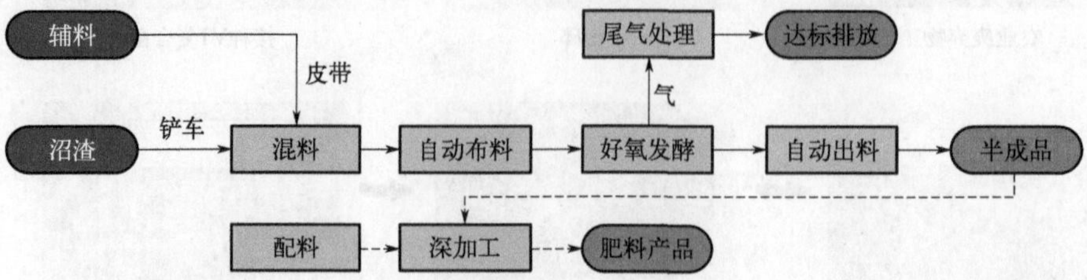

图 5-18　堆肥及肥料生产工艺流程

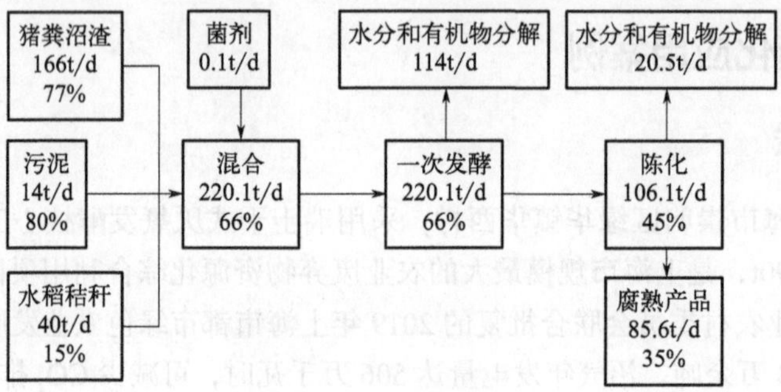

图 5-19　物料平衡

（三）工程建设内容

项目全景如图 5-20 所示，肥料生产区内建有秸秆仓库、混料车间、发酵车间、陈化车间、加工车间、成品车间等。

图 5-20　项目全景

发酵车间面积约4800m^2，采用门式钢架结构，车间内布置2条钢混发酵槽，尺寸为93m×20m×2.5m（长 × 宽 × 高）。

肥料生产区配套的设备有辅料料仓及输送系统、混料布料系统、发酵翻抛系统（图5-21）、曝气系统、自动出料系统、除臭系统、肥料加工线等。

图 5-21 发酵车间翻堆机

（四）效益分析

肥料生产段年产商品有机肥30000t，用于项目园区农作物种植。商品有机肥以600元/t销售，年销售收入可达1800万元；有机肥生产成本约280元/t，则肥料销售毛利可达960万元/年，工艺段经济效益显著。此外，项目整个处理过程实现了清洁生产和污染物零排放，既可以解决农业废弃物带来的环境污染问题，又可以推动绿色、低碳、环保产业发展，具有较好的生态效益、社会效益和工程示范引领作用。通过实施该项目，创新了循环农业模式，有助于加快构建农业废弃物资源化利用闭环，为农业绿色发展夯实基础。

参考文献

[1] Haug R T. The practical handbook of compost engineering[M]. Boca Raton：Lewis Publishers，1993：77-87.

[2] Naylor L M，Kuter G. Agitated bed composting：Past，present，future[J].Proceedings of the Water Environment Federation，2005（2）：375-385.

[3] 段丽杰，盛连喜 . 序批式好氧堆肥处理法对家畜粪便的减量化研究 [J]. 农业环境科学学报，2005（4）：805-808.

[4] Narihiro T，Hiraishi A .Microbiology of fed-batch composting[J].Microbes and Environments，2005，20（1）：1-13.

[5] Neklyudov A D，Fedotov G N，Ivankin A N，Aerobic processing of organic waste into composts[J]. Applied Biochemistry & Microbiology，2006，42（4）：341-353.

[6] 黄颖颖，黄燕翔，吴志锋，等 . 棚槽式静态发酵法生产有机肥技术研究初报 [J]. 福建农业学报，2014，29（11）：1109-1113.

[7] Tao J，Li G，Tang Q，et al. Effects of aeration method and aeration rate on greenhouse gas emissions during composting of pig feces in pilot scale[J]. 环境科学学报（英文版），2015（5）：124-132.

[8] Yuan J，Chadwick D，Zhang D，et al. Effects of aeration rate on maturity and gaseous emissions during sewage sludge composting[J]. Waste Management，2016，56：403-410.

[9] 曾剑飞 . 间歇供氧对畜禽粪便好氧堆肥氧气供需和主要气体产排的影响及机制研究 [D]. 北京：中国农业大学，2018.

[10] 徐鹏翔，王越，杨军香，等 . 好氧堆肥中通风工艺与参数研究进展 [J]. 农业环境科学学报，2018，37（11）：6.

[11] Yuan J，Chadwick D，Zhang D，et al. Effects of aeration rate on maturity and gaseous emissions during sewage sludge composting[J]. Waste Management，2016，56：403-410.

[12] CJJ 52—2014 生活垃圾堆肥处理技术规范 .

[13] 徐红，樊耀波，王敏健 . 污泥堆肥的通风及控制技术 [J]. 环境科学进展，1999，7（4）：120-126.

[14] 徐文龙，章菁，乌鲁斯 • 莱德，等 . 关于垃圾堆肥的作用及工艺优化的探讨——堆肥中氧、温度和湿度的控制 [J]. 环境工程，2006，24（2）：50-55.

[15] 王涛，林阳 . 污泥仓式堆肥工艺和进出仓系统技术概述 [J]. 中国环保产业，2011，3：36-39.

第六章　反应器堆肥

20 世纪 80 年代后，世界各国研发出了大量的反应器堆肥系统，有的被称为“容器系统”，也有的被称为“消化器”或“发酵器”。堆肥反应器设备必须具有改善和促进微生物新陈代谢的功能，在发酵过程中要运行翻堆、曝气、搅拌、混合、协助通风等设施或操作来控制堆体的温度和含水率，同时在反应器堆肥中还要解决物料移动、出料的问题，最终达到提高发酵速率、缩短发酵周期、实现机械化生产的目的。

反应器堆肥是伴随堆肥效率提升和堆肥环境控制需求而产生和发展起来的。简易仓式堆肥是反应器堆肥的雏形，至今在日本农业堆肥中还能经常见到。真正意义上的反应器堆肥始于 20 世纪 30 年代丹麦人发明的 DANO 滚筒。随着机械设计制造、机电一体化以及新技术、新工艺、新材料的快速发展，反应器堆肥行业取得了长足的进步。

第一节　反应器堆肥原理及特点

一、反应器堆肥技术原理

反应器堆肥是在相对密闭的设备（系统）内进行好氧发酵，能大幅度减小环境因素对堆肥进程的影响，且能稳定调控水、气、温度等堆肥要素，大幅度提高堆肥过程的物质与能量转化效率，进而显著缩短堆肥周期，提高堆肥质量，提升堆肥过程的环境控制水平。反应器堆肥系统通常由预处理系统、进料系统、搅拌（搅动）系统、曝气系统、出料系统、尾气收集处理系统、控制系统等组成。

（1）预处理系统　预处理系统因物料来源和状况处理设备的选配不同而存在较大差异，高水分物料必须选配脱水设备，如固液分离机、离心脱水机、板框压滤机等；大粒径物料必须选配粉碎设备，如粉碎机、揉丝机［图 6-1（a）］、木糠机［图 6-1（b）］等；高水分和（或）低热值物料必须选配混料设备，用于添加辅料和调整热值，常用的有单轴或双轴桨叶搅拌机。

(a) 揉丝机　(b) 木糠机

图 6-1　预处理设备

（2）进料系统　进料系统大致分为水平输送与垂直提升两种类型，水平输送常采用皮带输送或螺旋输送（图 6-2），螺旋输送又分为无轴螺旋输送和有轴螺旋输送，其中以无轴螺旋输送为常用方式；垂直提升常用于立式反应器，多为斗式提升。为防止在物料输送过程中臭气对环境造成污染，多对输送系统进行密闭，并加装气体收集装置，收集气体导入尾气收集处理系统。

(a) 皮带输送

(b) 无轴螺旋输送

图 6-2　水平输送方式

（3）搅拌（搅动）系统　搅拌（搅动）系统因反应器类型差异大致分为无轴搅拌和有轴搅拌两种类型。无轴搅拌主要是在反应器内壁安装刮板，在反应器转动过程中，刮板对物料起到搅动的作用，比较典型的是卧式滚动反应器；有轴搅拌又分为水平（轴）搅拌和立式（轴）搅拌，水平（轴）搅拌多用于卧式反应器，立式（轴）搅拌多用于立式筒仓反应器。

（4）曝气系统　曝气系统通常由曝气风机、气室或气体分配装置、曝气管道及曝气孔（头）构成。其中，曝气风机多选用高压离心风机，通常应综合反应器容积、物料特性（密度、水分、粒径）等合理配置风机风压、风量等关键参数；单反应器多风机曝气通常应配置气室，单风机多回路曝气应配置气体分配装置；曝气管道多选用钢管或塑料管，考虑到连接部位的气密性、维修更换的便捷性，通常多选用塑料管，曝气管道选用过程中要着重考虑材质、管径、壁厚以及耐压、耐热特性；曝气孔通常设置在曝气管道或搅拌桨叶上，要根据曝气管径、管距及风压、风量合理设置曝气孔距、孔径及其变化。

（5）出料系统　出料系统多采用皮带输送及螺旋输送，如采用皮带输送应配置密封罩，防止粉尘飘落；螺旋输送通常采用无轴螺旋输送。

（6）尾气收集处理系统　尾气收集处理系统由收集系统和处理系统两部分构成。尾气收集系统由集气系统、管道、排期风机组成（图 6-3）。由于堆肥反应器通常容积都较小，故一般可不加装集气系统，但要根据反应器容积及气体产生量、水分挥发量合理选配排期风机规格型号。由于反应器堆肥的水分挥发完全依赖尾气收集处理系统排出，所以尾气处理系统必须配置冷凝装置，通常采用水喷淋方式，冷凝后的气体依据组分差异合理选配活性炭吸附、生物滤池、酸洗、碱洗、光催化氧化等处理设施。

图 6-3　筒仓反应器尾气收集管道实景

（7）控制系统　控制系统因反应器类型不同而存在较大差异，但总体要求是全节点、全流程、全过程智能控制，便捷操作、一键启动、运行数据实时传输、可远程控制。图 6-4 所示为苏州临湖反应器项目控制系统界面。

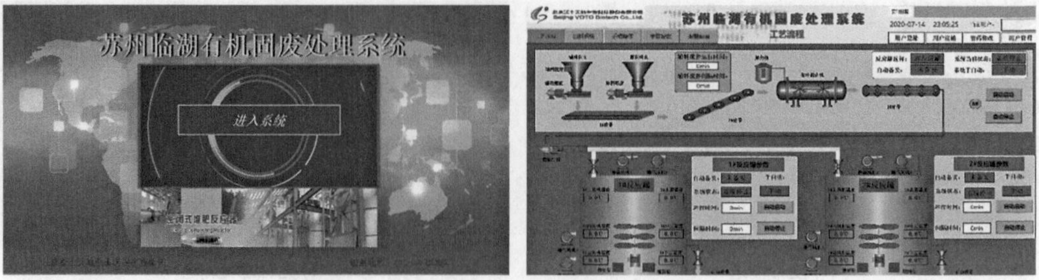

图 6-4　苏州临湖反应器项目控制系统界面

二、反应器堆肥主要特点

1. 工艺条件相对稳定可控，堆肥效率高

相较于条垛式堆肥及槽式堆肥，反应器堆肥是在一个相对密闭的容器内完成的，环境温、湿度变化对堆肥的影响小；有机物分解产生的热量聚集在反应器内，堆肥热效率高；利用水热上行原理，堆肥过程中产生的热量通过人为引导与传递，可大量带走发酵物料中的水分；曝气气体损失小，氧气利用效率高；气体交换量少，尾气收集能耗小。总之，反应器堆肥可基本不考虑环境因素的影响，各过程控制参数按物料特性和最佳经济技术指标来设定，产品质量稳定，发酵周期较其他堆肥方式至少缩短 1/2 以上。相关研究表明：条垛式堆肥发酵周期通常为 30 ～ 60d，槽式堆肥发酵周期通常为 15 ～ 30d，反应器堆肥发酵周期通常为 7 ～ 10d。

2. 环境控制友好

无论是堆肥原料还是在堆肥过程中，都会产生含 N、S 物质及其他一些臭味物质，同时还会产生大量水汽，如不能有组织排放必将给环境带来严重负面影响。尾气收集处理设施不完善、处理不达标，必将导致环保处理项目不环保。非反应器堆肥的尾气收集处理由于气体交换量大，需要铺设大量管道及集气装置，配置大功率排气设备以及庞大的尾气处理装置，导致尾气收集难、处理难、能耗高。以槽式堆肥为例，达标的尾气收集处理能耗占整个堆肥能耗的 40% 以上。降低收集处理能耗、提高收集处理效率已成为堆肥行业生存与发展的第一要务。

反应器堆肥系统内 80% ～ 90% 的空间被物料填充，气体只占系统空间的 10% ～ 20%，气体交换量不足槽式堆肥的 10%，且反应器内气体通过管道与处理器连接，污染气体无外溢风险，处理能耗低、效率高、效果好。

3. 设备一体化、智能化，操作简便

与条垛式堆肥和槽式堆肥相比，反应器堆肥的基本特征是设备小型化、一体化，高度集成自动进出料、自动搅拌（翻堆）、自动曝气等堆肥系统的各关键要素。随着自控技术发展的日新月异，分控、总控、在线监测、反馈调节控制、远程诊断、远程控制等也在反应器堆肥上大规模应用，智能控制水平逐步提高，特别是在一些小型反应器上能做到一键启动、便捷操作，甚至能做到无人值守。

4. 搭配组合灵活

反应器堆肥受土建和厂房及场地等因素的影响较小，土建工程占比小，施工周期短，可

视处理规模灵活配置反应器数量，也可随处理量的增加逐步增加反应器数量，提高资产使用效率。图 6-5 所示为多发酵罐搭配组合。

图 6-5 多发酵罐搭配组合实景

第二节 堆肥反应器主要类型

近年来堆肥反应器发展较快，类型层出不穷，其分类尚无统一标准，各国之间分类差异也较大，概括起来有物流特征分类法、通风搅拌分类法、设备表征分类法和综合分类法等。物流特征分类法按物料流动方式分类，通常分为水平流向反应器和竖直流向反应器；通风搅拌分类法则按是否有通风搅拌装置分类，分为被动通风反应器、强制通风无搅拌反应器、强制通风有搅拌反应器；设备表征分类法划分的类型更多，如圆筒形反应器、矩形反应器、沟槽式反应器、方形发酵塔、环形发酵塔、滚筒反应器等；综合分类法则集合反应器诸多要素进行分类，如美国国家环保局按物流和搅拌方式把堆肥反应器分为推流式和动态混合式两大类型。国外常见的堆肥反应器如表 6-1 所列。

表 6-1 国外常见的堆肥反应器

反应器	特点	典型系统	性能指标
被动通风反应器	利用堆体内外氧气浓度和温度差异及风力作用，使外部空气向堆体内部扩散；能耗低，但不能有效控制通风量变化	TSC 系统（英国）	32 个物料仓相连，每个仓 4.3m×1.2m×7.3m，处理能力 600t/d
		HOT BOX 系统（美国）	立方体，容积 0.73m^3，底部、中部各插 3 根带孔聚氯乙烯（PVC）管
强制通风无搅拌反应器	堆肥过程中不进行翻堆和搅拌；用风机给堆肥物料通风供氧，多采用底部进气，尾气由顶部管道排出净化；一般通过时间或时间 - 温度反馈控制；多采用一台风机、多个反应器和一套尾气净化装置	CSS 系统（美国）	长方体，内外两层，内层底部蓄水，外层绝热，用于室外或室内，处理能力 150t/d
		Nature-Tech 系统（美国）	4 种型号，多种容积，生产费用 6.0 ~ 18.0 美元 /t，投资成本 12 ~ 36 美元 /t
		EcoPod 系统（美国）	由可降解材料制成的聚乙烯袋，处理能力 76 ~ 200t/d，堆置时间 8 ~ 12 周，年处理能力＞25000t
		CM PRO 系统（美国）	容积 1.3m^3，可配 16 个反应器、2 个生物滤池，堆制时间≥ 3 周

续表

反应器	特点	典型系统	性能指标
强制通风有搅拌反应器	所包含的设备与强制通风无搅拌反应器类似，增加了搅拌功能，减小了物料温度、湿度和氧气浓度的差异，加快了反应进程	Earth Tub 系统（美国）	形状类似盆形，单个容器 $2.3m^3$，每周搅拌 2 次，堆制时间 3 ~ 4 周
		Wright 系统（加拿大）	构造复杂，可进行连续的堆肥生产，内部包含 3 个反应室和若干个物料仓，堆制时间 4 周，处理能力 136 ~ 1000kg/d
滚筒反应器	用圆形滚筒作为反应器，滚筒的轴线呈水平或与水平方向有一定的倾角，在传动装置作用下使物料的温度、水分均匀化，同时获得氧气	DANOSM 系统（丹麦）	直径 2.7 ~ 3.7m，长 45.8m，转速 0.1 ~ 1.0r/min，堆制时间 1 ~ 5d
		Bedminster 系统（瑞典）	直径 3.4 ~ 3.7m，长 36.6 ~ 54.6m，转速 1.0r/min，堆制时间 3 ~ 6d，处理能力 10 ~ 200t/d

资料来源：王一明等，2011。

日本的反应器堆肥技术和设备相对成熟，规模化和产业化水平较高，在十年前几乎就完成了可采用反应器堆肥的全部项目建设，日本全境筒仓反应器数量超过 5000 台（套）。国内的反应器堆肥技术和设备研究开发起步较晚，反应器类型较少，密闭式筒仓反应器占市场主导地位。但随着垃圾分类、农村人居环境整治、养殖粪污整县推进、种养绿色循环、有机肥替代化肥、城镇污泥资源化利用等项目的快速推进，反应器堆肥研发呈快速发展态势，双筒仓、混流箱等一批具有自主知识产权的成果相继面市。据不完全统计，自 2017 年以来国内各类堆肥反应器的推广应用规模每年都达 2000 台（套）以上。

堆肥是一个好氧发酵的过程，无论何种类型的反应器都必须通过被动通风或强制通风方式给发酵物料提供氧气。然而在强制通风情况下，在强制通风间歇期会发生被动通风的状况，所以根据通风状况划分反应器类型不具合理性。通常物料的动静状况、物料流向与反应器外形和内部系统配置密切相关，所以根据物料动静状况与物料流向划分反应器类型更具合理性。按物料动静状况可分为静态反应器和动态反应器，按物料的水平或垂直流动方向可分为卧式反应器和立式反应器。

一、静态堆肥反应器

所谓静态堆肥反应器就是物料在反应器内呈静止状态，物料不搅动、也不流动，在设备或物料中设置若干通气管（被动通风），或在反应器底部铺设曝气管（强制通风），常见的有堆肥箱（图 6-6）、TSC 系统（英国）、HOT BOX 系统（美国）。静态堆肥反应器不适合用于规模化堆肥生产，多用于社区、公园、景区的简易堆肥，堆肥周期较长，通常在 40d 以上，要求原料水分含量不能太高也不能过低。

近年来静态堆肥反应器顶部选用堆肥膜（分子膜）、阳光板等材料，以提高发酵温度，增强系统通透性，控制污染气体扩散。

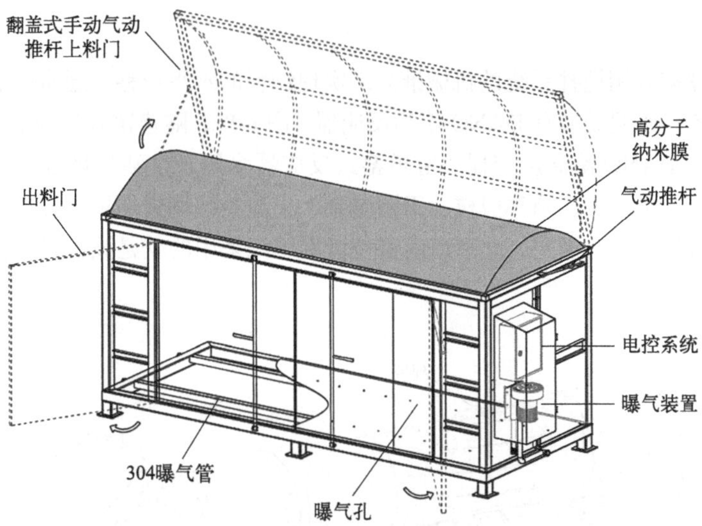

图 6-6 堆肥箱结构

二、动态堆肥反应器

动态堆肥反应器利用高度差或搅（翻）动过程的机械推力使物料向固定方向移动，物料进出有序，可以实现连续进出料。动态堆肥反应器适用于规模化的堆肥生产。物料呈垂直移动的称为立式反应器，物料呈水平移动的称为卧式反应器，通常所说的堆肥反应器指的就是这两类反应器。

1. 立式反应器

立式反应器利用垂直高度差采取顶部进料、底部出料方式，内设搅拌和曝气装置，可实现连续生产。典型类型有筒仓反应器、双筒仓反应器及塔式反应器（图 6-7)。筒仓反应器是国内常用反应器类型，多在畜禽粪便、市政污泥、沼渣、餐厨或厨余垃圾等高水分堆肥上使用；双筒仓反应器是国内新开发的产品，主要聚焦于餐厨、厨余垃圾处理；塔式反应器因水热效率低、发酵效果不理想，国内应用规模大不。

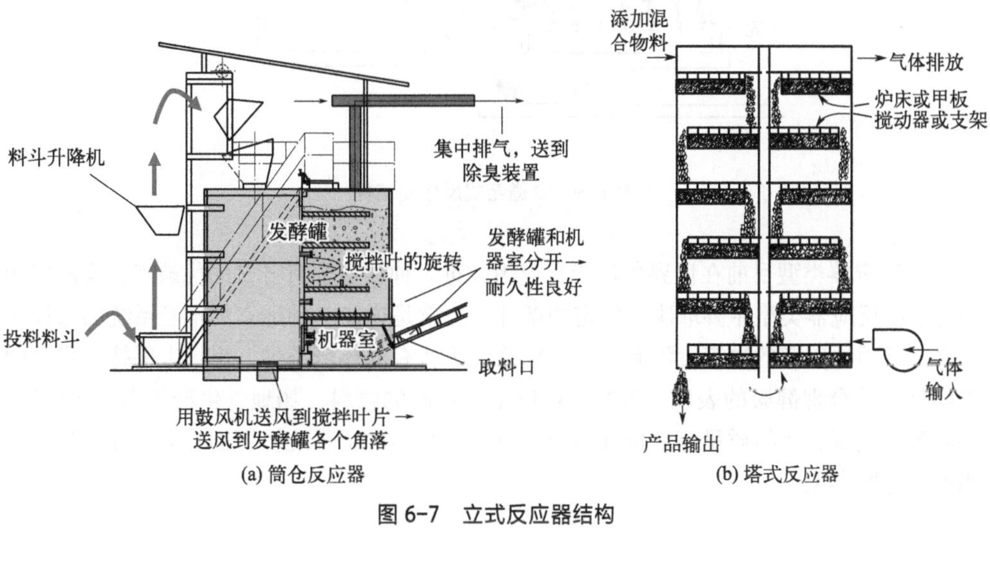

(a) 筒仓反应器 (b) 塔式反应器

图 6-7 立式反应器结构

2. 卧式反应器

卧式反应器多利用搅拌系统的机械推力来实现物料的水平位移，通常一端进料另一端出料，可连续生产。典型类型有 DANO 滚筒反应器（图 6-8）、隧道窑式反应器（图 6-9）、混流箱反应器，其中 DANO 滚筒反应器、隧道窑式反应器多用于生活垃圾堆肥处理，混流箱反应器多用于乡村有机垃圾、园林剪枝、田园尾菜、小型养殖场粪便堆肥处理。隧道窑式反应器还有一种物料整进整出模式，北京市南宫垃圾堆肥厂采用的就是该模式，日处理生活垃圾 600t。

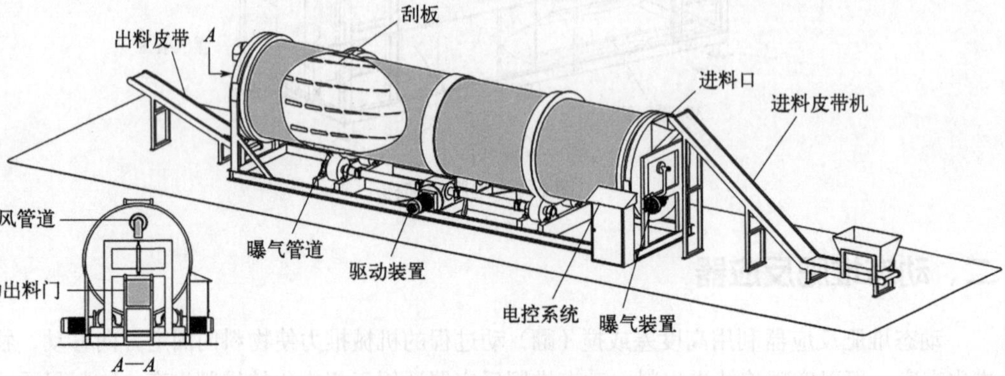

图 6-8　DANO 滚筒反应器结构

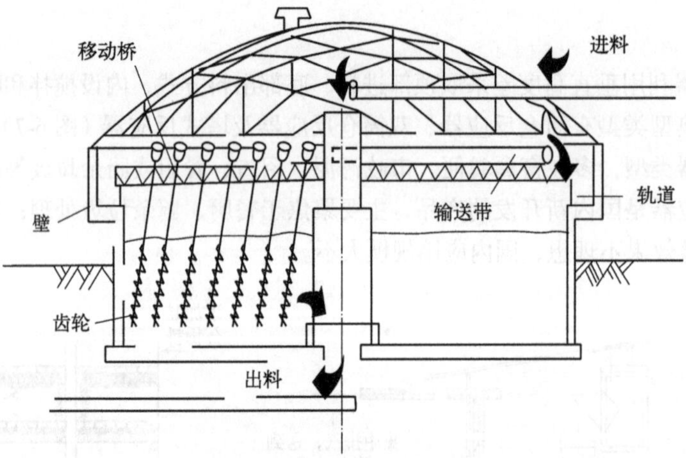

图 6-9　隧道窑式反应器结构

上述反应器类型目前在世界各地均有应用，每一种类型都有各自的优缺点，实际应用中采用哪一种反应器类型主要取决于特定的条件。也就是说，一种适宜的堆肥系统的选择永远是一个基于因地制宜的决策，没有一个系统适合于所有的环境条件，市场上保持多样化的堆肥设施是一种合理健康的表现。堆肥厂可以根据自己的物料、场地、生产规模、当地气候、环保政策、投资、产品质量等来选择最切合自身实际的堆肥系统。下面将分节介绍目前国内常用的反应器类型。

第三节 筒仓堆肥反应器

一、原理与结构特点

筒仓堆肥反应器（图 6-10）是立式反应器的典型类型，利用烟囱效应和水热上行原理，发酵容器呈直立圆筒状，采用顶部进料方式，发酵过程中产生的热量因烟囱效应上行扩散，带走大量水分，筒仓内物料温度、水分从顶部到底部渐次降低，发酵完成后从底部出料。筒仓反应器在 20 世纪 80 年代起源于日本，在欧洲属于强制通风有搅拌圆筒形反应器类型，在美国属于动态混合式反应器类型，是热效率利用最高的一种反应器。截至 2022 年底，国内现有筒仓反应器数量超过 3000 台（套）。

图 6-10 筒仓堆肥反应器外观

典型单筒仓堆肥反应器通常由设备室、发酵仓、提升料斗、出料口、除臭塔、爬梯、控制柜等几部分构成，动力采用液压驱动方式。设备室位于底部，摆臂、棘轮、棘爪、液压站等机械传动部分，及曝气风机、管道、气室等置于设备间内；发酵仓位于设备间上部，通过搅拌轴与设备间机械传动部分连接，搅拌轴为中空轴，下部通过气室和管道与底部曝气风机相连，搅拌轴上下分布 5 层 12 根搅拌桨叶，桨叶后侧分布曝气孔，与轴中空部相连；单筒仓采用提升料斗进料，多筒仓一般采用螺旋输送方式进料；出料口设置在发酵仓底部，通过液压驱动控制闸板阀开启；发酵仓顶部通过管道、排气风机与除臭塔连接；爬梯与发酵仓顶部相连，供维修保养使用；发酵仓筒壁上下依次设置温度或（和）湿度传感器；反应器配置智能控制柜。

筒仓堆肥反应器依发酵仓容积分为 60 型、90 型、120 型等，各型号对应的为发酵仓容积；反应器堆肥周期一般为 10d 左右，视原料状况如木质纤维素含量、含水率、热值等略为延长或缩短；每天投料量（处理量）为发酵仓容积的 1/7 ～ 1/10，如原料热值过低或含水率过高，处理量会减少，但通常会通过添加辅料的方式进行调整；进出料采取先出后进方式，根据出料量匹配进料量；曝气要根据发酵过程中物料的温度和含水率变化进行调整，常采取调整开启风机数量或风机开启频次的方式；排气风机处于常开状态，发酵仓内的水分随尾气一同排入除臭塔；所有运行参数都可在控制柜中设置，分手动和自动两种状态。筒仓堆肥反应器规格参数见表 6-2。

表 6-2 筒仓堆肥反应器规格参数

系统名称	VTFY/T90 参数
发酵罐主体	总容积 90m^3，有效容积 86m^3，总重量约 32t，直径 5500mm，内径 5250mm，内高 4020mm
鼓风机	2.2kW×1，12.5kW×3

续表

系统名称	VTFY/T90 参数
除臭风机	4kW
液压系统	7.5kW，油箱容积 300L，液压 16MPa，集中润滑，液增压间歇推动
除臭系统	管径 ϕ200mm，外形尺寸 1.22m×1.22m×3.0m，水泵 0.55kW，过流介质不锈钢 304
提升动力系统	料斗 1.5m^3，提升电机 2.2kW，开门电机 0.75kW
控制系统	防护等级 IP55，触摸屏：控制投料、搅拌、通风、除臭、温度传感器、报警等

注：不同生产商参数略有调整。

二、主要应用场景

筒仓堆肥反应器应用范围广，几乎涵盖了所有有机废物处理类型，特别是对高含水率物料的堆肥处理具有独特优势，并且多以废弃物处理处置为首要目的，主要应用场景如下所述。

1. 单一原料来源反应器堆肥

其是反应器应用占比最大的一种类型，在反应器堆肥中占比在 70% 以上，其中又以养殖粪污应用规模为最大。

（1）养殖粪污　几乎揽括了猪粪、鸡粪、牛粪、羊粪、鸭粪等主要养殖品种，其中猪粪、鸡粪应用规模最大，在养殖粪污反应器堆肥中占 80% 以上；国内规模化养殖企业都有应用，养殖场因养殖规模配备不同数量，多为 2 ～ 5 台，最多的达到 17 台（新希望，来宾猪场南区和北区，图 6-11）。

图 6-11　规模化猪场筒仓反应器实景（新希望）

（2）尾菜、园林剪枝　为快速增长的反应器堆肥市场，尾菜包括大型交易市场尾菜和田园尾菜两种类型；园林剪枝包括道路、公园、景区等绿化养护产生的废弃物。

（3）市政污泥　多数县及乡镇污水处理厂由于规模较小，污泥产生量少，反应器堆肥为最优处理处置模式，目前国内多地都有应用。

2. 多原料来源反应器堆肥

当原料特性如粒径、含水率、C/N 值等不能满足堆肥需要时多采用多原料混合堆肥。通常情况是原料粒径较小，并且伴随的是含水率过高，物料呈浆状，如经预处理后的餐厨、厨余垃圾和厌氧发酵后的沼渣，需要添加低含水率原料，并调整混合物料结构，增强透气性；C/N 值过高的原料，如果园剪枝、秸秆粉等，需要添加高氮含量原料混合堆肥。主要应用场景有以下几种。

（1）厌氧沼渣 + 秸秆粉（木糠、园林剪枝） 沼渣反应器堆肥近年来发展较快，但由于经厌氧消化后物料的粒径过小，脱水困难，通常采用添加秸秆粉、园林剪枝等调理物料水分与结构。海淀环卫大工村（图 6-12）、苏州开发区沼渣反应器多物料混合堆肥为典型案例。

(a) 预处理系统 (b) 发酵系统

图 6-12 大工村沼渣 + 秸秆粉筒仓反应器堆肥

（2）园林废弃物枝 + 餐厨垃圾 园林废弃物是城市人居环境改善的伴生产物，其数量大，木质素纤维素含量高，C/N 值极高，堆肥时常用餐厨或厨余垃圾进行调理。绍兴柯桥园林废弃物反应器堆肥为典型案例。

（3）污泥 + 蘑菇渣（木糠、畜禽粪便） 我国南方地区市政污水处理厂污泥热值（有机质）通常偏低，夏季尤为突出，常通过补充高热值原料进行调节。广东省广宁县、湖北省武当山（图 6-13）污泥反应器堆肥为典型案例。

(a) 现场实景 (b) 堆肥产品(未筛分)

图 6-13 武当山污泥 + 蘑菇渣反应器堆肥

第四节　双筒仓堆肥反应器

一、原理与结构特点

双筒仓堆肥反应器（图 6-14）的设计初衷是解决餐厨、厨余垃圾就地就近处理设备空间受限，传统处理设备多采用电加热而能耗高的问题。湿垃圾（厨余）是实施垃圾分类后的产物，与餐厨垃圾一样呈现点多面广的分布特点，且单点每天产生量较小，传统的收运处理模式存在收运成本高、现有终端处理能力有限，在此背景下适合就地就近处理的工艺及装备尤显迫切。由于餐厨、厨余垃圾含水率高，就地处理采取添加辅料方式不具备可操作性，同时宾馆、食堂、区民小区房屋空间高度受限，综合上述因素，要求设备必须小型一体化、水分散发速度快、操作简便。初期全国各地推出的生化处理设备多以电加热方式去除物料水分，但不可避免地带来能耗高、处理成本高的问题。

图 6-14　双筒仓堆肥反应器外观

利用生物发酵产生的热量高效去除水分，不使用辅助电加热，大幅度降低设备负荷，降低运行能耗；尽量不用或少用辅料，降低运营成本，简化操作流程；控制设备高度，保证设备能安放在一般民用建筑物内。双筒仓堆肥反应器借鉴了单筒仓堆肥反应器的设计原理，采用的立式双圆桶型结构既满足了烟囱效应形成对径高比的基本要求，又解决了一般房屋净空高度有限的难题，同时还兼顾了处理量要求。测试结果表明，双筒仓堆肥反应器较一般生化处理机耗电量降低了 85% ～ 90%，物料腐熟度提高了 2 ～ 3 倍。

双筒仓堆肥反应器由设备室、发酵仓、进料装置、出料装置、除臭塔、控制系统等几部分构成，动力采用液压驱动方式，最大特点是两个发酵仓共用液压站、曝气风机、进料系统、排气和除臭系统。设备室位于发酵仓侧部，液压站、曝气风机、控制电柜安放其中；摆臂、棘轮、棘爪等机械传动部分设置在发酵仓上部；曝气管道置于发酵仓底部，管道与曝气风机相连；双搅拌轴上下分布 3 层 9 根搅拌桨叶；进料采用液压举升方式，原料从进料口自动分配到两个发酵仓；两个发酵仓底部各设置出料口，采用刮板出料方式，通过液压驱动控制闸板阀开启；发酵仓顶部通过管道、排气风机与除臭塔连接；发酵仓筒壁上下依次设置温度或（和）湿度传感器；配置有一套智能控制柜。双筒仓堆肥反应器设备参数见表 6-3。

表 6-3 双筒仓堆肥反应器设备参数

型号	尺寸 /m	处理能力 / (t/d)	发酵周期 /d	装机功率 /kW
VTFY/ST-7	4.6×2.5×2.8	0.7 ~ 1.0	7 ~ 10	10
VTFY/ST-5	4.0×2.0×2.3	0.5 ~ 0.7	7 ~ 10	8

注：处理能力是指固液分离后的固体量。

二、主要应用场景

双筒仓堆肥反应器主要用于餐厨、厨余垃圾的堆肥处理，使用时常需配置预处理装置，起到清除杂物、固液分离及破碎的作用。处理餐厨垃圾时，还需配置油水分离及隔油和水处理装置。该类装置基本都为通用产品，不做赘述。双筒仓堆肥反应器主要应用场景如下。

（1）宾馆、饭店、食堂　规模较大、每天餐厨垃圾产生量大的场所，按照一场所一设备单独配备双筒仓堆肥反应器，同时配套预处理、油水分离及水处理设备，堆肥产品作为所在单位绿化用肥就地消纳。

（2）居民小区、城市社区　在居民小区或城市社区设立湿垃圾（厨余垃圾）处理站（图 6-15），处理所在辖区经过分类后的厨余垃圾，堆肥产品用于小区或社区园林绿化。

图 6-15　典型小区厨余垃圾处理站

（3）乡镇街道、美食街区　在乡镇街道或餐饮美食集中街区，可在垃圾转运站建设餐厨垃圾处理站（图 6-16），除配置双筒仓堆肥反应器外，还应配套预处理和油水分离设备，污水进入转运站垃圾渗滤液处理系统，无需再配套污水处理设备，堆肥产品用于街道或街区道路或园林景观绿化。

图 6-16　典型街道餐厨垃圾处理站

第五节 混流箱堆肥反应器

一、原理及结构特点

混流箱堆肥反应器（图 6-17）也叫搅动箱堆肥反应器，借鉴槽式堆肥、矩形搅动反应器、推流式反应器的特点，集合堆肥工业化全部要素，突出小型一体化、低能耗、实用便捷的特点，在农村人居环境整治、公园与景区园林垃圾处置、田园尾菜处理、小型养殖场粪污资源化利用等场景中得到广泛应用。

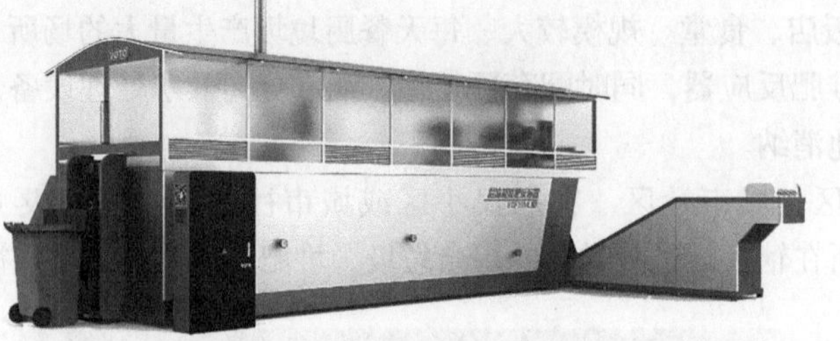

图 6-17 混流箱堆肥反应器外观

混流箱堆肥反应器的发酵仓呈矩形槽式结构，在槽箱侧壁顶端铺设移动导轨；翻堆小车架设在导轨上，搅拌桨为螺旋桨叶结构，通过桨叶的旋转和横向移动实现槽内物料的翻动，通过翻堆小车的纵向移动实现发酵物料的位移；发酵仓底部铺设曝气管道，并与曝气风机连接；发酵仓上部设计为阳光板雨棚，不仅能减少外部环境对发酵的影响，而且还能通过阳光板蓄热，提高发酵仓温度，加快发酵进程；阳光板雨棚一侧配置排气风机，并与除臭塔连接，反应器内尾气及水蒸气随时排出进入除臭塔内；上料机构采用液压举升，垃圾桶进料；出料端设置电动闸板，开启闸板腐熟物料倾泻到传送皮带上，产品装袋即可备用；控制系统对进出料、翻堆、曝气、除臭等可设置自控或手动模式。

混流箱堆肥反应器最显著的特点就是运行能耗极低，单位耗电量为 22 ～ 25kW·h/t，是目前所有反应器类型中能耗最低的；适合多源物料混合堆肥，不适合含水率过高物料的堆肥处理，物料含水率过高时（> 60%），应添加含水率较低原料调节水分；视物料特性发酵周期通常为 7 ～ 10d，也可视处理规模选择不同规格；雨棚除采用阳光板外，也可选用堆肥（纳米）膜。混流箱堆肥反应器设备规格参数如表 6-4 所列。

表 6-4 混流箱堆肥反应器设备规格参数

型号	尺寸 /m	处理能力 /（t/d）	占地面积 /m^2	装机功率 /kW
VTFY/HL-20	7.6×2.3×2.9	0.5 ~ 0.7	10×6=60	11
VTFY/HL-30	9.5×2.3×2.9	0.7 ~ 1.0	13×6=78	14
VTFY/HL-40	12.5×2.3×2.9	1.0 ~ 1.5	16×6=96	17

二、主要应用场景

混流箱堆肥反应器应用场景丰富，广泛应用于城乡多源有机废物就地就近协同处理，覆盖范围广。主要应用场景有以下几种。

（1）农村人居环境整治　农村生活垃圾较城镇生活垃圾组分复杂，但多为有机废物，主要有厨余垃圾、家庭养殖粪便、厕所粪便、庭院废弃物、尾菜、散落的秸秆等。各行政村按人口规模选配不同型号混流箱（单台覆盖 1000 ～ 3000 人的人口规模），就能做到垃圾不出村，堆肥产品农户可就近就便施于农田，不仅改善了人居环境，而且还能减少化肥用量，农民增产增收。湖北省［图 6-18（a）］、广东省、贵州省［图 6-18（b）］、山西省都有应用。

(a) 湖北省沙洋　　(b) 贵州省锦屏

图 6-18　农村人居环境整治示范项目

（2）小型养殖场粪污处理　小型养殖场在国内南北方分布广泛，以县域为单位建设粪污处置中心投资大，收运成本高，道路遗洒还会造成二次污染。可以以养殖场为单位配置混流箱，堆肥产品养殖农户就近还田。但粪污水分含量过高时，要适当添加秸秆调节水分。

（3）农村厕所粪渣　农村实行改厕后，粪渣的处理和利用势在必行。以行政村为单位建设处理处置中心（站）（图 6-19），收运便捷、成本低，堆肥产品农户直接还田。

图 6-19　农村厕所粪渣混流箱堆肥示范实景（山西省翼城）

（4）田园尾菜　大型种植基地、种植园区蔬菜、瓜果收获后残留的叶、茎秆、藤蔓、烂果次果经粉碎后利用混流箱进行堆肥处理，产品可作育苗基质，也可作底肥施用。

（5）社区、公园、景区园林废弃物　园林废弃物体积大，不便运输，就地粉碎后利用混流箱进行堆肥处理（图 6-20），堆肥产品直接用于园林绿化。

图 6-20　景区园林废弃物混流箱堆肥效果

第六节　其他堆肥反应器

近年来随着堆肥应用场景的多元化，对反应器也呈现出多样化需求。传统反应器（如 DANO 滚筒）向原料预处理、自动进出料、除臭及自动控制等系统高度集成转变，新型反应器向低能耗、智能控制、一体化方向发展。

下面介绍几种有代表性的堆肥反应器。

一、滚筒式堆肥反应器

滚筒式堆肥反应器是一种卧式堆肥系统，除了借鉴 DANO 滚筒从一端进料另一端出料外，还配置了原料预处理、自动上料、自动出料、尾气收集处理以及自控等部分，可视不同处理规模配置不同规格（长度及筒径）滚筒。运行过程中利用滚筒抄板使物料混合均匀，并通过滚筒转动实现物料位移，同时还可根据物料特性及生产需要配备曝气系统。

滚筒式堆肥反应器实物见图 6-21。

图 6-21　滚筒式堆肥反应器（中持环境）

滚筒式堆肥反应器通常呈一定倾斜度横卧在支座上，通过机械传动转动；由滚筒的出料端提供通气，利用烟囱效应及水热上行原理，空气向进料端扩散，物料在滚筒中翻动时与空气充分混合，在滚筒进料入口处气流温度达到最高，利于新添加的物料堆肥过程快速启动。

滚筒式堆肥反应器多用于市政污泥及生活垃圾处理领域，偶见于畜禽粪污堆肥，但由于能耗偏高，总体应用范围不大。

二、槽式堆肥反应器

槽式堆肥反应器是借鉴槽式堆肥原理开发出的一种新型卧式堆肥反应器，集成了槽式堆肥的全部系统要素，配置了自动进出料、曝气、搅拌及物料自动位移、尾气收集处理及自控等部分。与槽式堆肥的区别在于，槽式堆肥反应器使用输送带承载和移动物料，通过搅拌装置实现物料的翻动，行走过程中搅拌、通风和输出物料。槽式堆肥反应器见图 6-22。

图 6-22 槽式堆肥反应器（中农新科）

一体化槽式堆肥反应器由上料布料机、槽式堆肥机、出料机、智能测控系统组成，主体设备又分解成机头、中间标准段、机尾、翻堆机、曝气风机及管路、排气风机及管路、热回收器。

混合物料通过上料输送机进入反应器中，并使物料均匀分布到 2m 幅宽的输送带上；物料在各自输送带上间断缓慢行走，行走到翻堆机位置进行搅拌翻堆，翻堆机是固定安装的弯刀式搅拌器，翻堆机的数量匹配物料停留时间；经过几天发酵的物料送往下层的出料口，经过一次发酵的物料通过输送机排出。

槽式堆肥反应器目前仅见用于生化预处理后的餐厨垃圾、高干脱水后的生活污泥，但随着技术的日趋成熟，其应用会日趋广泛。

三、HOTBIN 堆肥反应器

HOTBIN 堆肥反应器是纽约公益组织 OPEN ROAD 于 1994 年开发的，后经不断改进，于 1998 年获得专利，是一种适用于餐馆、食堂、医院、社区的无动力小型堆肥反应器。

HOTBIN 外形似垃圾桶，由发泡聚乙烯（EPE）制成，该材料比聚苯乙烯更具优良缓冲性、耐磨性和耐化学腐蚀性，被广泛应用于包装、汽车零部件和建筑等领域。HOTBIN 通常由底座（选配）、桶体及顶盖三部分构成（图 6-23），上部顶盖置入活性炭过滤器，再扣上凸盖板，凸盖板上配置有温度计以及空气阀；桶体偏下部设置有曝气底板及曝气网，最底部为渗滤液储存空间，滤液经过发酵形成的液体肥可通过排水阀罐装；在桶体出料口上下配置两条凸轮紧固带，防止桶体变形，增强桶体稳定性。

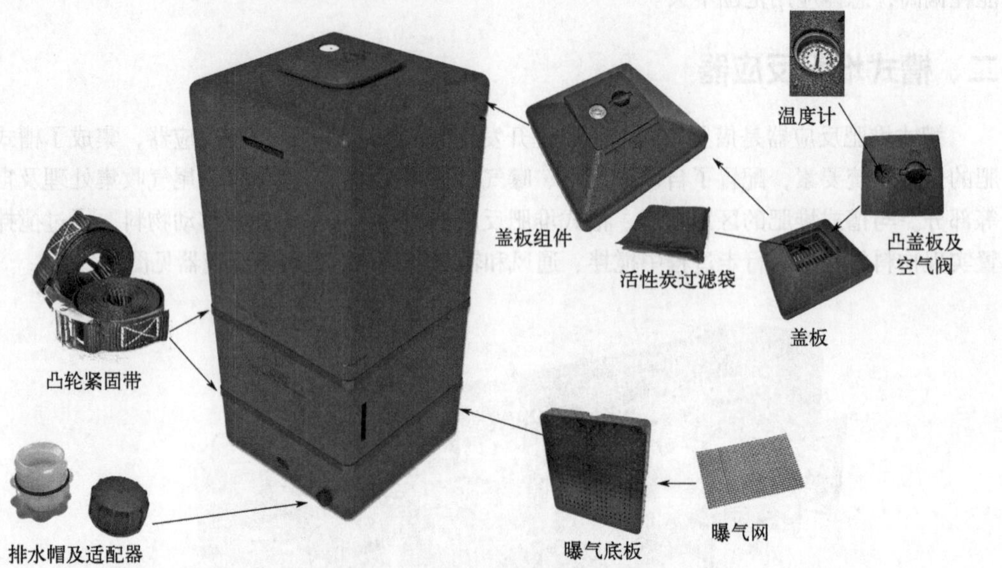

图 6-23 HOTBIN 堆肥箱及组件

HOTBIN 投入使用时，应在底部铺设 40cm 左右的“种堆肥”或（和）一些易分解的青草、鸡粪、蔬菜、果皮、血粉 / 骨粉等，便于快速启动发酵进程；后面投加的废弃物粒径应控制在 2in（约 5cm）以下，最好在 1in（约 2.5cm）以下，且应是混合废弃物；要保持桶内物料的疏松，投加物料水分不能太高，否则易造成厌氧，桶内物料每半年彻底清空一次；堆肥产品可用于社区绿化以及蔬菜、花卉种植

HOTBIN 桶壁厚度约 5cm（2in），保温性能好，常见规格有 100L（26gal）和 200L（52gal）两种。

四、堆肥反应器发展趋势

我国有机废物产生量大、种类多、组分复杂、场景多样，堆肥化是有机废物处理利用的主要技术路径，经过 20 多年的快速发展，堆肥技术和产业已取得长足进步。随着对废弃物处理成本、效率、环境控制要求的逐步提高，堆肥反应器正在向系统高度集成、低能耗、智能化方向发展。

① 全系统高度集成。堆肥处理系统多，构成复杂，传统堆肥反应器主要注重发酵系统的设计与效率提升，而对原料预处理、自动进出料、尾气收集处理以及堆肥过程参数的监测与控制关注不够，未来堆肥反应器应集合堆肥工业化的全部要素。

② 能实现堆肥过程参数的实时监测与反馈控制。目前堆肥过程参数还仅限于温度、水分、含氧量等指标的监测，且不能实现根据监测指标对装备运行状况进行调节和控制，未来应拓展监测范围，并达到根据监测数据实时调整装备运行状况，确保堆肥系统始终处于最佳技术和经济指标状态。

③ 低能耗。能耗高是目前限制堆肥反应器广泛应用的关键因素，应用新技术、开发新装备、有效降低运行能耗是堆肥反应器需要解决的首要问题。

④ 自动巡更、无人值守。堆肥反应器发展的终极目标是在绿色、低碳、环保的前提下实现装备的智能化，达到全流程自动巡更、无人值守的目标。

参考文献

[1] 陈海滨，万迎峰.重力翻板式垃圾快速堆肥装置的工艺设计［J］.环境卫生工程，2006，14（1）：40-43.

[2] 李俊，沈德龙，林先贵，农业微生物研究与产业化进展［M］.北京：科学出版社，2011.

[3] 万英，赵卫兵，霍跃文.污泥堆肥设备的现状及发展前景［J］.环境保护，2002，20：31-32.

[4] 魏源送，王敏健，王菊思.堆肥技术与进展［J］.环境科学进展.1999，7（3）：11-23.

[5] 余群，董红敏，张肇鲲.国内外堆肥技术研究进展［J］.安徽农业大学学报，2003，30（1）：109-112.

[6] 张锐，韩鲁佳.好氧堆肥反应器系统在废弃物处理中的应用［J］.农机化研究，2006（10）：173-178.

[7] Epstein E，Alpert J E. Compostingl engineering practice and economic analysis［J］. Wat Sci Tech，1983，15：157-167.

[8] Haug R T. The practical handbook of compost engineering［M］. Boca Raton：Lewis Publishers，1993.

[9] 2017年中国城镇生活垃圾无害化处理方式及餐厨垃圾生产量分析［EB/OL］.中国产业信息网，2017-12-25/2018-10-16.http：//www.chyxx.com/industry/201712/596559.html.

[10] 全国畜牧总站中国饲料工业协会国家畜禽养殖废弃物资源化利用科技创新联盟.粪便好氧堆肥技术指南［M］.北京：中国农业出版社，2017.

[11] 侯超，李永彬，徐鹏翔，等.筒仓式堆肥反应器不同通风量对堆肥效果的影响［J］.环境工程学报，2017，11（8）：4737-4744.

[12] Chen W，Liao X D，Wu Y B，et al. Effects of different types of biochar on methane and ammonia mitigation during layer manure composting［J］. Waste Management，2017，61：506-515.

[13] 林云琴，周少奇.城市污泥反应器堆肥实验［J］.环境卫生工程，2007，15（6）：8-11.

[14] 杨文卿，邓旋，许兢，等.一种新型可控堆肥反应器系统的快速好氧堆肥实验［J］.环境工程学报，2010，4（12）：2883-2887.

[15] 吴正松，唐世田，凌建军，等.一体化反应器协同处理生活垃圾与污泥启动试验研究［J］.中南大学学报（自然科学版），2012，43（12）：4968-4973.

[16] Lu S G，Imai T，Li H F，et al. Effect of enforced aeration on in-vessel food waste composting［J］. Environmental Technology，2001，22（10）：1177-1182.

[17] 赵明杰，孙长征，李星，等.堆肥反应器处理农村养殖场鸡粪的实践［J］.中国家禽，2014，36（7）：52-54.

第七章　气流膜堆肥

第一节 概述

一、气流膜堆肥定义

气流膜堆肥是在条垛或槽式好氧发酵堆体上，覆盖由适宜纺织材料制成的功能膜，以阻隔外界有害物质和水进入及内部污染气体排放的新型好氧堆肥技术（图 7-1）。目前，该技术已经逐渐被应用于畜禽粪便、农作物秸秆、厨余垃圾、脱水污泥和园林废弃物等城乡有机固体废物的处理与资源化利用。

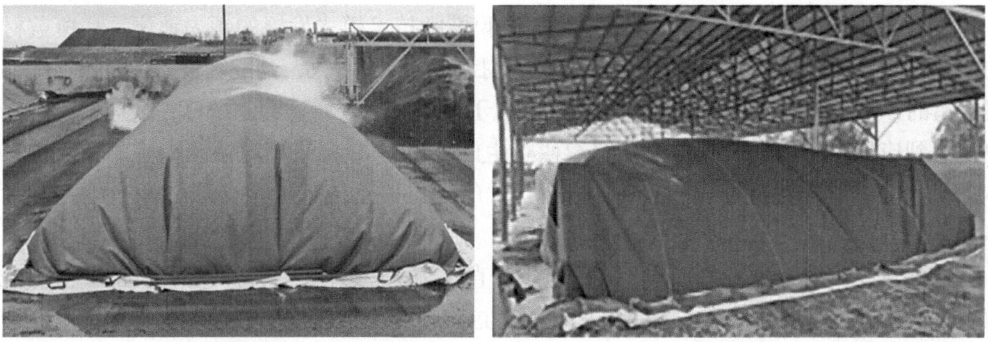

(a) 条垛 (b) 槽式

图 7-1 气流膜堆肥工艺

二、气流膜堆肥特点

1. 投资成本低，操作简单

气流膜堆肥装备复杂程度低、安装较为简单，仅需要设置硬化地面，无需建设堆肥厂房，也无需配置除臭设备，可节约大量建设成本。同时，气流膜堆肥利用智能化控制系统，可以实现堆肥全程自动化控制，包括温度、湿度和氧气含量的测定以及通风设备的调控。

2. 适应性强

该技术可以根据不同地形、不同规模的养殖场进行设备配套，且可以在低温环境下正常运行，发酵过程仅需 15 ～ 20d，可以实现有机固体废物的无害化与资源化处理。

3. 隔臭减排效果好

覆盖于堆体上的高分子气流膜不仅可以阻隔外界风雨雪天的影响，还可以截留氨气（NH_3）、硫化氢（H_2S）等臭气以及甲烷（CH_4）、氧化亚氮（N_2O）等温室气体，减少环境污染。

4. 发酵效果优良

堆肥高温发酵持续时间较长，可保障 60℃以上维持 10d 左右；堆肥结束时，种子发芽率可以达到 80% 以上，且堆肥产品寄生虫卵和病原菌去除率达 99% 以上，符合标准《有机肥料》（NY/T 525—2021）的相关要求。

第二节　气流膜堆肥发展历程

一、国外气流膜堆肥发展历程

气流膜堆肥技术起源于20世纪90年代的德国，由著名工程学专家Franz Vogel先生发明。该技术在强制通风静态条垛堆肥的基础上，采用纺织材料对堆体进行覆盖密封，以有效解决堆肥过程的臭气污染问题。随着技术的不断普及与完善，德国UTVAG公司于1996年引进了一种新型高效膜处理设备——戈尔膜（Gore）处理系统，其处理能力达到了每年100万吨。

在过去的30多年里，德国一直处于气流膜堆肥技术模式发展的领先地位。从覆盖材料的比选与研发、通风设备的改良升级、智能化控制系统的引入，到配套设备（如翻堆机和卷膜机）的开发，德国在技术创新方面一直领先于世界。如今，这套系统已在全球不同的气候地带得到应用，美国加利福尼亚州洛杉矶卫生区（LACSD）采用该系统完成了目前世界上体量最大的堆肥项目。德国UTVAG公司开发的膜覆盖系统远销至全球20多个国家的200多个堆肥工厂。

国外对膜覆盖堆肥技术倾向于实际应用，直至2010年才关注并深入研究堆肥理化性质、微生物群落结构、气体挥发、产品腐熟度等。这些研究不仅加深了对气流膜堆肥技术原理的理解，也为其在不同环境和废弃物处理方面的应用提供了更加科学的依据。

二、国内气流膜堆肥发展历程

相较于国外，我国在纳米膜堆肥领域的研究起步较晚。自2013年5月上海朱家角污泥干化工程成为我国首个应用气流膜堆肥技术处理污泥的项目以来，该技术在国内的应用得到了迅速发展。该工程占地面积达6.67hm^2，每天处理污泥规模约为100t。随后，北京建成了国内首个气流膜好氧堆肥系统，用于处理园林绿化废弃物。随着逐步验证，内蒙古、青海、西藏和福建等省区相继引入了该技术，并逐渐将应用重点从污泥堆肥转向畜禽粪便和其他有机固体废物堆肥。

在气流膜堆肥技术的广泛应用下，国内的研发创新工作也在持续展开。中国农业大学的科研人员针对我国的国情和地域特色，基于传统的槽式翻抛堆肥系统，设计了一种适用于规模化生产的节能环保智能型气流膜好氧堆肥系统。这一系统已陆续进入北京、河北等省区的农机购置补贴目录，并于2021年被农业农村部遴选为农业主推技术。

与此同时，随着气流膜堆肥技术的发展，牛床垫料再生领域也经历了一场革命性的变革。传统的处理方式，如直接焚烧或填埋效率低下，且容易导致环境污染和资源浪费。而气流膜堆肥技术的引入为这一难题提供了创新的解决方案，经过气流膜堆肥技术处理后的牛床垫料不仅去除了臭味和病原体，而且富含有机养分和微生物菌群，具有良好的保水性和通气性。这种再生垫料不仅可以重新用于牛床铺设，延长了垫料的使用寿命，还降低了牛场的运营成本。这种循环利用方式不仅减少了废弃物的排放，还促进了资源的有效利用，为农业生产和环境保护做出了积极贡献。

牛床垫料再生系统需选用不同性能的功能性膜（如表7-1所列），并采用连续或间歇式强制通风曝气供氧，发酵堆体内部氧气浓度应＞ 5%。同时，应确保堆体温度达到 70℃以上并持续 5 ～ 7d。在发酵过程中，需要翻堆 1 ～ 2 次，最终发酵产物含水率应控制在 40% ～ 50% 之间。

表 7-1　功能性膜的性能指标（《畜禽固体粪污覆膜式好氧发酵技术规范》）

性能指标		用途及指标	
		固体粪肥	牛床再生垫料
孔径 /μm		0.2 ~ 0.4	0.4 ~ 1.0
孔隙度 /%		≥ 80	
透湿量 /[g/(m^2・h)]		≥ 10000	
抗拉强度	断裂强力 /N	≥ 600	
	撕破强力 /N	≥ 20	
剥离强力 /(N/25 mm)		≥ 5	

第三节　气流膜具体参数

一、气流膜材料与结构

堆肥用气流膜由外层、中层、内层三层结构组成（见图 7-2），中间核心功能层主要是聚四氟乙烯（PTFE）或膨体聚四氟乙烯（ePTFE）膜。中间层膜微孔（平均孔径约为 0.2μm）比液态水的直径小数百倍到数千倍，且比气态水的直径要大数百倍以上。因此该材料具备出色的防水透气性能，不仅有利于堆体水分的蒸发，也可以防止雨雪天气对堆肥的影响。该膜材料也可以阻隔大分子物质，包括病原菌、气溶胶以及有害气体等污染物向外释放。为了延长膜的使用寿命，利用热压工艺将中间层与聚酯纤维复合，设置内外保护层，从而提升气流膜的机械强度和耐腐蚀性能。

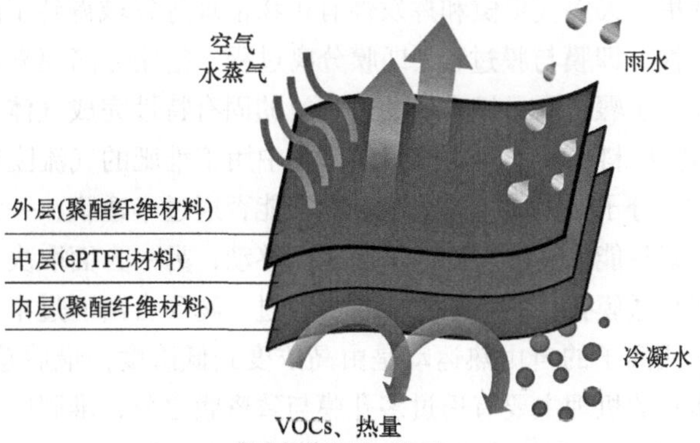

图 7-2　气流膜结构与作用原理（据孙晓曦等 2021 年资料改绘）

应用于堆肥的气流膜中最为关键的功能层材料主要由聚四氟乙烯或膨体聚四氟乙烯膜制成。该薄膜表面形态是具有蜘蛛网状的微孔结构，微纤维之间形成孔隙，微纤维排列方向与拉伸方向基本平行，孔隙率达 85% 以上，每平方厘米有 14 亿个微孔，孔径范围为 0.1 ～ 5μm。该膜材料是一种新型的高分子材料，由聚四氟乙烯树脂经拉伸等特殊加工方法制成，颜色为白色，富有弹性和柔韧性，具有微细纤维连接而形成的网状结构，其微孔可以阻挡各种微粒而允许空气通过，具有高强度、低收缩、抗磨损等特性。它的表面能较低，具有疏水性，通常不易与水润湿。薄膜性能一般根据美国材料实验协会（ASTM）标准进行测定。气流膜的具体表面形貌和聚四氟乙烯薄膜的性能差异如图 7-3 和表 7-2 所示。

(a) 内层　　(b) 中间层　　(c) 外层

图 7-3　气流膜的扫描电子显微镜图像（Fang et al.，2021）

表 7-2　不同类型聚四氟乙烯薄膜的性能

性能	ePTFE	PTFE	测试标准
密度 /（kg/m^3）	200	2100 ~ 2300	ASTM F1315
抗拉强度 /MPa	51.7	25.4	ASTM F152
断裂伸长率 /%	> 100	200 ~ 450	ASTM F36
压缩率 /%	40	16.7	ASTM F36
回弹率 /%	17	47	ASTM F38

二、气流膜作用原理

目前针对堆肥气流膜作用原理的相关研究还处于探究阶段，然而相类似的气体膜分离技术已经在富氢、碳捕集、天然气提氦和挥发性有机物治理等领域得到了广泛应用。这些技术利用膜具有选择透过性，即膜与膜过程（即膜分离过程，指用分离膜来处理混合流体，经过一系列物理及化学加工步骤获取目标产物的过程）的固有特性完成气体分离。一般用于气体膜分离的材料（简称膜材料）种类和功能繁多。其中用于堆肥的气流膜属于半透膜，半透膜通常指只允许离子或小分子自由通过的薄膜。物质能否通过半透膜，一方面取决于膜两侧离子或分子的浓度差，即只能从高浓度侧向低浓度侧移动；另一方面取决于离子或分子直径的大小，只有粒径小于半透膜孔径的物质才能自由通过。物质自由通过半透膜的过程，遵循自由扩散原理（即分子或离子的自由热运动是由高浓度到低浓度，最后趋于浓度均一）。污染性气体透过气体分离膜的机理主要有透过多孔膜与致密膜之分，堆肥所用气流膜的核心层为 PTFE 薄膜，孔道结构明显，属于多孔膜，并且其膜结构参数与透过气体的基本性质决定了气体的透过性能。气体透过多孔膜的机理通常可以有努森扩散、表面扩散、分子扩散和毛细管凝聚等多种形式（图 7-4）。

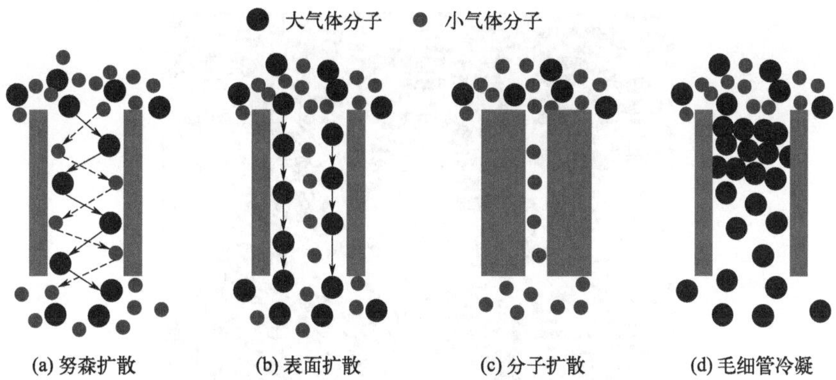

图 7-4 多孔膜气体传递机理（Sifat S N et al，2019）

努森扩散指的是气体在多孔膜中进行扩散时，如果膜孔径小于气体分子的平均自由程，则气体分子对孔壁的碰撞较气体分子间的碰撞要频繁得多。如果气体分子可与介质表面发生相互作用，气体分子吸附在孔壁上，当存在压力梯度时，分子在表面的占据率不同，从而产生沿表面的浓度梯度和向浓度递减方向的扩散，产生表面扩散流。在表面流存在的条件下，气体流过膜孔流量由努森扩散和表面扩散流叠加。

毛细管冷凝是表面扩散传递过程的另一种形式。当待分离组分中含有凝结性气体时，该气体在膜表面发生物理吸附，使得孔道内充满凝结性气体，从而限制非冷凝气体的通过。此时，冷凝性气体会通过蒸发作用离开膜，进而实现气体混合物在多孔膜中的分离。

分子扩散指的是利用不同气体分子大小与膜孔径之间的差异性，使得直径小的分子可以通过膜孔，而直径大的气体分子将被截留。例如，在气流膜堆肥过程中，水分子和二氧化碳分子更容易透过膜孔，而甲烷等温室气体会被截留。

气流膜堆肥就是将气体分离膜机理应用于好氧堆肥领域，并进行了扩展。当在堆体上覆盖一层气流膜时，膜内往往会形成一种“微正压”状态；随着堆肥温度的升高，该状态不断加强，促使气流膜内表面生成一层凝结水膜；堆体发酵产生的 NH_3、H_2S 和 VOCs 等臭气基本都会溶解在水膜中，并随着凝结水滴落，回到物料中，被微生物重新分解。

三、气流膜生产工艺

用于堆肥的气流膜中主要的功能层是膨体 PTFE（ePTFE）微孔薄膜，按其加工方法可分为压延膜、车削膜和拉伸膜 3 类。通过结构分析和实际测试可知，只有拉伸膜才具有满足防水透湿堆肥要求的良好微孔结构。

拉伸 ePTFE 微孔薄膜的生产流程为：ePTFE 树脂 + 液体润滑剂→混合→压制成毛坯→推压→压延→干燥→纵拉→横拉→定型→成品膜。

将聚四氟乙烯分散树脂与助凝剂按照一定的比例混合均匀，获得聚四氟乙烯混合糊料，将糊料放入固定模具中以一定压力进行压坯，获得分散均匀的料坯；然后将料坯放入挤出机，并调节挤出温度与速度，将所有料坯挤出，得到挤出棒；随后将挤出棒置于双辊压延机上，制备形成薄膜材料；最后在加热条件下，将薄膜进行双向拉伸延展，制备形成 ePTFE 微孔薄膜（图 7-5）。具体制备工艺流程见图 7-6。

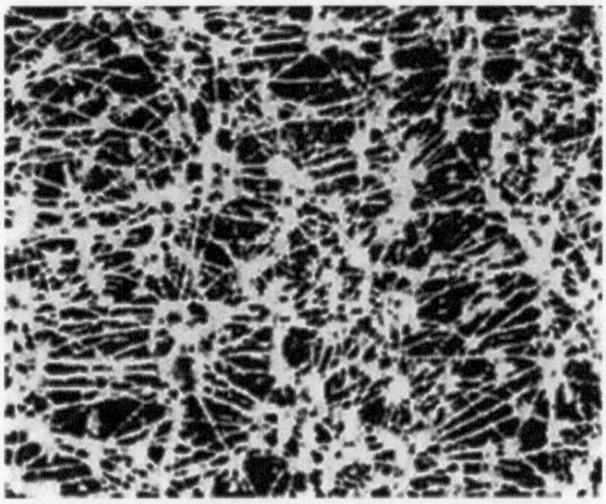

图 7-5　ePTFE 微孔薄膜的微观结构（张雨果，2014）

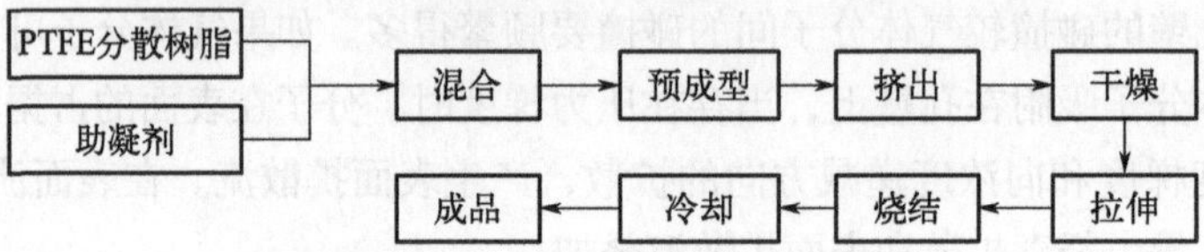

图 7-6　ePTFE 微孔薄膜的制备工艺流程

经拉伸后 ePTFE 微孔薄膜主要参数如下：

① ePTFE 薄膜的厚度 20 ～ 70μm，均匀度 5% 以下；

② 克重 24 ～ 26g/m^2；

③ 经向拉伸强度 1 ～ 40MPa，最高可达 150MPa；

④ 纬向拉伸强度大约为经向的 1/2；

⑤ 透湿量 4000 ～ 17000kg/（cm^2 • 24h）；

⑥ 透气量小于 0.3mL/（m^2 • s）；

⑦ 耐静水压 90 ～ 170kPa；

⑧ 使用温度 150 ～ 260℃；

⑨ 孔隙率 25% ～ 96%，平均孔径 0.18 ～ 1.3μm。

整体气流膜生产过程还需要通过热层压工艺将聚酯纤维和 ePTFE 膜材料复合，主要生产工艺流程分为干法和湿法两种。一般需要将聚酯纤维材料经过防紫外线、抗酸碱处理，再经过拒水处理和电晕放电处理后，按照由内向外的顺序放置聚酯纤维材料、ePTFE 微孔薄膜和聚酯纤维材料，接缝处通过热熔胶进行层压复合，层压复合的宽度一般设置为 0.8 ～ 0.12m。具体步骤如下：

（1）干法工艺流程　织物防水处理→电晕放电（或磨毛）→黏合剂涂层→烘干→ ePTFE 薄膜退卷、电晕处理→与织物热压复合→ ePTFE 膜面处理→上胶→复合里料→切边→打卷检验→包装→成品。

（2）湿法工艺流程　织物防水处理→电晕放电→上胶→烘干→ ePTFE 薄膜退卷、电晕处理、覆薄膜→烘干热压复合→ ePTFE 膜面处理→切边→打卷检验→包装→成品。

最终获得气流膜产品的详细性能参数需要满足《堆肥用功能性覆盖膜》（JB/T 13739—2019）的相关要求，具体如表 7-3 所列。

表 7-3　堆肥用功能性覆盖膜相关行业标准要求

项目	参数
材料组成	表面：涤纶 / 尼龙 / 其他 核心：膨体聚四氟乙烯
水蒸气渗透阻力 /[(m^2 • Pa)/W]	≤ 12.5
透湿性 /[(g/(m^2 • 24h)]	≥ 240000
静水压 /kPa	≥ 80
水浸尺寸变化率（经向、纬向）/%	-3.0 ~ 1.0
断裂强度（经向、纬向）/N	≥ 600
撕破强度（经向、纬向）/N	≥ 20
剥离强度（经向、纬向）/(N/25mm)	≥ 5
耐光照色牢度（变色、沾色）	≥ 4 级
耐水洗色牢度（变色、沾色）	≥ 3 级
耐摩擦色牢度（干摩、湿摩）	≥ 3 级

第四节　气流膜堆肥工艺及设备设施

一、气流膜堆肥系统组成及流程

因土建基础的差异，气流膜堆肥一般分为条垛覆膜工艺和槽式覆膜工艺两种。气流膜堆肥体系的关键设备主要由覆膜系统、强制通风系统和智能控制系统三部分组成。气流膜堆肥工艺流程与其他高温好氧发酵工艺流程类似，主要由堆肥物料混匀、建堆和覆膜、一次覆膜发酵、揭膜与二次发酵、后续处理与利用等工序组成（图 7-7）。

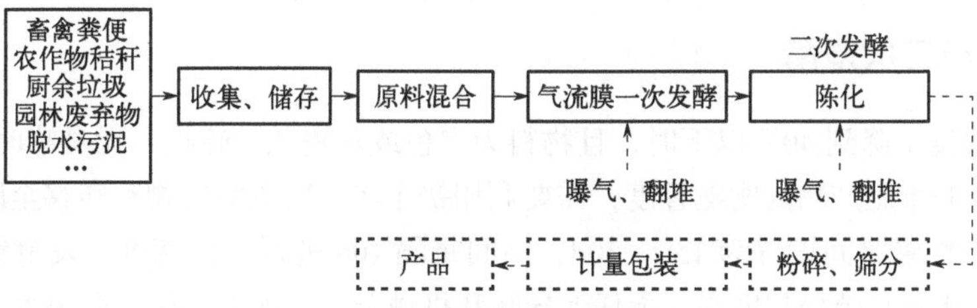

图 7-7　气流膜堆肥工艺基本流程

（一）堆肥物料混匀

畜禽养殖场（户）应对畜禽粪污进行全量收集或干清粪收集，先选择适宜的固液分离机对含水率＞ 80% 的畜禽粪污进行固液分离预处理。再选择适宜的破碎设备，对包括秸秆、锯末、菌糠等辅料进行适当粉碎，粉碎后粒径应＜ 5cm。然后按照指导配方的要求，利用铲车或传送带将有机固体废物运输至混匀设备，进行充分混匀，调节物料的初始含水率和碳氮比，并保证必要的孔隙度，便于微生物好氧发酵。混匀后的堆肥物料含水率在 55% ～ 65%，碳氮比应控制在（20∶1）～（40∶1）。通常可以用手进行含水率的检测，即将物料抓在手中，不断握紧，形成团状物，并且手指缝隙间没有水分滴出，松开手后立即散开。

（二）建堆和覆膜

通过铲车将事先混合好的物料转运到发酵场所，并按照梯形进行建堆。一般来讲，堆体上部宽度不少于底部宽度的2/3，堆体高度一般为1.5～1.8m。同时，建堆时物料应均匀、松散，且不得建成三角形堆体，并保证堆体物料孔隙度和含水量均匀。

建堆完成后，利用覆膜机将功能性纳米气流膜完全覆盖在堆体上，利用压边袋压实气流膜的边缘部分，防止气体逸散。利用通风管道向堆体输送氧气，当膜处于紧绷鼓起时即为不漏气状态。膜下压力应超过标准大气压200Pa以上，且维持时长占比应大于全发酵周期的60%以上。当进入堆肥后期，堆体无明显臭味时，可以根据发酵情况进行适当放气，但需始终保持膜处于紧绷状态。

（三）一次覆膜发酵

一次覆膜发酵过程主要包括升温期、高温期和降温期。在发酵过程中，需要在堆体平面中部插入1个氧气浓度探头，并在堆体两端分别插入1个温度传感器，深度设置一般为80～100cm。将传感器与智能化控制系统连接，自动执行运行程序。

在发酵过程中，首先要做好温度控制。通常在发酵过程中膜内表面会形成“微正压”，有利于堆体温度和氧气浓度的提高，从而促进堆体快速发酵。当温度和氧气浓度等堆肥参数达到设定标准后，自动控制系统发出指令，停止曝气风机运转。发酵温度一般控制在55～70℃之间，持续时间不少于5d，以便堆肥物料充分腐熟。当堆体温度过低时，自动控制系统将启动曝气风机向堆体通入热风进行加热。其次，需要将堆肥初始物料的含水率控制在50%～60%。最后，要做好氧气浓度控制，利用强制通风系统使得堆体内部的氧气浓度保持在10%～15%，并且需要根据堆体发酵的耗氧速率，及时调整通风强度和频率，通风量一般设置为0.05～0.20m^3/min。

（四）揭膜与二次发酵

当堆体温度下降到40℃以下时，且物料为褐色或灰褐色、疏松、无臭味时，即可揭膜。为了进一步提升堆肥产物的腐熟程度，需要利用铲车将一次发酵的物料转移至陈化车间，完成二次发酵，堆置时间设置为15～30d，中间每隔10d进行一次翻堆。发酵结束时，腐熟堆肥的颜色为褐色且疏松程度高、无任何异味和机械杂质，含水率保证在30%以下即可。

（五）后续处理与利用

将生产出的腐熟堆肥进行粉碎、筛分和深加工等处理后，散装或装袋存放于避雨的地方，最后可以作为商品肥料进行售卖。

二、气流膜堆肥微生物响应及气体减排效果

气流膜堆肥过程中的气体产排与微生物生命活动息息相关。然而，堆肥过程中的微生物

对外部环境变化很敏感，堆体温度、含水率和物料性质等理化特性的改变对整个堆肥过程中微生物的多样性和群落组成有着直接的影响。因此，气流膜覆盖后产生的“微正压”状态，以及随着堆肥温度的升高形成的膜内表面水层等一系列变化，对堆肥过程整体微生物的群落演替相比传统好氧堆肥表现出显著差异。

有研究证明，堆肥颗粒外层易被微生物降解的类多糖物质，在堆肥初期会优先被氧化并用于生化降解过程。而气流膜的覆盖将对堆肥颗粒中氧的分布产生影响，进而对堆体中微生物的降解和代谢活性造成影响。在微观层面，堆体内微生物群落的演替、数量动态变化及其相关活动中物质的转变往往反映了堆肥过程的特定变化。2023 年 Xiong 等首次发现覆膜后堆肥颗粒在微正压环境中好氧层被加宽，堆体中好氧微生物的代谢活性得到增强，改善了微生物对氨基酸、碳水化合物和羧酸的降解。

气流膜堆肥系统的气体减排效果在不同规模、操作条件和膜材料下表现不同，总结现有相关文献其减排效果及原理如表 7-4 所列。

表 7-4 气流膜堆肥不同气体减排效果及原理

气体种类	减排效果	减排原理
CH_4	59.00% ~ 99.38%	抑制产甲烷菌丰度
N_2O	31.88% ~ 98.74%	抑制反硝化菌丰度
NH_3	9.22% ~ 57.82%	水膜吸收

对于 NH_3 而言，通过气流膜堆肥技术，膜下的“微正压”会迫使氧气均匀地分散到堆肥物料的间隙中，从而增加堆体内的氧气传递效率。物料好氧分解的增加会促使好氧微生物将有机氮化合物分解为氨，最终促进 NH_3 的产生。然而，覆膜后堆体剧烈反应产生的热量使堆体内水分蒸发，并附着在膜材料内部形成水膜，NH_3 作为溶水能力较强的气体，在产生之后会被水膜吸收并在堆体降温后再次冷凝滴落回到堆体，可以减少 7.11% ～ 12.42% 的 NH_3 排放。

对于 CH_4 而言，主要归因于膜和膜下水层的双重阻隔作用，使得 CH_4 难以逸出。此外，气流膜堆肥技术使堆体产生了超高温环境，来抑制产甲烷相关的功能基因的丰度和参与产甲烷过程的产甲烷菌的丰度，进而减少 CH_4 的排放。

对于 N_2O 而言，好氧堆肥过程中 N_2O 的产生与排放规律及其微生物学机理研究目前仍是一个研究热点，其微生物学机理还不够明晰，N_2O 的产排过程中想要实现较好的减排效果仍然无法提出系统的减排措施。因此，在该背景下气流膜好氧堆肥处理作为一种优异的 N_2O 减排技术，其具体减排机制同样需要深入研究。目前相关研究证明气流膜堆肥技术产生的“微正压”环境改善了堆体有氧条件，提高了氧气利用率和温度，进而下调了与 N_2O 排放相关的反硝化基因的丰度，因此推测气流膜堆肥技术可以通过抑制反硝化作用来减排 N_2O。

三、气流膜堆肥设备设施

（一）覆膜装备与系统

气流膜堆肥工艺的覆膜方式主要分为人工覆膜和机械覆膜两种。其中，机械覆膜一般采用卷膜机，卷膜机类型多样，主要包括全自动自走式卷覆膜机、牵引式卷膜机以及壁挂式卷膜机等。

自走式卷覆膜机（图 7-8）主要由平台架、支撑架、斜撑、三角护栏结构、卷轴、自走驱动系统、收卷系统和电控系统组成，卷轴两端分别通过带座轴承与支撑架连接，自走驱动系统与支撑架下端连接，收卷系统与支撑架连接，电控系统与三角护栏结构中部连接，实现了自动启停。自走式卷膜机可对多个堆体进行卷膜作业，大大降低了劳动强度；也可实现单个堆体的覆膜作业和压膜密封，大大降低了劳动强度（参考专利：CN 215327794U）。

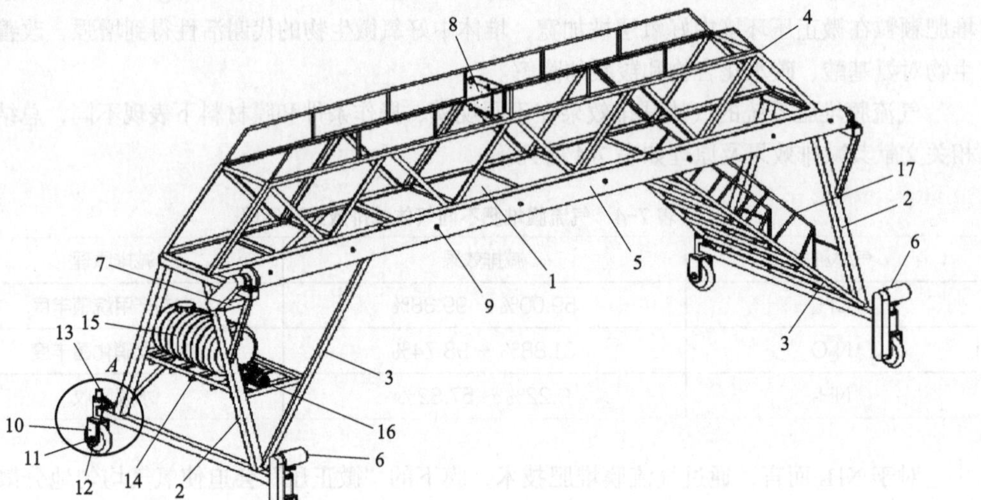

图 7-8　自走式覆膜机

1—平台架；2—支撑架；3—斜撑；4—三角护栏结构；5—卷轴；6—自走驱动系统；7—收卷系统；8—电控系统；9—挂接结构；10—轮座；11—轮轴；12—铰接座；13—锁止杆；14—水箱承托架；15—水箱；16—水泵；17—梯子

牵引式卷覆膜机（图 7-9）包括动力行走装置、平台架和卷覆机构，动力行走装置通过悬挂系统与平台架连接，平台架上设有减速箱，减速箱的输入轴通过万向联轴器与动力行走装置的动力输出端连接；卷覆机构包括支撑架、横梁和卷轴，支撑架与平台架上端紧固连接，卷轴一端通过带座轴承与支撑架上端连接，卷轴上设有至少一排挂接结构，减速箱的输出轴通过联轴器与卷轴连接。牵引式卷膜机不仅可对多个堆体进行卷膜作业，也可以对单个堆体进行覆膜作业，大大降低了膜覆盖好氧堆肥技术模式在覆膜、卷膜过程中的劳动强度（参考专利：CN 213506626U）。

壁挂式卷膜机（图 7-10）包括机架、行走机构和卷膜机构，行走机构包括主动行走组件、从动行走组件和侧壁行走组件，主动行走组件和从动行走组件分别设置于机架底部的两端，主动行走组件包括第一行走轮、行走驱动部件和两个第一侧壁轮，从动行走组件包括第二行走轮和两个第二侧壁轮，侧壁行走组件安装于机架下部的一侧，用于设置于墙体一侧的支撑导轨上；卷膜机构包括卷膜支架、卷膜轴和卷膜驱动部件，卷膜支架设置于机架上部，卷膜轴的两端转动安装于卷膜支架上。壁挂式卷膜机可达到一机多用的效果，节省成本，提高工作效率，有效延长膜的使用寿命（参考专利：CN 214733067U）。

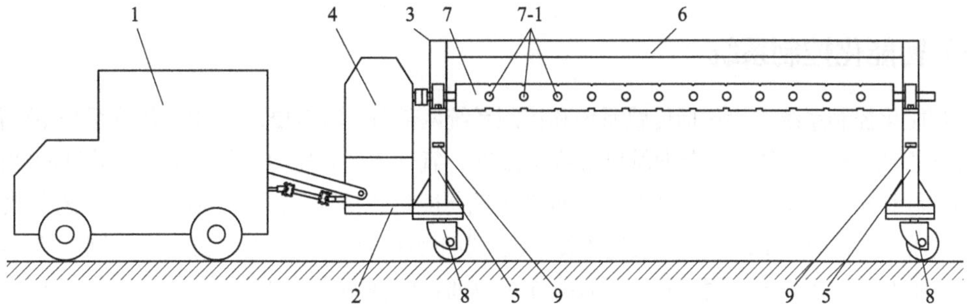

图 7-9 牵引式卷覆膜机

1—动力行走装置；2—平台架；3—卷覆机构；4—减速箱；5—支撑架；6—横梁；7—卷轴；7-1—挂接结构；8—万向轮；9—扣环

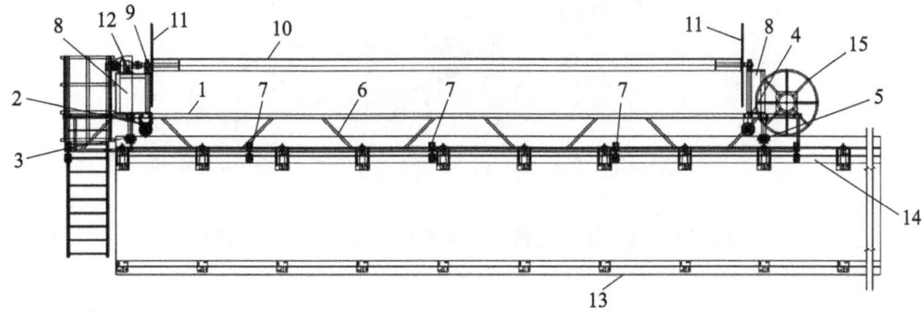

图 7-10 壁挂式卷膜机

1—机架；2—第一行走轮；3—第一侧壁轮；4—第二行走轮；5—第二侧壁轮；6—连接支架；7—侧壁行走轮；8—安装支架；9—轴承座；10—卷膜轴；11—卷膜轴挡圈；12—卷膜电机；13—墙体；14—支撑导轨；15—卷线器

目前，国内已有公司将翻堆机与覆膜机功能进行组装结合，开发出集翻抛、卷膜一体化的大型堆肥配套设备，解决了覆膜堆肥过程翻堆困难的问题。在完成覆膜之后，需采用重物压实封边或采用“绳索＋卡扣”固定的方式进行密封，使得堆体与外界隔绝，防止污染气体逸散。

（二）强制通风系统

强制通风系统主要由鼓风机和输送空气的通风管道组成（图 7-11）。鼓风机一般采用离心式鼓风机，可以根据物料的特性选择合适的风量。通风管道则根据实地项目需求采用不同的管件，主要包括穿孔管路、混凝土曝气槽以及专用预埋式曝气管。鼓风机与通风管道相连，对发酵堆体进行通风供氧，保障有机固体废物好氧发酵过程微生物的生命活动。

(a) 鼓风机　　(b) 通风管道

图 7-11 鼓风机和通风管道

（三）智能化控制系统

智能化控制系统主要包括传感系统和控制系统两部分（图 7-12）。其中，传感系统主要依托于插入式传感器，以便实时获取堆肥过程中温度、氧气浓度和压力以及水分含量等堆肥特征指标；控制系统是根据传感系统获取的参数来实现智能化、精准化调控好氧堆肥的工艺参数（包括曝气强度、翻堆频率以及堆肥周期等），以达到堆肥快速腐熟的目的。此外，控制系统一般还分为一体可移动式和分体固定式，并且操作可以通过电脑端或手机端实现，可操作性极强。

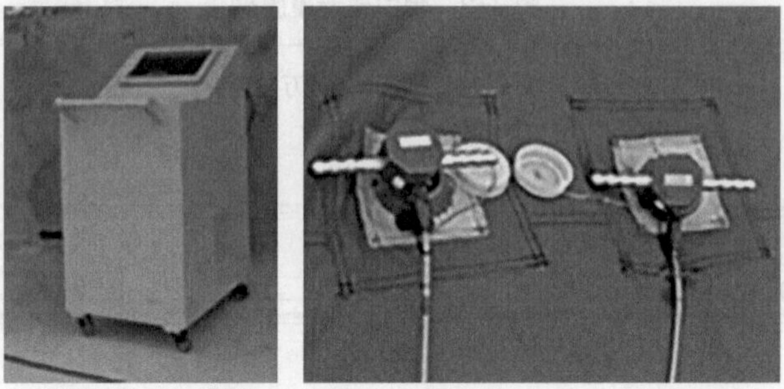

图 7-12　气流膜堆肥智能控制系统（孙晓曦等，2018）

四、气流膜堆肥工艺效益分析

作为有机固体废物的新兴处理方法，气流膜堆肥技术展现出了显著的经济优势。本节详细分析了该技术的经济效益，目的是介绍其在投资运营方面的潜在价值及长远影响。

在畜禽养殖行业，处理畜禽粪便一直是一个重要的环节。市面上常见的处理方式往往需要建设大型厂房、购置昂贵设备，导致初始投资成本高昂。相比之下，气流膜堆肥技术以其独特优势，显著降低了初期投资成本。气流膜堆肥技术不需要建设大型厂房，仅需基本的场地硬化和设备安装，极大地削减了土地购置和建筑的开支。此外，该技术采用的设备较为简单，模块化设计使得安装和维护更加便捷，进一步降低了初始投资。气流膜堆肥技术的高效和节能特性，在运营过程中也能显著降低企业的成本。这种成本的优化不仅减轻了企业的经济压力，还为项目的快速启动和运营提供了坚固保障，使得气流膜堆肥技术在畜禽养殖行业中具有较高的竞争力。基于气流膜堆肥技术的模块化设计理念，采用先进的预制结构，地面硬化成本及设备安装成本均实现最优化。表 7-5 提供了不同堆肥工艺在初始投资成本方面的对比，更清晰地展示了气流膜堆肥技术的经济效益。

表 7-5　不同堆肥工艺初始投资成本项比较

工艺	基建项	设备项	成本
传统槽式堆肥	土地；厂房建设；发酵槽建设	包括搅拌翻抛设备和通风设备等	较高，搅拌翻抛设备投入成本较高
反应器堆肥	土地；厂房建设；罐体购置	包括罐体、搅拌设备、通风设备等	较高，发酵罐体本身投入较高
气流膜堆肥	地面硬化；设备安装；膜	通风设备	较低，膜较经济实惠且可以重复利用

在运营成本方面，气流膜堆肥技术也表现出显著的优势。与连续且强制通风堆肥模式相比，气流膜堆肥的通气量大幅减少，从而显著降低了能耗。据实际运行数据，每处理1t畜禽粪便的电力成本仅为其他技术的50%～75%。这种能耗的大幅降低不仅帮助企业节省了大量的能源费用，同时也增强了企业的盈利能力。此外，气流膜堆肥设备的维护成本也较低，设备结构简洁、易于维护的特点以及较长的使用寿命使得企业可以减少对专业维护人员的依赖，进一步降低运营成本。同时该技术的操作简单、管理容易，大大减少了人力成本和管理复杂性，提升了运营效率。运营成本的降低和运营效率的提高，使得气流膜堆肥技术在畜禽粪便处理领域具有更高的性价比和竞争力。这不仅为企业带来了显著的经济收益，也开辟了更多的发展机遇。表7-6提供了气流膜堆肥与其他堆肥工艺在运营成本方面的对比，以便更清晰地展示其经济效益。

表7-6 不同堆肥工艺运营成本项比较

工艺	能源消耗和修理维护	成本
传统槽式堆肥	搅拌翻抛设备；通风装置	较高，搅拌翻抛设备投入能耗成本较高，尤其是维护修理方面
反应器堆肥	罐体搅拌设备；通风装置	较高，罐体及设备的检修、更换易损件等
气流膜堆肥	通风装置	较低，根据设备状况及维修频率而定，膜一般不会损坏且还可以重复利用

经过对相关文献及数据的深入调研，现将传统槽式堆肥、气流膜堆肥和反应器堆肥（筒仓式）三种工艺的具体投资成本、处理成本及其优缺点整合如表7-7所列。从投资成本来看，气流膜堆肥工艺的投资成本最低，远低于筒仓反应器堆肥和传统槽式堆肥。从处理成本来看，气流膜堆肥工艺同样表现优异，其处理成本在80～100元/t之间，远低于筒仓反应器堆肥和传统槽式堆肥。从能耗方面来看，虽然筒仓反应器堆肥的能耗范围较高（189.4～281.2kW・h/d），但传统槽式堆肥和气流膜堆肥工艺的能耗均较低，其中气流膜堆肥工艺的能耗最低，仅为17.6～66kW・h/d。较低的能耗意味着更低的运营成本和对环境更小的影响，这也是气流膜堆肥工艺在经济性方面的又一优势。

表7-7 不同堆肥工艺运营成本项比较

项目	筒仓反应器堆肥	传统槽式堆肥	气流膜堆肥
投资成本	高（20t/d，885万元）	较高（20t/d，780万元）	低（20t/d，120万元）
处理成本	180～220元/t	120～150元/t	80～100元/t
能耗	189.4～281.2kW・h/d	26～70kW・h/d	17.6～66kW・h/d
堆肥时间	7～10d	20d左右	15～20d

资料来源：北京沃土生物科技集团股份有限公司、中机华丰（北京）科技有限公司（筒仓反应器）；黄红英等，江苏农业科学，2006（槽式）；大北农集团玉田养猪场、青岛中海环境工程有限公司（气流膜）。

从长远来看，气流膜堆肥技术展现出巨大的市场潜力和经济效益。随着环保政策的不断深化和农业生产的持续发展，对有机肥料的需求将持续增长。同时，该技术还具有较好的可复制性和推广性，可以在不同地区和不同规模的养殖场得到广泛应用。为了充分发挥气流膜堆肥技术的经济效益和市场潜力，需要制定科学合理的战略规划，应持续加强技术研发和创新，提高技术效率和性能，拓展市场渠道和销售渠道，加强与农业生产的连接。

第五节　气流膜堆肥应用

一、国外气流膜堆肥建设情况

美国加利福尼亚州洛杉矶卫生区 Westlake Farms 堆肥项目是世界上规模最大的覆膜堆肥项目，占地面积约 1200 亩（$80hm^2$），项目总设计年处理能力为 100 万吨，其中包括 50 万吨污泥和 50 万吨园林废弃物。项目共分成五期进行建设，第一期已于 2013 年试运行投产，设计年处理能力为 50 万吨。该项目采用 UTV GORE® 膜覆盖高温好氧堆肥处理系统，以污泥为主料，并与粉碎后的园林废弃物进行混合，通过铲车堆置成长 50m、宽 8m、高约 3.5m 的堆体，每堆槽铺设 2 根氧气通风管道。然后将膜覆盖在堆体表面，并进行压实，防止气体逸散。发酵总时长为 8 周，包括一次发酵 4 周、二次发酵 2 周、陈化腐熟 2 周。该项目从 2010 年开始立项，在项目前期验证阶段，当地相关审查监管部门对整个系统进行了一系列的验证性试验，试验结果和数据表明膜覆盖系统的性能与当地物料条件相结合符合 VOCs排放控制的限制性规则，和美国 TMECC-2002 堆肥产品质量标准。

二、国内气流膜堆肥建设情况

（一）上海朱家角脱水污泥应急工程膜堆肥项目

上海朱家角脱水污泥应急工程是我国最早采用气流膜覆盖堆肥工艺进行污泥处理的项目（图 7-13）。该项目位于上海青浦区污水处理厂的厂区内部，于 2010 年 8 开始建设，2010 年 12 月底建成投入使用，总占地面积约 $6.67hm^2$，处理规模 100t/d，该工程总投资 1200 万元，运行成本 150 元 /t，最终处置方式为土地利用。污泥经过膜堆肥技术处理后用于土地利用。

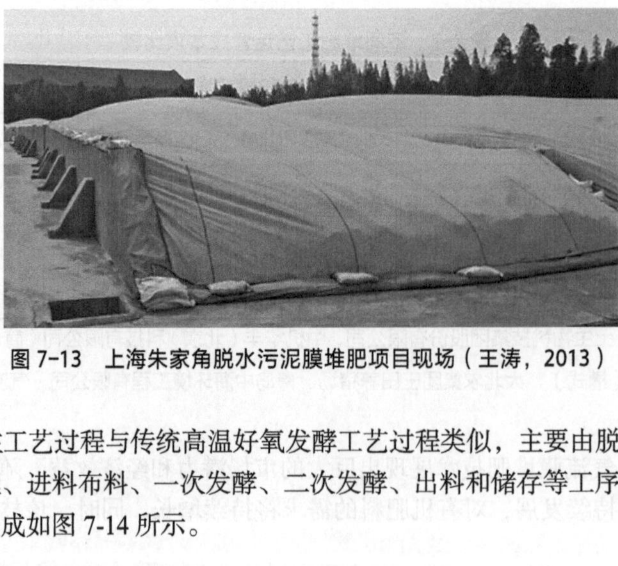

图 7-13　上海朱家角脱水污泥膜堆肥项目现场（王涛，2013）

该项目技术主工艺过程与传统高温好氧发酵工艺过程类似，主要由脱水污泥和辅料的收集、储存、预处理、进料布料、一次发酵、二次发酵、出料和储存等工序组成。该系统的好氧发酵核心系统组成如图 7-14 所示。

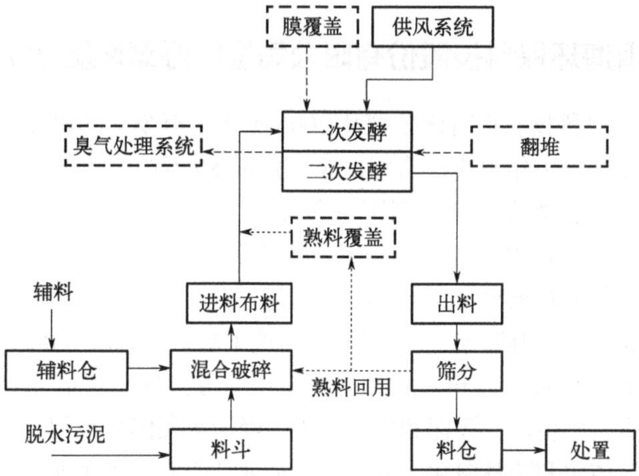

图 7-14 上海朱家角脱水污泥膜堆肥项目工艺流程

（二）内蒙古巴彦淖尔市有机肥厂“膜堆肥技术”促畜禽粪污处理案例

中农创达（北京）环保科技有限公司在巴彦淖尔市郊区的有机肥厂，引入了中国农业科学院农业环境与可持续发展研究所的膜堆肥技术，采用了 3 座长槽型橙色覆膜条垛式堆肥系统，并配备了 CAC 膜式堆肥机，解决了臭气外溢和发酵速度慢的问题。粪污经过固液分离后，将固体粪便、秸秆和尾菜与沼渣一起进行膜式堆肥发酵，产生高品质的有机肥料，一部分用于牛床垫料，其余用于还田，实现了资源循环利用。该项目工艺流程（图 7-15）主要包括对畜禽粪污进行预处理，添加辅料和微生物腐熟菌剂，然后建堆并用 CAC 功能膜覆盖形成微正压的“人工气候箱”，通过智能控制系统调控通风供氧，实现微生物高温发酵。CAC 膜式堆肥机使发酵周期缩短至 15 ～ 20d，生产的有机肥料效果显著，市场反响良好。将畜禽粪污经过合适的技术设备处理，可以转化为肥料。CAC 膜式堆肥机具有环保无臭、投资少、运行成本低、发酵周期短、腐熟品质高、能耗低、适应能力强等优点，成为规模化畜禽养殖场和粪污处理中心的首选。

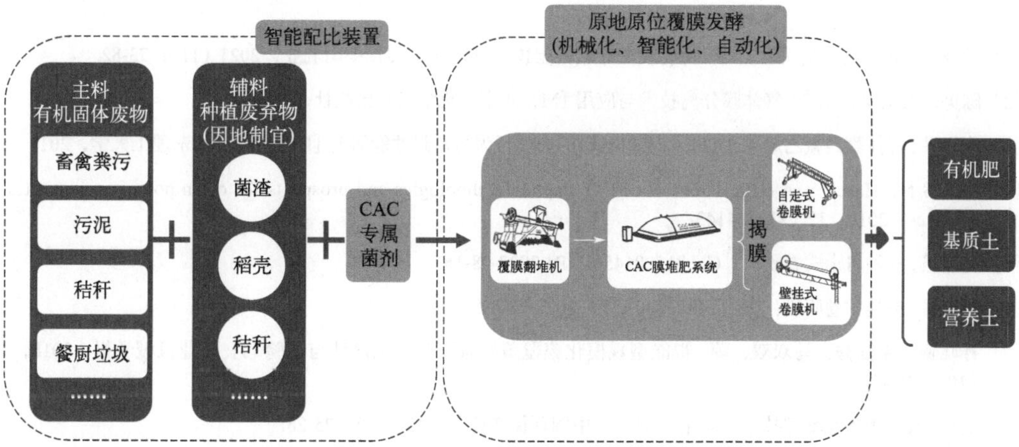

图 7-15 CAC 膜式堆肥技术工艺流程

（三）云南顺丰洱海环保科技股份有限公司覆膜好氧堆肥案例

云南顺丰洱海环保科技股份有限公司从 2005 年成立至今，已累计收集处理洱海流域各类有机废物近 280 万吨，一年可生产有机肥系列产品 80 万吨、生物天然气 3000 万立方米，被评为中国第一大“绿色粪坑”。有机肥厂主要处理工艺采用膜式好氧发酵，将发酵主辅料混合后堆成条垛形，表面铺设一层高分子气流膜遮盖物进行通风好氧发酵（图 7-16）。同时探索创新出洱海流域各类有机废物收集回收全覆盖、全处理的运行机制，构建废弃物资源化综合利用的全产业链“顺丰洱海模式”。该模式实现了整个洱海流域畜禽粪污、农作物秸秆、枯死水草、污泥、餐厨垃圾等有机废物全收集利用。畜禽粪污和秸秆等采用气流膜堆肥进行处理，用于农用有机肥生产；污泥和餐厨垃圾等经厌氧发酵生产沼气、沼液和沼渣，分别用于生物天然气、液体肥和园林绿化土的生产。造就“政府服务企业、企业主动担当、治污保护生态、生态反哺发展”的“顺丰洱海模式”，让洱海流域呈现出“生态向好、生活向上、发展向前”的良好态势。

(a) (b)

图 7-16　云南顺丰洱海环保科技股份有限公司覆膜好氧堆肥现场

参考文献

[1] 孙晓曦，黄光群，何雪琴，等．功能膜法好氧堆肥技术研究进展［J］. 中国乳业，2021（11）：73-82.

[2] 陈勇，王从厚，吴鸣．气体膜分离技术与应用［M］. 北京：化学工业出版社，2004.

[3] 张雨果．膨体聚四氟乙烯（ePTFE）密封材料的力学行为与密封性能研究［D］. 上海：华东理工大学，2014.

[4] Sifat S N，Haseli Y. A critical review of CO_2 capture technologies and prospects for clean power generation[J]. Energies，2019，12（21）：4143.

[5] 马瑞强．一种自走式卷膜机：CN 217201456U[P].2022-08-16.

[6] 马瑞强．壁挂式卷膜机：CN 114873330A[P]. 2022-08-09.

[7] 孙晓曦，崔儒秀，马双双，等．智能型规模化膜覆盖好氧堆肥系统设计与试验［J］. 农业机械学报，2018，49（10）：356-362.

[8] 王涛．膜覆盖条垛堆肥技术与应用案例［J］. 中国环保产业，2013（12）：25-28.

[9] 杨丽楠，李昂，袁春燕，等．半透膜覆盖好氧堆肥技术应用现状综述［J］. 环境科学学报，2020，40（10）：3559-3564.

[10] Fang C，Yin H，Han L，et al. Effects of semi-permeable membrane covering coupled with intermittent aeration on gas emissions during aerobic composting from the solid fraction of dairy manure at industrial scale [J]. Waste Manage，2021，131：1-9.

[11] 王爱兵，朱小云 . 膨体聚四氟乙烯微孔层压织物及其用途 [J]. 纺织科技进展，2009（2）：15-16.

[12] 博创科为（北京）科技有限公司 . 一种自走式卷覆膜机：CN 202121510479.5[P].2021-07-05.

[13] 博创科为（北京）科技有限公司 . 一种牵引式卷覆模机：CN 202022264643.0[P].2020-10-13.

[14] 中农创达（北京）环保科技有限公司 . 壁挂式卷膜机：CN 202120335142.9[P].2021-02-05.

[15] 黄红英，常志州，马艳，等 . 两种翻料方式对禽畜粪便槽式发酵效率的影响 [J]. 江苏农业科学，2006（2）：135-138.

[16] Xiong J，Zhuo Q，Shi Z，et al. Multivariate and multiscale investigation of ammonia production and emission mechanisms during membrane-covered cattle manure/wheat straw aerobic composting[J]. Chemical Engineering Journal，2023，478：147511.

第八章　堆肥设备与维护

第一节 预处理设备

堆肥原料来源复杂，品种繁多，物理构成和化学组成时空变异大，粒径、水分、密度、碳氮比等特性参数各不相同、千差万别。为了满足合理的堆肥初始条件、形成稳定的发酵节拍，进而适应大规模工业化生产，通常需对原料进行预处理，从而构建具有相对优化的碳氮比、水分、孔隙率等工艺参数的发酵堆体。预处理设备主要包括固液分离设备、粉碎设备、上料设备和配料混合设备等。

一、螺旋挤压式固液分离机

固液分离设备主要分为筛网式、离心式和压滤式三大类。筛网式固液分离机都包含一个特制的筛板或筛网，它只允许比开孔尺寸小的固体物质通过。离心式固液分离机通常采用离心分离筛或水力旋流器，利用料流在其内高速旋转产生的离心力将悬浮颗粒沉降，进而达到将固体和液体分离的目的。压滤式固液分离机一般包括带式压滤机、筛网压辊式固液分离机和螺旋挤压式固液分离机三种类型，堆肥工程中常用后者。

1. 工作原理

图 8-1 所示为 KP 系列螺旋挤压式固液分离机，由减速电机、进料口、断续螺旋、阻料齿、条状楔形筛网、环隙出料装置、液体收集口和机架组成。进入分离机的固液混合物，在断续螺旋的挤压推进下，液体部分从筛网排出，通过液体收集口被回收；而停留在筛网上的固体被断续螺旋向前推送、脱水，随后从环隙出料装置排出，进入下游堆肥加工工段或直接成为产品。

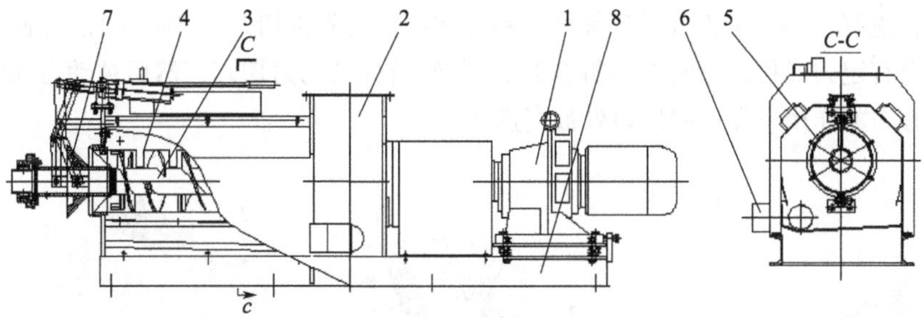

图 8-1 KP-250 螺旋挤压式固液分离机

1—减速电机；2—进料口；3—断续螺旋；4—阻料齿；5—条状楔形筛网；6—液体收集口；7—环隙出料装置；8—机架

2. 性能特点

① 两端有支撑的转子结构，避免螺旋轴摆动，有效保护筛网；

② 外设重型抗推力轴承，减速机不承受轴向载荷，有效提高减速机寿命；

③ 断续螺旋叶片处形成的物料积聚，在筛网内部产生多处“软挤压”区，可加工多种黏滑的物料；

④ 由于多处“软挤压”区的封堵作用，在喂料量和黏稠度发生变化时，湿物料不易从干物料口卸出；

⑤ 阻料齿既能避免物料同轴一起旋转，又能对物料进行搅拌，显著提高物料与筛网的接触机会，提高脱水效果；

⑥ 条状楔形筛网取代薄板冲孔筛，显著提高筛网强度与刚度；

⑦ 螺旋叶片上的清扫机构，配合具有自清特性的条状楔形筛网，可有效降低筛网堵塞；

⑧ 入口处的切绳机构，可切割物料中的长纤维，减少缠绕堵机；

⑨ 环隙出料装置，便于调整出料口面积，进而任意调整脱水率；

⑩ 对开式筛网取代圆筒筛，便于装拆和维修保养。

该分离机可用于不同物料的脱水处理，特别适于分离含水率为 80% ～ 98% 的各种固液混合物，如海藻、纸浆、污泥、沼渣、各种畜禽粪便等；产品含固率可达 30% ～ 40%，是养殖场、污水处理厂、造纸厂、糖厂、沼气厂、有机肥厂的理想选择。

二、原料粉碎机

C/N 值和孔隙率是堆肥加工的一对极其重要的工艺参数，工厂化堆肥实践中往往需要将碳素原料粉碎到合适的粒径加入堆体；而大部分堆肥碳素原料来源于农业、林业以及园林废弃物，以作物秸秆和残枝树叶居多。与此相应，粉碎机应具备同时粉碎作物秸秆和残枝树叶的功能。常用的机型包括卧式和立式两种结构，前者适于小规模生产，大规模批量生产通常选择造价较高的后者。

（一）卧式粉碎机

1. 工作原理

图 8-2 所示为一种卧式粉碎机，图 8-2（a）为其外形，图 8-2（b）为粉碎室，而图 8-2（c）为可供选择的不同定刀或粉碎筛网。粉碎室内包含附带切刀 1 和动刀 2 的高速旋转转子，转子外部设有定刀或粉碎筛网 3。轴向喂入的物料首先被切刀切碎，然后被动刀和定刀击碎，最后在离心力的作用下在切向出口处被高速抛出。

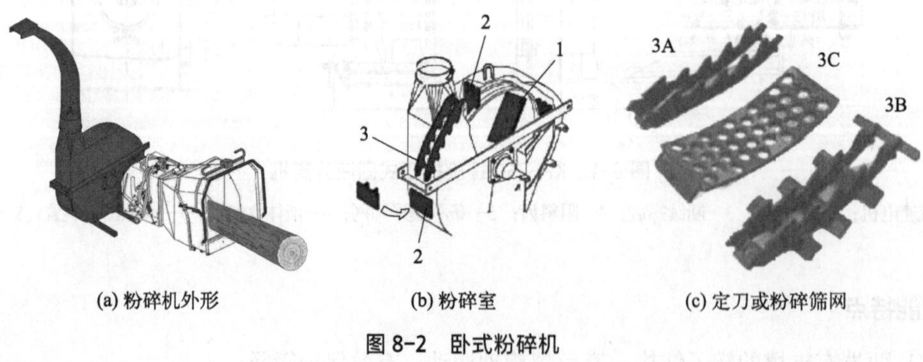

(a) 粉碎机外形　(b) 粉碎室　(c) 定刀或粉碎筛网

图 8-2　卧式粉碎机

2. 性能特点

① 具有初级切碎功能，原料适应性广；

② 定刀或粉碎筛网有 3A、3B 和 3C 三种配置；

③ 动力源可选用拖拉机或电机。

④ 限于转子直径，轴向喂料通道一般较小，对于疏松原料，通常喂料困难、生产率受限。

（二）立式转筒粉碎机

1. 工作原理

针对卧式粉碎机轴向喂料困难的缺点，立式转筒粉碎机应运而生。其机型分为固定式和移动式，固定式通常以电动机为动力源，移动式包括拖拉机牵引式及自带发动机的自走式。但无论何种机型，其核心工作部件都如图 8-3 所示，主要包括上料装置和粉碎装置，粉碎装置包括上部的锥形旋转喂料竖桶、中间的锤片粉碎机以及下部的出料螺旋。大型机具通常还设有行走装置和输送装置。

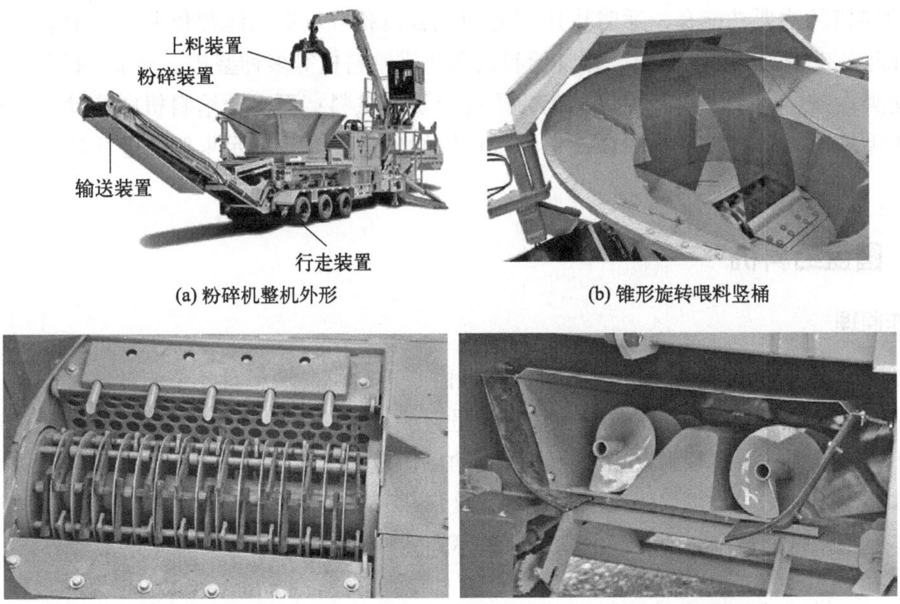

(a) 粉碎机整机外形　(b) 锥形旋转喂料竖桶

(c) 锤片粉碎机　(d) 下部出料螺旋

图 8-3　立式转筒粉碎机

工作时，电机或液压马达通过链轮链条传动装置驱动喂料竖桶旋转，物料经上料装置送入锥形旋转喂料竖桶后，喂入下部锤片粉碎机，经粉碎机内部高速旋转锤片的击打后破碎；粉碎后物料从筛孔排出，经下部出料螺旋送出粉碎机，随后被外部的输送装置送到堆放处或后续工段。

由于立式转筒粉碎机通常较高，喂料转筒通常可以在液压油缸推动下自动翻转，以清理内部积料；一些比较先进的机型，控制系统还可以根据粉碎机的负荷，自动调节喂料竖桶转速，从而控制锤片粉碎机的喂料量，使其始终保持在最佳工作状态。

2. 性能特点

① 相比传统的卧式粉碎机，立式转筒粉碎机通常需配备上料设备；

② 锥形旋转喂料竖桶开口面积大，适于接收作物秸秆等疏松碳素原料；

③ 旋转喂料竖桶可避免物料结拱、堵塞，有效提高粉碎机喂料效率；

④ 喂料转筒通常可以自动翻转，便于在作业后清理内部积料；

⑤ 粉碎机进料口通常设有返料挡板，避免粉碎室内物料向外飞溅；

⑥ 原料适应性广，通过更换粉碎筛网，产品粒径可调；

⑦ 动力源可选用电机、拖拉机或发动机，产品动力范围广、机具品种多；

⑧ 锤片粉碎机转子为高速旋转部件，更换转子上的锤片时，要几组锤片同时更换以保持转子平衡，否则会产生剧烈振动，损坏轴承和其他零件；

⑨ 粉碎机锤片的四个角可以轮换使用，但要几组锤片同时调换；

⑩ 适于大规模堆肥工程。

三、给料机

给料机的主要功能是，适时按比例为预混合设备或堆肥系统提供所需的原料，包括叉车、抓斗、皮带、圆盘给料机、振动给料机和步进给料机等多种型式。叉车、抓斗和皮带属于输送类设备，适于为具有称量功能的预混合设备供料；而多台给料机联合使用，通常可在为大型堆肥发酵系统或预混合设备实现连续给料的同时，满足堆肥作业所需的配料精度要求。

（一）圆盘给料机

1. 工作原理

DF 系列圆盘给料机如图 8-4 所示，一般由减速电机、喂料盘、节流环、接料斗、出料口和机架组成，其生产率通常与喂料盘直径呈直接正相关。工作时，料仓或供料系统送来的原料进入接料斗停留在喂料盘表面，设备启动后，减速电机带动喂料盘高速旋转，物料在离心力作用下，被切向抛出后落入下游设备；接料斗和喂料盘之间通常设有一个由螺栓调节的节流环，用户可通过调整节流环的高度调整不同物料的给料量。

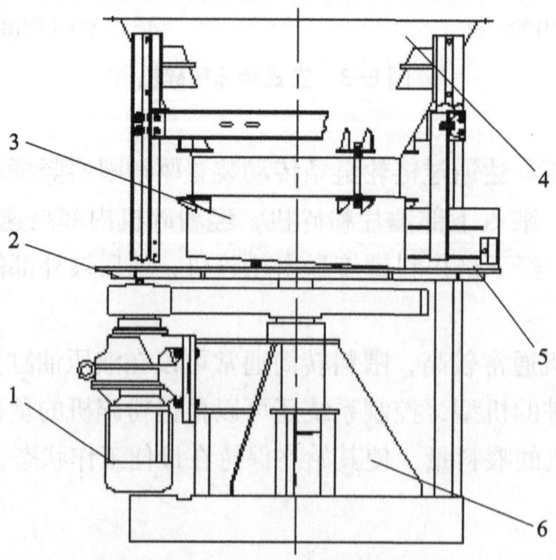

图 8-4　DF 系列圆盘给料机

1—减速电机；2—喂料盘；3—节流环；4—接料斗；5—出料口；6—机架

在离心力作用下，接料斗内各处物料始终处于运动状态，物料不易结拱；但转速太大会造成无谓的能耗和设备磨损。

2. 性能特点

① 结构简单、不易结拱，原料适应范围广；

② 接料斗开口较大，便于接收不同输送设备送来的物料；

③ 物料在绕中心轴转动的同时靠自重下落，运动幅度较小，能耗较低；

④ 依靠离心力工作，对于密度均匀、粒径稳定的物料，给料精度较高；

⑤ 给料量调节范围大，物料破损率低。

（二）步进给料机

1. 工作原理

步进给料机主要用于将物料从一个站点送至另一个站点，既可实现物料的自动循环送料，又可实现断料和计量等多种功能，在许多工业领域应用十分普遍。

堆肥工程中使用的步进给料机一般如图 8-5 所示，主要用于各类原料的接收暂存和均匀给料，通常安装在大型接料斗下方。工作时，给料机料仓底部的步进给料板在液压或机械装置驱动下间歇性地均匀前移，其上部物料在摩擦力作用下被移动至下一站的规定位置后，给料板返回，以此不断循环实现物料送给。为控制出料速度、实现均匀给料，许多步进给料机在料仓出料末端设有旋转卸料筒。

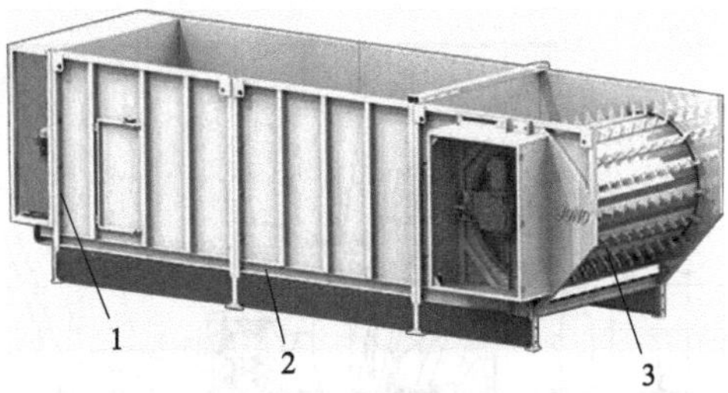

图 8-5　步进给料机

1—给料机料仓；2—步进给料板；3—旋转卸料筒

2. 性能特点

① 适于原料的接收、暂存和均匀给料；

② 进料斗开口大，能够接收大批量物料；

③ 可抵抗大批量卸料的冲击力。

④ 给料过程中物料频繁间歇性移动，能耗通常较高。

四、预混合设备

对于连续工业化堆肥生产而言，原料预混合非常有必要。堆肥是一个微生物过程，堆体内各处原料的碳氮比、粒径、水分、密度、pH 值等工艺参数，直接决定对应部位的微生物活跃程度。只有堆体内各处的上述物性参数保持一致，才能实现整个堆体各处都均匀发酵腐熟，进而确保按流程生产出稳定的产品。通过原料预混合，一方面可以创造均质的料堆；另一方面预混合过程中可以添加水分、各种调理剂和膨胀剂，使堆体原料的碳氮比、含水率、孔隙率、pH 值和密度分别达到（20 ～ 40）：1、40% ～ 60%、40% ～ 60%、5.5 ～ 8.5 和 550 ～ 850kg/m^3，从而为微生物扩繁创造理想的条件。常用的预混合设备分为连续式和批量式，前者通常为连续桨叶混合机（将在第三节制肥设备中介绍），后者包括立式和卧式两种机型。

（一）立式批量配料混合机

1. 工作原理

立式批量配料混合机如图 8-6 所示，它由混合机壳体、动力源、传动装置、卸料门、混合装置和计量控制装置组成。计量控制装置不仅具备称重计量功能，而且可以自动控制作业过程、贮存堆肥原料及其配方，实现简单的人机对话。混合装置一般包括一根或数根垂直安装的锥形螺旋。混合机壳体和锥形螺旋叶片上通常安装有定刀和动刀。工作时，首先启动混合机的锥形螺旋，随后给料装置按照配方分别向混合机壳体添加原料，若原料太干，还可加入液体调节水分含量；期间计量控制装置自动计量加入的原料重量，当某种原料的重量达到配方规定的数值时，系统给出信号，停止加料，然后转加配方中设定的另一种原料；在按照配方设定的顺序添加原料的同时，垂直螺旋将壳体底部的物料向上部输送，而锥形壳体上部的物料在重力作用下向壳体下部滑落，数分钟后经过几个循环，壳体内的所有物料达到充分混合，计量控制装置打开卸料门卸料后自动关闭料门，开始下一个循环。

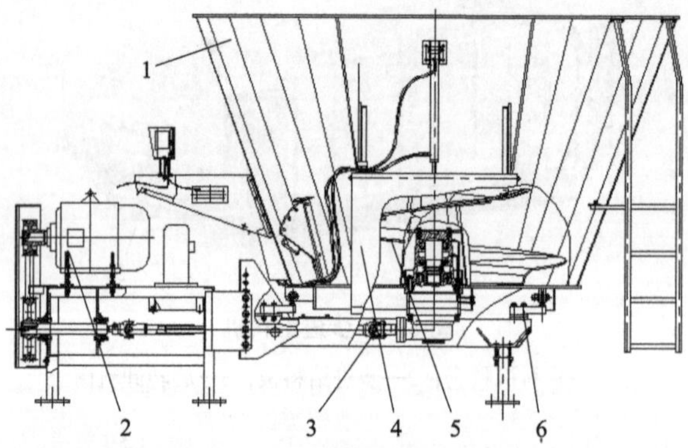

图 8-6 立式批量配料混合机

1—混合机壳体；2—动力源；3—传动装置；4—卸料门；5—混合装置；6—计量控制装置

2. 性能特点

① 投料点集中，占地面积小，集配料、混合于一体；

② 安装有定刀和动刀，能够混合纤维含量较多、流动性较差的物料；

③ 立式螺旋推送、侧门强制出料，不易出现物料黏结引发的卸料难题；

④ 采用高精度传感器称量，计量精度高；

⑤ 表头采用触摸按钮和液晶数字显示，操作直观方便；

⑥ 表头可自动控制作业过程，同时具备原料和配方贮存功能，能够实现简单的人机对话。

（二）卧式批量配料混合机

1. 工作原理

图 8-7 所示为卧式批量配料混合机，它同样由混合机壳体、动力源、传动装置、卸料门、混合装置和计量控制装置组成。混合装置包括一个安装于一侧的大型旋转拨轮，以及一对安装于另一侧的上下水平螺旋；混合机壳体上安装有定刀，拨轮和螺旋叶片上通常安装有动刀。工作时，启动混合装置后，给料装置根据计量控制装置的指示，按照配方逐一向混合机壳体添加原料；与此同时，拨轮推动物料做轴向运动，上下螺旋沿轴向正反向输送物料，从而使壳体内的物料得到充分混合；待所有原料按照配方设定的顺序添加完毕后，再经过数分钟搅拌，混合作业完成后，计量控制装置自动打开卸料门卸料，随后关闭料门，开始下一个循环。

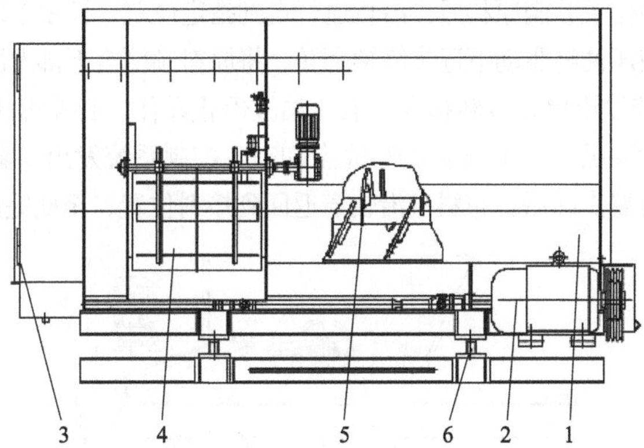

图 8-7　卧式批量配料混合机

1—混合机壳体；2—动力源；3—传动装置；4—卸料门；5—混合装置；6—计量控制装置

2. 性能特点

① 投料点集中，占地面积小，集配料、混合于一体；

② 安装有定刀和动刀，能够混合纤维含量较多、流动性较差的物料；

③ 采用大拨轮、双螺旋卧式结构，可使物料得到充分的翻转、剪切、揉搓和混合；

④ 采用高精度传感器称量，计量精度高；

⑤ 相比立式结构，对物料的水分、纯净度和均匀性要求较高；

⑥ 表头采用触摸按钮和液晶数字显示，操作直观方便；

⑦ 表头可自动控制作业过程，同时具备原料和配方贮存功能，能够实现简单的人机对话。

第二节　堆肥设备

为适应堆肥场规模的不断扩大和商业化经营的需要，人们根据原料来源、自然条件以及加工场地等基础条件，开发了一系列诸如条垛、槽式和容器堆肥工艺，相应地也产生了不同的布料设备、翻抛设备、曝气系统、筛分设备和各种堆肥反应器。

一、翻斗布料机

布料机的主要功能是将预混后的堆肥原料按照堆肥工艺要求，均匀分布在堆肥场所或发酵装置，包括铁锹、铲车、抓斗、翻斗布料机、布料皮带等多种型式，一些布料设备甚至具有添加液体调节水分的功能。

对于规模化条垛堆肥系统，人们通常采用铲车或抓斗等装载机，在往返运输原料的同时布料建堆。其优点是一机多用、设备投资少，缺点是存在空行程、效率低等问题。对于槽式堆肥系统和容器堆肥系统，由于上料地点比较固定，为了提高效率，人们通常采用翻斗布料机或布料皮带。

1. 工作原理

图 8-8 所示是翻斗布料机，它由行走系统、翻转料斗、液压翻转系统、控制系统和机架组成。工作时，布料机在接料位置装满原料后，沿轨道行走到指定位置，控制系统发出指令启动液压翻转系统，翻转料斗在液压油缸驱动下逐步绕轴翻转，将原料倾倒至下部发酵槽；当槽内料位达到指定高度时，控制系统发出停止翻转指令，液压油缸停止动作，料斗停止翻转，进而完成布料工作。当液压油缸推到终点时，料斗内物料完全卸空，控制系统发出反翻指令，液压油缸带动料斗返回到原始接料位置。随后，布料机沿轨道返回到接料位置，至此完成一个工作循环。

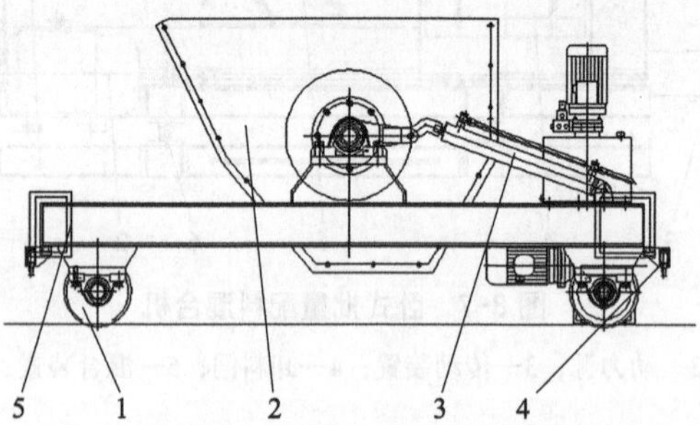

图 8-8 翻斗布料机

1—行走系统；2—翻转料斗；3—液压翻转系统；4—控制系统；5—机架

2. 性能特点

① 可实现远距离定点均匀布料，既可边行走边卸料，也可停机定点卸料；

② 可实现多种物料的分层铺撒，而且料层厚度可以调节；

③ 适于槽式堆肥作业，通过自动监控系统，可实现人机分离槽式堆肥；

④ 可通过移行车转移到其他发酵槽上，实现一机多用。

二、翻堆机

翻堆机是堆肥系统的核心设备，其功能是在为堆体曝气且让其散失水分的同时，进一步对原料进行破碎和混合。几乎所有的现代规模化堆肥场都离不开翻抛设备，事实上即使是容器堆肥系统，其容器内部也必然设有翻抛机构。翻堆机通常分为条垛翻堆机和槽式翻堆机，分别用于条垛和槽式两种堆肥工艺。为了适应不同原料的堆肥需求，人们针对翻抛部件做了大量工作，开发了多种翻抛机构，目前市场上常用的翻堆机包括桨叶翻堆机、滚筒翻堆机、链板翻堆机以及轮盘翻堆机等多种机型。

（一）桨叶翻堆机

1. 工作原理

桨叶翻堆机由控制柜、翻抛桨叶、翻抛驱动机构、液压提升机构、机盖、行走驱动机构和行走装置组成（如图 8-9 所示），主要用于槽式发酵条件下对料堆进行翻抛供氧和水分散失。工作时，翻堆机在行走装置支撑下坐落在发酵槽上方，在行走驱动机构的带动下于发酵槽轨道上缓慢行走；与此同时，翻抛驱动机构带动翻抛桨叶旋转，并对发酵槽内物料进行全幅翻抛作业，使物料与空气充分接触。当翻堆机需要跨越料堆时，液压提升机构可将翻抛桨叶及上罩抬至料层之上，使其避开物料以供机具通过；当翻抛结束后，桨叶及上罩被液压提升机构抬起，翻堆机快速返回原位。

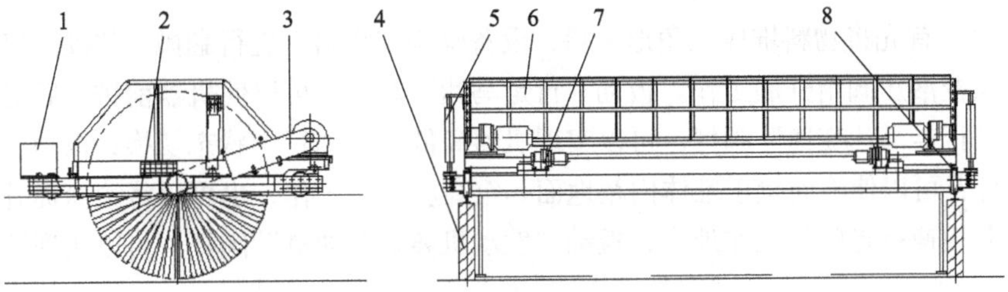

图 8-9　桨叶翻堆机

1—控制柜；2—翻抛桨叶；3—翻抛驱动机构；4—发酵槽；5—液压提升机构；6—机盖；7—行走驱动机构；8—行走装置

2. 性能特点

① 适于槽式堆肥作业，通过自动监控系统，可实现人机分离槽式堆肥；

② 可实现正反向翻抛作业，能够用于连续或批量发酵场合；

③ 行走速度可调，翻抛桨叶可以自动升降，便于根据负荷优化工作状态；

④ 对物料具有较强的破碎和搅拌功能；

⑤ 能够翻抛含有绳头和纤维含量较多的物料；

⑥ 物料抛送距离较远，水分散失功能强，适于翻抛潮湿物料；

⑦ 翻抛桨叶头部采用可拆换耐磨抗腐蚀材料制造，运行费用低；

⑧ 可通过移行车转移到其他发酵槽上，实现一机多用。

（二）滚筒翻堆机

1. 工作原理

图 8-10 所示是自走式滚筒翻堆机，它主要包含发动机、液压系统、传动系统、滚筒升降系统、履带行走系统、料铲和翻抛滚筒、机架等工作部件。发动机主动力通过皮带轮减速驱动翻抛滚筒旋转，另外一部分动力通过分动力箱输出驱动液压泵。液压泵、控制阀、滚筒升降油缸、柴油机离合油缸和行走履带驱动马达等组成液压回路系统，分别实现翻抛滚筒的升降、柴油机主动力与翻抛滚筒的离合（进而控制翻抛滚筒启停），以及设备的自走。

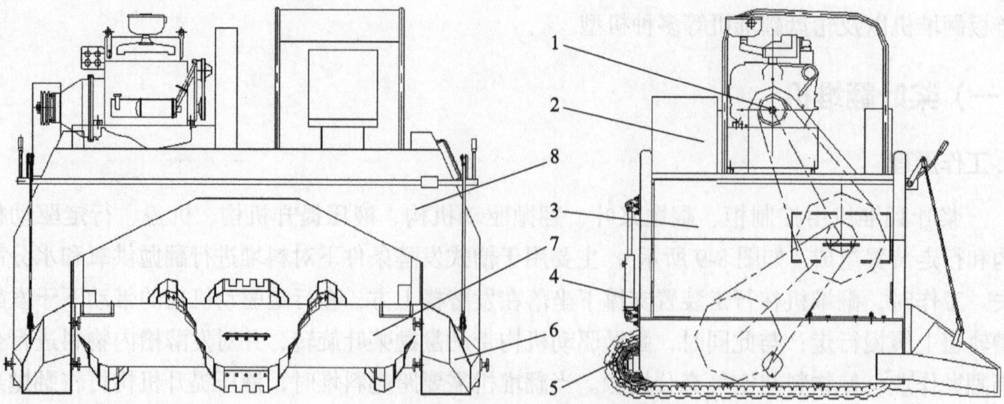

图 8-10　自走式滚筒翻堆机

1—发动机；2—液压系统；3—传动系统；4—滚筒升降系统；5—履带行走系统；6—料铲；7—翻抛滚筒；8—机架

工作时，首先将物料堆成三角形条垛，设备骑跨在物料上进行翻抛。驾驶员启动发动机后，通过操控液压阀组开展工作。扳动“行走马达”阀杆，可以使机器前进、后退及左右拐弯；扳动“行走马达变速”阀杆，可以实现机器高低速双挡行走状态切换；扳动“滚筒升降油缸”阀杆，可以使滚筒置于堆体内距地面一定高度进行工作，也可以将滚筒提升到合适高度，便于其快速行走转移工作地点；扳动“发动机离合器油缸”阀杆，可以实现滚筒旋转和停止。

翻抛滚筒由左右两段反向螺旋和中间直段抛齿组成，当启动行走系统后，料铲开始向翻堆机中心收集物料，在滚筒旋转使物料向后翻抛并在设备后面形成新条垛的同时，旋转的螺旋滚筒将物料向条垛中间抛送收拢，实现顶层和内部物料充分混合，在让物料和氧气充分接触的同时，使堆垛内的水分和热气曝出，从而达到堆肥发酵的目的。

2. 性能特点

① 主要用于条垛式堆肥作业的翻抛供氧和水分散失；

② 橡胶履带式自走设备，具有良好的附着力，场地适应性好；

③ 具有高低速双挡行走切换功能，可实现非工作状态高速行走；

④ 工作灵活，可调头行走，能够用于连续或批量发酵场合；

⑤ 对堆体物料具有一定的破碎、搅拌和水分散失功能；

⑥ 翻抛滚筒通常深埋于料堆内部，功耗较大；

⑦ 采用可拆卸耐磨螺旋叶片，维修更换方便；

⑧ 条垛堆肥占地面积大、配套土建投资少。

（三）链板翻堆机

1. 工作原理

链板翻堆机如图 8-11 所示，它由控制系统、纵向行走装置、链板驱动系统、翻抛链板、液压系统以及横向行走装置组成。纵向行走装置坐落在发酵槽上，并可在其上前后行走；横向行走装置支撑翻抛链板，可以在纵向行走装置上左右移动；坐落在横向行走装置上的液压系统，可以使翻抛链板绕上部出料端附近的转轴上下转动。

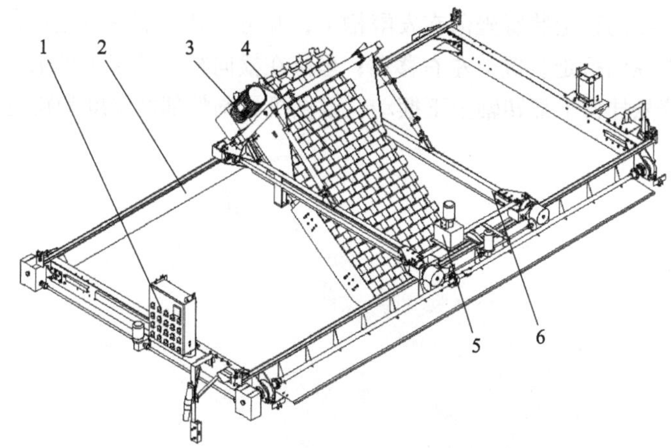

图 8-11　链板翻堆机

1—控制系统；2—纵向行走装置；3—链板驱动系统；4—翻抛链板；5—液压系统；6—横向行走装置

作业时，横向行走装置停留于纵向行走装置的某一位置上保持不动，纵向行走装置从发酵槽初始端出发，沿发酵槽轨道以一定速度前进，其上的翻抛链板深入槽中，随纵向行走装置整体前进；特制的翻抛链板在链板驱动系统带动下连续转动，从槽底不断攫取槽内物料并向上方输送，到达上方出料端后物料被抛出重新置堆。工作过程中，翻堆机将发酵物料连续地抛起、散落并产生一定的位移，使物料在槽内有规律、等距离地渐进式后移，从而形成了新的均匀堆体。沿发酵槽完成一个行程的作业后，液压系统抬升翻抛部件到不与物料接触的高度，横向行走装置向左侧或右侧移动一个幅宽的距离，纵向行走装置后退至发酵槽初始端，然后将翻抛链板放下、归位，深入槽中，开始下一幅作业。这种高效率的翻抛作业，有利于加快槽内物料的发酵腐熟，降低水分，并提高产品的稳定性。

2. 性能特点

① 主要用于连续发酵的槽式堆肥系统；

② 通过横向和纵向移位，可以在槽内任意位置作业；

③ 通过自动监控系统，可实现人机分离槽式堆肥作业；

④ 链板移送物料，便于深槽作业，料层均匀，处理能力大；

⑤ 由于物料移送距离远且高位抛撒，物料与空气接触充分，水分散失快；

⑥ 利用优化齿板攫取移送物料，运行阻力小，能耗较低；

⑦ 具有高低速行走功能，可实现非工作状态下高速返回；

⑧ 采用可拆卸耐磨多齿链板，维修更换方便；

⑨ 发酵槽数量少，发酵室占地面积小，配套土建投资少。

（四）轮盘翻堆机

1. 工作原理

轮盘翻堆机如图 8-12 所示，它由控制系统、纵向行走装置、轮盘驱动装置、翻抛轮盘、液压系统以及横向行走装置组成。轮盘驱动装置包括电机以及与其直连的轮盘悬挂臂，悬挂臂上部挂接于横向行走装置上，内部安装有减速齿轮副，下部安装有翻抛轮盘，电机通过它们带动轮盘旋转。纵向行走装置坐落在发酵槽上，并可在其上前后行走；横向行走装置悬挂翻抛轮盘，可以在纵向行走装置上左右移动；坐落在横向行走装置上的液压系统，可以通过油缸使翻抛轮盘绕悬挂臂上部转轴上下摆动，以供机具调整翻抛深度和跨越料堆。

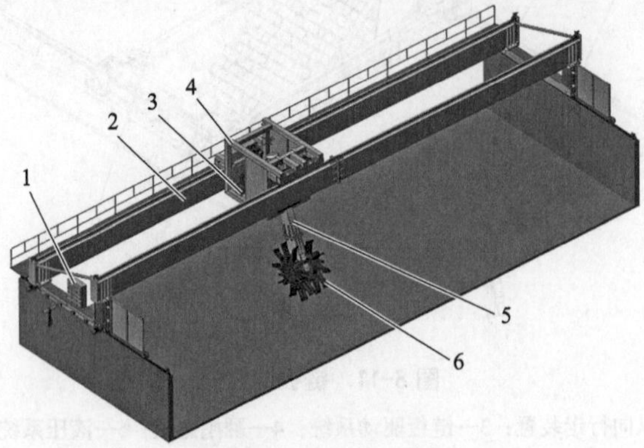

图 8-12　轮盘翻堆机

1—控制系统；2—纵向行走装置；3—液压系统；4—横向行走装置；5—轮盘驱动装置；6—翻抛轮盘

翻抛作业时，首先使横向行走装置停留于纵向行走装置的某一侧端保持不动，然后启动翻抛轮盘，同时启动纵向行走装置，让翻堆机从料槽起始端向物料侧移动，使其能够向翻堆机移动的反向抛送物料；当翻抛轮盘吃料深度达到规定值后，停止纵向行走装置，然后启动横向行走装置，让翻抛轮盘在自转的同时随横向行走装置向左侧或右侧移动；期间，轮盘一侧上的特制拨料齿板不断从料堆上攫取槽内物料并向后方抛送，使物料与空气充分接触，并在设备后面形成新的料堆。当横向行走装置到达纵向行走装置的另一侧端时，控制系统自动停止横向行走装置，并启动纵向行走装置让翻堆机向前移动一段距离，然后启动横向行走装置向反方向行走，翻抛轮盘另一侧上的拨料齿板开始从料堆上攫取物料向后方抛送，直至横向行走装置返回到起始侧，完成一个翻抛循环。工作过程中，翻堆机将发酵物料连续地抛起、散落并产生一定的位移，使物料在槽内有规律、等距离地渐进式后移，从而形成了新的均匀堆体。沿发酵槽纵向完成翻抛作业后，液压系统抬升翻抛轮盘到不与物料接触的高度，纵向行走装置快速返回，翻堆机退至发酵槽初始端，然后将翻抛轮盘放下、归位，等待下一次作业。由于它采用横向来回翻抛、纵向一次返回的作业模式，空行程时间占比较低，翻抛效率明显提高。

2. 性能特点

① 主要用于连续发酵的槽式堆肥系统；

② 通过横向和纵向移位，可以在槽内任意位置作业；

③ 通过自动监控系统，可实现人机分离槽式堆肥作业；

④ 由于物料抛送距离远，物料与空气接触充分，水分散失快；

⑤ 利用拨料齿板抛送物料，物料容易分级，料层均匀性差；

⑥ 具有高低速行走功能，可实现非工作状态下高速返回；

⑦ 采用可拆卸耐磨拨料齿板，维修更换方便；

⑧ 采用横向来回翻抛、纵向一次返回的作业模式，翻抛效率较高；

⑨ 发酵槽数量少，发酵室占地面积小，配套土建投资少。

三、曝气系统

曝气是堆肥发酵的重要工序，其功能是为好氧微生物提供氧气，并将堆体内多余的热量和水分带走。好氧堆肥过程中，堆体内氧气浓度最好维持在 13% ～ 18% 之间，最低不宜低于 5%。快速发酵期间，微生物氧气消耗量非常大；曝气结束后，堆体内氧气最快在 20min 内便可耗完。因此，设计合理的曝气系统是工厂化堆肥场的重点。

1. 工作原理

图 8-13 是常见的曝气系统工作原理，曝气系统一般由堆体覆盖层、堆体、曝气管道和曝气风机组成。对于强制通风的静态堆肥而言，物料通常被堆成高 1.5 ～ 2.5m、宽 3 ～ 5m 的窄条，堆体表面覆盖一层 15cm 厚的成品堆肥，防止热量散失、蝇虫侵入并过滤臭气；工作时，鼓风机在堆体下部通过曝气管道强制鼓风或吸气，曝气管道通过其上的气孔为微生物提供所需的氧气。对于安装有翻堆机的工厂化槽式堆肥而言，槽底也通常开设沟槽，并在沟槽内安装曝气管道；为了有效利用场地，发酵槽一般较深、较大，在工程实践中目前国内已有多个项目成功采用 3m 深、30m 宽的发酵槽。

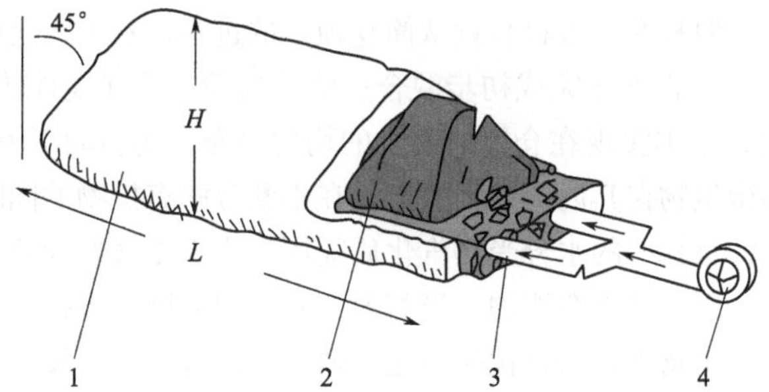

图 8-13 曝气系统工作原理

1—堆体覆盖层；2—堆体；3—曝气管道；4—曝气风机

2. 性能特点

① 曝气风机最大供风量必须满足快速发酵时的需氧量；

② 必须根据料堆高度、堆体孔隙率和水分等因素，选择合理的曝气风机工作压力，保证既能带走多余的水分，又不至于引发堆体过快降温；

③ 对于连续发酵工艺，由于不同位置物料微生物菌群及其需氧量差异较大，故应沿堆体长度方向采取分段供氧方案，通过分别设置各段进气阀门的开闭频率和时间，为堆体各段提供适量的氧气；

④ 对于批量发酵工艺，各处物料同进同出，发酵进程相同，应在主管道之后沿堆体长度方向分段布置曝气管道，通过设置各段阀门的开闭节拍实现分段供氧，以降低设备投资；

⑤ 各鼓风机的启停通常根据氧气、温度和湿度传感器反馈的信号自动控制；

⑥ 主管道后的曝气管道要尽可能短，一般不宜超过 30m，以保证管道末端上部堆体供氧均匀；

⑦ 曝气管道距无遮挡的堆体周边通常要留有 3 ～ 5m 的间距，以防气流与堆体外界

短路；

⑧ 为实现均匀曝气，通常在曝气管道截面下部 5 点钟与 7 点钟位置上打两排直径为 12mm、中心距为 300mm 的曝气孔，布置于堆体下方由木屑或秸秆等疏松物料形成的供气区，或者发酵槽底开设的沟槽内部。

四、堆肥反应器

随着城乡居民生活水平和环保意识的提高，反应器堆肥由于产生的臭气量少而且可控，越来越为行业所接受。绝大部分堆肥反应器采用连续式发酵工艺，每天进料、出料，集废弃物日常收集、储存和肥料化处理于一体；设备通常自成系统，无需厂房，一套设备就是一座工厂；比较适合住宅小区生活垃圾处理和中小型堆肥场使用。根据结构形式，堆肥反应器通常分为立式和卧式两种。

（一）立式堆肥反应器

1. 工作原理

立式堆肥反应器如图 8-14 所示，包含进料装置、筒仓、搅拌转子、动力传动装置和出料装置。工作时，发酵原料通过进料装置从筒仓顶部的进料口被加入仓体，自上而下向筒仓底部流动，在筒仓进料口正下方完成初步混合；然后借助自重和搅拌转子桨叶的推动作用，在进一步混合的同时，基本实现在仓体断面上的均匀分布。物料向下流动的过程中，细菌、真菌和放线菌等多种微生物在其内部逐步扩繁，在不断分解有机物的同时释放出热量，使仓内物料温度持续升高，物料中的水分受热汽化后随尾气进入尾气处理装置，仓内物料从上到下水分含量逐渐降低、腐熟度逐渐增加；当料温达到一定程度后维持一定时间，堆肥发酵过程结束。由于反应时微生物生存条件优越稳定，通常物料起温快、发酵周期短。仓底卸料门可自动打开，腐熟物料被转子桨叶推送到出料机构作为粉状堆肥输出。

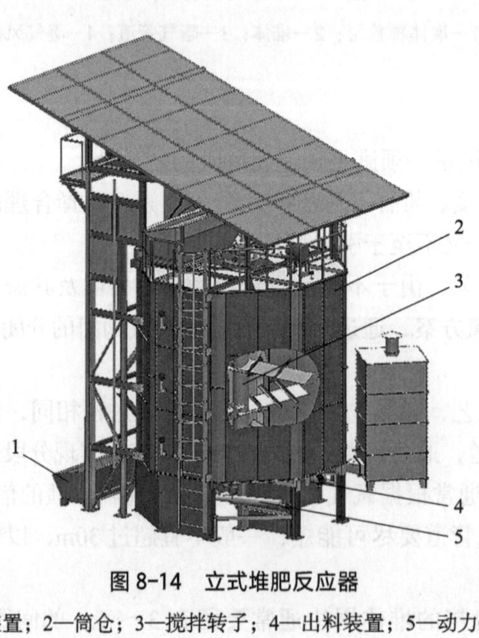

图 8-14　立式堆肥反应器

1—进料装置；2—筒仓；3—搅拌转子；4—出料装置；5—动力传动装置

2. 性能特点

① 仓体采用立式结构，设备占地面积小，场地利用率高；

② 仓体采用双层保温结构，相比条垛和槽式发酵系统，发酵过程受环境条件影响较少；

③ 发酵过程中产生的尾气，主要集中在仓顶密闭空间，很少外溢，易于被尾气处理装置收集处理；

④ 设备高度较大，仓内物料容易压实，相比卧式结构能耗较大；

⑤ 堆肥发酵一般在 6 ～ 8d 完成，单位产品电耗通常不大于 65kW • h/t；

⑥ 曝气孔集成于搅拌转子内部，曝气充足、准确、可靠；

⑦ 物料依靠重力向下流动，卸料时仓内容易产生鼠洞、排出生料；

⑧ 合理设置自动控制模式中的搅拌节拍、曝气频率等工艺参数，可以实现“傻瓜型”操作。

（二）卧式堆肥反应器

1. 工作原理

图 8-15 是卧式堆肥反应器，设备包括进料口、滚筒、输送抄板、动力传动装置和出料装置。工作时，发酵原料通过进料口被加入滚筒，滚筒在动力传动装置的驱动下沿滚筒轴旋转，在其旋转过程中，内部输送抄板在将物料向前推送的同时，将物料提升到一定高度后自由落下，从而完成初步混合。在物料不断向前运动的过程中，多种微生物在其内部逐步扩繁，不断分解有机物并释放出热量，滚筒内物料温度持续升高，物料中的水分汽化后随尾气进入尾气处理装置，所以滚筒内物料从前到后，水分逐渐降低、腐熟度逐渐增加；当料温达到一定程度后维持一定时间，堆肥发酵过程结束，粉状堆肥从出料装置卸出。

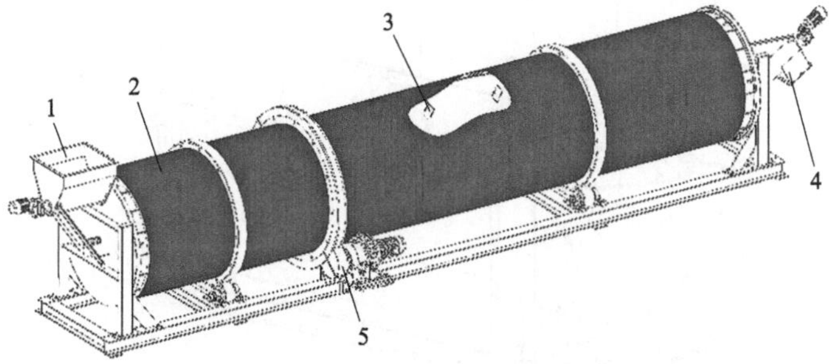

图 8-15 卧式堆肥反应器

1—进料口；2—滚筒；3—输送抄板；4—出料装置；5—动力传动装置

2. 性能特点

① 相比立式结构，卧式滚筒结构能耗较小；

② 滚筒采用双层保温结构，相比条垛和槽式发酵系统，发酵过程受环境条件影响较少；

③ 发酵过程中产生的尾气，大部分集中在滚筒内部，很少外溢扩散，易于被尾气处理装置收集处理；

④ 堆肥发酵一般在 6 ～ 8d 完成，单位产品电耗通常不大于 30kW • h/t；

⑤ 曝气发生在物料输送和抖落过程中，供氧及时准确、充足可靠；

⑥ 物料在输送抄板推送下向前运动，料流均匀、先进先出，产品质量稳定；

⑦ 堆肥过程中，微生物生存条件优越稳定，物料起温快，发酵周期短；

⑧ 合理设置自动控制模式中的搅拌节拍、曝气频率等工艺参数，可以实现“傻瓜型”操作。

五、滚筒筛

堆肥被包装销售或进入下一工段前需要进行筛分，筛分的目的是去除物料中的杂质和较大的块状物料，得到适合于后续处理所需的粒径，或者外形均匀一致的商品；同时由于堆肥过程通常需要加入填料来促进其顺利进行，通过对堆肥后的物料进行筛分，可以回收其中的填料以循环利用。滚筒筛由于结构简单、性能稳定，常被用于发酵后的堆肥筛分。

1. 工作原理

滚筒筛如图 8-16 所示，包含进料口、进料口罩板、外罩、筛筒、出料口、机架、托轮和传动系统。工作时，待筛分物料自进料口进入筛筒，筛筒圆柱面带有筛网，筛筒在驱动系统的驱动下绕其轴心做旋转运动，物料在摩擦力和离心力的作用下随旋转的筒壁上升，当上升至一定位置，摩擦力和离心力不足以支撑物料继续沿筒壁上升时，物料在重力的作用下自由下落，随后重新与筛网接触，并再次随筒壁上升，如此循环往复。在物料上升、下降的过程中，粒径小于筛网开孔尺寸的物料成为筛下物，其余物料继续向前运动，并最终从筛筒另一端排出，成为筛上物。筛筒可倾斜布置或水平布置，水平布置的滚筒筛其滚筒内部通常设有螺带，以推动物料向前运动。

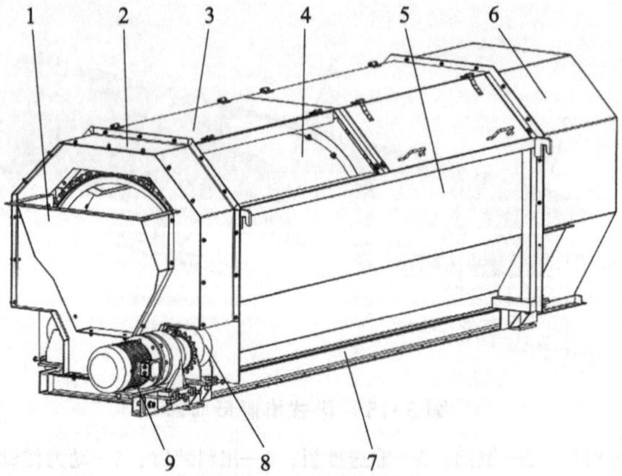

图 8-16 滚筒筛

1—进料口；2—进料口罩板；3—外罩；4—筛筒；5—机架外壳；6—出料口；7—机架；8—托轮；9—传动系统

2. 性能特点

① 滚筒结构适合制造大型筛分设备；

② 滚筒筛传动平稳，工作过程不产生较大的振动和噪声，尤其是选用非金属材质的托轮后，可有效降低设备的运行噪声；

③ 滚筒筛传动系统较为简单，工作时抗干扰能力较强，无需刻意控制料流的均匀性；

④ 筛面利用率相比平面筛较低，同样的筛分效率下，滚筒筛的占地面积较大；

⑤ 物料水分含量较高时，易出现堵筛现象，需要配置清筛机构。

第三节 制肥设备

为扩展堆肥的适用性以适应不同场合的使用要求，人们会在堆肥中加入各种菌剂、微量元素和无机肥来增加其养分，或将其加工成颗粒。所谓制肥设备，就是指专门用于生产不同形状有机类肥料的相关单机或成套设备，通常与规模化工厂堆肥配套使用。常见的制肥设备包括破碎设备、配料混合设备、造粒设备、烘干冷却设备、分级设备和包装设备等。

一、链锤破碎机

1. 工作原理

如图 8-17 所示，链锤破碎机由电动机、皮带传动系统、进料口、破碎室、出料口和机架组成，破碎室又包括内部装有弧形鄂板的外壳、垂直安装的链锤转子、支撑转子的上下轴承以及检修门。

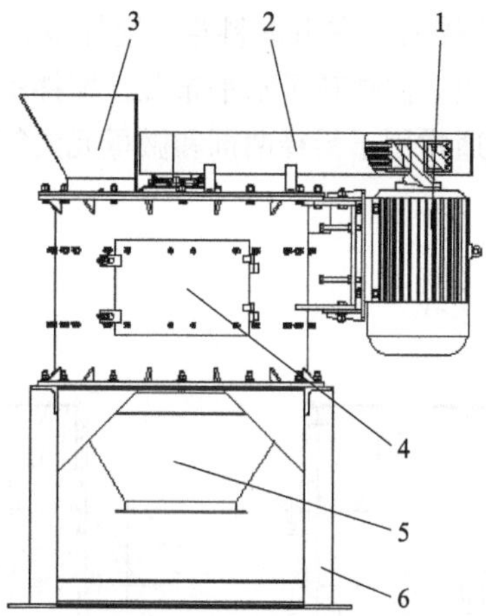

图 8-17 链锤破碎机

1—电动机；2—皮带传动系统；3—进料口；4—破碎室；5—出料口；6—机架

工作时，电动机通过皮带传动系统带动链锤转子高速旋转，环链及其端部的锤头在离心力的作用下被甩出并随转轴高速旋转；从进料口落入破碎室的物料，在环链和锤头的打击下，与弧形鄂板冲撞且颗粒间互相碰撞，破碎后物料在重力作用下向下运动，下落过程中经过上下多排链锤逐次破碎，最后经出料口排出。由于其为立式结构，物料不易黏结，通常用于破碎结块后的粉状堆肥和各种无机肥原料。

2. 性能特点

① 破碎室为立式结构，内部不设筛网，物料不易堵塞；

② 内设可拆换耐磨破碎颚板，破碎效率高；

③ 击打锤头使用耐磨材质，易损件成本低；

④ 设有检修门，便于更换磨损部件。

二、配料混合设备

配料混合是制肥的核心工序之一，只有配料准确、混合均匀，才能保证成品有机类肥料养分一致、质地均匀。一般情况下，配料混合系统由配料系统和其下游的混合机组成，配料系统包括各种喂料和计量装置。

配料系统包括容积计量和重量计量两种类型，分别根据原料容积和原料重量配比物料。对于有机类肥料加工，由于原料成分复杂、密度变化较大，特别是成品养分要求比较严格，通常采用重量计量。重量计量分为各个喂料器同时单独称量和分别单独向下部称量斗喂料的计量方式，显然前者效率较高，通常为行业所采用。

对于添加量较少的原料，为了减小计量误差，工程实践中人们往往首先对其进行稀释、扩大配比，然后再参与配料混合。

（一）螺旋环带稀释搅拌机

1. 工作原理

图 8-18 是螺旋环带稀释搅拌机，它由进料斗、搅拌室、进料闸门、动力传动系统、出料口、卸料闸门和搅拌转子组成。搅拌转子水平布置在搅拌室内部，其上装有旋向相反的内外螺旋环带各一。这类搅拌机通常用于稀释菌剂和微量元素等，一般由不锈钢制作而成，而且体积较小。

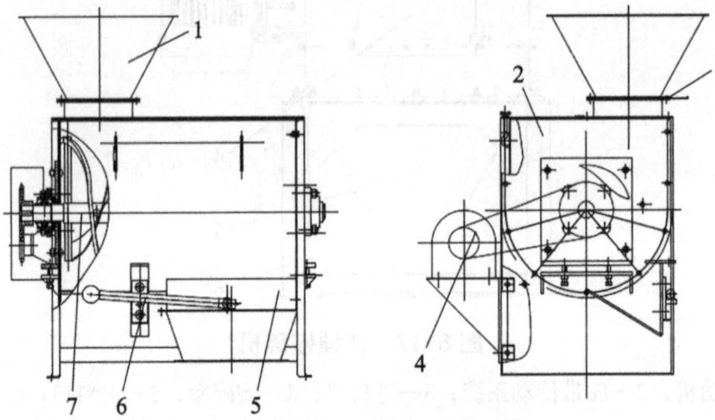

图 8-18　螺旋环带稀释搅拌机

1—进料斗；2—搅拌室；3—进料闸门；4—动力传动系统；5—出料口；6—卸料闸门；7—搅拌转子

工作中，各种组分和稀释载体按配方比例经过计量后，通过进料斗进入搅拌机，物料在带状螺旋叶片的推动下进行混合。外螺带将物料从一端向另一端推动，内螺带则使物料向相反的方向运动，里层物料被推至一侧后由里向外翻滚，外层物料被推至另一侧后由外向里翻滚。物料在对流过程中两股料流相互渗透、变位而进行混合，在两侧翻滚过程中再进行混合，这样反复进行多次，最后打开卸料闸门将搅拌均匀的物料从出料口卸出。

2. 性能特点

① 批量式操作，适于搅拌菌剂和微量元素等添加量较少的原料；

② 为了保证混合均匀，一般先添加量大的载体，后添加菌剂和微量元素；

③ 搅拌转子与搅拌室壳体间隙较小，具有一定的自清理功能，适合搅拌易黏结的物料；

④ 通常由不锈钢制作而成，适合搅拌腐蚀性较大的矿物质原料；

⑤ 混合均匀度高，均匀度变异系数一般＜ 10%；

⑥ 混合时间较短，通常为 3 ～ 6min。

（二）连续式皮带配料秤

1. 工作原理

图 8-19 是连续式电子皮带配料系统的工作原理，系统由料斗、计量皮带机、秤架和控制系统组成。秤架支撑所有的料斗及其下面对应的计量皮带机，料斗直接坐落在下方的计量皮带机之上；计量皮带机一般采用环形裙边胶带，而环形胶带通常采用聚氯乙烯（PVC）材质，具有质量轻、耐油、耐酸碱和防止物料黏结的功能。另外，计量皮带机上装有荷重传感器和速度传感器，并由减速电机驱动，而减速电机的转速受驱动变频器以及与之相连的智能控制仪或工控机控制。

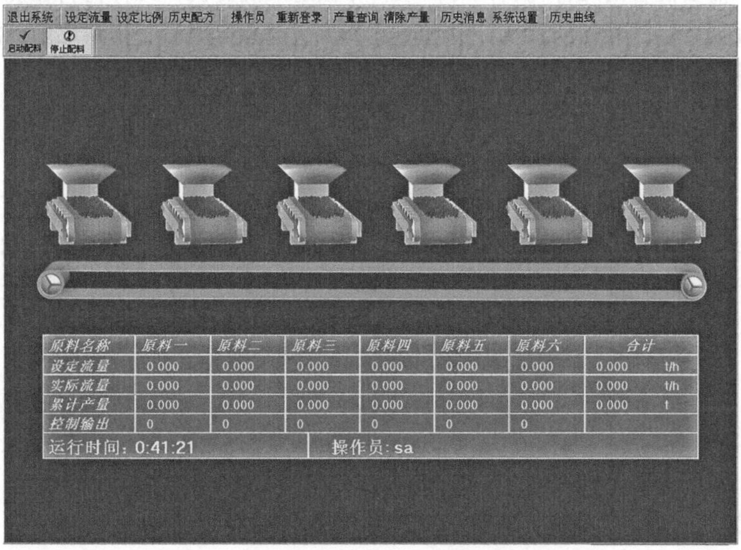

图 8-19 连续式电子皮带配料系统原理

工作时，随着每条计量皮带机的转动，各个料斗内的物料被胶带均匀地输送出来，计量皮带机上的荷重传感器自动检测胶带上物料产生的载荷，同时速度传感器自动检测皮带转速；测控系统将检测到的载荷量与速度量进行叠加处理和数值转换，一方面通过阴极射线管（CRT ）显示出各种计量参数，另一方面将检测到的实际给料速度与所设定的给料速度不断地进行比较，并通过变频器调整皮带速度，使之精确地以所设定的给料速度给料，从而实现定量给料和连续计量。

2. 性能特点

① 采用 PVC 胶带，具有质量轻、耐油、耐酸碱和防止物料黏结的功能；
② 输送带采用环形裙边胶带，可有效防止物料外溢；
③ 输送带两侧通常设置立式自动回中辊柱，可有效防止输送带跑偏；
④ 可同时实现多达 10 种原料的动态计量和配料，计量速度快、效率高；
⑤ 配料精度一般在 ±3% 之内，适于有机肥原料加工计量；
⑥ 与连续式混合机配套使用，节省空间、便于安装维护、使用成本低；
⑦ 承载能力较高，工作过程中振动小、噪声低；
⑧ 可手动和自动控制，计算机控制时，动态显示各种原料的计量过程；
⑨ 可储存多种原料和产品配方，便于随时调用；
⑩ 能够生成配料过程的历史与实时记录曲线和数据报表，便于生产管理。

（三）双轴桨叶连续混合机

1. 工作原理

图 8-20 是 CM 系列双轴桨叶连续混合机，该机由混合机壳体、喂料斗、搅拌轴、减速电机、轴承及出料口等组成。混合机内部有两根装有特殊形状叶片且缓慢相向旋转的搅拌轴。工作时，需要混合的几种物料同时由喂料斗被送入混合机，几种物料在搅拌叶片的作用下，不断相互混合且缓慢向前移动，经过叶片的多次搅拌作用后，物料逐渐被混合均匀。混合后的物料移动到混合机的末端由出料口排出，完成混合作业。

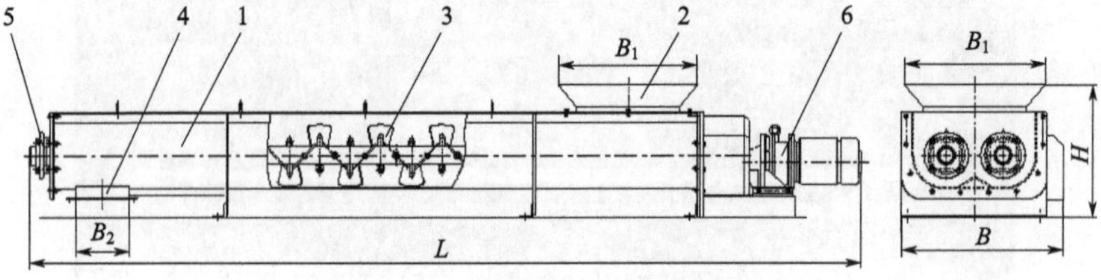

图 8-20 CM 系列双轴桨叶连续混合机

1—混合机壳体；2—喂料斗；3—搅拌轴；4—出料口；5—轴承；6—减速电机

2. 性能特点

① 连续搅拌，必须与连续式给料装置配套使用；
② 搅拌轴上装有特殊形状叶片，适于混合黏度大、流动性较差的物料；
③ 设备高度低，结构紧凑，占用空间少，便于工厂布局；
④ 在完成搅拌工作的同时，将物料向前均匀输送一段距离，兼备喂料器的功能。

三、造粒设备

造粒后的有机类肥料可减小运输体积，避免了运输过程中养分分级，可以满足家庭和园艺的使用要求及现有施肥机撒施要求。另外，颗粒状肥料具有缓释性，能够为土壤创造团粒结构。市场上常见的颗粒肥分为球状和柱状，与此相应，有机类肥料的制粒方式一般分为团粒法和挤压法。团粒法一般采用圆盘造粒机或转鼓造粒机，适于加工粒径较小、物性比较一致的物料；而挤压法则通常采用环模造粒机或平模造粒机，在加工过程中对物料具有碾压作用，更适于加工畜禽粪污、作物秸秆、糟渣、草炭、褐煤、腐殖酸等物性复杂的纤维类原料。

(一) 圆盘造粒机

1. 工作原理

圆盘造粒机亦称滚球机，结构如图 8-21 所示，由圆盘、刮刀、刮刀架、齿轮、减速机、电机、倾角调节杆、底座和齿圈组成，主要用于黏结性较好、粉状均质物料的滚球造粒。

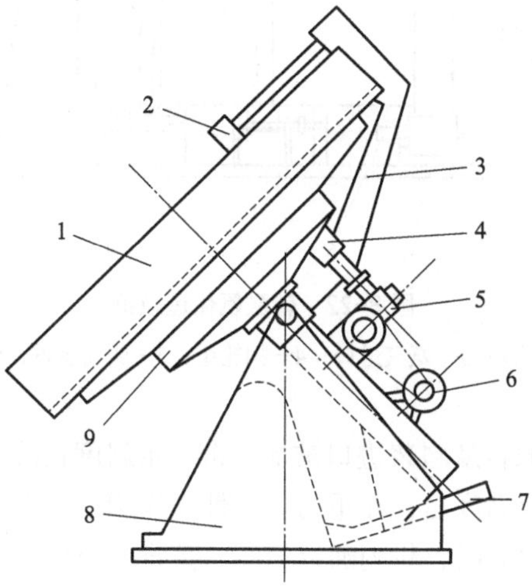

图 8-21 圆盘造粒机

1—圆盘；2—刮刀；3—刮刀架；4—齿轮；5—减速机；6—电机；7—倾角调节杆；8—底座；9—齿圈

工作时，与水平面成一定角度（40° ～ 60° 可调）的圆盘围绕其中心轴进行旋转，在大约 6 点钟位置将干物料加入圆盘，而在大约 11 点钟位置通过雾化喷嘴对物料喷洒适量的液体；输入的物料随着圆盘的旋转而上升，同时在重力的作用下向下滚动；在物料运动过程中，部分颗粒逐步成为“球核”，且通过黏附周边细粉不断扩大、形成小块颗粒；颗粒间不断发生碰撞，同时与盘底产生摩擦，逐步被摩擦成球体，且球体强度不断增高；随着新物料的不断加入，大颗粒逐步移至盘内料层顶部，在离心力的作用下，从圆盘边缘连续溢出，完成造粒工序。

2. 性能特点

① 要求原料较细，一般需过 20 目筛；

② 成球率约 70%，返料量较大；

③ 在造粒过程中，需喷入 10% ～ 15% 的水分，成品必须烘干，能耗较大；

④ 操作员要关注喷嘴的雾化状况，避免出现堵塞、滴水或雾滴太大现象；

⑤ 通过调节加料（水）量、转速、圆盘倾角等参数，可人为控制造粒过程；

⑥ 工作噪声低，粉尘较大。

（二）转鼓造粒机

1. 工作原理

图 8-22 是一种转鼓氨化造粒机，它由筒体、料浆喷洒装置、氨气进口、挡轮组、驱动装置、托轮组和料浆进口组成，主要用于黏结性较好、粉状或粉状与浆状均质物料的氨化滚球造粒。

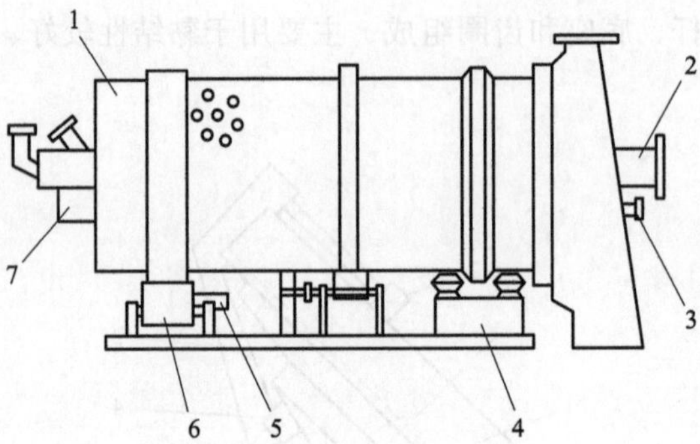

图 8-22　转鼓氨化造粒机

1—筒体；2—料浆喷洒装置；3—氨气进口；4—挡轮组；5—驱动装置；6—托轮组；7—料浆进口

工作时，粉状、浆状原料从料浆进口被加入带一定斜度且缓慢旋转的滚筒中，在滚筒带动下物料向上转动，至一定高度后，在重力、惯性力作用下，沿弧形轨道下落，使物料完成造粒所需的翻滚运动。与此同时，机内通入氨气、蒸汽或液体，料浆喷洒装置将磷氨、重钙等料浆喷入料层，固液相物料在滚筒内完成化学反应；在物料借助滚筒旋转逐渐向出料口方向前移的过程中，由于摩擦力的作用，滚筒内部形成滚动料床，滚动所产生的挤压力使含有液相的物料团聚成为小颗粒，以小颗粒为核心，黏附周围的粉末形成大小合适、表面光洁的球状颗粒；最后从造粒机出料口排出，完成造粒作业。

2. 性能特点

① 要求原料粒径较细，一般需过 30 目筛；

② 针对有机原料成球率较低，最大达 70%，返料量大；

③ 在造粒过程中，需喷入一定量的蒸汽或水分，成品需要烘干，能耗较大；

④ 在造粒过程中，可通入蒸汽提高物料温度，促进氯化钙、硫酸铵、氯化钾等低溶解度组分的软化和溶解，颗粒强度高，原料适应性广；

⑤ 适于加工氮、磷、钾养分含量较高的无机复合肥和有机类肥料。

（三）平模造粒机

1. 工作原理

平模造粒机如图 8-23 所示，包括电动机、传动箱、主轴、造粒室、压辊、均料板、模板、切刀、扫料板和出料口等。启动后，电动机通过减速箱驱动主轴，主轴带动压辊总成旋转，压辊绕主轴公转的同时也绕压辊轴自转。工作时，物料被送入造粒室，在分料器和均料板的共同作用下均匀地铺在模板上，主轴带动的压辊连续不断地滚过料层，将其挤入模孔，物料在模孔中经摩擦挤压黏结在一起；随着压辊连续不断运动，物料在模孔中经历成型、保型等过程后，从压模底部以圆柱状被挤出；当挤出的柱体达到一定长度时，压模底部旋转的切刀将柱体切断，形成颗粒，然后由扫料板将颗粒送到出料口，完成柱状颗粒造粒过程。如需球状颗粒，也可在其下游安装磨圆机，将柱状颗粒磨成圆球。

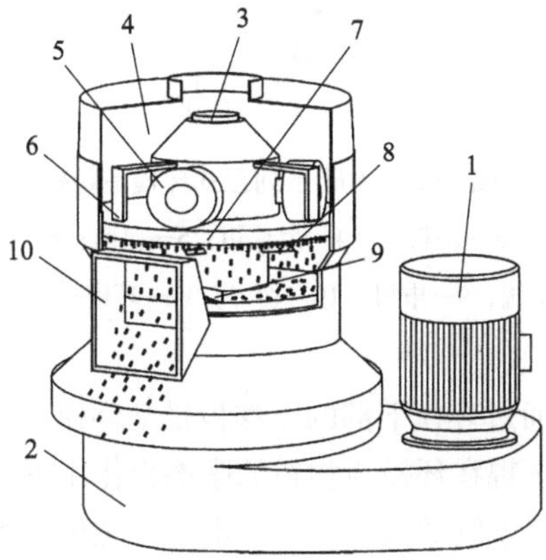

图 8-23 平模造粒机

1—电动机；2—传动箱；3—主轴；4—造粒室；5—压辊；6—均料板；7—模板；8—切刀；9—扫料板；10—出料口

2. 性能特点

① 成型率可达到 95%，返料量很小；

② 压辊内外侧的线速度不同，模板中部和边缘处的颗粒强度存在差异；

③ 造粒过程中，压辊对物料有碾碎作用，可加工粒径较大的物料，一般可达 3 ～ 4mm，对原料的粒度要求较低；

④ 每次造粒结束后，需要用油料清洗模孔，避免堵塞；

⑤ 虽然自身电耗较高，但无需对原料进行微粉碎，另外造粒过程中无需添加水分，产品通常不需要后续烘干，总加工能耗和生产成本较低；

⑥ 相比环模造粒机，平模造粒机易于加工，可双面使用：

⑦ 工作环境好，员工劳动强度较低。

（四）立式环模造粒机

1. 工作原理

图 8-24 是 HM 系列立式环模造粒机，其构造与卧式环模造粒机基本相似，包含进料口、造粒室、出料口、齿轮箱、机座、布料铲、出料刮板、润滑系统、电机、切刀、环模和压辊总成。区别在于传统卧式环模造粒机的环模，其轴线呈水平方向布置，而立式环模造粒机的环模轴线却处于垂直方向。该系列机型在生物质原料造粒成型领域表现出了不俗的性能，比较适合有机类肥料的挤压造粒。

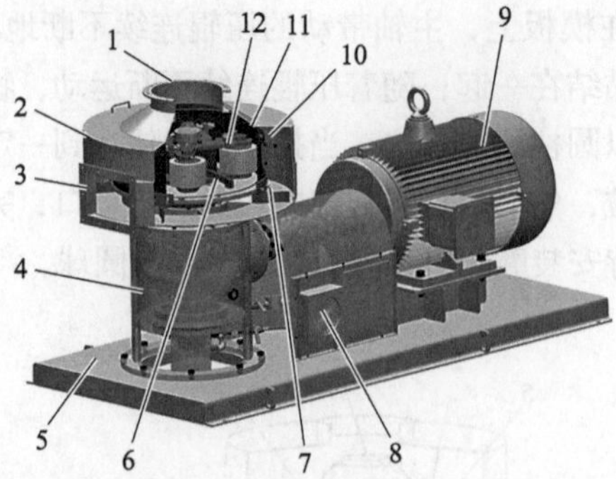

图 8-24 HM 系列立式环模造粒机

1—进料口；2—造粒室；3—出料口；4—齿轮箱；5—机座；6—布料铲；7—出料刮板；8—润滑系统；9—电机；10—切刀；11—环模；12—压辊总成

电动机启动后，齿轮箱通过环模下部的支撑板带动环模高速旋转，压辊总成在环模内表面保持不动，而其上安装的压辊在环模与物料的摩擦力作用下，绕压辊轴在水平面内被动旋转。与此同时，电机带动润滑系统的油泵，使润滑油在主传动系统内自动循环，不断润滑齿轮箱内的轴承与齿轮。通过进料口进入造粒机造粒室内部的物料，在环模支撑板的带动下随环模旋转，并在布料铲和离心力的作用下，被均匀分布到环模内壁上，并被带入环模与压辊之间后挤入模孔；随着环模的不断转动，物料在模孔中经摩擦挤压黏结在一起，然后从模孔中连续挤出，并被安装在造粒室上的切刀切断，形成柱状颗粒；最后在出料刮板的推动下，柱状颗粒物料从出料口排出。同样，也可在其下游安装磨圆机，将柱状颗粒磨成圆球。

2. 性能特点

① 成型率可达到 95%，返料量很小；

② 相比卧式环模造粒机，物料在环模内需要铺摊的高度较小，容易实现物料均布，进而提高挤压效率；

③ 物料从上部直接落入模辊之间，相比卧式环模造粒机，可安装较多压辊，从而有效提高物料挤压频率；

④ 相比平模造粒机，各处模孔被挤压的时间相同，成品颗粒强度相近，且由于环模旋转产生的离心力，颗粒不易堵塞模孔；

⑤ 造粒过程中，压辊对物料有碾碎作用，可加工粒径较大的物料，一般可达 3 ～ 4mm，对原料的粒度要求较低；

⑥ 每次造粒结束后，需要用油料清洗模孔，避免堵塞；

⑦ 造粒过程中无需添加水分，产品通常不需要后续烘干，总加工能耗和生产成本较低；

⑧ 工作环境好，员工劳动强度较低。

四、烘干冷却设备

堆肥作业过程不同于其他加工工艺，其受周边自然环境因素影响较大，为了满足工厂化连续生产的实际要求，人们往往需要针对粉状堆肥和造粒后的有机类肥料，在工艺环节中准备烘干或冷却设备，所以烘干和冷却设备已经成为另一类主要制肥设备。如前所述，有机类肥料的造粒一般分为团粒和挤压两种方式，前者在工艺过程中需要加水，所以造粒后必须烘干；后者只需控制好原料水分，不但成型率高，而且颗粒无需烘干，一般通过冷却即可达到商品的水分要求。另外，从烘干机出来的成品物料温度较高，不能直接筛分包装，必须经过冷却；冷却不仅可以降低物料温度，还可以进一步降低水分含量，提高颗粒强度和外观质量。

有机类肥料加工使用的大部分烘干机与冷却机结构相同、工作原理相近，区别在于前者需要通入热风，而后者只需引入冷风。限于篇幅，烘干机以滚筒机为例，冷却机以逆流机为例，在此一同介绍。在制肥技术发展过程中，人们一度将滚筒烘干（冷却）机、流化床烘干（冷却）机和逆流烘干（冷却）机引入行业。多年的生产实践证明：对有机类肥料加工而言，滚筒烘干（冷却）机和逆流烘干（冷却）机都具有明显的特点，分别适于不同应用场合，已为行业充分接受。

（一）滚筒烘干机

1. 工作原理

滚筒烘干机如图 8-25 所示，主要包括进料装置、滚筒、齿圈、抄板、托轮、出料装置、挡轮和减速电机。滚筒为卧式回转圆筒，其内部从前至后焊有交错排列、角度不同的各式抄板；为防止倒料，在进料端内侧设有门圈及螺旋抄板；在其外部装有滚圈、挡圈、齿圈和清理筒壁黏料的振打锤。筒体通过前后滚圈支承在托轮上，在后托轮处设有挡轮以控制筒体的轴向窜动。减速电机通过小齿轮带动固定在筒体上的齿圈实现滚筒转动。筒体两端与进出料装置间设有密封装置，防止冷空气进入筒体和进入筒体内的热风外溢。由于其具备筒壁清理功能，比较适合用于黏结性较强的粉状及颗粒状物料的干燥。

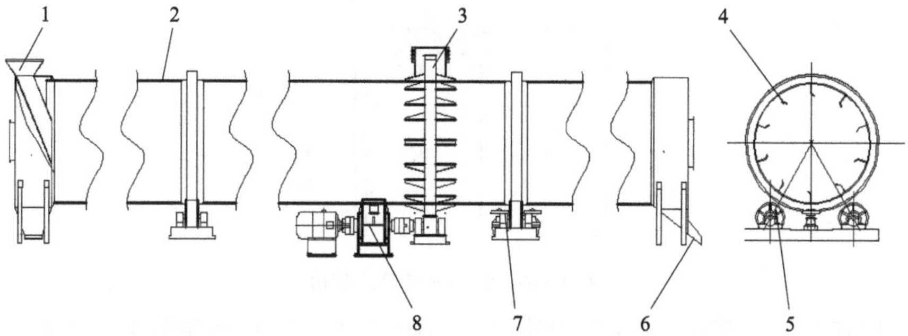

图 8-25　滚筒烘干机

1—进料装置；2—滚筒；3—齿圈；4—抄板；5—托轮；6—出料装置；7—挡轮；8—减速电机

烘干时，来自燃烧装置的热风被引入滚筒内部。与此同时，物料从进料装置上的进料溜管进入滚筒，随即被螺旋抄板向出料装置方向推送。由于烘干机倾斜放置，物料一方面在重力和回转抄板作用下流向出料溜管；另一方面被抄板反复抄起，在筒内形成均匀的物料幕帘，并充分与进入筒体的高温介质进行热交换。由于物料被反复扬撒，在向前运动过程中被逐渐烘干，最后经出料装置上的出料溜管连续排出。此类烘干机一般都在筒体上设有振打装置，可有效防止物料黏结及高温熔融物附着于筒体内壁，从而保证干燥机作业正常运行。

2. 性能特点

① 筒体上一般设有振打装置，适于干燥黏结性较强的粉状及颗粒状物料；

② 干燥过程中，对球状颗粒具有整形功能；

③ 停机前要排空物料，然后每隔 10 ～ 15min 定角度转动滚筒一次，直到筒体温度下降至 60℃以下方可停机，以防筒体弯曲变形；

④ 安装振打装置后，运行噪声较高。

⑤ 设备结构相对简单，操作维修方便；

⑥ 设备体积利用率较低，占地面积大，造价较高。

（二）逆流冷却机

1. 工作原理

21 世纪初逆流冷却机从饲料工业引入有机肥造粒加工领域后，表现出了很好的物料适应性，是目前比较先进的冷却设备之一。图 8-26 所示是一种翻板式逆流冷却机，它由排气口、喂料关风器、机罩、布料盘、均料耙、冷却箱、液压站、翻板排料机构、油缸和集料斗组成。设备采用立式箱体结构，冷却箱直接坐落在翻板排料机构之上，其上装有上下料位器、操作员可以进出的观察门，以及用于驱动布料盘和均料耙的动力传动装置。

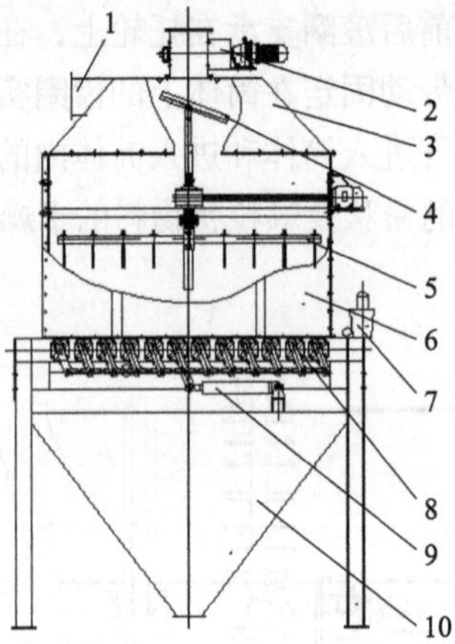

图 8-26　翻板式逆流冷却机

1—排气口；2—喂料关风器；3—机罩；4—布料盘；5—均料耙；6—冷却箱；7—液压站；8—翻板排料机构；9—油缸；10—集料斗

工作时，高温高湿颗粒由喂料关风器进入冷却箱，在布料盘和均料耙的作用下均布于整个冷却箱体的截面上；冷却空气从翻板排料机构底部全方位进入冷却机，并垂直穿过料层与湿热颗粒进行热交换，带走物料散发出的热量和湿气，后被吸风系统吸引出排气口，从而使物料得以冷却；一般待颗粒温度低于环境温度 3 ～ 5℃时便可卸料。物料冷却时间由上下料位器的位置来控制：当进入冷却箱的颗粒料层到达上料位时，液压站启动并通过油缸驱动翻板排料机构上的翻板上下摆动，翻板排料机构开始间歇式地向集料斗卸料，而后逐步进入下游设备；当料层降至下料位，而且翻板排料机构上的翻板处于关闭状态时，油缸停止驱动翻板摆动，翻板排料机构停止排料，冷却箱内的颗粒在被冷却的过程中料层逐渐升高，等待下一个卸料循环。

不同结构型式逆流冷却机的区别主要在于布料装置和排料机构。上述机型布料装置采用了包括布料盘和均料耙的机械驱动散料器，进入冷却箱的物料首先经旋转布料盘向四周扩散，而后被下方的均料耙均匀摊平，从而保证冷却箱截面上各处的风阻相同。对于流动性较好的颗粒料，也可用结构相对简单的菱锥形散料器代替上述布料装置，它一般安装于机罩内喂料关风器的下方，喂入的颗粒经其分散导流，在冷却箱截面上形成位于四角和中部的5个小堆体，从而保证各处料位高度基本一致。

排料机构除上述的翻板式排料机构外，由上、中、下三层栅格组成的抽拉式排料机构也被广泛应用。冷却作业时上下两层栅格固定不动，中间栅格将上下层间的物料通道封闭时，只允许冷风从下部进入箱体并不向下排料；需要排料时，中间层开始在上下层间往复运动，上下层间的物料通道不断打开、闭合，颗粒料间歇性地排出箱体，当冷却作业结束时，一次性拉动下层栅格将箱内物料完全卸空，最后由集料斗排出冷却器。

2. 性能特点

① 气流垂直穿过料层，短路概率极低，冷却效果良好；

② 物料行程短、翻滚机会少，颗粒破碎率低；

③ 通过调节料位器的高度位置即可调节冷却时间，操作简单方便；

④ 菱锥形散料器均料效果一般，能耗较低，适于小型设备冷却流动性较好的物料；

⑤ 机械驱动散料器均料效果好，一般用于大型设备和物料流动性较差的场合，以有效克服箱体内料堆坡角大的缺点；

⑥ 整个箱体截面上同时卸料，排料均匀、流畅；

⑦ 抽拉式排料机构结构简单，适于冷却颗粒物料；

⑧ 翻板式排料机构卸料彻底，可以冷却流动性较差的物料；

⑨ 采用立式结构，占地面积小，空间利用率高；

⑩ 相比滚筒结构，设备体积小、质量轻、制造成本低。

五、平面回转分级筛

颗粒状有机类肥料在包装进入市场之前，通常要进行分级处理，去除产品中过大的颗粒和粉末，为客户提供颗粒大小一致的肥料。一般情况下分级筛采用上下两层筛网，下层筛网产生的筛下物返回造粒工段重新造粒；两层筛网间的颗粒直接进入下游包装工段；而筛上物通常单独包装，用于家庭园艺等人工施肥的场所，也有厂家对其破碎进行二次筛分包装。

分级筛的类型多种多样，包括回转筛、圆筒筛和振动筛等多种型式。针对颗粒肥料的筛分作业，一个最基本的要求就是，在保证筛分效率的前提下，颗粒破损率尽可能低。因此，平面回转分级筛除了广泛用于化工、粮食、饲料、食品加工等多种行业外，近年来已越来越为制肥行业所接受。

1. 工作原理

平面回转分级筛的结构如图8-27所示，包括筛座、电机、驱动装置、吊索、机架、进料口、筛体、吸风口、尾部支撑板和出料口。筛座通过吊索悬挂在机架上；电机、驱动装置和尾部支撑板都安装在筛座上，并通过它们支撑和带动筛体运动；在驱动装置偏心机构的带动下，进料端的筛体做平面椭圆回转运动，而由于尾部支撑板的横向限制作用，出料端的筛体做近似前后往复直线运动。

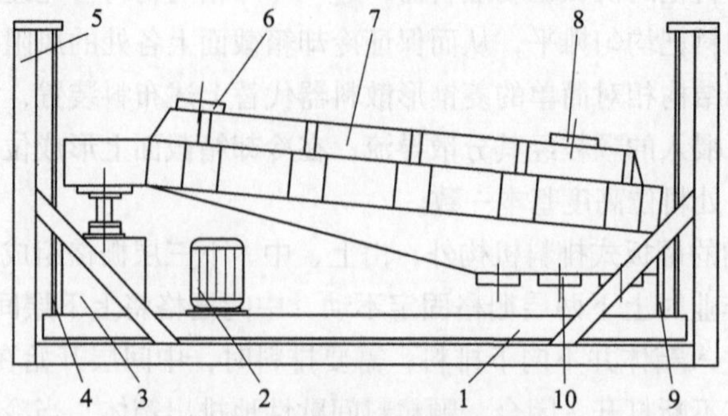

图 8-27　平面回转分级筛

1—筛座；2—电机；3—驱动装置；4—吊索；5—机架；6—进料口；7—筛体；8—吸风口；9—尾部支撑板；10—出料口

物料从进料口集中进入筛体后，在进料端筛网横向运动的带动下，迅速在整个筛网宽度上分布，并自动产生上下层分级；粒度较小的下层物料贴近筛网，开始过筛，上面颗粒较大的物料则向出料端运动。筛体通常包含上、下两层筛网，上层筛的筛下物落到下层筛面上继续筛分，从而使出料口物料分为粗、中、细三个等级。在物料向出料口移动的过程中，由于没有垂直跳动，较小的颗粒始终贴于筛面，随时准备过筛，较大的颗粒也不容易被摔打破损。物料到达出料口附近时，受筛体带动主要做往复直线运动，筛理作用逐渐减弱，并迅速向出口方向移动，直到排出机外，完成分级。在筛理过程中，筛体中跳动的弹性小球不断打击筛网，防止物料堵塞筛孔，以保证高效筛理分级。

2. 性能特点

① 筛体进料端做平面椭圆回转运动，易使喂入的物料在整个筛网宽度上分布，筛分效率高；

② 筛体出料端做近似前后往复直线运动，便于出料；

③ 筛分过程中物料很少垂直跳动，颗粒不易被摔打破损；

④ 筛体中跳动的弹性小球工作时不断打击筛网，可有效避免堵筛；

⑤ 采用配重平衡法，可有效平衡筛体运动过程中水平方向的惯性力，工作过程中振动小、噪声低。

六、输送设备

有机类肥料加工厂包含诸多输送设备，以实现流水线自动化生产作业。粉状堆肥由于含水率高、流动性差，不太适合利用重力流动和气力输送，所以机械输送装置为制肥工序广泛使用。除了装载机和叉车等移动设备外，为了适应堆肥腐蚀性大、流动性差和黏结性强等特点，固定设备如皮带输送机和斗式提升机应用也较为广泛。一些加工厂在个别环节使用无轴螺旋输送机和桨叶式螺旋输送机，但用量总体不多。

（一）皮带输送机

1. 工作原理

皮带输送机以挠性输送带作为承载部件，可以输送腐蚀性大、容易黏结的物料，是有机类肥料加工厂中常用的输送设备。它根据摩擦传动原理，通过驱动滚筒带动输送带围绕改向滚筒在上下托辊上运动，并使其上物料随同输送带前行，完成定向输送，从而实现各加工设备的连续自动化生产。

按其使用性质可分为移动式和固定式两类，按输送方向可分为水平式或倾斜式，按托辊支撑与输送带型式可分为水平单辊、凹面单辊和凹面多辊等多种型式。

图 8-28 是皮带输送机的结构，包含驱动滚筒、改向滚筒、进料口、输送带、上托辊、下托辊、张紧装置、尾架、中间架、头架、清扫器和头罩等部件。有机肥厂使用的皮带输送机以水平或倾斜的固定式居多，结构型式既有单辊、也有多辊；驱动滚筒大部分采用鼠笼结构，并在其周边设有清扫器，以防止物料进入皮带和滚筒之间，引起皮带跑偏；为了降低摩擦阻力并促使皮带对中，托辊通常采用双向螺旋橡胶托辊。

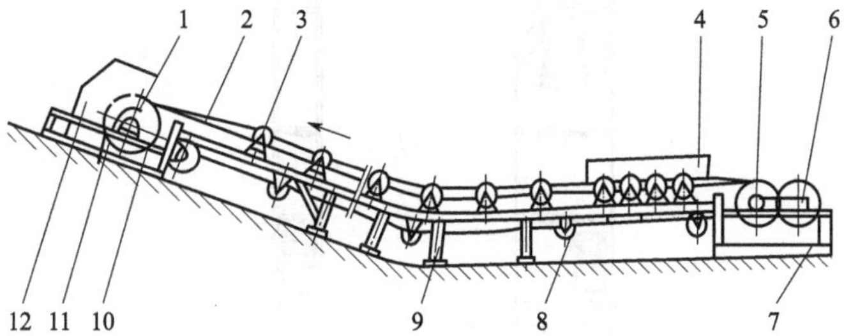

图 8-28　皮带输送机

1—驱动滚筒；2—输送带；3—上托辊；4—进料口；5—改向滚筒；6—张紧装置；7—尾架；8—下托辊；9—中间架；10—头架；11—清扫器；12—头罩

2. 性能特点

① 适于输送腐蚀性大、容易黏结的物料；

② 输送过程中不损伤物料，物料残留量少；

③ 结构简单，输送量大，输送距离长；

④ 可倾斜输送物料，针对有机类肥料，倾斜角度一般不超过 20°；

⑤ 工作平稳可靠，工作噪声低，操作维修方便；

⑥ 操作员要定期检查皮带张紧情况，避免出现打滑、跑偏现象。

（二）斗式提升机

1. 工作原理

斗式提升机是在绕于驱动轮（头轮）和张紧轮（尾轮）上的环形牵引构件上，相隔一定距离安装一个特定规格的畚斗，通过畚斗的运动来垂直或接近垂直地提升物料的输送设备。根据使用场合和输送物料的性质，牵引构件可以是皮带、滚子链或环链，其张紧一般通过安装在底座上的畚斗张紧装置来实现。为防止突然停电引发的畚斗倒转，进而损坏输送部件，通常在机头上安装止回器。另外，为避免粉尘爆炸，通常在机头上设有防爆口，或在底座上吸尘。

图 8-29 是 TH250 型环链斗式提升机的结构，包括底座、进料口、畚斗、检修孔、机筒、环链、减速电机、出料口、止回器和机头等，其主要工作部件为装有畚斗的牵引环链。由于环链不易打滑，适合输送水分大、容易黏结的物料，环链斗式提升机已成为有机类肥料加工厂中常用的堆肥垂直输送设备。启动斗式提升机开始送料时，物料逆向（与输送带运动方向相反）或顺向（与输送带运动方向相同）从进料口进入底座，随后被畚斗抄起提升至顶部，绕过头轮后向下翻转，依靠头轮旋转产生的离心力，或依靠物料的重力从出料口卸出，完成整个提升过程。斗式提升机的提升产量与畚斗的容积、畚斗在输送带上的排列密度、输送带的线速度、物料的密度和畚斗充满系数有关。

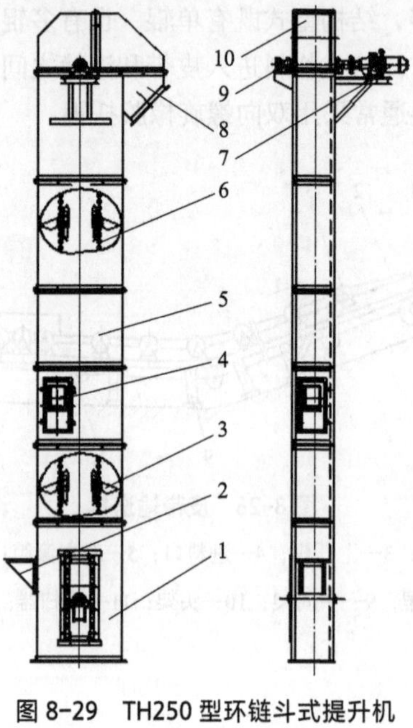

图 8-29 TH250 型环链斗式提升机

1—底座；2—进料口；3—畚斗；4—检修孔；5—机筒；6—环链；
7—减速电机；8—出料口；9—止回器；10—机头

2. 性能特点

① 必须空载启动，保证进料均匀、出料畅通，以免进料过多或排料不畅而引起堵塞；

② 必须待机内物料卸完后才能停机或更换升运物料品种；

③ 针对粉状堆肥，尽量采用环链作为牵引构件，避免畚斗带打滑和跑偏；

④ 针对烘干冷却后的成品颗粒，可配置装于皮带上的塑料畚斗，而且尽量采用重力卸料模式；

⑤ 操作员要定期检查皮带张紧情况，避免出现打滑、跑偏现象；

⑥ 升运量大，可有效缩小设施占地面积。

七、自动打包秤

打包系统一般包括打包秤、缝包机和皮带输送机，主要用于成品物料上市前的计量分装。其中，缝包机和皮带输送机比较普遍、相对单一。针对有机类肥料加工厂，由于粉料具有腐蚀性、容易黏结，而且粒料容易破碎，通常选用皮带喂料机；另外，为了保证计量精度、提高工作效率，人们越来越倾向于使用电子式有斗自动打包秤。

1. 工作原理

打包秤上部一般安装缓冲仓，其上安装有料位计，待仓内料位低到一定程度时上游设备自动供料，以保证与其相连的打包秤有稳定的物料来源。

图 8-30 是一个自动打包系统的结构，包括自动打包秤、输送机、包装袋托架和缝包机四个部分，而自动打包秤又由喂料机、称量斗、秤体、落料斗、夹包机构和控制系统组成。带式喂料机位于秤体上部，直接从缓冲仓中获取物料为称量斗供料；它采用双速电机驱动，开始时快速给料，接近计量尾声时转为低速给料；为了保证喂料均匀，喂料机输送带上的物料要尽可能均匀分布。因此在皮带上方配有控制料层厚度的流量控制装置，一方面为下部称量斗均匀供料，另一方面通过改变其开度调节料层厚度，实现计量初期的“快加料”和计量末期的“慢加料”，满足快加料时料层厚、慢加料时料层薄的作业要求。在喂料机末端和称量斗之间设有弧形截料门，当计量结束后，截料门自动关闭，防止皮带上的物料滑落进入称量斗。称量斗位于秤体内部，其上安装有重量传感器，直接计量来自喂料机的物料重量，并将信号传输给控制系统；控制系统将其与设定值比较，结合物料落差量补偿进行自动计算，然后对喂料机运行模式（快速、慢速、点动）、流量控制装置和截料门按程序进行反馈控制；直至称量斗内的物料重量达到设定值后，打开其上的出料口，将物料卸入下部的落料斗，随后自动关门，进入下一个计量循环。落料斗上装有夹包机构，在称量斗将物料卸入之前，操作员已通过“夹袋开关”将包装袋夹于其上；当物料通过落料斗装满包装袋之后，操作员按动“松袋开关”打开夹包机构，将物料袋放开，落到下面输送机上，送到缝包机处缝合；与此同时，操作员将下一个包装袋夹于落料斗上，等待称量斗下一次卸料。

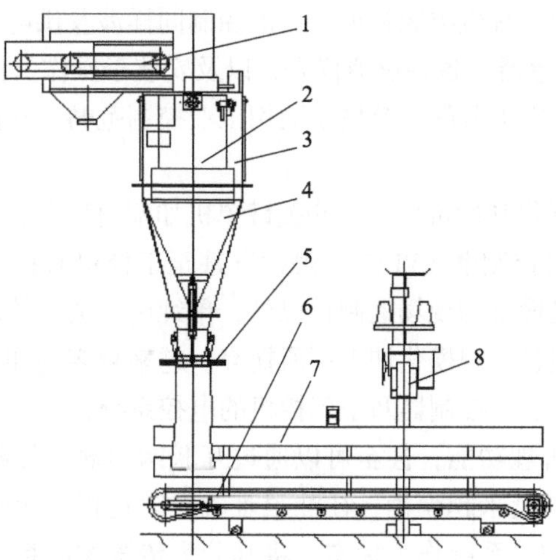

图 8-30 自动打包系统

1—喂料机；2—称量斗；3—秤体；4—落料斗；5—夹包机构；6—输送机；7—包装袋托架；8—缝包机

缝包机由缝包机头、升降机构和立柱等组成。机头采用针杆和弯针钩线结构，一般采用双线缝口，设有针距调节机构、气动剪线机构和纸条折叠复口机构等，适于纸袋、塑料编织袋和纸塑复合袋等包装袋材料的缝口。缝包机安装在可调节其高度的立柱上，立柱上装有固定齿条，可通过旋转手动齿轮调整缝包机的高度。缝包输送机用于输送装料后的包装袋，将其运送至缝包机处进行缝包，并配合缝包机同速完成缝包作业。常用的缝包输送机有平链板式和平皮带式；输送机侧面配有包装袋防倾托架，确保包装袋直立通过缝包区域。

2. 性能特点

① 采用微电脑控制，具有自动计数、自动去皮、自动检测、落差量补偿和自动校正功能；

② 多量程计量，通过改变相应的参数，在一定范围内可以任意设定包重；

③ 采用高精度传感器和先进的控制系统，可以克为单位进行快速精准计量，称量精度高，生产效率高；

④ 设定参数后，完全智能化操作，操作简单方便；

⑤ 可通过计算机终端和打印机，显示和输出程序和作业信息；

⑥ 需要定期进行标定，若无特殊情况，一般每间隔半年标定一次；

⑦ 支撑秤体的支架或平台要结实稳固，并与周边振动源隔离；

⑧ 环境适应性强，系统可靠性好。

第四节 控制系统

企业的自动化装备水平直接影响着产品的质量、产量、成本及设备运行的安全性和工人的劳动条件，而加工厂使用的控制系统是体现企业自动化水平的关键环节。

由于堆肥车间涉及带有异味的原料、高温高湿的生产环境以及发酵产生的臭气，现代工厂化规模堆肥场都希望摆脱通过现场控制单机进行堆肥发酵的作业模式，倾向于对各个工序采用自动监测、遥控作业的生产模式。自动化监控必然是有机类肥料加工厂未来的发展方向。与其他加工设施类似，有机类肥料加工厂的控制同样涉及供电和电力分配系统、电机控制中心（MCC）、各类传感器、各种仪器仪表，以及安装于操作员控制中心（OCC）的各种控制硬件和软件。供电和电力分配系统属于通用工业控制范畴，在此不做赘叙，只就行业现状和发展方向进行叙述。

为提升设备性能、优化其性价比，一些关键单机如配料秤、打包秤和反应器，都已使用自动化仪表、可编程逻辑控制器（PLC）、触摸屏甚至工控机来控制其工作过程。对于成套设备来说，除了个别单机设备的现场控制柜以外，单纯由开关、接触器、继电器通过电线搭接的控制系统，已逐渐被各类规模化加工厂所摒弃。越来越多的加工厂都在不同程度地采用包含不同传感器、仪器仪表、控制器乃至工控机的电控系统，这类系统不仅可以对设备进行监控，而且具有强大的管理功能，甚至可以通过互联网沟通世界各地。鉴于此，成套加工设备的控制系统分类变得越来越模糊，往往很难就自动化程度明确划清界限。为了叙述方便，下面以是否配备工控机系统作为标志，将其分为传统控制系统和计算机控制系统两部分来介绍。

一、传统控制系统

（一）组成及功能

传统控制系统一般由各类现场传感器、现场控制柜、各种控制仪表、电机控制中心（MCC），以及安装于操作员控制中心（OCC）的控制台组成，它们按照加工工艺要求并依据控制原理图设计的逻辑关系，一起完成设备的启停和动作控制。

1. 传感器与监测探头

如前所述，堆肥原料往往带有异味，发酵期间不但会释放热量、水分和二氧化碳，而且会产生大量的氨气、硫化氢等恶臭气体。基于此，需在车间内不同位置安设二氧化碳、氨气、硫化氢、氧气、湿度、温度等多种传感器，以监测各种过程量，并以它们为依据控制诸如除臭风机、翻堆机、曝气系统等相关设备的启停。

针对翻堆机、粉碎机和造粒机等大型重要设备，许多加工厂都配备专门的操作员，并在设备附近设有急停开关。一方面操作员可以通过现场控制柜对其进行控制，使设备保持最佳工作状态；另一方面当出现紧急状况时，操作员可以通过开关紧急停车。也有工厂为了提高自动化程度，利用电流变送器采集此类设备主电机的电流信号，然后通过安装于OCC内控制台上的控制仪表，来反馈控制其喂料设备或设备本身的运行速度，使其处于最佳工作状态。

2. 电机控制中心

MCC与OCC是以电力为能源的加工厂必备的控制系统，只不过有些场合二者合并在一起，有些场合以现场控制柜的形式直接安设在设备旁边。在没有分别独立设置的应用场合，虽然都不能称为中心，但必须完成同样的功能。从长远来看，为了有效规避电磁干扰、环境影响等问题，建议尽量单独设置MCC与OCC，并将它们布置在相邻或上下楼正对的两个房间，所以本章仍然使用这两个概念。

MCC一般包括每个电机的空气开关、接触器和热继电器，有些还包含软启动器或星三角（Y-△）启动器等降压启动器。空气开关，又名空气断路器，是一种只要电路中电流超过额定电流就会自动断开的开关，是电力拖动系统中非常重要的一种电器，它集控制和多种保护功能于一身，除能完成接触和分断电路外，还能对电路或电气设备发生的短路、严重过载及欠电压等进行保护，同时也可以用于不频繁地启动小型电机。接触器是一种可快速切断主回路，且可频繁地接通与关断大电流的电路控制装置，它利用主接点来控制电路，用常开和常闭两对辅助接点来导通控制回路；主接点一般是常开接点，经常被用来控制电动机的启停。热继电器是过载继电器的简称，它是一种利用电流的热效应来切断电路的保护电器，常与接触器配合使用，主要用于电动机的过载保护、断相及电流不平衡运行的保护及其他电气设备发热状态的控制。

三相电动机的启动电流很大，可达到额定电流的4～7倍。很大的启动电流在短时间内会在线路上造成较大的电压降，这不仅影响电动机本身的启动，也会影响到同一线路上的其他电动机和电气设备的正常工作。针对大部分启动时负载轻、运行时负载重的应用场合，人们通常对这些电机采用降压启动。这是一种以牺牲功率为代价来降低启动电流的启动方法，其原理是在电动机启动时降低加在电动机定子绕组上的电压，当电动机转起来以后，再将加在定子绕组上的电压恢复到正常值。由于电磁转矩与电动机定子绕组端电压的平方成正比，所以电动机在降压启动时，启动转矩相应减小，故降压启动适用于空载或轻载下的启动。一般情况下，鼠笼电动机对电网的电压要求是 ±10%，其启动功率不宜超过配电变压器容量的 30%。在实际使用过程中，电机功率从 11kW 开始，往往需要采用降压启动。至于启动器本身，目前市场上有传统的星三角启动器、自耦减压启动器、软启动器、变频启动器等多种型式可供选择。基于堆肥场多尘、高湿的特点，一般推荐使用软启动器。

3. 电控柜与控制仪表

OCC 是整个加工厂的控制中心，用来安装全厂的电控柜、工控机，以及温控仪、称重仪表、变频器、触摸屏等各种控制仪表，内部不仅要保持较好的温度、湿度和清洁度，而且通常只能由操作人员和管理人员出入。

电控柜的柜体是一种专门用于安装和保护电气设备、仪器仪表和控制装置的箱体，用来集中控制和管理各种电气设备。它通常由金属或塑料制成，具有防护、隔离、配电、散热和连接等功能。在 MCC 与 OCC 分开设置的场合，电控柜主要包含各种继电器、按钮、指示灯和开关等电气元件，也有人将温控仪、称重仪表、变频器等控制仪表，乃至 PLC、触摸屏等镶嵌在电控柜上，用于实现对设备的控制和保护。对于使用工控机控制的计算机控制系统，也可以将计算机的硬盘、总线、存储器、主机电路板、接口电路板等安装在其内。针对加工厂内的个别重要设备，往往利用现场控制柜在设备旁边进行控制，并在 OCC 控制台上显示其工作状态。

图 8-31 是一套时产 10t 有机无机复混肥加工成套设备的模拟屏控制台，它由柜体、模拟屏和各种电气元件组成。柜体上部的模拟屏直接显示成套设备的工艺流程，在绝大部分设备符号上都设有拨动开关和指示灯。柜体下部安装有各种开关、继电器、变频器等电气元件，它们与 MCC 的接触器共同组成控制系统。控制台上装有手动、自动选择开关，当选择“手动”运行模式时，操作员可以通过拨动开关启停对应设备，指示灯同时显示其启停状态；当选择“自动”运行模式时，系统按照工艺要求设定的联锁关系导通控制回路，实现设备的自动运行。该厂的目的是制造有机肥颗粒并将其与其他三种 N、P、K 原料混合在一起，所以在包装之前设有配料仓、配料秤和双轴桨叶混合机，配料仓下部设有变频器驱动的皮带喂料机，通过调节喂料机的速度来控制不同原料的添加量，制造配方设定的有机无机复混肥产品。在模拟屏上的打包秤符号旁，只有一个指示灯而没有拨动开关，这是因为该厂的打包秤使用现场控制柜独立控制，在 OCC 控制台上只显示其工作状态。

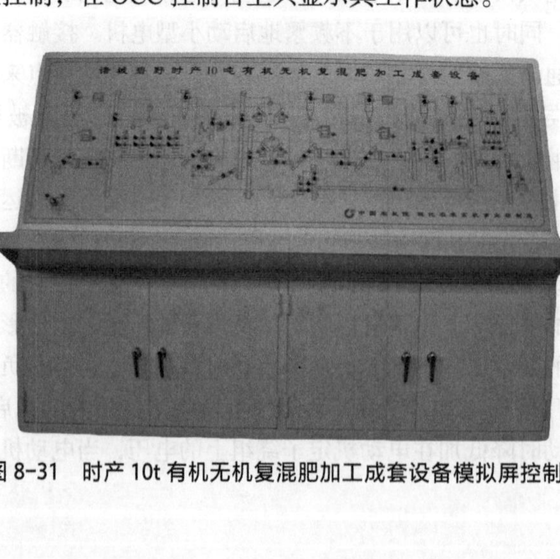

图 8-31　时产 10t 有机无机复混肥加工成套设备模拟屏控制台

图 8-32 是一套原料膨化加工成套设备的模拟屏控制台，它除了具备上述控制台的基本逻辑功能外，还在模拟屏上安装了 PLC 和触摸屏，以实现手动、自动控制两种功能。模拟屏上还装有用于控制粉碎机和膨化机喂料器的变频器，在自动控制状态下，系统通过变频器自动调节喂料器的转速（进而调节喂料量），使它们处于最佳工作状态；在手动控制状态下，操作员可根据模拟屏上两台主机的电流表读数，通过旋转对应的电位器来调节变频器的输出。模拟屏上的两台比例微分积分控制器（PID 控制器），分别用于监控调质器和膨化机的温度。该控制台虽然没有使用工控机，但由于引入了 PLC、触摸屏、变频器和控制器，其自动化水平其实已经较高。由此看出，传统控制系统和计算机控制系统的界限其实已经变得相当模糊。

图 8-32　原料膨化加工成套设备模拟屏控制台

（二）性能特点

① 操作直观简单，操作员通过面板按钮、开关控制各设备的启停；

② 系统具有手动 / 自动切换功能，在个别控制器出现故障时，能够临时手动操作，并且便于设备调试、维修；

③ 自动控制状态下，系统具有全面联锁功能，能够有效避免操作员误操作；

④ 系统具有过载保护及报警功能，可以防止设备损坏；

⑤ 可实现成套设备的集中控制并显示设备工作状态，便于生产管理；

⑥ 继电器与控制线使用较多，容易出现控制线脱落损坏和继电器触点失效；

⑦ 出现电气故障时，需要检查的导线和元器件较多，故障排查较难。

二、计算机控制系统

（一）组成及功能

计算机控制系统除了包含各类传感器、现场控制柜、各种控制仪表、电机控制中心（MCC）外，还在操作员控制中心（OCC）设有工控机。计算机技术在我国有机类肥料加工厂中的应用起步较晚，从 20 世纪 90 年代后期开始，随着人们对有机肥料的重视，计算机控制技术才被逐步引入，到目前已被行业广泛接受。可以说，肥料工业离不开计算机技术，计算机技术促进了肥料工业的发展。

1. 典型控制系统

有机类肥料生产过程中使用的控制系统，是工业自动化控制项目中比较常见的普通系统，此类系统使用一台计算机来实现核心的生产过程控制任务，通常还在厂区内与采购、销售、库管、品管和主管等部门的远程计算机组成局域网，进行实时通信、数据传输和资源共享（见图 8-33）。这种控制系统的主控计算机（上位机），也是其他远程计算机的服务器，除了直接显示现场的生产数据以外，还需要记录并保存大量的生产数据，通常保存几个月到一年，同时提供丰富的历史数据处理功能，包括事故追忆、生产统计、质量统计，并提供丰富的报表，如生产班报表、日报表、年报表，以及批次生产报表等。绝大部分情况下，与加工设备控制相关的所有输入、输出信号，都与执行控制的 PLC 或控制仪表连接，主控计算机通过下位的 PLC 、固态继电器、控制仪表等来实现生产过程的实时逻辑控制。

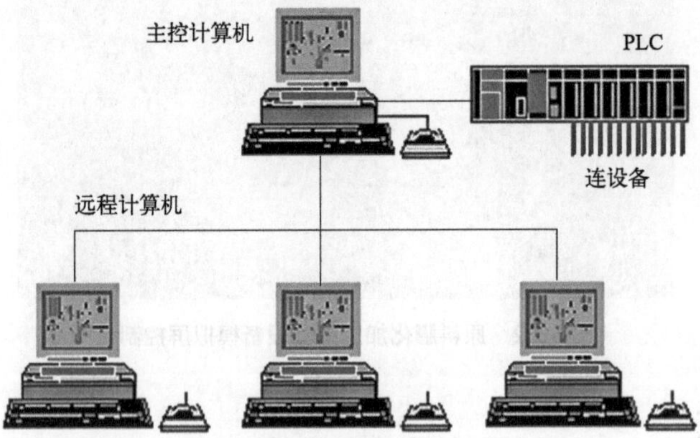

图 8-33 典型局域网控制系统

为了实现手动、自动控制切换，并直观地手动控制部分设备，这类控制系统以前通常与 OCC 中的模拟屏控制台联合使用。随着计算机技术、控制技术和网络通信技术的迅猛发展，越来越多的加工厂倾向于直接通过键盘、鼠标、显示器和触摸屏来控制和显示设备的启停状态。操作员可以通过键盘或鼠标来实现自动、手动切换，并控制设备的启停。系统利用彩色显示器显示全厂工艺流程，或逐屏显示各个系统的工艺流程，在设备符号旁展示设备运行状态和各种工艺参数，实时给出各设备、仪器仪表及传感器的大量工作信息。若设备出现故障或生产过程中断，系统可以及时报警并提供诊断信息。工厂的管理数据以及所有设备的运行信息，都可以在系统中形成历史记录曲线和数据报表，并通过不同终端显示器或打印机输出。图 8-34 是 WEM 公司开发的造粒机控制系统工作界面，图 8-34（a）实时显示造粒机的喂料器转速、液体添加比例、调质温度、主电机工作电流和系统生产率等参数，系统可以根据主电机电流自动调节喂料器转速，并且根据生产率和调质温度自动调节蒸汽添加量，使造粒机处于最佳工作状态。图 8-34（b）是造粒机运行参数历史记录曲线，管理人员可以随时查看造粒机在不同时段的工作状态数据。

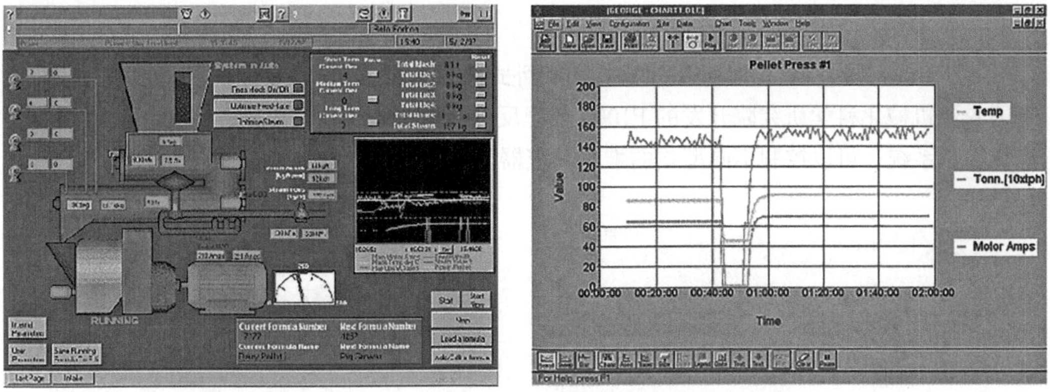

(a) 造粒机自动控制屏 (b) 造粒机运行参数历史记录曲线

图 8-34 造粒机控制系统工作界面

这类控制系统一般具有强大的工艺设备适应性和管理功能，操作员可以根据工厂的工艺流程和设备配置，通过软件进行工厂配置和工艺参数设置。例如，配料仓的数量，配料秤的数量和量程，是否具有手投料，是否添加液体，混合机的数量、加料顺序和混合时间，造粒机的生产率和负荷，以及烘干时间和温度等。系统也可以储存原料和各种有机类肥料配方，供操作员加工时直接调用。同时，系统还可以对原料采购、收发，生产调度，仓库管理和销售预订进行统一管理，为相关部门提供决策信息。通常情况下，操作员可以对程序和数据进行备份，并在需要时及时恢复。

另外，这类控制系统通常可以通过调制解调器和电话线，与外部计算机交换数据和程序，允许远程用户通过网络访问系统、进行远程操控。其工作原理如图 8-35 所示，用户端的控制系统上设有一个 T 型开关，T 型开关与远程计算机之间通过两台调制解调器和电话线相连；正常工作状态下，T 型开关置于 C 位，远程计算机无法访问控制系统；当 T 型开关置于 A 位时，远程计算机可访问控制电脑；当 T 型开关置于 B 位时，远程计算机可访问 PLC。这种设计为控制系统提供了强大的远程诊断和操控功能，生产厂家可以远距离为客户设置参数、排查故障并纠正错误，为系统调试和售后服务提供了巨大的方便。

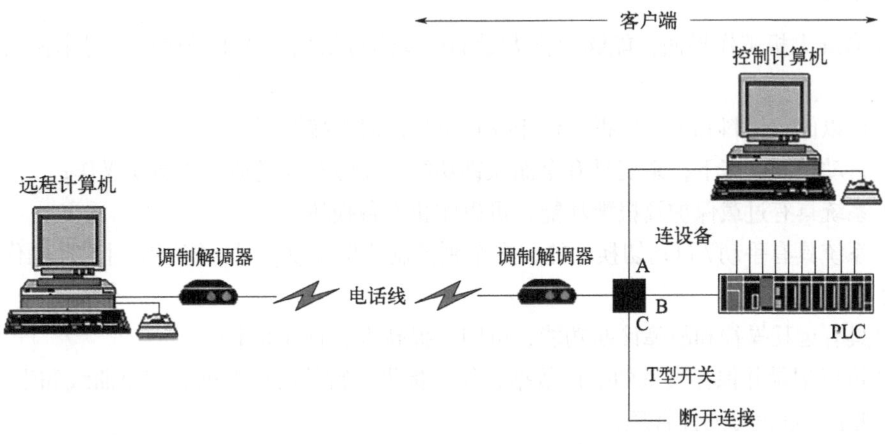

图 8-35 控制系统远程联机工作原理

2. 反应器智能控制系统

根据结构型式，反应器通常分为立式和卧式两种，但其工作原理基本一致。图 8-36 是中国农业机械化科学研究院开发的 F1000 堆肥反应器控制系统软件界面，它是一套通用的智能化控制系统，可以控制不同型式的堆肥反应器。

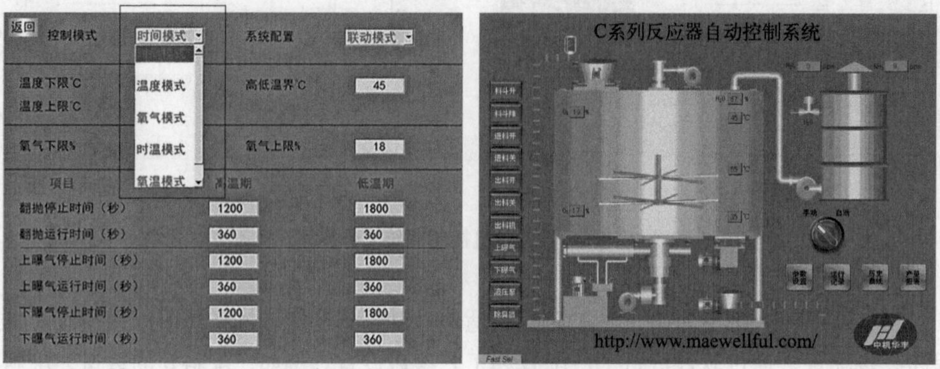

图 8-36 F1000 堆肥反应器控制系统界面

系统由温度、氧气、氨气、硫化氢、水分传感器，包含 PLC 和触摸屏的控制柜，以及堆肥反应器控制软件 F1000 组成。传感器通过 4 ～ 20mA 电流为 PLC 提供信号，触摸屏实时自动显示反应器内部的温度、氧气浓度、氨气浓度、硫化氢浓度以及水分含量。操作员可以通过触摸屏，自由选择手动或自动控制反应过程。在自动控制状态下，系统软件有时控、氧控、温控和温氧联控四种控制模式可选，分别以发酵时间、堆体氧气浓度、堆体发酵温度以及堆体温度结合氧气浓度作为主导物理量，其他工艺参数作为辅助物理量，对不同堆肥反应器进行智能化控制；系统根据设定的控制模式和工艺参数，自动控制搅拌系统、曝气系统和除臭系统的启停，显示不同装置的运行状态，并配合上料装置和卸料装置的启停，适时打开或关闭进出料门，实现反应器工作的全过程控制。控制系统也可以通过 RS 485 信号与远程工控机相联，实时显示并记录运行过程中的工艺参数，为管理层提供决策数据和生产过程追溯信息。

3. 性能特点

① 彩屏人机工作界面，能够提供大量的设备运行信息，便于操作员实时掌握设备运行状态；

② 可以储存原料和配方数据，便于操作员生产时直接调用；

③ 自动控制状态下，系统具有全面联锁功能，能够有效避免操作员误操作；

④ 系统具有过载保护及报警功能，可以防止设备损坏；

⑤ 系统具有手动 / 自动切换功能，在个别控制器出现故障时，能够临时手动操作，并且便于设备维修；

⑥ 具有远程操控和故障诊断功能，可明显提高售后服务效率；

⑦ 可以记录并保存大量的生产数据，能够提供丰富的历史数据、记录曲线和生产报表，容易实现生产过程可溯性管理；

⑧ 可与采购、生产、销售和仓库管理实时交换信息，便于生产管理。

第五节 成套加工设备

前四节按照加工先后顺序，分不同工序就有机类肥料加工的关键单机设备做了较为详细的叙述，目的是让读者了解不同设备的性能特点，为加工厂的设备选型及随后的操作维修提供尽可能多的准确信息。

有机类肥料的加工是个系统工程，大部分情况下无法依靠一台设备独立完成作业，需有机组合适合待加工原料特性的多台不同设备，按照一定的配方和产品质量要求，开展机械化规模作业。如前所述，有机类肥料加工厂所涉及的原料品种繁杂、数量众多，适合这些原料的加工设备甚至工艺过程都有所不同，所以有机类肥料加工成套设备的工艺流程大多与原料相关。

加工厂或成套加工设备不仅涉及机械、电控、气动、液压和计算机等多种基础学科知识，而且还包含不同设备的配套性以及系统的工艺技术路线，所有这些往往直接影响成套加工设备的适应性和操作利用之方便性。成套加工设备设计过程中，必须统筹考虑上述因素，结合当地员工素质、可用原料、市场状况和经济能力进行仔细斟酌，以提高设备的产品适应性，增加其适应市场变化的能力，进而为用户创造较高的投资回报。

一、有机肥加工成套设备

图 8-37 是有机肥（或生物肥）加工工艺流程集成，几乎囊括了现有的各种有机肥加工工艺，供用户根据需求选择；可以加工粉状有机肥或颗粒有机肥，颗粒肥的形状可选择球状或柱状。

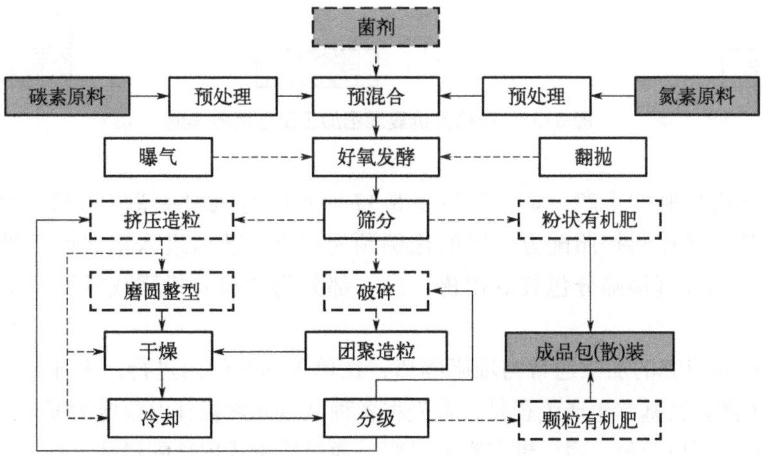

图 8-37 有机肥（或生物肥）加工工艺流程集成

其工作原理是：经过预处理的原料，经预混合之后进入堆肥装置发酵，有时在预混合过程中还加入稀释后的各种微生物菌剂；为了保证工厂化堆肥进程，通常在堆肥装置内安装有翻堆机（或翻抛部件）和曝气系统；物料充分发酵腐熟之后，经筛分去掉杂质和填充物，一部分作为粉状有机肥（或生物肥）经包装（或散装）进入市场销售；另一部分用来加工成颗粒有机肥（或颗粒生物肥）。加工成型的球状或柱状颗粒，通常经过干燥冷却后作为颗粒有机肥包装销售。需要特别说明的是：团聚造粒和挤压造粒两类加工方法生产的颗粒含水率明显不同，所以所需烘干机的水分蒸发量也有很大差异，绝大多数柱状挤压颗粒甚至无需烘干，经过冷却后即可达到商品的水分含量要求。所以，由于造粒后续高能耗烘干工序的差异，两类造粒工艺的设备投资以及运行成本存在较大差距。

二、有机无机复混肥加工成套设备

有机无机复混肥既能为土壤提供有机质，又能为作物及时提供所需的养分，而且施用量相比纯有机肥大幅减少，目前是我国有机类肥料的主要产品型式。图 8-38 是有机无机复混肥加工工艺流程集成，与图 8-37 类似，同样囊括了现有的各种有机无机复混肥加工工艺供用户选择。这类工厂可以将各种碳素原料、氮素原料、氮磷钾无机肥以及各种微量元素，加工成市场需要的粉状或粒状有机无机复混肥。

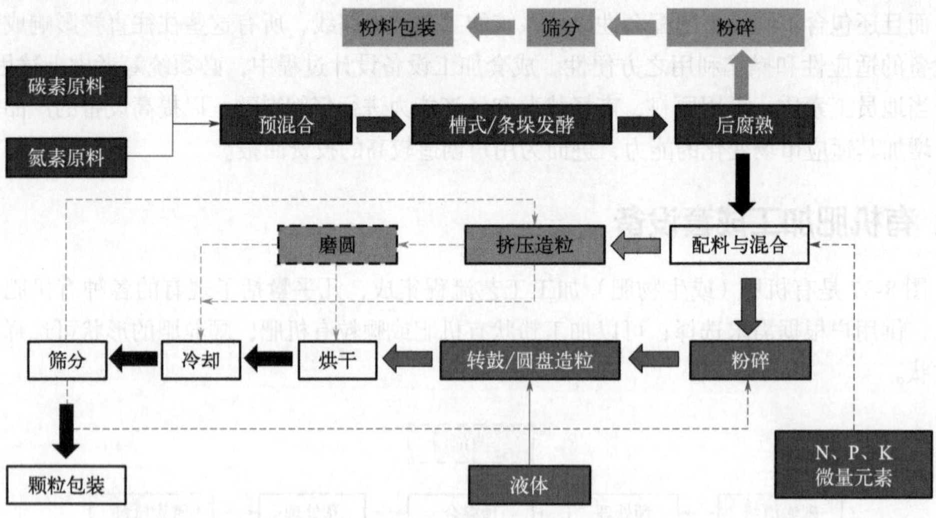

图 8-38 有机无机复混肥加工工艺流程集成

针对粉状有机肥的生产，本工艺与图 8-37 所示的有机肥（或生物肥）加工工艺几乎没有区别，都是将原料按照配方设定的比例预先混合，然后进入槽式或条垛发酵系统堆腐，腐熟后一部分直接筛分包装后销售，另一部分为颗粒有机肥或复混肥生产提供有机原料。

有机无机复混肥的加工通常与堆肥隔离，在单独的车间内进行，大部分工厂采用自动化成套设备生产。其基本生产流程是：首先将各种微量元素稀释混合成为复合组分，与来自堆肥车间的有机肥以及氮、磷、钾三类无机肥，通过连续式皮带配料秤计量配料后，由下游的双轴桨叶连续混合机均匀混合到一起，制成粉状有机无机复混肥。在此基础上，用户可以根据市场定位确定产品形状。若产品以柱状或较大的球状颗粒为主，通常选用挤压造粒机将粉状复混肥压成柱状颗粒，然后经过冷却后筛分包装上市；也可将压制后的柱状颗粒磨成圆球，经烘干冷却后筛分包装，筛分产生的筛下物返回挤压造粒机再次制粒。若产品以较小的球状颗粒为主，一般首先将粉状有机无机复混肥粉碎，然后将其送入转鼓或圆盘造粒机团聚成球状颗粒，随后经烘干冷却后筛分包装上市，筛分产生的筛下物和筛上物被送回粉碎机粉碎后，再次返回转鼓或圆盘造粒机造粒。

在团聚造粒过程中，均需对粉状有机无机复混肥进行粉碎；相比较而言，挤压造粒机由于其环模和压辊对物料具有碾碎作用，通常无需粉碎。另外，团聚造粒过程中必须加入液体，所以团聚后的颗粒必须烘干去除水分，然后冷却后筛分包装；而挤压成型的颗粒往往无需烘干，通过冷却即可达到商品的水分含量要求，所以所需烘干机的产量及其运行热能成本都相对较低。

第六节 设备操作维护

有机类肥料加工厂虽然远不如化工厂、钢铁厂甚至饲料厂、面粉厂等复杂，涉及的设备无论数量还是规模都相对较小，但任何自动化或智能化加工设备都离不开人员操作和有效保养。设备的正确操作与日常维护是设备管理的重要内容，是任何自动化、机械化加工设备与生俱来的自然属性，拥有者必须高度重视，并配备相应的人员和充足的备件，以保证系统能够正常工作，并持续提供预期的增值服务。

所有操作人员在正式上岗之前都必须接受正规培训，仔细阅读所操作设备的使用说明书，了解其工作原理、内部结构、操作调整要点和维修保养要求。在安装调试结束后逐步正式上岗，在培训人员的亲自指导下，按照使用说明书要求的步骤启动设备，并观察、掌握其空载和负载运行状态。这里需要特别重点强调要避免的是：一些加工厂在设备开箱安装过程中，将设备使用说明书丢失或者束之高阁，操作人员和维修人员甚至都见不到这类文件。无论是前者还是后者，其结果都是使用说明书没有物归其主，导致设备无法得到正确操作和有效保养。

一、安全第一

“安全第一、预防为主、综合治理”是我国安全生产的方针，认真落实这一方针是搞好安全生产、保障从业人员的生命安全健康、保障企业顺利进行的根本要求。随着科学技术的发展，工厂生产的产品越来越多，生产工艺越来越复杂，工艺条件要求越来越高，同时潜在的危险也就越来越多，对安全生产的要求也相应提高。这就更要对生产中工艺操作、设备运行、人员操作等过程中的危险进行超前预测、科学预防，从而有效避免人员和设备安全事故的发生。

有机类肥料加工成套设备包含多个工序，往往涉及多名管理人员、操作人员、维修人员和其他生产辅助人员。在系统投入使用之前，必须为所有员工提供安全培训，让全员了解各个工段的构成、功能、危险因素、安全生产注意事项、紧急控制装置的操作方式，以及应急通道的位置。针对操作和维修等经常接触设备的生产人员，除了接受全员安全培训以外，尽量让他们参加设备调试工作，在实践中学习和了解设备的构造、原理及使用注意事项，从源头上掌握安全生产要素。

设备上所有旋转或运动部件，如皮带、链条、驱动器、齿轮、轴承、联轴器等，都要进行适当的防护。在启动设备之前，要将设备外罩或防护装置关闭，禁止拆除动力传输防护装置；在设备运行期间，禁止将手、脚或身体的任何部位或衣物伸入内部，避免运动部件伤人。在对设备进行调整检修或清理维护时，需要切断电源并对电源进行上锁挂牌处理，防止有人误操作开启电源，对维修操作人员产生伤害。当只有一人进行作业时，使用普通断路器锁具将电源切断；若有多人进行作业，则必须使用安全搭扣锁具，当有人完成工作并将自己的挂锁从安全搭扣上移除，电源还是处于上锁状态并不能开启，只有当所有的作业人员都撤离现场，并将安全搭扣锁具上的挂锁全部移除时，电源才能开启(图 8-39)。

(a) 安全搭扣锁具　　(b) 断路器锁具

图 8-39　断路器安全保护用具

必须按照法律、标准、规范要求，在适当的地方安装有效的安全设施。例如，对进料口应覆盖格栅，若由于物料性质无法使用格栅，应与必须在外壳开放条件下运行的设备同样处理，需要在其周边安装防护围栏，并张贴对应的安全警告标识（如图 8-40 所示)。针对斗式提升机机头、配料仓顶部等较高的操作维修场所，要安装必要的爬梯、平台和防护围栏，并经常检查其连接螺栓是否松动。最后要保持良好的后勤管理，确保所有操作人员了解紧急控制装置的位置和操作方式，保持所有设备周围照明良好、道路通畅。

图 8-40　安全警告标识

二、设备调试

设备出厂之前通常在加工厂内部已进行过设置或调试，但是在运输与安装过程中，有时会有意无意改变设备状态，也有些大型设备本身就需要拆散运输，还有些场合需要根据加工对象逐步调整设备运行参数，使其达到最佳工作状态，所以安装完毕、投入使用之前，首先要对设备进行调试，工作大致包括单机调试、系统调试和人员培训三项内容。

（一）单机调试

单机调试的第一项工作是检查清理机电设备。成套设备安装过程中，可能造成紧固件松动、安全护罩脱落、控制线和动力线虚接等现象，也可能有铁块、铁锈、焊渣、焊条头等异物进入设备和系统内部。在安装结束、调试开始之前，要针对这些项目逐台设备仔细检查，并根据需要重新紧固和清理，确保不再存在上述现象。对于现场安装的压缩空气系统、液压系统、水和蒸汽管道，通常需要在连接的仪器仪表或重要阀门前打开游刃接头，利用压缩空气喷吹管道后，再将其重新连接备用，以防铁锈、焊渣等堵塞系统。

第二项工作，操作维修人员要在现场培训员的指导下，认真阅读设备使用说明书，并按照说明书的要求逐台检查设备状况，例如轴承、齿轮箱的润滑脂、润滑油加注情况，联轴器的同心度，皮带、链条的张紧状况，链轮、皮带轮是否错位，阀门能否灵活开关，以及皮带是否跑偏等，然后进行适当的添补和调整。针对液压系统和气动系统，要按照说明书要求分别加注规定的液压油和润滑油，打开相关回路，并调整好阀门和油雾器的雾化速率。随后，要结合 MCC 和电控系统，检查设置所有驱动电机的空气开关和过载保护热继电器，检查调整各种感应开关或行程开关的位置，检查指示灯是否显示正确，并对各类仪器仪表和传感器进行设置标校，确保控制系统不但具有短路、过载等各种保护功能，而且能够及时准确地接收和发送信号，并可为系统、操作人员和管理人员提供准确可靠的反馈信号和操作、管理信息。

待所有上述准备工作完成后，单机设备基本进入可启动状态。对于一些空载负荷较轻的关键设备，调试人员可以首先采用人力手动盘车，检查是否有剐蹭、卡死现象；对于空载负荷较大的设备，理论上要采用电动盘车来进行检查，但针对设备动力普遍较小的有机类肥料加工厂而言，几乎所有设备都可实现手动盘车，尚无此必要，极端情况下可以采用点动方式来检查。鉴于液压站、压缩空气站和锅炉房具有公用特性，往往同时为多台设备提供动力，建议首先启动泵站、空压机和蒸汽锅炉，然后按照系统逐个打开管道阀门，通过减压阀为不同设备或部件调整好工作压力。待确定没有问题后，将控制系统置于手动状态，再通过控制开关逐台启动设备。期间，首先点动启动电机、检查设备转向，若转向不正确，将三相电机的任何两根动力线对调便可换向；随后正常启动设备，观察设备显示是否正常，检查设备各个部位是否有异常噪声或动作，通过简单的功能测试检测设备是否正常运行；最后观察并记录诸如轴承温升、转速、噪声、振动情况等反映设备运行状况的参数，为以后保养维修提供参考。如此循环调试完各台单机之后，成套设备进入系统调试阶段。

（二）系统调试

单机调试结束，仅仅标志着关键设备都可以独立启动和运行，只有当系统全部正确联通、信号可以及时准确反馈、单机能够按照动作要求作业时，成套设备才可以进入空载和负载试车阶段。为此，首先需要调试控制物料流向的分配器、气（电）动三通和气（电）动闸门。在手动控制状态下，于控制系统中逐个选择上述设备的流道位置（物料走向），观察其实际到达的位置是否与选择位置一致，若不一致需调整信号线使其相互对应。其次要根据工艺要求，按照控制系统设计的操作菜单，对诸如发酵车间的发酵周期，堆体温度，堆体水分，氧气浓度，曝气压力，NH_3、CO_2、H_2S 等废气浓度，以及制肥车间的喂料器转速，混合时间，造粒机主机电流，烘干温度，冷却时间等系统参数进行设置，使计算机或仪器仪表能够根据设定的阈值，按照程序发出相应的控制信号，从而控制相关设备启停，以维持期望的运行逻辑和加工工艺参数。随后要定义或输入与原料、配方和产品相关的操作参数，例如原料名称、代号、数量和存放料仓，配方代号、组分名称、组分重量和混合加料顺序，产品代号和存放料仓，让控制系统能够随时按照希望的配方调用相应原料生产肥料，并可提供准确的原料和产品库存数据，为采购、生产和销售提供决策信息。

需要特别强调的是，智能化控制的基础是传感器处于正常工作状态，它们必须能够准确监测设备运行状态，及时反馈受控物理量的信息。所以在系统调试期间，必须彻底完成全部仪器仪表和传感器的设置和标校。例如，只有当传感器告知系统 NH_3、CO_2、H_2S 等废气的准确浓度后控制系统才能判断它们是否超过设定值，从而决定是否让除臭系统启动工作。

至此，准备工作全部完成，系统进入全面空载和负载调试阶段，系统内部设备随时都有启动的可能，必须要求在场的非操作人员远离设备，以免出现安全事故。在空载试车之前，操作人员要全部上岗、准备工作，听从调试指挥人员的统一调遣安排；调试人员要认真阅读理解控制原理图和 PLC 梯形图，根据它们的要求重点检查设备的动作顺序和联锁情况，并在控制屏幕上逐台观察设备的运行参数，发现问题后立即停机调整。当空载调试结束、系统设备处于正常状态后，启动成套设备并逐步加载进行负载试车，操作人员和维修人员一方面要重点检查设备的运行状态，观察并记录设备的转速、压力、噪声、振动、电机电流和轴承温升等情况，供日后查阅；另一方面要查看物料通道，检查是否出现跑冒滴漏、交叉污染等现象，并配合质检人员采样、化验产品质量，发现问题后要及时做出相应调整。需要说明的是，负载试车不但是一个检查调整过程，而且也是一个设备磨合过程，虽然尚无标准明确规定试车时间，建议通过 3 次加载逐步达到满负荷，而且磨合时间不低于 3d。当成套设备负载试车结束后，往往要组织用户和设备供方人员，必要时可以邀请第三方测试机构，一起按照合同规定指标进行性能测定，为成套设备交验完工提供技术资料支持。

（三）人员培训

设备调试期间，往往需要打开机罩，对内部重要零部件、润滑点等关键部位进行检查调整，这是操作维修人员了解设备构造、动作原理的最佳机会。另外，调试人员通常需要根据实际情况，对仪器仪表、操作系统、各种探头进行设置和标校，这无疑给操作维修人员提供了很好的现场学习机会。加之负责调试的技术人员，往往肩负现场培训操作维修人员的职责，一般都乐意此时有人能在现场配合工作，所以未来的操作维修人员一定要在调试期间进场接受培训。正因为如此，特意将人员培训与设备调试放在一起介绍。

需要特别说明的是：堆肥作业在某种程度上是一种艺术而非技术，它受原料和环境因素变化的影响极大，系统效率和产品质量很大程度上取决于操作员的经验。设备调试期间，一定要让操作人员在现场学习观摩，与调试人员充分交流沟通，共同研究物料性质、环境因素对加工过程的影响，形成一整套适合自己地域特点和原料特性的发酵工艺参数。

三、操作维保要点

通常情况下，有机类肥料加工成套设备包含几十台单机，既有机械设备又有电控系统，既有液压系统又有气动系统，甚至还包括 PLC 和工控机等多种类型的设备，每类甚至每台设备都有不同的工作原理和结构型式，几乎不可能用很短的篇幅统一将所有设备的操作维护细节描述清楚，这里仅就重点共性问题进行介绍，所以命名为“操作维保要点”。针对具体设备的操作和维护保养，相关人员必须认真学习研究相应的使用说明书。

加工设备本质上是一种生产工具，只有正确使用并得到适当的维护保养才能维持稳定的生产。成套设备除了需要合格的操作员外，用户必须配备一定数量的专业维修人员，最起码不少于机械、电气各一人结伴工作，也可以雇佣外部单位提供日常维保服务，以实施初步的设备维护保养和易损件更换。在成套设备调试期间，维修人员与操作人员应同时上岗，在熟悉了解成套设备的过程中，操作人员要参与编制生产操作规程，明确管理人员和操作人员的岗位职责，以及不同岗位的操作要点、注意事项和日常保养项目；维修人员要参与建立设备档案、编制检修维护方案，明确不同设备的检修周期、检修内容和维护项目，同时向调试人员学习有关易损件更换的方法和技巧。

（一）常规操作保养

成套设备投产后，操作人员要按照使用说明书和生产操作规程进行操作，并对设备进行观察、清洗等日常保养。每次启动系统前，操作员都要认真查看机械设备和控制系统，发现松动、磨损、变形、渗漏等机械问题时要及时排查；控制系统要按照要求进行预热，若出现电压波动或其他故障时，要根据故障现象和提示信息进行诊断分析；同时要与维修人员沟通，准确告知问题线索或处理措施，以期及时排除故障，避免出现设备带病工作。

检查无误后要按照联锁顺序启停设备，期间要密切观察设备的运行状态，若出现异常高温、振动、噪声、报警提示等现象，要立即停机检查，待问题消除后再开启系统。针对不同原料，操作员要逐步摸索了解机电设备的性能，在避免出现超负荷运行的前提下，尽最大可能发挥设备潜能，以提高劳动生产率。运行结束后，一方面要对机械设备进行清扫，同时再次对轴承、减速机的密封和油位等关键环节进行检查；另一方面要备份程序和生产数据，清洁整理电控系统，并按照要求切断电源。

（二）机械设备维保

单机设备是成套生产线的有机组成部分，缺一不可，任何设备出现故障都将对整条生产线的连续工作产生影响，所以必须注重设备的维护保养。维修人员除了按检修维护方案进行设备的日常检查修理外，还要在工作期间巡检观察设备，熟悉了解设备的运行状况，发现问题苗头后及时查阅说明书排查问题，提前排除故障。

正式投产一周之后，成套设备基本进入稳定状态，通常要对其进行一次整体检查，重点关注螺栓、螺母是否松动，阀门、管道与密封圈是否泄漏，带轮、链轮是否错位，皮带、链条是否需要张紧等安装调试期间不易发现的问题，并对发现的问题及时修复。针对现状需要在此特别强调：在拧紧螺栓、螺母时，要尽量使用可以设定扭矩的力矩扳手，以保证它们都能达到规定的拧紧力矩标准。

轴承是机械设备的重要工作部件，正常工作状况下，其温升不应超过 40℃，最高温升不得超过 70℃。轴承润滑是机械设备维保的重要内容之一，特别是在存在灰尘、水蒸气和腐蚀性气体的有机类肥料加工厂中，维保人员要对润滑脂的种类、加注量和加注周期重点关注。润滑脂的作用是润滑、保护和密封，选择润滑脂时要考虑摩擦副的工况（负荷、速度、温度)、工作状态（连续运转、间歇运转、有无振动和冲击）和工作环境（湿度、气温、空气污染程度）等因素。通常在设备出厂前，轴承已在工厂加注过适合正常操作条件的润滑脂，用户可以继续按说明书要求使用同种润滑脂，在肥料加工厂也可以全部统一加注 2 号锂基脂。它是一种由天然脂肪酸锂皂稠化石油润滑油制成的润滑脂，滴点高于 180℃，能长期在 120℃左右环境下使用，具有良好的机械安定性、化学安定性、抗水性和低温性，可用于在潮湿环境中使用的高速轴承和机械部件。鉴于有机类肥料加工厂的工作环境，应给低速运转轴承尽可能多地加注润滑脂，以维持其密封处的轻微泄漏，进而防止外来物质进入轴承内部；对于高速运转的轴承，所需的润滑脂加注量只能根据转速由经验决定，太多的润滑脂会导致轴承过热，一旦出现这种现象，必须排出过量润滑脂。至于润滑周期，应该以“维持密封处轻微泄漏”为依据，根据经验确定，但往往可以参照表 8-1 进行加注。

表 8-1 滚动轴承润滑脂加注间隔 单位：周

每日工作时长 /h	轴承转速 /(r/min)				
	1 ~ 250	251 ~ 500	501 ~ 750	751 ~ 1000	1001 ~ 1500
8	12	12	10	7	5
16	12	7	5	4	2
24	10	5	3	2	1

另一项重点维保工作是减速机润滑油的更换，其频率取决于工作时间、工作强度和工作环境等因素。初次运转的减速机在运转 200 ～ 300h 后应进行第一次换油，在以后的使用中应定期检查油的质量，对于混入的杂质或变质油必须及时更换。一般情况下，对于长期连续工作的减速机，按运行 5000h 或每年一次更换新油，长期停用的减速机（一般在 12 个月以上）在重新使用前，必须更换润滑油。减速机应加入与原来牌号相同的润滑油，不得与不同牌号的润滑油混合使用，牌号相同而黏度不同的润滑油允许混合使用。

除此之外，维修人员还要按照检修维护方案对设备进行定期维保，包括过滤器清理、废气污水排放、皮带链条张紧、皮带跑偏调整、液压油加注更换、气动系统油雾器注油、易损件检查更换等。另外，维修人员还要制订备件、配件采购计划，保证维持适量的易损件库存，使其能够得到及时更换。

（三）电气设备维保

如前所述，在有机类肥料加工厂中，通常含有较多的灰尘、水蒸气和腐蚀性气体，所以这类工厂的控制室或 MCC 必须单独封闭，与外界隔离，严格控制室内的粉尘、湿度和温度，避免水汽和腐蚀性气体侵入，同时要禁止人员在内部吸烟。针对现场控制柜，当其使用环境相对湿度超过 95%（25℃）时，应对电气设备和元件进行特殊处理，如加外箱隔离潮湿，并定期在箱内放置足够量的干燥剂，以使电控装置使用环境内的相对湿度不超过 95%；控制柜的门、盖、锁及门框周边的耐油密封条均应保持良好，门、盖应关闭严密、保持柜内清洁，不得有水滴、油污和金属屑等进入柜内，以免损坏电器、造成事故。

电气维修人员首先要对电控系统进行定期检查，包括：线路接头、电气元件、传感器、执行器等是否有松动、损坏或老化等异常情况，各种保护开关、位置开关能否起到保护作用，系统和仪表的接地、防晒、防水、防腐、防雷击、防强电磁处理是否满足要求，控制台的操作按钮、主令开关动作是否有效，语音、声光信号、指示灯是否正常，监控显示屏上是否有相应的故障显示等，如发现异常应及时处理修复。其次，电控系统的部件在使用过程中会积聚灰尘和污物，维修人员还要对其进行及时的清洁维护。清洁时应先关闭电源，用干净的软布擦拭，注意不要用水或液体清洗，以免引起短路或电气故障。再次，在有机类肥料加工厂中，通常包含各种传感器，随着时间的变化，它们一般会发生信号漂移，维修人员必须按照说明书规定的程序，对其进行定期标校，以确保它们为控制元器件提供准确信号。另外，针对 220 V 交流工作电压的大部分控制装置，其电压允许变化范围一般为 -15% ～ 10%（187 ～ 242V），维修人员要经常观察电源电压变化情况，若波动太大，应为其配备性能良好的稳压器。

总之，电控系统的维护保养需要定期进行，并保持系统的清洁、干燥和良好的运行状态。每次进行维护保养时，必须断开电源开关，挂上“设备检修，禁止合闸”的警示牌；随后要记录维护的时间、内容、发现的问题和处理措施等，以便日后管理和参考。运行过程中若发现异常情况，应及时处理，以免造成系统故障或损坏。同样，还要维持一定数量的备件、配件、易损件库存，为正常生产提供坚强后盾。

参考文献

[1] 吴德胜，孙长征，马学良，等 . 采用畜禽便原料生产有机无机复混肥工艺设备探讨 [J]. 磷肥与复肥，2009（5）：59-61.

[2] Environment Canada. Technical document on municipal solid waste organics processing [R].2013-04-03.

[3] 赵明杰 . 平模制粒机加工锯末燃料颗粒的试验研究 [D]. 北京：中国农业机械化科学研究院，2008：7.

[4] 申江涛，KP-250 螺旋挤压式固液分离机开发研究 [D]. 北京：中国农业机械化科学研究院，2014：6.

[5] 李辉，PM800 型秸秆平模制粒机的研究与开发 [D]. 北京：中国农业机械化科学研究院，2015：3.

[6] 李星，C50 堆肥反应器的研究设计 [D]. 北京：中国农业机械化科学研究院，2015：5.

[7] 赵景华，基于 INTERNET 的堆肥反应器远程监控系统设计与实现 [D]. 北京：中国农业机械化科学研究院，2016：9.

[8] 刘廷发，堆肥滚筒筛分机开发研究 [D]. 北京：中国农业机械化科学研究院，2017：6.

[9] 谭荣英，HM700 立式环模有机肥制粒机研究设计 [D]. 北京：中国农业机械化科学研究院，2017：6.

[10] 汪洋，GF12 滚筒翻抛机试验装置的设计与研究 [D]. 北京：中国农业机械化科学研究院，2020：6.

[11] 李国学，张福锁 . 固体废物堆肥化与有机复混肥生产 [M]. 北京：化学工业出版社，2002.

[12] Joe S. Guide to selecting an in-vessel composting system. 2005-01.

[13] Nelson V. Assessment of windrow turners. 2002-02.

[14] Ford M，Fleming R. Mechanical solid-liquid separationof livestock manure：Literature review. 2002-09.

[15] 方天翰 . 复混肥料生产技术手册 [M]. 北京：化学工业出版社，2002.

第九章　堆肥厂规划与设计

第一节 堆肥厂基本构成要素

本节介绍的是工业化堆肥的全构成要素，在实际工厂或项目建设过程中受场地、资金、规模等因素影响，各要素可根据实际情况进行调整。

一、堆肥厂区构成

通常堆肥厂由生产区、办公区、生活区及辅助设施区等区域构成，生产区为工厂主体功能区，将在下面单独叙述。

工厂办公、接待、展示、研发、销售、留样与检测等通常设置在办公区，办公区域应与企业规模匹配；生活区主要设置员工食堂及宿舍；辅助设施区主要有配电、供水、供气、消防、安防、机修、计量、停车、道路、绿化、门卫等设施，通常在厂区呈分散分布状态。

二、堆肥系统构成

堆肥厂生产区主要由储存系统、预处理系统、一次发酵系统、陈化系统、加工系统、尾气收集处理系统、控制系统、检测系统等构成。

（1）储存系统　主要为原材料、辅料、成品、包材、备品备件等储存区域，通常分多个区域，按照就近便利原则，各种原料及产成品分区存放，干湿分开。

（2）预处理系统　由于堆肥原料来源广泛，各理化指标变幅较大，所以必须对原料的粒径、水分含量、pH 值、C/N 值、C/P 值等进行调节，并调节混合物料的均匀度与密度。

（3）一次发酵系统　主要是将混合物料均匀布料到发酵槽（仓、筒），发酵过程中进行翻堆（搅拌）位移，并根据发酵过程中的温度、水分、氧浓度变化进行曝气处理，最后将完成一次发酵的物料输送到陈化系统。

（4）陈化系统　又叫二次发酵系统，与一次发酵相比，主要表现为物料水分含量已大幅度降低，发酵强度大幅度减弱，但系统功能与操作步骤与一次发酵基本相同。

（5）加工系统　主要是将完成发酵后的物料按照规划产品的技术指标进行加工和包装。

（6）尾气收集处理系统　主要是对原材料储存、堆肥发酵及产品加工过程中产生的臭气、水分及粉尘进行收集与处理。

（7）控制系统　随着堆肥工业化水平的提升，智能控制水平也不断提高，堆肥生产逐步向少人或无人值守发展，实现各系统、全流程、全过程的集中或智能控制。

（8）检测系统　主要对原材料、产成品及过程控制指标进行检测检验，该系统一般设置在办公区。

第二节 堆肥厂选址与布局

选址和布局是堆肥厂规划设计的关键步骤。厂址选择应在符合当地社会经济发展规划的前提下，结合资源和资金条件，考虑区域范围内的市场容量，谨慎确定。堆肥厂的选址主要考虑两个因素：一是收集原料和运输产品的便利性；二是堆肥厂与周边环境的协调性。堆肥厂的布局要在满足建设用地地形条件的基础上，考虑堆肥工艺的工序衔接，确保物料运输距离尽量短，体现系统运行节能等。

一、堆肥厂选址

堆肥厂址的选择应遵循以下一般原则。

1. 原材料丰富、运距短、取运方便

充足、稳定的原材料来源是堆肥厂建设与发展的基础，理论上所有的有机物都可以作为堆肥的原料，但规模化堆肥需要相对稳定的原料来源来维护工艺和产品质量的稳定。畜禽粪污、农作物秸秆、田园尾菜、农产品或食品加工下脚料等为常用堆肥原料，但都存在水分含量高、体积大、不便长期和大量储存问题，且价值低廉，长途运输会导致货值与运费倒挂，所以选址首要考虑的是在适宜的运距范围内有足量稳定的原料供应。通常原料最优运距在25km以内，超过100km不在考虑范围内，按照原料与成品（2～3）∶1的比例，一个年产10000t有机肥的堆肥厂，每天原料供应量约为100t。

2. 交通便利

由于堆肥厂原材料和产成品输入输出量较大，所以选址时不仅要考虑原材料的运距，还要考虑交通的便捷。

3. 水电（气热）供应充足

水、电保障也是选址不可忽视的考虑因素，大型堆肥厂设备负荷都较大，不仅需要生产、生活用水，还需要消防用水，一些产品加工线还需要热源供应。

4. 尽可能远离居民区

堆肥设施在建设和建成运行过程中都有可能产生臭气、粉尘、噪声、振动和污水，即使采取了除尘、降噪、减振、污水回用及尾气收集处理等有效措施，但对一些敏感人群，可能还是会产生毗邻效应，所以堆肥厂选址要尽可能避开城乡居民区。

5. 产品就地就近市场容量大

产品销售是项目选址需要考虑的另一重要问题，与传统化学肥料相比，有机肥体积大、质量轻，产品价值相对偏低，不太适合远距离运输。就地就近销售有利于提高工厂效益，所以堆肥厂选址应尽可能靠近特色农业种植区。

二、堆肥厂布局

（一）布局原则

堆肥厂布局应遵循秩序、效率原则，所谓秩序原则就是布局不能违背堆肥系统流程和工艺顺序，要确保工艺顺畅；所谓效率原则就是布局应能最大限度提高生产效率，能以较低的能耗、较少的用工、适宜的劳动强度获得较高的产能和最佳产品质量。

1. 区域布局

总体布局要功能分区明确，特别要考虑洁污分区的环境卫生要求。在资金、场地允许的

情况下，尽可能地明确划分生产区、办公区、生活区及辅助设施区，尽量减少或消除生产区对办公和生活环境产生的不利影响。一般情况下应将办公区和生活区安排在整个项目区的上风向。

2. 系统布局

由于堆肥原料多为有机固体废物，如畜禽粪便、市政污泥和城市垃圾等，水分含量高、臭味重，运输、储存及预处理环节操作不当都可能会对周边环境产生不利影响。布局设计中，应将原料储存系统和预处理系统建设在项目区的下风向；同时，在满足工艺要求的情况下布局的设计要尽可能地提高场地或土地的利用率。

3. 系统规模

一般情况下，系统规模由项目规模决定，但原料特性、设计的产品类型以及选择的工艺也会影响到各系统规模。如原料特性决定储存系统规模，原料水分含量低、来源广、取运方便，储存系统规模相应就小，反之就越大；原料性质也影响预处理系统规模，原料来源及构成越复杂，预处理系统就越大；工艺选择决定发酵系统规模，条垛式堆肥发酵场地占用面积最大，槽式堆肥次之，反应器堆肥最小；产品类型则决定加工系统规模，有机无机复混肥比例越大，加工系统规模也越大。

4. 系统连接

由于堆肥各系统在时间和空间上具有相对独立性，堆肥化体系是否完善依赖于系统间的有机衔接。布局设计中，通常通过建筑物连接、设备连接和工艺连接将各系统整合成一个有机整体。如在同一建筑物内划分不同的功能区域，或者毗邻的建筑物通过传输设备实现物料转移，或者通过翻堆设备实现物料位移等。系统连接方式不是单一的，它受场地、原料特性和资金状况等因素制约。在实际设计过程中，平面布置应力求经济、合理，充分利用土地；在便于施工、便于安装和便于维护的前提下，各构筑物尽量集中，做到节约用地，工厂环境与周围环境协调统一。

（二）平面布局方法

堆肥厂区设施平面布置是依据场地平面几何形状、项目所在地常年主风向及周边道路交通情况，按照有利于生产工艺流程、有利于交通运输、有利于环境保护的原则进行布局。

1. 根据物料流动方向，按照环保要求进行区域布局

通常堆肥物料流动方向为原料储存—发酵和除臭—加工—成品储存。随着物料在系统间的停留，物料水分逐渐减少，臭味逐渐减弱。平面布置时，要遵循办公区和生活区居上风向，生产区居下风向；生产区内，原料区、发酵和除臭区居下风向，肥料加工储存区居上风向。

2. 根据产能和工艺核定系统规模，结合场地进行系统布局

在系统布局前，要根据规划产能及选择的工艺，详细计算和核定各系统规模，在满足工艺要求的前提下，结合场地实际情况，在各功能区合理进行系统布局，应尽量减小物料在系统间的输送距离。

3. 根据投资状况及工艺自动化要求，合理安排系统连接

传统的系统连接基本上采用的是人力加机械的方式，就是利用铲车在各系统间转运物料，成本高、效率低、操作环境恶劣。随着堆肥工业化水平的不断提升，堆肥机械化、自动化水平日趋成熟，生产环境显著改善，生产效率大幅度提高，在资金条件允许的情况下系统连接应尽可能采取智能输送的方式。

第三节 堆肥系统构成及规模

有关堆肥工艺及流程、堆肥系统构成及作用在其他相关章节已做详细介绍，本节不再赘述。由于规模化堆肥厂多以槽式堆肥为主，且槽式堆肥在各种工艺类型中系统最全也最复杂，除发酵系统外，储存、预处理、陈化及加工等系统也多为其他堆肥方式所借鉴，所以本节重点介绍槽式堆肥的系统构成及规模，异同之处也会稍做描述。

一、储存系统

储存系统包括堆肥原料储存、辅料储存、成品储存、包材储存、备品备件储存等诸多储存单元，除堆肥物料储存外，其他材料的储存可参照一般工业企业特别是肥料加工企业进行设置。

堆肥物料包括堆肥原料和堆肥辅料两大类型，通常堆肥原料多为高湿物料，而堆肥辅料多为含水率较低的物料，所以要求在储存过程中做到干湿分区，分开存放。

原料储存系统规模可通过下式计算：

$$\text{每天的发酵产量}\quad W=(W_o+W_mR)/T$$

$$\text{湿原料储存面积}\quad S_1=WR_1T_1(1-V_1)/D_1H_1K_1V_1$$

$$\text{干原料储存面积}\quad S_2=WR_2T_2/D_2H_2K_2$$

式中，W 为每天发酵产量；W_o 为有机肥设计规模；W_m 为有机无机复混肥设计规模；R 为有机发酵料在有机无机复混肥中所占比例；T 为年生产天数；S_1 为湿原料储存面积；S_2 为干原料储存面积；R_1 为湿原料在发酵料中所占比例；R_2 为干原料在发酵料中所占比例；T_1 为湿原料周转天数；T_2 为干原料周转天数；H_1 为湿原料储存高度；H_2 为干原料存高度；V_1 为湿原料含水率；D_1 为湿原料相对密度；D_2 为干原料相对密度；K_1 为湿原料储存系数（原料堆放面积占库房面积的比例）；K_2 为干原料储存系数。

进行储存系统设计前应首先进行原料调查，确定原料的基本性质和供求关系，原料的含水率、碳氮磷含量、堆积密度、堆积性状等是确定原料堆积高度的重要参数，原料供求关系则决定了原料储存周期。

根据以往工程项目设计经验，原料的堆积高度为 1 ～ 2m，含水率越高堆积高度越低；畜禽粪便原料的相对密度为 0.6 ～ 1.0，根据其含水率不同而有较大变化，宜根据实测数据进行设计；污泥类原料的密度影响因素较多，主要取决于污水水质、污水处理工艺及污泥脱水工艺，一般生化法剩余污泥采用带式机脱水后，含水率正常维持在 80% ～ 85%，含水率为 80% 的污泥的相对密度约为 1.24；秸秆类原料的密度取决于粉碎粒度和秸秆种类。混合后原料的体积根据实测取值，一般添加秸秆类蓬松物料后，混合物料比单物料体积的和减少

10% ～ 20%。

高湿物料的储存设计，应便于物料水分的自然挥发。降低物料水分有利于后续工艺段原材料的处理和搭配（配方）、降低生产成本、提高发酵效率。通常可采用阳光棚进行该类物料的储存，通过光照提高棚温，促进水分的快速挥发。

二、预处理系统

由于堆肥原料种类繁多、来源各异，含水率、粒径等理化性状差异较大，预处理系统就是将各异的原料处理成适宜堆肥的状态，并将搭配（混合）好的物料转移到发酵系统内。通常预处理系统毗邻原料储存区，无论选择何种堆肥工艺，对如水分含量、粒径等不能满足堆肥需要的物料状况的预处理系统配置基本一样。

（一）预处理设备

（1）脱水设备　常见的堆肥原料如畜禽粪污、市政污泥、沼渣、甘蔗滤泥等含水率都较高，当物料含水率过高时（85% 以上），高湿物料需先做脱水处理。脱水设备种类较多，有螺杆挤压、叠螺挤压、带式压滤、板框压滤、真空离心等各种类型，应根据物料特性选择合适类型。当物料特性不适合机械脱水时，可采用干燥脱水方式。

（2）粉碎设备　堆肥原料粒径一般应控制在 2cm 以下，粒径过大时需要先做破碎处理。常用粉碎设备有链式粉碎机和锤片式粉碎机，园林剪枝类等大粒径物、高木质纤维类原料需要选用木片机、揉丝机、木糠机等设备进行处理。

（3）输送设备　堆肥的输送系统应具备集料、计量、接收与转运、布料等功能，通常由料仓、计量装置、输送装置及布料装置四部分组成。料仓视原料种类及数量配置 3 ～ 4 个，容积为 10 ～ 200m^3 的不同规格；计量装置多采用变频螺杆，也可选用皮带秤计量；输送装置可采用皮带，也可采用无轴螺旋输送。

（4）混料设备　不同原料在混料设备内混合均匀后才能转运到发酵系统内，常用混料设备为双轴螺旋混料机。特殊原料如生活垃圾、厨余垃圾还需配置分类或分拣系统。

（二）系统规模

预处理系统的大小主要受产量规模和系统内连接方式限制，当然原料类型对其也有一定影响。产量规模决定设备的大小和数量；系统内连接方式决定设备的间距，如采用传送带或螺旋输送时设备间距大，而采用斗式提升输送时设备间距小；原料类型也影响设备类型的选择，如原料种类多、类型复杂，需要多种粉碎设备同时使用时，对系统规模也会产生影响。除布料设备外，预处理系统在整个堆肥系统构成中规模不大，不同产量、不同系统内连接方式以及不同原材料的系统规模差异也不是太大，通常占地面积为 200 ～ 500m^2。

三、一次发酵系统

（一）系统构成

一次发酵系统设备因堆肥类型而存在差异，条垛式堆肥设备配置简单，功能单一，通过对物料的机械搅动起到翻堆曝气作用；反应器堆肥多采用一体化设备，系统高度集成，操作较为简便；槽式堆肥设备相对齐全，其一次发酵系统由发酵槽、布料机、翻堆机、移行车、曝气系统等组成。

1. 发酵槽

发酵槽分宽槽和窄槽两种类型，宽槽尺寸（$L\times W\times H$）通常为（60～100）m×（16～24）m×（2.5～3.0）m，窄槽单槽尺寸（$L\times W\times H$）通常为（60～100）m×（4～6）m×（1.8～2.5）m，3～4个单槽为一组，槽墙上部铺设导轨，便于布料车、翻堆机行走，发酵槽底部预留曝气管道铺设槽位。

2. 布料机

布料机一般由行走底盘、布料斗、传动部件等构成。典型布料机行走速度11.5m/min、旋转速度0.036r/min、配套动力2×0.75kW、布料斗有效容积6m^3、工作幅宽8～24m、布料斗旋转角范围0°～180°

3. 翻堆机

翻堆机（搅拌机）主要由行走底盘部分、搅拌齿、液压升降部分、传动部分及电控部分组成。典型翻堆机的行走速度0.6m/min、搅拌轴转速32.5r/min、工作幅宽4～6m、行走动力2×0.75kW、搅拌动力2×7.5kW。

4. 移行车

窄槽模式一般为一组槽（3～4个单槽）配备一台翻堆机，需用移行车实现翻堆机在各单槽之间的转移，移行车一般配行走动力2×0.75kW、行走速度0.8m/min。

5. 曝气系统

曝气系统主要由高压风机、曝气管道及气体分配阀组成，通常选用风机风压为＞300mbar（30kPa）、风量＞9.2m^3/min、功率5.5～7.5kW；槽式堆肥常采用分段曝气方式，每个槽划分为4段，每段至少铺设3条支管道，通风管口径75mm，管道上钻有小孔，通过高压风机向槽底送风充氧；气体分配阀通常选用电磁阀。

（二）系统规模

高温快速好氧堆肥工艺的发酵周期为7～15d，陈化周期为15～20d，系统规模应以能容纳发酵周期内全部物料的体积来测算，同时还要考虑布料、出料、曝气及相关设施的空间尺寸，根据测算结果确定构筑物（发酵车间）的几何尺寸，包括车间面积、高度、跨度、柱距等。车间几何尺寸测算步骤如下所述。

1. 确定堆体尺寸

堆体尺寸是指条垛、槽式、反应器物料堆积的长、宽、高（含设备尺寸）等几何尺寸。批次处理量、翻堆机顶高、翻堆机作业面高度和宽度决定条垛尺寸；翻堆机规格、每日物料的进出量及槽内位移距离决定发酵槽尺寸；反应器外形尺寸、发酵容积及每日进出料量决定反应器尺寸。

2. 确定堆体数量

根据反应器尺寸及堆肥日处理量或年处理量确定堆体数量。

3. 确定堆体布置方式

根据堆体尺寸与数量、合理间距、进出料、曝气、给排水，结合电气、自控、消防及维修、操作、安全通道等因素，确定堆体及其他设施的平面布置与空间布置。

4. 确定发酵系统构筑物（发酵车间）几何尺寸

根据堆体布置方式，按照建筑设计要求，测算出发酵车间平面尺寸及檐高、顶高、跨度、柱距等。

发酵系统规模可按以下步骤计算。

（1）每天处理不同原料的体积：

$$V=V_1+V_2+V_3+\cdots+V_n$$

式中，V_1、V_2、V_3、…、V_n 为各种原料的体积。

（2）混合原料的校正体积：

$$V_a=V\times 0.80$$

（3）系统（发酵车间）内全部混合物原料的体积：

$$V_b=\text{发酵天数}\times V_a$$

（4）系统（发酵车间）内因原料收缩后的实际体积：

$$V_c=\text{收缩系数}\times V_b$$

不同原料及配方，收缩系数存在差异，通常可以 0.75 计。

（5）单槽（堆体）体积：

$$V_d=ML_a$$

式中，M 为单槽（堆体）截面积；L_a 为槽（堆体）长度。

（6）槽（堆体）数量：

$$N=V_c/V_d$$

（7）系统（发酵车间）长度：

$$L_T=L_a+L_b$$

式中，L_b 为槽（堆体）两端预留操作通道的宽度。

（8）系统（发酵车间）宽度：

$$W_T=WN+W_a+W_b$$

式中，W 为单个堆体宽度；W_a 为堆体间距宽度；W_b 为两侧过道宽度。

（9）系统（发酵车间）面积：

$$M_T=L_TW_T$$

也可按下列方式进行简单推算：通常条垛式堆肥的条垛间距为 80 ～ 100cm，场地利用率为 60% ～ 70%，堆体空间利用率不到 20%，如果按批次发酵周期平均为 10d，年生产时间为 200d 计算，结合堆体大小，每平方米年发酵产量大约为 4t，即年产万吨有机肥至少需要发酵场地 2500m^2；槽式堆肥的场地利用率较高，通常可以达到 80% ～ 90%，槽内空间利用率为 80% 左右，如果按上述发酵周期和生产时间计算，每平方米年发酵产量大约为 12t，即年产万吨有机肥需要发酵场地大约 1000m^2，需要 60m×4m×2m 的发酵槽约 4 个；反应器堆肥（以 S90 型筒仓反应器为例）单体占地面积约 100m^2（考虑进出料、设备间距、操作通道等），单台设备日处理量 5 ～ 8t，产有机肥 3 ～ 4t，则年产万吨有机肥需反应器 8 ～ 10 台，发酵系统占地面积为 800 ～ 1000m^2。不同规模类型的发酵系统大小可依此类推。

（三）曝气系统设计

1. 曝气系统构成

曝气（强制通风）的作用是为好氧发酵提供充足的氧气，同时起到降温和除湿作用。不同堆肥类型曝气系统略有不同，但系统主体基本一致，由风机和管道构成，多管道、多回路的曝气系统会设置气体分配阀，并引入智能控制系统，根据发酵过程控制参数对曝气系统进行调控。

堆肥发酵所需的适宜通风量与原料性质密切相关，曝气系统通风量由风机的风量、风压决定，通常在选配风机风量、风压时，还要考虑原料通风阻力，以及风量、风压在管道中的损失；曝气管道材质和管径应与风机风量、风压相匹配，管路设计时，应尽量缩短管路长度，减少弯曲部、膨胀部、窄小部、分叉部，以减小风量、风压损失。

2. 曝气风机

（1）风机类型　曝气风机类型较多，常见曝气风机基本类型如表 9-1 所列。目前国内多选用鼓风机类型，涡轮型高压离心风机应用占比较大，在槽式堆肥和反应器堆肥中都被广泛应用。选择风机后必须进行设计校核，不仅在风机正常运行状态时要满足风量和风压要求，而且要使风机处于高效工作区域。

表 9-1　曝气风机基本类型

<table>
<tr><td colspan="3" rowspan="3">种类</td><td colspan="2">送风机</td><td rowspan="2">压缩机</td></tr>
<tr><td>送风机</td><td>鼓风机</td></tr>
<tr><td>< 10kPa</td><td>10 ~ 100kPa</td><td>> 100kPa</td></tr>
<tr><td rowspan="4">涡轮型</td><td>轴流式</td><td>轴流</td><td>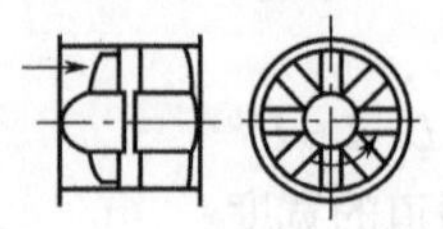</td><td>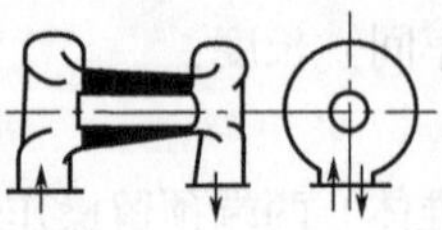</td><td>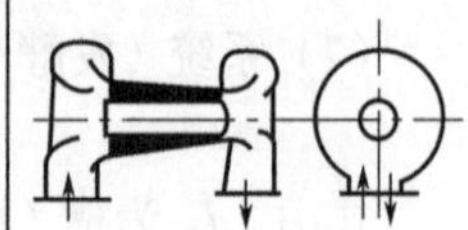</td></tr>
<tr><td rowspan="3">离心式</td><td>多翼</td><td>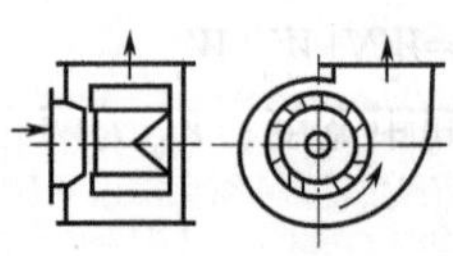</td><td>—</td><td>—</td></tr>
<tr><td>径流</td><td>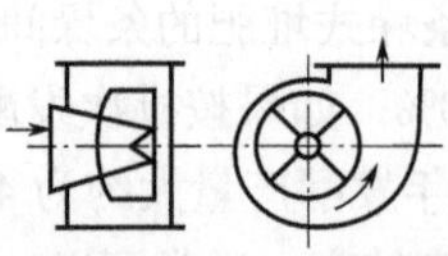</td><td>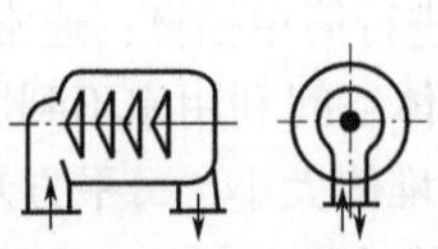</td><td>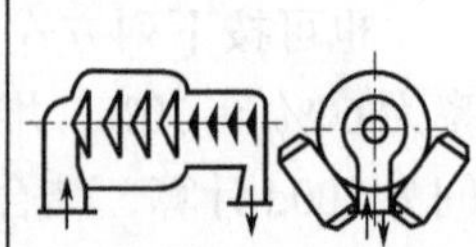</td></tr>
<tr><td>离心</td><td>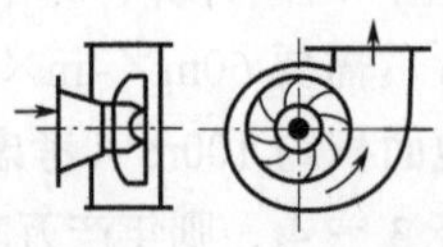</td><td>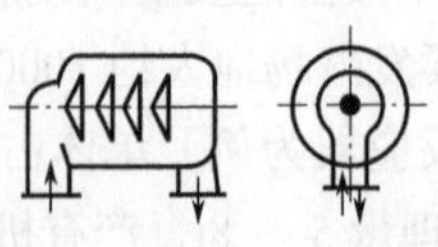</td><td>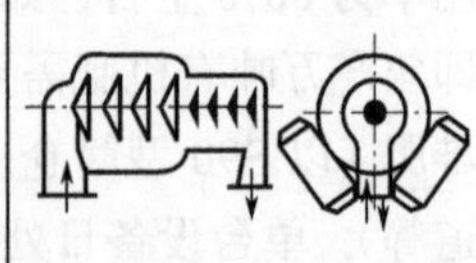</td></tr>
</table>

续表

种类			送风机		压缩机
			送风机	鼓风机	
			< 10kPa	10 ~ 100kPa	> 100kPa
容积型	旋转式	二叶	—	—	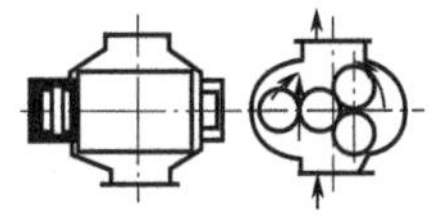
		叶轮	—	—	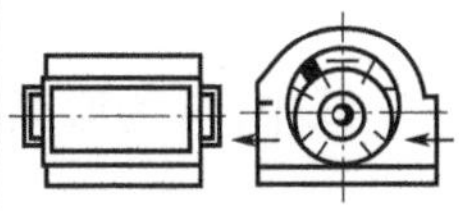
		螺旋	—	—	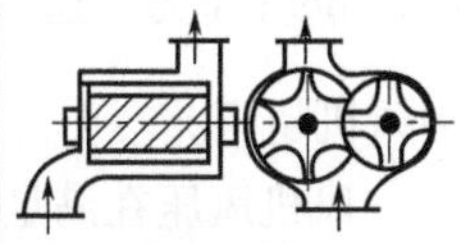
	往复式	往复	—	—	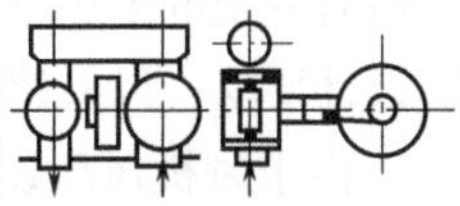

资料来源：日本堆肥化设施设计指南。

(2) 风量　曝气系统总风量（$Q_{总}$）由物料体积（M）和通风速率 [q，$m^3/(min \cdot m^3)$] 决定，通风速率因原料和发酵进程存在差异（表 9-2），设计时应根据实验结果确定通风速率，据此计算曝气系统总通风量，从而推算出曝气风机额定风量。

曝气系统总风量：$Q_{总}(m^3/h) = qM/60$

曝气风机额定风量：$Q_{额} = kQ_{总}$（k 为通风系数，一般取值为 1.1）

表 9-2　常见原料通风速率　　　单位：$m^3/(min \cdot m^3)$

主要原料种类		一次发酵	二次发酵
畜禽粪便	牛粪	0.05 ~ 0.10	0.05 ~ 0.10
	猪粪	0.07 ~ 0.10	0.05 ~ 0.10
	鸡粪	0.10 ~ 0.15	0.05 ~ 0.10
厨余垃圾		0.10 ~ 0.15	0.05 ~ 0.10
污泥	生污泥	0.07 ~ 0.10	0.05 ~ 0.10
	消化污泥	0.05 ~ 0.10	0.05 ~ 0.10

资料来源：社团法人日本有机资源协会，堆肥化手册。

最后根据曝气风机额定风量，结合市场主要优质品牌风机规格型号，确定风机规格型号和配置数量。为满足后期运行、维护和监控需要，曝气风机规格型号要尽量统一。

(3) 风压　曝气风机风压（P）选择与系统内压力损失密切相关，曝气系统的压力损失（h）取决于管道系统的沿程损失（h_f）、局部损失（h_j）和气体通过料堆时的损失（h_c）。堆体损失（h_c）与料堆高度、含水率、孔隙率等参数有关，应根据实验测试后确定。计算公式及步骤如下：

$$h = h_f + h_j + h_c$$

$$h_f = \frac{\lambda}{d} \times \frac{v^2 \gamma}{2g} L$$

$$h_j = \zeta \frac{v^2 \gamma}{2g}$$

$$P = h + P'$$

式中，λ 为摩擦阻力系数；γ 为空气密度，kg/m^3；d 为管道内径，mm；g 为重力加速度，m/s^2；v 为风速，m/s；$\frac{v^2 \gamma}{2g}$ 为动压，mmHg；L 为管道长度，mm；ζ 为局部阻力系数；P' 为风机超压。

风机风压在满足沿程损失 h_f、局部损失 h_j 和气体通过料堆时的损失 h_c 三者之和的同时，宜留有一定的超压 P'，以确保风机运行状态和物料性质变化导致压力变化时风机风压仍能满足设计要求；风机超压宜根据实验确定。

由于风机风压设计计算比较复杂，计算公式中的部分参数还需经过测试或实验后确定，所以实际应用中常以风量作为首选指标，同风量系列中选择能耗较低且风压不低于 300mbar（30kPa）的即可。

2. 曝气管道

反应器堆肥曝气管道较为简单，随设备制造完成装配，在此不做介绍；槽式堆肥处理规模大，曝气管道设计、安装复杂；条垛式堆肥多借鉴槽式堆肥曝气管道设计及安装模式。本节以槽式堆肥为例，重点介绍分段曝气模式的管材选择、设计要求事项等。

（1）管材选择与配置　曝气管道常选用耐腐蚀性较好的聚氯乙烯或聚乙烯管道，管道气体流速干（主）管控制为 6 ～ 14m/s，支管则为 2 ～ 8m/s。应根据风管通过风量（Q，m^3/h）及气体流速（v，m/s）计算管径（d，mm），通常管道通过风量为配置风机的风量。计算公式为：

$$d = 1000\sqrt{\frac{4Q}{3600\pi v}}$$

同时应根据风机风压选配合适管壁厚度，常用干（主）管壁厚不低于 4.2mm，支管壁厚不低于 3mm，管材不得采用再生塑料。

（2）管道设计　槽式堆肥分段曝气的核心是根据发酵过程中物料密度、堆积高度及含水率变化调整管道铺设疏密度，目的是在满足发酵物料好氧需求的前提下提高曝气效率。通常堆肥初期，发酵物料密度、堆积高度及含水率最高，需氧量最大；随发酵进程渐次减少，需氧量逐渐降低。干（主）管在槽内呈横向分布，支管呈纵向分布，支管与干（主）管垂直连接，干（主）管延伸至槽墙外与风机相连；干（主）管起气体输送作用，支管上均匀分布圆形小孔起曝气作用。如图 9-1 所示，发酵槽尺寸 60m×4m×2m，发酵周期 15d，物料每天位移 4m，进料端和出料端底部不铺设管道，从进料端开始，按 10m、12m、14m、16m 间距分为四段，干（主）管 DN110mm、支管 DN63mm，曝气孔径 1.5 ～ 3mm，相邻两个槽及同一槽内相邻两个分段共用一台风机，通过电磁阀按设定顺序依次曝气。

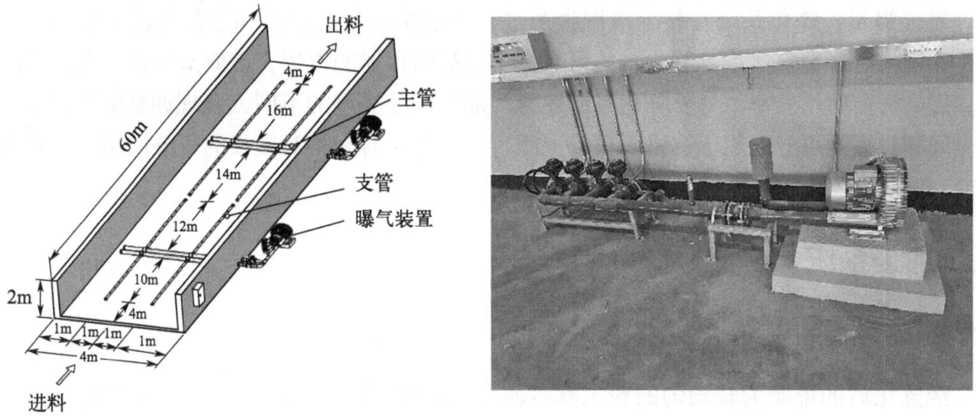

(a) 分段曝气管道铺设　　(b) 风机管道连接

图 9-1　分段曝气管道铺设及风机管道连接

四、陈化系统

（一）基本类型

常用陈化方式分为自然堆积陈化、仓式陈化、槽式陈化 3 种类型。

（1）自然堆积陈化［图 9-2（a）］ 常用于原料水分含量不高、发酵物料松散型较好、场地面积大、资金投入不足的情形，堆积过程中间断采用人工或机械方式翻动。

（2）仓式陈化［图 9-2（b）］ 按照堆肥仓模式，底部铺设曝气管道，采用间歇式低强度曝气，加快热量和水分挥发，加速腐熟。

（3）槽式陈化［图 9-2（c）］ 采用槽式堆肥模式，一般多采用宽槽，槽高可达 2.5m 以上，因物料水分、通透性与一次发酵不同，控制参数略有调整。

(a) 自然堆积陈化　　(b) 仓式陈化　　(c) 槽式陈化

图 9-2　堆肥常用陈化方式

（二）系统规模

除产量规模外，陈化周期是决定陈化系统规模的关键因素，陈化周期越长，系统规模越大。影响陈化周期的因素较多，物料水分、空气湿度、堆积高度、肥料加工与销售周期、产品类型等都会对陈化周期产生重要影响。尽管如此，与发酵系统相比较，物料体积减少了 30% ～ 50%，可堆积高度增加了 50% 以上，所以通常陈化系统规模较发酵系统规模要小，具体要根据各影响因素情况来测算。

重要提示：陈化系统在整个堆肥生产过程中还扮演着储存器和分配器的重要作用，特别是在肥料生产销售淡季，陈化系统可发挥半成品储存器的作用，有效减少成品在库房的积压，提高资金使用效率；另外陈化系统还可因加工产品类型的不同，合理调整陈化周期，陈化时间相对短的可分配用于有机无机复混肥生产，陈化时间相对较长的可分配用于生物有机肥或对腐熟度要求较高的产品生产。

五、加工系统

（一）工艺流程

经陈化后的堆肥为较均匀的粉末状，颜色因原料不同呈浅灰、棕灰或棕褐色。腐熟堆肥可直接施于农田，但通常会根据市场需求进一步加工成多样化的产品，常见的加工产品类型有以下几种。

（1）有机肥　腐熟堆肥经筛分后为粉状有机肥，也可加工成颗粒变成粒状有机肥，堆肥养分过低时还会适当进行养分调整，有粉状和颗粒状两种剂型。

（2）生物有机肥　在有机肥加工过程中，添加一些具有功能作用的微生物，加工成生物有机肥。

（3）有机无机复混肥　产品主要特点是有机质由堆肥提供，N、P、K 及中微量元素由无机肥料提供，可通过调整养分比例加工成各种专用肥料，剂型为颗粒状。

（4）复合微生物肥　借鉴有机无机复混肥加工工艺，加工过程中添加功能微生物，制成固体复合微生物肥。考虑到保持微生物活性，需平衡有机养分、无机养分与微生物的关系。与有机无机复混肥相比，该类型产品有机质含量偏高、养分偏低，剂型多为颗粒状。

堆肥产品加工借鉴了复混肥生产工艺和设备配置，但因有机原料特性和产品特点做了调整，大致工艺流程见图 9-3。

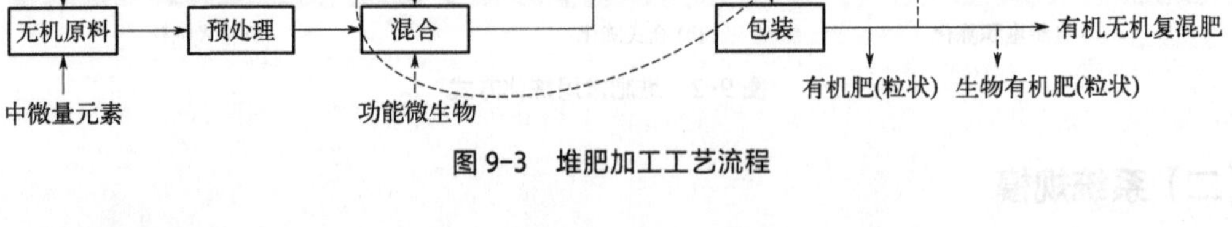

图 9-3　堆肥加工工艺流程

（二）系统构成

加工系统依工艺需要进行设备配置，但常因腐熟堆肥特性，在关键设备选配上存在一定差异，如物料细度、黏结度决定造粒设备选择。

堆肥加工系统常包括以下几个部分。

（1）配料计量系统　由料仓、皮带秤等组成，料仓数量及规格由原料种类及添加比例决定，一般配置 5 ～ 6 个（图 9-4），包括有机原料、氮肥、磷肥、钾肥、中微量元素及其他等料仓，多组分中微量元素需按比例提前混合再进料仓；料仓与皮带秤相连，根据肥料配方合理调整料仓出料。

图 9-4　堆肥加工配料计量系统

（2）筛分系统　主要用于有机原料和造粒后的筛分，多选用网笼筛，配置数量至少 2 台以上，设计加工产能决定选用规格（图 9-5）。

图 9-5　堆肥加工筛分设备

（3）造粒系统　造粒设备种类繁多，包括挤压造粒、圆盘造粒、滚筒造粒等类型（图 9-6），挤压造粒（对辊）颗粒为圆柱状（平模、换模挤压）或偏球状（对辊挤压）；圆盘造粒（圆盘）颗粒呈不均匀圆球状；滚筒造粒（转鼓）颗粒为不规则颗粒状。为提高成粒率、改善产品外观，有些企业将不同的造粒方式搭配使用。

(a) 圆盘　(b) 转鼓　(c) 对辊

图 9-6　堆肥加工造粒设备

（4）干燥系统　除极少数采用流化床等干燥方式外，多采用滚筒干燥方式（图 9-7），冷却也采用滚筒冷却方式。由于干燥温度受限，与复混肥加工相比，滚筒规格要大，直径一般为 120 ～ 140cm，长度不小于 2200mm。

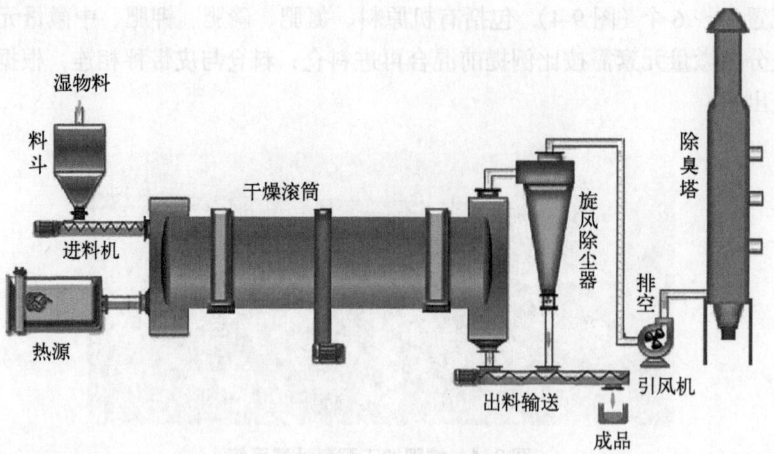

图 9-7 堆肥加工干燥及除尘系统

（5）除尘系统 肥料加工过程中，特别是干燥冷却阶段，会有大量粉尘产生，常采用旋风除尘设备进行除尘处理（图 9-7）。

（6）计量包装系统 包装系统包括料仓、计量秤、自动打包机、码垛机等，通常根据生产规模合理配置设备数量（图 9-8）。

(a) 自动包装机 (b) 码垛机

图 9-8 堆肥加工计量包装设备

（三）系统规模

设计产能及拟加工肥料品种类型决定设备选型及配置，设备选型及配置决定设备连接与布局，设备连接与布局决定加工车间的几何尺寸，所以加工系统规模不能就设计产能或拟加工肥料品种类型一概而论。加工车间设计时应综合考虑以下因素：

① 要按工艺顺序布置安装设备；

② 布置安装某一单体设备时，不仅要考虑设备自身几何尺寸，还应兼顾设备基础几何尺寸、安全操作尺寸、安全检修尺寸等；

③ 设备间物料流动要考虑输送系统最大允许坡度，再结合相邻设备的高度，确定设备安装间距，同时保证物料输送距离最短；

④ 车间高度应是最高设备的安全操作高度；

⑤ 所有设备应尽可能呈直线布置，车间设计无法满足设备呈直线布置时，可采用曲尺形或方形布置，但应保证连接或输送系统不会形成几何交叉；

⑥ 操作或安全通道应满足最大几何尺寸车辆的正常通行。

总之，在场地条件允许的情况下，加工车间尽可能设计足够长度（72m 以上），跨度不少于 21m，檐高或局部檐高不低于 12m。加工车间最小面积一般为 1500m^2，考虑到成品临时陈放，面积应适当加大。

六、尾气收集处理系统

（一）堆肥尾气组分

堆肥尾气主要由臭气、水汽及粉尘构成，臭气主要在堆肥原料储存及发酵和陈化阶段产生，但系统间物料输送转移时也会有臭气产生，特别是在厌氧状况下，低级脂肪酸、胺及硫化物等臭味物质产生量更大；水汽由发酵产热形成的蒸腾效应产生，数量巨大；粉尘是有机物分解产生的因气体流动而悬浮在空气中的细小颗粒。所以堆肥尾气是臭气、水汽与粉尘交织在一起构成的气相 - 液相 - 固相复合体，但因气味主要由臭气产生，故常把尾气也叫臭气。关于尾气中臭气组分、发生及发展规律会在第十一章重点介绍。

堆肥过程中水汽产生量巨大，来源为物料水分和有机物分解产生的水分，吨物料发酵周期内日均蒸腾水汽量约 20kg，陈化周期内日均蒸腾水汽量为 2 ～ 3kg，且因原料来源不同会有较大差异。大量水汽必须及时排出，否则会凝结成水回落到发酵物料中，由于水汽与臭气交织在一起会进一步加剧发酵系统的臭味。

关于发酵过程中粉尘的研究不多，但堆肥实践中普遍存在，应高度重视。

（二）系统构成

尾气贯穿堆肥处理的各阶段，尤以发酵阶段为多，陈化阶段次之。系统由收集和处理两部分构成。

1. 收集系统

收集系统由集气、风道（管）、排气风机三部分构成，通过气体交换方式将尾气导入除臭系统。反应器堆肥系统规模小、配置简单，随设备制造已配置，在此不做介绍。收集系统应以不同原料、不同涉臭点位所需气体交换量和换气频率（表 9-3）为基础，核定集气点位和数量，确定风道管径及布置、连接方式，配置适宜规格排气风机。气体交换量大小由交换空间的容积决定，常采取厂房密闭、发酵槽设计密封罩、减少人员进出等措施，减小气体交换空间容积，降低运行成本。

2. 处理系统

臭气处理方式很多，常见臭气处理方式如表 9-4 所列，应根据不同原料选择合适的处理方式，根据处理方式配置处理设备。

表 9-3 堆肥主要涉臭点位换气频率 单位：次 /h

<table>
<tr><th>涉臭点位</th><th>场所及机器名称</th><th>牛粪、消化污泥</th><th>猪粪</th><th>鸡粪、厨余垃圾、生污泥</th></tr>
<tr><td rowspan="3">原料接收</td><td>投料间</td><td>2</td><td>2</td><td>2</td></tr>
<tr><td>原料堆场</td><td>3</td><td>5</td><td>5</td></tr>
<tr><td>原料储槽（仓）</td><td>5</td><td>10</td><td>10</td></tr>
<tr><td>脱水</td><td>脱水机</td><td>10</td><td>10</td><td></td></tr>
<tr><td>预处理</td><td>粉碎、分拣机</td><td></td><td>—</td><td>10</td></tr>
<tr><td>输送</td><td>传送带</td><td>10</td><td>10</td><td>10</td></tr>
<tr><td rowspan="2">发酵槽</td><td>一次发酵槽</td><td>7</td><td>10</td><td>10</td></tr>
<tr><td>陈化槽</td><td>1</td><td>2</td><td>2</td></tr>
<tr><td>其他</td><td>污水槽</td><td>5</td><td>10</td><td>10</td></tr>
</table>

资料来源：日本堆肥化设施设计指南。

表 9-4 常见臭气处理方式

<table>
<tr><th colspan="2">方法</th><th>原理</th><th>优点</th><th>缺点</th></tr>
<tr><td colspan="2">水洗法</td><td>使臭气溶解于水中，一定量的水溶解的臭气成分量有界限</td><td>适合易溶于水的臭气</td><td>水和气体需要良好的接触，并需要大量的水，还必须有处理后的排水对策</td></tr>
<tr><td rowspan="2">燃烧法</td><td>高温燃烧法</td><td>将臭气在 700 ~ 800℃的温度条件下维持 0.3 ~ 0.5s，使其氧化分解</td><td>具有良好的效果，在臭气浓度高时采用较为有利</td><td>化学燃料的消耗量大</td></tr>
<tr><td>低温燃烧法</td><td>利用催化剂（硼、铝等）使臭气在 250 ~ 350℃的温度条件下氧化分解</td><td>在臭气浓度高时采用较为有利，低温装置简单，节省所需燃料</td><td>催化剂昂贵</td></tr>
<tr><td colspan="2">吸附法</td><td>用活性炭、硅胶、活性黏土、锯末、木屑等吸附除去臭气成分</td><td>适用于浓度较低的臭气</td><td>在吸附一定量的臭气成分后失效，再生利用的成本高或难以再 生利用</td></tr>
<tr><td colspan="2">药液处理法</td><td>酸液（稀硫酸、磷酸）与臭气在催化剂的作用下发生化学反应而去除臭气</td><td>适用于脂肪酸、胺类等易溶于水的臭气成分</td><td>需要后续废液处理对策，药品费增加成本</td></tr>
<tr><td rowspan="3">生物除臭法</td><td>堆肥除臭法</td><td>在发酵料中通入臭气，在微生物的作用下使臭气成分消失</td><td>运行成本比其他方式低，适用于低浓度的臭气</td><td>不适用于发酵物料水分含量高、通气 性不良的情况，微生物的作用比土壤、石棉条件低</td></tr>
<tr><td>土填 / 石棉除臭法</td><td>将臭气通过火山灰土、石棉等除臭材料，利用微生物作用实现无臭化</td><td>运行成本比其他方式低，在设备确保适当规模时，可实现高性能除臭</td><td>不适用于高温气体，设备面积规模大，石棉除臭的面积是土壤的 1/3 ~ 1/5</td></tr>
<tr><td>活性污泥除臭法</td><td>使臭气与活性污泥接触，利用污泥中的微生物作用实现无 臭化</td><td>低浓度、高浓度的臭气均适用，残留污泥特有的臭味</td><td>在利用曝气槽时，不适于高浓度气体，需要活性污泥净化设备，需要处理后的污泥处理措施</td></tr>
</table>

续表

方法	原理	优点	缺点
空气稀释法	将臭气用大量无臭空气稀释，使其浓度降低到人类嗅觉无法感知	适用于浓度比较低的臭气	需要大量的无臭空气，在现实中比较困难
屏截法	在臭气中混入芳香成分，使人类的嗅觉感受芳香	适用于浓度比较低的臭气	畜牧业中需要大量的芳香成分 物质，运转成本高
臭氧氧化法	利用臭氧对臭气氧化分解实现无臭化	臭氧的气味还具有屏蔽效果，对含硫臭气成分有效	受臭氧浓度影响，有导致呼吸性疾病的危险

资料来源：日本堆肥化设施设计指南。

目前畜禽粪便、污泥堆肥多采用生物除臭方式——生物滤池法。生物滤池一般选用具有良好结构稳定性和透气性的木屑、树皮、火山岩等为生物滤料（填料），并喷洒具有除臭功能的微生物菌剂，利用生物活性介质吸收 / 吸附尾气中的臭气物质，并进行生物分解。生物滤池填料高度跟除臭效果密切相关，填料层高度为 60cm 的生物滤池对堆肥尾气中氨的去除效果较好，累计去除率达 94.47%。

常用除臭生物滤池包括水喷淋段和生物滤池两部分，水喷淋的作用是将排出的水汽迅速冷凝，同时可溶性气体也溶入水中。通过水喷淋的气体进入滤池填料底部的气室，气室高度根据臭气收集系统管道尺寸确定，填料有效高度为 1 ～ 1.5m，设计处理负荷以 100 ～ $150m^3/(m^3 \cdot h)$ 为宜。

第四节　土建工程及其他

一、车间设计注意事项

（1）保护环境　为防止室外雨水流进车间，车间地面与室外道路应保证合理高度，通常高度差不小于 10cm、坡度约 5%；车间内需要冲洗或可能产生渗滤液的地方，地面要有合理坡度，通常为 2% 左右，并设置排水沟。

（2）利用太阳能　太阳能有利于促进堆肥发酵，屋顶材料可选用透光性良好的树脂板等，但应考虑大风、积雪、消防等因素。

（3）冬季对策　冬季环境极端低温对堆肥会有较大影响，除考虑利用太阳能外，厂房结构要有利于冬季保温。

（4）防腐措施　堆肥过程中大量产生的氨气、硫化氢等腐蚀性气体，还有水汽凝结的水露，都会对房屋结构产生影响，建筑设计时应采取防腐措施。

（5）使用年限　一般机械电气设备使用年限为 7 年以上，土木建筑的使用年限在 20 年以上，建筑物原则上为钢筋混凝土结构。

二、堆肥车间建筑设计

（一）堆肥设施建筑要求

目前，我国还未出台专门针对堆肥厂房的结构设计标准，在设计中，应在满足一般厂房结构设计标准的基础上，兼顾堆肥厂房的特点。重点应考虑以下要素：

（1）设备自重　堆肥设施中重型设备较多，无论地面或设备基础设计都要考虑设备重量、设备吊装、调试及日常作业机械的载重负荷要求。

（2）作业负荷　堆肥设备运行时，通常会出现作业负荷高度、设备重量负荷的情况。

（3）堆积负荷　物料堆积时，不仅要考虑垂直负荷，还应考虑侧向负荷。

（二）堆肥车间结构要求

堆肥车间结构与一般工业厂房结构大致相同，主要区别为：

（1）车间跨度、柱距　应满足堆肥各系统平面布置要求，通常车间跨度为 21 ～ 24m，柱距 6 ～ 8m，部分区域柱距因工艺和设备差异还会有特殊要求。

（2）车间净空高度　应满足最高设备的安装要求，通常车间檐高 12m。

（3）屋顶额外载荷　主要考虑尾气收集管道及其他设备吊装在屋梁上形成的载荷。

（4）设备基础、连接系统要求　多数设备都有设备基础，且差异较大，同时各设备或系统间连接、物料转运会有大量地坑、沟槽，特别是槽式堆肥发酵槽还有特殊要求。

三、环境保护

堆肥厂对环境的影响主要包括建设期环境影响和运营期环境影响。其中建设期环境影响是暂时的，在工程建成后可逐步消除和恢复；运营期环境影响主要包括臭气、污水、粉尘、噪声等，臭气的环境影响及对策详见上节。

1. 环境影响

① 运营期污水主要来自办公区和生活区产生的生活污水，可以直接纳入市政污水管网，不会对环境产生影响；运营期潜在的会对环境产生影响的有储存原料水分过大产生积液、堆肥发酵异常产生渗滤液、物料雨淋等。

② 运营期粉尘主要产生于堆肥过程中粉碎、搅拌、输送及曝气等环节，在设备周围容易形成粉尘污染；另外附着在设备和地面的粉尘遇风也会造成粉尘污染。

③ 运营期噪声主要来自设备运行异常时，正常运行设备噪声都在控制标准范围内。

2. 环保对策

① 堆肥厂设计时，原料不得露天堆放，避免雨淋形成积液；合理调整堆肥过程参数，避免产生渗滤液，已经形成的渗滤液应逐步喷洒到发酵物料上进行消纳；地面冲洗形成的污水直接排入污水管网。

② 为防止粉尘污染，一般在可能出现粉尘的地方配置除尘装置，车间换气设备保持在常开状态也有利于减少粉尘污染。

③ 对设备异常出现的噪声污染，要加强日常维护保养，使设备处于良好运行状态，出现故障及时处理。

四、消防

堆肥厂通常不存在易引起火灾的情形，主要构筑物非易燃材料，一般情况下不易发生火灾，只有误操作设备、违反管理规定或其他一些不可预见因素才会导致火灾发生。为防止火灾事故发生，减少因火灾造成的损失，在工程设计上也会采取相应的防范措施。

① 为保证消防畅通，主要、次要干道宽为 4.0 ～ 8.0m，形成环路，转弯半径能够满足消防通道的要求。

② 办公、生活等建筑物耐火等级至少达到Ⅱ级，工程建筑物的防火要求严格按照《建筑设计防火规范（2018 年版）》（GB 50016—2014）的要求执行。

③ 建筑物内应急照明电源除可由低压配电系统供电外，还可通过自动切换装置由直流电瓶供电，直流电瓶能够提供不少于 30min 的应急照明时间。此外，各建筑物内还应装有自带直流蓄电池的事故自动应急灯。

④ 电气设备防火均采用手提式化学灭火器，在配电间、控制室等除配备灭火器外，还应配备沙箱。

⑤ 在厂区中水系统设置消火栓，各建筑物周边均设置消火栓。

五、其他

堆肥厂控制系统因设备选型及厂家不同存在较大差异，但通常由设备方提供；检测系统仪器配置同常规肥料检测，方法常见第十二章。其他需要关注的问题有：

① 堆肥厂区作为一个具有完整功能的生产厂区，应具有完善的附属设施设计，主要包括给排水设计、电气设计、消防设计和通信设计。

② 给排水设计优先考虑纳入市政给排水系统。生活、消防和绿化是主要的用水环节，生产过程中无生产废水排出，排水系统仅承担生活污水和雨水排出，宜采用雨污分流系统。

③ 工厂用电装配负荷应以全部设备运行最大功率负荷及照明总负荷为依据，通常按照其 70% ～ 80% 装配为宜。

④ 通信设计确保配备计算机网络系统与 Internet 网络连接，与国内外保持密切的信息交流，同时满足 PLC 现场控制站和中央监控站通信要求。

参考文献

[1] 常勤学，魏源送，夏世斌 . 堆肥通风技术及进展 [J]. 环境科学与技术，2007，30（10）：98-108.

[2] 魏源送，樊睡波，王敏健，等 . 堆肥系统的通风控制方式 [J]. 环境科学，2000，21（2）：101-104.

[3] 魏源送，樊雄波，壬敏健，等 . 堆肥系统的通风设计 [J]. 环境污染治理技术与设备，2000，1（3）：1-9.

[4] 郭小品，羌宁，裴冰，等 . 城市生活垃圾堆肥厂臭气的产生及防控技术 [J]. 环境科学与技术，2007，30（6）：107-111，121.

[5] [美] L.F. 迪亚兹（L.F Diaz），[意] M.de 贝托尔迪（M.de Bertoldi），[德] W. 比德林麦尔（W. Bidlingmaier）等 . 堆肥科学与技术 . 鞠美庭，刘金鹏，赵晶晶，等译 . 北京：化学工业出版社，2013.

[6] 徐鹏翔，王越，杨军香，等 . 好氧堆肥中通风工艺与参数研究进展 [J]. 农业环境科学学报，2018，37（11）：2403-2408.

第十章　堆肥过程控制

第一节 堆肥控制基本要素

一、水分

堆肥是一个复杂多变的生物化学过程，水分是影响堆肥过程的很重要的因素。堆肥过程中物料的水分不能太高也不能太低。水分过低，将不利于微生物的代谢活动，在任何堆肥系统中，物料的初始水分含量都应该大于40%；水分过高，将减少堆体的自由区域，导致堆体缺氧，不利于堆肥的进行。不同物料因理化特性存在差异，适宜发酵的水分含量是不一样的，同时温度、湿度等环境因素也会对其产生影响。关于堆肥物料的水分控制和调整，一般应遵循以下原则。

① 南方地区的物料水分应适当调低，北方地区的物料应适当调高。南方地区空气湿度大，物料水分的自然挥发或蒸发量小，所以物料水分相对于北方来说应调低一些。

② 雨季时应适当调低物料水分，旱季适当调高。主要原因是空气湿度会对水分自然挥发或蒸发量产生影响。

③ 低温季节适当调低物料水分，高温季节适当调高。环境温度较低时，发酵温度上升相对缓慢，热量损失大，水分挥发少，环境温度较高时则正好相反。

④ 陈料熟料适当调低含水率，鲜料适当调高含水率。陈放时间较长的物料在陈放过程中，环境微生物已将部分有机物不同程度地分解，相对于新鲜物料其生化反应过程的剧烈程度有所减弱，水分需求量相对也减少，经过物理或化学手段处理后的物料，其生化反应的需水量更少。

⑤ 低 C/N 值适当调低物料水分，高 C/N 值适当调高。C/N 值低意味着可分解的碳水化合物量少，生化反应的需水量也少，反之则需水量大。

总之，应根据地域、气候、物料及配方的特点，摸索相应的最适水分含量。而且随着堆肥的进行，水分会通过挥发、渗滤流失。所以在堆肥过程中应对水分进行合理调控，以达到微生物生存的适宜需求。

二、通透性

堆肥过程中，通透性即物料的供氧状况可以通过温度和气味来反映，堆肥温度的异常变化或有臭味、异味产生就说明物料的通透性出现了问题。工业化堆肥一般不太可能通过空气的自然渗透来满足堆肥有机物生化反应对氧气的需求，必须采取相应的辅助增氧措施，目前常用的是采取翻堆或强制通风（曝气）方式。通过翻堆或强制通风，不仅可以为堆肥生化反应提供足够的氧气，还能将热量带出，避免堆体温度过高导致微生物失活，并且热量散失的同时还可带走大量水分，有利于降低后期干燥成本。

除通风方式外，堆肥物料的初始孔隙率对氧气在堆体中的扩散也至关重要。物料间的孔隙率越大，则物料的通风面积越大，空气的流动阻力相应变小，从而有利于堆体的通风供氧，既有利于有机物的降解又能减少臭气的产生。因而在对许多结构紧密、孔隙率低的堆肥原料进行堆肥前，往往会选择结构疏松的辅料作为蓬松剂与之混合，以此改善堆体结构，提高孔隙率。秸秆、稻壳、牧草、甘蔗渣、果渣、菇渣、树枝、落叶、木屑等都是堆肥常用的辅料。但孔隙率过大不利于堆体升温，影响微生物活性，从而造成发酵不充分和腐熟期延长。因此，为使堆肥过程保持较好的通透性，应选取合适的辅料以合适的配比将原料的孔隙率调节至一个合适的水平。

堆肥的工艺有很多，应采取与具体工艺相符的措施来改善发酵过程中的通透性。条垛式堆肥由于堆体与空气的接触面大，一般通过翻堆就能满足其通透性需要；槽式堆肥则由于堆体大，特别是堆体高，与空气的接触面相对较小，需要采取翻堆和强制通风双重办法来满足其供氧需要。翻堆和强制通风的频率及次数应该视物料性质和堆温变化确定，正常情况下只需每天翻堆一次，强制通风也可采取间歇式方式，每天上下午各一次，每次 10 ～ 30min，通风流量参照 0.05 ～ $0.2m^3/(min \cdot m^3)$，并根据物料性质、混合物料密度等确定。

三、温度

温度是反映堆肥过程是否正常最直接、最敏感的指标。温度与其他各项堆肥控制因子都有着极其密切的联系，所以它又是一个最为复杂的因子。温度变化可以反映堆体有机质的降解和微生物的活性，好氧堆肥过程可分为升温期、高温期、降温期和腐熟期 4 个温度变化阶段（图 10-1）。对堆肥过程温度变化的要求可以概括为：前期温度上升平稳、中期高温维持适度、后期温度下降缓慢。堆肥前期的温度变化一定要处理好“快”与“稳”的关系，即发酵起温要快，但温度上升不能过快，要尽可能的平稳；堆肥中期高温维持的温度值要适度，时长也要适度，快速堆肥理想的高温值为 50 ～ 70℃，一般在极端环境下，堆体温度也可以达到 70℃ 以上，甚至超过 80℃，称为超高温堆肥。高温维持时间的长短反映了配方调整和前期原料预处理的好坏，为了灭活堆体中致病微生物和蛔虫卵，保证堆肥卫生和腐熟，高温理想时长一般为 5 ～ 20d，时间过长或过短都需要对配方重新调整。

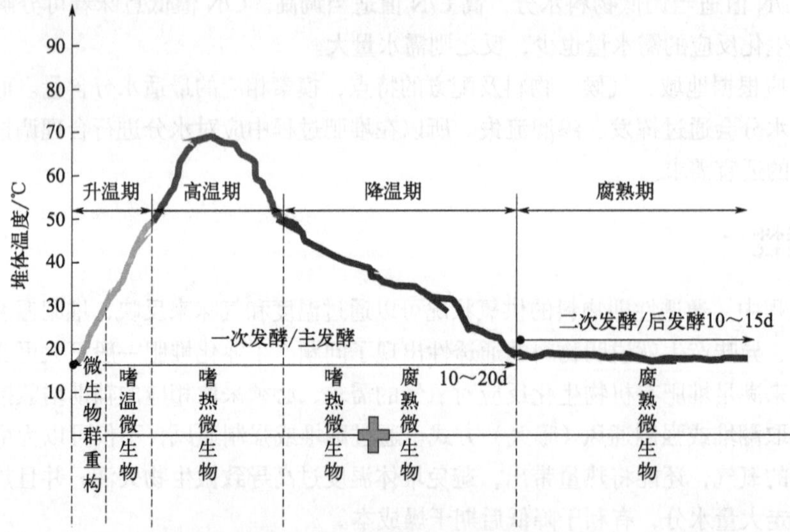

图 10-1　堆肥过程温度变化不同阶段

图 10-2 反映的是在环境温度 5℃以上时，接种酵素菌后堆肥的正常温度变化曲线。可以看出，发酵温度经 24h（1d）后上升到 40℃左右，48h（2d）后上升到 50℃左右，至 3d 时温度达到 50℃以上，随后几天温度始终维持在 50 ～ 60℃之间，稍后温度才开始小幅下降。

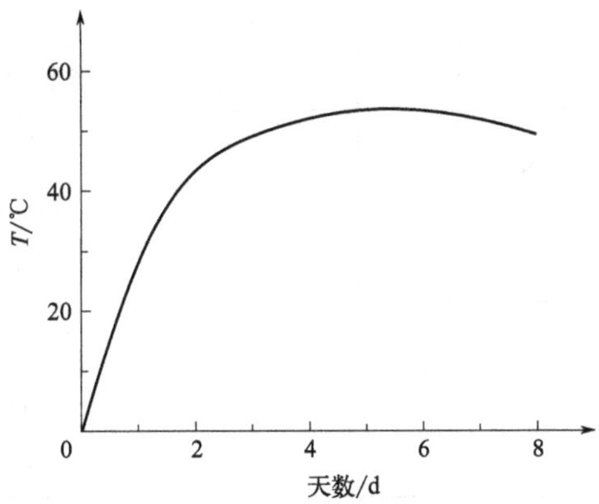

图 10-2 环境温度 5℃以上发酵温度变化曲线

正常堆肥发酵的温度主要通过翻堆和强制通风来调控，一般遵循“时到不等温、温到不等时”的原则。即在堆肥前期，即使发酵起温缓慢甚至不起温，48h 后必须翻堆或通风，避免堆体形成厌氧环境；在堆肥中后期，温度过高，达到 60℃以上需要及时翻堆，不能等达到规定时间后再翻堆。

第二节 通风控制

一、通风量控制

对于现代堆肥系统来讲，通风体系的建设是一个十分重要的环节。通过控制通风速率，可以达到调节系统温度的目的，为微生物生长代谢活动提供良好的环境，因此堆肥过程中的通风是必要的。在堆肥过程中，通风有三个主要目的，分别是供氧、除湿和降温。

① 通风能满足有机质分解的氧气需求（也叫化学需氧量）；

② 通风可以除去湿基质中的水分（称为干燥需求），当空气被堆肥基质加热以后，可以蒸发掉水分，使得堆肥物料得到烘干；

③ 通风可以除去有机质分解产生的热量，以控制堆肥过程温度（称为除热需求）。

表 10-1 中所列为各种有机物料一般的化学组成。

表 10-1 不同有机物料的一般化学组成

有机物料	典型的化学成分
碳水化合物	$(C_6H_{10}O_5)_x$
蛋白质	$C_{16}H_{24}O_{10}N_4$
脂肪和油	$C_{50}H_{90}O_6$
污泥	
原始	$C_{22}H_{39}O_{10}N$
混合	$C_{10}H_{19}O_3N$

续表

有机物料	典型的化学成分
垃圾（总有机成分）	$C_{64}H_{104}O_{37}N$ $C_{99}H_{148}O_{59}N$
木材	$C_{295}H_{420}O_{186}N$
草	$C_{23}H_{38}O_{17}N$
生活垃圾	$C_{16}H_{27}O_{8}N$
食物垃圾	$C_{18}H_{26}O_{10}N$
纸屑	$C_{266}H_{434}O_{210}N$
场院垃圾	$C_{27}H_{38}O_{16}N$
细菌	$C_{5}H_{7}O_{2}N$
真菌	$C_{10}H_{17}O_{6}N$

在堆肥过程中，硝化需氧量远低于有机质氧化的需氧量，而且大多数产生的氨并没有被氧化，其中一些氨直接参与了细胞合成，另外相当部分氨由于堆体升温和 pH ＞ 7 的条件而挥发。因此，通常不考虑硝化需氧量。

化学需氧量随着堆肥基质的变化而变化，对于高度氧化的基质，如淀粉和纤维，需氧量的最小值大约是 1.19g O_2/g 有机质；对于饱和碳水化合物，需氧量则可高达 4.0g O_2/g 有机质；对许多复杂基质，如含有蛋白质、糖类和脂肪的污水污泥来说，平均需氧量为 2.0g O_2/g 有机质。在输入不同混合基质的情况下，总需氧量为各个组分及其加权平均需氧量相乘后的总和。

原料中易分解性有机物的含量越多，所需的通风量也越多。在发酵初期易分解性有机物的含量多，而二次发酵中易分解性有机物的分解已基本结束，因此在发酵初期所需的通风量明显高于二次发酵。反之，类似于消化污泥类有机物含量少的堆料，则需要较少的通风量。

当作为投入发酵设施的堆肥返料和辅料的量较多，且 C/N 值较大时，应采用通风量的下限；当采用无添加方式且 C/N 值较小时，应采用通风量的上限。在二次发酵中，若翻堆频率为数日不到一次的话，那么采用的通风量为零到下限值；若翻堆频率为一周一次以上的话，则通风量采用上限值。

理论上讲，堆肥过程中被氧化的碳量决定了发酵的需氧量。而在实践中，由于堆体中有机物分解速率的不稳定性，很难确定精确的需氧量，而且对于含水率较大的有机物料，要维持堆体温度就需要加大通风量以去除水分。

进气口空气受到堆肥化物料的加热，不饱和热空气就可以带走水蒸气而干化物料。如果堆肥物料中水分含量较高，会使微生物发生厌氧反应，产生臭气，降低有机物分解率，此时需要在堆肥初期一次发酵时加大通风量，并经常翻堆，通气主要是给微生物提供氧气以降解有机物；在堆肥的后期，则应减少通气量，减少翻堆次数，以确保得到高品质的堆肥产品。

去除水分所需的通风量因季节的不同而发生变化。在炎热的夏季，微生物新陈代谢活动旺盛，可以促进易分解性有机物的分解，需要大的通风量。但是大量的水分蒸发使投入物料的水分含量减少过多，会影响堆肥进程。而在寒冷的冬季，为了防止散热，通常情况下要减小通风量，这样堆料中水分的蒸发量减少，导致堆肥产品的水分含量变高。为了避免这些现象，在冬季把原料投入发酵设备时，应使原料中的水分含量比通常情况下更少，或在发酵设施中利用加温设备减少槽内堆积物的水分含量。

随着温度的增加，生化反应的速率通常呈指数增长。然而，在堆肥过程中，温度升高到某一点时，微生物种群会发生热失活。这时，温度变成了生化反应速率的限制因子。为了满足微生物种群的最适宜温度范围，控制过程温度时常需要增加空气供应以去除热量。

由于堆垛温度比周围环境温度要高，热量会从暴露于空气的堆垛表面散失。堆垛的隔离效应一定程度上可限制热传导，并减少热损失。条垛或堆体在机械搅拌下也会产生热量损失。

堆肥常被作为一个基质处理的问题。如果是这样，应该认识到进气和排气通常在物质平衡中起决定性作用。在某些情况下，堆肥所需空气的质量是基质干重的 30 ～ 50 倍。由于气体是看不到的，所以空气活动有时候总是被忽略。应该牢记基质处理既包括固体部分，也包括气体部分。

二、通风速率及通风控制方式

（一）通风速率

向发酵设备内的堆肥物料通风时，应使通入的空气均匀地分布在全部料堆中。好氧堆肥有 3 种通风方式，即自然通风、被动通风和强制通风，其中强制通风在堆肥科学研究和堆肥工程中应用较多。

① 自然通风：不采用任何通风设备或辅助设施，在考虑风向的前提下通过自然风实现堆体供氧。

② 被动通风：堆体底部铺设有通风管，管上预留通气孔，堆体根据风向图水平布置，确保空气能够顺着风向通过管道进入堆体内部，从而实现被动通风。

③ 强制通风：通过通风管道将空气输送至堆体内部，可利用曝气风机或其他能使堆体达到好氧状态的设备。

条垛式堆肥系统常采用自然通风和被动通风方式，静态堆肥和大多数反应器堆肥系统常采用强制通风方式。堆肥期间需要供应的总空气量包括供氧需要量、除湿需要量和除热需要量，当把这些空气量转化为实际的气体供应速率时，就可以指导通风控制。强制通风和被动通风对通风速率要求不同，二者均具有各自的优缺点，详见表 10-2。

表 10-2 不同通风方式比较

项目	强制通风	被动通风
通风速率 /[L/(min • kg 有机物质)]	0.20 ~ 1.9	<0.1
优点	提高堆肥效率 调节堆体温度	堆肥较彻底 运行成本低廉
缺点	损失一定数量的有机挥发物	堆肥效率低

对于分批给料工艺，如条垛式堆肥和好氧静态堆肥，根据堆肥持续的时间，可以把总空气量转化为通气速率。除平均通气速率外，还会用到最大通气速率和最小通气速率。研究者认为，在 45 ～ 65℃的温度范围内，最大通气速率为 4 ～ 14mg O_2/（g・h）；对于混有木屑的粗污泥来说，最大通气速率为 108 ～136m^3/（h・t 干物质）。

如果通气系统不能满足最大通气需求，堆肥过程中的温度会超过设定的温度。分批给料堆肥系统多采用不同的通气方式。对于一些通气堆和条垛系统，一个堆或者系统仅用一个吹风机，在这种情况下，通过鼓风机可以满足最大通气需求。其他的一些系统采用中央鼓风设施和许多单个堆相连，这样由于所有的堆不可能同时达到最大耗氧量，就需要分别考虑最大通气需求。

堆肥系统操作时要在最小通气速率和最大通气速率范围内变换，对于单个堆或者条垛，平均最小通气速率通常出现在堆肥开始或结束时，数值为 5.68 ～ 14.2m^3/（h・t 干物质）。

很多堆体可以设定为连续或半连续进料，基质的停留时间通常大于 10d，每天的进料进度可以连续进行计算。

对于连续进料系统，根据每天进料基质的重量，可以把需要的空气量转化为通气的平均速率。针对不同堆肥原料与不同堆肥规模采用的通风速率见表 10-3，可作为参考。

表 10-3 堆肥通风速率

堆肥底物	通风速率	备注
鸡（牛）粪 + 玉米糠（秸秆）	0.3m^3/（min・m^3）	堆肥规模 1m^3
污泥 + 木屑（煤灰）	0.1m^3/（min・m^3）	堆肥规模 45L
鸡粪 + 锯末	0.1m^3/（min・m^3）	堆肥规模 90L
蔬菜、花卉废物和养殖粪便	0.5m^3/（min・m^3）	堆肥规模 2m^3
重庆城市生活垃圾	冬：0.11 ~ 0.12m^3/（min・m^3） 夏：0.12 ~ 0.15m^3/（min・m^3）	
厌氧污泥 + 木屑	6.7 ~ 8.3m^3/（h・t）	0.085m^3 螺旋装置
猪粪 + 木屑	0.5m^3/（min・m^3）	堆肥规模 0.1m^3
农业废弃混合物	3m^3/（min・m^3）	堆肥规模 20L
农业废弃混合物	0.4L/（min・kg OM）	
污泥	0.3m^3/（min・t 干泥）	
污泥	0.3m^3/（min・t 干泥） 0.69L/（min・kg OM）	
猪粪	0.3 ~ 0.9L/（min・kg OM） 0.34 ~ 1.10L/（min・kg OM）	
城市垃圾	0.5 ~ 1.16L/（min・kg OM）	
牛粪	0.87 ~ 1.87L/（min・kg OM） 0.42 ~ 1.25L/（min・kg OM）	
猪粪废弃物	0.04 ~ 0.08L/（min・kg OM） 0.3 ~ 2.8L/（min・kg TS）	强制通风静态垛

续表

堆肥底物	通风速率	备注
猪粪＋稻草	0.002 ~ 0.018m/s	被动通风
猪粪	0.7 ~ 1.5mg/(s·g TS)	被动通风
狗食＋木片	0.06 ~ 0.60L/(min·kg TS)	实验室规模

注：1. 备注列中没有特殊标明的为强制通风反应器系统。

2. OM—有机物；TS—总固形物。

（二）通风控制方式

在堆肥科学研究和实际工程中，强制通风方式被广泛应用。为了实现最佳通风效率，降低能耗，需要在不同的堆肥工艺中选择适合的通风控制方式以实现对堆肥过程的合理控制。

（1）定时开 - 关周期循环控制　这是在好氧条块堆肥中应用最广泛的通风控制方式，通风设备的运行通过预先设置好的时间间隔进行周期循环控制。

（2）氧含量反馈控制　这种控制方式是通过测定堆肥系统排放废气中的氧气浓度来进行反馈的，它通常需要设定氧气浓度反馈点来维持系统中的氧气含量，氧气浓度反馈点被固定为 11.5% ～ 12.5%（氧气在空气中的体积分数）。在实际工程中，当氧气含量低于 11.5% 时，控制器指示通风设备以 3L/min 的高通量进行通风；当氧气含量高于 12.5% 时，控制器指示通风设备以 0.2L/min 的低通量进行通风；当氧气含量介于 11.5% ～ 12.5% 之间时控制器不对通风设备做任何指示，以维持当前通风量。

（3）最大氧气消耗率反馈控制　这种控制方式通过获得一种自动控制通风规则，使堆体内的微生物具有最佳活性，以此测得的使堆肥好氧微生物保持最佳活性的通风参数被称为氧气消耗率。在堆肥过程中，控制器首先测得氧气消耗率，然后监测氧气消耗率的变化，由氧气消耗率的变化决定通风量增大、减小或保持不变。通过这种方式，控制系统有规则地将空气流输入堆体，使堆体中的好氧微生物在整个堆肥过程中始终保持较高的活性。

（4）时间 - 温度控制　利用设置在堆体中的温度传感器产生的控制信号，调节通风速率或风机开关，以维持堆体温度在设定温度附近。在堆肥初期，堆体由时间控制器控制，允许堆体温度上升，当温度升高至高温设定点（55 ～ 60℃）时，风机持续开启，以降低堆体温度；当温度降低至低温设定点时，减小通风速率。该控制方式可以使堆体长时间保持在适宜的温度范围，从而使堆肥更好地达到无害化。

（5）温度和氧气含量反馈控制　这种控制方式以温度和氧气含量作为控制因素，首先确定温度设定点 T_{sp}（60℃）和氧气含量设定点 O_{sp}（0.10kg O_2/m^3），然后当温度大于 T_{sp} 且氧气含量大于 O_{sp} 时开启高速风机，当温度大于 T_{sp} 且氧气含量小于 O_{sp} 时开启低速风机，当温度小于 T_{sp} 且氧气含量小于 O_{sp} 时开启高速风机，当温度小于 T_{sp} 且氧气含量大于 O_{sp} 时开启低速风机，通过这几种条件下的通风控制使堆肥过程所有阶段达到最佳的温度和氧气含量。

上述通风控制方式中，定时开 - 关周期循环控制方式和时间 - 温度控制方式在实际工程中应用最普遍，最大氧气消耗率反馈控制是一种新型的控制方式，控制效果较好，但在实际工程中尚未被应用。随着监测技术和信息化水平的提高，堆肥系统强制通风的控制方式将会不断涌现、不断升级。

三、翻堆控制

堆肥过程中，通过翻堆或搅拌也能实现堆体通风，这种方式在条垛式堆肥中应用较多。翻堆是通过翻倒、搅拌等方式使堆料、水分、温度和氧气等达到均一化，还可以起到供给空气、混合物料、散发水蒸气的作用。对于强制通风式堆肥系统和很多发酵仓堆肥系统，供氧的作用过程十分清晰，例如，固定通风量的堆垛系统，用鼓风机通入空气，使之穿过堆垛，借此提供需要交换的空气。但对于没有通风的条垛堆肥系统，主要的通气机制是通过搅拌来补充氧气。一般情况下，翻堆频率高，堆肥原料可进一步均一化、细粒化，再通过翻堆供给空气，加快堆肥化原料和微生物的表面更新作用，促进好氧发酵。同时，通过翻堆可以蒸发水蒸气，引起原料中的水分含量下降。但若翻堆频率过高，发酵中已升温原料的散热量也增加，反而使发酵温度降低。因此，要根据堆肥原料中有机物的含量和翻堆设备，设定最适合的翻堆频率，通过翻堆来改善堆肥效果，促进发酵。

翻堆主要可以通过压缩堆肥物料来防止通风不良现象产生、防止块状物质产生、补充新鲜空气、防止散发以氨气为主的气体以及防止发酵产生的热量使水分蒸发。在进行水分管理时，如果水分较少，可以通过减少翻堆频率来防止发酵速度减慢和微生物活性降低。若发酵设施的翻堆频率高，可以使发酵设施密闭化来减少散热量，或者用保温材料建造发酵设施的外壁来维持温度，或者利用其他的热源加温等来阻止发酵温度下降。

在寒冷的季节，当外界气温低于10℃时，由于搅拌、翻堆会释放出大量的热量，因此很难使温度升高，相反，有时还会引起温度降低。因此，要对搅拌、翻堆等运转进行管理，以减少排放的热量，必要时需对通入的空气升温。在二次发酵中，分解反应速率减慢，产生的热量也变少了，所以搅拌、翻堆的频率也可以降低。在二次发酵中，若持续产生大量的热量，说明一次发酵的时间不足。在寒冷的季节，原材料很可能不能在所设定的一次发酵期间内充分进行分解反应。在这种情况下，有必要在二次发酵的前半段对搅拌、翻堆的频率进行调整，并进行运转管理，确保生产出高品质的堆肥产品。

大多数臭气是在堆肥周期的最初7～10d释放出来的，最初23d的通风值为10～20m^3/($min \cdot m^2$)，此后，通风值迅速降低到0.5～2m^3/($min \cdot m^2$)。翻堆前通风值平均可达15～30m^3/($min \cdot m^2$)，翻堆后通风值迅速增加到550m^3/($min \cdot m^2$)，然后在接下来的3～4h开始降低。虽然臭气释放的峰值与翻堆有关，但是臭气释放的主要部分还是在没有翻堆时。如果不考虑翻堆频率，估计因为翻堆而释放的臭气相当于总释放臭气的10%～15%。增加翻堆频率会使释放臭气的峰值降低，但是总的臭气挥发量基本保持不变。基于以上研究，建议天气条件不好时应当停止翻堆。翻堆控制的通气机制如下所述。

（一）交换体积

假设混合物料中的自由孔隙已知，一旦确定了所需空气的总体积，就可估算出交换体积数。交换体积数被认为是混合物料的自由孔隙空气在满足化学需氧量下空气更新的次数。

假定每次搅拌条垛时，可完全更新孔隙中的空气，而且没有其他的通气机制发生。在这种条件下，搅拌条垛的次数就一定等于体积交换的次数。研究人员观察到，在不通气消化污泥条垛中，搅拌后的几分钟至几个小时内，氧气的浓度通常就降低到不能检测的浓度（图10-3）。根据条垛的大小，可以估计有50%条垛体积为好氧，剩余的条垛体积是微好氧或者厌氧。

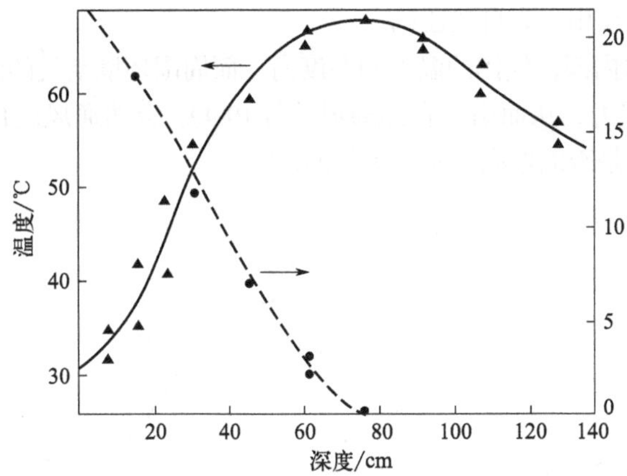

图 10-3 由消化污泥和堆肥回料堆置的条垛不同深度（cm）处的温度和氧气浓度（%）曲线（Lacoboni et al，1979，在搅拌条垛 5h 之后测量）

例如，污泥中固体含量越高，则可被微生物降解的有机物越多，所需的换气数也就越多。在堆肥的前期阶段，所需的换气数为 300 ～ 4500 次；在堆肥的中期阶段，自由孔隙将随着水分的蒸发而不断增大，堆肥所需的换气数通常为 1500 次左右。

关于条垛式堆肥需要搅拌的频率，一般认为隔一天搅拌一次最好，总共需要搅拌 4 ～ 5 次。第 4 次或者第 5 次搅拌结束时，堆肥中的物料应该已经很稳定，不需要再进行搅拌。如果物料很湿或者很结实，增加搅拌频率堆肥效果会更好。

显而易见，通过搅拌条垛而交换自由孔隙中的空气并不能满足氧气需求，在条垛式堆肥过程中还需要其他的通气机制。

（二）分子扩散

如果不强制通风，在搅拌过程中，供应的氧气通过 2 种方式进入条垛孔隙内部：

① 分子扩散；

② 能量梯度驱动下的空气质量运动。

液体分子间一定的随机碰撞导致了分子扩散，由于多次碰撞，分子从高浓度向低浓度运动。如果条垛内的氧气耗尽，分子运动的结果是使环境中的空气进入条垛内。同样，二氧化碳和水蒸气会从条垛内部扩散到外部空气中，因为外部空气中的二氧化碳和水蒸气浓度较低。

然而，分子扩散的速率和堆肥所需的氧气供应速率相比很慢。而且，随着含水量的增加，分子扩散的速率降低，对于湿基质来讲，问题更明显。如果堆肥层很薄（5 ～ 10cm），分子扩散就很重要。即使在这种情况下，氧气的扩散速率估计仍小于最大需氧速率的 5%。因此，总体上分子扩散在通风方面作用有限。

（三）自然通风

由于分子扩散是不现实的氧气输送机制，所以很显然只有通过能量梯度驱动空气质量运动才能供给足够的氧气。

可以观察到，即使不经常搅拌堆体，在它们顶部仍会经常冒出蒸汽，这表明在堆体内部本身就进行着水蒸气的流动和排放。这种运动是堆体内部高温气体作用的结果，类似于烟囱内热气流的上升，这种作用称为自然通风。

在条垛或者反应器内部，气体的温度和湿度高，而周围环境空气的温度和湿度低，两者的密度差产生向上的浮力，从而引起自然通风（图 10-4）。自然通风的概念很容易理解，但问题是自然通风的速率是否能够满足实际氧气的需求。

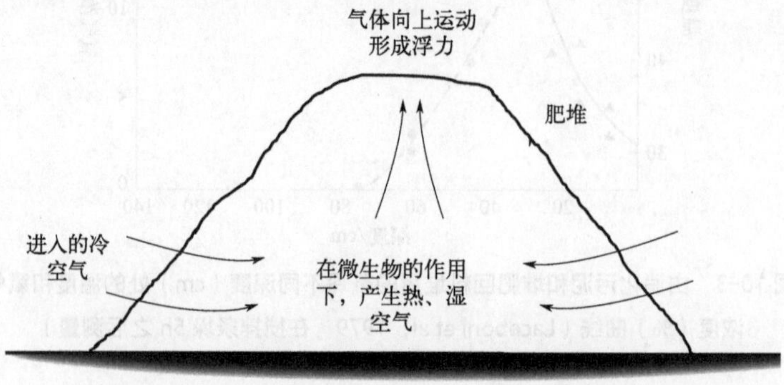

图 10-4　堆肥期间产生的热、湿空气作用的浮力

在传统的（不进行强制通风）条垛或者反应堆中，自然通风可能是多数氧气传递的驱动力；条垛内外部气体之间的密度差、物料颗粒的大小以及自由孔隙空间，三者共同决定通气速率。周期性的机械翻堆对自然通风的效率有很大影响，这是由于翻堆增加了堆肥物料的自由孔隙，在物料颗粒尺寸不变的情况下，自由孔隙直接与自然通气速率相关。增加堆肥混合物料中颗粒的尺寸可以增加自然通气速率，对于颗粒尺寸在 0.1 ～ 1cm 范围内的物料，自然通风可以满足堆肥所需氧气量；另外在堆体中添加适合的调理剂如锯末、稻壳，将影响物料的颗粒尺寸，进而增加自然通气速率。在其他因素不变的情形下，通气速率和堆体的高度无关。随着高度的增加，自然通气速率相对不变，然而堆体底部单位面积的氧气消耗量增加。因此，对堆体的高度就有一个限度，超过这个限度就不能通过自然通风供给充足的氧气。一般认为，对于高度为 1 ～ 3m、颗粒大小约为 0.1cm 或者更大、温度差约为 40℃的堆体，自然通风可以供给充足的氧气。据报道，当好氧条垛大约 1.2m 高时自然通风的效果很好。

堆肥实际生产运行中，通风、搅拌是运转管理的重要因素。而机械搅拌中，根据装置和机器变更范围会有所限制，这时利用铲斗装载机进行翻堆时，可以人为地进行调整处理。一般情况下，在横型发酵设施中，搅拌的频率为 1 ～ 2 次 / 日，在密闭式的发酵设备中为 5 ～ 20 次 / 日，在旋转窑炉式的发酵设施中进行初次发酵时为数次 / 分，一次发酵中为数次 / 时。使用密闭隧道式和密闭容器式的发酵设施时，对原材料的水分进行调整之后，再投入密闭式的发酵设施中，进行翻堆通风控制。

第三节　堆肥接种及注意事项

堆肥接种是将具有促进有机物分解、加快有机物腐熟及其他功能作用的微生物用于堆肥生产过程，目的是通过添加外源微生物缩短堆肥周期、提高堆肥品质、改善堆肥生产环境。用于堆肥接种的微生物制剂称为堆肥接种剂，一般由具有不同功能作用的微生物菌株复合而成，为复合微生物制剂。

一、堆肥接种的作用

堆肥是一个由微生物主导的有机物分解、转化及稳定的过程，将自然界中已存在的这类微生物通过筛选、驯化，并应用到堆肥生产中，本质需求就是为了解决规模化生产质量、效率与环境的矛盾。关于堆肥接种或堆肥接种剂的作用，长期以来存在不同看法。部分研究者认为，堆肥原料中土著微生物种群数量大，外源微生物（接种微生物）很难成为优势种群，作用有限；堆肥原料种类多、成分复杂，土著微生物已对环境条件形成较好的适应性，天然具备对该类有机物的分解能力，而外源微生物种群数量、环境适应性及对有机物的分解能力都存在天然缺陷，堆肥接种很难达到理想效果。

但多数研究者和堆肥生产者认为，用于堆肥接种的微生物都是通过压力筛选获得的，较土著微生物具有更好的抗逆性、更强的适应性，繁殖速度快，功能明确；土著微生物种类和数量因环境变化差异较大，甚或同一原料因收集途径、储存方式甚至水分含量不同，土著微生物的种类和数量也存在差异，堆肥接种有利于平衡原料微生物种类和数量差异，保证产业化生产中产品质量的稳定；堆肥接种时配套加入适量起爆剂（一般为碳素营养，如蔗糖），能促进接种微生物的迅速繁殖，有效提高堆肥过程中有益微生物种群数量，缩短堆肥化周期；多数堆肥接种剂都含有分解有机废物，特别是畜禽粪便、市政污泥中臭味或异味的菌株，有利于净化或改善生产生活环境；由于堆肥接种剂中有目的地复合了一些具有抗病、促生长的微生物菌株，故堆肥接种能大幅度地提高产品质量，提升堆肥产品的商品价值。

二、国内外堆肥接种的应用效果

近年来，国内外在堆肥接种研究方面取得了较大的进展。研究者们主要针对堆肥接种剂对堆肥的作用、优质高效菌株及菌群筛选、菌剂的接种量和接种时间等方面进行了研究。Ichida 等认为土著微生物种群可以降解畜禽废弃物，但是用羽毛降解专性菌则可以加快降解进程。扫描电镜结果表明，接种细菌比不接种细菌的处理角蛋白降解得更完全，生物被膜形成得更早。Sharma 等将筛选得到的丝状真菌接种于以麻风树外皮为原料的堆体中，结果发现，接种的处理具有较高的木质纤维素酶活性，在一个月内接种丝状真菌有利于麻风树外皮的腐熟；堆肥四个月时，发现由于丝状真菌木质纤维素酶作用，降低了堆肥中的植物毒性，接种丝状真菌无论是对麻风树外皮的腐熟还是降低植物毒性均有显著效果。国外现有的文献表明大部分接种是有效的。

国内学者对堆肥接种也进行了广泛的研究，其中涉及的微生物种类包括乳杆菌属、芽孢杆菌属、假单胞杆菌属、固氮菌属、微杆菌属、木霉属、曲霉属、白腐真菌、裂殖酵母属、链霉菌属和高温放线菌属等。这些微生物多从自然界中分离获得，并在堆肥应用中取得了良好的效果。陈世和提出在原有的土著微生物基础上添加微生物菌剂或酶制剂能缩短堆肥周期。李国学等用鸡粪、稻壳和猪粪堆肥，添加质量分数为 0.5% 的快速发酵菌剂，可以加速稻壳堆肥进程，显著缩短发酵时间，一般堆制 14 ～ 21d 即达到腐熟要求。庞金华等在猪粪堆肥制作时，加入两种微生物制剂，可以快速提高堆肥升温速度，促进发酵腐熟，缩短堆制时间。席北斗等把复合菌剂加入生活垃圾堆肥和污泥堆肥中，堆肥时间缩短 18d。冯明谦筛选比较了 625 株细菌、153 株霉菌、27 株放线菌对果胶、淀粉、纤维素和半纤维素的降解能力，选用降解能力和抗逆能力均强的芽孢杆菌、霉菌和放线菌各 1 株作为种子，进行人工接种堆肥试验，试验表明接种 1.5% 能缩短发酵时间 16h。李季等筛选出 9 株具有不同功能作用、繁殖速度快的细菌、真菌、酵母菌等，并经过组合，研制出能广泛用于畜禽粪便、市政污泥等有机废物堆肥的 VT 菌剂。席北斗利用从环境中分离的微生物，通过诱变培育出活性较高的纤维素分解菌株，并将康氏木霉、白腐菌、变色栓菌与 EM 菌、固氮菌、解磷菌、解钾菌按一定比例组合成高效复合微生物菌剂，应用于有机堆体，加速了堆肥温度升高与原料腐熟。胡菊等在堆体中接入 VT 菌剂后，与空白对照堆体相比较，C/N 值降低得多，并且 VT 菌剂对堆肥有机碳分解及肥力的提高有一定的促进作用。路伟明从牛粪中筛选到一株耐低温的纤维素降解真菌，最适生长温度为 20 ～ 25℃，能作为低温条件下堆肥的外加菌剂使用。籍宝霞在冬季使用低温发酵菌剂对鸡粪进行堆肥，研究表明在日平均温度为 4.9 ～ 7.1℃时 48 ～ 72h 即可启动发酵。

根据对国内近 10 年近 70 篇堆肥接种文献统计结果，接种菌剂的促进效果普遍表现明显，只有 8 篇反映效果不明显。

堆肥接种效果主要表现为：加快升温，使高温持续时间延长；加速有机物分解；减少氮素损失，提高养分含量；提高堆肥过程中纤维素酶、脲酶等的活性和峰值；提高堆肥的腐熟度，缩短腐熟时间；提高堆肥产品肥效等（表 10-4）。虽然目前一些学者对堆肥接种持怀疑态度，但许多研究结果对堆肥过程中接种菌剂的促进作用还是充分肯定的。

表 10-4 堆肥接种效果总结

项目	主要效果
温度	加快堆肥升温速度，提高堆肥的最高温度，高温持续时间延长
有机碳	加速有机物分解，加快堆肥腐熟进程
全氮、C/N 值	减少氮素损失，C/N 值降低，提高养分含量
粪大肠菌群	大肠杆菌数量大幅度降低，有效杀灭病原微生物
主要微生物菌群	增加堆肥过程中细菌总数，提高微生物种群质量、群落功能多样性和群落均匀度
纤维素酶、脲酶	提高堆肥过程中纤维素酶、脲酶的活性和峰值
腐熟度	提高堆肥的腐熟度
发酵时间	加速腐熟，缩短腐熟时间
堆肥品质	提高堆肥产品肥效

三、堆肥菌种使用及注意事项

影响堆肥接种效果的因素很多，不仅有温度、湿度、供氧量、C/N 值、C/P 值、pH 值以及堆高、堆体大小、发酵方式等诸因素，而且还与堆肥接种剂的菌种构成、接种比例、接种剂类型等有更密切的关系，甚至堆肥过程控制也影响其接种效果。堆肥条件和过程控制对发酵的影响实际上就是对堆肥微生物的影响，其他章节已有介绍，在此不再赘述，现就菌种选择和使用中的几个关键问题概述如下。

（一）菌种选择

如前所述，堆肥原料来源及组分的复杂性决定了堆肥过程的复杂性，也决定了作用微生物组成的多样性，单一微生物不能满足分解多组分有机物的多样化需求，所以一般选用复合微生物堆肥接种剂。在菌种的选择上，首先要考虑生态安全性，未经菌种安全评价或农业农村部登记的制品不能选用；其次要根据堆肥有机物的特点选用合适的菌种，不同的菌种制品各有其特点，但任何菌种都不是万能的，生产企业应该根据有机物类型、产品目标选用合适菌种制品；再次不具备规范的工业化生产条件下生产的菌种，以及没有菌种保藏措施下连续扩繁的菌种不得选用，发酵菌种的研制和生产是个复杂的和规范化的过程，只有具备相关条件的机构才能生产出合格的制品；最后实验室菌种慎重选用，因为实验室菌种没有经过工业化过程，批量有限，并且无法提供菌种在堆肥化生产中的相关参数。

（二）接种比例

任何堆肥接种剂都有其最适的接种比例，并非多多益善。影响接种比例的因素很多，主要有堆肥有机物性质、含水率、环境温度等。一般堆肥有机物中可溶性物质含量较低、物料水分偏高、环境温度较低时，应适当加大接种比例。接种比例确定的原则是以发酵效果为基础、以成本构成为参考。堆肥生产一旦确定接种比例，非特殊情况一般不要改变，以利于保持生产工艺和过程控制参数的稳定，从而达到堆肥质量的稳定。菌剂的接种量一般为0.05%～5%，我国近年来文献中所述的接种量大多为0.1%～1%，接种时间多为堆肥初期。

（三）起爆剂

堆肥接种后，由于堆肥有机物能立即提供给微生物的小分子营养物有限，为了在较短时间内使微生物种群数量激增，快速启动发酵进程，通常以一些低分子的单糖、淀粉、蛋白质作为微生物最初的营养底物，使微生物的数量和活性似“爆炸”一样增长，所以便将该类物质形象地称为“起爆剂”。常用的起爆剂有红糖、糖蜜、淀粉等。在起爆剂的使用上，最好是将菌种和起爆剂互溶或混合后再接种在堆肥有机物上，以便达到充分“起爆”的效果。

总之，堆肥有机物性质、堆肥条件和过程控制与堆肥接种剂应用是密切关联的有机整体，堆肥有机物的性质决定了如何设置堆肥条件和过程控制参数，堆肥条件和过程控制参数的调整和优化是为了最大限度地发挥堆肥接种剂的效率，反过来促进堆肥有机物的快速分解，所以在堆肥接种剂的使用上必须将三者作为一个有机整体通盘考虑。

第四节　堆肥过程监测及常见问题

堆肥生产中，应根据产品用途制定相应的产品标准，并依据标准对产品质量做出判断。但由于多数产品标准不能反映堆肥的过程变化，并且其技术指标仅依照肥料标准制定，而堆肥的过程变化往往会对堆肥质量产生重要影响，所以在生产实践中通常将过程变化作为控制指标，并对其进行监测。主要的监测指标有：

① 温度变化，温度上升及变化是否正常；

② 湿度变化，湿度对堆肥产品质量的重要性；

③ 气味变化，发酵正常时，原料的异味、臭味应在 1 ～ 2d 消失，后期应有发酵的味道或曲香味，腐熟堆肥应该为腐殖泥土味道。

一、堆肥温度监测

温度变化是判定堆肥系统是否正常的关键指标之一。系统会不会升温？升温至多高？温度能保持多久？原料配比怎样影响温度？这些都是堆肥过程中每天遇到的问题，也为堆肥从业人员关心和关注。

堆肥过程中物质和能量转化的直观表现就是温度变化，根据温度变化可直观判断堆肥系统的运行状况。堆肥温度既不能太低也不能太高，温度太低说明微生物的反应速率慢，发酵时间长，易产生臭气，致病菌不能灭杀，产品达不到无害化标准要求；温度过高如超过 70℃时，杀灭致病菌的同时也会将放线菌、嗜热菌杀灭，不利于堆肥化进程。通常适宜的堆肥温度区间为 50 ～ 70℃。

无论采用何种堆肥工艺，堆肥系统内物料温度为非均匀一致状态，通常因物料堆积方式（主要为高度和体积）呈梯度变化规律。测定堆肥温度时，可先测定不同空间位置物料的温度，确定最高温度点，测定堆肥温度是指堆体的最高温度。经验测定方式为：条垛式堆肥通常从料堆高度的 2/3 处呈 45° 插入中心位置为最高温度；槽式堆肥为物料 2/3 高度中央位置为最高温度；筒仓反应器堆肥为顶部物料表面为最高温度。堆肥生产中，应将每天测定的温度绘制成堆肥温度变化曲线，根据温度变化曲线判断堆肥系统运行是否正常，温度变化异常时，要通过调整翻堆（搅拌）和（或）曝气频次维持系统正常。

二、堆肥湿度监测

水分是微生物生长繁殖、维持其代谢活动的基础，堆肥湿度即含水率的变化与发酵速率和腐熟程度直接相关，因此湿度变化是判定堆肥系统是否正常的又一关键指标。

堆肥湿度变化与许多因素有关，如发酵物料的初始含水率、有机物分解产生的水分量、物料含氧量、发酵温度、发酵过程中的水分蒸发等。发酵物料初始含水率的调整是建立良好发酵体系的基础，发酵物料的理化特性决定其初始含水率：一般，物料的有机物含量＜ 50% 时，最适宜的含水率为 45% ～ 50%；物料的有机物含量＞ 60% 时，最适宜的含水率为 55% ～ 60%。发酵物料的含水率低于 30% 时，微生物的活性会显著降低；含水率＞ 65% 时，物料的孔隙被水分填充，会产生厌氧发酵，导致臭气产生、温度降低、养分大量损失等。

堆肥的湿度随堆肥进程呈现从高到低的变化，通常（一次）发酵结束时水分减少 10% ～ 20%，陈化结束时水分减少 5% ～ 10%。随着材料科学的发展，湿度测定开始采用在线监测技术。由于发酵和陈化阶段物料的含水率分布是不均匀的，采用实验室检测时，要考虑抽样的代表性，尽量多点取样后制成混合样。

三、堆肥气味监测

尽管堆肥系统不可能没有气味，但好的堆肥系统一般不会有不良气味产生。堆肥过程中可以用嗅觉判断发酵潜在的问题，如氨味过重，可能是发酵物料氮含量太高（C/N 值过低），应添加一些稻壳、秸秆或木屑等高碳原料；如霉味过重，可能是发酵物料湿度太大，含水率过高，可以通过添加更多含水率较低的原料进行调理，如任其发展有可能会导致厌氧发酵，产生硫的恶臭味。在室外堆肥中，可以充分搅动堆体以改变厌氧状况，但这样会使臭味扩散更加明显。

充足的氧气供应是好氧发酵的前提，常通过空气自由扩散或强制通风方式给堆肥系统供氧，一旦有大量臭气产生，肯定是一些重要管理因素被忽略。导致臭味的常见因素有：a. 水分含量太高；b. 孔隙度不够；c. 原料迅速腐败；d. 堆体过大。上述因素均会导致空气难以扩散到堆体内部，造成厌氧后会加剧臭气的产生。

四、堆肥智能化监测

基于传感器技术广泛应用而发展起来的堆肥智能化监测起步很晚，总体水平偏低。堆肥监测总的经历了三个发展阶段。

第一阶段，监测指标主要以实验室监测为主，因为监测结果的滞后性，往往对堆肥过程控制指导性不强。

第二阶段，以传感器监测为主，实验室监测对传感器监测数据进行校正。在这一阶段主要借鉴土壤、肥料、粮食等的传感器及监测方法，数据误差较大。开始尝试通过温度、水分传感器监测实现堆肥翻堆（搅拌）、曝气的反馈调节控制。

第三阶段，堆肥智能监测发展阶段，堆肥专用温度、水分、氧传感器研发成功（图 10-5），氮化物、硫化物等污染性气体传感器开始广泛应用，监测与过程控制程序逐步优化，监测数据实时传输，并能实现远程控制。

为适应堆肥工业化要求，堆肥智能监测开始从堆肥控制指标参数监测发展到全生产过程、全控制流程、全设备点位的监测与控制（图 10-5），关键参数采集（温度、水分、O_2、N、S）全部智能化，关键系统能基本实现无人值守。

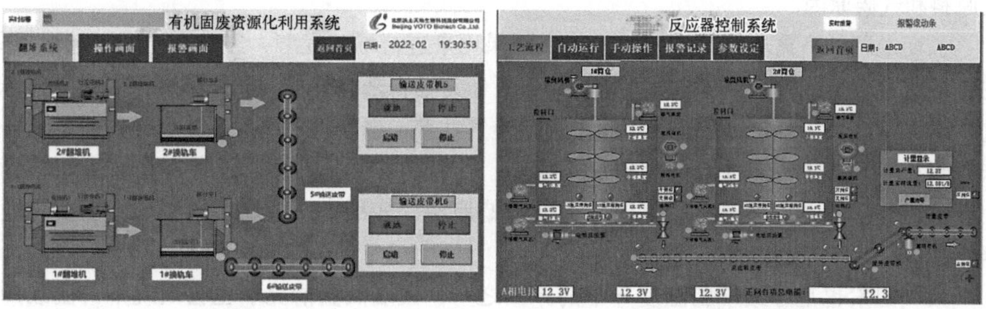

(a) 槽式堆肥　　(b) 筒仓反应器堆肥

图 10-5　堆肥智能控制系统

不仅如此，一些新型采集装置也获得重大突破。如槽式堆肥的温度、水分、氧气采集，因受翻堆机作业影响，通常只能手持传感器人工采集，不仅效率低，而且因每次采集部位的差异，采集数据不能准确反映堆肥过程中某一参数的动态变化。新型综合探杆（图 10-6）将温度、水分、氧气传感器集成到一个装置内，综合探杆安装在发酵槽外壁，通过感应翻堆机的运行状态和位置调整感应器的伸缩状态，有效躲避翻堆机对探头的影响。

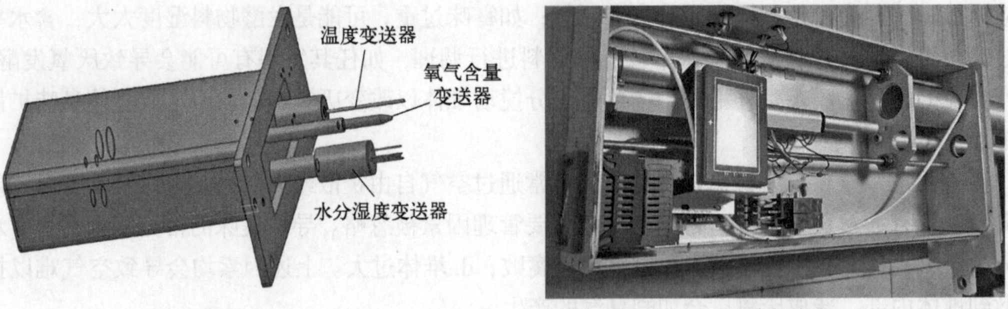

(a) 设计图 (b) 内部构造

图 10-6 槽式堆肥温度 - 水分 - 氧气综合探杆

堆肥智能化监测与控制是堆肥产业发展的必然，但与其他行业相比，仍处于起步阶段。提高传感器探头的灵敏度和使用寿命，需要材料学及电化学行业的支持与配合；控制系统的标准化，不仅需要提高行业整体制造水平，也依赖大数据、物联网、云服务等信息技术与堆肥技术的融合。

五、堆肥常见问题

堆肥是一门既蕴含古老气息而又极具现代特点的工程科学，与酿酒相似，好酒是传统手艺与现代科学相结合的产物。要建立一个好的堆肥系统，生产出高品质的堆肥产品，需要掌握现代堆肥科学知识的堆肥人变成“手艺人”，要通过触觉、嗅觉、味觉来感受堆肥的变化，对出现的问题迅速做出准确判断，并制订相应调整措施。

（一）温度异常

常见的温度异常状况主要表现是不升温或升温缓慢。造成这种状况的因素很多，但主要是原料和气候原因。

长期堆置的畜禽粪便特别是牛羊粪，如果用来进行堆肥发酵，经常会出现不起温现象，主要是因为这类原料已经基本腐熟稳定，仅可作为辅料来调节水分和孔隙度；混合物料水分过高或粒径过小，会导致物料孔隙度不够，透气性差，也会出现不起温或起温过慢；一些特殊原料如 pH 值过高或过低也会出现不起温，需调整物料 pH 值；还有一些高碳原料可溶性有机物含量低，表面还有较厚的硅质层或蜡质层，如稻壳、树皮、树枝等，需要先做破碎处理。

天气因素也是导致堆肥温度异常的原因之一，极端低温情况下也会出现不升温或升温缓慢。条垛式堆肥应采取加大堆体、适当降低水分的办法；槽式堆肥可采取适当降低物料水分、减少翻堆次数的办法；反应器堆肥可采取对鼓风气流加热的办法。在西北地区高温干湿的天气情况下，也会出现温度上升后迅速回落，主要原因是物料水分挥发太快，通常通过在配料时适当调高水分或后期适当补水的方式进行调整。

（二）水分挥发慢

一个好的堆肥体系在完成一次发酵后，物料水分应降到 40% ～ 45%，完成陈化后物料水分应降到 35% ～ 40%。但在实际生产中常会出现水分降幅小、发酵温度不高（50℃左右）、臭味重的状况，主要原因是配料水分过高、C/N 值过低、排气设施配置不全或运行不正常。

配料水分过高时（> 60%），发酵产生的热量不足以大量带走水分，或物料粒径过小时（< 1mm），水分挥发气阻大，都会导致水分挥发慢的情况，需要采取调低配料水分的办法。

C/N 值过低时，C 源不足，热值低，水分挥发慢，应采取添加高碳源物料如秸秆粉、稻壳粉等办法，适当调高混合物料 C/N 值。

堆肥过程中产生的大量水汽是通过尾气收集处理系统排出的，如系统设计不合理、集气排气效果差，或为了节约运行成本停用或少用处理设施，都会导致水汽不能及时排出，并迅速凝结成露滴返回到物料表面，所以要优化系统设计，严格遵守操作规程。

（三）臭气

臭气是判断堆肥系统是否运行正常最直观、最有效的办法和指标。导致臭气大量产生的因素很多，并且多与温度、水分异常密切相关；除此之外，还与曝气系统设计与运行、尾气收集处理系统等有关。

曝气系统设计不合理、运行设置不合理，强制通风供氧量不足，都会导致出现厌氧状况，从而大量产生臭气。进行曝气系统设计时，应充分考虑物料性质如水分、粒度、C/N 值等，结合堆体高度与体积，合理配置风机和铺设管道；曝气系统的运行设置，应根据实验测试数据，合理设置曝气时长和频次，使发酵物料始终保持在良好的好氧状态。

（四）安全管理

除设备操作维护安全管理外，堆肥生产独有的安全管理因素还有物料自燃和致敏性问题。

在堆肥陈化和储存阶段，会出现物料自燃现象，主要原因是物料堆积过高、体积过大，特别是物料有机质含量较高时出现的概率更大。在陈化或储存时间较长时，一般应减小堆体体积，堆高不超过 3m，堆宽不超过 12m，期间有条件的情况下可机械翻动，减少热量蓄积。

堆肥生产中的致敏性问题长期被忽视，广大堆肥管理人员应引起高度重视。堆肥原料来源复杂，堆肥过程产生的气体、粉尘及微生物组分更为复杂，应严格遵守生产操作规程，通风措施完备、运行良好，员工要佩戴防护口罩，过敏人群不得录用或远离相应场所。

参考文献

[1] 孙林，刘平，卓伟伟，等 . 国内畜禽粪便高温堆肥处理技术的研究进展 [J]. 养猪，2019（05）：84-87.

[2] 徐鹏翔，王越，杨军香，等 . 好氧堆肥中通风工艺与参数研究进展 [J]. 农业环境科学学报，2018，37（11）：2403-2408.

[3] Oshima T，Moriya T. A preliminary analysis of microbial and biochemical properties of high-temperature compost [J]. Annals of the New York Academy of Sciences，2008，1125（1）：338-44.

[4] 李季，彭生平 . 堆肥工程实用手册 [M].2 版 . 北京：化学工业出版社，2011：74-78.

[5] 臧冰 . 猪粪秸秆堆肥过程中含硫恶臭排放规律及原位控制机制研究 [D]. 北京：中国农业大学，2017.

[6] 李春燕，张曦，沈玉君，等 . 翻堆策略对猪粪沼渣好氧发酵特性的影响 [J]. 环境工程，2021，39（01）：

130-135.

[7] Ichida J M，Krizova L，Lefevre C A，et al. Bacterial inoculum enhances keratin degradation and biofilm formation in poultry compost[J]. Journal of Microbiological Methods，2001，47（2）：199-208.

[8] Sharma D K，Pandey A K，Lata.Use of jatropha curcas hull biomass for bioactive compost production[J]. Biomass Bioenerg，2009，33（1）：159-162.

[9] 陈世和，张所明 . 城市垃圾堆肥原理与工艺 [M]. 上海：复旦大学出版社，1990.

[10] 李国学，黄懿梅，姜华 . 不同堆肥材料及引入外源微生物对高温堆肥腐熟度影响的研究 [J]. 应用与环境生物学报，1999（S1）：139-142.

[11] 庞金华，程平宏，余廷园 . 高温堆肥的水气矛盾 [J]. 农业环境保护，1999，18（2）：73-75.

[12] 席北斗，刘鸿亮，孟伟，等 . 高效复合微生物菌群在垃圾堆肥中的应用 [J]. 环境科学，2001（5）：122-125.

[13] 冯明谦，汪立飞，刘德明 . 高温好氧垃圾堆肥中人工接种初步研究 [J]. 四川环境，2000（3）：27-30.

[14] 李季 . 土壤微生物复合菌剂及高效有机肥开发 [C]. 北京：第 12 届世界肥料大会，2001-08-04.

[15] 席北斗，刘鸿亮，黄国和，等 . 复合微生物菌剂强化堆肥技术研究 [J]. 环境污染与防治，2003（5）：262-264.

[16] 胡菊，肖湘政，吕振宇，等 . 接种 VT 菌剂堆肥过程中物理化学变化特征分析 [J]. 农业环境科学学报，2005（5）：140-144.

[17] 路伟明，李淑芹，曹知平，等 . 一株低温牛粪降解真菌的筛选及生长条件的确定 [J]. 东北农业大学学报，2008，39（11）：36-38.

[18] 籍宝霞，张丽萍，程辉彩，等 . 低温发酵剂在鸡粪冬季处理中的作用 [J]. 江苏农业科学，2009（6）：418-420.

第十一章　堆肥环境控制

第一节 堆肥臭味控制

堆肥过程中常伴随着臭气，这些致臭气体随着水蒸气和二氧化碳一起排出，污染堆肥场周围空气和周边环境，吸引苍蝇及鼠类等，传染疾病。毫无疑问，臭气控制在堆肥生产中是一个十分重要的问题，在堆肥厂设计时有必要对臭气进行专门设计，防止二次污染。

一、常见臭气化合物

所有生物，包括植物和动物都会释放出臭味分子，并进入大气，以微小的浓度存在于大气中。即使堆肥初始物料不含气味分子（这种情况不太可能），通过生物代谢途径也会产生许多有气味的中间化合物。研究表明，堆肥过程中产生的重要潜在臭味物质主要有脂肪酸、胺类、芳香族和杂环化合物、无机硫化物、有机硫化物、萜烯、氨、酮类及醛类等。

（1）脂肪酸 脂肪酸是一种具有相对长链结构，由脂肪类、油类和蜡状物组成的一元羧酸。这种长链酸可以水解成易挥发的小分子酸类，如乙酸、丙酸、丁酸。乙酸气味像被人熟知的醋一样，具有明显的可辨别气味。挥发性脂肪酸易于降解。

（2）胺类 胺类是由氨衍生出的一类化合物，是由蛋白质和氨基酸在厌氧分解下产生的。胺类产生于一些食品加工废弃物，尤其是加工鱼类和甜菜类的工厂产生的废弃物。由甲胺、乙胺、二甲胺、三乙胺、尸胺、腐胺等组成的胺类具有腐烂味和腥臭味。

（3）芳香族和杂环化合物 芳香族有机物是以一个或多个苯环组成的一类有机物，芳香族有机物导致许多木头具有气味。在好氧发酵过程中，大量的木质素分解会产生芳香族类物质。吲哚和粪臭素是具有代表性的含有一个苯环和一个含氮环状结构的杂环化合物，它们产生于蛋白质的厌氧分解过程中，而且具有让人讨厌的气味。

（4）无机硫化物 硫化氢是废水工业中常见的一种臭味物质，它有一种类似臭鸡蛋的气味。硫化氢的产生一般有两条途径：第一，在厌氧发酵过程中由蛋白质或者含硫有机物的分解产生；第二，有机物和硫酸盐在无氧条件下，硫酸盐作为电子受体被还原成硫化氢。在堆肥过程中如果有厌氧条件存在时就会产生硫化氢。

（5）有机硫化物 硫醇是乙醇的含硫异构物，结构式为R-SH。它的特征是具有令人讨厌的气味，并随分子量的提高而减轻。人的鼻子可以闻到30亿份空气中含有1份乙硫醇。烷基硫化物是具有R-S-R结构的物质，是醚的含硫异构物，它们被发现存在于洋葱、大蒜这种具有特殊气味的植物中，10亿份空气中含有1份烷基硫化物就可以闻到。硫醇还可能会被氧化成二甲基硫化物和二甲基二硫化物，这些化合物的每一种都可在堆体中产生和分解。

（6）萜烯 萜烯是由一个或多个碳环派生出来的环烷化合物，是一组天然的有机化合物。萜烯主要存在于植物中，许多植物具有香味就是因为含有它。因此，当用植物作原料进行堆肥时会释放出有气味的萜烯。研究总结出在用木屑和锯末堆肥过程中会有较多萜烯产生。

（7）氨 蛋白质和氨基酸的好氧和厌氧分解过程都会产生氨。任何低C/N值的物料都易于释放出过量的氨到大气中。污水污泥、渔业垃圾、粪便和草类都具有较高的蛋白质含量，从污泥堆肥中排出的气体，其氨气的含量可达到1000mL/m^3，短期内人体吸入大量氨气后会出现流泪、咽痛、咳嗽、呼吸困难，并伴有头晕、恶心、乏力等症状。若吸入的氨气过多，导致人体血液中氨浓度过高，则会通过三叉神经末梢的反射作用而引起心脏停搏和呼吸停止，危及生命。幸运的是，氨气具有相对较高的气味浓度阈限，若快速稀释就难以检测到。通常认为离开工厂一段距离该气体就变得相当稀少。

（8）酮类　酮类是羰基与两个烃基相连的化合物。根据分子中烃基的不同，酮可分为脂肪酮、脂环酮、芳香酮、饱和酮和不饱和酮。酮类可与醛类反应产生胺类物质。

（9）醛类　醛类是由烃基和醛基相连而构成的化合物。白酒发酵过程中会产生醛类。低沸点的醛类有甲醛、乙醛等，高沸点的醛类有糠醛、丁醛、戊醛、己醛等。醛类的毒性大于醇类，其中毒性较大的是甲醛，毒性比甲醇大30倍左右，是一种原生质毒物，能使蛋白质凝固，10g甲醛可使人致死。在发生急性甲醛中毒时，会出现咳嗽、胸痛、灼烧感、头晕、意识丧失及呕吐等症状。

（10）其他类　事实上，堆肥过程中有气味的有机化合物的数量非常多。在物料初期或者经过微生物新陈代谢作用产生的酒精、烯烃、酯、丙烯酸盐、丁酸盐等都是一些具有气味的代表性物质。

二、臭气指数

（一）臭气指数（OI）的定义

臭气指数可用来测定特定气味物质引起臭味的潜力。臭气指数是以有气味的气体分子为基础建立的，这种气体具备以下条件：a.必须存在于大气中，并可被输送和接纳；b.在大气中必须具有一定的蒸气压力。蒸气压力越高存在的分子就越多。一旦这些分子存在于大气中，人类就会对它有所反应，这种反应取决于人们对特定分子的灵敏程度。因此臭气指数被定义如下：

$$\text{臭气指数（OI）}=\frac{\text{蒸气压}}{\text{臭气识别域限（100\%）}}$$

臭气指数（OI）是一比率，可有效表明一种臭气物质进入大气并产生可识别反应的能力，它可测定一种特定气味物质在蒸发条件下导致臭味的潜力。

（二）部分臭气的沸点、蒸气压和臭气指数

不同臭气化合物的臭气指数和臭气浓度域限（TOC）见表11-1。物质的形态由熔点、沸点等参数决定。恶臭物质能被嗅觉所感知，是因为恶臭物质分子在空气中传播并与人类的嗅觉神经作用，沸点越低的物质越易挥发进入空气，这类臭味物质所带来的恶臭污染风险也越大。氨、硫化氢、乙硫醇、二甲基硫和乙醛的沸点都低于堆肥过程中的普通温度，所以堆肥过程中这些物质产生后就会以气态挥发出来。氨和硫化氢在液相时会离子化，由此减小了非离子化的浓度，限制了挥发。其余的物质沸点接近或高于堆肥过程的一般温度，不过它们也有明显的蒸发压力，也可以蒸发成气态。

表 11-1 部分臭气化合物的臭气指数及臭气浓度域限

化合物	TOC⑤/(mL/m³)		温度/℃	蒸气压/mm Hg	臭气指数
	可检测①	可识别②			
氨	0.037	47	-33	bp③	167300
硫化氢	0.00047	0.0047	-62	bp	17000000
1-丁烯	0.069		-6	bp	43480000
甲基巯醇	0.0011	0.0021	8	bp	53300000
乙胺	0.026	0.83	17	bp	1445000
二甲（基）胺	0.047	0.047			
乙醛	0.004	0.21	20	bp	2760000
乙硫醇	0.002		23	bp	289500000
1-戊烯	0.0021		30	bp	376000000
二甲基硫	0.001	0.001	36	bp	2760000
二甲基二硫醚	0.001	0.0056			
二乙基硫	0.0008	0.005	88	bp	144000000
丁硫醇	0.0005		65	bp	49340000
丁酮			80	bp	3800
乙酸	0.008	0.2	63	100④	15000
丙酸脲			66	40	112300
α-松萜、松油	0.011		37	10	469000
桉油酚、桉树油			54	10	
柠檬油精、柠檬油			54	10	
丁酸			61	10	50000
粪臭素	0.0012	0.47	95	1	30000

① 可检测域限。

② 可识别域限。

③ 760mmHg（101.325kPa）下的沸点。

④ 相应温度的蒸气压力。

⑤ 臭气浓度域限（TOC）指能够引起感觉的有臭味气体的最小浓度值。

三、恶臭气体控制标准

我国相关的恶臭物质控制和排放标准主要为《恶臭污染物排放标准》（GB 14554—93）。该标准规定了建设项目的环境影响评价、设计、竣工验收及建成后的恶臭气体排放管理，规定了8种（三甲胺、氨、硫化氢、甲硫醇、甲硫醚、二硫化碳、二甲二硫、苯乙烯）恶臭污染物和臭气浓度的一次最大排放限值、复合恶臭物质的臭气浓度限值及无组织排放源的厂界浓度限值。

（1）恶臭污染物厂界标准值 是对无组织排放源的限值（表11-2）。1994年6月1日起立项的新、扩、改建设项目及其建成后投产的企业执行二级、三级标准中相应的标准值。

表11-2 恶臭污染物厂界标准值 单位：mg/m^3

序号	控制项目	一级	二级		三级	
			新扩改建	现有	新扩改建	现有
1	氨	1.0	1.5	2.0	4.0	5.0
2	三甲胺	0.05	0.08	0.15	0.45	0.80
3	硫化氢	0.03	0.06	0.10	0.32	0.60
4	甲硫醇	0.004	0.007	0.010	0.020	0.035
5	甲硫醚	0.03	0.07	0.15	0.55	1.10
6	二甲二硫	0.03	0.06	0.13	0.42	0.71
7	二硫化碳	2.0	3.0	5.0	8.0	10
8	苯乙烯	3.0	5.0	7.0	14	19
9	臭气浓度（无量纲）	10	20	30	60	70

（2）恶臭污染物排放标准值 见表11-3。

表11-3 恶臭污染物排放标准值

序号	控制项目	排气筒高度/m	排放量/(kg/h)
1	硫化氢	15	0.33
		20	0.58
		25	0.90
		30	1.3
		35	1.8
		40	2.3
		60	5.2
		80	9.3
		100	14
		120	21

续表

序号	控制项目	排气筒高度 /m	排放量 /（kg/h）
2	甲硫醇	15	0.04
		20	0.08
		25	0.12
		30	0.17
		35	0.24
		40	0.31
		60	0.69
3	甲硫醚	15	0.33
		20	0.58
		25	0.90
		30	1.3
		35	1.8
		40	2.3
		60	5.2
4	二甲二硫醚	15	0.43
		20	0.77
		25	1.2
		30	1.7
		35	2.4
		40	3.1
		60	7.0
5	二硫化碳	15	1.5
		20	2.7
		25	4.2
		30	6.1
		35	8.3
		40	11
		60	24
		80	43
		100	68
		120	97

续表

序号	控制项目	排气筒高度 /m	排放量 /(kg/h)
6	氨	15	4.9
		20	8.7
		25	14
		30	20
		35	27
		40	35
		60	75
7	三甲胺	15	0.54
		20	0.97
		25	1.5
		30	2.2
		35	3.0
		40	3.9
		60	8.7
		80	15
		100	24
		120	35
8	苯乙烯	15	6.5
		20	12
		25	18
		30	26
		35	35
		40	46
		60	104
9	臭气浓度	排气筒高度 /m	标准值 (无量纲)
		15	2000
		25	6000
		35	15000
		40	20000
		50	40000
		≥ 60	60000

四、臭气分析方法和强度评价

要恰当的处理臭气，必须定量地测量它们。恶臭污染的分析方法分为感官检测和仪器检测两大类。

（一）感官检测

大多数的臭气来源广泛，并且其组成通常都是未知的。在这种情况下，人的鼻子仍然是检测和确定臭气强度的一个可接受的标准。毕竟鼻子是人感觉气味的器官，没有任何机械能够模拟它的反应，而且实际中器官感觉要比化学分析仪器更加灵敏。感官检测是根据人的嗅觉对恶臭气味的嗅觉响应建立起来的，对恶臭的特征进行数值或文字描述的方法，通常用来测定恶臭污染的强度和浓度。

1. 臭气强度

因国家和地区不同，恶臭强度的分级也有所不同。目前逐渐倾向于6级制：

0——无臭；

1——勉强嗅出臭味（感觉阈值）；

2——刚能辨别出恶臭的特征气味（识别阈值）；

3——明显感觉；

4——强烈感觉；

5——无法忍受。

这种方法具有实施简单、反映直观等优点。但在等级判定时，易受嗅辨员状态和主观性的影响，结果误差大。

2. 臭气浓度域限（TOC）

臭气浓度域限（TOC）是指能够引起感觉的有臭味气体的最小浓度值。一般情况下，使用的临界值都是通过嗅辨小组给出的50%、100%（最迟钝的）和10%（最灵敏的）水平下的临界限。当给出的TOC没有进行任何界定时，就可用50%的临界值。所以，50%的绝对感觉临界值或检测临界值就意味着嗅辨小组50%的成员都检测到了臭气时的浓度。该方法只需嗅辨员对稀释的样品辨别是否有气味（感觉嗅阈），不需要分级，可以降低嗅辨的主观性，减少误差。臭气浓度法分为静态稀释法和动态稀释法两大类。

① 静态稀释法：主要有无臭室法、注射器法和三点比较式臭袋法。

② 动态稀释法：主要有气味计法和动态嗅觉计法。

（二）仪器检测

恶臭的仪器检测是采用气相色谱、质谱、电子鼻等仪器单独或组合后对环境大气中的化合物进行分析的技术，可以对恶臭污染物进行定性和定量的描述。气相色谱是最常用的定量分析方法，其中检测器与色谱柱是气相色谱分析中的关键部件。

常采用的检测器有：氢火焰离子化检测器（FID），适用于酸、醇、酚、醛、酮、胺、酯等检测，但对甲醛、甲酸没有响应，对二硫化碳响应异常；火焰光度检测器（FPD），测定氢火焰中含硫、磷化合物分解时产生的固有波长光（硫394nm、磷526nm），进而求得组分浓度；电子捕获检测器（ECD），由 ^{63}Ni 产生 β 射线，使载气电离成正离子和电子流，在电极间形成基始电流，基始电流的下降与被测组分的浓度成正比，氧和水对检测有干扰；碱盐火焰离子化检测器（AFID）对含磷化合物特别灵敏，又称氮磷检测器（NPD）。其中氢火焰离子化检测器（FID）是用得最多的检测器。气质联用（GC-MS）是目前最常用的恶臭物质检测技术。

1. 臭气浓度

如果气体中的化合物比较少，那么用分析技术就可以确定其中产生臭味的物质的浓度，如气相色谱 - 质谱技术。如果臭气的最低限定浓度已知，并且各种组成成分明了，则确定稀释程度就可处理臭气，这种方法最适合用于气体成分数量有限的一般工业生产中。

2. 表面臭气排放速率（SOER）

由于许多堆肥系统直接暴露在空气中，这时测定表面臭气排放速率就很有意义。假定臭气浓度和气体流量的乘积等于表面臭气排放速率（SOER）。通过在样品表面盖罩，从罩内抽取空气，测定抽取空气的臭气浓度和空气的流量即可进行 SOER 的检测。SOER 的正确表示单位是 $m^3/(min \cdot m^2)$。假设空气以 $1m^3/min$ 的速度通过一个 $0.5m^2$ 的样品区域，如果样品气中含有臭气 10 ou（ou 为臭气单位），那么 SOER 就应该为 $20m^3/(min \cdot m^2)$。

表 11-4 给出了一个条垛式污泥堆肥厂的 SOER 值。从数据看，1972 年随堆肥化过程的进行，臭气释放是减少的。而 1977 年开始 7d 臭气没有明显降低，可能与低温有关，SOER 值因此显著提高。堆肥区平均臭气释放率约 $2.8\times10^6m^3/min$。

表 11-4 洛杉矶县卫生区条垛式污泥堆肥厂的堆肥温度和 SOER 值的比较

堆垛时间 /d	平均堆体温度 /℃		SOER/[$m^3/(min \cdot m^2)$]	
	1972 年	1977 年	1972 年①	1977 年②
0	32.2	28.3	9.8	13.1
1	40.0	29.4	8.5	12.8
2	45.5	34.4	7.6	35.4
3	50.0	34.4	7.0	45.1
4	52.2	37.8	6.1	46.3
5	53.3	37.8	5.5	65.2
6	53.9	42.2	4.6	138.7
7	54.4	31.7	4.0	28.4

资料来源：Render，1978。

① 1972 年的 SOER 值由嗅辨小组测定。

② 1977 年的 SOER 值由便携式嗅觉计测定。

3. 臭气报警浓度

无论臭气的性质如何，只要臭气的浓度超过 50ou，人们很容易察觉到的浓度就是臭气报警的极限水平，也称为分散极限。而当臭气浓度为 10ou 就达到臭气报警水平的，则能够引起人们身体不适和心理亚健康。堆肥过程中有时臭气浓度很高，所以把臭气浓度控制在被大部分人所接受的一个很低的水平是最为现实的目标。

五、臭气处理方法

1. 堆肥臭气控制主要措施

目前堆肥臭气的控制主要采取以下几种措施：a. 堆肥过程优化控制技术；b. 分析调查臭气产生的来源；c. 臭气的收集；d. 臭气的处理；e. 残留臭气的有效稀释扩散。

2. 堆肥过程优先控制技术

堆肥过程的优化控制技术包括：a. 制定合适的堆肥物料混合比，调节碳氮比；b. 保持堆肥混合物料合理的孔隙度，以保障通气；c. 抑制堆体中产生厌氧发酵的条件，使堆肥微生物代谢充分；d. 在堆肥起始物料中添加生石灰调节堆体 pH 值，以减少臭气排放。堆肥的过程控制十分重要，但达不到直接排放的要求，故对臭气进行处理就必不可少。

3. 堆肥臭气处理主要方法

目前臭气处理的方法主要有吸附、洗涤、生物过滤以及掩蔽与中和等。

（一）吸附

吸附是指颗粒状物质从气体或液体中分离和储存不溶物质的过程。使用最广泛的吸附材料是活性炭。吸附材料的孔隙度与面积和质量比相关，而面积和质量比决定材料的吸附效率。此外，气体的性质也与吸附效率有关，气体的溶解度越高，吸附效果越好，例如氨气、硫化氢和二氧化硫等。常规的吸附装置由内设活性炭吸附床的圆柱形容器组成，臭气自上而下通过吸附床被活性炭吸附。另外，活性炭还可浸泡氢氧化钠，但活性炭使用一段时间后需要活化或者重新更换。吸附法对于浓度低于 5mg/L 的臭气去除效率较高。

（二）洗涤

1. 洗涤原理

洗涤是指通过特定的洗涤装置，把臭气化合物溶解到洗涤液中的一种臭气处理方法。洗涤液使用水或者化学吸收液，吸收可以仅仅是溶解，也可以通过化学反应去除臭气。常用洗涤装置包括喷雾塔、填充式洗涤床、流体洗涤床、板式塔、喷射洗涤器。

用水作洗涤液可以吸收氨气、硫化氢等气体，其脱臭效率随液气比增加而增加。但是臭气在水中溶解度小，并且性质不稳定，有可能从水中再次逸出。用化学吸收液作洗涤液，由于吸收过程伴随着化学反应，故其除臭效率较高，同时也可节省大量用水。所以堆肥厂选择洗涤除臭气时，应尽可能用化学吸收液。

通常的化学药剂包括：氧化剂，例如次氯酸钠（NaOCl）、过氧化氢（H_2O_2）及高锰酸钾（$KMnO_4$）；碱性物，例如 CaO、$Ca(OH)_2$、NaOH；酸性物，例如 H_2SO_4、HCl；还原剂，例如 Na_2SO_3、H_2O_2；吸收增强剂，例如表面活性剂。

在大多数堆肥条件下，人们关注的臭气化合物包括：

① 氨，以一定的比例存在于基质中的有机氮内；

② 有机硫化合物，如硫醇、二甲基硫化物等；

③ 无机硫化物，如硫化氢；

④ 其他有机化合物，如萜烯；

⑤ 非完全氧化产物以及化学洗涤形成的剩余臭气化合物。

要去除所有这些化合物必须具备不同的吸收条件，单一臭气的吸收对于复杂的堆肥过程效果并不好。目前最优的方案是采用多级洗涤，在每一阶段设置可吸收特定化合物的条件，一般至少要两级或多级处理。

2. 三级雾化洗涤塔案例

美国蒙哥马利市建造的三级雾化洗涤塔如图 11-1 所示，三级雾化塔中一号塔直径 2.44m、高 22.86m，二号塔直径 4.27m、高 22.86m，三号塔直径 2.44m、高 17.68m。这些塔分别提供了约 4.5s、14s、3.5s 的气体停留时间。

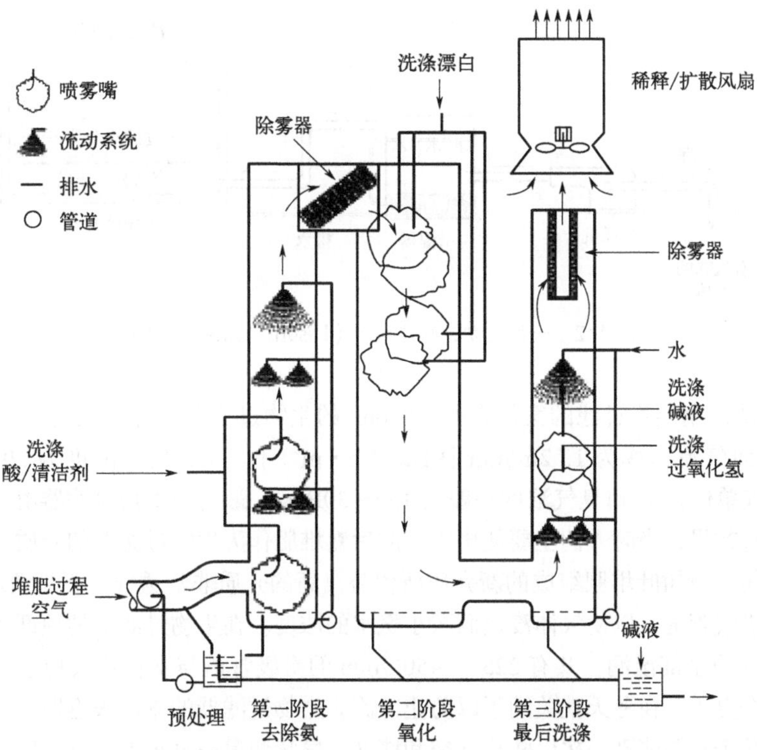

图 11-1 蒙哥马利市建造的三级雾化洗涤塔

在每一个塔内通过雾化（雾化作用或气雾喷嘴）和喷雾嘴引进化学溶剂。雾化过程产生的大面积小雾滴可以吸收塔中经过的化合物，喷雾嘴产生的大液滴带来的附加气体可以促进液体的接触，并帮助黏附和部分除去浮质。雾化塔相比于填充床一般需要更长的气体停留时间。

在第一阶段洗涤过程中完成了去除氨，硫酸被用来中和不溶解的氨。第二阶段的设计主要是除去有机硫化物，和其他有机的有气味气体如萜烯，通常采用氧化洗涤溶液。第三阶段洗涤的目的是除去第二阶段排出的氯，利用过氧化氢和亚硫酸氢钠来除去残留氯，弱碱性过氧化氢溶液是最有效的去除氯的还原剂。

（三）生物过滤

1. 生物过滤原理及案例

生物除臭系统主要有两种，分别是生物滤池和生物滴滤池。其原理是在有氧条件下，利用好氧微生物的代谢活动将臭味气体转化成无味或较少气味气体的方法。生物滴滤池与生物滤池基本相同，不同之处是生物滴滤池间歇向滤床材料喷水，而生物滤池连续向滤床材料喷水。

生物过滤就是一种空气污染控制技术，生物过滤器由生物滤床和相应的空气分配系统组成，生物滤床的材料具有一定的孔隙度。图 11-2 给出了一种生物过滤器系统，有气味的气体在进入生物过滤器前要增湿，利用一个多支管系统将气体分配穿过过滤器介质，当臭气通过生物滤床层时一部分被吸附，同时作为滤床材料上微生物的养分而被消化利用，有味的气体因此被转化为无味或者较少气味的气体。

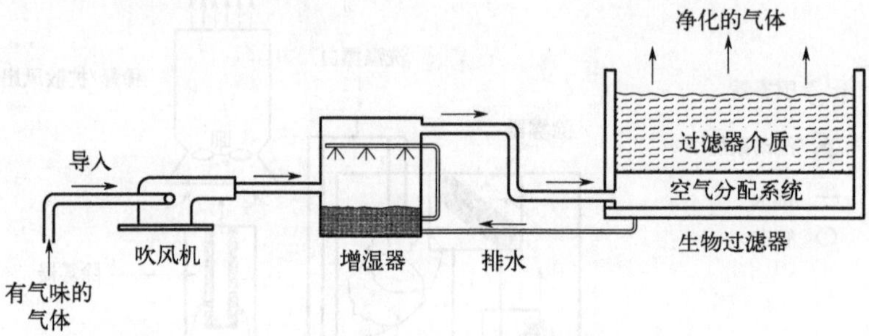

图 11-2 一种生物过滤器系统（Leson，Winer，1991）

已有成功使用生物过滤的案例表明，836m^2 的生物过滤器处理了大约 1193m^3/min 的混合气体，表面气流速率为 1.52m/min［91m^3/（h • m^2）］。入口臭气浓度为 500 ～ 600ED$_{50}$（ED$_{50}$ 为臭气单位），出口臭气浓度一般在 15 ～ 30ED$_{50}$。最初的生物过滤器由于介质干燥而没有达到这种效果，当时人们主要使用工厂的后熟堆肥作为生物过滤器的介质，后来这种介质被木屑、树皮及树叶堆肥组成的新介质所代替。新的介质非常透气，不易渍水。4 个喷水滴头被插入供气管道，以使气体浸透而减小氨水的浓度。在生物过滤器的顶部还设有两级管喷洒，确保介质全部湿润，共有 225 ～ 450L/min 的次级管道与支管喷头相连。整个喷淋一直持续了一个夏天，在冬天就关闭了以防止冷冻。生物过滤器的排水被返回了堆肥厂，生物过滤器每隔几个月要清理一次以防止开裂和堵塞。气味测量一直每天进行，以监测生物过滤器的性能。这些物理和运行改进导致生物过滤除臭系统具备了高效率、可靠和相对低的操作成本的特点。

2. 设计生物滤池主要考虑因素

（1）介质的性质　所用介质需要满足的条件有：a. 较大的颗粒比表面积；b. 颗粒粒径均匀且孔隙度大；c. pH 值缓冲能力强。滤床的厚度不宜过高，因为一般情况下只有 1/5 的滤床厚度用于发生去除臭气作用。

（2）空气分配　常用的空气分配系统有多孔管系统、压力通风系统、底部排水系统。多孔管置于介质底层，选择合适的管径大小以保证气体分配均匀。压力通风系统采用鼓风机，均化空气压力。底部排水系统中空气向上运动，底部收集排水。

（3）相对湿度控制 好氧微生物最适宜的相对湿度条件是 40% ～ 60%，相对湿度过高或过低都会影响微生物的代谢活动，降低除臭效率。严重时会导致滤床中产生厌氧环境，一般喷洒水的投加量为 0.75 ～ $1.25m^3/(m^2 \cdot d)$。

（4）温度控制 生物滤池最有利的温度条件是 25 ～ 35℃，这时微生物的生长繁殖最快，除臭效率明显。在环境温度较高时，进气可适当冷却；环境温度较低时，进气可适当加热，滤池也应采取保温措施。有研究表明填料温度每增加 10℃，微生物的降解速率可提高 1 倍左右。

（四）掩蔽与中和

1. 掩蔽

掩蔽是用一种舒适气体（掩蔽剂）来掩盖或压制另一种不舒适气体的方法。一些芳香气味如香草、苹果或柠檬就被加入环境空气或气流中来掩蔽或混合那些讨厌的气味。

掩蔽的主要优势是设备易得、便携和成本相对较低。一个典型的系统由一个装满掩蔽化学试剂的桶和安装在其上的喷雾嘴组成。但是由于通常使用掩蔽剂和臭气产生的混合物不够稳定，有时其气味比原有臭味还难闻，限制了掩蔽剂在堆肥厂的利用。

2. 中和

中和是采用一些中和化学物质（中和剂），与一种臭气发生反应而产生较少气味的混合物。在一些情况下，中和剂可以和臭气分子相结合产生较小气味的混合物，并有较高的蒸气压。可以用中和剂来中和的臭气类型为胺、硫醇类、乙醛和芳香化合物。中和剂反应很快，不像掩蔽剂。常用的中和剂有甲酸、稀硫酸、硫酸亚铁、石灰、过磷酸钙等。

有报道称，将中和剂喷进一个静态堆肥设备的吹风机尾气中，获得了 44% 的 ED_{50} 减少率。通过改进，即引入化学药剂，将 4 个喷嘴安装于尾气风扇的下面。使用嗅辨小组和具有强选择性的动力嗅觉计测量气味浓度，共做了 8 次重复，未处理气体浓度平均为 $720ED_{50}$，范围为 610 ～ $910ED_{50}$，处理后的气体浓度平均为 135 ED_{50}，范围为 100 ～ $158ED_{50}$。

基于这些数据得出，中和剂可以减小堆肥臭气浓度。然而，需要指出的是结果并不总如报道中的那样令人满意。

第二节 氮素损失与控制

堆肥过程中氮素会发生大量损失。在堆肥中保持尽可能多的氮素是获得高品质堆肥产品很重要的一个目标，因为含氮高就意味着堆肥价值高，同时也可减少氨的挥发。在堆肥过程中几乎所有氮的损失都是由于有机氮化合物分解导致氨释放。大量的氨气挥发后通过干湿沉降等方式又会进入自然水体，造成水体富营养化，不仅污染环境，而且降低了肥料中的养分含量。据研究表明，城市垃圾堆肥化处理过程中 N 损失量为 50% ～ 60%，污泥约为 68%，粪便平均值为 40%，最高达 77%。因此在堆肥中控制氮素损失成为一个关键问题。

一、影响堆肥氮素损失的因素

堆肥过程中的氮素损失受堆肥原料组成、C/N 值、pH 值、通风、温度、湿度、堆肥添加剂和微生物活动等的共同影响。

（1）堆肥原料的组成　原料含氮量高，氮损失的比例相应就高。研究表明，厨余垃圾堆肥的净氮损失是 43% ～ 62%，低于鸡舍废物（鸡粪、锯末混合物）在堆制过程中的氮损失（59%），而单独的牛粪堆制比牛粪与生活垃圾堆肥以 1 : 1 体积联合堆制的氮损失高 4 ～ 10 倍。

（2）堆肥原料 C/N 值　若 C/N 值较低，氮素相对过剩，则氮极易变成氨气而挥发，导致氮素营养大量损失。如对鸡粪和锯末高温堆肥研究表明：C/N 值越低，氮素损失越严重，堆肥合适的 C/N 值范围为 25 ～ 35。秦莉等以畜禽饲养场排放的猪粪为底物，以玉米秸秆作调理剂和膨胀剂进行堆制，氮素损失随起始堆料 C/N 值的升高而降低。

（3）不同通风方式和 pH 值　翻堆、强制通风以及鼓风能加快氨从条垛 / 堆体中逸出的速度，但适当通风是堆肥的关键，因此可适当减少对原料不必要的翻动。堆肥原料中氨的存在形态以气态（NH_3）和溶解态（NH_4^+）为主，较高的 pH 值有助于气态氨从堆体中逸出，因此堆体呈碱性时氨挥发损失最大。

（4）微生物活动的影响　堆肥的初期中温微生物迅速繁殖，超过 40℃时降解活动转由嗜热微生物进行。堆肥的高温期，铵态氮快速积累并提高 pH 值，此时过量的有效氮就以氨的形式释放出来。55 ～ 60℃时微生物的生物量和种类最丰富，这个时期氨的挥发损失率非常大。

二、氮素转变规律及影响因素

堆肥过程中氮素转化很复杂（图 11-3），主要包括氮素固定和氮素释放。其中氮素释放主要指有机氮的矿化、氨的挥发以及硝态氮的反硝化。堆肥原料中氮主要以蛋白质和肽等有机形态的形式存在。一次发酵初期，主要由于 NH_3 高温挥发，氮损失较快；二次发酵阶段，氮损失速率较慢，主要由反硝化过程造成氮损失。

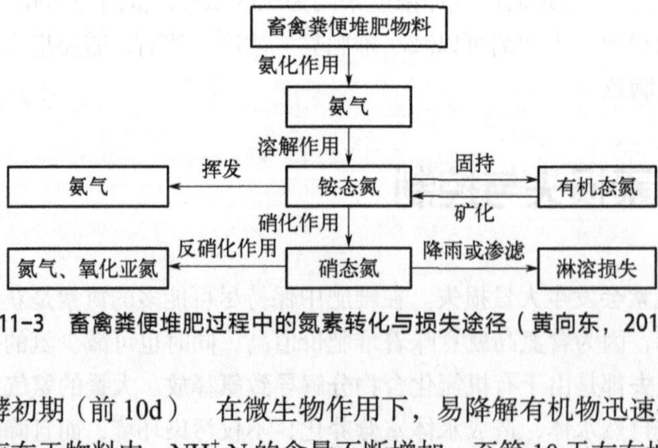

图 11-3　畜禽粪便堆肥过程中的氮素转化与损失途径（黄向东，2010）

（1）一次发酵初期（前 10d）　在微生物作用下，易降解有机物迅速分解，生成的氨主要以 NH_4^+ 的形式存在于物料中，NH_4^+-N 的含量不断增加，至第 10 天左右增至最高点。随后，由于高温作用，水汽蒸发加强，引起大量 NH_3 挥发，NH_4^+-N 含量不断降低。

（2）二次发酵（20 ～ 50d）　NH_4^+-N 在硝化细菌的作用下，被进一步氧化为 NO_3^--N，这一过程一直持续至堆肥结束。然而，此阶段 NO_3^--N 会通过反硝化过程依次还原为 N_2。因此，NO_3^--N 的反硝化是二次发酵阶段氮损失的重要途径，但损失量远低于 NH_3 的挥发。

三、堆肥氮损失控制方法

目前，国内外堆肥过程中的氮损失控制方法主要有两类：

① 改变工艺条件，如保障适量的通风 / 控温、适当的湿度等；

② 在堆肥过程中加入添加剂，如秸秆等富碳物质、生物炭等物理添加剂、镁 - 磷盐等化学添加剂以及微生物菌剂等。

（一）适宜的堆肥工艺条件

（1）提高含水率　在腐熟期足够长的前提下，加水有利于保持氮素。但含水率不宜过高，因为含率水太高会降低堆体内的氧含量，增加局部厌氧，促进反硝化过程的进行，增加硝态氮的损失。

（2）提高 C/N 值　研究表明 C/N 值与 NH_3 及氮损失呈显著负相关，低 C/N 值会导致 N 供应过剩，进而导致更多的氮损失。因此堆肥过程中添加秸秆、园林剪枝等碳源辅料可以减少氮素损失。

（3）降低通风速率　较高的通风速率可以提供充足的氧气供应，这意味着微生物强烈的代谢和降解活动。但是较高的通风速率还意味着有大量 NH_4^+-N 和热量产生，会促进 NH_3 逸出。

（4）降低 pH 值　适当降低 pH 值有利于减少 NH_3 损失。其一，酸性条件下有机物降解会延迟；其二，NH_4^+ 和 NH_3 在水相中通过 $NH_3 \cdot H_2O$ 维持化学平衡，低 pH 值可保留更多的 NH_4^+。

（二）堆肥添加剂的使用

添加剂是指为了加快堆肥进程或提高堆肥产品质量，在堆肥物料中加入的微生物、有机或无机物质。在控制堆肥氮素损失时可加入的物质主要有 4 种。

（1）富碳物质　保氮最好的方法是使氮降解的速率和氮被微生物吸收的速率相配合，因此提高碳氮比可明显减少氨的损失。畜禽粪便 C/N 值一般都低于 15，为了营养平衡，在畜禽粪便堆制时，加入富碳物质（如秸秆和泥炭）可显著降低 NH_3 损失。如果这些物质同时具有较好的吸附性能（如泥炭、锯末等），还可吸附较多的 NH_4^+-N，进一步减少 NH_3 的挥发。

（2）物理添加剂　生物炭已被广泛用作氮保留剂以减少堆肥过程 N 损失。这主要归因于生物炭较大的孔隙率和比表面积可以产生良好的吸附性能，其表面的负离子和酸性官能团也有助于氨的吸附。此外，具有更高的比表面积、孔体积和更多的总酸性官能团的生物炭类型效果更好，如玉米秸秆生物炭等。

（3）化学添加剂　镁盐和磷酸联合使用可形成鸟粪石，鸟粪石不但能够沉淀堆肥过程中的 NH_4^+-N，而且其本身也是一种性能优异的缓释肥。过磷酸钙和磷石膏可以同时为堆肥基质提供镁盐和磷盐，还可形成磷酸 - 铵的配合物，减少氨挥发。此外，过磷酸钙和磷石膏通过降低堆体的 pH 值，将氮以 NH_4^+-N 形式保存。添加过磷酸钙的推荐用量是粪便干重的 2% ～ 5%。

（4）外源微生物　添加外源微生物可调控堆肥过程中氮、碳的代谢，调控氮素物质分解为 NH_4^+-N 后的气态挥发损失。实验证明，在固氮菌的作用下，堆肥的含氮量有一定提高，纤维素分解菌对固氮菌的生长有一定协同效应。鸡粪和锯末堆肥过程中引入两种外源微生物 FM 菌和 EM 菌，均对氮素保存有较好的效果。

（5）其他保氮措施　在堆体外面铺一层堆肥或泥炭，有助于减少氮素的损失。王岩等研究发现，黏土对氨气有很好的吸附作用，但覆盖黏土不利于翻堆，易导致厌氧发酵。魏宗强等研究发现，覆盖蓬布和秸秆具有良好的保氮效果。近年来，国内筛选出多种有机无机源酶抑制剂，如醌氢醌、1，4- 对苯二酚、邻苯二酚等，可以抑制尿素在脲酶的作用下分解为 NH_4^+，抑制尿素的转化率。

第三节　硫素损失与控制

堆肥过程中，硫素会发生大量损失。堆肥过程中的硫素损失主要包括无机硫化物和挥发性有机硫化物的挥发。无机硫化物主要指硫化氢，挥发性有机硫化物包括甲硫醇、二甲硫醚、羰基硫、二硫化碳和二甲基二硫醚等。含硫化合物在空气中经过一系列变化，可参与酸雨形成。挥发性有机硫化物还可参与硫酸盐气溶胶的形成，对全球温室效应产生影响。

一、影响堆肥硫素损失的因素

堆肥原料的组成、堆制过程中的通风条件等均对硫素损失有着直接的影响。

（1）堆肥初始物料性质　常见的堆肥原料包括畜禽粪便、农作物秸秆、污泥和城市生活垃圾等，这些原料的复杂程度、可降解性和含硫量等各不相同，导致了硫素损失的差异。研究表明，堆肥升温期和高温期是含硫气体产生的主要时期。

（2）通风条件　含硫化合物的挥发和硫素损失主要发生在低氧气浓度和厌氧条件下。因此，不通风或通风量过小会使堆体产生局部厌氧，加速含硫气体的产生。但通风量过大则会加快含硫气体从堆体中吹出。研究表明，采用 0.50L/（min • kg VS）或 0.75L/（min • kg VS）的鼓风量可显著减少堆肥过程中含硫臭气的释放。

（3）pH 值　pH 值是堆肥过程中的重要影响因素，一般认为 pH 值在 6 ～ 9 之间时堆肥反应都能有效进行。研究表明，当堆肥过程中 pH 值过低时（pH=4 ～ 5），堆肥物料中的蛋白质和氨基酸会发生脱羧作用产生大量挥发性有机硫化物，硫化氢的排放也会大量增加；而当 pH 值在 8.5 ～ 9 时可有效抑制硫化氢的产生。

（4）水分含量　适宜的水分含量是堆肥成功的关键因素。含水率过高会造成水分滞留于堆体，影响空气的扩散，使堆体处于厌氧环境，促进硫化氢等含硫臭气的产生，导致硫素损失。研究表明，堆肥合适的含水率一般为极限水分的 60% ～ 80%，最合适的含水率为 55% ～ 65%。

（5）微生物活动的影响　参与硫循环的微生物大体可以分为 3 类：

① 利用大气氧（或硝酸盐）作为氧化剂，将单质硫、硫化物和其他还原态的含硫化合物氧化为硫酸盐，从而完成有氧呼吸（或无氧去氮）的细菌，代表性的有硝酸盐还原菌（NRB）；

② 利用硫酸盐或单质硫作为氧化剂，将氢气或有机物氧化的单质硫和硫酸盐还原菌

(SRB);

③ 代谢过程中同时产生氧化态和还原态两种硫化合物的细菌。

二、硫素转变规律及影响因素

堆肥过程中硫的迁移转化主要是在微生物的作用下发生的，主要来源于厌氧条件下硫酸盐还原菌的生物转化。含硫恶臭气体的产生过程（图 11-4）主要有：

① 还原条件下，单质硫和硫酸盐还原菌（SRB）将硫酸根离子还原成硫化氢；

② 半胱氨酸（$C_3H_7NO_2S$，Cys）、蛋氨酸（$C_5H_{11}NO_2S$，Met）的分解，此过程同时有氨气产生；

③ 含硫恶臭气体之间的相互转化。

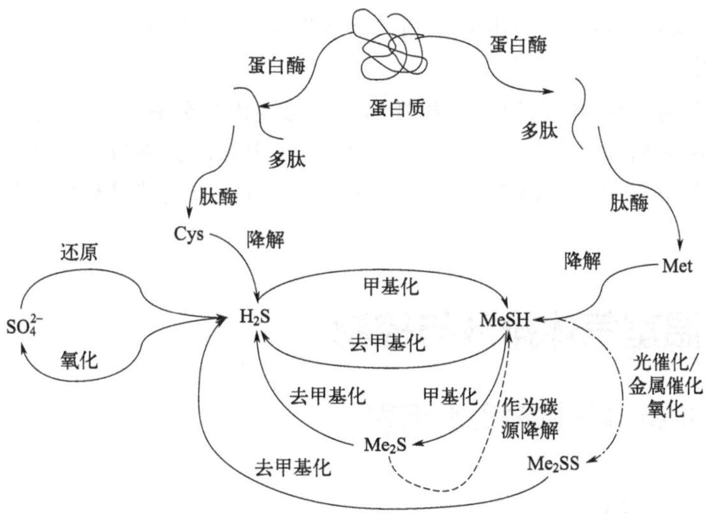

图 11-4 含硫恶臭气体的相互转化途径

如图 11-4 所示，细菌可在有氧及无氧条件下消耗二甲基硫醚（Me_2S），Me_2S 可被代谢为 SO_4^{2-}，经历中间产物甲硫醇（MeSH）及硫化氢（H_2S）；H_2S 和 Me_2S 之间可以通过甲基化和去甲基化相互转化；MeSH 不经微生物的参与可以转化为二甲基二硫醚（Me_2SS）；Me_2SS 可以通过去甲基化转化成 H_2S。在有氧条件下，Me_2S 可被氧化生成二甲基亚砜，并且该过程是可逆的。

三、堆肥硫损失控制方法

目前，国内外堆肥过程中的硫损失控制方法主要有 2 类：

① 改变工艺条件，如保障适量的通风 / 控温、适当的湿度等；

② 在堆肥过程中加入添加剂。

（一）适宜的堆肥条件

降低物料初始含水率、提高通风速率可以达到降低堆肥硫损失的目的，故可以在升温期及翻堆后等含硫臭气排放浓度高的时间提高通风速率。

（二）堆肥添加剂的使用

堆肥过程中用于控制含硫气体排放的添加剂可分为物理添加剂、化学添加剂和生物制剂三种。

（1）物理添加剂　蓬松剂的添加提高了堆料的孔隙度、C/N 值，使堆料中微生物数量增多、种群结构复杂而稳定，从而降低硫化氢的排放。吸附剂（如生物炭）也可起到减少含硫气体排放和硫损失的作用。

（2）化学添加剂　氢氧化镁 [$Mg(OH)_2$] 通过提高堆肥的 pH 值以及削弱 30% ~ 50% 的单质疏和硫酸盐还原菌（SRB）的活性，来减少挥发性硫化合物的排放。氯化铁（$FeCl_3$）由于其酸性对有机物的分解产生抑制，以及 Fe^{3+} 被还原成 Fe^{2+} 后与 S^{2-} 反应生成 FeS，而降低了硫化氢的排放。β- 环糊精的疏水性中空结构内可嵌入各种有机化合物，形成稳定的络合物。

（3）生物制剂　日本的研究者从活性污泥中分离出可分解二甲基硫醚的 *Thiobacillus thioparus*，该菌对硫化氢、甲硫醇、二甲硫醚都有很好的去除效果。此外，真菌和放线菌，特别是细黄链霉菌、米根霉和班图酒香酵母菌对猪粪发酵过程中硫化氢的去除效果较好。

第四节　温室气体排放与控制

一、甲烷产生机制与排放影响因素

（一）甲烷产生机制

甲烷主要是 CO_2/H_2 及乙酸（CH_2COOH）在厌氧状态下被产甲烷菌利用还原而生成的。产甲烷菌与水解菌和产酸菌等协同作用，使有机物甲烷化。产甲烷菌只能利用底物中一些简单的有机物，如甲酸、甲醇、甲基胺类以及 CO_2/H_2 等，C_2 物质中只能利用乙酸。

$$CH_3COOH \longrightarrow CH_4+CO_2$$

$$CO_2+4H_2 \longrightarrow CH_4+2H_2O$$

“三阶段理论”“四菌群学说”是对堆肥过程中厌氧生物处理产甲烷过程较全面和准确的描述。

（1）“三阶段理论”（图 11-5）

① 水解、发酵阶段：有机质经发酵性细菌作用被分解成脂肪酸及醇类等物质。

② 产氢产乙酸阶段：产氢产乙酸菌将丙酸、丁酸等脂肪酸和乙醇等转化为乙酸、CO_2/H_2。

③ 产甲烷阶段：产甲烷菌利用乙酸和 CO_2/H_2 产生甲烷。

（2）“四菌群学说”　在三阶段理论基础上，增加了一类同型产乙酸菌，其可以将产氢产乙酸菌产生的 CO_2/H_2 合成为乙酸。实际上该过程合成的乙酸量较少，只占厌氧体系中总乙酸量的 5% 左右。

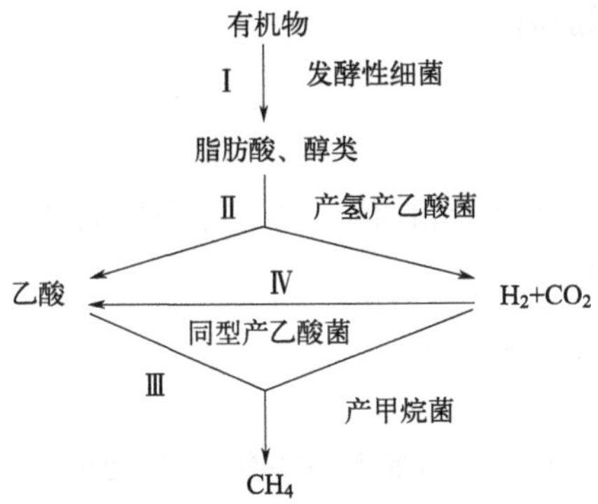

说明：1. Ⅰ、Ⅱ、Ⅲ为三阶段理论，Ⅰ、Ⅱ、Ⅲ、Ⅳ为四菌群学说；
2. 所产生的细胞物质未表示在图中

图 11-5 堆肥过程中甲烷产生机理（江滔等，2011）

（二）甲烷排放影响因素

1. 温度

环境温度对甲烷的排放有着显著的影响，冬季甲烷的排放率要远远低于夏季，仅为夏季的 5% ～ 10%。具体而言，在低温 - 中温条件下温度越高，甲烷排放量越高。

2. 堆肥初始物料性质

（1）初始物料 C/N 值 初始物料 C/N 值会影响微生物活性，进而影响耗氧量及局部厌氧环境的形成。研究表明，C/N 值为 25 时耗氧量最高，也具有更高的甲烷排放量。而在堆肥过程中提高碳源物料的比例，如提高稻草或小麦秸秆等的比例，可显著降低甲烷的排放量。

（2）初始物料 pH 值 较低的 pH 值则可以降低甲烷的排放量，主要因为酸性条件会抑制产甲烷菌的活性。此外，降低 pH 值还可通过调节产甲烷菌和甲烷氧化菌的组成和演替来减少甲烷的产生。

3. 堆肥运行条件控制

容积密度越大、水分含量越高、通风速率和翻堆频率较低的堆肥，会导致甲烷排放增加。其中，通风条件是影响堆肥过程中甲烷排放的重要因素，在以液态猪粪和小麦秸秆为原料进行的不通风和被动通风堆肥过程中，前者甲烷排放量能够达到后者的 24 倍之多。

（1）翻堆 翻堆可以显著降低甲烷的排放总量，由初始总碳的 12.6% 降低到 0.4%。但与自然通风相比，翻堆排放的甲烷总量会有所增加。

（2）堆体大小 大堆堆肥的甲烷排放量同小堆堆肥相比高出 45%，主要是由于大堆更容易形成厌氧条件。研究表明，高密度堆肥会促进甲烷的排放，密度为 0.44kg/L 和 0.23kg/L 的堆肥甲烷排放量分别为总碳的 0.2% 和＜ 0.1%。

二、甲烷排放控制方法

目前，国内外堆肥过程中的甲烷排放控制方法主要有 2 类：

① 改变工艺条件；

② 在堆肥过程中加入添加剂。

（一）适宜的堆肥条件

在保证腐熟的前提下，适当降低 pH 值、提高通风速率、增加翻堆频率以及减小堆体大小，可达到降低甲烷排放的目的。

（二）堆肥添加剂的使用

堆肥过程中用于控制甲烷排放的添加剂主要有物理添加剂（如生物炭、黏土）和化学添加剂（如镁磷盐、磷石膏、过磷酸钙）2 类。

（1）物理添加剂　物理添加剂的多孔结构可以改善通风和供氧，减少局部厌氧环境，降低产甲烷菌并增加甲烷氧化菌的数量，减少甲烷排放。效果较好的有生物炭、黏土等。

（2）化学添加剂　镁磷盐主要通过降低 pH 值来减少甲烷产生，因为产甲烷菌对 pH 值的变化特别敏感。磷石膏和过磷酸钙对甲烷的减排作用与硫酸盐（SO_4^{2-}）或含硫化合物（S^{2-}、SO_3^{2-}）对甲烷生成的抑制作用有关。

三、氧化亚氮产生机制与排放影响因素

（一）氧化亚氮产生机制

氧化亚氮主要在腐熟阶段由反硝化过程产生（超过 95%），硝化过程更多的是为反硝化过程的进行提供底物。如图 11-6 所示，硝化过程依次通过相关酶，将铵态氮转化为硝态氮；反硝化过程则依次通过相关酶，将硝态氮还原为 N_2。

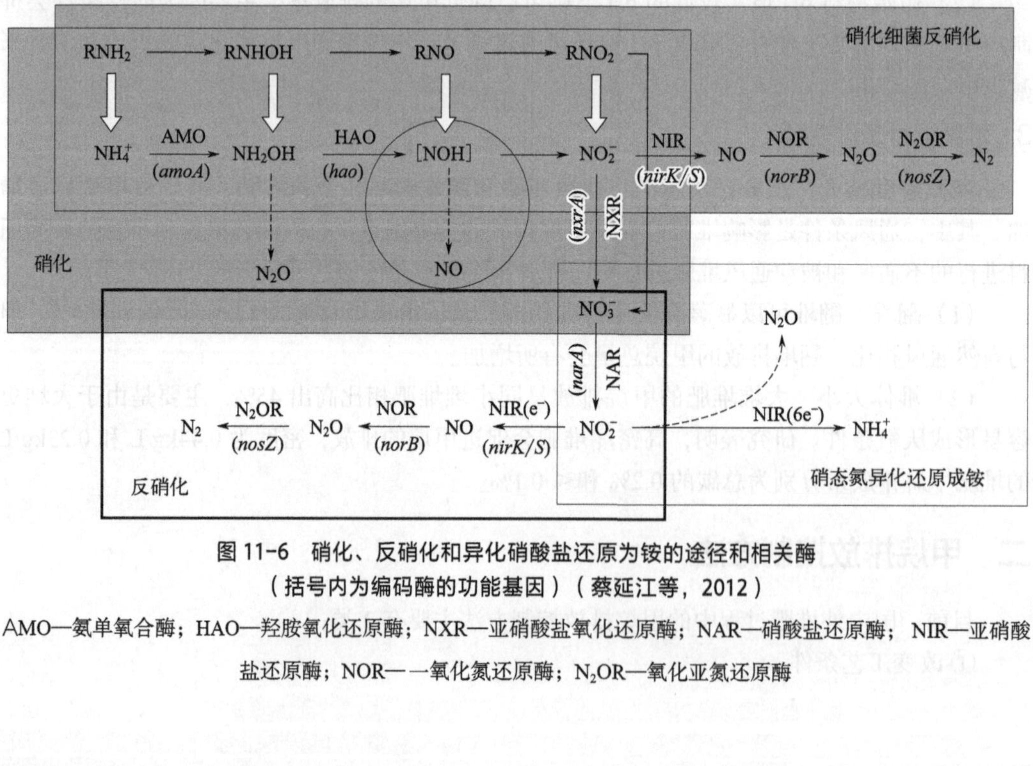

图 11-6　硝化、反硝化和异化硝酸盐还原为铵的途径和相关酶（括号内为编码酶的功能基因）（蔡延江等，2012）

AMO—氨单氧合酶；HAO—羟胺氧化还原酶；NXR—亚硝酸盐氧化还原酶；NAR—硝酸盐还原酶；NIR—亚硝酸盐还原酶；NOR—一氧化氮还原酶；N_2OR—氧化亚氮还原酶

（二）氧化亚氮排放影响因素

1. 高温和高氨

高温通过抑制硝化作用来减少氧化亚氮的产生，因为自养硝化细菌在40℃以上丧失活性。氨对大多数细胞有毒性，因此过高的氨浓度会在堆肥初始阶段抑制硝化细菌的活性。

2. 理化性质

（1）pH值　pH值较低会抑制硝化细菌（最适pH值为7.7～8.4）的活性，NH_3/NH_4^+-N含量的提高会进一步抑制氨氧化和反硝化过程。而pH值较高时，反硝化功能基因（*nirK*和*norB*）会受到抑制，因此也可能会减少氧化亚氮的排放。

（2）初始C/N值　初始C/N值可通过影响含氮底物的组成以及优势菌群的演替来影响N_2O的排放。一般认为，氧化亚氮累积排放量和C/N值呈显著负相关关系，如将堆肥的C/N值从16.9提高到18.3可使氧化亚氮的挥发减少30%。

3. 工艺条件

（1）通风速率　较低的通风速率下，硝化细菌、反硝化细菌以及相关功能基因（如*amoA*、*nirK*基因等）共存，且所造成的局部厌氧环境有利于反硝化反应的进行。而较高的通风速率下，则可以促进硝化反应，并为反硝化过程提供物质来源。间歇曝气由于增加了硝化/反硝化交替，可能会提高氧化亚氮产量。

（2）堆肥周期　由于氧化亚氮主要集中在腐熟阶段产生，一般认为，氧化亚氮排放会随着堆肥周期的延长而增加。腐熟阶段氧化亚氮排放的持续时间一般在20d左右。

（3）翻堆　翻堆会导致堆体底层产生的氨气被中间层的甲烷氧化菌氧化，也会将氧气输送到堆肥的厌氧场所，阻止氧化亚氮向氮气的转化，因此翻堆也会增加氧化亚氮排放。

（4）堆体大小　一般认为，氧化亚氮排放量随着堆体规模的增大而增加，一是由于较大的堆体可产生更多的厌氧区域，二是由于大堆堆肥的堆肥周期会延长。

四、氧化亚氮排放控制方法

目前，国内外堆肥过程中的氧化亚氮排放控制方法主要有2类：

① 改变工艺条件；

② 在堆肥过程中加入添加剂。

（一）适宜的堆肥条件

研究表明，当堆肥原料酸化至pH值为6时，氧化亚氮排放达到最低。在保证腐熟的前提下，适当提高C/N值、降低通风速率、缩短堆肥周期、减少翻堆频率以及减小堆体大小，也可达到降低氧化亚氮排放的目的。

（二）堆肥添加剂的使用

堆肥过程中用于控制氧化亚氮排放的添加剂主要有物理添加剂（如生物炭）、化学添加剂（如硝化抑制剂）和生物添加剂（如亚硝酸盐氧化细菌）3类。

（1）生物炭　生物炭的高比表面积和吸附能力，可以降低用于生产氧化亚氮的氮（如 NO_3^- 和 NO_2^-）的可用性，也可以直接吸附氧化亚氮并与之反应。生物炭还可以通过改善通风和供氧来抑制反硝化反应的进行。

（2）硝化抑制剂　硝化抑制剂在堆肥过程中也表现出减排氧化亚氮的潜力。研究表明，当双氰胺（DCD）含量高于 50mg/kg 时，可减少 76.1% ～ 88.2% 的氧化亚氮排放。但在嗜热阶段，DCD 降解较快，且一般高温和高氨会抑制硝化作用，因此建议在腐熟阶段添加硝化抑制剂。

（3）亚硝酸盐氧化细菌　研究表明，常规堆肥过程中土著亚硝酸盐氧化细菌的生长要落后于铵氧化菌，而通过添加亚硝酸盐氧化细菌可以有效抑制亚硝酸盐氮（NO_2^-）的累积，减少氧化亚氮的生成，减排率达 77% 以上。

参考文献

[1] 蔡延江，丁维新，项剑 . 土壤 N_2O 和 NO 产生机制研究进展 [J]. 土壤，2012，44（05）：712-718.

[2] 高华，秦清军，谷洁，等 . 除臭菌剂在家禽粪便无害化处理中的效果研究 [J]. 西北农林科技大学学报（自然科学版），2004，32（11）：59-64.

[3] 高颖，张霞，褚维伟，等 . 猪粪除臭微生物的筛选 [J]. 畜牧与兽医，2011（8）：30-32.

[4] 黄向东，韩志英，石德智，等 . 畜禽粪便堆肥过程中氮素的损失与控制 [J]. 应用生态学报，2010，21（1）：247-254.

[5] 江滔 . 堆肥化过程中温室气体产生机理及减排技术研究 [D]. 北京：中国农业大学，2011.

[6] 李淑芹，王帆，闫雷，等 . 微生物脱臭的技术研究 [J]. 东北农业大学学报，2003（1）：100-104.

[7] 杨帆，李国学，江滔，等 . 蚯蚓辅助堆肥处理蔬菜废弃物及其温室气体减排效果 [J]. 农业工程学报，2012，28：190-196.

[8] 秦莉，沈玉君，李国学，等 . 不同 C/N 比对堆肥腐熟度和含氮气体排放变化的影响 .[J] 农业环境科学学报，2009，28：2668-2673.

[9] 王绍贵，张兵，汪慧贞 . 以鸟粪石的形式在污水处理厂回收磷的研究 [J]. 环境工程，2005：78-80，6.

[10] 王岩，霍晓婷，杨志丹，等 . 畜禽粪便堆肥化过程中的生物除臭及展望 [J]. 河南农业大学学报，2002，36（4）：374-379.

[11] 魏宗强，李吉进，邹国元，等 . 不同覆盖措施对鸡粪堆肥氨挥发的影响 [J]. 水土保持学报，2009，23（6）：108-111.

[12] 臧冰 . 畜禽粪便堆肥过程中含硫恶臭排放规律及原位控制机制研究 [D]. 北京：中国农业大学，2017.

[13] 张红玉 . 厨余垃圾堆肥过程中臭气产生规律和控制技术研究 [D]. 北京：中国农业大学，2012.

[14] Barrera E L，Spanjers H，Dewulf J，et al. The sulfur chain in biogas production from sulfate-rich liquid substrates：A review on dynamic modeling with vinasse as model substrate[J]. Journal of Chemical Technology & Biotechnology，2013，88（8）：1405-1420.

[15] Higgins M J，Chen Y C，Yarosz D P，et al. Cycling of volatile organic sulfur compounds in anaerobically digested biosolids and its implications for odors[J]. Water Environment Research，2006，78（3）：243-252.

[16] Jiang T，Ma X G，Tang Q. Combined use of nitrification inhibitor and struvite crystallization to reduce the NH_3 and N_2O emissions euring composting[J]. Bioresource Technology，2016，217：210-218.

[17] Jiang T，Ma X G，Yang J，et al. Effect of different struvite crystallization methods on gaseous emission and the comprehensive comparison during the composting[J]. Bioresource Technology，2016，217：219-26.

[18] Leson G，Winer A M. Biofiltration：An innovative air pollution control technology for VOC emissions[J]. Jair

Waste Manage Assoc，1991，41（8）：1045-1054.

[19] Lomans B P，den Camp H，Pol A，et al. Anaerobic versus aerobic degradation of dimethyl sulfide and methanethiol in anoxic freshwater sediments[J]. Applied and Environmental Microbiology，1999，65（2）：438-443.

[20] Redner J，Wilson G E，Scroepfer T W，et al. Control of composting odors：Proceedings of the national conference on design of municipal sludge compost facilities[C]. Rockville：Information Transfer，1978.

[21] Ren L，Schuchardt F，Shen Y Z，et al. Impact of struvite crystallization on nitrogen losses during composting of pig manure and cornstalk[J]. Waste management，2010，30：885-892.

[22] Ren L T. Effect of biological nitrification inhibitor on nitrogen fixation and emission reduction in straw and dairy manure composting[J]. Applied Ecology and Environmental Research，2019，17（5）：11289-11301.

[23] Dirk A. Minimization of odors and corrosion in collection systems：Phase 1[M].London：IWA Publishers，2007.

[24] Wu J，He S Z，Liang Y，et al. Effect of phosphate additive on the nitrogen transformation during pig manure composting[J]. Environmental Science and Pollution Research，2017，24：17760-17768.

[25] Zhang B X，Xu Z C，Jiang T，et al. Gaseous emission and maturity in composting of livestock manure and tobacco wastes：Effects of aeration intensities and mitigation by physiochemical additives[J]. Environmental Technology & Innovation，2020，19：100899.

[26] Zhang X，Ma D C，Lv J H，et al. Food waste composting based on patented compost bins：Carbon dioxide and nitrous oxide emissions and the denitrifying community analysis[J]. Bioresource Technology，2022，346：126643.

[27] Zhang Y H，Huang M Y，Zheng F W，et al. Decreased methane emissions associated with methanogenic and methanotrophic communities in a pig manure windrow composting system under calcium superphosphate amendment[J]. International Journal of Environmental Research and Public Health，2021，18：6244.

[28] Zhao S X，Schmidt S，Qin W，et al. Towards the circular nitrogen economy：A global meta-analysis of composting technologies reveals much potential for mitigating nitrogen losses[J]. Science of the Total Environment，2020，704：135401.

[29] 张思梦，刘畅，蒲志红 . 生活垃圾好氧堆肥腐熟度评价标准 [J]. 绿色科技，2020(8)：112-113，124.

[30] 吴春芳 . 白龙港污泥高温好氧堆肥腐熟度指标的探讨 [D]. 上海：同济大学，2007.

[31] 张亚宁 . 堆肥腐熟度快速测定指标和方法的建立 [D]. 北京：中国农业大学，2004.

第十二章　堆肥质量评价

第一节　堆肥质量评价指标

堆肥质量通常可从堆肥的腐熟度、养分含量、杂质含量、有害物质（重金属、有机污染物）含量等方面进行评价，但由于受堆肥原料及堆肥过程控制等众多因素的影响，堆肥质量至今尚未有一个统一的判定方法。表 12-1 列出了近年来用于评价堆肥质量的一些常用指标。

表 12-1　堆肥质量常用评价指标

<table>
<tr><td rowspan="4">物理评价指标</td><td>温度</td><td rowspan="4">简单、直观，不易定量化，缺乏可信度</td></tr>
<tr><td>颜色</td></tr>
<tr><td>气味</td></tr>
<tr><td>粒度</td></tr>
<tr><td rowspan="9">化学评价指标</td><td>pH 值</td><td rowspan="9">可以对某一指标进行定量测量，但对于不同种类的堆肥原料，差别较大，另外受取样的影响较大</td></tr>
<tr><td>电导率</td></tr>
<tr><td>E_4/E_6</td></tr>
<tr><td>有机质变化参数（COD、BOD、VS）</td></tr>
<tr><td>氮成分变化参数（NO_3^--N、NH_4^+-N）</td></tr>
<tr><td>CEC</td></tr>
<tr><td>腐殖化指数 {HI=HA/FA，DH=[（C_{HA}+C_{FA}）/TEC]×100%}</td></tr>
<tr><td>C/N[C_S/N_S 和 OC（W）/ON（W）]</td></tr>
<tr><td>有机酸</td></tr>
<tr><td rowspan="10">生物学评价指标</td><td>呼吸速率</td><td rowspan="10">能综合反映堆肥的特征，可判断堆肥的无害化效果与稳定性程度，但耗时较长，工作量大</td></tr>
<tr><td>酶活性</td></tr>
<tr><td>ATP</td></tr>
<tr><td>微生物量</td></tr>
<tr><td>种子发芽指数（GI）</td></tr>
<tr><td>粪大肠杆菌</td></tr>
<tr><td>沙门氏菌</td></tr>
<tr><td>蛔虫卵死亡率</td></tr>
<tr><td>杂草种子灭活率</td></tr>
<tr><td>植物繁殖体灭活率</td></tr>
<tr><td rowspan="3">波谱学指标</td><td>核磁共振（NMR，提供有机分子骨架的信息）</td><td rowspan="3">揭示了堆肥微观物质结构的变化，有助于评价化学指标的合理性，但设备要求高，一般在生产上难实现</td></tr>
<tr><td>三维荧光光谱（3D-EEM，分析有机组分转化的过程）</td></tr>
<tr><td>傅里叶变换红外光谱（FTIR，辨别化合物的特征官能团）</td></tr>
</table>

续表

其他评价指标	重金属	其种类与允许含量因地区而异
	有机污染物	
	外来物质含量	

注：pH 值—酸碱度；E_4/E_6—样品在波长 465nm 和 665nm 处的吸光度比值；CEC—阳离子交换量；COD—化学需氧量，表示在强酸性条件下重铬酸钾氧化 1L 污水中有机物所需的氧量，可大致表示污水中的有机物量；BOD—生化需氧量，指在一定条件下，微生物分解存在于水中的可生化降解有机物，所进行的生物化学反应过程中所消耗的溶解氧的量；VS—挥发性固体，指总固体中能在600℃高温下挥发的那部分固体；HI—腐殖化指数，表示有机质腐殖化程度的指标；HA—胡敏酸，指土壤中只溶于稀碱而不溶于稀酸的棕色至暗褐色的腐殖酸；FA—富里酸，腐殖质中一组分子量较小的物质，既能溶于稀碱溶液，又能溶于酸和水，稀溶液呈黄色或棕黄色的无定形有机弱酸混合物；DH—腐殖化度，代表腐殖化程度的一个指标；C_{HA}—胡敏酸碳；C_{FA}—富里酸碳；TEC—总水溶性碳，指能通过 0.45μm 微孔滤膜的水溶性有机物质；C_S/N_S—固相碳氮比；OC（W）/ON（W）—水溶性碳氮比；ATP—三磷酸腺苷。

一、堆肥腐熟度评价

腐熟度即堆肥腐熟的程度，指堆肥中有机物经过矿化、腐殖化过程后达到稳定化的程度。堆肥腐熟度是衡量堆肥产品质量的一个重要指标，决定了堆肥产品能否被安全有效利用。完全腐熟的堆肥在田间施用后对环境和作物不会产生有害影响；腐熟程度低的堆肥直接施到土壤中，可能会通过微生物降解产生一些中间产物，如小分子有机酸（丁酸、戊酸等）和 NH_4^+，未腐熟堆肥也会因降解产热以及与农作物竞争养分而对农作物特别是幼苗的正常生长发育产生不利影响。因此，腐熟度是评价堆肥产品质量的重要指标，其评价已引起广泛关注。国内外学者对不同类型的堆肥产品进行了评估，实际应用中由于涉及堆肥原料、堆肥条件、堆肥工艺和堆肥产品要求等多方面因素，腐熟度评价也变得较为复杂，至今尚未有一种单一指标和方法能准确反映所有堆肥的腐熟度，单一指标在评价堆肥腐熟度方面都存在局限性，人们更多使用综合评价的方法。评价腐熟度的指标主要包括物理、化学、生物学及波谱学四类评价指标。

（一）物理评价指标

物理评价指标通常是指堆肥产品的一些表现特征，通过一些物理学的方法即可测定，主要有温度、颜色、气味和粒度。由于物理评价指标易受到外界环境的影响，故这种方法可作为评判堆肥腐熟度的一个辅助指标，它仅能对堆肥的腐熟程度进行初步判断，无法对其进行定量评价。

（1）温度　堆料温度的变化反映了堆料中微生物的代谢活性和有机物的转化过程，能够反映堆肥的腐熟进程。堆肥过程中温度的变化可分为四个明显阶段，即升温期、高温期、降温期和腐熟期。《粪便无害化卫生要求》（GB 7959—2012）、《畜禽粪便堆肥技术规范》（NY/T 3442—2019）和《生物质废物堆肥污染控制技术规范》（HJ 1266—2022）等标准中提出堆肥需在50℃、55℃、60℃或65℃条件下持续2～15d。但这一温度并不是保持不变的，会根据堆肥条件或原料的不同有所差异。物料腐熟后堆体温度与环境温度接近。由于温度的变化较灵敏，故可以直接用温度来衡量堆肥的腐熟度，但由于堆体不均匀，各个部分温度的差异较大，限制了温度在腐熟度判断中的应用。

（2）颜色、气味及粒度　从颜色变化看，堆肥过程中堆料颜色会逐渐变深，最终呈灰褐色或浅灰色。从气味变化看，通常堆肥原料具有令人不快的气味，在运行良好的堆肥体系中，这种气味逐渐减弱并在堆肥腐熟后消失，不再吸引蚊蝇，也不会再有令人讨厌的臭味，堆肥出现白色或灰白色菌丝。堆肥过程中物料结构也从大块的含水率较高的状态逐渐呈现疏松的团粒均匀结构，颗粒直径＜50mm。

（二）化学评价指标

化学评价指标即堆肥过程中堆料的化学成分或性质的变化，采用这类指标来评价堆肥腐熟度，也是比较常用的简易方法。

（1）pH值　适宜的pH值可使微生物有效地发挥作用，使堆肥发酵顺利进行，pH值过高和过低都会严重抑制堆肥进程。堆肥原料和发酵初期堆料多呈弱酸性或中性，pH值一般为6.5～7.5；腐熟堆肥一般呈弱碱性，pH值为8～9。但pH值易受外界条件影响，应用范围很窄，只能作为评价堆肥腐熟度的参考指标。

（2）电导率　电导率（EC）反映了堆肥浸提液中的离子总浓度，即可溶性盐含量。堆肥中的可溶性盐是对作物产生毒害作用的重要因子之一，主要由有机酸类和无机盐组成。一些研究者认为，堆肥结束时，EC＜4 mS/cm即对种子发芽和幼苗生长没有抑制作用。

（3）有机质的变化　在堆肥过程中，堆料中的不稳定有机物分解转化为二氧化碳、水、矿物质和稳定化腐殖质，堆料的有机质含量变化显著。反映有机质变化的参数有化学需氧量（COD）、生化需氧量（BOD）、挥发性固体（VS）、淀粉和水溶性糖类（SC）、二氧化碳（CO_2）的释放量。尽管水溶性有机质含量也受堆肥原料性质的影响，但在堆肥后期，其值一般会稳定在一定水平之下，因此它可用来判定堆肥的腐熟稳定程度。

（4）氮成分变化　堆肥化过程中含氮有机物会发生降解：一部分转化为氨气，一部分被微生物同化吸收，另一部分则由微生物氧化为亚硝酸盐或硝酸盐。堆肥后期，由于水溶性NH_4^+-N一部分转化为NH_3而挥发减少，另外，通过硝化作用一部分NH_4^+-N又转化为NO_3^--N。因此，NH_4^+-N、亚硝酸盐或硝酸盐的存在可作为判断堆肥腐熟的依据，NH_4^+-N 、NO_3^--N及NH_4^+-N/NO_3^--N是评价堆肥腐熟度的常用指标。

（5）与腐殖化程度相关的参数　与腐殖化程度相关的参数有阳离子交换量（CEC）和腐殖化参数。

① CEC（阳离子交换量）。阳离子交换量（CEC）是指在pH值为7的条件下，每千克土壤中所含有的全部交换性阳离子（K^+、Na^+、Ca^{2+}、Mg^{2+}、NH_4^+、H^+、Al^{3+}等）的物质的量（以cmol为单位）。CEC值一般随腐殖化过程的进行而逐渐增大，但不同原料来源的腐熟堆肥，其CEC值在41.4～123cmol/kg之间，变幅较大。因此，CEC值需和其他指标结合起来才可用于判断堆肥是否腐熟。

② 腐殖化参数。一般情况下，有机质的腐殖化程度可用以下参数来表示：

$$\text{腐殖化指数(HI)} = \text{胡敏酸(HA)} / \text{富里酸(FA)}$$

$$\text{腐殖化率(HR)} = \text{胡敏酸(HA)} / [\text{富里酸(FA)} + \text{非腐殖质成分(NHF)}]$$

$$胡敏酸含量(HP)=\frac{胡敏酸(HA)}{腐殖质(HS)}\times100\%$$

$$腐殖化度(DH)=\frac{胡敏酸碳与富里酸碳(C_{HA+FA})}{总水溶性碳(TEC)}\times100\%$$

由于 DH 值受堆肥原料影响较大，其作为堆肥腐熟度评价指标受到很大限制。有机物的腐殖化程度不适合用于描述堆肥腐熟度，主要原因是腐殖质总含量在堆肥过程中变化不明显，新腐殖质形成的同时有些腐殖质会发生矿化作用。因此，腐殖化参数在堆肥过程中的变化只可作为堆肥腐熟度评价的一个参考指标。

（6）C/N 值的变化　在好氧堆肥过程中，碳源作为微生物的能源，被吸收利用转化为二氧化碳；氮源作为微生物的营养物质，除了被同化利用外，还可以转化为氨气释放出来，或形成亚硝酸盐和硝酸盐存在于堆肥产品中。因此，碳和氮的变化是堆肥的基本特征之一。这些指标主要包括最常用于评价腐熟度的固相碳氮比（C_S/N_S）与水溶性碳氮比［OC（W）/ON（W）］。受堆肥原料 C、N 含量差异影响，固相碳氮比在评价低 C/N 值原料，例如鸡粪和污泥等堆肥腐熟度方面已受到一定限制。与固相碳氮比相比，水溶性碳氮比在评价堆肥腐熟程度上更为有效，也更少受原料性质差异的影响，不同种类的原料堆肥腐熟后水溶性碳氮比稳定在 5 ～ 6。

（7）生物可降解指数（BI）　生物可降解指数（BI）由堆肥中总有机碳（TOC）的含量、水溶性糖类（SC）的含量以及堆肥时间（d）决定，公式如下：

$$BI=3.166+0.039TOC+0.832SC-0.011d$$

BI 可用来评价腐熟度，腐熟的堆肥 BI ＜ 2.4，未腐熟的堆肥 BI ＞ 2.7。但该指标只考虑了原料特性和堆肥时间，没有考虑通气量、温度的高低和持续时间。按照这个指标，任何一种原料在一定的时间内进行堆肥均可腐熟，这并不符合堆肥的实际情况。对于可控条件下的机械化、半机械化堆肥系统，这一指标的不适用性更加明显。

堆肥腐熟度评价常用的化学指标评价基准如表 12-2 所列。

表 12-2　堆肥腐熟度评价常用化学指标评价基准

评价参数	推荐值	备注
pH 值	8 ~ 9	堆肥腐熟的必要条件
电导率（EC）	<4.0mS/cm	堆肥腐熟的必要条件
水溶性有机质	≤ 2.2g/L	
有机碳含量	>10%	
极性溶剂与非极性溶剂萃取液中腐殖酸碳的含量之比	>0.6	
COD	<700mg/g 干堆肥	
BOD	<5mg/g 干堆肥	

续表

评价参数	推荐值	备注
水溶性糖类（SC）	>0.1%	
淀粉	消失	堆肥的必要条件
CO_2 释放量	<500mg/100 g 有机质	
TN	>0.6%（干重）	污泥堆肥腐熟
NH_4^+-N	<400 mg/kg <0.05%	污泥堆肥腐熟 猪粪堆肥腐熟
NH_4^+-N /NO_3^--N	<0.16	污泥、猪粪以及城市垃圾堆肥
CEC/ 水溶性有机碳	>1.7	
腐殖化指数（HI）	>1.9	污泥、猪粪以及城市垃圾等物料混合堆肥
C_S/N_S	15 ~ 20	初始 C/N 值 > 25 的堆肥
T=（终点 C/N）/（初始 C/N）	<0.6	
OC（W）/ON（W）	5 ~ 6	污泥堆肥除外

资料来源：张思梦，2020；吴春芳，2007；张亚宁，2004。

（三）生物学评价指标

（1）呼吸作用　堆肥是富含腐殖质的稳定产品，但稳定并不意味着物质发生了矿化而不再生物降解。如果堆肥中仍存在大量的易降解物质，则 CO_2 和 O_2 的产生和消耗较高；腐熟堆肥中的微生物处于休眠状态，故 CO_2 产生和 O_2 消耗均较慢。因此，微生物好氧速率变化也可作为堆肥腐熟度评价指标。我国新提出的《生物质废物堆肥污染控制技术规范》（HJ 1266—2022）指出，生物质堆肥产物用于土地利用时好氧呼吸量不超过 20mg O_2/g 有机物。国外研究者提出堆肥达到腐熟程度时，释放 CO_2 应小于 2mg C/g 堆肥碳。耗 O_2 速率和 CO_2 产生速率虽然受堆肥原料影响较小，但是受温度、湿度和通风量等堆肥条件影响较大。所以，只有控制好操作条件才能使这 2 个评价指标具有可靠性。

（2）微生物活性变化参数　反映微生物活性变化的参数有酶活性和微生物数量及种类。好氧堆肥的本质是微生物的生化反应，堆肥过程中微生物对有机物的分解、转化、合成起着主导作用，故微生物种群的演替可有效指示堆肥的腐熟程度。堆肥过程中，多种氧化还原酶和水解酶与 C、N、P 等基础物质代谢密切相关。分析相关的酶活性，可间接反映微生物的代谢活性和酶特定底物的变化情况。微生物对难分解碳源的利用致使纤维素酶等在堆肥后期迅速增加，故纤维素酶活性可用来了解堆肥的稳定性。

堆肥微生物主要由细菌、真菌、原生生物、病毒等组成，这些微生物主要来自原始堆肥物料以及周围环境。在堆肥升温阶段，嗜温细菌占主导地位；进入高温阶段后，高温抑制了嗜温性微生物的活性，嗜热细菌开始大量繁殖，成为优势菌群；进入降温阶段后，放线菌数量上升。由于微生物的生长繁殖与堆肥体系中环境因子的变化密切相关，故目前尚无依靠微生物种类判断堆肥腐熟度的明确标准。

三磷酸腺苷（ATP）是土壤中生物量的测定方法之一，近年来开始在堆肥中应用。ATP与微生物活性密切相关，随堆肥时间的延长变化明显。但ATP的测定比较复杂，监测设备投资较大，原料中如果含有ATP抑制成分，对ATP的测定结果也有影响。

（3）植物毒性试验　未腐熟的堆肥中含有植物毒性物质，对种子萌发、植物生长有抑制作用；腐熟堆肥中植物毒性物质减少或基本消失，并产生了促进种子萌发和植物生长的物质。因此，可用植物种子发芽试验、植物生长试验来评价堆肥腐熟度。常用指标主要有种子发芽率、种子根长、植物生长状况等指标。考虑到堆肥腐熟度的实用意义，植物生长试验是评价堆肥腐熟度最具说服力的方法。

种子发芽指数（germination index，GI）评价是以黄瓜或萝卜（未包衣）种子为试验材料，在有机肥料浸提液中培养，其种子发芽率和种子平均根长的乘积，与在水中培养的种子发芽率和种子平均根长的乘积的比值，用于评价有机肥料的腐熟度。种子发芽指数作为重要的腐熟度生物学评价指标，是衡量好氧堆肥植物毒性和腐熟度的重要参数。中华人民共和国农业行业标准《有机肥料》（NY/T 525—2021）中规定，堆肥产品的GI ≥ 70% 即可认为堆肥腐熟。

（4）有害病原菌　污泥、城市垃圾和畜禽粪便中含有大量致病细菌、霉菌和寄生虫等有害病原菌，直接影响到堆肥的安全性。沙门菌、肠道链球菌等常用作监测堆肥安全性的指标。但这些致病微生物对温度非常敏感，当堆肥的温度高于50℃，并保持5～7d时，可杀死大多数病原菌。

（5）杂草种子与植物繁殖体的存活率　物料经堆肥后，其中所含的杂草种子或植物繁殖体应当被灭活，有活性的种子或植物繁殖体应不存在。我国《有机肥料》（NY/T 525—2021）中规定杂草种子活性的测定方法为：称取有机肥料样品（鲜样）3000g（精确至0.1g），记录样品质量 m，均匀地铺在托盘中，厚度约为20mm，在30℃条件下的光照培养箱（光照强度和湿度适中）中培养21d。在试验期间，每2～3d补充一次水分，以保持样品潮湿。补水采用喷壶喷水方式，将样品表面喷湿即可。为避免托盘中样品被污染，可以在样品上覆盖纱布。每次补水时，观察是否有种子发芽并做记录，21d后统计试验期间发芽种子总株数 N。计算公式如下：

$$\omega = \frac{N}{m \times 10^{-3}}$$

式中　ω——有机肥料中杂草种子活性，株/kg；

N——有机肥料中发芽种子总株数，株；

m——称取的有机肥料质量，g。

取平行测定结果的算术平均值为最终测定结果，保留到小数点后1位。

（四）波谱学评价指标

为了从物质结构的角度认识堆肥过程和堆肥腐熟度，许多研究者还采用了波谱分析法。研究发现，堆肥过程中微生物分解有机质的过程是在有机质颗粒表面一层薄薄的液态膜中进行的，溶解性有机质（DOM）组成与结构的变化较固相组分更能灵敏反映堆肥物质转化特性及堆肥腐熟度状况。近年来，因其灵敏度高和分析方便，紫外-可见光谱（UV-Vis）、傅里叶变换红外光谱（FTIR）和三维荧光光谱（3D-EEM）被应用于分析DOM的结构和组分。通过UV-Vis及特征参数，可对DOM的芳构化和腐殖化程度进行评估；FTIR能够揭示DOM中的官能团信息；3D-EEM能够在不破坏有机物自身结构的前提下，解析DOM在堆肥过程中物质成分的演变特征。

（1）紫外-可见光谱法　一种快速、非破坏性的方法，用于在整体水平上探测富里酸的物理化学特征。目前对堆肥有机质紫外-可见吸收光谱的研究，主要集中在特定波段范围内有机质吸收光谱和两个特定波长下吸光度的比值（见表12-3），如465nm与665nm下吸光度的比值E_4/E_6。当$E_4/E_6 < 2.5$时，可认为堆肥达到腐熟；$E_4/E_6 > 3$时，一般认为堆肥未腐熟。$SUVA_{254}$和$SUVA_{280}$是两项较为典型的紫外-可见光谱特征参数，$SUVA_{254}$值与有机物中C—C键化合物有关，而$SUVA_{280}$值则受有机物芳构化程度及分子量大小影响，二者值越大，DOM腐殖化程度越高。

表12-3　紫外可见光谱参数计算方法

吸收光谱参数	计算公式	公式参数	意义
$SUVA_{254}$	$SUVA_{254}=a(254)/DOC$	a（254）为254 nm吸收系数，DOC为溶解性有机碳（mg/L）	反映DOM的芳香程度
$SUVA_{280}$	$SUVA_{280}=a(280)/DOC$	a（280）为280 nm吸收系数，DOC为溶解性有机碳（mg/L）	反映DOM的芳香程度
E_4/E_6	$E_4/E_6=A(465)/A(665)$	A（465）为465 nm处吸光度，A（665）为665 nm处吸光度	反映DOM的腐殖化程度

（2）傅里叶变换红外光谱法　现代的傅里叶变换红外光谱分析技术能很好地分析有机质的结构变化特征，作为堆肥腐熟稳定程度评价的理论依据。傅里叶变换红外光谱广泛应用于有机物的结构和官能团组成分析（见表12-4）。不同堆肥时期DOM上官能团的吸收峰强度变化，揭示了堆肥过程中有机质含量和结构的演化。有研究表明，随着堆肥过程的进行，富里酸内碳水化合物、多糖类物质和脂肪族化合物分解转化为芳香族类物质和腐殖质类物质，富里酸的芳香度提升，堆肥腐熟度提高。

表12-4　FTIR特征吸收带归属

吸收频率/cm^{-1}	振动形式	物质归属
3368 ~ 3450	O—H伸缩、N—H伸缩	碳水化合物、蛋白质、酰胺
2850 ~ 2930	C—H伸缩	脂肪族化合物
1600 ~ 1650	C═C伸缩、C═O伸缩	芳香族化合物
1400 ~ 1430	COO—伸缩、C—N伸缩	羧酸、氨基化合物
1080	C—O—C伸缩、C—H伸缩	多糖类物质
700 ~ 900	C—C伸缩	碳水化合物

（3）荧光光谱法　自 1949 年 Kalle 开创性地将荧光光谱（FS）应用于有机质结构的研究后，不少研究者利用各种扫描模式的 FS 研究堆肥过程中的物质转化和评价堆肥腐熟度。虽然荧光物质仅是堆肥 DOM 总体组成的一小部分，但荧光现象是堆肥 DOM 整体性质的反映。荧光光谱分为发射荧光光谱、激发荧光光谱、同步荧光光谱和三维荧光光谱（3D-EEM）等，可从多个不同角度研究堆肥物质转化及腐熟度。3D-EEM 是激发波长（Ex）和发射波长（Em）均改变获得的光谱图，它能够获得激发波长和发射波长同时变化时的荧光强度信息，并且可对多组分复杂体系中荧光光谱重叠的对象进行光谱识别，可以将 DOM 中的各类物质表征出来。

根据不同类型有机物具有不同波长的特点，可以将三维荧光光谱图分为 5 个区域：区域Ⅰ（Ex 200 ～ 250nm，Em 250 ～ 230nm），类酪氨酸物质；区域Ⅱ（Ex 200 ～ 250nm，Em 330 ～ 380nm），类色氨酸物质；区域Ⅲ（Ex 200 ～ 250nm，Em 380 ～ 550nm），类富里酸物质；区域Ⅳ（Ex 250 ～ 280nm，Em 250 ～ 380nm），可溶性的微生物代谢产物；区域Ⅴ（Ex 250 ～ 400nm，Em 380 ～ 550nm），类胡敏酸物质。相关研究显示，类酪氨酸峰、类色氨酸峰与微生物活动、堆肥物料中的含苯环氨基酸有关，而类富里酸峰、类胡敏酸峰与堆肥过程中形成的腐殖质物质有关。

三维荧光光谱主要有荧光区域指数分析方法（FRI）和平行因子分析法（PARAFAC）。利用 FRI 技术对三维荧光光谱进行定量分析，能够相对定量化地提供更多的关于堆肥过程中所有荧光物质变化的信息，得到三维荧光光谱在 5 个区域的积分标准体积，积分的标准体积间接表征了所代表的不同物质的相对含量。不同处理各区域的荧光面积积分百分比（P_i/P_n，$i=$ Ⅰ，Ⅱ，Ⅲ，Ⅳ，Ⅴ），Ⅴ部分占比越高，说明堆肥腐熟度和腐殖化提升。相比 FRI 法，PARAFAC 法能快速识别出样品中荧光峰的个数、种类及各个荧光峰的光强度。随堆肥过程推进，有机物会发生碳骨架缩合，形成分子量较大的类胡敏酸物质和类富里酸物质。类胡敏酸和类富里酸物质的形成速率远高于降解速率，可促进类胡敏酸和类富里酸物质的积累，从而导致 C2、C4 荧光强度逐渐增大。类腐殖质物质增多，表明堆肥稳定化程度增加。三维荧光光谱平行因子分析参数意义如表 12-5 所列。

表 12-5　三维荧光光谱平行因子分析参数意义

分类	计算公式	组分组成	物质归属
组分 1（C1）	Ex/Em=275nm/350nm	类色氨酸	类蛋白物质
组分 2（C2）	Ex/Em=240nm，315nm/412nm	类富里酸	类腐殖质物质
组分 3（C3）	Ex/Em=275nm/303nm	类酪氨酸	类蛋白物质
组分 4（C4）	Ex/Em=265nm，360 nm/480nm	类胡敏酸	类腐殖质物质

注：Ex 为激发波长；Em 为发射波长。

除了上述光谱法外，由于核磁共振（NMR）分析能够提供有机物的 C、H 骨架结构信息，故也常用于评价堆肥腐熟度。波谱法为堆肥中有机成分的转化提供了有利的证据，但是，不同原料在不同条件下进行堆肥，其有机成分的转化情况并不一致。至于用波谱法确定堆肥腐熟度还有待进一步研究。

二、堆肥其他质量要求

堆肥除腐熟度的要求外还应满足其他质量要求。

（一）理化性质

堆肥中对土壤改良起作用的成分主要是有机质。干燥状态下，堆肥成品中有机质的含量应在30%以上，其他养分指标（N、P、K）应达到相关成品的要求。为了保持堆肥良好的撒播性与可存储性，对堆肥成品的含水率也有要求，《畜禽粪便堆肥技术规范》（NY/T 3442—2019）和《有机肥料》（NY/T 525—2021）标准中堆肥产品的含水率分别要达到45%和30%以下。

（二）外来物质

为了便于堆肥产品的利用，必须去除堆肥中的惰性材料，如玻璃、陶瓷、废金属、石头、塑料、橡胶、木材等。《生物质废物堆肥污染控制技术规范》（HJ 1266—2022）中规定应用于土地中的生物质堆肥应满足杂质（粒径＞2mm的玻璃、塑料、金属、橡胶）质量分数不超过0.5%（以干燥样计），塑料类杂质（粒径＞2mm）质量分数不超过0.1%（以干燥样计），塑料类杂质面积质量比不超过25cm^2/kg湿堆肥。

（三）有害物质

有害物质包括重金属、有机污染物等。重金属的种类主要包括砷（As）、汞（Hg）、铅（Pb）、镉（Cd）、铬（Cr）、铜（Cu）、镍（Ni）、硒（Se）、锌（Zn）、钼（Mo）、钴（Co）等，有机污染物主要包括持久性有机污染物（POPs）、多氯联苯（PCBs）、多环芳烃（PAHs）、抗生素等。堆肥产品中有害物质的含量应不超过规定的允许浓度，其允许值依不同地区及不同用途而有所差异。

第二节　堆肥质量控制标准

人们对堆肥质量的关注是堆肥工业快速发展的必然结果。德国废弃物联盟（RAL）于1984年发布的匿名调查报告《城市垃圾及其污泥堆肥的质量标准与应用》，是关于堆肥质量的最早报道，引起了人们对以不受控制的废弃物特别是城市垃圾及其污泥为原料的堆肥质量的关注；同一时期（1982～1990年），关于生活垃圾中重金属的调查使人们再一次把目光聚焦到这一问题上；随之美国也开始关注以危险废物为原料的有机肥及其中的重金属带来的问题。解决这些问题是制定堆肥质量标准的初衷。

首先，从废弃物处理的角度，减轻堆肥使用对环境的危害，诸如重金属、有机污染物、病原菌等带来的环境负效应，是制定堆肥质量控制标准的优先目的；其次，从市场的角度，主要考虑堆肥的农用价值，如外来物质含量、养分含量等。目前，堆肥产品的质量控制指标包括重金属限量、有机污染物、病原菌、惰性物质、种子及植物繁殖体灭活情况等。表 12-6 ～表 12-10 归纳总结了世界主要地区的主要堆肥质量参数的控制水平，尽管这些控制水平会因检测方法的不同而使堆肥产品的检测结果有所差别，但了解世界各地的堆肥质量控制标准，对指导堆肥生产及堆肥产品营销具有积极的意义。

堆肥质量的控制标准还与该地区的政治因素、经济发展水平、教育水平等因素息息相关，但目前国际上许多地区的堆肥质量控制标准有趋于一致的现象。因此，有人提出，应从国际化的视角建立堆肥质量控制标准，应基于现今堆肥产品应用的最低标准水平建立基本的国际标准，对于无法达成一致的控制标准应按地区具体规定。为逐渐实现这一目标，最好的途径是出台推荐性控制标准，并在实际应用中研究具体的质量控制参数水平。

一、有害物质安全限量标准

由于堆肥原料来源广泛，不可否认相当一部分原料存在安全隐患。如畜禽粪便、污泥、城镇垃圾和工业垃圾中含有一定量的重金属，有些有机物料和由此生产的商品有机肥料中重金属如镉的含量较高。此外，有机固体废物中还含有农药、抗生素、多氯联苯等有机污染物。这些有毒有害物质施入土壤后，存在着被农作物吸收而污染农产品的风险。不同国家对有机肥尤其是堆肥和农用污泥中有毒有害物质特别是重金属的含量制定了相应的安全限量标准。

（一）重金属安全限量标准

通常应根据堆肥原料和堆肥产品用途制定差异化的重金属安全限量标准，如用于粮食作物的堆肥比用于观赏植物的堆肥重金属限量低，有机耕种、普通农业用途、非农业用途的堆肥产品重金属限量水平依次升高。我国《有机肥料》（NY/T 525—2021）和《有机无机复混肥料》（GB/T 18877—2020）主要对 As、Hg、Pb、Cd、Cr 5 种重金属制定了安全限量标准；中国香港有机资源中心 2021 年制定了适用于作有机肥料及土壤改良剂的堆肥质量标准；中国台湾的肥料种类品目则按原料类型规定了重金属的限量标准；欧美各国对堆肥中的重金属限量均有各自的标准，在重金属的种类和允许上限值上存在较大的差别，根据用途不同，欧盟将堆肥分为生态标准、有机耕种及土壤改良剂 3 类，加拿大将堆肥分为 A 类和 B 类（表 12-6）。

表 12-6 国内外堆肥重金属含量限值标准（沈玉君等，2019）

国家和地区	分类	重金属含量 /（mg/kg 干物质）								
		As	Cd	Cr	Cu	Hg	Ni	Pb	Se	Zn
中国大陆（内地）	有机肥料	15		150		2		50		
	有机无机复混肥料	50	10	500		5		150		
中国香港	有机耕种	10	1.5	100	300	1	50	100	2	600
	普通农业用途	13	3	210	700	1	62	150	5	1300
	非农业用途	41	39	1200	1500	17	420	300	36	2800
中国台湾	畜禽粪便堆肥	25	2	150	100	1	25	150		500
	一般堆肥	25	2	150	100	1	25	150		250
	杂项堆肥	25	2	150	100	1	25	150		250
日本		50	5	500		2	300	100		

续表

国家和地区	分类	重金属含量 /（mg/kg 干物质）								
		As	Cd	Cr	Cu	Hg	Ni	Pb	Se	Zn
韩国		5	5	300	500	2	50	150		900
澳大利亚		20	3	400	200	1	60	200		250
欧盟	生态标准	10	1	100	100	1	50	100		300
	有机耕种		0.7	70	70	0.4	25	45		200
	土壤改良剂		1	100	100	1	50	100		300
德国			1.5	100	100	1	50	150		400
英国			1.5	100	200	1	50	200		400
美国			1.5	100	1500			300		2800
加拿大	A 类	13	3	210	100	0.8	62	150		
	B 类	75	20	1060	757	5	180	500		

重金属等微量元素可能存在于堆肥原料中，长期在土壤中过量积累可能导致对植物、动物和人类的毒性。从表 12-6 可以看出，各国对相同重金属的限制值不尽相同，中国相比大多数国家及地区对重金属 Pb 的标准限制值最为严格，限制在 50mg/kg 以下；部分国家未对 9 种重金属完全做出限制，中国未对 Cu、Zn、Se 和 Ni 做出限制。目前国内外标准均将重金属总量作为重金属污染风险评价的指标，然而众多研究普遍认为，重金属的生物活性及环境行为更大程度上由其在环境中的化学形态决定，而不是它们的总浓度。因此，在今后的标准制定中可以考虑将重金属的有效态含量纳入标准体系中。同时，在某些情况下，由于堆肥原料、堆肥方法及堆肥用途的不同，应对堆肥产品进行分级限定。

（二）有机污染物安全限量标准

有机肥料原料可带入挥发性和半挥发性、持久性或亲油性有机污染物。尽管已有报道称，堆肥化可以在一定程度上对如滴滴涕、六六六、多氯联苯等有机污染物进行降解，而且对堆肥原料采购进行规范也可使有机污染物进入堆肥的可能性有所降低，但仍有一些国家如奥地利、丹麦、卢森堡对堆肥中有机污染物的含量进行了规定，有机污染物的问题仍是关注的焦点。

肥料中存在有机氯农药、多环芳烃（PAHs）等持久性有机污染物。我国对有机肥料环境激素等污染风险方面的研究相对较少。《肥料中邻苯二甲酸酯类增塑剂含量的测定　气相色谱 - 质谱法》（GB/T 35104—2017）规定了肥料中邻苯二甲酸酯类增塑剂含量的测定，《肥料中多环芳烃含量的测定　气相色谱 - 质谱法》（GB/T 32952—2016）规定了肥料中萘、苊烯、苊、芴、菲等 16 种多环芳烃含量的测定方法，含量范围为 0.1 ～ 30mg/kg。《有机肥料》（NY/T 525—2021）行业标准中提出有机肥料生产评估类原料安全性评价要求，其中堆肥原料为植物源性中药渣等时都需要对其有机污染物含量进行进一步的检测。在《有机肥料安全风险评价技术规范（征求意见稿）》中也提出植物源性中药渣堆肥后的产品中苯并［*a*］芘≤ 0.55mg/kg，石油烃总量＜ 0.25% 或矿物油（以干重计）≤ 500mg/kg。表 12-7 列出了一些国家堆肥标准或法案及我国肥料中有毒有害物质的限量要求（GB 38400—2019）规定的肥料中有机污染物限值。

表 12-7 部分国家有机肥料中有机污染物的限值（唐杉等，2021） 单位：（mg/kg 干重）

有机污染物	奥地利	比利时	捷克	丹麦	法国	匈牙利	卢森堡	中国
多氯联苯	1	0.8	0.02（等级 1）；0.2（等级 2）			0.1	0.1	
多氯二苯并呋喃						5.0×10^{-6}	2.0×10^{-5}	
二噁英	ITEQ 5.0×10^{-5}							
多环芳烃	6	2.3（萘、荧蒽，苯并[*b*，*k*]荧蒽）；1.1（苯并[*a*]芘、苯并[*g*，*h*，*i*]苝、茚并[1，2，3*cd*]芘）；0.9（菲）；0.68（苯并[*a*]蒽）；1.7（䓛）	3（等级 1）；6（等级 2）	3	4（荧蒽）；2.5（苯并[*b*]荧蒽）；1.5（苯并[*a*]芘）	1		0.55（苯并[*a*]芘）
可吸收有机卤素	500	20						
烃类化合物	3000	1.1（单环芳烃）；5.5（烷烃）；0.23（氯化烃）				100（石油烃总量）；0.1（苯并[*a*]芘）		2500（石油烃总量）
直链烷基苯				1300				
壬基酚				30				
邻苯二甲酸酯				50				25（邻苯二甲酸酯类总量）

（三）其他无害化指标要求

堆肥无害化是为了减少、去除或杀灭粪便等原料中的肠道致病菌、寄生虫卵等病原体，控制蚊蝇滋生，防止恶臭扩散，并使其处理产物达到土地处理与农业资源化利用要求。从微生物卫生学角度，腐熟后的堆肥必须达到无害化要求，保证使用时不会传播疾病与危害农作物。沙门氏菌、粪大肠菌群数与蛔虫卵死亡率是常见的检测指标。由于病原菌对温度敏感，所以可以从堆肥温度的高低与持续时间来判定堆肥的无害化情况，亦可依此来规定堆肥无害化控制的标准（见表 12-8）。

表 12-8 国内外堆肥无害化标准（谢文凤等，2020）

国家和地区	类别	温度	蛔虫卵死亡率	粪大肠菌值	沙门氏菌
中国大陆（内地）	畜禽粪便人工堆肥	≥ 50℃，10d；或≥ 60℃，5d	≥ 95%	≤ 100 个 /g	不得检出
	畜禽粪便机械堆肥	≥ 50℃，2d			
	有机肥料		≥ 95%	≤ 100 个 /g	
	堆肥	≥ 55℃，15d（条垛）、7d（槽式）、5d（反应器）	≥ 95%	≤ 100 个 /g	
英国		≥ 65℃，7d		≤ 1000 最大可能数 /g	未检出 /25g
意大利		≥ 55℃，3d		≤ 1000 最大可能数 /g	未检出 /25g
德国		≥ 55℃，14d；或≥ 65℃（封闭式工厂 60℃），7d			
西班牙				<1000 最大可能数 /g	未检出 /25g
加拿大	反应器堆肥	≥ 55℃，3d		<1000 最大可能数 /g	<3 最大可能数 /4g
	静态好氧堆肥	≥ 55℃，3d			
	条垛式堆肥	≥ 55℃，15d；或高温搅拌次数≥ 5 次			
欧盟		≥ 65℃，5d		≤ 1000 最大可能数 /g	未检出 /25g
		≥ 60℃，7d			
		≥ 55℃，14d			
丹麦		≥ 55℃，14d		<100 菌落数 /g	不得检出

续表

国家和地区	类别	温度	蛔虫卵死亡率	粪大肠菌值	沙门氏菌
美国	Class A	通风静态垛堆肥或反应器堆肥：≥ 55℃，3d			
	Class B	条垛式堆肥：≥ 55℃，14d；≥ 40℃，5d 且≥ 55℃，4h			

二、其他特性控制标准

在达到无害化标准的前提下，为充分挖掘堆肥的市场价值，各国（地区）还从堆肥的外来物质的种类和含量、腐熟度（稳定度）与养分标准等方面，规定了堆肥作为土壤改良剂、有机肥料等成品的标准。

（一）外来物质的控制

堆肥中外来物质的种类与含量要达到合理水平，这是对堆肥产品的普遍要求。各国对于进入市场流通的堆肥产品中的外来物质的种类与含量都有较明确的定性规定或量化指标（表 12-9）。

表 12-9　堆肥中外来物质的控制标准要求

国家和地区	外来物质要求	
中国大陆（内地）	杂质（粒径≥ 2mm 的玻璃、塑料、金属、橡胶）质量分数≤ 0.5%（以干燥样计），塑料类杂质（粒径≥ 2mm）质量分数≤ 0.1%（以干燥样计），塑料类杂质面积质量比≤ 25cm²/kg 湿堆肥	
中国香港	粒径在 5mm 以上的小石≤ 5% 干质量 粒径在 2mm 以上的人造物质包括玻璃、塑料、金属≤ 0.5% 干质量	
中国台湾	不得混入化学肥料、矿物、污泥、植物渣豆粕、鱼粉、肉骨粉、厨余、炭化稻壳、泥炭等物料或经化学处理的残渣	畜禽粪堆肥
	不得混入化学肥料、矿物、污泥、厨余、炭化稻壳、泥炭等物料或经化学处理的残渣	一般杂项堆肥
	不得混入经确认可能有害的物质	畜禽粪堆肥、一般杂项堆肥
加拿大	不含有任何尺寸超过 3mm 的，对人、动植物有害的物质（安全标准）	
欧盟	玻璃、金属、塑料杂质含量≤ 0.5%	
英国	粒径 > 2mm 的非石头物质含量低于 0.5%（塑料 0.25%），石块（>4mm）含量低于 16%	
印度	通过 4mm 筛子率不小于 90%	

（二）腐熟度

在各国的腐熟度评价标准中，堆肥腐熟度判断指标与方法众多，从单一指标到综合判断，从理化性质到数学建模的应用，同时判断指标的选用主要取决于堆肥原料的特性、堆肥过程和实验监测条件。目前大多数国家与地区倾向于采用多指标来规定堆肥腐熟度的标准。因为普遍认为，由于堆料特性比较复杂，仅用单一指标评价堆肥腐熟度无法对腐熟度进行全面的分析，具有较大的不确定性。但目前行业内并没有统一的判断方法与标准。

中国台湾、印度只用C/N值来规定堆肥的腐熟度标准；加拿大除C/N值、发芽率等指标外，还结合堆肥温度的变化，规定了堆肥的腐熟度标准；美国加利福尼亚州堆肥质量委员会（CCQC）根据测试简易、快速、可靠且适用面广的原则，制定了统一的堆肥质量标准；采用结合多个腐熟度指标的综合值对腐熟度进行等级划分。近些年，中国颁布的《畜禽粪便堆肥技术规范》（NY/T 3442—2019）和《有机肥料》（NY/T 525—2021）中，将GI ≥ 70%作为有机肥腐熟和还田安全施用标准。但是GI测算过程受到诸多因素影响，如种子类型、堆肥浸提液制备方式和培养方式等，仍存在操作方法不标准、误差较大等问题。利用多个指标从不同方面来判断堆肥的腐熟度，全方位地对堆肥腐熟度进行评价更为可靠，具体指标及范围在本章第一节中有详细描述（表12-2）。

（三）养分标准

养分能为农作物提供全面营养，因此一些国家对堆肥及有机肥养分进行了最低限制，如表12-10所列。可以看出，中国、日本、欧盟、印度等对总养分（全氮+P_2O_5+K_2O）的最低限制值大于1.2%。而英国、巴西、加拿大、丹麦等国家并未对堆肥养分做出约束，畜禽粪便经过无害化处理和腐熟后可作为有机肥直接施用于农田。

表12-10 国内外堆肥养分标准

国家和地区	分类	N/%	P_2O_5/%	K_2O/%	总养分/%
中国大陆（内地）	有机肥料				≥ 4.0
中国香港					≥ 4.0
中国台湾	畜禽粪便堆肥	1.0 ~ 4.0	1.0 ~ 6.0	0.5 ~ 5.0	2.5 ~ 15.0
	一般堆肥	0.6 ~ 3.0	0.3 ~ 0.5	0.3 ~ 4.0	1.2 ~ 12.0
	杂项堆肥	0.6 ~ 5.0	0.3 ~ 6.0	0.3 ~ 4.0	1.2 ~ 15.0
日本	树皮堆肥	≥ 1.0			≥ 1.0
	下水污泥堆肥	≥ 1.5	≥ 2.0		≥ 3.5
	粪类污泥堆肥	≥ 2.0	≥ 2.0		≥ 4.0
	食品污泥堆肥	≥ 2.5	≥ 2.0		≥ 4.5
	家粪污泥堆肥	≥ 1.0	≥ 1.0	≥ 1.0	≥ 3.0
欧盟	固体有机肥	>1.0	>1.0	>1.0	>4.0
	液体有机肥	>1.0	>1.0	>1.0	>3.0
印度	城市堆肥	≥ 0.5	≥ 0.5	≥ 1.0	≥ 2.0
	蚯蚓堆肥	≥ 1.0	≥ 1.0	≥ 1.0	≥ 3.0

第三节　堆肥厂化验室建设

堆肥厂化验室的主要职能是进行原材料的质量分析、成品质量的检测，目的是保证堆肥成品的质量，是实现堆肥质量控制的重要一环。建立化验室有利于企业把好原材料质量关，优化堆肥原料、成品的配方，降低生产成本，稳定成品质量，提高经济效益。

一、化验室检测主要内容

堆肥化验室检测的主要内容包括堆肥原料及成品的理化特性、生物特性、有害成分三方面的指标（表 12-11）。若堆肥厂家为了保障肥料的使用效果，指导农民科学使用肥料，扩大堆肥成品的销量，还应开展农化服务检测。此时，除检测堆肥原料及成品外还应检测土壤和植株，以指导农民科学使用肥料，促进堆肥成品的销售。土壤检测项目可包括有机质、碱解氮、铵态氮、速效磷、速效钾及有效态铁、硫、锌、硼等指标。植株测试主要判断植株体内养分的丰缺，指导后期追肥，最常用的检测指标有植物体内氮、磷、钾、铁、锌、硼全量的含量。

这些常用指标的检测方法在一些专著中均有介绍，方法也容易掌握，在此不再赘述。但这些数据的运用需借助大量田间试验结果才能有针对性地准确指导堆肥。

表 12-11　堆肥厂化验室检测项目与方法

编号	检测项目	常用检测方法
1	水分	烘箱法
2	pH 值	pH 计法
3	有机质	重铬酸钾容量法
4	全氮	H_2SO_4-H_2O_2 消煮，凯氏定氮法
5	全磷	H_2SO_4-H_2O_2 消煮，分光光度法
6	全钾	H_2SO_4-H_2O_2 消煮，火焰光度法
7	有效活菌数	平板稀释法
8	蛔虫卵死亡数	漂浮法、卵数量测定法
9	粪大肠菌群数	最大可能数法
10	种子发芽指数	发芽试验法
11	总汞	冷原子吸收分光光度法
12	总镉	石墨炉原子吸收分光光度法
13	总铅	石墨炉原子吸收分光光度法
14	总铬	火焰原子吸收分光光度法

注：1. 编号 1 ～ 6 为常规物化检测指标；编号 7 ～ 10 为常规微生物学检测指标，配置较高的化验室可选做。

2. 重金属的测定仪器、操作要求较高，一般为委托测定。

二、化验室基本配置

化验室仪器设备的配置与检测项目、检测方法的选择息息相关。化验室需建立仪器设备档案，包括仪器名称、唯一性标识、型号规格、出厂号、制造商名称、仪器购置和验收记录、接收日期、启用日期、维护计划、使用说明书、放置地点、历次检定（校准）情况、自校自检规程、使用记录和维护记录等。表 12-12 中按化验室常规检测项目与常规检测方法列出堆肥厂化验室仪器常规设备配置，供参考。

表 12-12　堆肥厂化验室仪器常规设备配置

序号	设备名称	型号规格	数量
1	天平	万分之一	1
2	天平	千分之一	1
3	烘箱		1
4	凯氏定氮仪		1
5	消化炉		1
6	火焰分光光度计		1
7	可见分光光度计		1
8	pH 计		1
9	电炉	500W	1
10	培养箱		2
11	超净工作台		1
12	振荡摇床		1
13	恒温水浴锅		1
14	显微镜		1
15	蒸汽灭菌锅		1
16	配套生化试剂		1
17	元素分析仪		1
18	玻璃器皿		1 组

三、化验室建设要求

大中小型有机肥厂化验室应依据企业化验室规模大小、开展检测内容、样品数量的多少和功能间分区来进行建设，要求最大限度发挥分析人员和配置设备的作用与效率。

（一）人员配置

每个化验室配备 3 名以上（含 3 名）人员，其中专职化验员比例不得低于 60%。人员学历中专以上（含中专），测试人员应具备相应的专业知识与技能，一般可选聘土壤与农业化学专业（农业资源环境专业）、微生物专业的合格毕业生，或经过专门培训并具有相应工作经历和经验的专业人员。化验室必须有明确的岗位设置与岗位职责，人员数量较少的化验室可兼岗。具体岗位包括化验室主任、化验室技术负责人、质量负责人、化验员、内审员、仪器设备管理员、档案管理员、样品管理员、试剂管理员和安全管理员等。

（二）选址要求

选址要充分考虑有机肥厂家的地理位置，尽量利用有机肥厂现有的建筑资源，如条件允许，尽量避免有机肥化验室对人居环境产生污染和影响，同时避免外界环境的噪声、空气污染、辐射、震动等对有机肥化验室的影响。

（三）布局要求

化验室应布局合理，满足有机肥的化验要求，一般可分为：处理室、样品储存室、天平室、精密仪器室、化学分析室、电热室、制水室、药品保管室、业务室等功能室。在布局中需注意：

① 化验室的布局和内部构造应根据主要化验工作的流程进行设计和布置；化验区域与办公区域分开，每个区域相对集中，不允许在对检测质量有影响的环境中开展土壤、植株样品的制备、保存和检测工作。

② 化验室应为固定砖混结构房屋，光线充足、通风良好、防火、防潮。化验室窗户应防尘、防腐、保温、隔声，地面要平整，铺设水磨石或耐腐瓷砖。

③ 化验室需具备保护人身健康和安全的措施和与检测工作相适应的消防、抗震和防雷击设施，并保证其有效、完好。涉及强酸、强碱、剧毒液体并有飞溅可能的场所，必须就近设置应急喷淋设施和洗眼器；易产生对人体有害气体、气味、烟雾、挥发性物质等的场所必须安装排风扇，原子吸收光谱仪、火焰光度计等仪器上方必须安装风罩单独排风，样品消煮或配制挥发性、毒性较大的试剂必须在通风柜（橱）内操作。

④ 化验室电力配置需能满足日常检测需求，供电电压宜采用稳定的220V交流电，所有线路、开关、插座等电气设备符合供电安装规范；仪器用电和其他设备用电应采用分开线路，避免仪器用电的电压不稳，同时每条线路必须配备熔断器等电路防护装置；大功率电器如电炉、干燥箱等应使用专相供电，根据化验室功能不同应设置总闸和相应分闸，对有特殊要求的仪器设备设置专用地线。

⑤ 化学分析室、处理室、制水室宜采用上下两条水管线，天平室不宜铺设水管线。排水管道需采用耐强酸强碱、耐腐蚀的材料，化学分析室的污水不应在未处理前直接排入城市污水管网。

（四）管理要求

为了保证检测质量，应从全面质量管理的观点出发对影响检测结果的各种因素（包括人、物、环境等因素）进行控制，要求检验单位制定基本的工作制度。制定岗位责任制，明确各岗位职责；制定化验室安全操作制度，确保实验室安全，做好防火、防爆、防盗工作；制定化验室仪器设备使用管理制度，对化验室仪器设备妥善保管，及时维修，做好相关记录；制定化学试剂等药品管理制度，做到药品分类专人管理，并定期检查使用和保管情况；制定化验室卫生制度，保证化验室清洁整齐；制定“三废”处理办法，保障检验人员身体健康并使排放废气、废液符合环保要求；制定检验人员培训计划，提高检验人员的业务素质；制定检验人员廉政办法，保证贯彻质量标准和法规。化验室采取措施保证检测对环境不产生污染，制定处理污染发生的应急预案，废弃物的处理应符合国家有关规定。

四、化验室分析质量控制

分析质量控制过程是样品进入化验室后，从取样、制样到分析测试、结果计算的整个过程，内容包括设施与环境、仪器设备、化验能力、人员队伍和质量控制五个方面。在这个过程中，误差（测定值与真值之间的差别）来源很多，化验室分析质量控制的目的是把分析测试的误差控制在容许的范围内，保证分析结果有一定的精密度和准确度，使分析数据在给定的置信区间内达到所要求的质量水平。表 12-13 列出了误差的分类、特征、来源及控制方法。

表 12-13 误差的基本知识

误差分类	误差特征	误差来源	误差控制方法
系统误差	测定值高于真值或低于真值	仪器误差：使用仪器本身不够精密所造成的	寻找系统误差源，通过校正加以消除
		方法误差：分析方法本身造成的	
		试剂误差：所用蒸馏水含有杂质或使用的试剂不纯造成的	
		操作误差：操作人员对分析操作的条件掌握不熟练、个人观察器官不敏锐和固有的习惯造成的	
		主观误差：操作人员主观原因，如观察判断能力的缺陷或不良习惯造成的	
随机误差 / 偶然误差	在相同条件下，对同一物理量进行多次测量，由于各种偶然因素，会出现测量值时而偏大、时而偏小的误差现象	无法控制的因素等，包括读数时视线的位置不正确，测量点的位置不准确，实验仪器由于环境温度、湿度、电源电压不稳定、振动等因素的影响而产生微小变化等	这些因素的影响一般是微小的，而且难以确定某个因素产生的具体影响的大小，因此偶然误差难以找出原因加以排除。通常可通过增加测量次数，求其平均值，使几次测量的随机误差在平均值中部分抵消而降低
粗差	与检测人员密切相关	由于检测人员责任心不强、操作不当等而犯了不应有的错误造成的	加强岗位职责培训、操作技术培训，提高检测人员的责任意识和技术水平

（一）检测过程质量控制

检测工作是整个化验工作中的关键环节，其好坏直接影响化验工作质量。为了确保检测数据准确可靠必须做到以下几个方面。

① 化验室必须收集本室业务范围内的有关标准、规程、规范等技术文件，保证检测工作依法进行。

② 化验室必须使用附有标准物质证书且在有效期内的标准物质或由所在省的省级土肥推广部门认可的参比物质。标准物质和参比物质要有专人管理，有使用记录，储存场所要符合相关要求。

③ 对检测样品要进行登记，保留样品须封签（委托检验、监督检验、仲裁检验需要委托方或当事双方签名、加盖公章进行封签）。样品保管期要符合有关规定要求。

④ 化验室所用化学试剂要符合相关检测标准要求，有产品合格证和生产批号，且在有效期内；化学试剂实施专人负责管理，有相关记录。

⑤ 检测前后要对仪器设备进行检查，防止使用不合格的仪器，从而保证检测结果的准确可靠。

⑥ 检测原始记录要完整。其包括：a. 原始记录应有一定格式，原始记录要求记录检测的全过程，以便在必要时能够判断检测工作在某个环节出现差错；b. 根据原始记录提供的信息，能在一定准确度范围内重复所做的检测工作；c. 原始记录不准用铅笔填写，不要随意修改，若需修改在作废处划两条水平线，将正确的数据填写在上方，必要时需注明更改人；d. 检测过程及数据处理需进行校核。

⑦ 检验报告是化验室的最终“成品”，必须保证其内在和外观质量。检验报告要采用统一格式，填写要完整，检验人员、审核人、批准人要签名，文字简洁、字迹清晰、数据准确，检验报告不允许更改；检验结论要准确，可按相关规定办法进行判定。

⑧ 实物样品、样品登记、原始记录、检验报告四者的编号要统一。样品登记、原始记录、检验报告要妥善保存。

⑨ 当发出的检验报告单出现错误，应重新签发一份报告，注明所代替的检验报告编号，并将原检验报告收回存档。

（二）分析质量控制方法

化验室内分析质量控制主要采用标准溶液校准、空白实验、精密度控制、准确度控制、准确度控制考核、重复性控制考核和复现性控制考核等方法；化验室间分析质量控制主要采用参加实验室间比对、上级部门组织能力验证和考核等方法。分析质量控制方法分别介绍如下。

1. 化验室内分析质量控制方法

（1）正确掌握基本实验　正确掌握基本实验是进行样品分析的前提。基本实验包括空白实验值的测定、标准曲线的绘制与线性检验、质量控制图的绘制等。在检测方法确定之后，分析人员必须反复多次进行基本实验的操作练习，以便透彻了解其特性和正确掌握实验条件，然后再进行样品分析。

（2）分析质量过程控制

① 空白实验。在测定样品的同时，一批测定至少要有 2 个空白实验值，平行测定相对

偏差一般不得大于 50%。

② 精密度控制。每批样品随机抽取 10% ～ 20% 的样品进行平行双样测定（5 个样品以下的，应增加为 100% 的平行双样测定），根据平行双样的测定结果判断有无误差，估计实验的精密度，同时用平均值报告结果，以减少随机误差。平行双样相对偏差不大于 10%，最好是 5%；同批检测或一段时间累计检测平行双样合格率＞ 95%。

③ 准确度控制。质量控制样品是采用与常规样品相同的制备和分析方法获得的已知参考值的物质。每批样品测定的同时至少测定一份质量控制样。若质量控制样的测定结果落在已知参考值的两个平均数标准差的范围（平均数 $\pm 2X$ 标准差）内，说明质量控制样品在控制中，否则，说明质量控制样是失控的，应检查原因，经改正后重测该批次的样品。

（3）分析后质量控制　测定完成后，要检查数据记录、录入和计算有无差错，数据的有效数字应用是否正确。此外，质量控制图、加标回收率的应用等都是经常采用的内部控制方法，这里就不再一一介绍。

除以上介绍外，质量管理人员应该定期对分析人员进行考核。

2. 化验室间分析质量控制方法

化验室内的分析质量控制方法同样适合于化验室间的分析质量控制。由检查机构或中心化验室给各参加化验室每年发放一至几次质量控制样品（含量或浓度在一定范围内保密），由各化验室报告分析结果，再由中心化验室或检查机构进行统计分析，将结果反馈到各个化验室，从而发现系统误差和评价各个化验室的技术水平，这是一种有效的分析质量控制方法。

第四节　堆肥质量评价简易方法

影响堆肥质量的因素很多，鉴于堆肥中的养分含量、有毒有害物质成分可按标准方法测得，及堆肥腐熟度评价在堆肥产品质量评价中的至关重要性，以下介绍常见的堆肥腐熟度简易评价方法，供堆肥操作管理人员参考。

一、外观判断法

堆肥腐熟度的物理指标评价即通过堆肥的表观特征来确定是否腐熟。外观判断法需综合考虑物理评价指标中各表观特征，并结合堆肥操作条件。

通常情况下腐熟堆肥的表观特征为：a. 堆肥后期温度自然降低；b. 不再吸引蚊蝇；c. 不会有令人讨厌的臭味；d. 由于真菌的生长堆肥表面有白色和灰白色菌丝附着；e. 堆肥产品呈现疏松的团粒结构。此外，高品质的堆肥应该是深褐色，肉眼看上去均匀并散发出泥浆气味。外观判断法只能从感官上进行初步判断，难以进行定量分析。

二、发芽试验法

《有机肥料》（NY/T 525—2021）引入种子发芽指数（GI）作为堆肥腐熟度的评价指标，并首次增加了 GI ≥ 70% 的要求。以下介绍《有机肥料》（NY/T 525—2021）中提及的方法。

① 称取试样（鲜样）10.00g，置于 250mL 锥形瓶中，将样品含水率折算后，按照固液比（质量 / 体积）1 : 10 加入相应质量的水，盖紧瓶盖后垂直固定于往复式水平振荡机上，调节

频率为 100 次 /min，振幅不小于 40mm，在 25℃下振荡浸提 1h，取下静置 0.5h 后，取上清液于预先安装好滤纸的过滤装置上过滤，收集过滤后的浸提液，摇匀后供分析用。浸提液当天使用，或在 0 ～ 4℃环境中保存不超过 48h。

② 在 9cm 培养皿中放置 1 张或 2 张定性滤纸，其上均匀放入 10 粒大小基本一致、饱满的黄瓜籽（或萝卜籽，未包衣），加入供试样浸提液 10mL，盖上培养皿盖，在（25±2）℃的培养箱中避光培养 48h，统计发芽种子的粒数，并用游标卡尺逐一测量主根长。以水作对照，做空白试验。

③ 每个样品做 3 个重复，以去离子水或蒸馏水作对照。

注：评估类原料可依据专家评估结果确定固液比。

$$GI = \frac{A_1 A_2}{B_1 B_2} \times 100\%$$

式中 A_1——有机肥料的浸提液培养的种子中发芽粒数占放入总粒数的百分比，%；

A_2——有机肥料的浸提液培养的全部种子的平均根长，mm；

B_1——水培养的种子中发芽粒数占放入总粒数的百分比，%；

B_2——水培养的全部种子的平均根长，mm。

三、蚯蚓法

蚯蚓喜在富含蛋白质和糖类的腐熟物中栖息、活动，但对腐熟不充分的堆积物内所含有的鞣酸类物质和氨等气体却有强烈的趋避性。蚯蚓法就是通过观察蚯蚓生理上的感觉即对堆积物是否嫌忌来判定其腐熟度。该方法适用性较强，对所有堆沤肥都适用。

具体步骤为：选用容器若干（以不透明的塑料杯为好）、黑色布数块（遮光用）、蚯蚓数条（体长 50mm 以上的淡红色蚯蚓为好）；在杯子中装入约 1/3 的堆肥，调节堆肥水分至 60% ～ 70%（手紧握就有水滴渗出）；把蚯蚓放入杯中后，观察蚯蚓的行动、颜色变化。容器用黑布覆盖，或放在遮光室内，室温以 20 ～ 25℃为宜。判别结果及依据为：

① 未腐熟：放入后蚯蚓立即想逃离，1d 后死亡。

② 半腐熟：放入后，蚯蚓即刻有不适感，1d 后颜色变化，行动变缓。

③ 完全腐熟：放入后立即潜入堆肥中，1d 后也无变化，呈健康状态。

用此方法要注意调节堆肥水分，堆肥湿度过大，蚯蚓往往以为要降雨，即使在亮处有时它们也会外逃。另外，蚯蚓喜爱中性、弱酸性土壤，因此判别腐熟度时要用试纸测定并记录 pH 值。

四、Dewar 自热测试法

堆肥在绝缘容器中的自热也可用作表征呼吸速率的指标，在实验室测试中，呼吸速率降低意味着可生物降解碳减少和碳稳定性增加。Dewar 自热测试法基于欧洲最初的自热测试标准方法，由美国 Woods End 研究化验室总结整理。

具体步骤为：先调节测试堆肥样品水分，然后将样品放入一个特制的规格为 2L 的绝热真空瓶中，插入温度计，温度计距瓶底大约 5cm；绝热真空瓶置于室温（20 ～ 25℃）下至少 5d，最多不超过 10d，每天记录温度变化，并找出其间的最高温度，再根据腐熟度等级对照表（表 12-14）判断堆肥是否腐熟。该方法的缺点是测试结果只能区分腐熟和未腐熟。虽然时间较长，但测试结果显示的是很直观的温度，具有很强的操作性。测试结果分为 1 ～ 5 五个等级来评价（表 12-14）。

表 12-14 Dewar 自热测试法的腐熟度等级对照

温度增量①/℃	稳定度等级	等级描述	堆肥属性
0 ~ 10	5	非常稳定、陈化堆肥	腐熟堆肥
10 ~ 20	4	一般稳定、熟化堆肥	
20 ~ 30	3	物料仍在分解、活性堆肥	活动堆肥
30 ~ 40	2	未腐熟、活性高的堆肥	
40 ~ 50	1	新鲜、生堆肥	新鲜堆肥

① 温度增量指升高温度与环境温度之差。

五、Solvita 测试法

该方法由美国 Woods End 研究化验室提出并申请了专利，目前已应用了二十几年，有 13 个国家采用了该方法，瑞典、丹麦、西班牙、挪威还将该方法作为官方测试方法。该测试方法以现代凝胶技术为基础，操作简易、快速，可在 4h 内得出结论。

具体操作为：取一定量的堆肥样品装入 Solvita 测试瓶，直至达到标示线，敞口静置 1h；插入 CO_2 和 NH_3 指示棒，盖上瓶盖，置于阴暗处 4h；然后取出指示棒，和标准色卡比色确定 CO_2 和 NH_3 指数，数值从 1（生堆料）到 8（腐熟堆肥），读数越大则腐熟程度越好；最后根据堆肥腐熟度等级对照表（表 12-15）确定堆肥腐熟度等级。

表 12-15 Solvita 堆肥腐熟度试剂盒腐熟度等级对照

指标	CO_2	高 → 低							
NH_3	等级	1	2	3	4	5	6	7	8
低	5	1	2	3	4	5	6	7	8
↑	4	1	2	3	4	5	6	7	8
	3	1	2	3	4	5	6	7	8
	2	1	2	3	4	5	6	7	8
高	1	1	2	3	4	5	6	7	8

六、塑料袋法

在堆肥过程中，微生物首先利用易分解的有机物和简单的有机物进行新陈代谢和矿化，最易降解的有机质被微生物用作能源而最终消失。这些易分解的有机物主要是可溶性糖、有机酸和淀粉。堆肥初期，碳素经氧化作用以 CO_2 形式释放而分解一部分有机质，可降解有机质越多，释放的 CO_2 越多。随着堆肥过程的进行，可降解并放出 CO_2 的有机质会不断减少，当它达到一个定值或消失时，可以认为堆肥已达腐熟。

具体方法为：选用宽20cm、长30cm左右的聚乙烯袋，取300g左右的堆肥放入袋中，将袋中的空气赶出，用橡皮圈将袋口扎紧，放置在室内3～4d，如果条件允许最好在25℃的室温下放置，观察聚乙烯袋膨胀情况。放入堆肥的聚乙烯袋如果鼓起则为未腐熟，如果不鼓起则为腐熟。

七、二氧化碳探测管法

在堆肥初期，有较多容易降解的有机物，微生物活性较强，释放CO_2速度更快；堆肥稳定腐熟时，不易降解的有机物较少，微生物活性降低，释放CO_2的速率较慢。

二氧化碳探测管法具体为：将500g的堆肥样品放入广口瓶中，用橡胶瓶塞密封瓶口，4h后通过注射针抽取瓶中上部空间由堆体所释放的CO_2气体；抽出的气体用专门的CO_2探测管测定浓度，探测管中置有遇CO_2就会变色的化学试剂，能非常直观精确地读出CO_2的浓度。

八、耗氧量分析法

耗氧速率直接反映了堆肥微生物的活动状况，堆肥微生物活动旺盛，表明堆肥有机物正被大量分解；而堆肥微生物活动微弱，则表明堆肥有机物分解缓慢。如果堆肥微生物进行生命活动所需的其他条件，如温度、水分、氧气、微生物种群等适合，则微生物活动的减弱反映了堆肥有机物不足以维持微生物活动，堆肥有机物分解趋于稳定，堆肥接近终点。我国的生态环境标准《生物质废物堆肥污染控制技术规范》（HJ 1266—2022）提出，堆肥结束时好氧呼吸量不超过20mg O_2/g DM。

用溶解氧呼吸法测定摄氧量。将筛选后的含水量约为50%（质量分数）的堆肥样品放置在500mL的Erlenmeyer烧瓶中，在37℃下曝气16h。在这个过程中，低水分含量（＜45%，质量分数）的样品加水调节，以确保基质电位不会限制微生物的活性；过度潮湿的样品风干至水分含量为50%（质量分数）。使用溶解氧计和探针组件来确定空气中氧气百分比在1h内的变化，然后将空气中氧气百分比的变化量转化为基于挥发性固体（VS）的吸氧速率。目前已有大量的商品化氧传感器可用来直接测定耗氧量的大小，使腐熟状况变为实时、在线监测，对堆肥技术的实际推广具有重要意义，但此类产品目前仍存在价格相对昂贵、使用寿命偏短等不足。

参考文献

[1] 顾卫兵，乔启成，杨春和，等．有机固体废弃物堆肥腐熟度的简易评价方法［J］．江苏农业科学，2008（6）：258-259.

[2] 金书秦，唐佳丽，杨小明，等．欧盟有机肥产品标准、管理机制及其启示［J］．中国生态农业学报（中英文），2021，29（7）：1236-1242.

[3] 李季，彭生平．堆肥工程实用手册［M］．北京：化学工业出版社，2005.

[4] 李季，彭生平．堆肥工程实用手册［M］．2版．北京：化学工业出版社，2011.

[5] 梁小贤，董亚维，白艳武．关于有机肥腐熟度评价指标的探讨［J］．湖南饲料，2016（5）：23-25.

[6] 龙文军，姜楠．发达国家有机肥规范及推广的经验做法［J］．农村工作通讯，2021（9）：59-61.

[7] 毛宇翔，李涵，职音，等.城市污泥好氧堆肥过程中DOM的光谱动态变化特征[J].安全与环境学报，2021，21（2）：794-803.

[8] 任顺荣，邵玉翠.畜禽废弃物堆肥化过程中的腐熟度评价方法[J].天津农业科学，2005（3）：34-36.

[9] 任雪琴.采用种子发芽指数判定有机肥腐熟程度的试验[J].肥料与健康，2022，49（1）：59-61.

[10] 沈玉君，李冉，孟海波，等.国内外堆肥标准分析及其对中国的借鉴启示[J].农业工程学报，2019，35（12）：265-271.

[11] 唐杉，刘自飞，王林洋，等.有机肥料施用风险分析及相关标准综述[J].中国土壤与肥料，2021（6）：353-367.

[12] 谢文凤，吴彤，石岳骄，等.国内外有机肥标准对比及风险评价[J].中国生态农业学报（中英文），2020，28（12）：1958-1968.

[13] 周继豪，沈小东，张平，等.基于好氧堆肥的有机固体废物资源化研究进展[J].化学与生物工程，2017，34（2）：13-18.

[14] Chanyasak V，Kubota H. Carbon-organic nitrogen ratio in water extract as measure of composting degradation[J]. Journal of Fermentation Technology，1981，59（3）：215-219.

[15] Garcia C，Hernandez T，Costa F，et al. Evaluation of the maturity of municipal waste compost using simple chemical-parameters[J]. Communications in Soil Science and Plant Analysis，1992，23（13-14）：1501-1512.

[16] Ho Um M，Lee Y. Quality control for commercial compost in Korea[R]. 2019-10.

[17] Karak T，Sonar I，Paul R K，et al. Composting of cow dung and crop residues using termite mounds as bulking agent[J]. Bioresource Technology，2014，169：731-741.

[18] Li R，Meng H B，Zhao L X，et al. Study of the morphological changes of copper and zinc during pig manure composting with addition of biochar and a microbial agent[J]. Bioresource Technology，2019，291：121752.

[19] Presidencia M d l. Real Decreto 865/2010，de 2 de julio，sobresustratos de cultivo[J]. BOE，2013，170：61831-61859.

[20] Saveyn H，Eder P. End-of-waste criteria for biodegradable waste subjected to biological treatment（compost & digest）：Technical proposals[M]. Luxembourg：Publications Office of the European Union，2014.

[21] Smith W H，Margolis Z P，Janonis B A. High-altitude sludge composting[J]. Biocycle，1992，33（8）：68-71.

[22] 宁夏回族自治区环境保护厅，宁夏回族自治区质量技术监督局.畜禽粪便堆肥技术规范：DB64T 871—2013[S]. 2013.

[23] 生态环境部，国家市场监督管理总局.土壤环境质量农用地土壤污染风险管控标准（试行）：GB 15618—2018[S].北京：中国标准出版社，2018.

[24] 香港有机资源中心.香港堆肥质量标准[S]. 2019.

[25] 国家质量监督检验检疫总局，国家标准化管理委员会.畜禽养殖粪便堆肥处理与利用设备：GB/T 28740—2012[S]. 2012.

[26] 国家质量监督检验检疫总局，国家标准化管理委员会.肥料中粪大肠菌群的测定：GB/T 19524.1—2004[S]. 2004.

[27] 国家质量监督检验检疫总局，国家标准化管理委员会.肥料中蛔虫卵死亡率的测定：GB/T 19524. 2—2004[S]. 2004.

[28] 国家质量监督检验检疫总局，国家标准化管理委员会.有机无机复混肥料：GB 18877—2020[S]. 2020.

[29] 国家市场监督管理总局，国家标准化管理委员会.肥料中有毒有害物质的限量要求：GB 38400—2019[S]. 2019.

[30] 中华人民共和国生态环境部.生物质废物堆肥污染控制技术规范：HJ 1266—2022[S]. 2013.

[31] 中华人民共和国农业部.生物有机肥：NY 884—2012[S].北京：中国农业出版社，2012.

[32] 中华人民共和国农业农村部.有机肥料：NY/T 525—2021[S]. 2021.

[33] 中华人民共和国卫生部．粪便无害化卫生要求：GB 7959—2012[S]. 2012.

[34] 中华人民共和国农业农村部．畜禽粪便无害化处理技术规范：GB/T 36195—2018[S]. 北京：中国标准出版社，2018.

[35] 中华人民共和国农业农村部．畜禽粪便堆肥技术规范：NY/T 3442—2019[S]. 2019.

[36] 中华人民共和国住房和城乡建设部．生活垃圾堆肥处理厂运行维护技术规程：CJJ 86—2014[S]. 2014.

[37] 中华人民共和国住房和城乡建设部．生活垃圾堆肥处理技术规范：CJJ 52—2014[S]. 2014.

[38] 中华人民国和国国家环境保护部．固体废物处理处置工程技术导则：HJ 2035—2013[S]. 2013.

[39] Environment Mot. Solid waste management and recyclingtechnology of Japan[S]. 2012.

[40] Environmental Protection Agency. Markets for compost：EPA/530-SW90-073A [S]. 1993.

[41] Environmental Protection Agency. Organic materials management strategies：EPA530-R-99-016[S]. 1999.

[42] Environmental Protection Agency. Control of pathogens and vector attraction in sewage sludge：EPA/625/R-92/013[S]. 2003.

[43] Environmental Protection Agency. A plain english guide to the EPA part 503 biosolids rule：EPA/832/R-93/003[S]. 1994.

[44] Environmental Protection Agency. Use of composting for biosolids management：EPA 832-F-02-024 [S]. 2000.

[45] Standards B，Institution L. Specification for composted materials：PAS 100：2018[S]. 2018.

[46] Bundesgute Gemeinschaft Kompost，Ed. DeutschesInstitut fur Gutesicherung und Kennzeichnung e. V. ，Sankt Augustin：RAL-GZ 251[S]. 2007.

[47] Canadian Council of Ministers of the Environment. Canada guidelines for compost quality[S]. 2005.

[48] Waste Management Policy Branch. Ontario compost quality standards[S]. 2012.

[49] Solid waste management and recycling technologly of Japan[S]. 2012.

[50] The Standards Australia Committee CS-037，Garden Soils and Potting Mixes. Composts，soil conditioners and mulches：AS454—2003[S]. 2003.

[51] Recycled Organics Unit. Producing quality compost：PO Box 6267[S]. 2007.

[52] Miljø-og Fødevareministeriet. Bekendtgørelse om anvendelse af affald til jordbrugsformål：BEK nr 1001 af 27/06/2018 （Gældende） [S]. 2018.

[53] Danish Environmental Protection Agency. The composting process[S]. 2018.

[54] Institute of Standards and Industrial Research of Iran. Compost-physical and chemical specifications：ISIRI 10716[S]. 2015.

第十三章　堆肥产品的加工及应用

有机固体废物经堆肥无害化处理腐熟后，可获得具有营养全面、富含腐殖质和益生菌、肥效长等优点的堆肥产品。堆肥产品可直接施用，也可作为原料加工成其他产品。堆肥产品施入土壤后，可增加、更新土壤有机碳库，增加土壤微生物活性，提升土壤肥力，改善土壤健康状况，进而促进植物生长，提高作物产量与品质，提升化学肥料利用率，降低化肥环境效应。

第一节　堆肥产品的类型及标准

一、堆肥产品的类型

堆肥产品可划分为未加工和加工两大类型。未加工堆肥产品可直接用作肥料或土壤改良剂，也可用作覆盖物，还可用作植物育苗或栽培营养土，或用作燃料等；加工后的堆肥产品种类有商品有机肥料、有机无机复混肥料、生物有机肥料、复合微生物肥料、土壤调理剂、育苗 / 栽培基质和食用菌栽培基质等。

二、堆肥产品的标准

农民或种植企业主自己生产的堆肥产品，一般会直接施到自己的农田中，这种堆肥生产相对比较简单，对堆肥产品的水分、杂质、养分指标不做特殊要求，只要充分腐熟即可。若将堆肥产品经加工后用于商业目的，产品要进入市场流通，就需要满足相关的管理要求。

（一）商品有机肥料

为促进城乡有机固体废物的资源化利用，推动我国循环经济发展，规范商品有机肥料市场，我国农业部于 2002 年颁布了行业标准《有机肥料》（NY 525），之后又在 2011 年、2012 年和 2021 年对其进行了修订。该标准中关于有机肥料的定义描述是：主要来源于植物和 / 或动物，经过发酵腐熟的含碳有机物料，其功能是改善土壤肥力、提供植物营养、提高作物品质。还明确规定了生产有机肥料的原料要求，原料按目录分类管理，分为适用类、评估类和禁用类，优先使用适用类原料；禁止选用粉煤灰、钢渣、污泥、生活垃圾（经分类陈化后的厨余废弃物除外）、含有外来入侵物种物料和法律法规禁止的物料等存在安全隐患的禁用类原料；若采用“评估类原料”，必须进行安全评估并通过安全性评价后才能用于商品有机肥料生产。该标准适用于以畜禽粪便、秸秆等有机废物为原料，经发酵腐熟后制成的商品有机肥料；不适用于绿肥、农家肥和其他由农民自积自造自用的有机粪肥。

关于商品有机肥料产品质量的技术指标与限量指标要求如表 13-1 和表 13-2 所列。各种有机废物经过堆肥处理腐熟后，所得堆肥产品经检验后产品质量若能达到该要求，就可以直接粉碎或造粒后计量包装，获得国家和地方肥料管理部门的许可并获得产品登记证后，即可上市销售。若产品质量不符合该技术指标与限量指标要求的规定，则需进行产品的后续加工处理，同时根据作物的营养需求规律添加适宜的无机养分；也可采用更换堆肥发酵原料、调整发酵工艺等手段来满足产品的质量要求。

表 13-1　商品有机肥料技术指标要求

项目	技术指标与要求
外观	均匀，粉状或颗粒状，无恶臭
有机质（以烘干基计）/%	≥ 30
总养分（$N+P_2O_5+K_2O$）（以烘干基计）/%	≥ 4.0
水分（鲜样）/%	≤ 30
酸碱度（pH 值）	5.5 ~ 8.5
种子发芽指数（GI）/%	≥ 70
机械杂质 /%	≤ 0.5

表 13-2　商品有机肥料限量指标要求

项 目	限量指标
总砷（As）（以烘干基计）/（mg/kg）	≤ 15
总汞（Hg）（以烘干基计）/（mg/kg）	≤ 2
总铅（Pb）（以烘干基计）/（mg/kg）	≤ 50
总镉（Cd）（以烘干基计）/（mg/kg）	≤ 3
总铬（Cr）（以烘干基计）/（mg/kg）	≤ 150
粪大肠菌群数 /（个 /g）	≤ 100
蛔虫卵死亡率 /%	≥ 95

（二）生物有机肥料

生物有机肥料是一类肥菌兼具的功能性肥料，与普通有机肥相比，其含有丰富的酵母菌、乳酸菌、纤维素分解菌和固氮菌等有益微生物和功能菌，能有效改善根系土壤环境，提升土壤健康。我国于 2012 年 6 月发布了行业标准《生物有机肥》（NY 884—2012），该标准中关于生物有机肥料的定义描述是：指特定功能微生物与主要以动植物残体（如畜禽粪便、农作物秸秆等）为来源并经无害化处理、腐熟的有机物料复合而成的一类兼具微生物肥料和有机肥效应的肥料。在保证产量的基础上，生物有机肥可以替代部分化肥，通过调控土壤微生物的群落结构与活性来促进植物根系生长，增强作物抗病、抗逆性，改善土壤养分有效性，增加土壤酶活性，提高作物产量与品质，减少化肥的使用，这对于解决过量施肥带来的环境污染问题、实现“绿色农业”具有重要的意义。

在生产生物有机肥料过程中有两个环节会涉及微生物菌剂，一是在腐熟过程中加入能促进物料分解、腐熟兼具除臭功能的非病原腐熟菌剂，多由复合菌系组成，常见菌种有芽孢杆菌、乳酸菌、酵母菌、放线菌、青霉、木霉、根霉等；二是在物料腐熟后加入功能菌，以固氮菌、溶磷菌、硅酸盐细菌、乳酸菌、假单胞菌、芽孢杆菌、放线菌、光合细菌等为主，在产品中发挥特定的肥料效应。微生物菌剂是生物有机肥料产品的核心技术，而目前国内只有少数企业具备独立开展微生物菌剂生产的能力，大部分企业通过购买微生物菌剂生产生物有机肥。

对生产生物有机肥料的菌种要求安全、有效，有明确来源和种名，所用功能菌株的安全性应符合《微生物肥料生物安全通用技术准则》（NY 1109—2017）的规定。生物有机肥料产品的各项技术指标和限量指标应符合表 13-3 和表 13-4 的要求。产品剂型包括粉剂和颗粒两种，粉剂产品应松散、无恶臭味；颗粒产品应无明显机械杂质、大小均匀、无腐败味。在生产中应对每批产品进行抽样检测，抽样过程应避免杂菌污染。

表 13-3 生物有机肥料技术指标要求

项目	技术指标
有效活菌数（CFU）/（亿/g）	≥ 0.20
有机质（以干基计）/%	≥ 40.0
水分 /%	≤ 30.0
pH 值	5.5 ~ 8.5
粪大肠菌群数 /[个 /g（mL）]	≤ 100
蛔虫卵死亡率 /%	≥ 95
有效期 / 月	≥ 6

表 13-4 生物有机肥料限量指标要求

项 目	限量指标
总砷（As）（以烘干基计）/（mg/kg）	≤ 15
总镉（Cd）（以烘干基计）/（mg/kg）	≤ 3
总铅（Pb）（以烘干基计）/（mg/kg）	≤ 50
总铬（Cr）（以烘干基计）/（mg/kg）	≤ 150
总汞（Hg）（以烘干基计）/（mg/kg）	≤ 2

（三）有机土壤调理剂

《土壤调理剂　通用要求》（NY/T 3034—2016）中关于土壤调理剂的定义是：指加入障碍土壤中以改善土壤物理、化学和 / 或生物性状的物料，适用于改良土壤结构、降低土壤盐碱危害、调节土壤酸碱度、改善土壤水分状况或修复污染土壤等。《肥料和土壤调理剂　分类》（GB/T 32741—2016）中关于有机土壤调理剂的定义是：指来源于植物或动植物的产品，用于改善土壤的物理性质或者生物活性。腐熟的堆肥产品是一种效果优良的土壤调理剂，被国内外广泛用于设施菜田、果园、茶园、烟草等土壤障碍的改良。

堆肥调理土壤的作用包括：

① 改良土壤结构，提高土壤肥力。堆肥施入土壤中后能增加土壤有机质，改善土壤团

粒结构，减小土壤容重，增大孔隙度，有利于土壤节水保肥；同时能促进植物根系生长，减轻土壤的潜在侵蚀。

② 改善根际微生物群落及微生态。堆肥中含有大量功能性微生物，能够改善根际土壤微生物群落的数量和结构，增加土壤微生物量，提高土壤微生物的多样性和土壤酶活性，提升土壤健康状况，增强植物的抗病性。

③ 修复重金属污染土壤。堆肥中的有机质和有益微生物可实现对重金属离子的吸附。

长期施用堆肥，可缓解土壤酸化、次生盐渍化及连作障碍等生产障碍，有效地改善土壤理化性状和均衡土壤元素结构，减少重金属向植物体内富集，提升农产品安全。

我国从事固体有机废物堆肥生产的企业众多，因原料、技术、装备、工艺、管理水平和资质等差异较大，各个企业所生产的堆肥产品的质量千差万别。《土壤调理剂　通用要求》（NY/T 3034—2016）也未对土壤调理剂的相关技术指标做明确的规定，只规定了土壤调理剂中钙、镁、硅、磷、钾、总氮、有机质、铝、镍、汞、砷、铅、镉、铬等成分含量，及 pH 值、水分（固体）含量、密度（液体）、粒度或细度等的测定方法。因此，若堆肥产品被用于生产土壤改良剂，生产企业要同时严格执行《有机肥料》（NY/T 525—2021）的技术要求，具体可参见表 13-1 和表 13-2。

（四）有机无机复混肥料

将堆肥产品和无机化肥进行混配，可生产出既含有机质又含适量化肥的有机无机复混肥料。2020 年 11 月发布的标准《有机无机复混肥料》（GB/T 18877—2020）中，将有机无机复混肥料定义为：含有一定量有机肥料的复混肥料。有机无机复混肥料既含有缓释的有机养分，又含有速效的无机养分，可谓是综合了有机肥料和化学肥料二者的优点，还可以结合作物的养分需求规律生产出作物专用肥。有机无机复混肥是我国有机（类）肥料中产销规模最大的一个品类。关于有机无机复混肥料的要求如表 13-5 和表 13-6 所示。

表 13-5　有机无机复混肥料的技术指标要求

项目		指标		
		Ⅰ型	Ⅱ型	Ⅲ型
总养分（$N+P_2O_5+K_2O$）[①]/%		≥ 15.0	≥ 25.0	≥ 35.0
水分（H_2O）[②]/%		≥ 12.0	≥ 12.0	≥ 10.0
有机质 /%		≥ 20	≥ 15	≥ 10
粒度（1.00 ~ 4.75mm 或 3.35 ~ 5.60mm）[③]/%		≥ 70		
酸碱度（pH 值）		5.5 ~ 8.5		5.0 ~ 8.5
蛔虫卵死亡率 /%		≥ 95		
粪大肠菌群数 /（个 /g）		≤ 100		
氯离子[④]/%	未标“含氯”的产品	≤ 3.0		
	标明“含氯（低氯）”的产品	≤ 15.0		
	标明“含氯（中氯）”的产品	≤ 30.0		

续表

项目	指标		
	Ⅰ型	Ⅱ型	Ⅲ型
钠离子 /%	≤ 3.0		
缩二脲 /%	≤ 0.8		

① 标明的单一养分含量不应低于 3.0%，且单一养分测定值与标明值负偏差的绝对值不应大于 1.5%。

② 水分以出厂检验数据为准。

③ 指出厂检验数据，当用户对粒度有特殊要求时，可由供需双方协议确定。

④ 氯离子的质量分数大于 30.0% 的产品，并在包装容器上标明“含氯（高氯）”，标识“含氯（高氯）”的产品氯离子的质量分数不做检验和判定。

表 13-6　有机无机复混肥料的限量指标要求

项目	限量指标
砷及其化合物（以 As 计）/（mg/kg）	≤ 50
镉及其化合物（以 Cd 计）/（mg/kg）	≤ 10
铅及其化合物（以 Pb 计）/（mg/kg）	≤ 150
铬及其化合物（以 Cr 计）/（mg/kg）	≤ 500
汞及其化合物（以 Hg 计）/（mg/kg）	≤ 5

有机无机复混肥料具有两个作用：一是有机肥在作物的发育期内对土壤中的微生物含量以及土壤中酶活性产生影响，从而改变土壤中植物养分的循环；二是无机养分进入土壤后，改变土壤 C/N 值、土壤 pH 值、土壤酶活性等，调节土壤中植物营养成分的矿化和吸收速率。

有机无机复混肥料在保有有机质的同时，附加了适量化肥，既满足了生态环保需求，又减少了化肥的用量，使得农业作业成本大大降低，这是有机无机复混肥最大的优点。此外，有机无机复混肥料改善了有机肥养分供应不足的问题，并消化了农业有机废物，提高了土壤有机质含量，得到农户们的普遍认可与肯定，所以有机无机混合施肥成为广泛提倡的科学施肥技术。

（五）复合微生物肥料

复合微生物肥料是 2010 年以后才发展起来的一个新的有机肥料品种。农业部在 2015 年 5 月发布了农业行业标准《复合微生物肥料》（NY/T 798—2015），其中给出了关于复合微生物肥料的定义：指特定微生物与营养物质复合而成，能提供、保持或改善植物营养，提高农产品产量或改善农产品品质的活体微生物制品。

复合微生物肥料集无机肥的高效性、有机肥的长效性和微生物独特的生理调节功能于一体，将无机肥、有机肥和微生物菌剂三者的优缺点进行互补。还增加了植物所需元素，能延长肥效，快速补充土壤中的碳“短板”，效果显著，易被植物吸收，在调控植物生长、改良土壤、增产以及提升产品品质方面也具有举足轻重的作用。

复合微生物肥料按剂型可分为液体、粉剂和颗粒型。粉剂产品应松散；颗粒产品应无明显机械杂质，大小均匀，具有吸水性。其与生物有机肥一样，功能微生物和养分含量两者都要符合肥料登记与管理的要求。标准 NY/T 798 中规定菌种使用的微生物应安全、有效。生产者需提供菌种的分类鉴定报告，包括属及种的学名、形态、生理生化特性、鉴定依据以及菌种安全性评价等完整资料。具有获准允许大面积释放的生物安全性有关批文时，才可采用生物工程菌。复合微生物肥料的技术指标与限量指标要求如表 13-7 和表 13-8 所列。

表 13-7　复合微生物肥料技术指标要求

项目	剂型	
	液体	固体
有效活菌数①/[10^8CFU/g（mL）]	≥ 0.50	≥ 0.20
总养分（$N+P_2O_5+K_2O$）②/%	6.0 ~ 20.0	8.0 ~ 25.0
有机质（以烘干基计）/%	—	≥ 20.0
杂菌率 /%	≤ 15.0	≤ 30.0
水分 /%	—	≤ 30.0
pH 值	5.5 ~ 8.5	5.5 ~ 8.5
有效期③/ 月	≥ 3	≥ 6

① 含两种以上有效菌的复合微生物肥料，每一种有效菌的数量不得少于 0.01×10^8CFU/g（mL）。

② 总养分应为规定范围内的某一确定值，其测定值与标明值正负偏差的绝对值不应大于 2.0%；各单一养分值应不少于总养分含量的 15.0%。

③ 此项仅在监督部门或仲裁双方认为有必要时才检测。

表 13-8　复合微生物肥料限量指标要求

项目	限量指标	项目	限量指标
粪大肠菌群数 / [个 /g（mL）]	≤ 100	铅（Pb）（以烘干基计）/（mg/kg）	≤ 50
蛔虫卵死亡率 /%	≥ 95	铬（Cr）（以烘干基计）/（mg/kg）	≤ 150
砷（As）（以烘干基计）/（mg/kg）	≤ 15	汞（Hg）（以烘干基计）/（mg/kg）	≤ 2
镉（Cd）（以烘干基计）/（mg/kg）	≤ 3		

（六）有机基质

有机固体废物含有丰富的养分和生物活性物质，经过堆肥处理后使之作为无土育苗或栽培基质，不仅解决了环境污染的问题，还保护了不可再生的草炭资源，从而促进生物循环经济良性发展。大量的研究表明，堆肥产品性质稳定、营养丰富，而且价格低廉、原料易得，可用于替代和节约草炭资源，但也并不是所有的有机固体废物堆肥都适宜作泥炭替代品。优质无土育苗 / 栽培基质必须能为植物生长提供稳定、协调的水、气、肥根际环境条件，具有支持固定植物、保持水分和透气的作用，有机栽培基质还具有缓冲作用，可以使根际环境保持相对稳定。要保证作物能正常生长，无土栽培基质的物理化学性质和生物稳定性都要达到一定的要求。

在实际的生产应用中，可将有机基质按照用途划分为食用菌栽培基质、蔬菜育苗基质、蔬菜栽培基质、绿化用有机基质、屋顶 / 阳台种植有机基质等。

理想基质应满足的条件是适用广、密度小、总孔隙度大、吸水与持水性好、弹性和伸展性较好、浇水多少不影响团粒结构、绝热性好、不携带病菌、便于重复使用、有一定的肥力、无难闻的气味和难看的颜色、pH 值易调节、不污染土壤、易清洗、不受地区限制、管理简便和价格低廉。在物理性质上，栽培基质的固、液、气三相比例要恰当，密度在 0.1 ～ 0.8g/cm^3 之间，总孔隙度在 70% ～ 90% 之间，大小孔隙比在（1：1.5）～（1：4）之间。化学性质上，化学稳定性好；阳离子交换量（CEC）要大，基质适宜的 CEC 为 10 ～ 100 meq/100g；总盐分含量要小于 500mg/kg；保肥性好；同时还具有一定的缓冲能力，适宜的 pH 值为 6.5 ～ 7.5；一定的 C/N 值以维持栽培过程中基质的生物稳定性，最适宜的 C/N 值为 30：1。

中国农业农村部发布了食用菌栽培基质相关的标准 NY/T 1935—2010 和 NY/T 3828—2020，堆肥处理产物可用作食用菌栽培基质的原辅料。2012 年发布《蔬菜育苗基质》（NY/T 2118—2012），该标准适用于以腐熟有机物料及天然矿物为主要组分的商品化蔬菜育苗基质，具体的技术指标要求如表 13-9 所列。

表 13-9　蔬菜育苗基质技术指标要求

项目	技术指标
外观	各种组分混合均匀，手感松软，无霉变和结块
密度 /（g/cm^3）	0.20~0.60
总孔隙率 /%	> 60
通气孔隙度 /%	> 15
持水孔隙度 /%	> 45
气水比	1：（2 ~ 4）
相对含水量 /%	< 35.0
阳离子交换量（以 NH_4^+ 计）/（cmol/kg）	> 15
粒径大小 /mm	< 20
pH 值	5.5 ~ 7.5
电导率 /（mS/cm）	0.1 ~ 0.2
有机质 /%	≥ 35.0
水解性氮 /（mg/kg）	50 ~ 500
速效磷 /（mg/kg）	10 ~ 100

续表

项目	技术指标
速效钾 /（mg/kg）	50 ~ 600
硝态氮 / 铵态氮	（4 ~ 6）: 1
交换性钙 /（mg/kg）	50 ~ 200
交换性镁 /（mg/kg）	25 ~ 100
有害生物和重金属含量	执行 GB 8172
出苗率（种子发芽率≥ 95% 时）/%	> 90

国家质量监督检验检疫总局于 2017 年发布了《绿化用有机基质》（GB/T 3389—2017），标准中对绿化用有机基质的定义是：以农林、餐厨、食品和药品加工等有机废物为主要原料，可少量添加自然生成或人工固体物质，能固定植物、保水保肥、透气良好、性质稳定、无毒性、质地轻、离子交换量高、有适宜的碳氮比、pH 值易于调节，适合绿化植物生长的固体物质。且明确提出绿化用有机基质一般应经过堆肥发酵等无害化处理，性质应稳定。绿化用有机基质的技术指标和限量指标要求如表 13-10 和 13-11 所列。

表 13-10 不同绿化用有机基质技术指标要求

项目		不同用途			
		有机改良基质	扦插或育苗基质	栽培基质	
				盆栽、花坛、屋顶用	绿地、林地用
粒径（质量分数）/%		$W_{d\leqslant 15mm}$ ≥ 80	$W_{d\leqslant 5mm}$ ≥ 95	$W_{d\leqslant 15mm}$ ≥ 90	$W_{d\leqslant 15mm}$ ≥ 80
杂物（质量分数）/%	石块	$W_{z>2mm}\leqslant 5$ $W_{z>5mm}=0$	$W_{z>2mm}\leqslant 2$ $W_{z>5mm}=0$	$W_{z>2mm}\leqslant 3$ $W_{z>5mm}=0$	$W_{z>2mm}\leqslant 5$ $W_{z>5mm}=0$
	塑料	$W_{z>2mm}\leqslant 0.5$	$W_{z>2mm}\leqslant 0.1$	$W_{z>2mm}\leqslant 0.1$	$W_{z>2mm}\leqslant 0.5$
	玻璃、金属等	$W_{z>2mm}\leqslant 2$	$W_{z>2mm}\leqslant 0.5$	$W_{z>2mm}\leqslant 1$	$W_{z>2mm}\leqslant 2$
pH 值	水饱和浸提	可在 4.0 ~ 9.5 内调整	4.5 ~ 7.8	4.5 ~ 8.0	可在 4.0 ~ 9.5 内调整
	10 : 1 水土比法	可在 4.0 ~ 9.5 内调整	5.0 ~ 7.6	4.5 ~ 7.8	可在 4.0 ~ 9.5 内调整
EC 值[①] /（mS/cm）	水饱和浸提	≤ 12.0	≤ 2.5	≤ 10.0	≤ 12.0
	10 : 1 水土比法	0.5 ~ 3.5	≤ 0.65	0.30 ~ 1.5	0.30 ~ 3.0
含水量（质量分数）/%		≤ 40	≤ 40	≤ 40	≤ 40
有机质（质量分数）/%		≥ 35	—	≥ 30	≥ 25

续表

项目			不同用途			
			有机改良基质	扦插或育苗基质	栽培基质	
					盆栽、花坛、屋顶用	绿地、林地用
养分（以干基计）	总养分②（总氮＋总磷＋总钾）（质量分数）/%		≥ 2.5	—	≥ 1.8	≥ 1.5
	速效养分③/mg/kg	水解氮	≤ 3000	≤ 500	≤ 1500	≤ 2000
		有效磷	≤ 1200	≤ 400	≤ 800	≤ 1000
		速效钾	≤ 4000	≤ 1000	≤ 2000	≤200
干密度 /（Mg/m^3）			0.1 ~ 1.2④	< 0.5	0.1 ~ 1.0④（屋顶绿化用 < 0.5）	0.1 ~ 1.0
湿密度 /（Mg/m^3）			≤ 1.3	≤ 0.8	≤ 1.2（屋顶绿化用 < 0.5）	≤ 1.3
非毛管孔隙度 /%			≥ 15	≥ 20	≥ 20	≥ 15
发芽指数 /%			—	≥ 95	≥ 80	≥ 65

① 小苗或对盐分敏感的植物根系周围 EC 值：水饱和浸提法宜小于 2.5mS/cm；10：1 水土比法宜小于 0.65mS/cm。

② 总养分：总氮以 N 计；总磷以 P_2O_5 计；总钾以 K_2O 计；总养分（$N+P_2O_5+K_2O$）> 4% 时，有机基质用量不应超过使用比例的 20%（体积分数）。

③ 速效养分：水解氮以 N 计；有效磷以 P 计；速效钾以 K 计。

④ 若种植高大乔灌木，应控制有机基质用量以确保其固定土层的干密度 ≥ 1.0Mg/m^3，而对一般的花卉或小灌木的短期种植可以提高有机基质使用比例或全部用有机基质种植。

表 13-11 绿化用有机基质限量指标要求

项目	指标		
	Ⅰ级	Ⅱ级	Ⅲ级
蛔虫卵死亡率 /%	≥ 95		
粪大肠杆菌群数	≥ 10^{-2}		
沙门氏菌	不得检出		
可溶性氯（水饱和浸提液测定）/（mg/L）	≤ 1500		
可溶性钠（水饱和浸提液测定）/（mg/L）	≤ 1000		
总镉（以烘干基计）/（mg/kg）	≤ 1.5	≤ 3.0	≤ 5.0
总汞（以烘干基计）/（mg/kg）	≤ 1.0	≤ 3.0	≤ 5.0

续表

项目	指标		
	Ⅰ级	Ⅱ级	Ⅲ级
总铅（以烘干基计）/（mg/kg）	≤ 120	≤ 300	≤ 400
总铬（以烘干基计）/（mg/kg）	≤ 70	≤ 200	≤ 300
总砷（以烘干基计）/（mg/kg）	≤ 10	≤ 20	≤ 35
总镍（以烘干基计）/（mg/kg）	≤ 60	≤ 200	≤ 250
总铜（以烘干基计）/（mg/kg）	≤ 150	≤ 300	≤ 500
总锌（以烘干基计）/（mg/kg）	≤ 300	≤ 1000	≤ 1800
总银（以烘干基计）/（mg/kg）	≤ 10	≤ 20	≤ 30
总钒（以烘干基计）/（mg/kg）	≤ 100	≤ 150	≤ 300
总钴（以烘干基计）/（mg/kg）	≤ 50	≤ 100	≤ 300
总钼（以烘干基计）/（mg/kg）	≤ 20	≤ 20	≤ 40

（七）堆肥

有机固体废物堆肥中含有植物所必需的营养元素以及丰富的有机质。对于城乡有机固体废物堆肥农业利用，在中国已有几千年的历史，有机固体废物经堆肥化后，其中易分解的物质被分解，对环境的污染降低，可以作为农作物的有机肥料，尤其是贫瘠的土地。正确合理施用堆肥，不但能提高土壤健康和营养水平，还能促进植物生长和提高作物产量，还能抑制土传植物病原体引起的病害。

2019 年，我国农业农村部颁布了《畜禽粪便堆肥技术规范》（NY/T 3442—2019）的农业行业标准。2021 年，河北省发布了《农用堆肥质量要求》（DB13/T 5373—2021）的地方标准。2022 年我国生态环境部发布了《生物质废物堆肥污染控制技术规范》（HJ 1266—2022）的生态环境标准。腐熟堆肥直接使用的推荐用量不宜超过 $30t/hm^2$。

第二节　堆肥产品的加工

一、商品有机肥料

有机废物经二次发酵和后腐熟后，产品的含水量一般在 35% ～ 40%，需要进行干燥处理后才能达到农业行业标准《有机肥料》（NY/T 525—2021）的产品质量和技术要求。对于堆肥的干燥方法包括晾晒法和烘干法，其中晾晒法生产工艺简单，场地面积需求大，适合于气候干燥、降水量小的区域，易于造成堆肥产品的物料损失，生产环境恶劣，扬尘大，二次污染严重；烘干法具有生产效率高、产品质量好、厂区内的生产环境较好且易于二次环境污染控制等优点，但会增加设备投资和运行成本。根据最终产品的外观要求，可将普通商品有机肥料分为粉状和颗粒状产品。从肥料价值来看，二者没有本质的差异，只是在运输和使用过程中存在一些差异，但颗粒化会增加产品的生产成本，并不会从根本上提升产品质量。从技术角度来看，目前国内普通商品有机肥料生产企业主要采用的加工工艺流程如图 13-1 和图 13-2 所示。二者主要差别就在造粒工艺、烘干、筛分与返料工艺，可见颗粒状普通商品有机肥料的投资和运行成本要比粉状普通商品有机肥料高很多。目前，国内大多数专家学者对普通商品有机肥料造粒均持怀疑或否定态度，因此，对于普通商品有机肥料的生产，建议采用粉状生产工艺即可。

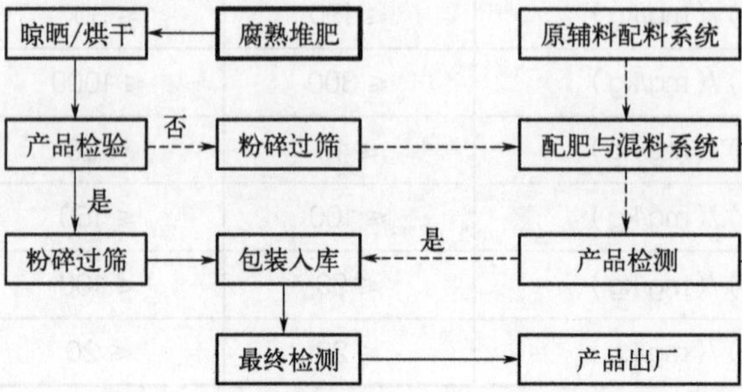

图 13-1　粉状普通商品有机肥料的生产工艺流程

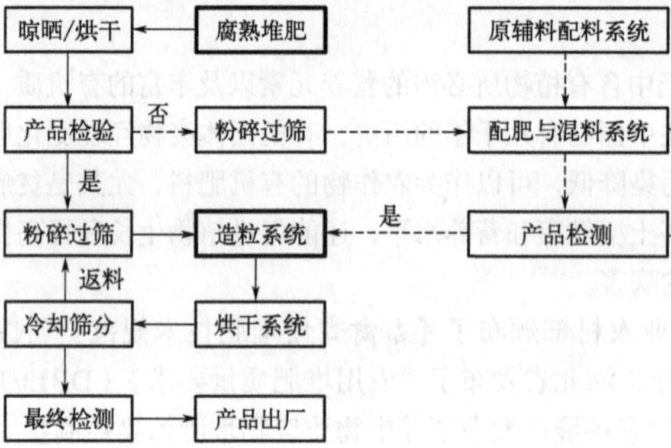

图 13-2　颗粒状普通商品有机肥料的生产工艺流程

二、生物有机肥料

生物有机肥料的有效活菌或功能菌数量取决于其生产工艺。一般地，生物有机肥料的生产工艺包括有机废物高温堆肥发酵、添加功能菌剂吸附或二次发酵、烘干、造粒、筛分、包装等过程，但在实际生产中采用的工艺流程各不一致。生物有机肥料的生产工艺流程如图 13-3 所示。

1. 生物有机肥料的制备

腐熟有机肥的制备是生产生物有机肥料的基础，优良的腐熟有机肥是生物有机肥品质的保障。大量研究对有机物料高温堆肥的条件进行了探讨，并认为含水量 50% ～ 60%、pH 5.5 ～ 8.0、孔隙度 35% ～ 50%、微生物物种丰富度高、最高温度达 40 ～ 65℃时更有利于有机物料的腐熟。也有研究表明，向有机物料中加入具有促进物料分解、腐熟兼具除臭功能的微生物菌剂，对促进物料腐熟和控制环境质量都有良好的功效。在生物有机肥的制备中，具有特定功能微生物的加入是其制备工艺的关键。为保障功能菌的数量，不少研究指出在进行吸附制备之前可以对有机载体进行灭菌，杀灭土著微生物，从而保证功能菌的密度及活性。但由于完全无菌环境难以实现，再加上灭菌设备费用高，而常用的辐射灭菌法对操作人员存在潜在危险性，实际生产中腐熟有机肥常常不经过灭菌，而直接进行功能菌的接种吸附以制备生物有机肥。采用二次发酵的方法，在堆肥温度降低（经过高温期大量常温微生物已死亡）、有机物料基本腐熟时加入功能菌制备生物有机肥，可有效减小土著杂菌对功能菌的影响。在发酵温度降低时向物料中添加固氮、解磷、解钾复合菌群，并控制发酵工艺条件，使其大量繁殖，不仅微生物总数高，且种群结构合理，能进一步提高堆肥腐熟度。如将功能菌SQR-T37加入氨基酸肥料中进行为期5d的二次发酵制备生物有机肥，该肥料施用后可以有效控制黄瓜的立枯丝核病。

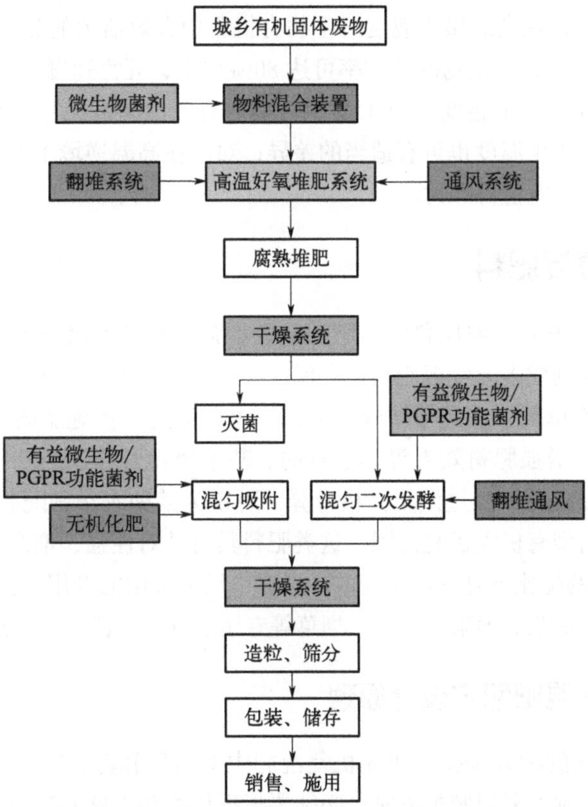

图13-3 生物有机肥的生产工艺流程

2. 生物有机肥料的加工

生物有机肥料制备完成以后，如果不直接施用，需经过多道加工工序以提高产品质量，并延长产品的保质期。生物有机肥料的加工包括无机化肥的添加、干燥、筛分以及造粒等工艺。下面对前两个工艺的相关研究做简单介绍。

（1）无机化肥的添加 相较于无机化肥，有机肥虽然养分均衡，但养分含量低、肥效缓慢。为进一步拓宽生物有机肥应用范围，可以添加无机化肥将其制备成生物有机无机复混肥，这是最便捷的加工方法之一。该类复混肥结合了生物肥、有机肥和无机肥的三重功效，养分全面、优势互补且均衡持久，在水稻、大豆、玉米等作物上都取得了良好的增产效果。在西瓜的应用上表明，生物有机无机复混肥可以增加西瓜产量，改善西瓜品质，投入产出比可达 1 ∶ 17.5。但是关于添加无机肥后生物有机肥中功能菌是否受到影响的研究目前未见报道。

（2）干燥　不管是采用吸附法还是二次发酵法制备，生物有机肥的含水量通常较大，不能达到相关标准的要求。因此，干燥工艺在生物有机肥的加工中十分必要。目前，采用烘干方式进行干燥的温度及时间参数并不一致。为了降低功能微生物在高温下的死亡率，生产工艺上要求载体温度不能超过 50℃。李典亮和谢放华指出在生物有机肥生产中加入功能菌剂后，载体温度应该控制在 50℃以下。在低温烘干过程中烘干机的温度宜控制在 40℃内，进行恒温干燥。在向颗粒有机肥上喷洒功能菌剂后，可利用烘干机 40℃左右的余热（前期为 60℃烘干过程）调节含水量。但是为达到快速干燥的目的，温度相对较高的烘干处理更受生产厂家的青睐。然而，较高的烘干温度对生物有机肥中有效活菌的数量及活性有一定影响。因为当温度超过 60℃时，微生物的死亡率可达 80% 以上，死亡速度也随温度的升高而加快。但有研究也表明，提高烘干温度到 80℃时也可能对有效活菌数无显著影响。由于菌株对温度的适宜范围不同，烘干温度也可有适当的差异，对能在高温逆境下产生芽孢的芽孢杆菌是否可以适当提高烘干温度值得探讨。

三、有机无机复混肥料

随着农业的快速发展、农民科学施肥观念的增强，有机无机复混肥的市场需求逐渐增加。采取多种养分配制成多元复混肥料，在保证有机无机复混肥料的基本功用外，添加各种中微量营养元素、除草剂、农药等增效调节剂，可以通过一次施肥既补充养分，又达到除草、调节植物生理、增强肥料效果等其他目的。基于植物营养学的基本理论，根据不同地区、不同土壤和气候条件，经过测土微机计算，可以为某种农作物配制符合植物全面营养、达到平衡施肥的专用型有机无机复混肥，这类肥料具有针对性强、增产效果好、灵活性大等特点，其 N、P、K 的配比不是一成不变的。现在市场上常用的专用有机无机复混肥有花生、棉花、小麦、水稻、蔬菜、苹果、玉米、烟草等专用复混肥，已得到较广泛的认可和使用。

（一）有机无机复混肥配方设计原理

有机无机复混肥的配方是指有机无机复混肥中有机质和氮、磷、钾含量的比例以及其他元素的加入量。在制定复混肥配方时，必须要根据作物和土壤的需要，因为不同作物和不同土壤所要求的营养元素的比例是不同的。在复混肥配方设计时要考虑到原料之间的相互作用，利用这种相互作用改变肥料产品的理化性质，防止产生不良影响。

有机肥和无机肥配合的比例是调节养分供应强度和持久性的一个有效手段，在配方设计时要考虑有机肥和无机肥的合理比例。一般有机 N ∶ 无机 N 为（1 ～ 1.7）∶ 3。若以纤维素一类为主要有机原料，C/N 值以 1.0 ～ 1.6 为宜；若有效 C 比例较高，则 C/N 值宜调低至 0.8 ～ 1.3；对于以改良土壤、补充有机质为目的的配方，则 C/N 值可在 1.6 以上。

在配方设计时可以采用通用配方和专用配方相辅助的原则。通用复混肥配方的应用对象是某一地区对养分（主要指 N、P、K）需求差异不太悬殊的多种主要作物。在某些情况下(砂质土、瘦土)，甚至还优于专用型无机复混肥。一般来说有机无机复混肥和无机复混肥在表示方法上没有区别，比如 9-9-9 的有机无机复混肥和无机复混肥，均是指 100kg 肥料中含氮 9kg、五氧化二磷 9kg、氧化钾 9kg，即复混肥中氮、磷、钾的比例为 1∶1∶1。

（二）有机物料与无机物料比例的确定

首先要知道有机物中有机质和氮、磷、钾的含量，其次要确定拟配制的有机无机复混肥中有机质的含量，即 100kg 有机无机复混肥中有机物和无机物的比例，最后要计算出 100kg 有机无机复混肥中有机物所能提供的氮、磷、钾量。

例如，用含有机质为 45%、N 为 2.0%、P_2O_5 为 1.0% 和 K_2O 为 2.0% 的有机物料，和含 N 为 46% 的尿素、含 P_2O_5 为 14% 的过磷酸钙和含 K_2O 为 60% 的氯化钾，配制有机质含量为 20% 和 N∶P_2O_5∶K_2O=2∶1∶2 的有机无机复混肥，求该有机无机复混肥中氮、磷、钾含量和各个基础肥料的配合量。设有机物料在有机复混肥中所占的比例为 P，无机肥所占的总比例为 Q，则列出以下两个方程：

$$P+Q=100\%$$

$$\frac{P\times 45}{P+Q}=20$$

解后可以求出 P=44.4%，Q=55.6%，即要生产 100kg 有机无机复混肥，有机物料配合量为 44.4 kg，无机肥总配合量为 55.6kg。

（三）各种化肥比例的确定

每 100kg 复混肥中需配入多少千克各种化肥，要根据所用化肥品种来决定，同一个比例配方，用不同品种化肥来生产，其用量也不尽相同。复混肥生产中各种原料化肥的用量可通过三角形图解法和数学解析法计算出。

1. 三角形图解法

三角形图解法（图 13-4）中等边三角形的各顶点相当于单个肥料，其中营养物质（P_2O_5、N 和 K_2O）的含量取 100%；在三角形边上的各点相当于二元肥料的组成；在三角形内部的各点则相当于三元肥料的组成（以 P_2O_5、N、K_2O 计）。

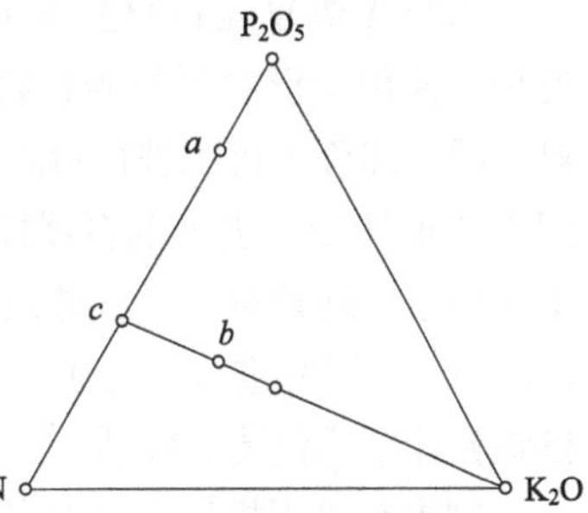

图 13-4　三角形图解法

2. 数学解析法

设有机无机复混肥料中所含 N∶P_2O_5∶K_2O=A∶B∶C，各营养物质在复混肥中的含量为 a、b、c，而三种单个基础化肥中各营养物质的含量分别为 a_1、b_1、c_1，a_2、b_2、c_2，a_3、b_3、c_3。又设组成复混肥料中的各个基础化肥的含量分别为 X、Y、Z。为解出 a、b、c、X、Y、Z 共 6 个未知数可列出 6 个方程：

$$c=c_1\frac{X}{100}+c_2\frac{Y}{100}+c_3\frac{Z}{100}$$

$$a = a_1 \frac{X}{100} + a_2 \frac{Y}{100} + a_3 \frac{Z}{100}$$

$$b = b_1 \frac{X}{100} + b_2 \frac{Y}{100} + b_3 \frac{Z}{100}$$

$$\frac{a}{b} = \frac{A}{B}$$

$$\frac{a}{c} = \frac{A}{C}$$

$$X+Y+Z=100$$

例如，用含 N 46% 的尿素，含 N 12%、P_2O_5 52% 的磷酸一铵和含 K_2O 60% 的氯化钾配制 N：P_2O_5：K_2O=1：1：1 的有机无机复混肥，求复混肥中的氮、磷、钾含量和各个基础化肥的配合量。

已知：A=1，B=1，C=1

N　P_2O_5　K_2O

尿素：a_1=46，b_1=0，c_1=0

磷酸铵：a_2=12，b_2=52，c_2=0

氯化钾：a_3=0，b_3=0，c_3=60

将 12 个已知数据代入上面 6 个方程式，解后可以求出复混肥料中氮、磷、钾含量为：N，a=19；P_2O_5，b=19；K_2O，c=19。同时求出制取 1：1：1 的有机无机复混肥 100 份需尿素 X=31.78 份、磷酸一铵 Y=36.55 份、氯化钾 Z=31.67 份。

（四）有机无机复混肥加工工艺

1. 工艺流程

有机无机复混肥的主要加工工艺流程如图 13-5 所示。首先，对有机和无机物料进行预处理，使用半湿物料粉碎机将发酵后的有机物料粉碎，使其达到造粒要求，对需要添加的氮、磷、钾等无机肥进行粉碎。然后将已粉碎的各种无机肥料和已经预处理好的有机物料按配方要求计量，进入混料器搅拌均匀后，送入造粒机中造粒，当颗粒达到要求后送入回转干燥机中，通热烟气进行并流干燥降低水分含量，干燥后约 55℃的粒肥进入回转冷却机中，抽冷风（常温）进行逆流通风，冷却到 30℃以下，利用振动筛将不合格的颗粒筛分出来，合格颗粒计量后包装为成品。

国内有机无机复混肥大多通过团粒法、挤压造粒法或掺混法进行工业化生产，至今鲜有生产企业使用高塔熔融造粒工艺生产。一方面高塔熔融造粒工艺对原料的细度有所要求，大多数有机原料较为粗糙，无法通过高塔进行造粒；另一方面有机物料在高温料浆中容易与尿素、硝铵或硝铵磷等原料或自身发生剧烈的碳氨反应。高塔熔融工艺流程如图 13-6 所示。以糖蜜酒精发酵液经脱水喷雾制得的干粉，作为有机无机复混肥生产原料，进行高塔熔融工艺造粒生产，该工艺料浆的温度、pH 值及含水量均会对生产造成一定的影响，将造粒料浆温度控制在 113℃以下、pH 值在 6 ～ 7、w（H_2O）在 0.5% ～ 0.7% 时，可实现有机无机复混肥颗粒产品质量稳定生产。

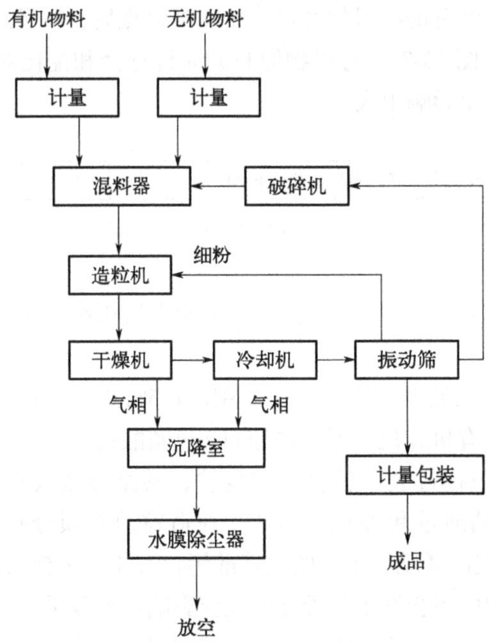

图 13-5　有机无机复混肥料加工工艺流程

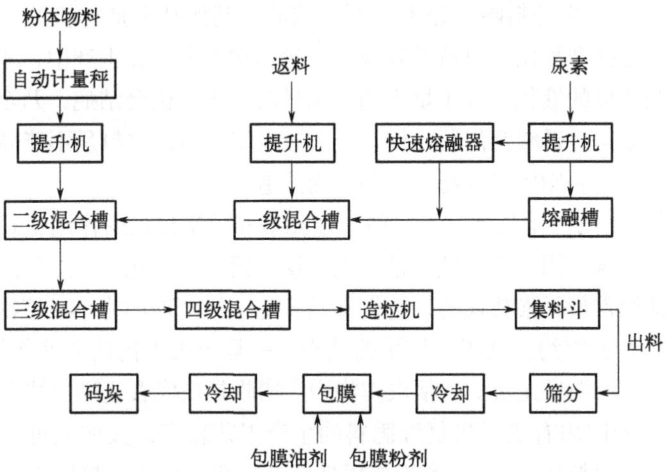

图 13-6　高塔熔融造粒生产有机无机复混肥工艺流程

2. 工艺技术要点

（1）原材料及预处理

1）有机物料　有机原料必须经过高温堆肥无害化或稳定化处理后方有利于安全使用。无害化处理的物料是指已通过一定的技术措施杀灭病原菌、虫卵和杂草种子的有机物料。稳定化处理的物料是指通过生物降解已将物料中易被微生物降解的有机成分如可溶性有机物、淀粉、蛋白质等转化为相对稳定的有机物，不会对植物种子和作物苗期生长产生不利影响的有机物料。提供有机原料最多的是畜禽粪尿与作物秸秆，还有饼粕、草木灰、污泥、生活垃圾等。鸡粪中的氮素以尿素态氮为主，不能被作物直接吸收利用，需经过堆腐高温发酵、除臭等无害化处理；花生壳、泥炭土和糖厂滤泥要经过堆沤，通过微生物降解将有机质不稳定状态转为稳定的腐殖质。新鲜的有机物经过生物发酵过程后，再经过烘干、粉碎、筛分等流程即可形成有机物原料（图 13-7)，有机物原料的品种选择和配比对肥料的压延性、肥料颗粒的硬度等造粒效果和产量影响很大。

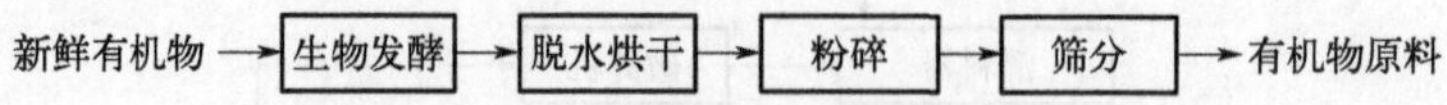

图 13-7　有机物料处理的流程

2）无机物料　提供氮、磷、钾基础肥料，一般为氯化铵、尿素、磷铵、过磷酸钙、钙镁磷肥、氯化钾、硫酸钾等。

将过磷酸钙进行预干燥处理，使其水分含量降至 5% 以下，过磷酸钙预干燥通常可用烟道气并流直接加热。生产有机无机复混肥的原料（过磷酸钙、尿素、氯化钾等）若不经粉碎匀质处理，会出现颗粒粒径过大、颗粒均匀度差，甚至导致成粒不高、肥料混配不均匀等问题，直接影响产品的质量和外观。因此，在造粒前必须分别进行粉碎，保证各种物料粒＜ 1mm。由于目前我国磷肥厂生产的过磷酸钙含有 4% ～ 5% 的游离酸（H_3PO_4)，如不进行预处理，在混合过程中还会发生各种化学反应影响造粒效果。预处理过程的实质就是用中和剂中和游离酸的过程。经中和的过磷酸钙，游离水变成结晶水，所得的物料溶解度小，有利于混合物料的造粒。中和剂多数厂家用碳酸氢铵，因为碳酸氢铵来源方便，价格便宜。

在挤压造粒中，无机肥料除了尿素是颗粒状的，其他基本是粉状的，具有较好的可挤压性；无机原料的选择和配比，对造粒效果和产量影响不大。在生产中，尿素与过磷酸钙会发生化学反应，当生成的液相量大于烘干的脱水量时，干燥机会结疤，乃至于无法生产。因此，应严格控制尿素与过磷酸钙使用比例，一般尿素用量占总物料量不能高于 15%，过磷酸钙比例不能高于 25%，否则肥料黏湿、结团，无法造粒。

3）其他营养元素的作用与确定　一些中量元素和微量元素的作用也是不能忽视的，这些元素主要包括硼、锰、钼、锌、铁、钴、铜、镁、钙、硅、硫等。这些元素在植物生理功能中的作用是不能用常量元素替代的，它们都具有专一的生理功能。在植物的整个生长过程中它们互相依赖，互相制约，处于一种平衡状态。一旦失去平衡便会使作物产生生理病害。在复混肥中增加适量的微量元素，以使农作物增产增收是现代农业科学技术的一大突破。

（2）造粒　目前国内有机无机复混肥料的生产工艺较多，大体上可分为两大类：一类为团聚造粒法（也称团粒法)；另一类为挤压造粒法。相对而言，挤压造粒法用于有机无机复混肥料生产具有工艺简单、流程短、占地面积小、操作容易、成粒率高、产品品种更换方便、投资少、效益好等优点。

1）团粒法　造粒是在造粒机内进行的。把混合机混合好的物料输送到造粒机内，再加入选好的黏结剂，物料随造粒机转动翻滚，逐渐长大成粒。造粒效果的好坏主要取决于造粒机的设计和操作，如造粒机的倾角、转速、直径大小，黏结剂的浓度、用量，加料、出料方式等。对于圆盘造粒机普遍使用硫酸或磷酸作黏结剂，硫酸的浓度可用 50% 左右。黏结剂的用量一般视颗粒大小而定，加黏结剂量大，通常成球快且粒大，一般生产 1t 复混肥，用 98%（质量分数）浓硫酸 50kg 左右。

圆盘造粒机造粒原理如图 13-8 所示。圆盘式造粒技术的优点是设备简单、投资低、操作较易掌握、成粒率高。缺点是不能保证工艺上造粒所需的温度。一般圆盘的倾斜角不得小于混合料的自然休止角，否则物料黏附在圆盘上，随圆盘一起转动。圆盘造粒机的倾角一般为 45°，转速为 30r/min，直径为 1.6 ～ 2.2m，刮刀的位置与水平方向成 60°，不使物料在刮板位置挤压成块，圆盘的高度与其直径比一般在 0.1 ～ 0.25 之间，物料从圆盘下面半径为 3/4 之处自动排出。

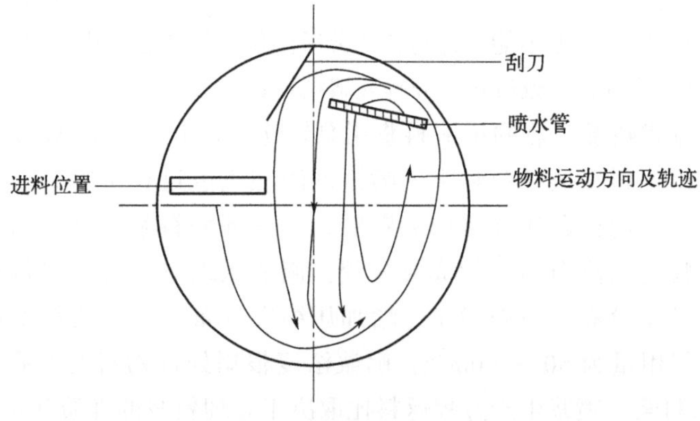

图 13-8 圆盘造粒机造粒原理

2）挤压法 该法是将物料直接挤压成成品的造料过程，特别适合于热敏物料的造粒。挤压造粒法可以看作是干料加蒸汽进行无化学反应的造粒过程，其主要特点是降低能耗，简化工艺流程，由于产品始终保持干燥，因此可省去团粒法的干燥和冷却工序，避免氮损失，也不存在排放物污染环境的问题。挤压造粒的工作原理如图 13-9 所示，立轴以一定的速度旋转，带动固定在立轴上的碾轮绕立轴中心线公转，同时碾轮分别绕自身的心轴自转。碾轮与模板之间始终保持预先调整好的工作间隙，模板上均布小通孔。混合均匀的物料经给料装置，连续定量地送入造粒机上筒体内，利用物料分子之间的亲合力，在碾轮与模板之间强制性的挤压作用下，物料在模板小孔内摩擦、压缩、挤出而形成圆柱状。再通过旋转的切刀，将其截成所需的短圆柱颗粒形状。在挤压过程中，旋加压强、粒子大小和黏结力之间的关系如图 13-10 所示。使用挤压法造粒的关键是控制进入料仓物料的水分，一般建议控制在 10% 以下。

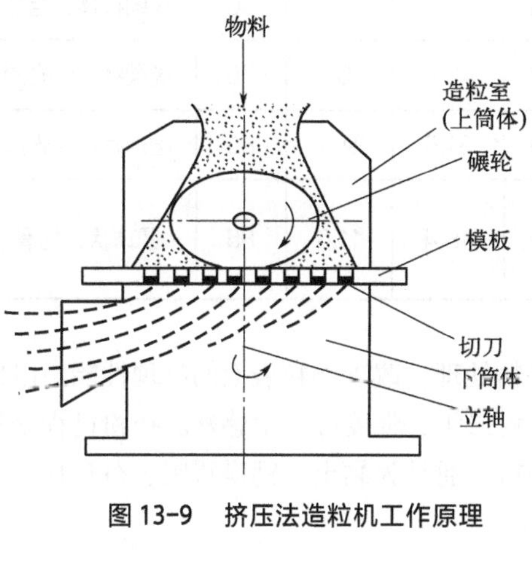

图 13-9 挤压法造粒机工作原理

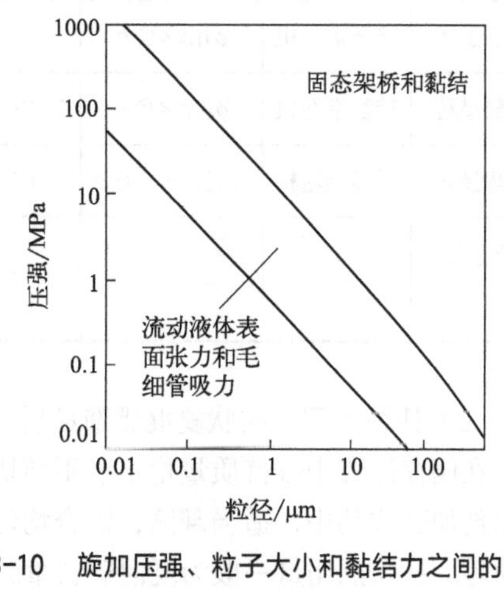

图 13-10 旋加压强、粒子大小和黏结力之间的关系

3）喷浆法　喷浆造粒法是借助于蒸发直接从溶液或浆体中制取细小颗粒，包括喷雾和干燥两个过程。将料浆通过喷嘴喷洒成雾状微液滴，水分被热空气蒸发带走后，液滴内的固相物聚集成为微粒，经干燥、冷却制成合格的光滑球粒。喷浆造粒可在圆筒或塔内进行，喷出的液滴和上升的气体逆向相遇，同时进行传质和传热，将液滴干燥和冷却成为固体颗粒。喷浆过程供热由燃烧室产生的高温炉气，配入二次空气后供给，其温度由二次空气调节，温度高低取决于物料性质，一般不能超过物料的分解温度。操作过程中，要注意防止高温炉气与干物料和筒壁直接接触，导致过热、分解或熔结现象。

喷浆是用气流式喷嘴，热的浓缩料浆用泵输送，用 0.5 ～ 0.6MPa 压缩空气使之雾化。料浆喷洒在由返料组成的料粒上，喷洒液滴在飞散过程中得到部分干燥，一部分料浆形成湿颗粒，它们彼此碰撞黏成大颗粒；另一部分料浆黏结在返料颗粒上，使颗粒长大，这种造粒是以涂布为主的成粒过程。调节压缩空气流量与料浆量的比值可以控制造粒过程中粒度分布，一般说来，增加压缩空气量，可使造粒物料中细颗粒量增加。一般压缩空气用量为 50 ～ 60m^3/t。喷浆浓度根据处理物料的性质而定，一般可用 28% ～ 30% 含水料浆。喷浆生产过程返料比取决于处理料浆的性质和含水量，一般可取 2.5 ～ 3.0。喷浆造粒法主要用于硝酸磷肥或磷铵的造粒，在以过磷酸钙为原料的复混肥生产中应用较少。

以滤泥为有机无机复混肥造粒原料，挤压造粒、转鼓造粒、圆盘造粒、转鼓 + 圆盘造粒 4 种工艺的造粒效果如表 13-12 所列。转鼓 + 圆盘造粒技术配合甘蔗酒精发酵浓缩液为黏结剂的滤泥有机无机复混肥生产工艺的肥料产量、成球率最高，每小时肥料产量可达 11t，比同规格设备的转鼓造粒、圆盘造粒工艺分别提高 10.00%、15.79%；成球率达 85%，比同规格设备的转鼓造粒、圆盘造粒工艺提高 13.33%、6.25%；转鼓造粒、圆盘造粒工艺的肥料产量、成球率均大大高于挤压造粒工艺。

表 13-12　不同造粒技术效果对比

造粒技术	设备名称	设备规格	转速/(r/min)	黏结剂	配套设施成本/万元	肥料产量/(t/h)	成球率/%	产品外观
挤压造粒	挤压造粒机	ϕ1m×6m	3.0	高岭土	8.5	3.0	30	长圆柱体、粗糙
转鼓造粒	转鼓造粒机	ϕ2m×6m	12.0	高岭土	43.6	10.0	75	椭圆状、欠光滑
圆盘造粒	圆盘造粒机	ϕ3.6m×0.6m	16.0	高岭土	31.6	9.5	80	圆球状、欠光滑
转鼓造粒＋圆盘造粒				高岭土	48.4	11.0	85	圆球状、光滑

（3）扑粉处理　粒状复混肥造粒后，最好经扑粉处理，改善颗粒表面的物理性能，以使成品在储存过程中维持质量稳定、不结块、耐潮、耐强压、强度好、手感好。扑粉过程是将扑粉剂加到成品中，适当翻滚，混合均匀即可。扑粉剂通常为黏土、钙镁磷肥、石膏粉、滑石粉等。扑粉剂用量一般为复混肥料量的 2% ～ 4%。

四、有机基质

（一）育苗 / 栽培基质

育苗是蔬菜丰产的初始保障，基质是育苗的主要载体。无土栽培技术是实现作物高产、优质、高效生产的重要途径，育苗 / 栽培基质可以保水、保肥，还可以减少土传病虫害、降低化肥农药的用量以及提升作物的产量和质量。优质无土栽培固体基质能为植物生长提供稳定、协调的水、气、肥根际环境条件，具有支持固定植物、保持水分和透气的作用，有机栽培基质还具有缓冲作用，可以使根际环境保持相对稳定。

腐熟堆肥可直接或混配后用作植物育苗或栽培基质。堆肥基质可以显著提高无土基质产品的物理、化学及生物学性质，促进植物生长及作物增产。堆肥与其他原料的配比十分重要，这决定了最终产品的性能。施用 45% ～ 60% 厨余垃圾堆肥的基质密度、总孔隙度均在栽培基质适宜范围内，能够满足蔬菜作物生长需要。园林废弃物堆肥含量超过 70% 的基质促使石竹、角堇、雏菊各评价指标呈下降态势。在基质的配方中，有些腐熟堆肥不适宜单独作为无土栽培基质使用，需要与其他原料复配以提高基质产品的渗透性、透气性，提高根系的穿透能力，增加有机基质的缓冲能力，增加微生物活性，降低养分释放速率等。

在育苗与栽培基质的复配配方中，常用的材料有岩棉、蛭石、珍珠岩、砂、砾石、草炭、稻壳、椰糠、锯末、菌渣等。实际基质生产中，可根据植物的种类、品种及生长特性等进行复配配方优化。基质的选用原则可以从 3 个方面考虑：a. 植物根系的适应性；b. 基质的适用性；c. 基质的经济性。总之评价基质配方是否适用，应该有针对性地进行育苗和生物效应试验，这样才能保证有机基质产品的适应性与可靠性。另外，还可以在基质中添加有机肥料，作为供应作物生长的营养物质，在作物的整个生长期中，隔一定时期往基质中加一次固态肥料即可以保持养分的持续供应。用有机肥料代替定期浇营养液，可减少基质栽培浇灌营养液的次数，降低生产成本。营养土栽培的配方为 0.75m^3 草炭、0.13m^3 蛭石、0.12m^3 珍珠岩、3.00kg 石灰石、1.0kg 过磷酸钙（20% 五氧化二磷）、1.5kg 复混肥（15 ：15 ：15）、10.0m^3 腐熟的发酵有机肥料。

作为育苗与栽培的有机基质也应达到以下 3 项标准：a. 易分解的有机物大部分分解；b. 栽培使用中不产生氮的生物固定；c. 通过降解除去酚类等有害物质、消灭病原菌、害虫卵和杂草种子。由于有些堆肥仍含有许多对植物生长不利的物质，因此，这些基质必须与其他基质混合使用，并且不能超过一定的比例。另外，重金属含量也是必须检测的指标。总体而言，理想基质应满足适用广、密度小、总孔隙度大、吸水与持水性好、浇水多少不影响团粒结构、无难闻的气味和难看的颜色等要求。

但是，基质由于有机废物来源不一，没有标准化的生产工艺，质量缺乏稳定性，各生产批次间的质量存在一定差异，所以尚没有提出主要作物栽培基质的标准化物理性状参数。对于有机基质的生产加工工艺而言，因为缺乏科学统一的技术标准、指导和原料的差异限制，往往都是根据农民自己的经验自行混配。近年来，模制基质开始大面积推广，部分生产企业根据植物的生长和营养需求规律进行科学的配方，再加工成成型得到模制基质，播上种子即可完成育苗或栽培操作，具有节省劳力、减少对塑料制品的使用和减轻环境污染等优势。由于堆肥营养含量较高，加入有机基质可明显降低基质育苗或栽培生产的管理成本，同时可促进植物生长，目前已有科技工作者尝试将生物有机肥加入有机基质的配方中，结合植物生长条件及需肥特性，加工成理化性状良好、养分配比科学的无土栽培营养基质。粉状有机基质和模制有机基质的生产工艺流程如图 13-11 和图 13-12 所示。

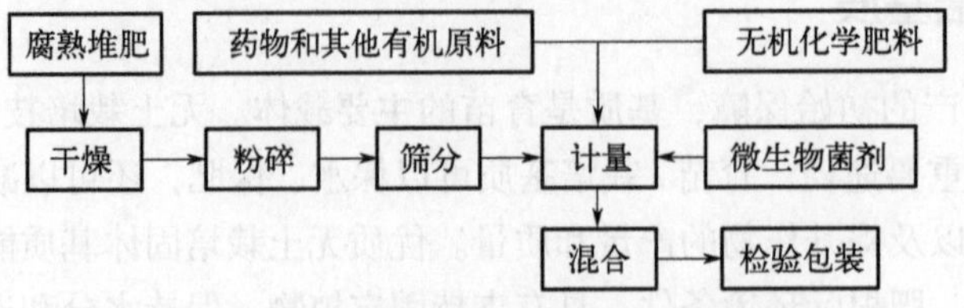

图 13-11 粉状有机基质的生产工艺流程

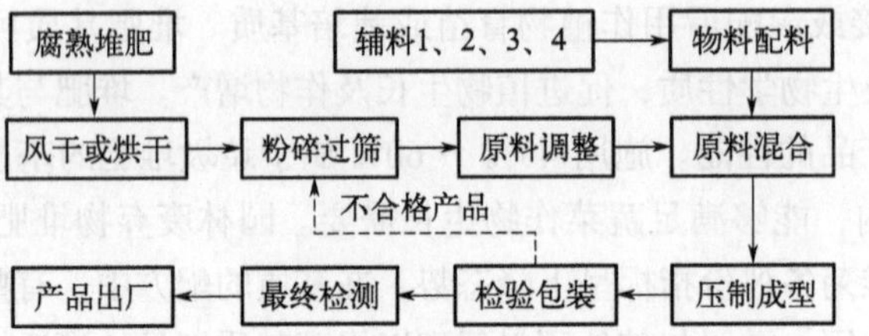

图 13-12 模制有机基质的生产工艺流程

（二）食用菌栽培基质

食用菌栽培已逐渐成为 21 世纪的新型农业。食用菌一般是真菌中能形成大型子实体或菌核类组织并可供人类食用的种类，绝大部分属于担子菌，极小部分属于囊菌。我国栽培的食用菌主要有各种平菇、香菇、金针菇等，以及兼有医用价值的猴头、灵芝等。食用菌是腐生型真菌，有的为兼性寄生，可在纤维素材料上生长发育。菌丝体能分泌各种分解纤维物质的酶，将复杂的纤维素（包括木质素和半纤维素）大分子分解成结构较简单的小分子化合物，供菌丝细胞吸收。这些纤维素物质多为农林业废弃物，因此，栽培食用菌是利用植物纤维性废弃物的途径之一。

利用植物纤维性废弃物如农作物秸秆、棉籽皮、树枝叶等，按一定比例粉碎混合，可用来栽培食用菌，栽培效果好，营养价值高。例如，秸秆经热蒸、消毒、发酵、化学处理后可用来种植姬菇、平菇等，成本低，经济合算。充分利用作物秸秆、籽壳筛选优良菌种，提高转化率和食用菌产量，进行高档食用菌周年生产，是秸秆利用的有效途径之一。沼渣也可用作栽培食用菌的基料，其 pH 值约为 8，用于食用菌拌料发酵，具有一定的杀菌作用，可减少麦麸、玉米面等辅料的添加，降低生产成本，减少农药施用，提高食用菌品质。

食用菌的种类不同，栽培方法也不同。现以双孢蘑菇为例，简要说明栽培双孢蘑菇利用粪肥和秸秆堆制发酵粪草培养基的方法。将马粪、牛粪、猪粪、鸡粪等收集后晒干、粉碎，选择未发霉的干沼气渣、稻草、麦秆、玉米芯、玉米秆等植物纤维性废弃物，按粪草 6∶4 配料、堆制。堆制时先在地面上铺一层宽 165cm、厚 16cm 左右的草料，再铺 6.5cm 左右的粪肥，洒水使其湿润，按此法层层加高至 1.65 ～ 1.74m。一般经 3 ～ 4d，堆温可达 70℃ 左右。当堆温上升到最高点并开始下降时，进行第一次翻堆，加入 0.1% ～ 0.5% 的过磷酸钙。此后每隔 6d、5d、4d 各翻堆一次。待堆料呈褐色、无粪臭、草茎柔软而富有弹性时，即形成腐熟的粪草培养基质。在此基础上再进行双孢蘑菇的接种、覆土及生长期管理等工作。

通常来说，食用菌栽培基质的原料可使用玉米芯、杂木屑、麦麸、稻草、高粱壳等原料，具有价格低廉、来源广泛等优点。我国作为食用菌生产大国，对于食用菌的栽培基质非常重视。传统的食用菌栽培基质也一直是最主要的栽培基质，但由于其原料的采购和价格因素限制以及我国对环保事业的支持，许多新型食用菌栽培基质不断被人们发现。这可有效降低食用菌生产成本、扩大原料来源、促进食用菌生产等。食用菌栽培基质营养丰富，不仅本身能够满足目标菌的生长需要，其残存基质也可以为一些菌类、昆虫等节肢类小动物的生长提供营养。因此利用残存食用菌基质既可以减少害虫滋生和污染产生，还可以废物利用而产生价值。食用菌栽培残存基质仍含有营养物质，可继续作为其他食用菌原料用，如速生型菌类金针菇等。

第三节　堆肥产品的应用

一、堆肥产品的施用方式及作用

（一）堆肥产品施用方式

1. 用作基肥

有机肥具有养分释放慢和肥效长的特点，因此最适宜作基肥施用，包括全层施用和集中施用两种方式。全层施用是在翻地时，将有机肥撒到地表，随着翻地将肥料全面施入土壤表层，然后耕入土中。该方法简单、省力、肥料施用均匀，适宜种植密度较大的作物。针对粗杂有机肥和养分含量高的商品有机肥，一般采用沟施或穴施的集中施用方法，即根据有机肥的质量和作物根系生长状况，将有机肥集中施用在植物根系伸展部位，充分发挥肥效。

2. 用作追肥

为了满足作物生长过程对养分持续性需要，保证作物产量，为其提供养分补充供给的方式叫作追肥。而有机肥经充分腐熟后含有大量速效养分，可作追肥施用，例如人粪尿有机肥料主要以速效养分为主，作追肥更适宜。通常追肥一般适宜进行穴施或沟施。

3. 用作育苗肥

在现代农业中，许多作物栽培均先采用育苗的方法。虽然育苗对养分需求量小，但对养分供给要求较高，否则易出现弱苗或残苗，不利于移栽和后期作物生长。充分腐熟的有机肥是育苗的理想肥料，其养分释放均匀稳定，且营养元素全面。育苗基质一般由 10% 的腐熟有机肥、一定量的草炭、蛭石或珍珠岩和土均匀混合制作而成。

（二）堆肥产品作用

施用堆肥、有机肥料或生物有机肥料对土壤的作用在之前的章节已反复提及，在此就不再赘述。

1. 施用有机无机复混肥料产品的作用

① 提高肥料利用率。有机无机肥料配施既能实现优质、高产、高效的目的，又能改善土壤肥力状况和提高肥料的利用率，还能在减少环境污染的同时提高作物的产量。这与有机无机复混肥料的特点密不可分，其中的腐熟堆肥能为植物提供营养齐全的各种必需元素，还能提供小分子有机营养素，且能实现营养物质的持久供应；无机速效养分在有机物质的调节下，对植物养分的供应呈现出快而不猛的优点，既能避免化肥养分供应大起大落的缺点，又可避免单施有机肥造成前期养分供应不足的缺陷。有机无机复混肥料在生产中注重氮磷钾等营养元素含量的均衡，结合其中富含大量具有固氮、解磷、解钾等作用的有益菌，可避免植物营养元素流失，提高氮磷钾利用率，与纯化学氮磷钾肥相比，有机无机复混肥料的利用率可提高 30% ～ 50%。

② 可改善土壤环境。施用有机无机复混肥料，既可补充土壤有机质，改善土壤团粒结构，提高土壤保水保肥能力，还能快速提升土壤肥力，补充植物营养元素；活化土壤中氮、磷、钾及硅、锰、锌、硼等养分；增强土壤微生物（包括解磷、钾菌，固氮菌和硅细菌等）的活性，促进有机质的分解，释放氮、磷及微量元素养分，使矿物态磷、钾、硅等有效化；另外还能有效调节土壤 pH 值，使微域土壤 pH 值处于养分活化的范围，从而促进养分的吸收。

③ 能保护生态环境。有机无机复混肥料中的有机成分中含有相当数量的生理活性物质，因此，它除了具有供给植物营养的作用外，还具有独特的生理调节作用，能增强植物对于逆境胁迫的抗性。同时，有机无机复混肥料中含有的腐殖酸等活性物质含有丰富的官能团，能够螯合土壤环境中的污染物形成稳定物质，降低污染物的迁移，减轻其危害。有机无机复混肥料能够改善土壤质量，增加土壤中有机质和养分含量，提高土壤净化能力，显著提高土壤钝化污染物的能力。

2. 施用复合微生物肥料产品的作用

复合微生物肥料含有机肥、无机肥和微生物肥成分，是三种肥料功能的复合，施用复合微生物肥料的产品的作用包括：

① 活化土壤，提高土壤肥力。复合微生物肥料含有大量有益微生物，能分解有机残体，形成土壤腐殖质，改善土壤结构和理化性状；可将植物不能吸收的物质转化为有效养分，供植物吸收利用。肥料进入土壤后，微生物在有机质、无机营养元素、水分、温度的协助下大量繁殖，减少了有害微生物群体的生存空间，从而增加了土壤有益微生物菌的数量，微生物菌产生大量的有机酸可以把多年沉积在土壤中的磷钾元素部分溶解释放出来供作物再次吸收利用，长期使用后土壤将会变得越来越疏松和肥沃。

② 抑制病害，增强抗逆性。复合微生物肥料施入土壤后，放线菌能释放抗生素类物质，有利于消灭病原微生物。有益微生物在植物根系周围形成优势菌群，使病原微生物难以繁殖。复合生物菌可诱导植物的过氧化物酶、多酚氧化酶、葡聚糖酶等参与植物对有害微生物的防御反应。施用复合微生物肥料，作物生长健壮，可增强作物的抗病能力。

③ 促进生长，增产增收。复合微生物肥料施入土壤后，有益微生物在土壤中迅速繁殖，会产生多种对作物有益的代谢产物。这些代谢产物可刺激或调控作物生长，使作物健壮，达到增产目的。复合微生物肥料不仅能给作物生长提供所需的 N、P、K 和中微量元素，还能为作物提供有机质和有益微生物活性菌。除此之外，复合微生物肥料中的一些菌种还可以分泌一些刺激素、维生素等以刺激作物生长，使作物营养状况得到改善。

④ 提高品质，改善口感。复合微生物肥料可改善作物的营养供应，特别是增加了有机质、腐殖酸、氨基酸等有机营养，有利于作物糖分的积累，提高产品的含糖量，解决了偏施化肥所造成的“菜不香、果不甜”的问题。施用复合微生物肥料可降低农产品中的硝酸盐含量，增加还原糖和维生素 C 的含量。

⑤ 节约能源，降低污染。大量施用化肥、农药，使土壤受到不同程度的污染，产生了一定的毒性，除了造成作物生长障碍外，其产品还会给人类带来危害。消除土壤污染是环境治理的重要内容。复合微生物肥料的肥效持续时间长，可以减少化肥的施用量，还具有降解和转化土壤中有毒物质的能力，这种生物修复是土壤修复各种措施中最经济有效的措施。

二、堆肥产品的施用技术

（一）果园有机肥料的施用技术

以施用有机肥料为主的基肥最宜秋施，秋施基肥的时间以中熟品种采收后、晚熟品种采收前为最佳。秋施基肥具有以下好处：

① 秋季苹果主要根系分布层的土壤温度比较适宜，根系生长量大，吸收机能也比较活跃，施肥后有利于根系吸收。研究证明，9 月下旬至 10 月上旬施氮的，至次年开花前测定，氮出现在花蕾、花序叶片和萌发的叶芽中。说明秋施的氮肥被根系吸收后，成为树体的储藏营养和次年开花、展叶的营养来源。

② 秋季昼夜温差大，太阳辐射中的散射光比例增加，施肥后有利于提高叶片的光合效率，增加碳水化合物的积累。

③ 秋季施用有机肥料，有较充分的时间供根系吸收、运转，并在树体内储藏起来。

长期的施肥试验证明，秋季施肥（特别是氮肥），至次年春季芽萌动前，苹果新梢内的淀粉含量、氮素含量，以及嫩芽内的过氧化氢酶活性均有显著提高；干周增长量大，花芽质量好，生殖器官发育完善，坐果增多，果实产量和品质都有显著提高。因此，秋季施用基肥，是苹果园施肥制度中的重要环节，也是全年施肥的基础。基肥要把有机肥料和速效肥料结合施用，有机肥料宜以迟效性和半迟效性肥料为主，如猪圈粪、牛马粪和人粪尿等，根据结果量一次施足；速效性肥料主要是氮素化肥和过磷酸钙。为了充分发挥肥效，可先将几种肥料一起堆腐，然后拌匀施用。

施肥的方法可采用环状施肥、辐射状施肥、株间短沟状施肥、全行长沟状施肥、全园撒施后深翻施肥等。注意每年变换施肥位置或施肥方法，以便使肥料与更多的根群接触。并注意施有机肥后应及时浇水，这样才能充分发挥肥效。有机肥所含营养元素全面，能平衡地供给果树营养，但因其营养元素含量低，分解缓慢，短时间内难以保证养分的充分供应。而化肥成分较单一，但养分浓度高且速效性强，施入后有助于促进叶片的光合作用和增加树体储存营养。所以秋季施肥时应以优质的有机肥为主，配合氮、磷、钾化肥和适量的微量元素，如过磷酸钙、硼砂、硫酸亚铁、硫酸锌等。

1. 环状施肥

特别适用于幼树施基肥，方法为在树冠外沿 20 ～ 30cm 处挖宽 40 ～ 50cm、深 50 ～ 60cm 的环状沟，把有机肥与土按 1∶3 的比例及一定数量的化肥掺匀后施入。随树冠扩大，环状沟逐年向外扩展。此法操作简便，但断根较多。环状施肥如图 13-13 所示。

图 13-13 环状施肥

2. 条沟状施肥

在树的行间或株间或隔行开沟施肥，沟宽、深同环状施肥一样。此法适于密植园。条沟状施肥如图 13-14 所示。

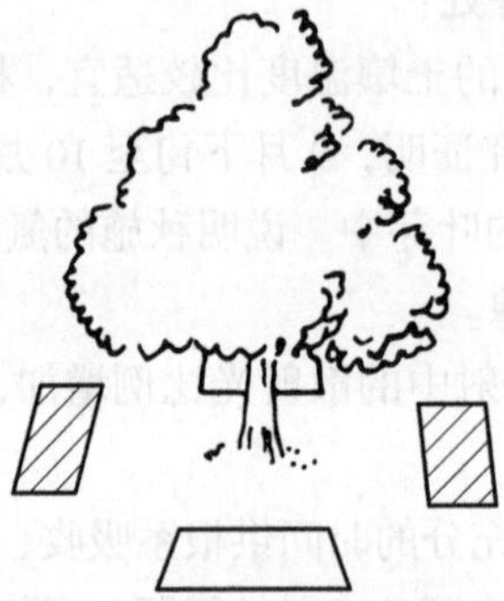

图 13-14 条沟状施肥

3. 辐射状施肥

辐射状施肥如图 13-15 所示。从树冠边缘处向里开 50cm 深、30 ～ 40cm 宽的条沟（行间或株间），或从距树干 50cm 处开始挖成放射沟，内膛沟浅些、窄些（约 20cm 深、20cm 宽），冠边缘处宽些、深些（约 40cm 深、40cm 宽），每株 3 ～ 6 个穴，依树体大小而定。然后将有机肥、轧碎的秸秆、土（最好沙土地填充一些黏土，黏土地填一些砂或砾石）混合，根据树体大小可再向沟中追入适量氮肥、磷肥，根据土壤养分状况可向沟中选择加入适量的硫酸亚铁、硫酸锌、硼砂等元素，然后灌水，最好再结合覆草或覆膜。沟中透气性好，养分富足且平衡，而且在大量有机质存在的前提下，微量元素、磷的有效率高；有机质、秸秆还可以作为肥水的载体，增强穴中的保肥保水、供水供肥力，肥水稳定，就好像形成了一个大的团粒，为沟中根系创造了最佳的环境条件。在追肥时也可开浅沟，沟长度与树的枝展相同，深度 10 ～ 15cm，将肥料均匀撒入沟中并与土掺匀，切忌施用大块化肥，以免烧根。然后覆土再浇水，也可雨后趁墒情好追施化肥。

4. 地膜覆盖、穴储肥水法

3 月上中旬至 4 月上旬整好树盘后，在树冠外沿挖深 35cm、直径 30cm 的穴，穴中加一长 30cm 的草把（玉米秸、麦秸、稻秸、高粱秸均可），高度低于地面 5cm，先用水泡透，放入穴内，填上，然后灌营养液 4kg，具体如图 13-16 所示。穴的数量视树冠大小而定，一般 5 ～ 10 年生树挖 2 ～ 4 个穴，成龄树 6 ～ 8 个穴。然后覆膜，将穴中心的膜戳一个洞，平时用石块封住防止蒸发，由于穴低于地面 5cm，降雨时可使雨水循孔流入穴中，如不下雨，每隔半个月左右浇 4kg 水，进入雨季后停止灌水，在花芽生理分化期（5 月底至 6 月上旬）可再灌一次营养液。

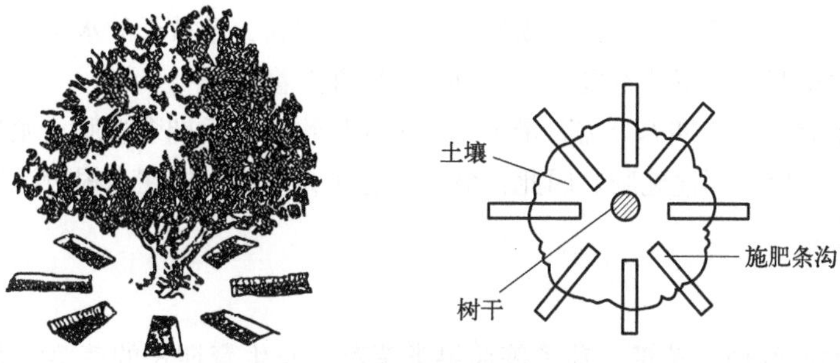

图 13-15 辐射状施肥

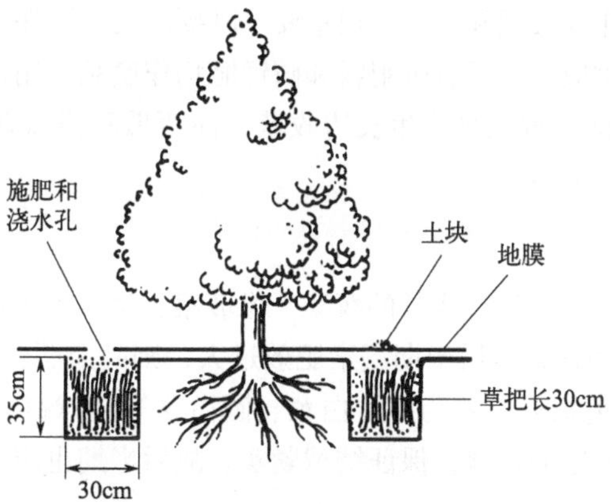

图 13-16 地膜覆盖、穴储肥水法

这种追肥方法断根少，肥料施用集中，减少了土壤的固定作用；并且草把可将一部分肥料吸附在其上，逐渐释放从而延长了肥料作用时间，草把腐烂后又可增加土壤有机质含量；再加上覆膜可以提高土温，促进根系活动，以利于及早发挥肥效。因此这种施肥方法可以节省肥水，比一般的土壤追肥可少用 50% 的肥料，是经济有效的施肥方法，增产效应大，施肥穴每隔 1 ～ 2 年改动一次位置。

5. 全园施肥

此法适于根系已布满全园的成龄树或密植园。将肥料均匀地撒入果园，再翻入土中。此法缺点是施肥较浅（20cm 左右），易导致根系上浮，降低根系对不良环境的抗性。最好与辐射沟状施肥交替使用。

采用连年覆草法的果园，因为草每年会腐烂一部分，形成腐殖质，增加了土壤有机质含量，可以不必考虑施用有机肥，仅追施氮、磷、钾肥即可，有缺素症的补充该元素的肥料。

（二）菜田有机肥的施用技术

1. 需肥期长、需肥量大的类型

这种类型的蔬菜初期生长缓慢，中后期由于肥料产生效果，从根或果实的肥大期至收获期，能维持旺盛的长势。南瓜、萝卜等生育期长的蔬菜，大都属于这种类型。这些蔬菜的前半期只能看到微弱的生长，一旦进入成熟后期，活力增大，像秋天的水稻一样生长旺盛。例如，西瓜进入收获期后藤蔓枯萎慢，萝卜的叶总是直立着。

从养分需求来看，前期养分需要量少，应重在作物生长后期多追肥，尤其是氮肥。但由于作物枝叶繁茂，后期不便施肥。因此，最好还是作为基肥，施在离根较远的地方，或是作为基肥进行深施。

2. 需肥稳定型

收获期长的西红柿、黄瓜、茄子等茄果类蔬菜，及生育期长的芹菜、大葱等，生长稳定，对养分供应也要求稳定持久。前期要稳定生长形成良好根系，为后期的植株生长奠定好基础。后期是开花结果时期，既要保证好的生长群体，又要保证养分向果实转移，形成品质优良的产品。因此这类作物底肥和追肥都很重要，既要施足底肥保证前期的养分供应，又要注意追肥保证后期养分供应。一般有机肥料和磷钾肥均作底肥施用，后期注意氮钾追肥。同样是茄果类蔬菜，西红柿、黄瓜是边生长边收获，而西瓜和甜瓜则是边抑制藤蔓疯长边膨大，故两类作物的施肥方法不同。

3. 早发型

这类作物是在初期就开始迅速生长的蔬菜。像菠菜、生菜等生育期短，一次性收获的蔬菜就属于这个类型。这些蔬菜若后半期氮素肥效过大，则品质恶化。所以，就以基肥为主，施肥位置也要浅一些，离根近一些为好。白菜、圆白菜等结球蔬菜，既需要良好的初期生长，又需要其后期也有一定的长势，保证结球紧实。故后半期也应追施少量氮肥，保证后期的生长。

大多数有机肥对作物生长具有很好的促进作用，但是有些新鲜的有机肥含有多种病原体如大肠杆菌等，如果不采取合适措施进行处理，将这些有机肥直接施用在蔬菜生产上可能会带来卫生等问题。因此国际上对此做了很多的规定，例如：给可鲜食的作物施用未处理的新鲜有机肥，至少要在作物收获前的3个月进行；对于与土壤密切接触的根菜类作物，施用有机肥和收获作物的时间间隔为4个月。也不要在果树下方表施未处理的新鲜有机肥，因为有时果树下的落果也会采收进行加工或者鲜食。采用堆肥处理技术可有效避免因施用新鲜有机肥而出现的各种问题，在堆肥过程中所产生的热量会杀死大部分的杂草种子和病原菌。

（三）生物类肥料的施用技术

与化肥相比，生物类肥料最大的优势就在于它是富含活的功能微生物的有机肥料，只有在施入土壤之后能保证它们长期存活才能最大程度地发挥其作用。

由于微生物肥料依靠活的微生物发挥作用，所以施入土壤中之后必须保证有适合微生物活动的条件，如土壤温度、湿度、通气程度、pH值、有机质含量等都要合乎微生物活动的要求才能发挥其肥效。

微生物肥料必须深施入土，避免阳光直接照射，要及时灌溉，保持土壤适宜含水量；集中沟施是发挥微生物群体优势的好办法；除了某些含化肥的微生物复合肥料外，应使微生物肥料尽快和根系接触，保证根系周围形成有益微生物生态圈，促进农作物生长发育。

各种肥料都有自己的优势和劣势。微生物肥料的优势在于肥效缓而长，但在作物苗期或养分吸收高峰期，微生物所供养分可能不够，需要用其他肥料如化肥等来补足。在肥料供应时应根据不同作物的需要合理调配，有的需要补氮，有的需要补磷或钾，有的需要补充微量元素。总之，没有任何情况下都可用的万能微生物肥料，应用时必须注意。

三、堆肥产品的施用设备

以往的堆肥产品施用主要依靠人工，费时费力，还难以达到预期施肥效果。随着农业机械化水平的提升，机械化撒肥机逐渐得到广泛应用，我国农业生产中可以选择的撒肥机产品种类也不断增多，在有机肥施用技术的支持下，通过撒肥机实施绿色农业生产已成为农业生产发展的一个新方向。采用撒肥机可以更好地提高劳动生产力，并可避免人工撒肥不均匀的现象，不仅能够使作物产量增加，同时也能克服土壤局部板结的问题，最重要的是能为老百姓节约种田成本。

撒肥机的种类众多，包括后传动轴撒肥机、皮带式撒肥机、双肥盘撒肥机、手扶撒肥机、拖拉机后置撒肥机、旋耕机配套撒肥机等。根据撒肥机技术的不同，可分为离心式、摆管式、链指式、气力式、栅板式等多种类型，以上机型多需要与拖拉机进行配套使用，通过拖拉机的牵引力实现行驶，并需配套拖拉机的液压系统、悬挂系统等，以实现相关的功能需求。撒肥机按照动力配套方式可分为自走式撒肥机（图 13-17 ～图 13-19）、牵引式撒肥机（图 13-20）和悬挂式撒肥机（图 13-21）三种类型；按照撒施肥料的类型可分为固态肥抛撒机和液态肥撒施机两种类型，其中固态肥抛撒机是指抛撒厩肥、发酵肥、泥肥、颗粒肥或类似性状肥料的机械，而液态肥撒施机是指撒施液态肥的机械。其中固态肥抛撒机按作业方式又可以分后抛、侧抛两种型号，液态肥撒施机按作业方式又可以分深施、浅施、表面施和喷洒四种型号。

图 13-17　轮式自走固态肥抛撒机

图 13-18　履带自走固态肥抛撒机

目前常见的撒肥机主要以固态肥抛撒机为主（表 13-13），液态肥撒施机为辅，固态肥抛撒机的占比达 90% 以上。固态肥抛撒机按照箱体容积划分主要集中在 $10m^3$ 左右，最小为抛撒颗粒肥的悬挂式机具，箱体容积只有 $0.2m^3$，最大为抛撒厩肥的牵引式撒肥机，箱体容积达到 30m³。液态肥撒施机按照罐体容积划分主要集中在 10m³ 左右，最小机具为 5m³，最大机具可达 20m³。各种固态肥抛撒机的主要配置参数如表 13-14 所列。

图 13-19　三轮自走固态肥抛撒机

图 13-20　牵引式后置立式双螺旋撒肥机

图 13-21　悬挂式后置立式单圆盘撒肥机

固态肥抛撒机的结构主要由机架总成、肥箱、动力传动装置、肥料抛撒装置、肥料输送装置、行走装置等组成。作业时，肥箱闸门打开，肥料输送装置将肥料推送至肥料抛撒装置上，然后抛撒在机具后方的地面上。

表 13-13　固态肥抛撒机代表性产品

样机型号	样机名称
2FZGB-3	自走式撒肥机
2FGH-12	螺旋式撒肥机
2FGH-1.5P	颗粒肥撒肥机

表 13-14　固态肥抛撒机主要配置参数

项目	单位	样机		
抛撒装置型式	—	后置立式双圆盘	后置立式双螺旋	下置立式双圆盘
挂接方式	—	自走式	牵引式	悬挂式
结构型式	—	厢体式	厢体式	厢体式
作业方式	—	后抛	后抛	后抛

续表

项目	单位	样机		
肥料类型	—	厩肥等	厩肥等	颗粒肥
肥料输送方式	—	液压链板推送	液压链板推送	重力自落
料箱容积	m^3	3	12	1.5
抛撒宽度	m	8 ~ 10	16 ~ 18	18 ~ 20
施肥量	m^3/hm^2	10 ~ 20	30 ~ 50	5 ~ 7
纯工作小时生产率	hm^2/h	6 ~ 9	12 ~ 16	16 ~ 20
配套动力	kW	58.8	88.2 ~ 132.3	73.5 ~ 132.3

（一）颗粒肥撒肥机

1. 离心式撒肥机

离心式撒肥机（图 13-22）主要由肥料箱、肥料输送链板、撒肥盘以及传动机构等组成，肥料箱的底部布置有肥料输送链板，在工作过程中，输送链板将肥料向后方输送，使肥料陆续到达尾部的出肥口，肥料下落后进入撒肥盘，跟随撒肥盘一同转动，受转动离心力的作用，肥料最终在拨肥叶片位置抛出，从而均匀地散布于田间。离心式撒肥机的作业效率很高，而且施肥均匀度好，在我国应用广泛。

2. 摆管式撒肥机

图 13-22 离心式撒肥机

摆管式撒肥机主要由肥料箱、搅拌机构、撒肥摆管、摆动机构、出料机构和肥量计量装置等组成，在工作过程中，肥料箱中的搅拌机构不断运转保证肥料混合均匀，到达肥量计量装置位置的肥料会在出肥口定量地落入撒肥摆管内，在摆动机构的带动下，撒肥摆管进行往复摆动，肥料受摆动力作用，呈一定覆盖面积均匀散布于地表。另在摆管式撒肥机的肥料箱中加装搅刀式搅肥装置，既可以撒施颗粒状肥料又可以排施粉状肥料。

3. 锤片式撒施机

主要用于大田作业，适用于粉状、颗粒状以及块状厩肥，特别是撒施高湿、高含杂率厩肥、垫床物料等。该机多采用双螺旋式输送装置与锤片式抛撒器配套的机械形式，在工作过程中，螺旋输送器将肥料输送至出肥口，锤片高速旋转，对物料进行撕裂、破碎，最后沿卸料口甩出。此类机型主要的优点是抛撒距离远，机器沿地块周边行走，减少了在田间的行走次数，从而减轻对土壤的压实作用，但易受外界环境例如风等的影响。

4. 立辊式撒肥机

立辊式撒肥机一般有双立辊式与四立辊式两种，其叶片有仿爪型和带刀螺旋型两种，通常撒肥圆盘固接于立辊底部并同步转动，可对底部肥料进行宽幅撒施。在工作过程中，由链条整体输送肥料，根据地块肥量需求调整开合板，最后通过带有一定倾斜角的立辊将肥量抛撒出。该机整体体积较大，适合于大地块平原作业，一般用于撒施粉状肥、厩肥等。此类机型主要特点是装载量大、撒肥机撒施幅宽较大，撒施效率高，破碎效果好，但撒施均匀性不够，需要配套大功率拖拉机及大型上料装载机。

（二）粉状肥撒肥机

根据肥料种类的不同，可将撒肥机分为有机肥撒肥机和化肥撒肥机，主要适用于粉状化肥撒施，可以撒施堆肥、沤肥和厩肥等。有机肥撒肥机主要由储料箱、动力传递装置、输送装置、抛撒装置等组成。工作原理是有机肥经储料箱底部的输送装置输送到抛撒装置，再由抛撒装置施到田间。常用的有机肥撒肥机结构主要有离心盘式、螺旋式、拨齿式等型式。

1. 离心圆盘式有机肥撒肥机

离心圆盘式有机肥撒肥机是国内外用得最普遍的一种撒肥机具，如图 13-23 所示。它是由动力输出轴带动旋转的撒肥盘，利用离心力将肥料撒出，工作效率高。该机分两种类型：一种没有配备输肥装置，一般适用于撒施流动性较好的有机商品肥料；另一种配备有输肥装置，对肥料适应性较强，适用于撒施各种有机肥。撒肥盘有单盘式和双盘式两种。撒肥盘上一般装有 2 ～ 6 个叶片，它们在转盘上的安装位置可以是径向的，也可以是相对于半径前倾或后倾的；叶片的形状有直的，也有曲线形的。前倾的叶片能将流动性好的肥料撒得更远，而后倾的叶片对于吸湿后的肥料则不易黏附。该机在单行作业时抛撒的有机肥沿横向和纵向的分布不均匀，需通过重叠作业改善其抛撒的均匀性。

图 13-23 离心圆盘式有机肥撒肥机

图 13-24 螺旋式有机肥撒肥机

2. 螺旋式有机肥撒肥机

螺旋式有机肥撒肥机一般为大中型撒肥机，如图 13-24 所示。该机一般运用液压来控制输肥装置和后抛肥螺旋，在完成肥料撒施的同时，破碎刃会对肥料进行破碎，使肥料抛撒更均匀、更细碎，还可以提高飞散效果。尤其对湿度大的粪肥撒布效果良好。该机只需要拖拉机提供后输出动力，可以完全不使用拖拉机的液压系统。螺旋式有机肥撒肥机撒肥均匀性较好，结构比较简单，功耗小，对有机肥适应性较好，使用比较广泛。

3. 拨齿式有机肥撒施机

拨齿式有机肥撒肥机一般为小型撒肥机。该机在工作时，肥料通过输肥装置输送到抛撒部位，经拨齿的旋转撞击自下而上将肥料有节律地抛撒到田间。该机可以抛撒沤肥、堆肥、厩肥、垫床物料、沙粪肥等。抛撒部件的主要功能是将有机肥拨落到田间，对有机肥的破碎能力稍弱。通过改进，使其抛撒拨齿与旋转轴呈一定的倾角，这就抛撒的肥料就会有较大的幅宽。

第四节　堆肥产品的市场定位与营销

一、堆肥产品的市场定位

我国实行肥料产品登记管理制度，商品有机肥、生物有机肥、复合微生物肥料、土壤调理剂、有机水溶肥料等肥料产品需要登记后才能进行生产、销售和使用，以及广告宣传。商品有机肥料在生产厂家所在的省农业农村厅或农业农村局登记即可，其他几种肥料需要到我国农业农村部进行登记。登记产品都有相应的质量标准要求，以保证产品的质量与效果。

肥料登记执行《肥料登记管理办法》，该办法由 2000 年 6 月 23 日农业部令第 32 号公布，2004 年 7 月 1 日农业部令第 38 号、2017 年 11 月 30 日农业部令 2017 年第 8 号、2022 年 1 月 7 日农业农村部令 2022 年第 1 号修订。该办法详细规定了登记的流程与要求，可以自行在网上查询该办法，了解肥料登记的具体要求。

二、堆肥产品的市场营销

（一）营销形式

堆肥产品的营销模式多种多样，各个企业都有自己的销售模式，同一企业针对不同产品也有不同销售模式。堆肥产品一方面可作为有机肥直接销售给种植基地使用，另一方面可以销售给肥料企业再加工成含有机肥的肥料产品。

1. 与协议内的大型种植园区的对接“只售不销”

堆肥产品的水分含量一般为 40%，超过含水量＜ 30% 的商品有机肥标准；一般其养分含量低，相比化肥每亩用量比较大；其体积比较大，不适宜远距离运输。堆肥产品的这些特点适宜直接对接种植园区协议销售，可以执行协议规定的产品质量指标要求，有利于降低堆肥产品的加工、运输成本，也利于降低产品价格让利给种植园区，互惠互利。国家也鼓励有机肥的就地生产、就地使用，减少能源消耗与碳排放。国际堆肥产品大都采取直接对接种植园区的模式，实际上基层堆肥加工者也都自觉地这样做。

2. 低物流费用的营销模式

前面讲了堆肥因其自身的特点不适宜远距离运输，但实际中常存在堆肥加工地点主要靠近养殖区，周围种植面积不配套，加工的堆肥产品当地消纳不了，需要销售到外面。堆肥产品销售价格本来就不高，较高运输成本会影响其销售，所以堆肥加工常选择一些低成本物流，促进堆肥产品销售。

（二）营销模式

堆肥产品性状、效果、价格千差万别，种植园区用户不了解产品情况，是不会购买市场上的堆肥产品的。这就需要堆肥产品加工者采取一定营销活动，让用户了解他们的产品效果，为下一步用户采用他们堆肥产品打下基础。常见营销活动有会议、体验、效益等方式。

1. 会议营销

堆肥产品加工者常组织召开产品订货会、现场观摩会或参加有关部门召开会议（如肥料交流会、种植生产布置会等），宣传推广自己的堆肥产品。由于有机肥销售不是完全的市场经济，大多是依靠国家补贴与国家项目带动有机肥的使用，故经常参加有关部门召开的相关会议，掌握堆肥产品需求信息是促进堆肥产品销售的重要途径。

2. 体验营销

堆肥产品性能差别很大，种植园区不了解其使用效果，一般不会接受该产品。堆肥产品加工者常常免费给种植园区提供一定产品，教他们如何使用，效果比较明显时种植园区在后来会自愿购买。堆肥企业有时也与农技部门合作，在适宜区域布置一些堆肥产品的田间试验，一方面掌握自己产品的真实效果，取得一些数据；另一方面通过农技部门向种植园区推广销售自己的堆肥产品。

3. 效益营销

堆肥产品加工使用成本都比较高，而且堆肥产品的效果更多是培肥土壤、改善作物品质、降低土壤病害等，很难直观看到堆肥产品使用效果。为了带动堆肥产品营销，一方面通过降低生产使用成本，促进其销售；另一方面通过国家补贴降低堆肥产品使用者的成本。国家也大力宣传堆肥的好处，重视堆肥的生态效益与社会效益，通过政策支持堆肥的加工与使用。

参考文献

[1] 曹云娥，马双燕，黄学春 . 农业有机废料发酵对有机栽培基质的效果研究 [J]. 北方园艺，2011（21）：13-16.

[2] 陈光伟 . 有机无机复混肥生产技术 [J]. 磷肥与复肥，2005（4）：60-61.

[3] 陈学强，罗霞，余梦瑶，等 . 新型栽培基质生产食用菌的研究进展 [J]. 中国食用菌，2009，28（3）：7-9.

[4] 李强，余宏军，艾爽，等 . 厨余垃圾堆肥在普通白菜基质栽培中的应用 [J]. 中国蔬菜，2022（8）：31-35.

[5] 李琴，苏天明，韦彩会，等 . 颗粒状滤泥有机 - 无机复混肥生产工艺探索 [J]. 磷肥与复肥，2018，33（4）：11-12，22.

[6] 李兴田 . 有机 - 无机复混肥的生产工艺与技术 [J]. 化学工业与工程技术，2005（5）：50-51，5.

[7] 孟婷婷，杨亮彦，孔辉，等 . 生物有机肥施用量对土壤有机碳组分及酶活性的影响 [J]. 北方园艺，2022（17）：86-91.

[8] 王俊红，王星琳，王康，等 . 生物有机肥替代化肥对小麦根际土壤环境的影响 [J]. 华北农学报，2021，36（4）：155-162.

[9] 谢少兰 . 挤压造粒生产有机无机复混肥的工艺技术 [J]. 磷肥与复肥，2010，25（4）：52-54.

[10] 徐成 . 添加腐熟堆肥对厨余垃圾堆肥腐殖化进程的影响 [D]. 重庆：重庆大学，2021.

[11] 赵琦，于洋 . 有机无机复混肥料对玉米产量构成因素的影响 [J]. 农业与技术，2016，36（23）：134-135，183.

[12] 张建华 . 典型有机废弃物堆肥化产品的基质利用和对土传细菌病害抑制作用的研究 [D]. 杭州：浙江大学，2012.

[13] 张书瑜，李霞 . 园林绿化废弃物堆肥用于 3 种草花栽培基质的效果评价 [J]. 现代园艺 . 2022，45（20）：6-9.

[14] 张忠学，冯子珈，齐智娟，等 . 节水灌溉下复合微生物有机肥对水稻光合与产量的影响 [J]. 农业机械学报，2019，50（7）：313-321.

[15] 付小猛，毛加梅，沈正松，等 . 中国生物有机肥的发展现状与趋势 [J]. 湖北农业科学，2017（3）：401-404.

[16] 李景，李国鹏，汪滨 . 国内外有机肥料相关标准比对研究 [J]. 中国土壤与肥料，2023（4）：230-237.

[17] 陈爱慧，田健，吴昊，等 . 有机肥料及其配套施肥机械的发展现状 [J]. 农机使用与维修，2022（9）：1-5.

[18] 孙蓟锋，王旭，刘红芳，等 . 我国土壤调理剂中重金属元素及其相关原料农业资源化利用现状 [J]. 中国土壤与肥料，2017，（6）：149-154.

[19] 李春阳，査晓明，王帅 . 有机无机复混肥改善土壤生态环境的作用 [J]. 现代农业科技，2011（20）：288-290.

[20] 胡亚杰，刘慧生，李群岭，等 . 烤烟专用有机无机复混肥对贺州旱地 K326 烟叶品质的影响 [J]. 广东农业科学，2022，49（7）：57-64.

[21] 赵学通，徐思琪，张琪，等 . 核桃专用生物 - 有机 - 无机复混肥对核桃种植的影响 [J]. 中国农学通报，2021，37（11）：108-113.

[22] 席天元，赵海祯，刘庆华，等 . 滴灌专用有机无机复混肥对番茄产量与品质的影响 [J]. 农学学报，2015，5（12）：39-43.

[23] Wang D，Li J，Yao X，et al. Tobacco waste liquid-based organic fertilizer particle for controlled-release fulvic acid and immobilization of heavy metals in soil[J]. Nanomaterials，2022，12（12）：2056.

[24] 王帅，杨靖民，王呈玉，等 . 生物有机无机复混肥肥料效应 [J]. 吉林农业大学学报，2021，43（4）：447-455.

[25] 祝苑 . 香菇菌渣有机无机复混肥的研制及应用研究 [D]. 武汉：武汉轻工大学，2021.

[26] 张更，颜志明，王全智，等 . 我国设施草莓无土栽培技术的研究进展与发展建议 [J]. 江苏农业科学，2019，47（18）：58-61.

[27] 孟宪民 . 专业基质的概念及其在我国设施农业中的意义 [J]. 山西农业大学学报，2016，36（3）：155.

[28] 张范良 . 农用撒肥机的主要机型应用特点及其合理化作业方式 [J]. 农机使用与维修，2021（4）：89-90.

[29] 刘荣国，东庆芬，薛玉庆，等 . 山东省撒肥机发展现状分析 [J]. 山东农机化，2022（5）：24-26.

[30] 许斌星，陈永生，陈明江，等 . 我国大田作物有机肥撒施装备研究现状及发展趋势 [J]. 中国农机化学报，2022，43（12）：20-25.

[31] 王飞 . 国外撒肥机发展概况 [J]. 农业工程，2016，6（2）：31-34，42.

[32] 姚爱萍，傅剑，冯洋，等 . 有机肥撒肥机的现状分析与思考 [J]. 农业开发与装备，2019（3）：97-98.

[33] 薛玉霞 . 生物有机肥功效与优点 [J]. 四川农业科技，2013（10）：45.

[34] 田伟，刘伟，宋伊真，等 . 复合微生物肥料对设施生菜生长发育及土壤特性的影响 [J]. 青岛农业大学学报：自然科学版，2019（4）：260-266.

[35] 付华军，肖广江，简营，等 . 合微生物肥料在大西洋马铃薯上的应用效果研究 [J]. 现代农业科技，2018（24）：67-68.

[36] 中华人民共和国农业农村部 . 有机肥料：NY 525—2021[S]. 2021.

[37] 中华人民共和国农业部 . 肥料登记管理办法 [R].

[38] 中华人民共和国农业部 . 生物有机肥：NY 884—2012[S].2012.

[39] 中华人民共和国农业部 . 微生物肥料生物安全通用技术规则：NY/T 1109-2017[S].2017.

[40] 国家市场监督管理总局，国家标准化委员会 . 有机无机复混肥料：GB/T 18877-2020[S].2020.

[41] 中华人民共和国农业部 . 复合微生物肥料：NY/T 798-2015[S].2015.

[42] 中华人民共和国农业部 . 含氨基酸水溶肥料：NY/T 1429-2010[S].2010.

[43] 中华人民共和国农业部 . 水溶肥料汞、砷、镉、铅、铬的限量要求：NY1110—2010[S].2010.

第十四章　堆肥厂运营管理

第一节　堆肥厂基本组织构架

堆肥厂运营应遵循行业特点及相应管理规范，一个具有一定规模的堆肥企业，应按照堆肥工业化的要求，设立较为完善的组织构架和岗位及人员配置（图 14-1）。当然大型、超大型堆肥企业的组织构架远比图 14-1 所示庞大和复杂，这仅仅是一个小型工业化堆肥企业按照效率优先、一人多岗原则推荐的基本配置。

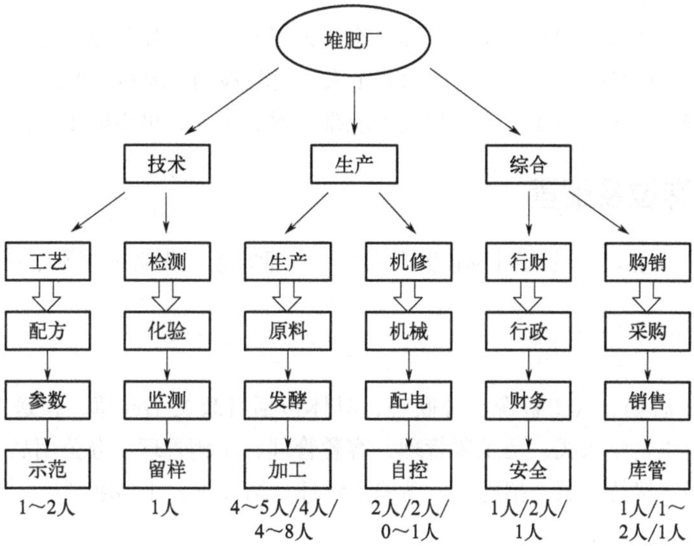

图 14-1　堆肥厂组织构架与人员配置

堆肥厂岗位繁多，按大类可分为生产岗位和非生产岗位，生产岗位又可分为生产操作岗位和生产服务岗位。当然这种划分不一定十分准确，有些岗位工作性质是交叉的，例如技术岗一般为非生产岗位，而在堆肥企业只能算生产服务岗位，且在实际工作中还具有生产操作岗位的职能。

一、生产岗位及配置

按照堆肥厂工作性质和特点，一般将技术、生产部门和人员都归入生产岗位，其中从事一线生产操作的归为生产操作岗位，其余为生产服务岗位。

1. 生产操作岗位及配置

具体包括原材料预处理系统粉碎、投料、混料，发酵系统布料、翻堆移行、出料，陈化系统布料、翻堆移行、出料，加工系统投料、粉碎、筛分、造粒、干燥、冷却、包装、入库等岗位。

一般原材料预处理阶段需粉碎 2 ～ 3 人、投料 2 人、其他 1 人，每班次为 4 ～ 5 人；发酵阶段需布料与翻堆 1 人、移行与出料 1 人，每班次 2 人；陈化阶段配置与发酵阶段大致相同；加工阶段需投料 2 人、粉碎筛分 2 人、造粒干燥 2 人、包装入库 2 人，粉状肥料一般只配置粉碎筛分和包装入库，所以每班次为 4 ～ 8 人。

通常原材料粉碎及成品加工可配置 2 ～ 3 班次，其他岗位只需配置一个班次。如果是多条生产线，运行人员在此基础上加倍。

2. 生产服务岗位及配置

一般包括两大类：一类为技术服务；另一类为设备维修保养服务。技术服务具体包括堆肥配方、产品配方、工艺参数控制与调整设置、产品试验示范以及原料产成品化验、污染气体监测、原料与产品留样等岗位；设备维修保养包括机械设备维修维护、电控电路维修维护、控制系统维修维护。

一般在车间从事投料时堆肥配方、曝气系统设置与调整、尾气收集处理系统、控制系统设置与调整 1 人，产品配方、产品大田示范 1 人，化验检测、原料与产品留样 1 人。

通常设机修工 2 人、电工 2 人，控制系统维护保养 1 人，可由电工兼任。

二、非生产岗位及配置

一般将生产岗位之外的均列为非生产岗位，包括行政、财务、采购、销售、安全生产、库管等。

1. 行政综合岗

包括行政、后勤、人力资源、外联等，具体包括行政文书起草、报送、发布，员工考勤、病事假、员工食堂采买、员工餐管理、客餐管理、车辆管理、办公用品管理，各级管理部门的联系联络、接待，员工招聘、劳动关系管理、培训等，小型堆肥厂一般配置 1 人。

2. 财务岗

包括会计、出纳、统计等，一般应各配置 1 人，统计可由会计兼任。

3. 采购与销售

一般至少应设置采购、销售各 1 人，产品销售困难的企业应增加销售人员配置。

4. 库管

一般应设置原料和成品库管人员至少各 1 人，小型堆肥厂也可由 1 人兼任。

5. 安全生产

堆肥厂应设立安全生产专班，由企业负责人、各部门负责人及专业技术人员组成，办事机构可设立在行政或生产部门。

第二节　堆肥原料管理

堆肥原料管理是堆肥生产的基础，原料来源的多样性决定了管理的复杂性。通常应依据堆肥厂设计的基本原料类别、堆肥工艺和设备对原料的基本要求、季节性生产影响、企业流动资金状况等因素，对原料来源、原料储存、原料预处理以及环境影响等环节进行管控，以达到来源规范、储存适宜、生产有序、环境控制有效的效果。

一、原材料来源管理

堆肥厂设计时应对周边可提供、可利用的原材料进行广泛调研，在遵循相关标准和规定的前提下确定原料基本类型，并在此基础上选定适宜工艺和配置相应设备。关于堆肥原料可供参照的标准有《有机肥料》（NY/T 525—2021）和《农用污泥污染物控制标准》（GB 4284—2018），两个标准在主要污染物控制指标类型和限值上存在较大差异（表 14-1）。《农用污泥污染物控制标准》为强制性标准，污染控制指标多，限值偏高，A 级污泥产物可用于耕地、园地、牧草地，B 级污泥可用于园地、牧草地、不种植食用作物的耕地；《有机肥料》为推荐性标准，污染控制指标少，但因对施用对象没有限制，限值较严，且将污泥列为禁用类原料。由于行业标准和国家标准存在不一致，从约束力上推荐性标准不及强制标准，但建议肥料企业在原料入口遵照谨慎、从严原则。

表 14-1 NY/T 525—2021 与 GB 4284—2018 主要污染物限值

项目	NY/T 525—2021	GB 4284—2018	
		A 级污泥产物	B 级污泥产物
总砷（As）/（mg/kg）	≤ 15	< 30	< 75
总汞（Hg）/（mg/kg）	≤ 2	< 3	< 15
总铅（Pb）/（mg/kg）	≤ 50	< 300	< 1000
总镉（Cd）/（mg/kg）	≤ 3	< 3	< 15
总铬（Cr）/（mg/kg）	≤ 150	< 500	< 1000
总镍（Ni）/（mg/kg）		< 100	< 200
总锌（Zn）/（mg/kg）		< 1200	< 3000
总铜（Cu）/（mg/kg）		< 500	< 1500
矿物油 /（mg/kg）		< 500	< 3000
苯并 [*a*] 芘 /（mg/kg）		< 2	< 3
多环芳烃（PAHs）/（mg/kg）		< 5	< 6
粪大肠杆菌群数	≤ 100 个 /g	≥ 0.01%	
蛔虫卵死亡率 /%	≥ 95	≥ 95	

1. 适用类堆肥原料

利用该类原料生产的堆肥产品，用途不受限制。新修订的有机肥料标准（NY/T 525—2021）将原料分为适用类、评估类、禁用类进行分类管理，鼓励企业在有机肥生产中优先使用适用类原料（表 14-2），禁止使用粉煤灰、钢渣、污泥、生活垃圾（经分类陈化后的厨余垃圾除外）。所以如以生产商品有机肥料为目的，应尽可能选用农业和农副产品初加工废弃物以及一些天然原料，避免产生不必要的责任风险。

表 14-2 有机肥料生产原料适用类目录

原料种类	原料名称
种植业废弃物	谷、麦、薯类等作物秸秆
	豆类作物秸秆
	油料作物秸秆
	园艺及其他作物秸秆
	林草废弃物
养殖业废弃物	禽畜粪尿、禽畜圈舍垫料（植物类）
	废饲料
加工业废弃物	麸皮、稻壳、大豆饼、花生饼、菜籽饼、油葵饼、芝麻饼、棉籽饼、茶籽饼等种植业加工过程中的副产物
天然原料	草炭、泥炭、含腐殖酸的褐煤等

2. 评估类堆肥原料

该类原料多以处理处置为主要目的，通过安全性评价后，产品可施用农田。表 14-3 为需要进行安全性评价的原料基本类型及评价要求，总之会给土壤、作物、生物、微生物、地下水、地表水等农业生态环境带来潜在风险的原料及其产品，均需进行安全评价。由于目前尚无安全性评价标准，各地评价要求不尽一致，评价前需尽早咨询当地省级肥料监督管理部门。

表 14-3 有机肥料生产评估类原料安全性评价要求

序号	原料名称	安全性评价指标	佐证材料
1	植物源性中药渣	重金属、抗生素、所用有机浸提剂含量等	有机浸提剂说明、检测报告等
2	厨余废弃物（经分类和陈化）	盐分、油脂、蛋白质代谢产物（胺类）、黄曲霉素、种子发芽指数等	处理工艺（脱盐、脱油、固液分离等）说明、检测报告等
3	骨胶提取后剩余的骨粉	化学萃取剂品种和含量等	化学萃取剂说明、检测报告等
4	蚯蚓粪	重金属含量等	养殖原料说明、检测报告等
5	食品及饮料加工有机废物（酒糟、酱油糟、醋糟、味精渣、酱糟、酵母渣、薯渣、玉米渣、糖渣、果渣、食用菌渣等）	盐分、重金属含量等	生产工艺（包括化学添加剂的种类和含量）说明、检测报告等
6	糠醛渣	持久性有机污染物等	检测报告等

续表

序号	原料名称	安全性评价指标	佐证材料
7	水产养殖废弃物(鱼杂类、蛏子、鱼类、贝杂类、海藻类、海松、海带、蛤蜊皮、海草、海绵、蕴草、苔条等)	盐分、重金属含量等	生产工艺说明、检测报告等
8	沼渣/液(限种植业、养殖业、食品及饮料加工业)	盐分、重金属含量等	生产工艺说明、检测报告等

注：1. 佐证材料包括但不限于原料、成品全项检测报告，产品对土壤、作物、生物、微生物、地下水、地表水等农业生态环境的安全性影响评价资料，原料无害化处理、生产工艺措施及认证等。

2. 生产抗生素的植物源性中药渣、未经分类和陈化处理的厨余废弃物、以污泥为饵料的蚯蚓粪、以污泥为原料的沼渣沼液不属于评估类原料，属于禁用类原料。

3. 其他类型堆肥原料——污泥

除适用类原料和评估类原料外，有机肥料生产禁用类原料中关于市政污泥存在巨大争议。国际上特别是欧美等发达地区，符合标准（污染物控制指标）的市政污泥经过堆肥化处理后均可施用农田。国内污泥堆肥虽不能用于农田，但林地、草地、园林绿化、矿山修复等存在巨大需求。所以对污泥原料管理单独进行介绍。

市政污泥是城市居民生活用水处理后的产物，国内污泥处理处置多采用特许经营模式，纳入住建（水务）、环保监管范畴。污泥堆肥的前提是泥质需满足《城镇污水处理厂污泥处置　农用泥质》（GJ/T 309—2009）要求，污泥的产生、运输、接收须接受产出地生态环境部门的监管，并严格填报污泥转移联单（图 14-2）；堆肥过程不得造成二次污染；堆肥产品需满足《农用污泥污染物控制标准》（GB 4284—2018）要求，并严格执行标准限定的适用范围；堆肥产品销售须约定产品用途，出厂需封样留样备查，产品要做到可追溯。

二、原料储存管理

原料储存除应遵守安全、环保的相关法律、法规及仓储管理的一般性规定外，还应遵循分类存储、进出有序、保障生产、周转高效的管理原则。堆肥原料通常按湿料、干料和主料、辅料进行分类管理。

1. 湿料

堆肥主要原料（主料）通常多为高湿原料，含水率高、异味重，不宜长期大量储存，通常采取日进日清方式，根据每天生产计划安排原料进出。但堆肥厂应设置应急原料储存场所（仓），防止原料供应方因设备检修或其他原因而供应临时中断。应急储存场所应密闭，防渗漏和臭味散发，应急储存规模一般按 1 ～ 3d 生产所需量。

2. 干料

通常指水分含量在 40% 以下的原料，这类原料多用作堆肥辅料。含水率为 20% ～ 40% 的原料按一般防火要求储存管理，含水率为 20% 的原料储存要注意防尘、防爆，特别是散装原料储存场所要设置喷淋装置，员工进出和转运原料时要佩戴防尘口罩。

××省城镇污水处理厂污泥转移联单

编号：××-××××××

一、污泥移出(产生)单位填写

污水处理厂：________________（盖章）　联系人：________

通讯地址：________________　电　话：________

污泥数量：________吨　含水率：________%

始运地：________ 交运人：________　运达地：□×××××

转移时间：　　年　　月　　日　　时　　分　□×××××

□×××××

二、污泥运输单位填写

运输者须知：你必须核对以上栏目事项，当与实际情况不符时有权拒绝接受。

承运单位：________________（盖章）　承运人签字：________

运输时间：　　年　　月　　日　　时　　分

牌号：________　道路运输证号：________

运输起点：________　经由地：________　运输终点：□×××××

□×××××

□×××××

三、污泥处理处置(接受)单位填写

接受者须知：你必须核实以上栏目内容，当与实际情况不符时有权拒绝接受。

接受数量：________吨

接受时间：　　年　　月　　日　　时　　分

污泥利用处置方式：中转贮存 □　单独填埋 □　混合填埋 □　干化焚烧 □　混合焚烧 □　堆肥 □

农业利用 □　建材生产 □　土地利用 □　综合利用 □　水泥窑协同处置 □　其他 □

经办人签字：　　　　单位盖章：

第一联　报送产出地环境监管部门

第一联：报送环境监管部门(白色)；第二联：污泥产生单位(红色)；
第三联：污泥运输单位(黄色)；第四：污泥接受单位(蓝色)。

图 14-2　城镇污水处理厂污泥转移联单式样

3. 主料

堆肥主料多为高湿原料，应遵照湿料储存管理规定。但秸秆、园林废弃物等用作堆肥主料时，由于原料为季节性收储，储存场所应防火、防积水，储存过程中要防止大风吹散原料，同时还应配置一定面积的雨棚，放置雨雪季节备用原料。

4. 辅料

辅料多为干料，主要用于调节水分、C/N 值及混合物料的通透性，除遵照干料的储存管理规定外，还应注重周转效率，一般辅料的库存周转时间为 1 ～ 2 周，特殊情况应不超过 1 个月。大量库存不仅占用场地，也降低了资金使用效率。

三、预处理工艺管理

堆肥原料应满足堆肥基本要求，但因原料来源复杂，通常都不太能满足堆肥工艺要求，必须经过预处理后方可进入发酵环节。国内堆肥实践表明，堆肥原料多为高湿物料，且黏稠度高，水分调节几乎是堆肥厂原料预处理的第一要务。从经济合理性角度考虑，大多采用添加辅料方式进行调节，同时通过控制辅料粒径来调整发酵物料的孔隙度。一般情况下，非特殊原料在预处理环节均不考虑其他指标的调整。表 14-4 为日本堆肥原料预处理的基本要求，与我国基本相似，但在具体指标上略有差别。

表 14-4 日本堆肥原料预处理基本要求

预处理项目	管理目标	预处理方法
水分	45 % ~ 65 %	原料含水率在 65% 以上的，应通过添加辅料、堆肥返料调整到 65% 以下； 原料含水率在 40% 以下的，需通过补水调整到 45% 以上
C/N 值	15 ~ 35	C/N 值较大时，需添加高氮源材料；C/N 值较小时，加入高碳源材料，还可通过添加堆肥返料进行调整
pH 值	5.5 ~ 10	一般情况可通过添加输料、堆肥返料进行调整: pH 值过高或过低时，需添加酸性或碱性材料进行处理
粒径	10mm 以下	块状或片状畜禽粪污、脱水污泥、餐厨及厨余垃圾需分出后粉碎；稻壳、树皮、园林剪枝、伐木等物料需要进行破碎或粉碎
温度	10℃以上	原料或环境温度过低时，可通过曝气系统补充热风，也可采取适当延长发酵周期的方式
杂物去除	危险物、发酵阻碍物等	原料中如混有危险废物，应通过分拣方式去除；如混入粒径过大、不能充分发酵的物料，可在在产品加工阶段通过筛分除去

1. 中日堆肥原料预处理管理目标差异

（1）水分　国内堆肥水分管理目标通常设定为 40% ～ 60%，原因有 2 个：a. 混合物料水分超过 60% 后会有渗滤液产生；b. 国内商品有机肥有水分指标限制，配料水分过高，后期产品水分难以达标。

（2）C/N 值　国内设定为 20 ～ 40，主要原因是国内堆肥单体规模较日本大，C/N 值低于 20 时，氨浓度太大不利于环境管控；另外，国内常用堆肥原料水分都较高，辅料添加量大，而常用辅料如稻壳粉、秸秆粉、木屑等都是高碳源材料，会导致混合物料 C/N 值较高。

（3）pH 值　国内设定为 5.5 ～ 9.0，主要原因是国内注重堆肥处理效率，pH 值过高或过低都会延缓堆肥速度，延长堆肥周期，同时不利于环境管控。

2. 预处理工艺中的粉碎标准

关于堆肥原料的粉碎标准，国内少见系统性研究，多以实践积累的经验数据为主。日本关于这方面的研究较多（表 14-5），常为国内所借鉴。堆肥原料的粉碎标准会根据原料的成熟度或木质纤维化程度、含水率、在混合物料中的比例、设定的发酵周期等因素而调整，但应基于以下原则：

表 14-5 日本堆肥原料粉碎标准

原材料		尺寸标准	备注
木本	茎、枝	10mm 以下	长枝条必须切短后方可投入粉碎机；若粒径大于 10mm，即使经过 9 个月左右堆肥处理仍有木质状残留
	叶	L<30mm	为完整大型叶片类型。柔性鲜叶片不易粉碎；干枯叶片易分解
草本	茎	L<10mm	粗茎难分解，需粉碎
	叶、软质茎	宽 <10mm	不易粉碎，但在堆肥化过程中可以被分解
厨余垃圾		10mm 以下	指经过分类后的厨余垃圾，不能粉碎为糊状。若为 10mm 以上，则在发酵过程中不能被完全分解
稻壳		稻壳的 1/2 以下	主要破碎稻壳表面硅质层；没被完全粉碎的稻壳有利于保持发酵物料透气性

（1）有助于保持适宜的通透性和蓄热性　即粉碎后的粒径能保证发酵物料具有较好的通透性，不会形成厌氧条件，同时又能保证发酵产生的热量不至于快速散发。

（2）保证粉碎物料在发酵周期内能完成腐熟　基于上述原则，在实际操作过程中，草本类相对易腐熟原料粉碎粒径一般为 1 ～ 3cm；木本类不易腐熟原料一般需先经过揉丝处理后再破碎，粒径为 1 ～ 2cm；口径较大的木质原料需切片、揉丝后再破碎；稻壳因表面含较厚硅质层，必须经破碎破坏其表面结构，粒径一般为 4 ～ 5mm。

一些非常见或常用原料的粉碎标准，可视原料特性参照相近原料，但最好在设计之初先进行堆肥试验，筛选最优粉碎标准，再根据粉碎要求合理配置粉碎设备。

第三节　发酵工艺管理

微生物好氧发酵会产生热量，伴随着发酵的进行，堆体温度会逐渐升高，微生物的活动会更加活跃，从而产生更多的热量，使得堆体的温度达到 60 ～ 80℃的高温。通过保持这样的高温环境，一方面，可以杀死原料中的病原菌和寄生虫卵，灭活杂草种子；另一方面，温度升高可以使发酵物料中的水分大量蒸发，含水率逐步降低，有时采取过度通风（通风量和通风频率超出限额）方式也会使物料水分挥发。发酵过程的翻堆可以使物料的温度降低、水分含量减少。因此，可以看出对发酵设施中混合物的温度、水分管理以及通风、翻堆操作，是生产出优质、安全、卫生的堆肥产品不可或缺的条件。

一、发酵温度管理

温度管理对发酵速率和产品质量有着重要影响。发酵物料只有温度维持在 50 ～ 55℃达到 5 ～ 7d 后才能达到微生物无害化标准的要求，这是最重要的一项生产管理项目。

温度管理的影响因素主要是通风（曝气）和翻堆，堆肥原料经预处理投入发酵设施后，可以通过通风和翻堆来控制堆体温度的变化。不同的发酵阶段采取不同的温度管理模式，一次发酵过程中保证足够高温和高温持续时间是使有机物充分发酵，确保得到稳定质量堆肥产品的必需条件。在堆肥发酵过程中，温度升高能促进水分挥发，通风能带走热量同时会导致堆体温度降低，而翻堆、通风供氧会使堆体温度再次上升，所以伴随翻堆、通风不断实现温度升降的交替，并直至一次发酵结束。进入陈化（二次发酵）阶段，发酵强度逐渐减弱，发酵产热减少，水分挥发速度变慢，且堆体温度受环境温度影响变大，但也是通过翻堆和通风操作进行调整管理。

在堆肥实践中经常出现的误区是：正常环境条件下堆体升温缓慢时不敢翻堆、通风，害怕热量散失堆体温度更低。正确处理方式是要适当加强翻堆、通风，增加堆体供氧量，有利于温度迅速上升。

另外，在冬季我国大部分地区的堆肥温度管理难度较大，环境温度在10℃以下的管理方法主要是增加发酵设施内混合物的堆积高度，减少通风量，或者设置加温式通风装置，使吸收的空气在加温装置中经加温后再进行送气。

二、水分管理

水分管理是堆肥过程中的重点和难点，影响着堆肥过程的变化和生产成本。对于水分管理需要从堆肥原料水分调节、堆肥过程和产品水分控制3个方面进行。

（1）堆肥原料水分调节　堆肥常用原料如畜禽粪便、厨余垃圾、污泥等含水率大多在80%以上，很难直接进行堆肥，需要在预处理阶段与辅料混合，将混合物料含水率调整到60%以下。常用辅料如稻壳粉、秸秆粉、木屑等多为干料。辅料供应受限或成本较高时，也可以使用部分堆肥返料替代。

（2）堆肥过程水分控制　堆肥过程中含水率会呈从高到低的明显变化，变化规律在堆肥过程控制章节已详细介绍。影响含水率变化的因素包括堆体温度、翻堆、通风，在一定范围内，含水率的降低可以通过堆体温度的升高、翻堆频率的增加、通风量和通风频率的增大来实现。

（3）堆肥产品水分控制　堆肥产品的含水率要求依产品用途略有不同，一般经过两次发酵后的堆肥物料含水率在30%左右，可以作为土壤改良剂、有机肥料直接进行农用；而需要后续加工（添加养分、造粒等）的堆肥，因为还有烘干环节，含水率可控制在35%。

三、通风管理

堆肥生产过程中通风是一个通用的、有效的并且十分重要的生产管理项目。日常的通风管理首先要对通风装置进行事前检查，检查无误后开始运转，运转时对运转的状况进行检查确认，具体待检查和确认的事项可以按照表14-6内容进行。

表14-6　通风条件检查内容

项目	确认内容事项
事前检查	（1）鼓风机送风量和压损性能； （2）设备、装置、送风配管、送风状态等的确认； （3）加热装置、加热设备升温性能的确认
运转时的检查	（1）鼓风机送风侧压力的确认； （2）翻堆时混合物料排出水蒸气状况的确认； （3）送出空气的温度； （4）发酵系统内混合物料温度分布状况的测定和确认； （5）发酵系统内混合物料产生的水蒸气状况的确认； （6）发酵系统内混合物料水分分布测定及确认

通风管理的另一项工作是对通风模式、通风量和通风速率的管理，具体见其他章节相关内容。在实际生产中需要注意的是：

① 当发酵设施中的温度急剧降低时，可以对通风的空气进行加温，或减小通风量及通风速率；

② 生产过程中的通风量和通风速率不是固定不变的，可以根据发酵材料类型、堆积高度、季节变化做出调整；

③ 通风和翻堆对于堆体温度、氧气浓度和含水率变化影响是相辅相成交互作用的，日常管理需要综合考虑两者作用。

四、翻堆管理

翻堆管理在堆肥运转中十分重要，也是比较容易操作的内容。一般情况下，槽式堆肥翻堆频率为 1 ～ 2 次 /d，反应器堆肥搅拌频率为 5 ～ 20 次 /d，旋转窑炉堆肥转动频率为数次 / 分。

对堆肥翻堆的控制还需要注意以下几个方面。

1. 堆肥不同阶段翻堆频率不同

在一次发酵中，微生物的分解反应速率较快，发酵产生的热量会使得堆体温度快速上升，需要大量的氧气，因此所需的翻堆频率也较高。在二次发酵中，分解反应速率减慢，产生的热量也变少了，所以翻堆的频率也可以降低。如果二次发酵中持续产生大量的热量，说明一次发酵不充分，在这种情况下有必要在二次发酵的前半段对翻堆的频率进行调整，确保生产出高品质的堆肥产品。

2. 不同季节翻堆频次不同

在寒冷季节，当外界气温低于 10℃时，由于翻堆会散失大量热量，堆体温度很难升高，因此，必要时需对通入的空气加温，同时减少翻堆，以减少热量的散失。

翻堆管理基本原则是：温（度）到不等时（间），时（间）到不等温（度）。翻堆管理要结合发酵温度的变化，要遵守又不能完全拘于翻堆频次的设计，即当发酵温度达到规定上线时，无论是否达到翻堆规定时间都应立即翻堆，否则大量的热量蓄积不仅会导致物料损耗加大，而且还可能会导致物料在发酵系统内自燃，带来安全生产风险；当达到规定翻堆时间而堆体温度尚未达到相应温度时也必须翻堆，通过翻堆增加物料孔隙度和氧含量，有利于快速升温。

五、发酵周期管理

发酵周期也叫堆肥周期，是指有机物（堆肥原料）经过发酵直至趋于稳定的时间，包括一次发酵和二次发酵（陈化）两个阶段。发酵周期是堆肥厂设计阶段决定厂房规模和设备配置最基础、最关键的数据，与原料性质密切相关，但通过改善发酵过程中的温度、水分及通风条件，可以稳定或缩短发酵周期。发酵周期对产能和资产使用效率影响极大，发酵周期越长，产能越低，单位产品摊销越多，资产使用效率也越低。所以规模化堆肥厂一旦确定发酵周期，一切管理措施应围绕稳定或缩短发酵周期来开展工作。

1. 原材料稳定条件下的发酵周期管理

在原料基本稳定的情况下，影响发酵周期的主要因素是环境条件中温度和湿度变化，反应器堆肥影响稍小，槽式堆肥次之，条垛式堆肥尤为明显。环境温度下降时，常采取降低混合物料含水率、加大堆体、减少翻堆曝气频次、通风预热、尽量密闭厂房等措施；环境湿度变高时，常采取适当调高 C/N 值来增加发酵产热量、加大翻堆曝气频次等措施。除此之外，还可采取添加低温或高温堆肥接种剂的方式来提高发酵效率，缩短堆肥周期。如 VT 低温堆肥接种剂在环境温度接近 0℃时，36h 内能使发酵物料温度达到 50℃以上，升温效果十分明显。

2. 原材料变化条件下的发酵周期管理

原材料变动而导致发酵周期变化在堆肥实践中十分普遍，常见情况有两种：一种是原材料状况发生变化；另一种是原材料类型发生变化。原材料状况发生变化多见于养殖粪污堆肥，畜禽粪便含水率因季节变幅较大，高热季节养殖动物饮水多，降温、清洁栏舍用水量加大，会大幅度地增加粪污含水率，如果仅仅采用提高辅料比例来调整混合物料水分，往往会延长堆肥周期。合理的处置方式是在适当增加辅料用量的同时，加大堆肥返料比例。原材料类型发生变化，需要进行原材料替代时，往往堆肥周期会发生变化，应根据替代原料的理化特性，结合现有固定设施对发酵周期的限制，重新调整堆肥控制参数。如槽式堆肥发酵槽长度固定，发酵周期也相对固定，原材料发生替代可能会导致发酵周期延长时，可以通过强化预处理（主要是适当减小物料粒径）、采用易腐熟的辅料、调整翻堆曝气频次、适当降低混合物料水分等措施来调整。

总之，堆肥发酵周期会因物料、环境的变化而产生波动，除可采取上述措施进行调整外，还可通过调整一次发酵、二次发酵（陈化）的时间来达到目的。通常一次发酵受设施的限制时间相对固定，可通过调整二次发酵时间来弥补。常用原料一次发酵周期一般为 5 ～ 10d，二次发酵周期 20 ～ 60d，二次发酵可调整空间较大。

第四节　堆肥储存管理

一、后陈化储存

所谓后陈化储存是指堆肥完成陈化（二次发酵）后到产品加工之前这一阶段腐熟堆肥的临时性存放过程。后陈化储存本质是堆肥半成品储存，作用是对冲肥料季节性需求对成品库存和占用资金的不利影响。后陈化储存因不同种植区域其存储规模差异较大，在我国北方单熟制种植区存储规模相对较大，而在规模化经济作物种植区、南方多熟制种植区存储规模相对较小。

后陈化储存一般借鉴自然堆积陈化和仓式陈化的方式，是在陈化的基础上加大物料堆积高度，但堆高不得超过 3m，存放过程中无需翻动和曝气；要根据肥料销售季市场可销售量、产品加工周期及品种类型确定合理的后陈化储存规模；后陈化储存过程中要密切关注堆体温度和水分变化，堆体温度上升时要降低堆体高度，堆体表面水分过低时可适当在堆体表面喷雾补水，减少粉尘产生。后陈化储存时间一般不超过 3 个月。

二、成品储存

堆肥经过加工后产品种类繁多，储存管理不善易造成产品混乱，不仅会造成出库、运输不便，而且还会导致货物错发、漏发情况，给用户带来不好的品质体验，因此需要将堆肥产品进行分类储存。分类储存需要遵循的几个原则如下。

（1）按不同产品类型分类储存　要在成品库依照产品类型划分不同的存放区域，并设立醒目标识牌。近年来随着测土配方施肥技术不断发展，各种有机质与NPK、中微量元素及不同功能微生物搭配的产品十分繁杂，各种类型的专用肥也是五花八门，产品储存管理尤显重要。

（2）按不同发往目的地分类储存　即将发给同一客户的产品集中储存，这种储存方法可以大幅度减轻出库工作量，提高货物发运便捷度。

（3）按不同包装形式与规格分类储存　堆肥产品用户需求多种多样，种植基地、直接用户可能直接使用散装或吨袋包装肥料，经销商需要通用包装，山地、林地用肥需要更小包装，所以还应根据不同包装形式、不同包装规格进行分类储存。

同时，要建立健全产品出入库动态监测体系，及时反映产品库存变化，为合理组织安排生产提供依据。

三、储存条件

含水率在堆肥产品储存过程中对产品品质影响最大。当堆肥产品的含水率上升后，很可能达到微生物发酵的水分要求，从而激发微生物的活性，使物料继续发酵产生热量，同时消耗有机质，降低堆肥产品的肥效；另外，含水率升高还会导致堆肥产品结块，不便用户施用。因此储存设施防雨防潮为首要要求，在堆肥厂规划设计时，需将储存设施规划在水平位置较高的区域，防止降雨量较大时雨水灌进仓库。同时要充分考虑到屋顶的防漏和遮阳，以免包装物快速老化。

有些堆肥厂由于库房储存规模较小而常将产品露天储存，这是很不合理的储存方式。露天储存时易使产品遭淋雨、暴晒。即使用塑料布搭盖防雨，但塑料布容易破损漏雨，同时塑料布搭盖只能遮住产品上方，而与地面接触的部分仍然会受潮，特别是散装粉末产品，表面积较大极易受潮，因此要尽量避免露天储存。

第五节　堆肥设施的维护管理

规模化堆肥厂系统复杂，设施与设备类型较多，涵盖从原料预处理到产品包装入库各生产工序和环节，除了一些设备基础、紧固构建外，其他为粉碎、筛分、混料、布料、发酵、曝气、输送、加工、计量、包装、除臭等设备。本节重点介绍堆肥设备的维护保养管理。

一、堆肥设备维护保养基本要求

堆肥设备工况环境相对恶劣，高温、高湿及多粉尘、多腐蚀性气体的运行环境对设备的维护保养提出了更高要求，除了遵照设备使用说明的维护保养要求外，同时还应满足以下基本要求。

1. 管理制度

（1）建立与完善设备维护保养制度 目前多数堆肥厂都存在维护保养制度不全，大都停留在故障维修层面，对维护保养的重要性认识不足，导致设备故障频出，出现设备配置越多，生产连续性越差的情况。

（2）明确岗位责任与考核标准 要摒弃机修工、电工等岗位只维修不维护的传统理念，强化维护保养责任考核标准，尽可能把故障排除在萌芽状态。

（3）确定维护保养项目及标准 要考虑设备、部件的材质、运行、磨损等的个体性差异，确定维护保养名录与标准。

（4）建立设备维护保养管理台账 不仅要建立维护保养台账，还要在设备或部件处悬挂维修保养表单或标牌，使维护保养状况一目了然。

（5）落实维护保养操作规范 制定和落实维护保养操作规范，防止维护保养过程中对设备或部件造成新的损坏，要强化维护保养过程中的安全生产意识和责任。

（6）定期修订完善维护保养手册。要针对维护保养中出现的问题以及积累的经验，不断完善维护保养手册。

2. 维护保养标准

（1）核定例检与定检项目 要严格核定每天维护保养（例检）与定期维护保养（定检）的项目，要落实到设备及部件。

（2）确定例检周期 对例检项目，要根据设备使用说明，结合实际应用情况，合理确定周检、月检、季检或年检项目。

（3）制定例检和定检标准 要参照行业惯例，结合设备实际工况，制定出符合企业生产实际的维护保养标准。

3. 环境管理

设备的维护保养标准是基于正常的设备运行环境制定的，所以保持正常的设备运行环境是落实维护保养的前提。如前所述，高温、高湿、多粉尘、多腐蚀性气体都会加快设备磨损和故障，应采取有效措施，改善设备运行环境。

① 尾气收集处理系统要始终处于良好工作状态。尾气收集处理系统对降低车间温度、湿度及污染性气体浓度作用显著，不仅要设备运行状况正常，而且要处于常开状态，不可因考虑成本、能耗等因素而擅自关停。

② 除尘装置要与粉尘产生同步启动。

二、设备每日（班次）例检

堆肥厂要强化例检制度设计，强化例检责任意识，强化例检习惯养成并使之成为工作常态。例检多由操作工完成，极少数项目由机修工完成。通常例检项目有以下几种

1. 设备保洁

每天或每班次结束后，要及时清理设备表面及关键传动部位飘落的粉尘、滴露和其他杂

物，以及链板、齿轮、链条、传送带、斗提及其他部位散落、黏附的物料，避免日积月累影响设备运行。

2. 清理杂物

要及时清理混在物料中的石头、瓦块、铁丝等，以及缠绕在搅拌轴、桨叶、拨齿和一些转动部位的编织袋、尼龙绳等丝织物。

3. 润滑部件

每班工作结束后，要对轴承、链条等部位加注一次润滑油。

4. 其他

每天要关注、检查皮带张紧及磨损情况，受设备重压后的基础、轨道等变形情况，以及受物料挤压运行部件的垂直度、平行度等。

三、设备周期性定检

设备定检应遵循产品使用说明手册，结合使用和磨损状况进行保养或部件更换。

1. 紧固部件

要定期检查紧固部件、螺母连接件是否松动。

2. 润滑部件

减速箱初始运转 100h 后应更换新油，每工作满 1000h 换一次新油，最长时间间隔为一年；液压站运转 200h 后应将液压油全部放空，清除液压系统滤清器内的杂质，检查是否需要更换滤芯，根据排放出液压油的清洁程度决定过滤后是否回用，每工作 800h 后应对液压系统进行清洁；轴承部位运转满 500h 后应清洁后重新注油。

3. 转动部件

应定期观察转动部件如齿轮、轴头、刮刀、锤片、轴承（座）、筛网、三角皮带等部件的磨损情况，及时更换。刮刀、锤片更换时，应保持设备平衡。

4. 电器、电控部件

电器、电控接触不良或损坏，即时更换。

5. 受热部件

干燥滚筒、冷却滚筒等受热部件完工停车后，应每隔 15min、30min、60min 转动滚筒一次，直至冷却到筒体温度＜ 100℃为止，以防筒体变形。

6. 计量装置

除日常维护保养外，运行过程中应严禁将非正常压力附加于传感器各称量机构上；停机检查时，应将称量机构顶起，以防外力损坏传感器；控制室内应无振动源、辐射源和强电磁源。

7. 其他

控制室、变电房内严禁吸烟，室温超过电器件容许环境温度时，要采取降温措施；电源电压超出额定电压 ±10% 时，不得启动电机；定期检测并保持箱体接地可靠，预防触电；定期检查箱内接线和螺丝的紧固情况，防止接线和螺丝松脱；查看开关、接触器、继电器等组件有无损坏或烧蚀烧焦现象，各元件工作状态及启停、联锁功能是否正常；智能控制系统开机前应检测系统柜内交直流电源，不在正常范围应先排除异常后再开机；检测设备状态与监控画面的开关状态，手动 / 自动转换开关处于正确位置，联锁限制条件就位，电源及按钮开关就位，智能模块（如 PLC）接点指示灯状态正确，智能模块接点地址正确，控制柜中相关接触器、继电器的线圈、触点完好等。

四、设备管理制度

为了充分发挥设备的效率，对所有生产设备都必须严格管理和监督，做到科学管理、正确使用、合理润滑、精心维护、定期保养、计划检修，防止非正常的磨损和损坏。

1. 基本要求

① 严格执行《安全生产技术规程》，正确操作。

② 认真执行定期检查、定期清理、定期维护、定期检修。

③ 认真做好运行记录、设备缺陷记录、检修记录、事故记录。

④ 设备的检修维护应执行《设备检修维护规程》，日常应及时诊断设备运行隐患，当定期检修与运行发生矛盾时应积极创造条件安排检修。

⑤ 应用先进的在线监测、离线状态监测、故障诊断技术和设备，提高故障发现和检修水平。

⑥ 建立健全设备技术管理档案，设备变更、增加应及时变更、补充设备档案。

2. 机械设备

① 在用机械设备应确保完好，达到下列标准：a. 运转正常，无超温、超压、超负荷现象；b. 运转平稳，无杂声、振动；c. 静密封无泄漏，轴密封无明显泄漏；d. 润滑系统畅通，油位计清晰并有位刻度，油在刻度内，轴承温度符合标准，一般为油环润滑或飞溅润滑油池温度应不大于 82℃，滑动轴承温度应不大于 65℃，滚动轴承温度应不大于 70℃，有特殊要求的应按制造厂规定执行；e. 设备主体整洁，零附件齐全好用，保温油漆完整。

② 运行人员应将设备巡检作为岗位巡检工作的重点内容之一，巡检时发现设备有不正常情况，应立即检查原因，能及时消除的应消除；在紧急情况下，可按有关操作规程采取果断措施或立即停车，并及时上报。

③ 机电维修人员应进行设备点检，定期点检至少每班 2 次，点检时要带必备的工具、仪器等，并按要求填写点检记录。

④ 设备的润滑应按润滑管理执行。

⑤ 设备的计划检修应与生产调度协调、合理安排，在检修前必须按有关规定办理检修工作票、停送电单等相关手续，在配电箱或控制箱上挂“设备检修，严禁送电”警示牌，方可进行设备的拆卸修理工作。

⑥ 设备检修应执行制造厂的相关规程或检修方案，更换零附件、润滑油或润滑脂必须与原规格型号一致。检修工作要求“工完、料净、场地清”，检修记录要求数据齐全、准确、完整，填写清楚。

⑦ 备用设备应定期清洁维护，定期切换运转，严禁超期疲劳使用和不出故障不切换的操作方式。

⑧ 设备检修应贯彻“应修必修、修必修好”的原则，制订详细的检修方案，做到科学检修，并杜绝各类违规操作，确保人身和设备安全。

⑨ 机械设备检修内容分为小修、中修、大修三个等级，检修周期一般为：小修半年一次，中修 1 年一次，大修 5 年一次。

3. 电气设备

① 电气设备要完备一次系统图、二次回路图、电缆走向图，图纸必须与现场实际相吻合。

② 对运行中的电机应检查其声音、运行电流、运行电压、温升、振动。

③ 电机轴承允许的温度，应遵守制造厂的规定，无制造厂的规定时，按下列规定：a. 对于滑动轴承，应不大于 80℃；b. 对于滚动轴承，应不大于 100℃，（油脂质量差时应不大于 85℃）；c. 电机用的润滑油、润滑脂，应符合轴承运转及转速的要求。

④ 电机允许温升参照表 14-7 所列。

表 14-7 电机允许温升

绝缘材料等级	A	E	B	F	H	C
绝缘材料的允许温度 /℃	105	120	130	155	180	180 以上
电机的允许温升 /℃	60	75	80	100	125	125

⑤ 定期巡视检查户外电力电缆、电缆桥架、接地箱、电缆沟等，每月对运行线路至少进行一次定期巡检，并做好记录。

⑥ 变压器（包括电抗器、互感器、消弧线圈等）要按制造厂使用要求进行运行、维护、试验等。

⑦ 新安装的高压开关设备，投运前必须进行交接试验，运行中的开关设备应按规定进行预防性试验。高压开关设备一般小修 1 年一次，大修 5 年一次。

⑧ 继电保护装置在新投运或经过变更时，必须由专业技术人员进行整定和核对，无误后方可投入运行。在运行中出现继电保护动作时的信号，必须经专业电工和运行人员共同确认检修记录后，方可复位。

⑨ 高低压变配电室的运行环境以温度 25℃ ±5℃、相对湿度 40% ～ 70% 为宜。

⑩ 计算机、PLC 控制柜、UPS 不间断电源应在良好的运行环境中使用，运行环境温度以 25℃ ±5℃，相对湿度 40% ～ 70% 为宜，并采取必要的降温、除湿、防潮、防尘措施。

4. 润滑管理

① 对转动设备的润滑情况应结合巡检和点检制度进行，一般的检查手段以目测为主，出现润滑油漏油、乳化、变质等情况应及时处理。

② 设备润滑应按照“五定：定点、定质、定量、定期、定人”的要求，加润滑油应执行“三级过滤”的规定。

③ 设备需要变更、代用油品时，应按同等质量或以优带劣的原则。一般设备油品变更、

代用，需经主管领导批准。

④ 设备正常运行时，一般应在 3 ～ 6 个月内换一次新油。换油周期也可根据工作条件、操作说明及润滑油状况而定。设备新装或大修后第一次投入运转后（磨合期），一般应在 1 个月内换一次油。

⑤ 设备润滑的加油标准

Ⅰ. 油润滑：如有加油刻度线应以刻度线为准，无加油刻度线的浸油润滑。

滚动轴承的浸油润滑：n=1500 ～ 3000r/min 时，油位在轴承最下部滚动体中心以上，但不得浸没滚动体上缘；n < 1500r/min 时，油位在轴承最下部滚动体的上缘或浸没滚动体。

变速器的浸油润滑：圆柱齿轮变速器油面应浸没高齿轮副低齿高的 2 ～ 3 倍；蜗轮蜗杆变速器油面应浸没蜗轮齿高的 2 ～ 3 倍或蜗杆的一个齿高。

Ⅱ. 脂润滑：n > 3000r/min 时，加脂量为轴承箱容积的 1/3；$n \leqslant$ 3000r/min 时，加脂量为轴承箱容积的 1/2。

⑥ 换油标准：应严格按相应的技术要求或行业标准换油。以下标准作为参考：

Ⅰ. 在用润滑油经目测检查，凡符合下列条件之一者，应部分置换或全部更换新油：外观颜色明显变黑、乳化严重、变干变硬、有明显可见的固体颗粒。

Ⅱ. 在用润滑油品经常规分析（包括外观、黏度、酸值、闪点、水分、杂质等 6 项），凡符合下列条件之一者，应部分置换或全部更换新油：黏度超过润滑油黏度等级的 ±15%、酸值超过标准的 10%、闪点低于标准的 10%、固体杂质高于标准的 0.1%、水分高于标准的 0.1%。

⑦ 润滑油的三级过滤应符合规定

Ⅰ. 汽缸油、齿轮油或其他黏度相近的油品用滤网：一级 40 目，二级 60 目，三级 80 目。

Ⅱ. 液压油、透平油、冷冻机油、空压机油、车用机油或其他黏度相近的油品用滤网：一级 60 目，二级 80 目，三级 100 目。

⑧ 废油回收和再利用：更换下来的废润滑油应用专门的容器储存，经鉴定可通过过滤处理再利用的，应处理后再利用；确认无法再利用的可作为链轮、链条、紧固件的涂油防腐，钢丝绳上可利用废润滑脂。

参考文献

[1] 中华人民共和国农业农村部 . 有机肥料：NY/T 525—2021[S].2021.

[2] 中华人民共和国住房和城乡建设部 . 城镇污水处理厂污泥处置　农用泥质：CJ/T 309—2009[S].2009.

[3] 国家市场监督管理总局，中国标准化管理委员会 . 农用污泥污染物控制标准：GB 4284—2018[S] 2018.

[4] 蔡建成 . 堆肥工程与堆肥工厂 [M]. 北京：机械工业出版社，1990.

[5] 李季，彭生平 . 堆肥工程实用手册 [M].2 版 . 北京：化学工业出版社，2011：200-210.

[6] 鬼鞍丰 . 土壤、农业资源的保全 [M]. 东京：博友社 .1985.

[7] 中央畜产会 . 堆肥化设施设计手册 [M].2000.

[8] 李季 . 农业废弃物好氧发酵技术与智能控制设备研究 [M]. 北京：科学出版社 .2022：330-350.

[9] 李国学，张福锁 . 固体废弃物堆肥化与有机复混肥生产 [M]. 北京：化学工业出版社，2002.

[10] 方天翰 . 复混肥料生产技术手册 [M]. 北京：化学工业出版社，2002.

[11] 赵由才，牛冬杰，柴晓利．固体废物处理与资源化［M］. 北京：化学工业出版社 .2006.

[12] 吴德胜，孙长征，马学良，等．采用畜禽粪便原料生产有机无机复混肥工艺设备探讨［J］. 磷肥与复肥，2009（5）：59-61.

[13] Golueke C G. Bilolgical reclamation of solid waste[J]. Journal of Enviroment Quality，1977，6（4）：180.

[14] Wilson G B. Comlining raw materials for composting[J]. BioCycle，1989，30：82-83.

[15] Slater R，Gilbert J，Frederickson J. A review of composting in the UK[C]. Engineering for profit waste Ⅵ . IMechE conference Transactions. London：Professional Engineering Publishing，2002.

第十五章　堆肥项目评价

对堆肥项目进行评价需要综合考虑环境效益、经济效益、社会效益和技术可行性等多个方面。堆肥的环境效益评价需要综合考虑大气、水、土壤和生态等多个方面的因素，采取科学的评价方法和有效的管理措施，以确保堆肥项目的环境可持续性。堆肥的经济效益评价需要考虑建设成本、项目的投资规模和资金来源、运营成本等，评估项目的运营成本是否在可承受范围内，以及是否能够通过提高效率和降低成本来提高项目的经济效益。此外，还应考虑项目的市场前景和销售渠道，以及是否能够与当地的农业、园林等行业建立合作关系，实现资源的循环利用。堆肥的社会效益评价需要考虑项目对当地社会的影响，评价标准应考虑项目对当地就业的贡献程度、社会可持续性，以及是否能够与当地社会和谐发展。此外，还应考虑项目的宣传和教育力度，以及是否建立了有效的公众参与机制，如征求意见、举办活动等，以提高公众对堆肥的认识和理解。堆肥的技术评价需要考虑不同的堆肥工艺（如静态堆肥、动态堆肥、蚯蚓堆肥等）具有不同的特点和适用范围，评价标准应根据所采用的堆肥工艺，确定相应的技术指标，如堆肥周期、温度控制、通风要求等。此外，堆肥项目所使用设备（如翻堆机、搅拌机、输送机等）的性能直接影响堆肥的效率和质量，故评价标准还应包括设备的可靠性、稳定性、操作便捷性以及维护成本等方面。建立有效的质量控制体系是确保堆肥产品质量的关键，因此评价标准还应考虑质量控制的方法和手段，如原料检测、过程监测、产品检验等，以及是否符合相关的国家标准和行业规范。综上所述，通过科学的评价方法，可以为堆肥项目的决策和管理提供有力的支持。

第一节　环境效益评价

一、生命周期评价的起源与发展历程

生命周期评价（life cycle assessment，LCA）萌芽于20世纪60年代的美国，被称为资源与环境状况分析（resource and environmental position analysis，REPA），最早由美国中西部研究院（Midwest Research Institute，MRI）开展相关研究。1969年，受美国可口可乐公司委托，MRI针对可口可乐产业，从不同容器瓶的原材料消耗、排放负荷以及最终废物流整个产品生命周期进行了环境影响评价，这也标志着生命周期评价的首次应用和发展。随后，建筑行业也逐渐出现了生命周期思维，主要关注可再生资源在建筑材料上的应用。由于早期的研究没有统一的规范标准，研究者们在分析过程中运用的方法、途径也有所差异，因此生命周期评价方法缺乏科学共识。例如早期该项技术常用于市场索赔，然其结果常令人怀疑，这在一定程度上阻碍了生命周期评价成为人们普遍接受的产品环境分析工具。20世纪60～70年代，随着空气污染、有害重金属污染以及核设施对环境的影响愈发明显，环境保护成为全球关注的重点，美国率先出台了环境政策法，随后澳大利亚、英国、法国等国家纷纷开始制定国家环境保护法，将环境纳入法律保护范围。世界各国对环境管理重视程度的提高，促进了生命周期评价研究的快速发展。

20世纪90年代，生命周期评价迈向了标准化时期。国际环境毒理学和化学学会（Society of Environmental Toxicology and Chemistry，SETAC）组织举办了有关生命周期评价的国际研讨会，将生命周期领域的研究学者聚集在一起，规范生命周期评价工作的框架、方法和术语，首次确定了“生命周期评价”这一概念，并提出了生命周期三角形模型技术框架。1994

年，国际化标准组织（International Organization for Standardization，ISO）也参与到其中，并在1997年首次发布了生命周期评价ISO 14040系列标准。至此，生命周期评价有了完整的框架和明确的定义，该方法逐渐被国际和行业认可，并迅速发展为环境科学领域权威的工具。

国内的环境影响研究工作起步较晚，1979年我国正式建立环境影响评价制度，并颁布了《中华人民共和国环境保护法（试行）》，正式将环境影响纳入法律保护范围，我国的环境影响评价制度与体系得到逐步提升，矿山生态环境影响、建筑施工环境影响、土地利用规划环境影响、水利水电环境影响等各行业的环境指标体系及规章制度逐步得到完善。20世纪90年代国内着手进行生命周期评价相关研究。1995年中国石化信息研究所的学者张键在国内发表了有关生命周期评价的学术论文，对LCA的基本理论、框架及操作方法等进行了介绍。随后，ISO 14040系列国际标准在国内引入，生命周期评价成为国内环境评价方法理论研究的热点之一。

20世纪90年代初期，我国对于生命周期评价的研究主要集中在数据清单和评价模型两个方面。1997年清华大学的席德立教授开始了生命周期数据清单研究工作，北京科技大学管理学院张群教授就如何对产品进行生命周期评价进行了介绍，上述研究为我国生命周期评价工作的开展奠定了初步的基础。

随着相关研究的深入，国内学者逐渐把研究重点放在数据库和软件开发上。华中科技大学邓超和李成刚两位学者对国内生命周期评价系统进行了初步设计和开发。四川大学和亿科环境有限公司联合开发了我国首个拥有自主产权的eBalance软件及CPLCID数据库，为产品碳足迹、环境生命、清洁技术开发及节能和减排提供技术支持。山东大学洪静兰教授团队开发了国内CPLCID基础数据库，数据涵盖国内能源生产、农业生产等多领域范围，也为国内产品、工艺的生命周期环境影响分析提供了一定的数据支持。

近年来国内关于生命周期评价方法理论的研究越来越多，我国的生命周期评价工作正在快速发展，但由于起步较晚，不可否认与国外还存在一定差距，国内存在数据库薄弱、数据匮乏等问题。因此，还需要做进一步的完善和提升。

纵观生命周期评价方法的发展历史，毫无疑问的是在这50多年的时间里生命周期评价工作取得了巨大的进步，其应用领域也越来越广泛，并被国际公认为是一种最具潜力的环境影响评价方法。现如今，基于LCA的评价方法已被广泛应用在国内外的农业、建筑业、工业、能源及废物管理等行业，有效推动了领域内环境制度的改革。

二、理论框架

LCA历经50多年的发展，颁布并更新了《生命周期评价原则与框架》（ISO 14040）。根据ISO 14040的规定，LCA的理论框架包括目标和范围的确定、生命周期清单分析、生命周期影响评价和结果解释四部分内容（图15-1）。

（1）目标和范围的确定　LCA目标的确定是基于开展此项生命周期评价的目的、原因以及预期结果的应用等，常见的目标有特定的产品对环境的影响、识别系统中各环节对环境影响的贡献度、评估产品或过程的改进对环境效应改善的潜力等。LCA研究需确定研究范围，包括评价对象、功能单位、生命周期清单建模、系统边界以及评价类别和评价方法等。目的和范围的确定决定了整个生命周期评价的工作量大小，需根据不同的研究目标和研究需求来确定，合适的范围可以增加评价结果的准确性。功能单位量化了所选定的产品功能，为相关的输入和输出提供参考，以确保 LCA 结果具有可比性。确定系统边界意味着明确需要纳入系统的单元过程，包括摇篮到坟墓、摇篮到大门、大门到大门、大门到坟墓四种。环境影响指标应结合具体情况并依据目前对环境问题的科学认识来确定，使其能全面、完整地反映当前的环境问题。

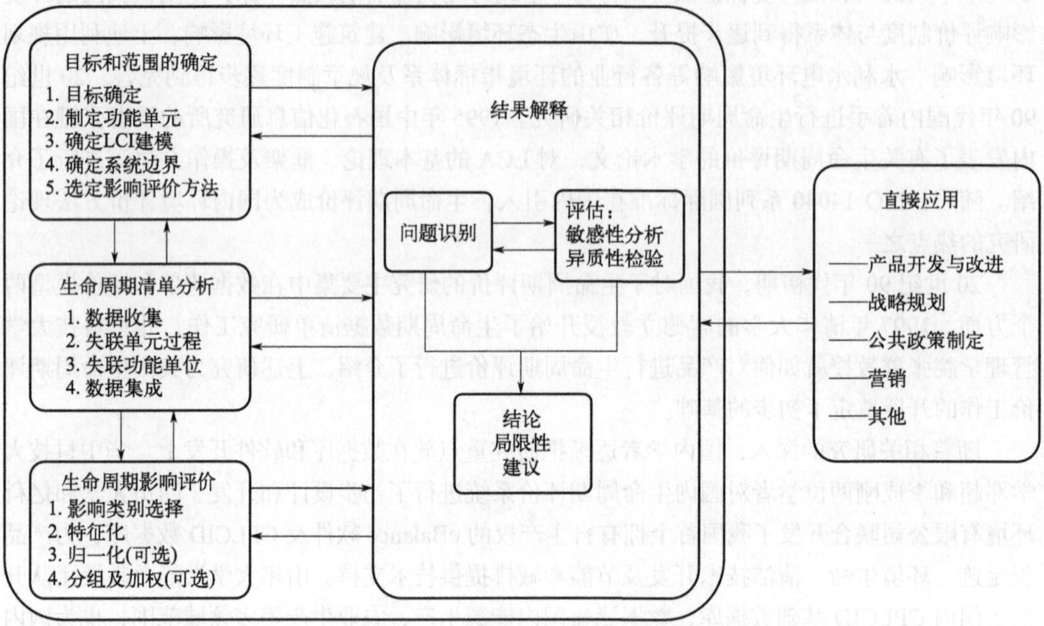

图 15-1 生命周期评价的理论框架

（2）生命周期清单分析　生命周期清单分析（life cycle inventory，LCI）是生命周期评价的第二步，也是评价过程中耗时最长且最难的一步，其结果是进行后续影响评价的基础。清单分析是量化和评价所研究的产品、工艺或活动的整个生命周期阶段资源和能量使用以及环境影响释放的过程，主要步骤包括数据收集准备、数据收集、数据有效性判断、数据与单元过程、功能单元关联以及数据合并等过程。

（3）生命周期影响评价　生命周期影响评价（life cycle impact assessment，LCIA）是对 LCI 结果的潜在环境影响进行评价的过程，主要包括影响类别、类别指标及特征化模型的选择、分类、特征化以及评估等过程。环境影响类别主要包括 CML、TRACI、IMPACT 等多种，不同的环境影响类别其环境影响机制不同。分类将 LCI 分析中得到的环境影响分配到不同影响类别中，资源耗竭、环境污染以及人体健康是目前常见的分类方法。特征化过程通过特征因子将不同 LCI 结果转换为统一的单位，来反映某个过程对某种环境影响类别的相对重要程度。评估包括标准化、加权、分组等过程，是可选要素，可标准化统一各环境影响的量纲并赋予权重，实现不同环境影响类型之间的横向比较。

（4）结果解释　生命周期评价的结果解释是根据研究目的和范围提供易于理解的、完整的、一致性的说明，解释结果应与所规定的研究目标和范围保持一致，解释研究的局限性并提出建议。解释阶段包含根据研究目的对 LCA 的范围以及所收集数据的性状和质量进行评审与修订的反复过程。

三、评价软件

生命周期评价软件通过建模的方式将复杂的产品系统构建成生命周期流程，在将生命周期清单输入模型，执行相关操作后，便可得到生命周期影响评价结果，并支持多种数据图表显示。目前，国内外相继开发出了多种生命周期评价软件，表 15-1 对常见的评价软件进行了介绍。

表 15-1 生命周期评价软件介绍及优缺点分析

软件名称	开发单位	优点	缺点
SimaPro	荷兰莱顿大学环境科学研究中心（CML）	（1）拥有良好的数据集； （2）可以对社会方面进行建模； （3）与 ecoinvent 数据库集成； （4）大多数数据集是单元过程	（1）成本高； （2）数据集格式有限
GaBi	德国 Thinkstep 公司	（1）拥有良好的数据集； （2）可以对成本和社会方面建模； （3）拥有专业的数据库	（1）成本高； （2）大多数数据集是聚合的
OpenLCA	德国 GreenDelta	（1）可以对成本和社会方面建模； （2）软件免费开源； （3）可以很容易地导入 / 导出数据集	（1）缺少免费可用的数据集； （2）许多数据集的文档记录较差； （3）ILCD 和 PEF 方法没有标准化和加权因子
EASETECH	丹麦科技大学	具有多种物质流处理方式和排放计算方法	（1）针对复杂系统研究的操作难度大； （2）尚处于开发完善阶段
GREET	美国阿贡国家实验室	对于轨道交通行业具有较强的适用性	软件的使用方向比较局限

四、影响类别

生命周期影响评价（LCIA）是影响 LCA 结果的最重要的部分，但长期以来评价方法未能实现统一。基于不同方法所定义的类别参数在环境机制效应链中的位置，评价方法可分为：中点影响类别（midpoint impact category）和终点影响类别（endpoint impact category）两类。中点影响类别评价方法将 LCI 结果划分到其关注的环境问题类别，如气候变化、酸化等，多以污染物当量表征环境影响，多与环境现象相关。终点影响类别评价方法又名终点损害类别（damage category），将 LCI 结果或中间影响类别划分到代表对最终保护领域损害的类别，如对人体健康损害、生态环境损害、资源耗竭等，侧重于人类和社会关注的问题，更容易让人们理解产品对人类造成的影响。当前国际上已开发出来包括 CML、TRACI、

IMPACT 在内的多种评价方法，表 15-2 对目前常见的环境影响评价方法进行了介绍。

表 15-2　环境影响评价主要方法及描述

名称	类别参数	衡量单位	终点类型
CML	全球变暖	CO_2 当量	气候变化
CML	臭氧消耗	CFC-11 当量	人体健康
CML	光化学氧化	C_2H_4 当量	人体健康
CML	酸化	SO_2 当量	生态环境
CML	富营养化	PO_4^{3-} 当量	生态环境
CML	毒性	1, 4-DCB 当量	生态环境
CML	资源耗竭	Sb 当量	资源
TRACI	全球变暖	CO_2 当量	气候变化
TRACI	臭氧消耗	CFC-11 当量	人体健康
TRACI	细颗粒物	$PM_{2.5}$	人体健康
TRACI	酸化	SO_2 当量	生态环境
TRACI	富营养化	PO_4^{3-} 当量	生态环境
TRACI	光化学臭氧	氮氧化物（NO_x）当量	人体健康
TRACI	人体毒性（癌症）	苯当量	人体健康
TRACI	人体毒性（非癌症）	甲苯当量	人体健康
TRACI	资源耗竭	Sb 当量	资源
IMPACT	全球变暖	CO_2 当量	气候变化
IMPACT	臭氧消耗	CFC-11 当量	人体健康
IMPACT	人体毒性	氯乙烯当量	人体健康
IMPACT	呼吸系统	$PM_{2.5}$	人体健康
IMPACT	电离辐射	C-14 当量	人体健康
IMPACT	光化学氧化	C_2H_4 当量	人体健康 / 生态环境
IMPACT	酸化	SO_2 当量	生态环境
IMPACT	富营养化	PO_4^{3-} 当量	生态环境
IMPACT	生态毒性	1, 4-DCB 当量	生态环境
IMPACT	土地利用	每年每平方米作物当量	资源
IMPACT	不可再生资源	油当量	资源
IMPACT	矿物提取	铁矿石当量	资源

续表

名称	类别参数	衡量单位	终点类型
LIME	气候变化	CO_2 当量	人类健康
	臭氧消耗	CFC-11 当量	人类健康
	细颗粒物	$PM_{2.5}$	人类健康
	水资源	—	人类健康
	土地利用	每年每平方米作物当量	生物多样性
	森林资源	—	生物多样性
	矿产资源耗竭	铜（Cu）当量	生物多样性
	化石资源耗竭	油当量	生物多样性
ReCiPe	全球变暖	CO_2 当量	气候变化
	臭氧消耗	CFC-11 当量	人体健康
	细颗粒物	$PM_{2.5}$	人体健康
	光化学臭氧	氮氧化物（NO_x）当量	人体健康
	酸化	SO_2 当量	生态环境
	富营养化	PO_4^{3-} 当量	生态环境
	毒性	1，4-DCB 当量	生态环境
	水资源利用	提取水当量	资源
	土地利用	每年每平方米作物当量	资源
	矿产资源耗竭	铜（Cu）当量	资源
	化石资源耗竭	油当量	资源
ILCD	全球变暖	CO_2 当量	气候变化
	臭氧消耗	CFC-11 当量	人体健康
	光化学臭氧	NMVOC 当量	人体健康
	细颗粒物	$PM_{2.5}$	人体健康
	人体毒性（癌症）	CTUh 当量	人体健康
	人体毒性（非癌症）	CTUh 当量	人体健康
	酸化	SO_2 当量	生态环境
	淡水富营养化	PO_4^{3-} 当量	生态环境
	海水富营养化	N 当量	生态环境
	资源耗竭	Sb 当量	资源

注：CFC-11—一氟三氯甲烷，又名氟利昂-11；1，4-DCB—1，4-二氯苯；NMVOC—非甲烷挥发性有机化合物；CTUh—人类比较毒性。

第二节　经济效益评价

一、技术经济分析的起源与发展历程

技术经济分析（techno-economic analysis，TEA）是一种全面评估技术或工艺在经济上的可行性的方法，通过整合技术性能和经济指标，为决策者、投资者和研发团队提供关键的信息支持。作为一种多学科交叉的方法，TEA 涵盖了工程、经济、市场分析等多个领域，通过一系列连续的分析步骤，如流程设计、流程建模、设备尺寸确定、资本成本估算、运营成本估算和现金流分析，来评估技术或工艺的经济绩效。TEA 要求考虑广泛的经济指标，包括工厂运营、工厂设计、运输、市场行为等，以评估问题的复杂性。根据不同的分析层次，TEA 使用多种建模方法，从微观层面的 ASPEN Plus 流程模型，到中观层面的模糊优化工厂设计选择，再到宏观层面的混合整数线性规划供应链模型，全面分析产品或工艺的技术性能和经济性能，为决策者提供深入的见解。

TEA 还具有将可持续性考虑因素纳入其评价框架的能力，使评估更加全面和系统。其应用范围广泛，包括调查整个生命周期的现金流量、评估特定技术或工艺的潜在经济可行性、分析不同技术应用的可能性，以及进行不同技术的经济比较。作为解决技术开发过程中诸多问题的强大工具，TEA 可以帮助研究人员识别并分析影响资本和运营成本的关键因素，量化产品的最低销售价格，并通过定量经济分析为决策提供科学依据。

TEA 的历史起源和发展是一个跨学科领域逐步演进的过程，旨在评估技术项目或新工艺的经济可行性。TEA 的概念起源于 20 世纪中期，当时工业界和学术界开始逐渐认识到经济因素在技术开发与商业化过程中的关键作用。随着时间推移，TEA 的应用领域不断扩展，涵盖了能源、环境、化工、生物技术等多个领域，尤其是在可持续发展和低碳经济的背景下，其重要性更加凸显。在中国，技术经济分析研究始于 20 世纪 60 年代，逐渐发展形成了具有中国特色的研究体系，融合了技术学、经济学和管理学等多个学科内容。改革开放后，国内的技术经济分析研究开始聚焦于企业与国家层面的技术经济评估，并引入了国外的应用理论，如价值理论和影子价格理论。进入 21 世纪，随着生态环境与技术环境的动态变化，TEA 研究的内容进一步丰富，学术界更加重视技术经济效益的计算、分析与评价，并开发了多种技术经济评价方法与应用理论。然而，TEA 在实践中仍面临诸多挑战，如数据的准确性、预测的不确定性、技术成熟度的评估、复杂性管理以及资金限制等问题。

二、评价指标

如表 15-3 所列，TEA 的评价指标不仅涵盖了传统的财务指标，如净现值（net present value，NPV）、内部收益率（internal rate of return，IRR）、回收期（payback period，PBP）、投资回报率（return on investment，ROI），还包括项目对社会、环境和可持续发展的影响等非财务指标。这些指标共同构成了一个多维度的评价体系，使决策者能够从多个角度审视技术方案的可行性和经济效益。这种综合性的评价方法不仅有助于判断项目的经济可行性，还可以深入分析其对社会和环境的长远影响，为实现可持续发展的目标提供科学依据。

表 15-3　技术经济分析评价指标

评价指标	定义和解释
NPV	反映了项目未来现金流的现值与初始投资之间的差额，考虑了资金的时间价值，是评估项目真实经济增值的重要指标
PBP	用来衡量收回初始投资所需的时间，通过计算累计净现金流达到初始投资时的时间点，来评估项目的资金回收速度和相关风险
IRR	指出项目在净现值为零时的折现率，体现了项目的预期收益率，用于评估项目的经济回报相对于资本成本的合理性
ROI	通过比较投资收益与其成本，快速评估项目盈利能力，便于在多个投资选择中进行有效的经济比较
贴现现金流收益率（DFROR）	衡量长期投资项目在考虑资金时间价值后的折现收益率，适用于对长期财务表现的分析，尤其是在资金时间价值显著的情形下
资本成本	涉及企业为筹集资金所付出的费用，包括债务成本和权益资本成本，常用作折现率基准，以评估项目的财务可行性和投资决策的合理性
一般成本	包括项目运营期间的所有费用，涵盖固定成本和可变成本，分析这些费用有助于理解项目的成本结构，并为优化成本控制策略提供依据
利润或收入	体现了项目运营过程中产生的净收益，是衡量项目盈利能力和市场表现的关键财务指标
经济潜力	评估项目在市场扩展和资源优化方面的能力，涉及对市场前景、增长潜力及对经济发展的贡献，能够帮助预测项目的长期经济价值和可持续性
总体经济可行性	提供了在多种经济条件下对项目的综合评估，包括成本效益、市场前景、风险管理及长期发展潜力，确保项目在全局经济环境中的可持续发展能力和实施价值
节能百分比	量化技术方案在运行中的节能效果，是影响成本控制和整体经济效益的重要参数
过程参数优化	通过调整和优化生产过程中的关键操作参数，提升生产效率和产品质量，从而增强项目的整体经济效益
运营效率	衡量生产过程中资源利用率、生产速度和设备性能的表现，是决定项目经济效益和竞争力的重要因素

三、技术经济分析步骤

如图 15-2 所示，技术经济分析通常包含多个阶段，每个阶段都有其独特的任务和日标，包括确定适合的技术方案、对技术数据进行详细分析、开展全面的成本评估、进行系统化的收益评价、通过不同方案的比较分析得出最优方案、进行整体系统的综合分析、进行方案论证以及最终的效果分析等，以便更好地掌握分析过程中的关键节点和重点。

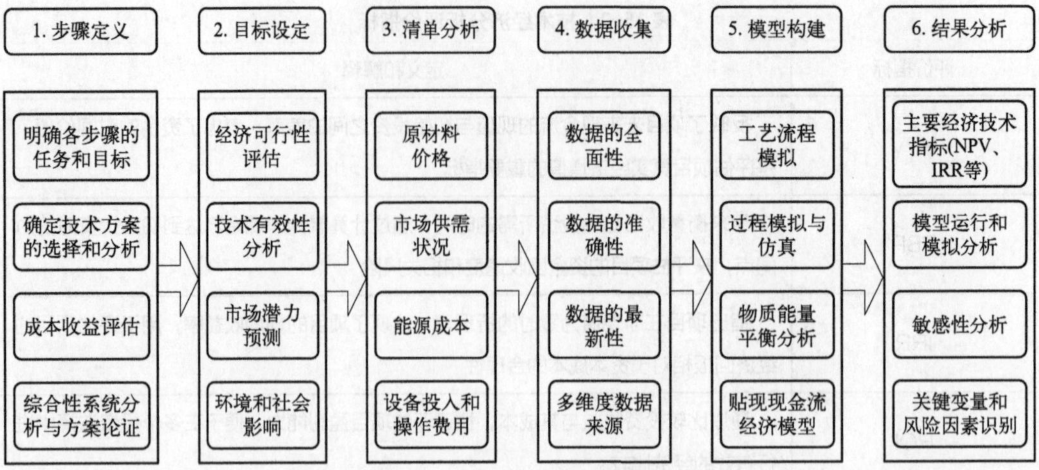

图 15-2 技术经济分析步骤框架

（1）目标设定 在技术经济分析的初期阶段，目标的明确设定是至关重要的，它能够为整个分析过程指明方向和提供参考标准。这些目标通常涵盖评估项目的经济可行性、技术的有效性、市场的潜在需求与供给，以及对环境和社会的影响等多方面因素。这些目标的设定不仅要能够确保项目在实现经济效益的同时符合技术和市场的要求，还应确保符合可持续发展的目标，满足当代和未来社会经济、环境和社会责任的要求。这样，目标设定就成为整个分析工作的核心支柱，为后续工作的开展提供了明确的路径和依据。

（2）数据收集 数据收集是确保技术经济分析可靠性的关键步骤。此步骤要求系统性地收集所有与项目相关的基础数据，这些数据包括市场价格、原材料成本、能源价格、技术工艺参数、设备投资、维护成本、销售收入预测等。在数据收集过程中，必须确保数据的全面性、准确性和最新性，以避免数据不足或不准确而导致分析结果的偏差。数据的精确性直接决定了后续模型构建的科学性和模拟结果的可信度，为整个分析过程提供坚实的数据支撑。

（3）清单分析 清单分析是技术经济分析的基础步骤之一，目的是对项目涉及的所有关键因素进行全面列出和详细分析。此步骤通常包括对原材料价格、市场供需状况、能源成本、生产工艺、设备投入、操作费用等多种因素的分析。这种清单分析方法不仅有助于理解项目的各项成本和收益因素，还为进一步的数据收集和建模提供了可靠的基础。通过这种方式，可以确保在后续的分析中，不会遗漏任何一个可能对项目经济和技术效益产生重大影响的因素，从而提高分析的全面性和准确性。

（4）模型构建 模型构建是技术经济分析中极为重要的步骤，它将所有收集到的数据转化为可量化的数学模型，以进行科学的分析和评估。模型应包括工艺流程模拟、过程模拟与仿真、物质能量平衡分析以及贴现现金流经济模型等。通过这些模型，可以对项目的技术经济效益进行全面的预测和评估，帮助决策者了解项目在不同条件下的表现。模型构建旨在通过数学方法的严谨性和科学性，将复杂的现实问题简化为能够处理的数学表达式，从而为项目的未来提供准确的预测和可靠的指导。

（5）结果分析 结果分析是技术经济分析的最终步骤，通过对模型运行和模拟分析的结果进行解读和评价，得出项目的主要经济技术指标，例如总资本投资、年度运营成本、净现值（NPV）、内部收益率（IRR）等。这些指标为项目的整体经济表现提供了一个定量化的评估基础。此外，通过敏感性分析，可以识别影响项目经济表现的关键变量和风险因素，从而为决策者提供更为科学、全面的依据，有助于有效规避潜在风险，优化项目方案，提高项目的整体效益和可行性。

四、敏感性分析

在 TEA 中敏感性分析是一种关键的定量工具，用于系统评估不同因素对项目经济指标的影响，尤其在评估如生物能源项目等复杂技术项目时起着至关重要的作用。通过系统性地调整输入变量（例如成本、价格、产量、能源消耗等），敏感性分析能够量化这些变化如何影响关键财务输出指标，如净现值（NPV）、内部收益率（IRR）和投资回收期，从而识别出对经济表现影响最显著的变量。识别这些关键变量后，项目团队可以有针对性地优化这些变量，以提高项目的经济可行性和整体稳健性。进行敏感性分析的首要步骤是确定影响项目经济表现的关键变量，这些变量可能包括生产成本、市场价格、原材料价格、转换效率和资本支出等。接下来，需要设定一个基准情景，这个情景是所有变量均处于其预期或平均值水平的情况，作为所有敏感性分析的参考基础。在基准情景的基础上，可以进行单变量或多变量变化的模拟，分析这些变化如何影响项目的经济指标。在单变量敏感性分析中，仅使一个变量上下波动，并观察其对财务指标的具体影响；而在多变量敏感性分析中，则同时考虑多个变量的联合变化，提供更复杂的交互效应评估。

为了提高分析的精确度和全面性，蒙特卡洛分析法作为一种高级敏感性分析技术被广泛应用。蒙特卡洛分析通过大量的随机模拟来评估多个变量的随机变化对项目经济表现的潜在影响。其步骤包括构建一个反映项目经济行为的数学模型（如现金流模型），定义每个关键变量的概率分布，利用专门的软件工具（例如 MATLAB、@RISK、Crystal Ball、R、Python、Goldsim 等）进行大量随机抽样和计算，通常进行数千次到数万次模拟，从而生成一个全面的风险评估结果。通过这些模拟，可以形成直观的结果展示，例如变量变化对净现值或内部收益率的概率分布，从而揭示项目的潜在风险和不确定性范围。敏感性分析不仅可以识别和量化项目中的风险，还为管理层提供了制定应对策略的科学依据。例如，通过模拟不同情境下原材料价格波动或市场需求变化的情况，项目团队可以提前设计采购策略、价格对冲或市场多元化策略，降低项目暴露于单一风险因素的不确定性。

此外，敏感性分析还起到了衡量项目稳健性的作用，即评估项目在不同条件下保持良好经济表现的能力。如果敏感性分析显示，项目在大多数假设条件变化的情境中依然能够保持较高的经济效益，如持续为正的净现值或较高的内部收益率，则表明项目具备良好的稳健性，这对于决策者制定长期投资和管理策略至关重要。与此同时，敏感性分析作为一个动态的、持续的过程，需要随着项目进展、市场条件、技术变革及外部环境变化不断更新和重新评估，以确保项目在整个生命周期内的优化和成功实施。敏感性分析与技术评估、经济建模和市场分析等其他工具相结合，为项目的技术、经济和市场潜力提供了一个综合的评估框架。通过减少决策过程中的不确定性和提高对外部变化的适应性，敏感性分析在科学决策和战略规划中扮演着不可或缺的角色，最终增强了项目在未来市场环境中的竞争力和可持续性。

五、技术经济分析软件

现有的商业化技术经济分析软件种类繁多，各类软件在全球范围内得到了广泛应用和认可。近年来，针对这些软件的功能和性能的比较研究也逐渐增多。例如，某些研究对多个 TEA 软件进行了综合分析比较，结果表明这些软件在基本功能方面较为一致，但在工艺模拟、经济评估、数据集成及计算模式等方面仍存在一定差异。这些差异反映了各类软件在不同应用场景下的独特优势和局限性。SuperPro Designer、Aspen Plus、Aspen HYSYS、HOMER Pro 及 Microsoft Excel 等软件因其强大的模拟与分析功能，已成为国际上应用最为广泛的 TEA 研究工具。这些软件在学术研究与工业实践中均是基于标准化的 TEA 分析框架，支持从工艺设计到经济评估的全面建模和优化。

（1）SuperPro Designer　由美国 Intelligen 公司开发，是一个集成了过程模拟、设计、优化和经济评估的多功能软件工具，广泛应用于生物技术、化工、制药、食品和环境工程等领域。其主要特点是能够模拟复杂的工艺流程，进行物料和能量平衡计算，并支持从实验室规模到工业规模的工艺放大。SuperPro Designer 的模块化设计使其能够处理多阶段的连续或间歇操作，具有灵活的工艺建模能力。学术研究中，SuperPro Designer 常用于工艺路径选择、资源消耗优化、废物最小化以及生产成本的详细分析。其内置的经济分析工具能够计算资本支出（CAPEX）、运营支出（OPEX）、生产成本和产品成本效益，帮助研究者和工业实践者在技术开发早期阶段做出数据驱动的决策。

（2）Aspen Plus　由 AspenTech 公司开发的一款高级过程模拟工具，是化工行业中最为常用的过程模拟软件之一。与 Aspen HYSYS 相比，Aspen Plus 更侧重于固体处理、化学反应工程以及精细化工等领域。Aspen Plus 具有强大的物理化学性质估算功能，并支持复杂的多相系统模拟，其内置的数据库涵盖了大量的化工物质和反应机理，可以准确模拟从实验室到工业规模的各种化学过程。在学术界，Aspen Plus 被广泛用于研究新工艺路径、优化生产流程、评估不同工艺条件下的经济性。通过其经济分析模块，研究者能够快速评估新技术的资本投资、运营成本、利润率和回报周期，并进行详细的生命周期成本分析（LCCA）。

（3）Aspen HYSYS　同样由 AspenTech 公司开发，专门面向石油、天然气、石化和化工行业。Aspen HYSYS 集成了物理和化学过程的模拟功能，能够对气体处理、炼油、化学反应等过程进行详尽的模拟和优化。其数据库包括广泛的物性数据、热力学模型和反应动力学模型，支持用户进行详细的物料和能量平衡计算。Aspen HYSYS 在学术研究和工业应用中被广泛用于设计和优化化工流程、评估新工艺的可行性，及进行全面的经济性分析。通过对流程的模拟和优化，研究者能够识别关键工艺参数，并进行经济敏感性分析，以便在项目早期阶段对经济风险做出科学评估。

（4）HOMER Pro　HOMER Pro 是由美国国家可再生能源实验室（NREL）开发的能源系统优化工具，特别适用于离网系统和混合能源系统的设计与优化。HOMER Pro 能够模拟不同能源组合的性能、优化系统配置、进行详细的经济性分析，及考虑生命周期成本、能源生产成本和系统可靠性等因素。在学术研究中，HOMER Pro 广泛用于可再生能源系统的设计优化、能源管理策略的开发以及经济效益的评估。它提供了强大的敏感性分析功能，使研究者能够评估关键参数（如能源价格、设备成本、负荷波动）对系统经济性的影响，为政策制定和投资决策提供科学依据。

（5）Microsoft Excel　作为全球最为普及的电子表格软件，Microsoft Excel 以其直观的界面、强大的计算功能和广泛的应用场景，在技术经济分析中得到了广泛应用。Excel 提供了灵活的数据处理功能、广泛的统计和金融函数以及可视化工具，使其成为构建经济模型、执行数据分析和进行敏感性分析的常用工具。Microsoft Excel 的 VBA（visual basic for applications）

功能进一步增强了其处理复杂计算和自动化任务的能力，能够创建定制化的计算模型和宏脚本。学术研究中，Microsoft Excel 常用于快速原型开发、数据整理和初步经济性评估，并且由于其良好的兼容性，Microsoft Excel 能够与 Python、MATLAB、R 等其他分析工具无缝集成，支持多平台的数据交换和分析，是技术经济分析中的一款基础而重要的工具。

第三节 物质能量评价

一、物质流分析的起源及定义

1. 物质流分析的起源与发展历程

物质流分析（material flow analysis，MFA）的起源和发展经历了多个阶段。早期，Ayres 提出了物质能源平衡概念，为社会新陈代谢研究奠定了基础。20 世纪 90 年代初，物质流分析开始活跃，日本、奥地利和德国等国家尝试构建国家层面的物质流账户。1997 年，欧盟资助成立的 Con Account 平台促进了国际交流和方法论标准化。之后世界资源研究所（WRI）加入合作，Adriaanse 等对工业化国家物质输入进行了系统比较，Matthews 等在 2000 年进一步研究了物质流出情况。

进入 21 世纪，欧洲统计局和经济合作与发展组织（OECD）在物质流分析中发挥了重要作用，推动了物质流分析的标准化和规范化。2001 年，欧洲统计局出版了《经济系统物质流核算和派生指标——方法指导》，为物质流分析提供了理论框架和实践指导。OECD 国家近年来的研究成果将物质流分析推向新高度，研究范围和方法更加广泛和深入。联合国也意识到物质流分析的重要性，推动了 SEEA-MEA 体系的研究，旨在提出一致性和标准化的物质流账户。经过多次讨论，SEEA-MEA 框架已基本建立，官方指导手册仍在修订中。

20 世纪 60 年代末，Ayres 和 Kneese 提出了基于经济学视角的美国物质流分析。90 年代初，奥地利和日本首先开展国家经济系统的物质流核算。各大研究机构如 Wuppertal Institute、WRI 和欧盟委员会（EC）等为统一 MFA 分析方法做出了贡献。Schmidt-Bleek 提出了分子印迹聚合物（MIPS）和生态包袱（ecological rucksack）等重要概念。EC 资助创立了 ConAccount 工作平台，WRI、WI 及欧洲、日本研究机构完成了相关研究报告。基于这些成果，欧盟统计局于 2001 年公布了物质流核算与分析方法的指导手册，规范了经济系统的物质流核算与分析方法。

目前，多数国家以 Eurostat 确立的框架为基础，进行了国家层面的 MFA 研究，并开展了多国综合比较研究。欧洲环境署和欧盟统计局发布了欧盟成员国及地区的物质流输入和消费统计结果。Weisz 等分析比较了欧盟 15 国的国内物质消耗量，找出了影响因素。物质流分析已成为衡量国家经济系统物质输入和输出的重要工具，对可持续发展和环境保护具有重要意义。

2. 物质流分析定义

物质流分析是一种基于质量守恒定律，对具有时空边界的经济系统中的物质输入量、输出量和储存量进行定量评估的研究方法。它揭示了物质在系统中的流动特征和转化效率，能够客观反映系统的代谢规模以及对自然环境造成的压力。物质流分析主要衡量经济系统的物质投入、产出和利用效率，是分析资源、能源消耗和产品产出的重要工具。其基本观点是人类生产活动对环境的影响取决于进入系统的物质和资源数量以及向环境排放的污染物数量，前者导致环境退化，后者导致环境污染。物质流分析描述了人类在经济活动中从自然界获取资源，产生废弃物质以及废弃物质的去向和资源化再生利用等整个过程中物质的流向和流量。同时，它还可以借鉴流体分析的方法，但物料流动具有其独特特征，如沿着产品生命周期轨迹流动、周期变化、时间跨度大、物态等不断变化、物流量较大等。物质流分析一般采用物质流定点观察法和物质跟踪法进行。20 世纪 90 年代初，物质流分析开始被用作计算物质流动的方法。图 15-3 所示是某区域物质流分析研究框架。

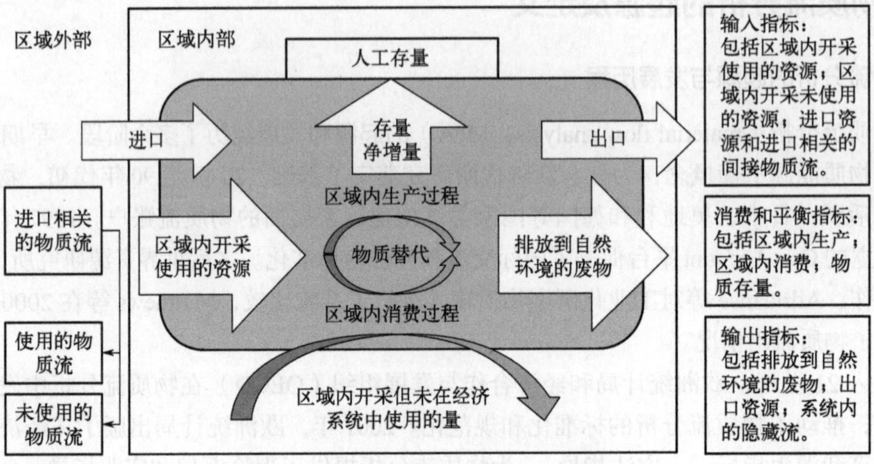

图 15-3 某区域物质流分析研究框架

二、物质流分析方法及分类

物质流分析（M/SFA）是一种用于系统评估物质或物质通过给定系统（例如生产系统、经济或社会系统）的流动和存量的分析方法，该系统应在空间和时间上明确定义。物质流分析利用质量平衡原理来分析物质或物质流（包括资源、能源和废物）、人类活动和环境变化之间的关系。物质或物质流的每个阶段（包括给定物质或物质的来源、运输、转移和归宿）都可以通过 M/SFA 系统模型链接。物质守恒定律解释了质量平衡结果。M/SFA 已成为许多领域广泛使用的政策决策支持工具，包括过程控制、资源管理、废物处理、环境管理、产品设计和生命周期评估。M/SFA 可以按材料类型、分析范围、化学成分或研究目的进行分类（表 15-4），为从各种分析角度评估可持续发展提供了潜力。

表 15-4 物质流分类方法及分类

分类依据	类别	解释
材料类型	物质流动分析（SFA）	监测引起特别关注的与其生产和消费相关的环境和健康风险的个别物质的流动
	材料系统分析（MSA）	监测某些原材料或半成品的流动，这些原材料或半成品对其使用的可持续性、主要经济活动部门的供应安全性和/或其生产和消费的环境后果引起特别关注

续表

分类依据	类别	解释
材料类型	生命周期评价（LCA）	监控与特定产品的生产和使用相关的材料流动，并分析产品整个生命周期中的材料要求和潜在的环境压力
分析范围	企业级物料流分析（B-MFA）	对公司或工厂的各种详细程度的物料流进行监控
	输入输出分析（IOA）	监测按经济活动和最终需求类别或消费函数划分的流入、流出和流经经济的物质流动
	经济型物料流分析（EW-MFA）	监测所有进入或离开国民经济边界的物质流动。EW-MFA 是推导汇总物料流和资源生产率指标的基础
化学成分	单一物质分析	监测单个元素、分子或化合物的流动
	复合材料分析	监测由多种元素或化合物组成的材料或产品的流动
研究目的	环境问题分析	监测引起环境问题的物质的流动，即生态中毒、富营养化、温室效应、环境系统退化等
	环境压力分析	监测复合材料的流动，包括能源载体、木材、矿物等
	可持续性分析	监测其数量和质量或流动特性可能影响区域可持续发展的材料流动

三、物质流分析步骤

物质流分析是一种评估方法，用于追踪和量化物质在经济系统和环境系统之间的流动。它基于质量守恒原理，分析物质从原材料提取、加工、分配、使用到废弃的整个生命周期。评价过程需要：明确分析的目标和范围；收集相关数据，并构建模型来表示物质流动和储存的方式；分析系统中物质的输入、输出、转化和存储情况；对分析结果进行解释；确保数据的准确性，并评估结果的稳定性和可靠性；使用软件等工具可视化物质流动，这些图表被称为工业生态学的可见语言。

（1）确定研究目标与系统边界　明确研究要解决的问题，比如分析特定区域内某种资源的流动情况，或者某一产业的物质代谢过程等。同时，清晰界定系统的边界，确定哪些物质、过程和活动包含在研究范围内，哪些被排除在外。例如，研究一个城市的水资源物质流，需要确定城市的地理边界，以及涉及的水资源相关活动，如供水、用水、排水等环节，但可能不包括城市周边未纳入城市管理的自然水体。

（2）数据收集　收集与研究系统相关的各种数据，包括物质的输入量（如原材料的采购量、资源的开采量等）、输出量（产品产量、废弃物排放量等）、在系统内的储存量变化以及物质在各环节的流动情况等。数据来源可以是统计资料、企业报告、实地监测、问卷调查等。以研究某一制造业的物质流为例，需要收集原材料的进货记录、生产过程中的物料消耗数据、产品的出货量以及生产过程中产生的废料数量等。

（3）构建物质流模型　根据研究目的和收集到的数据，选择合适的物质流模型来描述和分析物质在系统内的流动过程。常见的模型有物质流账户模型（如编制物质流平衡表）、流程图模型等。例如，对于一个简单的生产系统，可以构建一个流程图，展示原材料如何进入生产过程，经过各个加工环节，最终转化为产品和废弃物的流向。

（4）物质流分析与计算　利用构建好的模型和数据进行具体的分析计算。这包括计算物质的流量、流速、存量等指标，以及分析物质在系统内的分布、转化和循环情况。例如，通过计算可以得出某个区域一年内某种金属资源的总输入量、在各产业部门的分配量、最终以产品和废弃物形式输出的量等。

（5）结果解释与评估　对物质流分析的结果进行解释，理解物质流动的模式、特点和存在的问题。评估研究结果对资源利用效率、环境影响等方面的意义，判断是否达到研究目标。例如，如果发现某个地区某种资源的废弃物产生量过大，可能意味着资源利用效率较低，需要进一步分析原因并提出改进措施。

（6）提出建议与决策支持　基于研究结果，提出针对性的建议和措施，以优化物质流动，提高资源利用效率，减少环境影响。这些建议可以为政策制定、企业管理、区域规划等提供决策支持。例如，针对某一产业的物质流分析结果，可能建议企业改进生产工艺，提高原材料利用率，或者政府制定相关政策鼓励资源回收利用。

四、评价指标

国内外相关研究领域在可持续发展指标体系的研究中已取得了一些成果。物质流分析方法为制定区域可持续发展战略提供了可以量化的依据，并为可持续发展指标的建立提供了一种新的思路。在对经济系统进行物质流分析的基础上，可得到物质输入指标、物质输出指标、物质消耗指标、平衡指标、强度和效率指标、综合指数 6 大类共 10 多个物质流分析指标（见表 15-5）。其中分离指数和弹性系数是用来衡量物质消耗、环境退化与经济增长之间的相关关系的综合指数。指标中最重要的是物质需求总量，因为人类对环境的影响是通过自然物质的输入产生的，并且在一定程度上对输出起决定作用。物质需求总量可以用来衡量一个经济系统（国家或地区）的可持续性，物质需求总量越小，向环境排放的废物就越少，生态质量和经济系统的可持续性就越强。

表 15-5　物质能量评价指标

指标	定义	包含指标
物质输入指标	指进入系统的物质总量，通常包括自然资源的开采量和从外部系统（如国际贸易）获得的物质量。输入指标反映了一个系统对外部资源的依赖程度	（1）资源投入量：表示进入系统的物质总量。 （2）资源进口量：从系统外进口的物质总量。 （3）资源开采量：从自然资源中开采的物质总量。 （4）资源回收量：从废弃物中回收的物质总量
物质输出指标	指系统向外排出的物质总量，可能包括产品出口、废物排放等。输出指标有助于了解系统中物质的去向和对外界环境的潜在影响	（1）产品输出量：系统生产的产品中包含的物质总量。 （2）废弃物输出量：系统产生的废弃物中包含的物质总量。 （3）物质出口量：系统向外部输出的物质总量。 （4）资源消耗量：系统消耗的资源总量

续表

指标	定义	包含指标
物质消耗指标	指在系统内部消耗的物质总量，通常涉及原材料在生产过程中的使用和转化为产品或废物的过程。物质消耗指标体现了资源利用的效率	（1）物质消耗量：系统消耗的物质总量。 （2）能源消耗量：系统消耗的能源总量。 （3）水资源消耗量：系统消耗的水资源总量。 （4）其他资源消耗量：系统消耗的其他资源总量
平衡指标	涉及输入、输出和库存变化的物料平衡，遵循物质守恒定律，即输入量等于输出量加库存变化量。平衡指标有助于识别物质流动中的损失和效率问题	（1）物质输入输出平衡：输入和输出的物质总量之间的平衡关系。 （2）资源储量变化：系统内资源储量的变化情况。 （3）废弃物产生量与处理量平衡：废弃物产生量和处理量之间的平衡关系
强度和效率指标	如单位产品的物质消耗量或单位 GDP 的物质投入量，这些指标反映了资源使用的效率和经济活动的强度。通过这些指标，可以评估和改进资源使用和生产过程的效率	（1）资源利用效率：资源的投入与产出之间的比例关系。 （2）能源利用效率：能源的投入与产出之间的比例关系。 （3）物质循环利用率：循环利用的物质与总输入物质的比例。 （4）废弃物处理效率：废弃物的处理量与产生量之间的比例关系
综合指数	可能包括物质流的循环率、资源的再生利用率等，这些指标综合考量了物质流动的多个方面，用于评估系统整体的可持续性	（1）可持续发展指数：综合考虑物质流的各个方面，评估系统的可持续发展程度。 （2）环境影响指数：物质流对环境的影响程度。 （3）经济绩效指数：物质流对经济绩效的影响程度

五、物质流分析软件

现有的商业化物质流分析软件种类多样，广泛应用于资源管理、环境科学和可持续发展等领域。研究人员对多个 MFA 软件进行了综合分析，发现这些软件在基本功能上较为一致，但在模型构建、数据处理方式以及可视化能力等方面存在一定差异，这些差异使得各类软件在不同的应用场景下展现出独特的优势。STAN、Umberto 和 e!Sankey 是目前国际上使用最为广泛的 MFA 工具，它们分别在物质流平衡计算、环境管理以及流动可视化方面具有突出的功能。这些软件均基于标准化的 MFA 分析框架，支持从简单系统到复杂网络的物质流建模和分析，广泛应用于学术研究和工业实践中。

（1）STAN　STAN（Substance Flow Analysis）是由奥地利维也纳大学开发的专门用于物质流分析的软件工具。STAN 的设计目标是通过精确的物质平衡计算和图形化表示，帮助研究者和工程师进行物质流动的系统性分析。该软件能够处理各种复杂系统，支持不确定性分析，并具备自动调整物质平衡的功能，使其在学术研究和实际应用中都得到了广泛认可。STAN 的图形界面直观友好，用户可以方便地构建模型，输入数据并生成结果图表，从而为物质流分析提供强大的支持。学术界广泛使用 STAN 进行城市代谢分析、工业生态研究以及资源管理的物质流评估，为政策制定和资源优化提供科学依据。

（2）Umberto　Umberto 是一款综合性的软件工具，专为环境管理而设计，支持物质流分析（MFA）、生命周期分析（LCA）以及碳足迹计算。该软件在学术界和工业界均广泛应用，特别是在处理复杂系统的物质和能量流动时表现出色。Umberto 的强大之处在于其灵活的图形化建模环境，用户可以通过直观的界面进行复杂的流程建模，同时结合经济评估和环境影响分析进行全面的系统评估。Umberto 内置了丰富的数据库，使研究者能够轻松进行数据的整合和分析，广泛用于资源消耗优化、可持续生产设计以及环境影响评估等领域。

（3）e! Sankey　e! Sankey 是一款专注于绘制桑基图（Sankey diagram）的软件工具，广泛应用于物质流分析（MFA）和能量流分析。该软件以其强大的可视化功能著称，能够直观展示物质和能量流动的路径和数量关系，帮助用户更好地理解复杂系统中的资源流动。e!Sankey 的使用非常灵活，用户可以根据需求自定义图表，并且软件支持多种数据输入和输出格式，便于与其他分析工具整合。学术研究中，e! Sankey 常用于直观地展示城市代谢、工业流程和能源系统中的物质和能量流动，为研究者和决策者提供清晰的可视化数据支持。

第四节　层次分析评价

一、层次分析法和神经网络分析法

层次分析法（analytic hierarchy process，AHP）是美国运筹学家 T.L Saaty 于 20 世纪 70 年代提出的一种多目标决策分析方法，主要运用于多目标和层次的决策分析中。其优势在于有效地将主观判断和客观运算结合，从而帮助决策者在众多选择中决策，被众多学者视为确定权重的一种有效方法。层次分析法作为一种综合评价方法，主要应用在安全科学和环境科学领域。经过多年的发展层次分析法衍生出改进层次分析法、模糊层次分析法、可拓模糊层次分析法和灰色层次分析法等多种方法，并根据研究的实际情况各有其适用的范围。层次分析法的显著优势在于其能够将定性分析与定量分析有机结合，系统地分析复杂问题，特别是在多目标、多准则的决策问题中提供了一个有效的框架。层次分析法使得主观判断在一定程度上得以量化，从而可以通过数学运算得出相对精确的决策结果。然而由于判断矩阵的建立依赖于决策者的主观判断，如果参与决策的专家或决策者存在偏差，可能会影响最终的权重分配和决策结果。此外，随着决策问题的复杂性增加，判断矩阵的一致性问题也可能导致运算复杂度增加和决策过程延长。

二、层次分析法评价步骤

层次分析法的原理，是在分析一个现象或问题之前，首先将现象或问题根据它们的性质分解为有关因素，并根据它们之间的关系分类而形成一个多层次的结构模型；然后，通过经验或专家来判断和衡量低层因素对高层因素的相对重要性，并根据重要性程度得出权重排序，进而可以量化分析比较。层次分析法的核心是将影响因素层次化和数据化，它把一个抽象的现象或问题由难到易地予以分解，易于对复杂问题进行直观的判断，并做出决策。层次分析法具有将复杂问题简单化且计算简单等优点，应用十分广泛，诸如在人员素质评估、多方案比较、科技成果评比和工作成效评价等多领域多方面都有运用。简单地说，层次分析法首先将复杂问题分解为若干层次和若干因素，建立层次结构模型。构建指标体系模型分为三个层级，分别为：最高层、中间层、最低层。最高层为目标层，标明所要决策问题的总目标；中间层为准则层，标明判断标准；最低层为方案层，包含比方案列表。根据标度表对同层诊断指标的重要程度进行对比，构造出整层指标的判断矩阵，通过计算判断矩阵的最大特征值以及对应特征向量，可得出不同方案重要性程度的权重，对矩阵的一致性进行检验，为最佳方案的选择提供依据。具体步骤为：

① 确定各指标、准则的权重系数 ω_i 和对评价体系中的定性指标进行评分。邀请业内专家进行问卷调查，对评价指标体系中指标的相对重要程度做两两比较判断，构造出各层次的判断矩阵，求解各个专家给出并通过一致性检验的判断矩阵，综合后可得各准则、指标与分指标的权重系数。

② 数据预处理。运用相应的量化方法和标准将评价体系中的指标全部化为实数，但由于存在不同量纲和不同数量级的指标值，评价会变得复杂。因此在进行评价前，需对指标数据进行预处理，使数据处于 0 ～ 100 范围之内。

③ 运用层次分析法进行初步评价。以评价指标体系和指标的权重系数为基础，运用层次分析法对研究目标的综合效益进行评价。按照预处理后的指标数据乘以相应的权重系数，并按各层次求得研究区各指标、准则及生态效益的评价值。

④ 层次单排序及其一致性检验。这步即为对指标定权，并为层次总排序及其一致性进行检验。层次单排序是指针对上一层某元素将本层中所有元素两两评比，并开展层次排序，进行重要顺序的排列，具体计算可依据判断矩阵进行。

三、层次分析法评价软件

Matlab、Python、SPSSpro、Yaanp 等软件是目前国际上使用最为广泛的 AHP 工具。Matlab 是矩阵实验室的简称，它可以将数值分析、矩阵计算、施工监测、科学数据可视化以及非线性动态系统的建模和仿真等诸多强大功能集成在一个易于使用的视窗环境中，为科学研究、工程设计以及必须进行有效数值计算的众多科学领域提供了一种全面的解决方案，并在很大程度上摆脱了传统非交互式程序设计语言的编辑模式。Matlab 已经得到广泛使用，软件包丰富，对系统性的统计分析能提供越来越多的支持；缺点在于软件包庞大，是商业软件。Python 的优点是入门简单，软件包丰富，满足操作需求；缺点是函数接口高级，深入学习有门槛。Yaanp 不仅提供了层次分析法支持，也对使用网络分析法进行建模、计算和分析的全过程提供了支持。

四、评价指标

一致性检验的含义可用于确定构建的判断矩阵是否存在逻辑问题，计算中确保其能够符合 $\boldsymbol{AW}=\lambda_{max}\boldsymbol{W}$ 的特征根和特征向量条件。在此，A 的最大特征根为 λ_{max}，对应 λ_{max} 正规化的特征向量为 $\boldsymbol{W}$。设 n 阶判断矩阵为 $\boldsymbol{B}$，则可用以下方法求出其最大的特征根 λ_{max}：$\boldsymbol{BW}=\lambda\boldsymbol{W}$。其中，$\boldsymbol{W}$ 是 $\boldsymbol{B}$ 的特征向量。在层次分析法中，用一致性指标 C.I. 来检验判断的一致性。

$$C.I. = \frac{\lambda_{max} - n}{n-1}$$

C.I.=0 表示判断矩阵完全一致，C.I. 越大判断矩阵的不一致性程度就越严重。最后，利用C.I.、R.I. 值求解C.R. 值，判断其一致性是否通过。R.I. 值通过查表（见表15-6）可以得知，这个是 Satty 模拟 1000 次得到的随机一致性指标。

表 15-6 R.I. 取值表

矩阵阶数 n	1	2	3	4	5	6	7	8	9	10	11	12	13
R.I.	0	0	0.58	0.90	1.12	1.24	1.32	1.41	1.45	1.49	1.51	1.54	1.56

$$C.R. = \frac{C.I.}{R.I.}$$

当 C.R. ＜ 0.1 时，表明判断矩阵 $\boldsymbol{A}$ 的一致性程度被认为在容许的范围内，此时可用特征向量开展权向量计算；若 C.R. ≥ 0.1 时，则应考虑对判断矩阵进行修正。

第五节 南宫堆肥项目评价

一、项目描述

（1）南宫堆肥厂的起源 北京市南宫垃圾堆肥厂位于大兴区瀛海镇，隶属于北京环卫集团二清分公司，占地面积 6.6hm^2，由德国政府捐赠，是中德财政合作框架内的财政合作项目。该堆肥厂与同属二清分公司的马家楼转运站、安定垃圾卫生填埋场共同组成了北京市西南垃圾处理系统，并于 1998 年 12 月 8 日正式投入运行，已连续运转 26 年，是迄今为止全国连续运转时间最长、规模最大的垃圾堆肥厂，也是整个亚洲地区高度自动化、大规模、现代化垃圾堆肥厂之一。

（2）南宫堆肥厂运营现状 南宫堆肥厂原设计处理能力为每天 400t，为接纳其覆盖地区每天 1000t 的废弃物（其中厨余垃圾 300t、餐厨垃圾 250t、沼液 30t、污水污泥 10t）产量，该堆肥厂于 2008 年、2009 年和 2014 年经过 3 次工艺改进，处理能力已经提升至每天 200t 以上。

生活垃圾进入南宫堆肥厂后，通过大型抓斗与堆肥辅料混匀，随后由传送带送入堆肥发酵仓库。堆肥工艺包括隧道高温发酵阶段（5 ～ 16d）、陈化阶段（15d）。其中经过高温阶段腐熟的堆肥初产品经 50mm 筛分后，筛上物在附近的焚烧厂焚烧以回收电力，筛下物经过 15d 的陈化，产生堆肥产品，进而销售使用（图 15-4）。

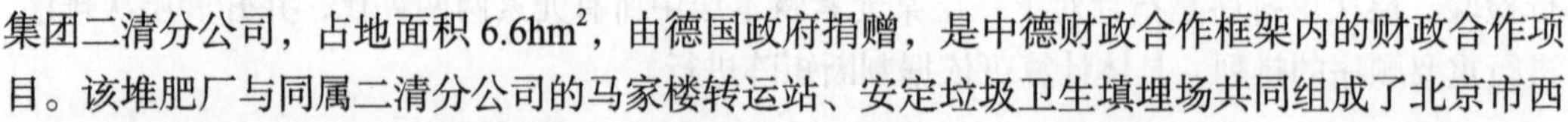

图 15-4 南宫堆肥厂工艺流程

二、南宫堆肥厂环境效益评价

（1）目标与范围　本案例研究范围包括典型生活垃圾在堆肥处置过程中，从生活垃圾及辅料的运输到堆肥产品的产生所涉及的各环节产生的环境影响，以及由于堆肥产品的产生和筛上物焚烧产生的电力所带来的环境影响的避免排放。本案例在中国垃圾分类政策不断发展和探索的背景下，为居民生活垃圾堆肥处置方案提供了案例支撑，并尝试为不同发展目标的区域提供不同的堆肥方案。

（2）功能单位　本案例的功能单位为处理 1000t 生活垃圾，以及相应添加比例的辅料。

情景设置：本案例设置了 4 个情景以评估生活垃圾与不同类型及比例辅料的堆肥效果：情景 1（S1）为 1000t 生活垃圾与 5% 2 种辅料（玉米秸秆、西瓜秧）混合堆肥；情景 2（S2）为 1000t 生活垃圾与 10% 2 种辅料堆肥；情景 3（S3）为 1000t 生活垃圾与 20% 2 种辅料堆肥；情景 4（S4）为 1000t 生活垃圾与 20% 园林废弃物堆肥（见表 15-7）。

表 15-7　案例情景描述

情景	辅料添加比例 /%	堆肥期 /d	陈化期 /d
情景 1	5	16	15
情景 2	10	7	15
情景 3	20	5	15
情景 4	20	14	15

（3）环境影响评价

① 全球变暖潜势（global warming potential，GWP）。作为衡量特定产品或系统对全球变暖效应的影响，本案例中 4 个情景的全球变暖潜势净值皆为正值，表明堆肥过程产生了环境负担（图 15-5），相当于每处理 1000t 生活垃圾，将产生 178.9 ～ 937.0t CO_2eq。4 个堆肥情景中，情景 1 产生的全球变暖潜势低于其他情景。其原因在于，辅料添加比例的增加使得堆体更加蓬松，即意味着孔隙度大大增加，提高了有机成分的降解程度，但该处理也导致了更多温室气体的排放。堆肥环节和陈化环节为整个堆肥系统贡献了 80% 以上的全球变暖潜势，归因于这两个环节进行过程中有甲烷（CH_4）和氧化亚氮（N_2O）排放。温室气体的排放是由多方影响因素共同决定的，如时间（甲烷的产生与排放高峰是堆肥的前几周）和温度（高于 60℃也会促进甲烷的排放），因此对堆肥初期进行管理以及通风降温是减缓全球变暖潜势的有效途径，另外生物菌剂的添加也可以有效降低温室气体的排放。堆肥产品的替代（指由于替代化肥所避免的生产过程的排放）以及焚烧过程中电力的产生（可避免常规发电带来的环境影响）是避免产生全球变暖潜势（负值）的有效方式。4 个情景避免产生的全球变暖潜势为 -72.2 ～ 101.5kg CO_2eq，其中筛上物焚烧环节可避免的全球变暖潜势最大，占总量的 76.2% ～ 92.4%。垃圾分类政策优化和执行导致了源分离率高的生活垃圾，这可能会增加焚烧后回收的电能。

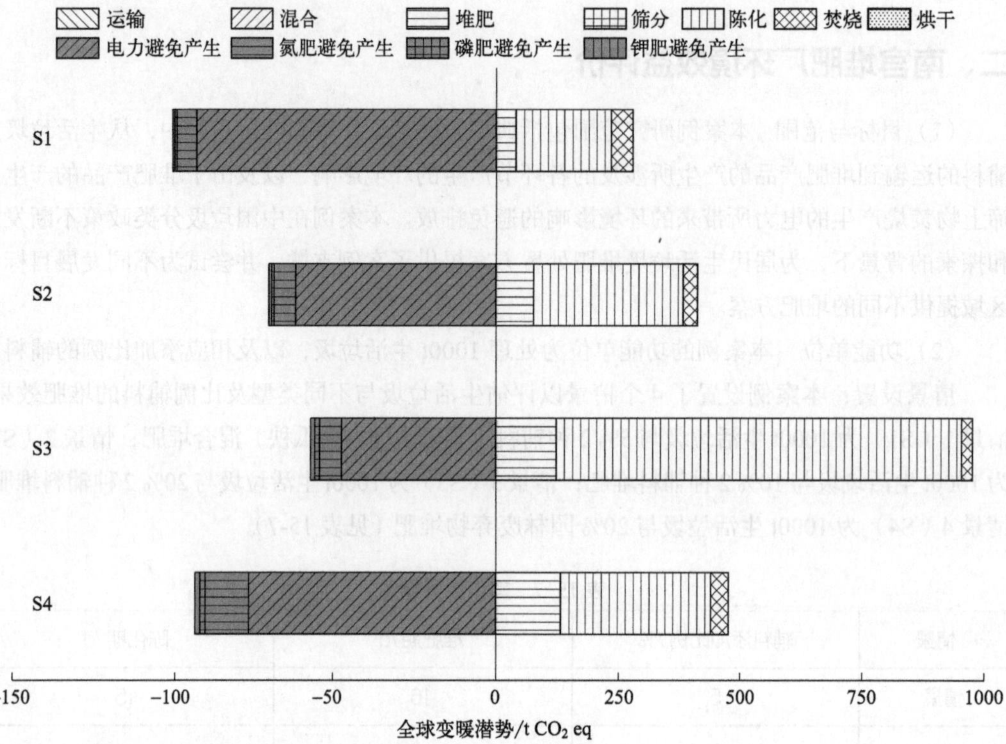

图 15-5 全球变暖潜势

② 酸化效应潜势（acidification potential，AP）和富营养化效应潜势（eutrophication potential，EP）。本案例的所有情景中，酸化效应潜势和富营养化效应潜势均为正值，即生活垃圾堆肥处理可能对土壤和水体造成环境负担（图 15-6）。富营养化效应潜势与水体中磷和氮的含量有关。S3 的酸化效应潜势值和富营养化效应潜势值皆高于其他 3 个情景，而 S4 的酸化效应潜势和富营养化效应潜势值皆最低，即从酸化效应潜势和富营养化效应潜势来看，该情景表现最佳。随着三辅料添加比例从 5% 增加到 20%，堆体降解加剧，升温快，高温期间产生 H_2S 等含 S 物质。添加 20% 的辅料堆肥（S3）可以达到超高温杀死病原菌和虫卵的目的，且具有良好的有机物质分解效果，但酸化和富营养化作用的前体物（即 SO_2、NO_x、NH_3）也随之增加。堆肥和陈化阶段对酸化效应潜势和富营养化效应潜势的贡献占比为 93.3% ～ 98.7%，这归因于两个阶段进行过程中大量的电力消耗。避免电力产生和化肥产品的产生是产生环境效应负值的主要贡献者。其中避免电力产生阶段产生的负值粪便占总酸化效应潜势和富营养化效应潜势负值的 51.2% 和 48.6%。

③ 水生生态毒性潜势（freshwater aquatic，FAETP）和陆生生态毒性潜势（terrestrial eco-toxicity potential，TETP）。本案例中，除了 S1 和 S2 外，S3 和 S4 的水生生态毒性潜势均为正值（图 15-7），表明这 2 个情景对水体造成了一定的毒害效应。而 4 个情景下的陆生生态毒性潜势均为负值，即通过堆肥处理生活垃圾可以避免陆生生态受到毒害。S1（添加 5% 三辅料）的堆体含水量和有机物含量高，堆肥过程升温难，导致了大量气体排放。当辅料添加量为 10% 时（S2），可以有效弥补堆体含水率高、孔隙率低、碳氮比低的缺点，因此，S2 的水生生态毒性潜势值最低。S1 和 S4 的陆生生态毒性潜势值较低，主要原因是 S1 中辅料添加比例低，S4 中的辅料（园林废弃物）难以分解。堆肥、运输和焚烧阶段对水生生态毒

性潜势的贡献较大，而堆肥和焚烧阶段是陆生生态毒性潜势的主要贡献者，这主要是因为这些阶段会导致重金属排放。水生生态毒性潜势和陆生生态毒性潜势的环境负值主要贡献者是电力避免生产和化肥产品避免生产过程，这主要是因为避免了与火电和化肥相关的材料及能源消耗。

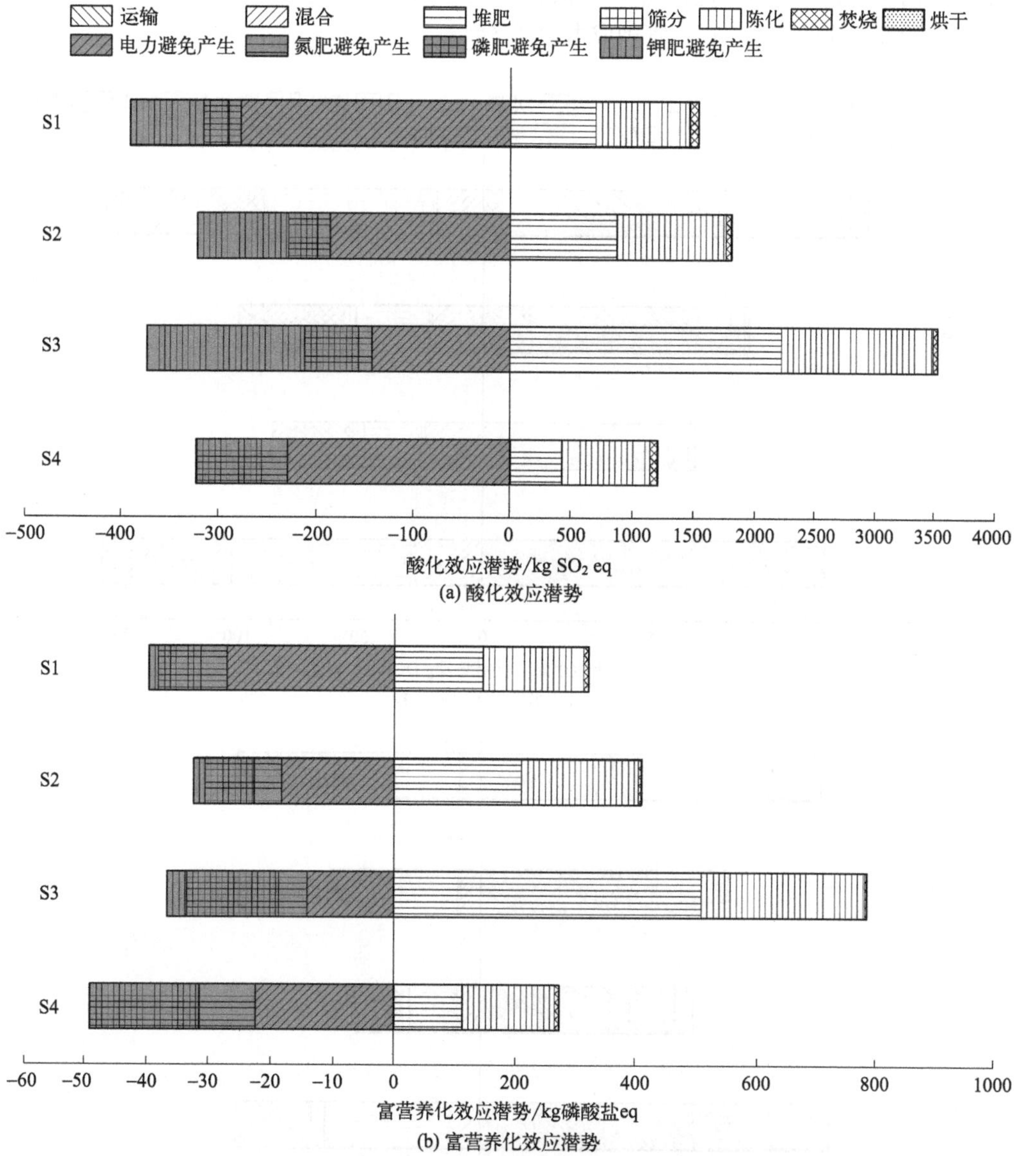

图 15-6 酸化效应潜势和富营养化效应潜势

三、南宫堆肥厂经济效益评价

（1）目标与范围 研究旨在量化和比较在北京市南宫堆肥厂生活垃圾日处理能力为1000t条件下，采用不同配比的高碳源农林废弃物（玉米秸秆、园林废弃物和西瓜秧）对设施改造成本、全年运行管理成本和经济效益的影响。研究选取了 4 个方案，涵盖 3 种辅料的不同添加比例（5%～20%）及单一园林废弃物20%的添加方案。鉴于南宫堆肥厂已于2010年完成规模为1000t/d的改造，本研究中的固定资产投入仅限于设施改造成本，年运营成本包括设备折旧费、辅料成本、水电支出、工人工资及政府补贴，年收益则涵盖肥料销售、焚烧发电及余热回用的节能效益。研究涵盖了从生活垃圾及高碳源农林废弃物运输至最终堆肥产品出售的全过程，分析了包括运输、混料、堆肥、过筛、焚烧发电、渗滤液处理及气体处理等环节的设施建设成本、运行管理成本和经济效益。

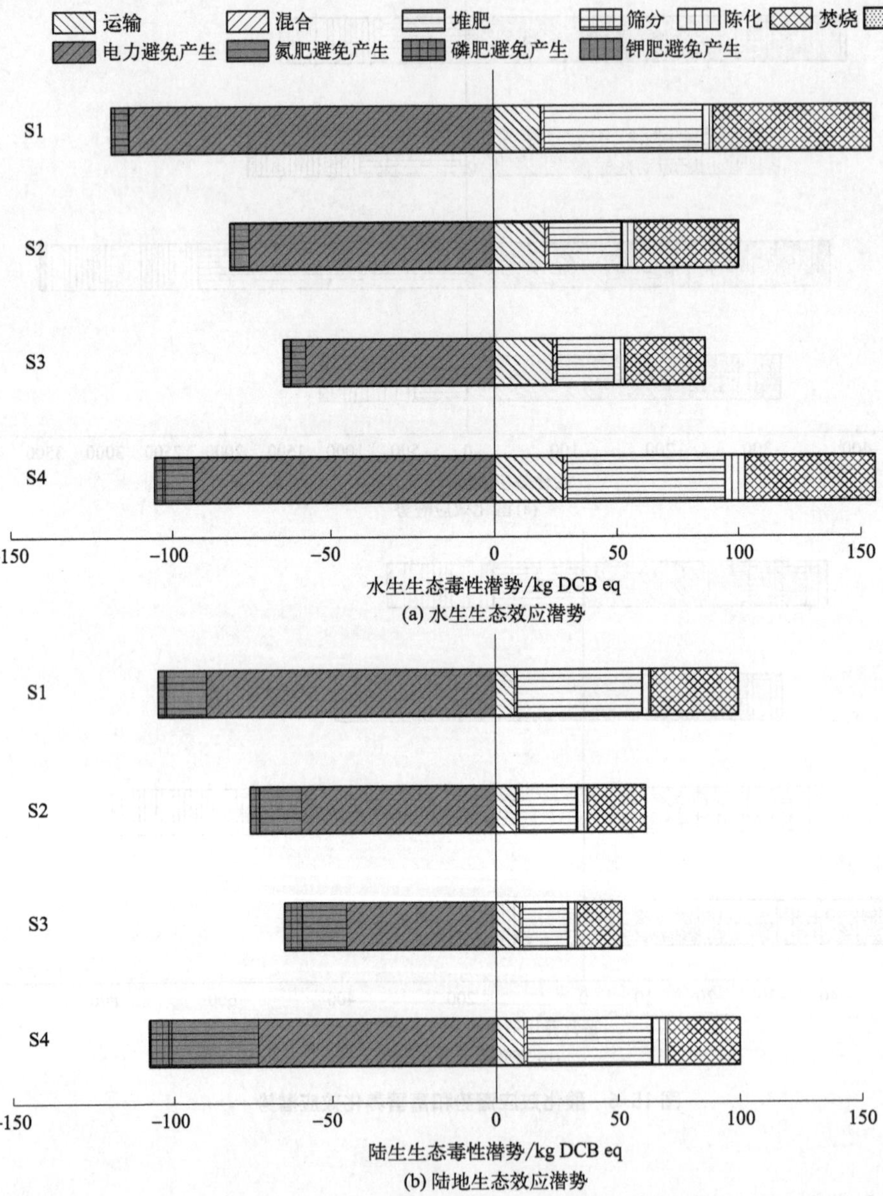

图15-7　水生生态效应潜势和陆地生态效应潜势

（2）管理方案　本研究选择了5%、10%和20% 3种辅料比例用于生活垃圾堆肥，所使用的辅料为玉米秸秆、园林垃圾和西瓜苗，按1：1：1的比例（湿重）均衡混合。这种多样化的木质纤维素材料组合可以提升堆肥的腐殖化程度，进而优化堆肥过程。此外，石灰作为一种常见的土壤改良剂，被证实能够有效缓解生活垃圾的酸化问题。同时在堆肥中添加 1% 的石灰（基于干物质）不仅有助于控制气体排放，还能有效调节堆肥的关键参数如温度和 pH 值。因此，添加 1% 的石灰被认为可以显著提高堆肥的整体性能。

（3）清单分析　在堆肥设施中，废物收集网络将城市固体废物和膨松剂运送至堆肥场。通常，收集网络会使用容量为 20 ～ 40m^3 的公路罐车运输这些材料。具体运输过程中，采用 40m^3 的公路罐车，柴油消耗量因运输距离和实际情况而有所不同。在堆肥设施内，生活垃圾和膨松剂通过一台功率为 27kW、容量为 8m^3 的抓取机进行处理，并通过传送带输送，以达到设计的混合比例。混合物在封闭的静态堆放容器（长 27m、宽 4m、高 4m）中进行堆肥，过程中以 0.1m^3/min 的速度持续通气，并添加 1% 的石灰来调节 pH 值。堆肥结束后，物料将通过滚筒筛（127t/h、37kW、筛孔直径 50mm）进行筛分，并在 0.1m^3/min 的持续气流条件下固化 15d，以降低含水量。较大的物料通过转鼓干燥机（120t/h，90kW）干燥至含水量低于 20%，以节省成本。部分干燥后的材料可作为膨松剂的替代品，进一步降低成本，其余部分则作为生物燃料出售给垃圾焚烧发电厂。

（4）经济分析　评估堆肥操作的盈利能力需要综合考虑总资本投资成本（TCC）和年度运营与维护成本（OMC）。总资本投资成本的主要组成部分包括总直接成本（TDC）、总间接成本（TIC）、承包商费用、设备采购成本的 9.45%（PC）、应急费用（PC 的 18.9%）以及启动费用（PC 的 9.45%）。这些估算基于预设的百分比，并结合了不同供应商的数据、以往研究以及 SuperPro Designer 中的内部模型。膨松剂的成本因地区差异而有所不同，相关数据来自实地调查。当前，餐厨垃圾处理的补贴率为 23.3 美元 /t，玉米秸秆和花园废弃物的价格分别为 40 美元 /t 和 30 美元 /t，而西瓜秧的成本主要限于运输费用。堆肥厂全年运行，电费为 0.16 美元 /（kW・h），人工成本为 11 美元 /h。运输成本因运输距离的不同而异，40km 以内为 0.16 美元 /t，40km 以上为 0.13 美元 /t。工厂的利润主要来自有机肥料的销售，其产量取决于堆肥的养分含量。超过 50mm 的材料被回收并作为生物质燃料出售，以降低运营成本并增加收入。堆肥厂的经济分析基于其 30 年的运营寿命。在盈利能力分析中，研究了 4 种不同的方案（S1、S2、S3、S4），并将材料用量、能源消耗、运营成本和收入标准化，以系统容量（t/t、kW・h/t、美元 /t）来表示。这种标准化方法有助于客观地评估哪种系统在效率、成本效益或特定废物处理环境中表现最佳。投资回收期（PB）、净现值（NPV）和内部收益率（IRR）是用来分析盈利能力的关键指标。

1）物质能量平衡　针对南宫生活垃圾堆肥厂，开展了全面的物质能量平衡分析，以评估堆肥过程中资源利用的效率及能源消耗情况。本次分析覆盖了废物收集、处理、堆肥、筛分以及最终产品处理的各个环节，旨在识别系统中可能存在的能源浪费和物料损失点，并为优化堆肥过程提供科学依据和数据支持。表 15-8 是该堆肥过程中不同情景条件下物质能量平衡数据的详细说明。

表 15-8　不同情景条件下物质能量平衡

物质投入	单位	情景 1（S1）	情景 2（S2）	情景 3（S3）	情景 4（S4）
生活垃圾	t	1000.0	1000.0	1000.0	1000.0
玉米秸秆	t	16.7	33.3	66.7	—

续表

物质投入	单位	情景1（S1）	情景2（S2）	情景3（S3）	情景4（S4）
园林废弃物	t	16.7	33.3	66.7	200.0
西瓜秧	t	16.7	33.3	66.7	—
石灰	t	10.0	11.0	12.0	12.0
总量	t	1060.0	1111.0	1212.0	1212.0
堆肥阶段物质输出					
初产品	t	719.6	746.7	661.6	1133.9
冷凝水	t	326.3	340.8	532.8	26.1
筛上物	t	252.9	169.5	133.8	220.8
筛下物	t	466.7	577.2	527.9	913.1
甲烷	t	0.3	0.7	1.2	0.5
氧化亚氮	t	0.1	0.1	0.1	0.1
二氧化碳	t	12.1	21.3	14.8	51.0
氨气	t	1.6	1.4	1.5	0.3
硫化氢	kg	0.2	0.3	0.1	0.2
甲硫醚	kg	4.8	3.6	6.0	4.9
乙硫醚	kg	0.7	0.3	0.4	2.4
甲硫醇	g	44.0	37.0	47.0	49.0
乙硫醇	kg	8.9	13.2	9.6	3.2
二甲基二硫醚	kg	35.9	48.4	12.0	1.7
二硫化碳	g	17.0	13.0	4.0	1.0
陈化阶段物质输出					
堆肥产品	t	430.5	528.1	394.5	817.3
冷凝水	t	23.7	26.5	108.4	83.6
甲烷	t	6.2	9.8	14.0	5.1
氧化亚氮	t	0.0	0.0	0.0	0.0
二氧化碳	t	5.7	12.1	10.0	6.5
氨气	t	0.5	0.7	1.0	0.6
硫化氢	kg	0.1	0.0	0.0	0.0
甲硫醚	kg	0.6	0.4	0.9	1.0
乙硫醚	kg	0.0	0.1	0.1	0.1

续表

物质投入	单位	情景 1（S1）	情景 2（S2）	情景 3（S3）	情景 4（S4）
陈化阶段物质输出					
甲硫醇	g	9.0	11.0	14.0	8.0
乙硫醇	kg	0.6	0.3	0.2	0.5
二甲基二硫醚	kg	0.1	1.7	8.0	0.4
二硫化碳	g	1.0	4.0	2.0	0.0
各阶段能耗					
混合阶段	kW·h	852.0	1835.5	2567.7	1000.4
堆肥阶段	kW·h	28238.4	60830.5	85098.8	33155.4
筛分阶段	kW·h	169.3	361.2	410.4	274.0
陈化阶段	kW·h	2410.7	6128.0	7186.8	4843.8

2）资本投入　资本投入包括总直接成本、总间接成本、承包商费用、预备费、流动资金、土地价格和启动成本（图 15-8）。除了流动资金（相当于 1 个月的运营成本）外，其他所有费用均基于设备采购成本。针对南宫堆肥厂的具体情况，各实验方案的经济核算考虑了技术设备的改造，包括增加前端混料设备（如混料机、脱水机、皮带、破袋器）以及后熟化通风系统的改造。在本研究中，所有设备均按 10 年折旧，采用直线法计算，折旧率为 5%。研究结果显示，总开发成本（占 45.5%）、总投资（占 18.2%）和土地成本（占 20.3%）是总投资的主要组成部分，共计占总投资的 84%。

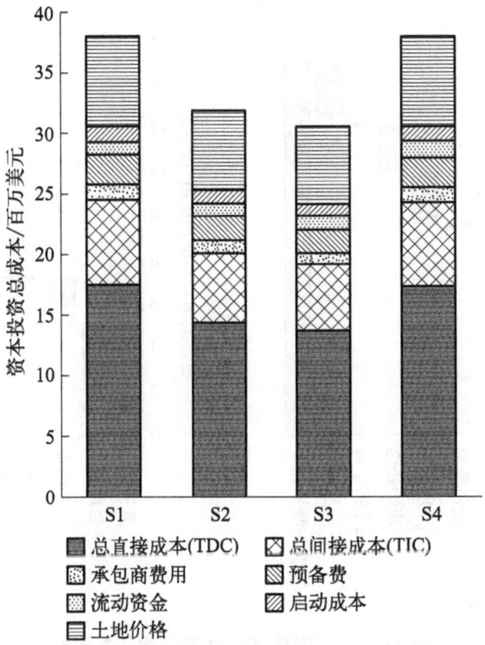

图 15-8　不同情景条件下投资总成本的构成

3）运营成本　年运营成本主要包括辅料采购成本、水电支出、劳动力费用、实验室费用、保险费用、设备维护费、税收、废物处理费用、干燥筛上物能耗以及原材料运输费用（图 15-9）。在处理量相同的情况下，某情景的年单位运营成本最低，为 33.9 美元 /t，这主要归因于该情景中膨松剂成本较低。总体而言，运营成本中税收（占 24.9%）和水电费（占 20%）是影响最大的因素。在许多发展中国家，财政紧张和缺乏技术支持已成为政府部门的普遍挑战，税收被视为解决政府资金短缺的有效手段。当前，中国根据废物类型和地区特点实施了各种税收和政策措施。在公用事业方面，堆肥过程需要消耗大量电力和化石燃料。向可再生能源的转型将显著提升堆肥技术相较于其他废物处理方法的优势。

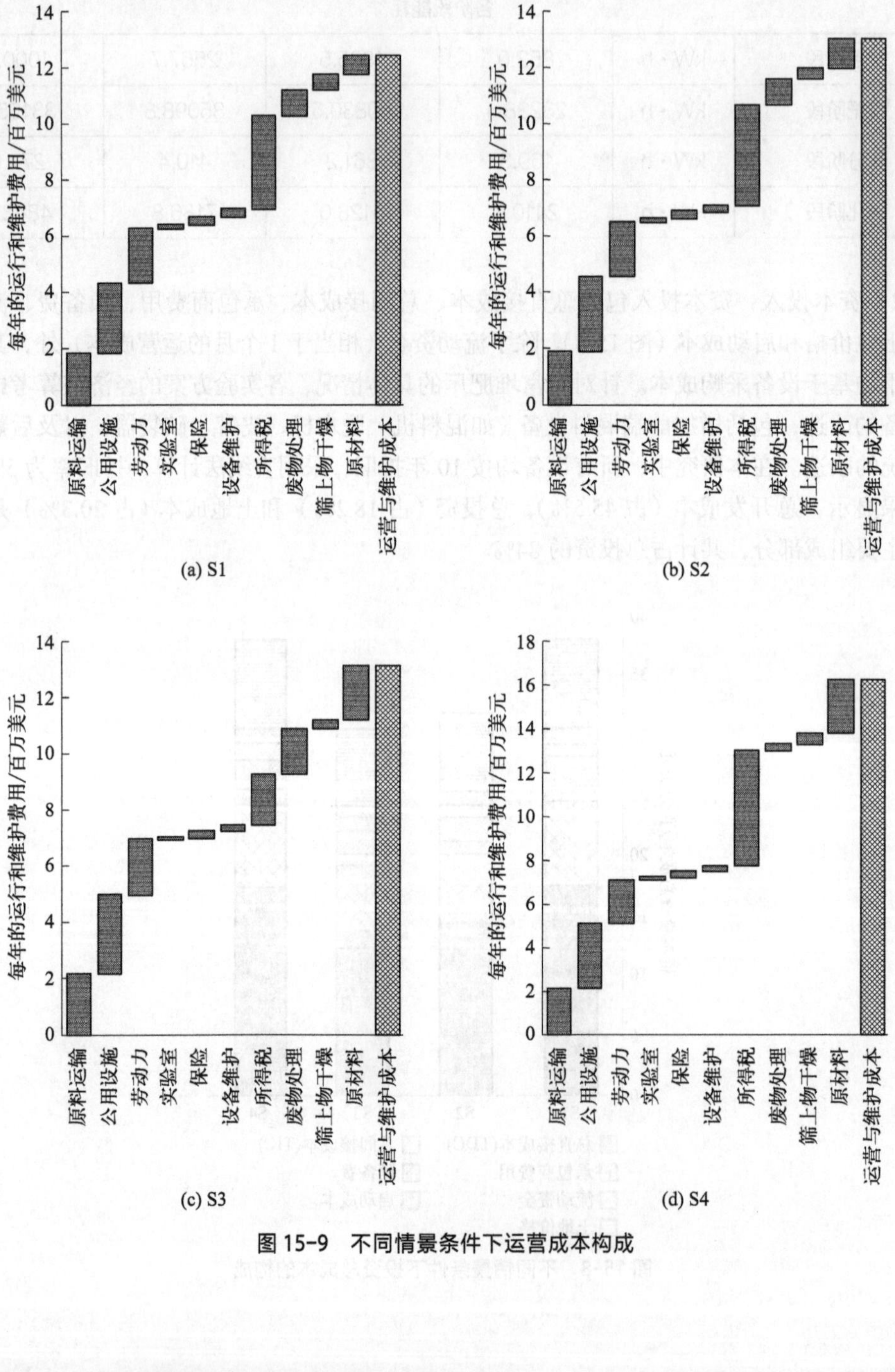

图 15-9　不同情景条件下运营成本构成

4）产品收益　堆肥设施的主要收入来源包括有机肥料的销售、超标材料回收所节省的原材料和运输成本、生物质燃料的销售收入以及政府对生活垃圾处理的补贴，这些都对增加年度总收入起到了重要作用。尽管不同方案下最终堆肥的养分含量有所不同，但所有方案的养分含量均符合中国有机肥标准《有机肥料》（NY/T 525—2021）。其中，有机质含量是堆肥过程中最活跃的成分，也是影响堆肥产品应用效果的关键因素。因此，通过将有机质含量和营养成分换算为货币价值，S1 ～ S4 的堆肥产品价格分别为 75.2 美元 /t、71.8 美元 /t、61.7 美元 /t 和 71.6 美元 /t，以评估其整体价值。在各情景中，情景四的年总收入最高，是其他方案的 1.3 ～ 1.7 倍。在处理量保持一致的情况下，政府补贴总额相对固定，而 S4 的堆肥产品销售收入比其他方案高出 35.2% ～ 58.4%。政府对堆肥设施的补贴通常来自倾倒费，倾倒费因废物类型而异。例如，在美国食物垃圾的倾倒费约为 50 美元 /t，而在德国，花园垃圾的倾倒费约为 30 欧元 /t。这些补贴帮助堆肥设施支付运营成本，确保其财务可持续性。

5）经济分析　在堆肥厂的经济分析中，识别了 3 个关键指标来评估项目的经济可行性和盈利能力：净现值（NPV）用于衡量项目生命周期内的现金流总和，从而判断其经济价值；内部收益率（IRR）用于评估项目的盈利能力，当 IRR 超过折现率时，项目被认为具有较高的投资回报；投资回收期（PB）则反映项目从启动到收回初始投资所需的时间，帮助评估项目的流动性和风险。通过这些指标，可以全面了解堆肥厂项目的经济表现和可持续性。在日处理 1000t 生活垃圾的各个情景中，净现值均为正值，表明项目具有良好的经济效益。其中，经济效益最佳的是情景四，该方案添加了 20% 的单种园林废弃物作为辅料，其净现值达 9290 万美元，内部收益率为 21.1%，投资回收期为 2.3 年（表 15-9）。

表 15-9　不同情景条件下经济分析

评估指标	单位	情景 1	情景 2	情景 3	情景 4
投资回收期（PB）	年	2.9	2.6	3.6	2.3
内部收益率（IRR）	%	15.50%	18.40%	11.30%	21.10%
净现值（NPV）	美元	45461720.90	57102511.10	13810458.50	92914873.70

6）敏感性分析　在堆肥厂的敏感性分析中，选择了多个关键因素来评估其对项目经济性的影响。这些因素包括：原材料价格、总资本投资成本、废物处理费用、土地价格、运输费用、堆肥产品价格、公用事业费用、劳动力成本、处理能力以及政府补贴。通过分析这些变量，能够更深入地理解它们对项目盈利能力、成本效益和总体经济可行性的影响，从而帮助确定最具影响力的经济驱动因素。结果显示（图 15-10），在所有方案中，当变量在 20% 范围内波动时，有机肥价格、政府补贴和处理能力是影响净现值的关键因素。其中，有机肥价格是影响两个计划净现值的最重要因素。当有机肥价格上涨时，净现值的变化幅度达到了 28.7% ～ 80.2%。研究表明，有机肥价格对净现值有显著影响，其受市场需求、生产成本和肥料质量等因素的影响。尤其是有机肥的养分含量和堆肥的质量对用户的信心至关重要，因此，优质堆肥对于确保其市场竞争力至关重要。政府补贴对净现值同样至关重要，当补贴从 23.3 美元降至 18.6 美元时，净现值可能下降 11.4% ～ 76.8%。由于经济、人口和交通等因素的影响，补贴定价应考虑到劳动力成本、资源成本和自然条件的地区差异。在加工能力波动 ±20% 的情况下，净现值的变化范围为 5.3% ～ 39.5%。堆肥设施的处理能力不仅受到其固定场地和设备的限制，还受到技术升级的影响。技术升级能够缩短处理时间并提高年处理能

力，从而对整体经济性产生积极影响。

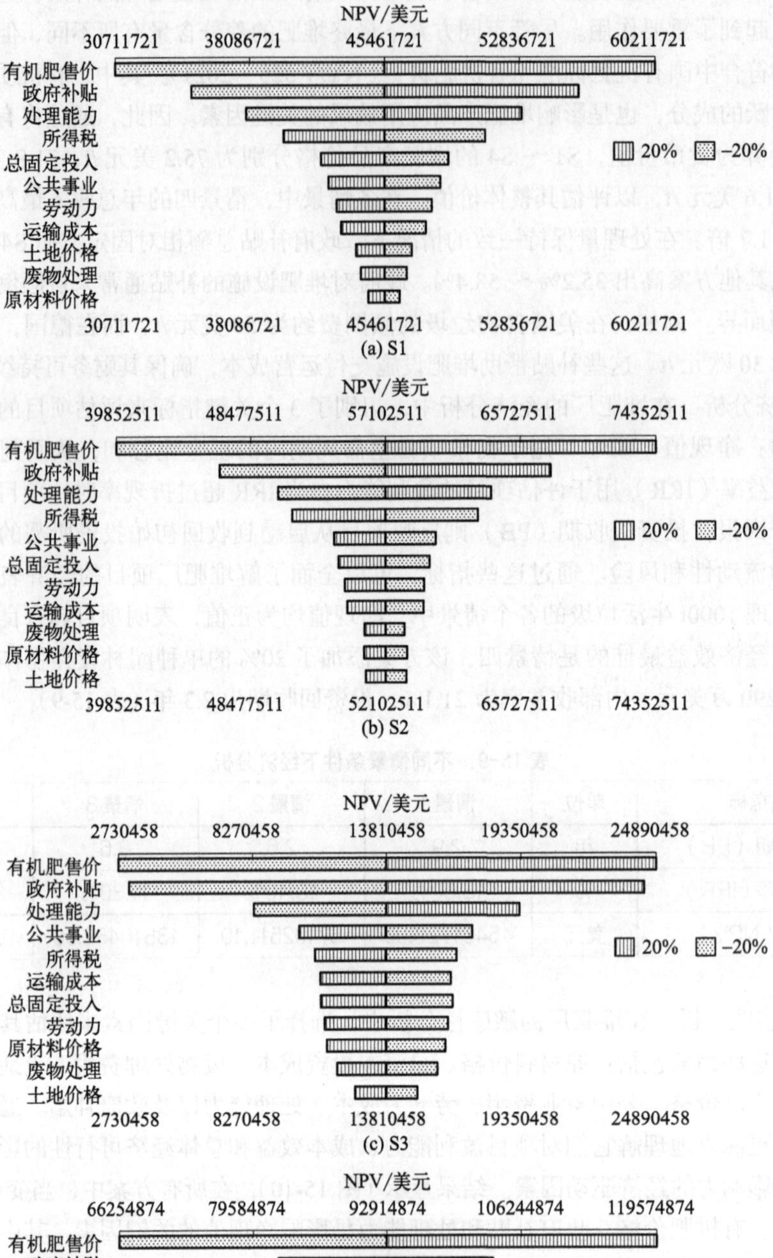

图 15-10 不同情景条件下敏感性分析

参考文献

[1] Albtoosh A F, Alnsour M A, Hajar H A, et al. Techno-economic and environmental sustainability assessment of a sewage sludge composting plant: A case study[J]. Waste Biomass Valorization, 2024, 15 (9): 1-18.

[2] Aleluia J, Ferrao P. Assessing the costs of municipal solid waste treatment technologies in developing Asian countries[J]. Waste Manag, 2017, 69: 592-608.

[3] Awasthi S K, Sarsaiya S Kumar V, et al. Processing of municipal solid waste resources for a circular economy in China: An overview[J]. Fuel, 2022, 317: 123478.

[4] Bare J. TRACI 2.0: The tool for the reduction and assessment of chemical and other environmental impacts 2.0[J]. Clean Techn Environ Policy, 2011, 13: 687-696.

[5] Bekker P H. A life-cycle approach in building[J]. Building and Environment, 1982, 17: 55-61.

[6] Borghesi G, Stefanini R, Vignali G. Life cycle assessment of packaged organic dairy product: A comparison of different methods for the environmental assessment of alternative scenarios[J]. Journal of Food Engineering. 2022, 318: 110902.

[7] Bruno M, Marini M, Angouria-Tsorochidou E, et al. Ex ante life cycle assessment and environmental cost-benefit analysis of an anaerobic digester in Italy[J]. Clean Waste Syst, 2022, 3: 100021.

[8] Bulle C, Margni M, Patouillard L, et al. IMPACT World+: A globally regionalized life cycle impact assessment method[J]. Int J Life Cycle Assess, 2019, 24: 1653-1674.

[9] Burnett S E, Mattson N S, Williams K A. Substrates and fertilizers for organic container production of herbs, vegetables, and herbaceous ornamental plants grown in greenhouses in the United States[J]. Sci Hortic, 2016, 208: 111-119.

[10] Buyle M, Braet J, Audenaert A. Life cycle assessment in the construction sector: A review[J]. Renewable & Sustainable Energy Reviews, 2013, 26: 379-388.

[11] Cabeza L F, Rincón L, Vilariño V, et al. Life cycle assessment (LCA) and life cycle energy analysis (LCEA) of buildings and the building sector: A review[J]. Renewable & Sustainable Energy Reviews, 2014, 29: 394-416.

[12] Chen T, Zhang S, Yuan Z. Adoption of solid organic waste composting products: A critical review[J]. Clean Prod, 2020, 272: 122712.

[13] Chen T, Zhao Y, Qiu X, et al. Economics analysis of food waste treatment in China and its influencing factors[J]. Front Environ Sci Eng, 2021, 15: 33.

[14] Chu X, Chu Z, Wang X, et al. Comparative analysis on the performances of implementing compulsory and advocative policies in municipal solid waste classification[J]. Environ Impact Assess Rev, 2023, 99: 106982.

[15] Dan Z, Che Y, Wang X, et al. Environmental, economic, and energy analysis of municipal solid waste incineration under anoxic environment in Tibet Plateau[J]. Environ Res, 2023, 216: 114681.

[16] de Oliveira e Silva A, Garcia F P, Perazzini M T B, et al. Design and economic analysis of a pre-treatment process of coffee husks biomass for an integrated bioenergy plant[J]. Environ Technol Innov, 2023, 30: 103131.

[17] Fava J A. A technical framework for life-cycle assessment[M].Pensacola: SETAC Foundation for E, 1994.

[18] Guinée J B, Heijungs R, Huppes G, et al. Life cycle assessment: Past, present, and future[J]. Environ Sci Technol, 45 (1): 90-96.

[19] Guinée J B, Udo D H H A, Huppes G. Quantitative life cycle assessment of products: 1: Goal definition and inventory[J]. J Clean Prod, 1993, 1: 3-13.

[20] Huijbregts M A, Steinmann Z J, Elshout P M, et al. A harmonized life cycle impact assessment method at midpoint and endpoint level[J]. Int J Life Cycle Assess, 2017, 22: 138-147.

[21] International Organization for Standardization. Environmental management—Life cycle assessment—Principles and

framework：ISO 14040：2006[S]. 2006.

[22] Jensen A A. Life cycle assessment（LCA）：A guide to approaches，experiences and information sources[R]. 1998.

[23] Jolliet O，Margni M，Charles R，et al. IMPACT 2002+：A new life cycle impact assessment methodology[J]. Int J LCA，2003，8：324-330.

[24] Laurent A，Clavreul J，Bernstad A，et al. Review of LCA studies of solid waste management systems——part II：Methodological guidance for a better practice[J]. Waste Manag，2014，34：589-606.

[25] Luciano Villalba A B. Material Flow Analysis（MFA）and waste characterizations for formal and informal performance indicators in Tandil，Argentina：Decision-making implications[J]. Journal of Environmental Management，2020，264：110453.

[26] Md Islam T，Huda N. Material flow analysis（MFA）as a strategic tool in E-waste management：Applications, trends and future directions[J]. Journal of Environmental Management，2019，244：344-361.

[27] Moreno-Sader K A，Meramo-Hurtado S I，González-Delgado Á D. Environmental sustainability analysis of chitosan microbeads production for pharmaceutical applications via computer-aided simulation，WAR and TRACI assessments[J]. Sustainable Chemistry and Pharmacy，2020，15：100212.

[28] Notarnicola B，Sala S，Anton A，et al. The role of life cycle assessment in supporting sustainable agri-food systems：A review of the challenges[J]. J Clean Prod，2017，140：399-409.

[29] Owsianiak M，Laurent A，Bjorn A，et al. Impact 2002+，recipe 2008 and ILCD's recommended practice for characterization modelling in life cycle impact assessment：A case study-based comparison[J]. International Journal of Life Cycle Assessment，2014，19：1007-1021.

[30] Özkan A，Günkaya Z，Tok G，et al. Life cycle assessment and life cycle cost analysis of magnesia spinel brick production[J]. Sustainability，2016，8：662.

[31] Pehl M，Arvesen A，Humpender F，et al. Understanding future emissions from low-carbon power systems by integration of life-cycle assessment and integrated energy modelling[J]. Nature Energy，2017，2：939-945

[32] Pryshlakivsky J，Searcy C. Fifteen years of ISO 14040：A review[J]. J Clean Prod，2013，57：115-123.

[33] Takeshita S，Farzaneh H，Dashti M. Life-cycle assessment of the wastewater treatment technologies in indonesia's fish-processing industry[J]. Energies，2020，13：6591.

[34] Walker S，Rothman R H. Life cycle assessment of bio-based and fossil-based plastic：A review[J]. J Clean Prod，2020，261.

[35] Zhou J，Chang V W，Fane A G. Environmental life cycle assessment of reverse osmosis desalination：The influence of different life cycle impact assessment methods on the characterization results[J]. Desalination，2011，283：227-236.

[36] 程文青．基于生命周期评价的煤炭生产环境影响与治理对策研究［D]. 长沙：中南大学，2023.

[37] 崔立昌．矿山生态环境影响评价及恢复对策研究——以石灰石矿山开采为例［D]. 石家庄：河北师范大学，2003.

[38] 邓超，夏添，吴军．产品生命周期评价原型系统设计和开发［J]. 计算机集成制造系统，2005 (9)：1319-1326，1332.

[39] 耿思哲，柳飞，张硕，等．基于 Matlab 模糊神经网络的桩基施工对邻近地下管线影响分析［J]. 市政技术，2022，40（10)：120-124，135.

[40] 郭金玉，张忠彬，孙庆云．层次分析法的研究与应用［J]. 中国安全科学学报，2008 (5)：148-153.

[41] 侯易凡．基于实物型投入产出表的张掖市物质流分析及评价［D]. 兰州：西北师范大学，2021.

[42] 花旼．电化学氧化处理苯酚废水的生命周期评价研究［D]. 哈尔滨：哈尔滨工业大学，2022.

[43] 李雪迎，白璐，杨庆榜，等．我国终点型生命周期影响评价模型及基准值初步研究［J]. 环境科学研究，2021，34（11)：2778-2786.

[44] 鲁胜晗，朱成立，周建新，等．生态景观视角下土地整治的生态效益评价［J]. 水土保持研究，2020，27 (5)：

311-317.

[45] 潘嫦英 . 土地利用规划环境影响评价研究 [D]. 杭州：浙江大学，2005.

[46] 平旭彤 . 浅析生命周期评价软件 eBalance 的使用 [J]. 科技创新与应用，2015（23）：27-28.

[47] 钱思达，李雷 . 基于 GREET 模型的氢燃料电池机车全生命周期碳排放与能耗分析 [J]. 铁道运输与经济，2024，46（2）：112-119.

[48] 王岩 . 物质流分析的核算方法研究 [J]. 东北财经大学学报，2014（1）：11-16.

[49] 王淑彬 . 中国生猪养殖场户种养一体化系统综合效益评价及优化研究 [D]. 北京：中国农业科学院，2021.

[50] 夏艳清，李书音 . 基于物质流分析的区域经济系统环境效率评价 [J]. 资源科学，2017，39（9）：1670-1681.

[51] 席德立，彭小燕 . LCA 中清单分析数据的获得 [J]. 环境科学，1997（5）：86-89，98.

[52] 徐小明，李成刚，胡于进，等 . 生命周期评价工具软件系统的关键技术研究 [J]. 制造技术与机床，2002（4）：12-15，49.

[53] 杨海兴 . 基于物质流分析的界面缩聚法 PC 制备过程生命周期评价 [D]. 青岛：青岛科技大学，2023.

[54] 于培勇，钱峰 . 基于层次分析法和 BP 神经网络的电力通信 ADSS 光缆架设工程估算模型研究 [J]. 江苏通信，2022，38（1）：68-72，77.

[55] 曾丹 . 基于时空动变的电动汽车及车群动态生命周期环境影响评价方法及应用 [D]. 重庆：重庆大学，2021.

[56] 翟一杰，张天祚，申晓旭，等 . 生命周期评价方法研究进展 [J]. 资源科学，2021，43（3）：446-455.

[57] 张键 . 生命周期评价（LCA）——环境管理和监察的新概念 [J]. 环境保护，1995（10）：8-10，12.

[58] 张群 . 企业如何进行产品生命周期评价 [J]. 中外管理，1997（4）：54-56.

[59] 赵丽霞 . 我国环境影响评价制度研究 [D]. 哈尔滨：东北林业大学，2005.

[60] 周舒 . 建筑施工的环境影响分析及评价研究 [D]. 成都：成都理工大学，2008.

[61] 朱春燕 . 物质流分析简介 [J]. 中国统计，2013（4）：40-42.

[62] 朱晓晨 . 我国环境影响评价制度的完善 [D]. 青岛：中国海洋大学，2008.

[63] 朱春江，范郁尔，骆汝九，等 . 基于模糊神经网络模型的农业对外开放合作风险预警研究 [J]. 现代农业研究，2022，28（3）：1-8.

[64] Ayres R U，Peiró L T，Méndez G V. Material flow analysis of scarce metals：Sources，functions，end-uses and aspects for future supply[J]. Environ Sci Technol，2013，47：2939-2947.

[65] Adriaanse P I，van Griethuysen C. Higher-tier degradation rates in water for the regulatory aquatic risk assessment of pesticides[M]. Wageningen：Wageningen Environmental Research Publisher，2023.

[66] Matthews H S，Small M J. Extending the boundaries of life-cycle assessment through environmental economic input-output models[J]. J Ind Ecol，2000，4：7-10.

[67] Kneese A V，Ayres R U，d'Arge R C. Economics and the environment：A materials balance approach[M]. London：Routledge Publisher，2016.

[68] Schmidt-Bleek J K-H，Robèrt B，Aloisi de Larderel G，et al. Strategic sustainable development -selection，design and synergies of applied tools[J]. J Clean Prod，2002，10：197-214.

[69] Weisz H，Fischer-Kowalski M，Krausmann F，et al. Methodology and indicators of economy-wide material flow accounting[J]. J Ind Ecol，2011，15：855-876.

第十六章　典型堆肥厂案例

第一节 农业废弃物堆肥案例

一、田园尾菜堆肥案例

以山东泰昌生物科技有限公司为例。

（一）项目概况

随着集约化现代农业的迅速发展，在保障“菜篮子”产品有效供应的同时，蔬菜废弃物产量也在逐年增加。山东省潍坊市作为全国主要的蔬菜生产基地，据统计，其蔬菜年产量可达到1379万吨。其中，寿光市蔬菜种植规模宏大，蔬菜种植面积约70万亩（4.67万公顷），蔬菜总产量300万吨，伴随产生的蔬菜废弃物具有量大面广、含水率高、木质素/纤维素含量高、干物质含量少、农药残留量高、病虫卵及病原菌多、含杂多等特点，处理与转化不及时将导致一系列环境污染和资源浪费问题。

本项目针对潍坊市寿光市产生的大量蔬菜废弃物（辣椒、西红柿、茄子等）及周边区域的畜禽粪污，利用公司独有的工艺技术进行除塑、粉碎等前处理后，采用槽式发酵工艺进行无害化处理，生产生物肥料，使“菜—肥—菜”“粮—肥—粮”形成良性循环链条。通过本项目的实施，可以较好地解决潍坊市寿光市及周边地区有机废物随意抛弃、焚烧现象，增加地方财政收入，减少环境压力，对促进地方经济和国民经济发展具有积极的推动作用，同时增加大量新就业岗位，吸收新增劳动力，减轻社会就业压力，有效地增加农民收入，起到很好的示范作用，有助于实现农业的可持续发展。

（二）工艺说明

该项目主要以寿光当地的蔬菜秸秆（辣椒、西红柿、茄子等）和畜禽粪便等为原料，利用与山东省农业机械科学研究院等联合开发的独有工艺技术进行破碎减量化清塑除杂等前端预处理后，利用整池深池槽式好氧发酵工艺进行无害化处理肥料化利用。处理过程能够有效杀灭废弃物中的病原菌、虫卵、草籽，同时利用微生物菌种对废弃物中的农残、药残、抗生素等进行分解，钝化畜禽粪便中的重金属。其工艺流程如图16-1所示。

主要的工艺过程分叙如下。

1. 蔬菜秸秆废弃物原料减量化破碎预处理

将西红柿秸秆等蔬菜废弃物分类，清除大型塑料薄膜、铁块、石块等杂质，配置抓草车用专用蔬菜秸秆作物破碎机进行减量化破碎，配置高速打散机、筛分机进行清塑除杂分选。

2. 发酵原料调配

将预处理分选后的蔬菜秸秆废弃物按制定的发酵配比要求，添加畜禽养殖粪尿、第一阶段微生物腐熟复合菌剂、水并混合搅拌均匀，碳氮比为（20～30）：1，水分含量保证60%。

3. 发酵工艺阶段

混合均匀的发酵原料通过布料系统进入发酵池进行发酵。采用可在发酵池上自由行走的轨道式移料翻堆机进行翻动搅拌，通过发酵池底部的管道阶段性控制曝气增氧。原料通过发酵，杀死原料中的病菌、虫卵（在发酵原料开始堆肥时加入高温启动复合菌剂，堆体迅速升温，在 48 ～ 72h 内可达到 80℃，杀灭堆体中的有害菌、虫卵等），并蒸发大量水分。每 3d 翻堆破碎 1 ～ 2 次，可正向逆向翻堆，保持物料始终在发酵池内。第一阶段控制原料发酵约 10d 后，进入第二阶段翻抛接种发酵，全阶段控制 20 ～ 30d 达到腐熟要求进行出料。亦可根据生产需要，在发酵池内进行半陈化腐熟发酵，生产需要时适时出池。

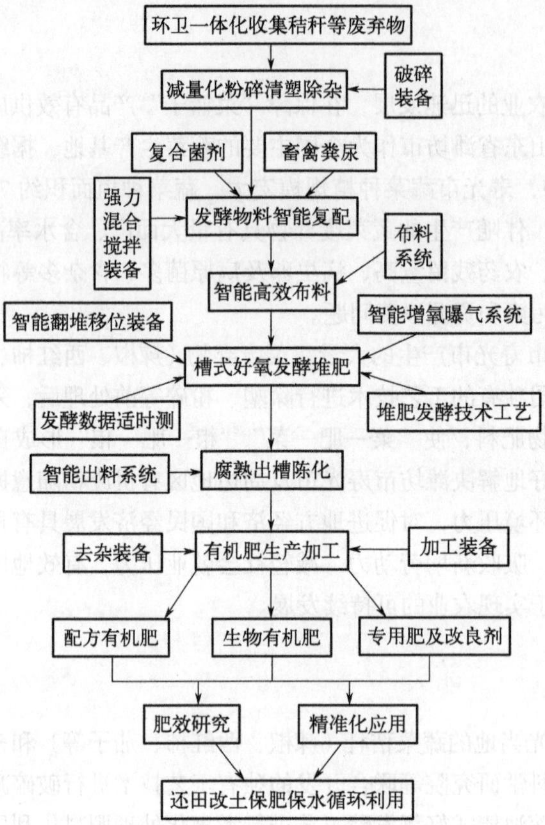

图 16-1　蔬菜秸秆废弃物槽式好氧发酵堆肥工艺流程

通过链板翻堆机正向逆向翻堆破碎，每次翻堆移动物料距离正逆向互补，保持物料在发酵池内持续腐熟到出池要求。根据发酵物料周期合理设计发酵池数量，采用整池深池发酵工艺，每次布料布满一个发酵池，每次出料一个发酵池物料全部出池，实现每天（或者 2 ～ 3d）连续化布料出料生产。亦可采用宽池连续生产工艺，即每天定时翻堆，定时布料、出料，保证连续生产。第二阶段翻抛接种生物杀菌腐熟菌群进行发酵，时间在 2d 左右，不再翻抛通气，必要时定期在堆体上扎孔透气即可。二次堆肥完成有机物完全腐熟降解，转变为稳定的腐殖质。

4. 陈化

发酵后的物料在陈化区进行常温腐熟发酵，在物料储存的同时进行二次发酵，进一步腐熟分解并去除部分水分，使腐熟后的物料水分含量保持在 30% ～ 35% 范围内。

5. 筛选加工

陈化后的堆肥物料通过破碎机破碎后，用皮带输送机输送到筛分机进行筛分，二次清除塑料薄膜等杂质，保证有机肥的品质。

6. 预混合

将筛选加工过的堆肥物料接种作物喜好的功能微生物菌群后，通过皮带输送机送入预混机进行有机肥配方原料预混加工，以保证有机肥产品粒度均匀、质量稳定，同时使得功能性菌群和有机肥充分混合。

7. 二次破碎

预混均匀的有机肥料，通过皮带输送机送入粉碎机料仓破碎成粉剂料。

8. 计量包装

将预混合的粒度均匀的生物有机肥成品用皮带输送机送入自动包装系统的成品仓，经电脑秤准确计量，缝包入仓。

（三）工程建设

本项目建于山东省寿光市古城街道府前街以北、河道以东地块，项目区交通便利，水、电等公共配套设施齐全。配套有蔬菜秸秆废弃物原料储存场1个、秸秆预处理粉碎车间1个、混配料车间1个、发酵车间2个、陈化车间1个、有机肥自动化生产车间1个、成品库1个、微生物扩繁车间1个、实验室和综合办公大楼等建筑物，总建筑面积超30000m^2。发酵车间建有长 × 宽 × 高（168m×4m×2.5m）发酵池 8 条，总发酵容积超 10000m^3，配有蔬菜秸秆收集抓草机、拖拉机等 31 台套，减量化粉碎清塑除杂预处理装备 11 台套，堆肥发酵生产线配套主要装备 34 台套，有机肥后清塑分选生产线配套装备 13 台套，包装加工生产线配套装备 9 台套，菌种生产设备 10 台套。

其槽式好氧发酵工艺如图 16-2 所示。实验室设有 1 个产品研究中心、1 个十万级无菌室、1 个现代化实验基地、1 个质量检验中心、2 套微生物发酵实验设备。产品研究中心总使用面积 600m^2，主要进行微生物肥料产品研发及作物生理生化指标测定；十万级无菌室建筑面积近 200m^2，主要进行微生物无菌化操作、微生物菌种保藏等；质量检验中心使用面积近 200m^2，主要进行产品检测，为客户提供客观公正的数据支持；现代化实验基地占地面积近 800m^2，主要进行作物田间实验、微生物肥料肥效实验；微生物发酵实验设备主要进行微生物发酵工艺中试生产、优化实验、制定合理的工艺标准。

（四）效益分析

1. 经济效益

相比传统蔬菜废弃物随意丢弃填埋等处理方式，本项目具有处理效率高、运行成本低、节约土地、处理效果好、可靠性高、经济效益好等实用性特点。以本项目年产 10 万吨有机肥，若直接用于周边蔬菜种植大棚土地改土保肥保水质量提升，可供约 5 万亩（3333.3hm^2）土地利用，保障粮食安全与品质，每年可实现销售收入 15000 万元。每年生产成本为 11195 万元、利润总额为 3805 万元、所得税为 951 万元、后利润为 2854 万元。实现变废为宝，增值增效，经济效益显著。

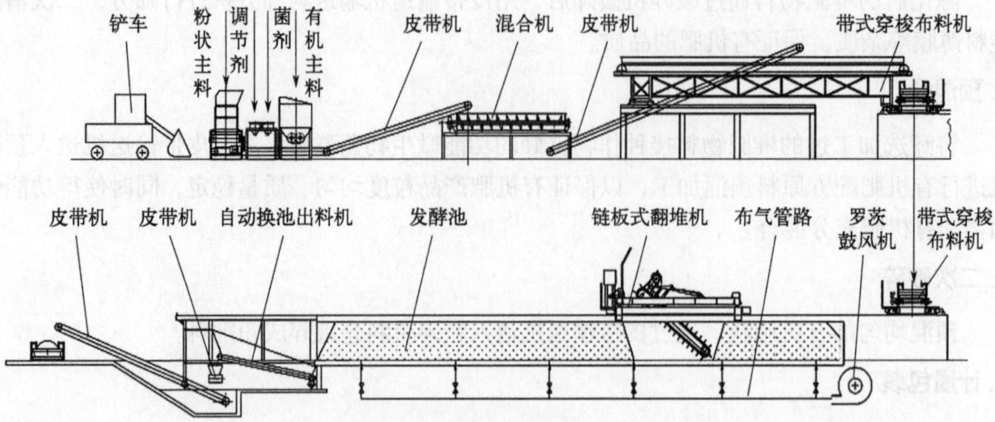

图 16-2 槽式好氧发酵工艺

2. 社会和生态效益

项目建设符合国家产业政策，对我国环境保护具有重大意义。项目劳动定员 55 人，除管理和技术人员外其余人员均从当地招聘，并带动相关产业发展，为劳动就业提供了大量的机会，不仅吸收了大量新成长劳动力，而且吸收了部分农业和工业转移的劳动力，间接增加就业岗位近百个，减轻社会就业压力，就业效果显著。同时在提高所在地区居民收入、生活水平、消费水平、消费结构，增加就业机会、吸纳就业人员、提高就业率，以及在对改进基础设施、增加社会服务容量和加快城市化进程、创建和谐社会等方面起了一定的积极作用。

项目年消化蔬菜等农作物秸秆 60 万吨，禽畜粪便 2.5 万吨，解决约 30 万亩（$20000hm^2$）大棚蔬菜废弃物与 2 万头畜禽养殖场猪牛的粪便无害化处理资源化利用难题，有效缓解了当地环保压力，减少了农业废弃物对环境的影响。按 60% 含水率折合干秸秆 24 万吨，可有效减少污染物排放量，减少一氧化碳排放量约 2.6 万吨，二氧化碳排放量约 28.8 万吨，氮氧化物排放量约 3200 吨，颗粒物排放量约 6.2 万吨，减少温室气体排放量约 16 万吨，生态环境效益明显。

生物有机肥用于还田改土保肥将减少化肥农药用量 20% 以上，减少氮磷流失 30%，减排固碳明显，可有效防止农牧业面源污染，减缓地方政府环境治理压力，改善种植养殖生态环境和提高农村人居环境质量。

二、畜禽粪便堆肥案例

以新希望唐山猪粪处理项目为例。

（一）项目概况

唐山新好农牧有限公司 50 万头生猪养殖项目，建设地点为河北省唐山市丰南区王兰庄镇，设计存栏祖代种猪 3000 头，父母代种猪 21000 头，年生产商品代仔猪 50 万头，该项目采用自动控温、自动给料、自动给水、自动清粪、自动空气过滤等现代化的养猪工艺，对污水污粪进行无害化发酵处理后用于场区内的种植业，真正做到种养结合。

（二）工艺说明

密闭式堆肥反应器工艺是根据堆肥发酵原理，采用密闭式堆肥反应器来完成好氧发酵过程。将猪粪（含水率 70% ～ 75%）直接加入密闭式反应器中进行好氧发酵，物料由上料系统提升从仓顶加入，经出料系统从下部出料，设备内部有搅拌轴和叶片，空气由仓底高压离心机强制通风供氧。运行方式是每天连续运行，定时进料出料，发酵时的温度可达到 65 ～ 75℃，发酵周期为 7 ～ 15d。猪粪等有机废物经过好氧微生物作用分解，快速热蒸发水分，杀死各种病原菌和杂草种子，可以快速高效地实现废弃物的减量化、稳定化、无害化处理。经过好氧发酵后物料的水分降到 45% 以下，养分更有利于作物吸收，并且能更好地调整土壤结构，从根本上改善土壤肥力，具备产品规模化、规范化、标准化的特点，使猪粪等有机固体废物充分转变为有机肥产品，实现了资源化利用。其工艺流程如图 16-3 所示。

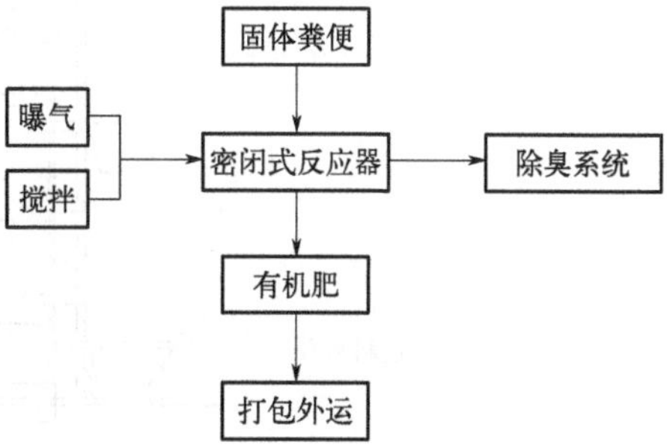

图 16-3　工艺流程

主要的工艺过程分叙如下。

1. 密闭式堆肥反应器好氧发酵

（1）目的　好氧发酵的目的是使有机废物中的挥发性物质含量降低，臭气减少，杀灭寄生虫卵和病原微生物，达到无害化。另外，通过发酵处理有机物料含水率降低，有机物得到分解和矿化，释放 N、P、K 等养分，同时有机物料的性质变得疏松、分散。

（2）过程　物料进入密闭式堆肥反应器后，好氧发酵过程在反应器内进行。在驱动机构搅拌桨叶的搅动下，在反应器内形成连续搅动的状态，同时设备的曝气为曝气桨叶提供干燥热空气，在桨叶后侧形成均匀的热空气空间，与物料充分接触供氧、传热、除湿，保持物料充足的供氧条件和受热的均匀度。整个好氧发酵、去水过程中，曝气和排气系统连续不断为物料提供新鲜空气，满足反应器内好氧发酵工艺要求。密闭式堆肥反应器内部有可以输送空气和进行搅拌的桨叶。在好氧条件下，通过好氧菌的作用分解有机废物，利用有机废物的分解热蒸发掉物料中的水分，使有机废物变为有机肥。经过 7 ～ 15d 的发酵时间，物料的水分降到 45% 以下，发酵时的温度最高可达到 65 ～ 75℃，可以保证杀死各种病原菌和杂草种子等，可生产出安全、稳定的有机肥产品。密闭式堆肥反应器结构如图 16-4 所示。

2. 陈化制肥

（1）目的　堆肥要作为产品销售，还应根据用途和市场需求进行加工，制肥的目的就是提高堆肥产品的商品性，进而提高综合经济效益。

（2）过程　发酵物料由皮带输送机提升和输送至筛分机，筛分分级，筛上物返回进料斗，筛下粉状部分由皮带输送机输送进行包装，成品在成品区储存。

（三）工程建设

猪场采用干清粪（机械刮粪）的清粪模式，日产含水率 75% 左右的鲜猪粪 90t 左右。

采用密闭式堆肥反应器工艺进行好氧堆肥发酵，配置了 15 套密闭式筒仓反应器、1 套粉状传输及包装系统、主电控系统。土建部分包括堆肥反应器基础、加工及成品车间，总计 3600m^2，其中堆肥发酵区面积 1836m^2，加工及成品车间面积 1764m^2。其物料平衡如图 16-5 所示。

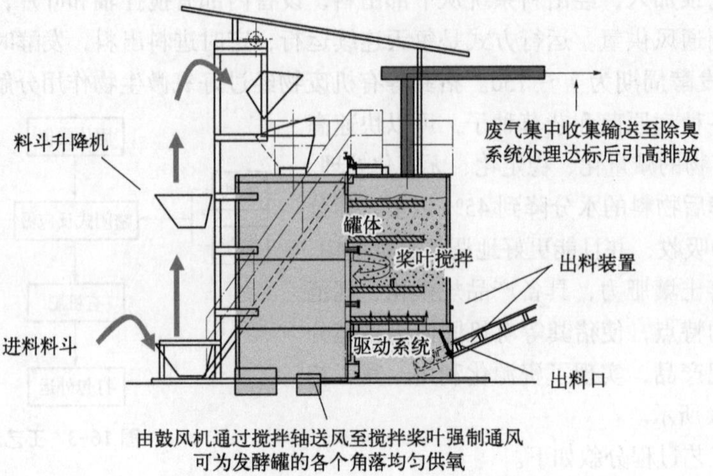

图 16-4 密闭式堆肥反应器结构

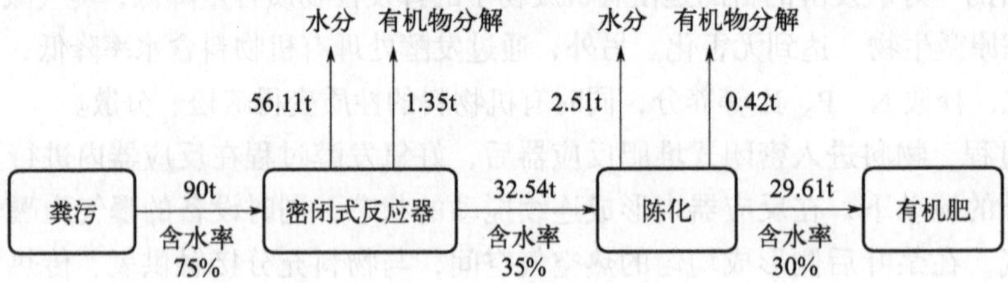

图 16-5 物料平衡

（四）效益分析

1. 经济效益

本项目的实施立足于新希望将军庄生猪养殖场的长远发展和国家生态环境保护，采用养殖粪污资源化处理技术实现规模化养殖业畜禽粪便的合理利用。在无害化和减量化的基础上，更是实现了废弃物的资源利用，用养殖废物生产有机肥。在减少环境污染的同时，更是拓宽了养殖企业的产业空间，增加了企业利润，符合现代企业经济、环保的发展方向，促进了养殖企业的可持续发展，有效解决了新希望将军庄生猪养殖场养殖粪便废弃物造成的环境污染问题。

本项目建成后，每年可处理猪粪约 3.3 万吨。堆肥产品全部按有机肥计，则每年可生产出 1 万吨的有机肥，解决了唐山市现有种植农田的有机肥源少、价格高的问题，同时促进了有机种植业的进一步发展。有机肥产品销售价按市场均价 600 元 / 吨，则年收入可达 600 万元，为公司带来了极为可观的潜在经济效益。

2. 社会效益和生态效益

本项目预期社会效益显著：一是可在废弃物收集、堆肥生产、还田利用等环节安置周边劳动力，促进当地人员就业；二是把项目建设取得的技术成果直接转化为现实生产力，确保了当地种植产业的持续发展及特色农产品的发展。

本项目建设具有良好的生态效益，不仅就地解决了畜禽粪便等污物对环境的污染问题，而且实现了畜禽粪便的无害化、减量化和资源化处理，达到零排放，同时在使用和运行过程中不产生对环境有害物质，不会造成环境污染，可有效改善当地生态环境。

项目生产的有机肥可替代化肥，起到改良土壤、培育地力、增强作物抗病力、改良盐碱地等作用，从而更有效地保护生态环境，促进农业可持续发展。有机肥厂的建设不仅有效解决了新希望将军庄生猪养殖场的污染问题，还实现了有机废物的资源化，实现了本项目的低碳发展和可持续发展。

第二节 市政废弃物堆肥案例

一、生活垃圾堆肥案例

以南宫厨余垃圾处理示范工程为例。

（一）项目背景

为更好应对和响应北京市生活垃圾分类条例实施，解决逐渐增加的厨余垃圾堆肥问题，南宫堆肥厂联合中国农业大学固体废物资源化研究团队，选用廉价易得的高碳源农林废弃物（包括园林剪枝、蔬菜废弃物、农作物秸秆等）与厨余垃圾进行协同好氧堆肥处理，对协同处理过程中的物料配比、工艺参数、工艺过程及产投比进行研究，以达到快速去除水分、物料减量、提升产品稳定性和腐熟度的目的。在此基础上从技术、经济和环境三方面综合评价厨余垃圾与高碳源农林废弃物好氧堆肥的潜力和优势，提出现行方案，为协同堆肥处理规模化推广应用奠定理论基础、提供技术支持和示范效果。

（二）工艺说明

南宫堆肥厂厨余垃圾采用好氧堆肥处理技术，以厨余垃圾为堆肥主要原料，在其中添加10%（湿基）三种辅料，分别为秸秆、西瓜秧和园林废弃物，设置初始含水率在65%左右，通风方式为机械强制连续通风，通风速率在高温发酵阶段根据温度的变化控制在15～20Hz，腐熟期可适当降低至10～15Hz[为0.09～0.13m^3/（m^3·min）]，一次发酵后采用50mm滚筒筛进行筛分，筛上物部分回流替代辅料，筛下物加工成肥料出售。整个堆肥周期设置为25d，其中第1～10天为高温发酵阶段，在发酵仓内进行；第10～25天为后熟化阶段，物料转移至后熟化区，具体工艺流程见图16-6。

南宫堆肥厂在堆肥工艺技术上，采用的是近年来欧洲在垃圾堆肥领域所普遍采用的好氧隧道堆肥技术。这种技术的优点是工厂自动化程度高、环保系数高、设备相对不容易过度磨损、使用寿命较长，而且每个隧道内部工艺都可以直接独立控制。南宫堆肥厂采用先进的强制通风隧道式发酵技术，整套生产设备及工艺控制技术全部由德国提供，与国内同类产品相比，其体积小、技术含量高，全部采用自动控制技术，即在中央控制室可直接对设备及工艺过程进行实时监控，完成信息采集、综合处理等工作。

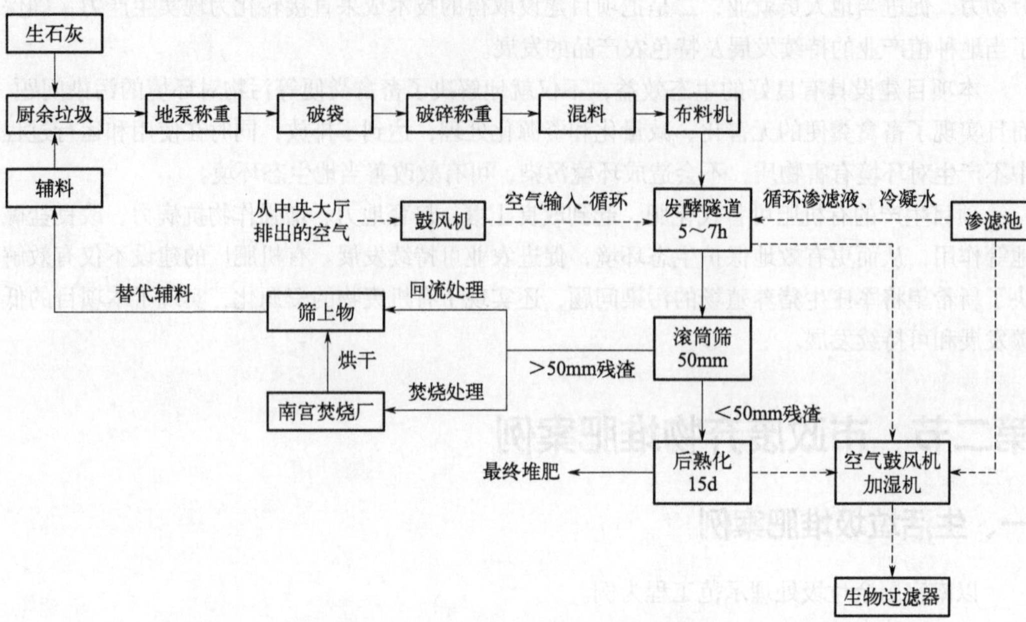

图 16-6 南宫堆肥厂厨余垃圾处理工艺流程

具体工艺过程分为以下几部分。

1. 厨余称重

所有进厂厨余垃圾转运车经地泵称重，实行双向称重，即对进厂载重车辆及出厂空车分别称重，并按照垃圾来源进行统计。

2. 破碎混料

首先，厨余垃圾进场后对其进行破碎处理，粒径控制在 10cm 以内，特别需要对西瓜、南瓜等个头较大的厨余垃圾进行破碎，方便后续发酵处理；然后，根据本项目确定的物料配比，利用称重装置对厨余垃圾、农林废弃物辅料及生石灰进行精准称重；最后利用混料装置对物料进行充分混合后，送入布料机入口。

3. 好氧发酵

混合物料经布料机均匀布料，高度和速度适宜，匹配南宫堆肥厂隧道发酵仓高度（4m）和日处理量 1000t 的传输速度。垃圾在隧道窑中高温下好氧发酵 5 ～ 7d，同时在发酵过程中强制通风。在堆肥过程中由于温度升高产生大量冷凝水，其 COD 含量较高，需要经过冷凝水回收装置，将其与渗滤液共同处理。

4. 物料筛分

隧道发酵仓出料后，经过 50mm 筛分，筛上物部分回流至原料中替代辅料进行再次发酵，部分送入南宫焚烧厂进行焚烧处理，焚烧剩余大块物料经过烘干处理后可以与筛上物共同替代部分辅料进行再次发酵。

5. 后熟化

筛下物送入后熟化区进行陈化处理，在后熟化区设置翻抛装置和空压机，按照 $0.02m^3/(min \cdot m^3)$ 的通风量计算，单仓所需最低通风量为 $1100m^3/h$，后熟化周期为 15d 左右。出料含水率可低至 40%，同时提升厨余垃圾处理量。

（三）效益分析

1. 经济效益

现行工艺显著降低了南宫堆肥厂厨余垃圾处理成本，节约了人力劳动，减少了机械损耗，减小了处理场占地，提高了有机肥品质，增加了有机肥销售收入。按照每年生产有机肥 20 万吨计，年创造盈利 5000 万～ 7000 万元。未来可继续从工艺和装备改进以及发酵车间增容方面优化，提升处理量至 3000t/d 以上。

2. 社会效益

南宫堆肥厂长期运行机制消除了南宫厨余垃圾堆积对周边环境的污染，尤其在居住环境区域对生活环境的影响，打通了垃圾从分类到处理的工业链条，提高了社会对厨余垃圾分类处理政策的认同感，提高了人们的环境保护意识，为北京市推行垃圾分类提供技术保障和支撑，同时为厨余垃圾协同处理技术规模化推广应用提供技术支持和达到全国样板示范效果。

3. 生态效益

南宫堆肥厂厨余垃圾处理工艺改进，解决了南宫厨余垃圾堆积难题，厨余垃圾得到有效处理利用，减少了土壤、空气、水体等污染。环境影响评价等结果表明，该项目实施降低全球变暖潜势 59.59 万吨 CO_2 当量，降低酸化效应 0.28 万吨 SO_2 当量，降低非生物资源消耗 787.48TJ，生态环境得到明显改善。此外，优质有机肥可有效改善农田土壤板结、次生盐渍化等问题，有机肥还具有改良作物品质、抑制病虫害等作用，为达到良好生态效益提供了保障。

二、市政污泥堆肥案例

以武汉沃土陈家冲污泥处理处置项目为例。

（一）项目背景

污泥是城市污水中污染物转移后的载体。目前，各污水处理厂产生的污泥含水率高、易腐烂、有恶臭，并含有寄生虫、病原体和重金属等有害物质。这些污泥如不经减量化、稳定化、无害化等工艺处理，将对环境产生严重的二次污染，如污染进入食物链，将对人类的健康形成威胁。

污泥处理处置既是污水处理的重要环节，也是衡量污水处理成效的重要内容。目前，国内多数污水处理厂的剩余污泥以直接填埋和临时堆放为主，部分回用于农田或园林绿化，由此引起的二次环境污染问题已不容忽视，不但降低了污水处理的减排效果，而且将会对生态环境构成威胁。因此，做好污泥处理处置工作，是提高污水处理效果、防治环境二次污染的重要举措，是改善城镇人居环境、提高人民生活质量的必然要求，也是贯彻落实科学发展观、建设生态强省的重要举措。

武汉沃土恒通环境工程有限公司陈家冲污泥处理厂由北京沃土天地生物科技股份有限公司投资，于 2015 年以 BOO 模式建设，总投资 5331.67 万元，处理和处置武汉市的市政污泥。污泥处理厂设计规模为 175t/d，污泥主要来源于武汉排水集团有限公司的三金潭、北湖、二郎庙等污水处理厂，用运输车将污泥运送至污泥处理厂，经过地磅称重后卸到混料车间的污泥接收仓中。污泥处理工艺采取槽式高温好氧发酵工艺，产品为园林绿化基质，用于土地利用。

（二）工艺说明

1. 好氧堆肥原理

好氧堆肥是在微生物的分解作用下使废弃物中的有机物料变成 CO_2 和小分子有机化合物，实现有机物料的降解，是一个减量化、稳定化的过程。同时堆肥物料也聚集了大量的热使堆体的温度达到 55℃以上，并且持续一段时间，对病原菌和杂草种子等有杀灭作用，实现有机物料无害化的过程，真正实现有机废物的资源化利用。

2. 工艺流程

武汉沃土的堆肥工艺流程如图 16-7 所示。

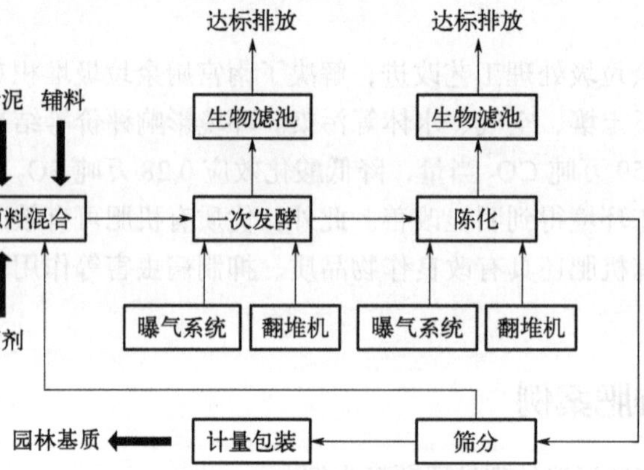

图 16-7　武汉沃土堆肥工艺流程

3. 物料平衡

该项目按设计规模衡算物料，每天处理 175t 含水率 80% 的污泥，消耗 35t 的稻壳粉（含水率 12% 计），添加返料 50t（含水率 35% 计），最后获得 59t（含水率 35%）的腐熟污泥产品。其物料平衡如图 16-8 所示。

4. 主要工艺过程分述

（1）原料预处理

① 目的　原料预处理的目的是调整物料的水分和碳氮比，同时添加菌种以促进发酵过程快速进行。

② 过程　将污泥、返料、填充剂等分别加入各个料斗中，由配料机按程序预设配料比例进行混合，VT生物菌液储存在菌液罐中用小型计量泵加入，添加菌种以促进发酵过程快速进行。各种物料混合后送到搅拌机中充分地搅拌均匀，用皮带输送机输出，由布料系统分配到各个发酵槽中。

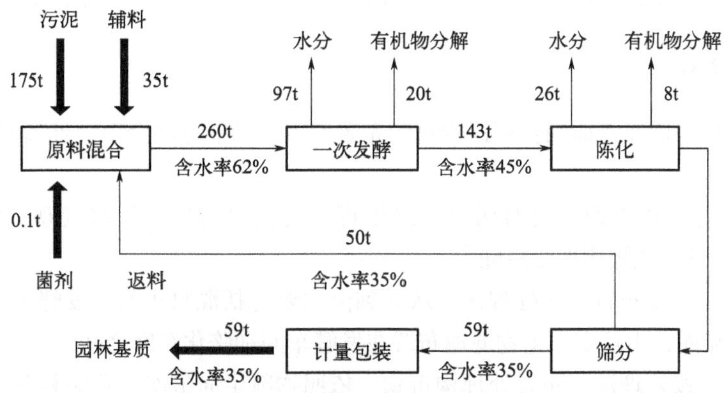

图 16-8　物料平衡

（2）一次发酵

① 目的　好氧发酵的目的是使废弃物中的挥发性物质含量降低，臭气减少，杀灭寄生虫卵和病原微生物，达到无害化。另外，通过发酵处理使有机物料含水率降低，有机物得到分解和矿化，释放N、P、K等养分，同时使有机物料的性质变得疏松、分散。

② 过程　好氧发酵过程在发酵槽内进行，发酵槽底部安装曝气管，由鼓风机通过曝气管强制通风供给氧气，形成好氧发酵环境。发酵过程中采用翻堆机搅拌物料，同时使物料向后移位，氧的供给情况和发酵车间保温程度对堆肥的温度上升有很大影响，堆肥周期为14～15d，堆肥温度可以上升至60～70℃。工艺控制中根据堆肥物料的温度、水分、氧含量等参数的变化，由控制系统开启鼓风机向发酵槽内曝气同时抽出废气。经过一个周期的堆肥，发酵后的物料含水率大幅度降低（一般＜45%），由自动出料系统输送转入陈化车间。

（3）陈化

① 目的　经过一次发酵后的有机固体废物尚未达到完全腐熟，需要继续进行二次发酵。陈化的目的是将有机物中剩余大分子有机物进一步分解、稳定、干燥，同时进一步降低发酵物料的水分含量（水分降至35%左右或以下），以满足后续制肥工艺的要求。

② 过程　发酵阶段后期大部分有机物已被降解，由于有机物的减少及代谢产物的累积，微生物的生长及有机物的分解速度减缓，发酵温度开始降低，此时由皮带输送机将发酵槽内的物料移至陈化车间进行二次发酵。在陈化车间中用翻堆机、鼓风机进行翻堆、鼓风等操作。陈化周期约为15d，发酵的温度逐渐下降，稳定在40℃时，物料腐熟，形成腐殖质。成品在成品库房储存。

（4）产品　成品为园林绿化基质，可作为园林绿化，或直接用于土地利用，改良土壤。

（5）臭气控制　本项目设计中发酵车间和陈化车间产生的臭气，采用生物滤池的方式进行除臭处理后排入大气。臭气控制首先是通过密闭厂房，从厂房两侧山墙的轴流风机送进新鲜空气，而通过设在靠生物滤池一侧的墙上的排风口把废气排出。在厂房内安装两排轴流风机进行气流组织，使厂房内气流按引导的方向流动，经排风管道收集后，排风机抽吸进入生物滤池。

生物滤池是一种目前应用非常广泛的废气污染控制技术，尤其在污水处理厂和污泥处理厂这些废气处理量较大的场合使用较多。生物滤池使用混合生物活性固体介质来吸收和吸附气流中的化合物，并通过附着在固体介质上面的微生物进行后续的生物氧化、降解。

（三）工程建设

污泥处理厂平面布置原则：厂区构筑物布置紧凑、功能分区合理、处理流程通畅、有利生产、方便管理。

武汉市污泥处置工程主要对污水二级处理厂污泥进行好氧发酵处理，污泥处理规模175t/d，污泥处理厂规划用地2.51hm^2。

污泥处理厂主要布置污泥处理区。从北到南主要包括混料车间、发酵车间、陈化车间、加工车间及成品库，中控室、生物滤池布置在发酵车间和陈化车间之间。

污泥处理厂按处理流程布置处理构筑物，依照物料走向依次布置混料车间、发酵车间、陈化车间、加工车间及成品库。从整体上看，流程清楚、布置紧凑。

在平面布置上，同时考虑将中控室、生物滤池等布置在发酵车间与陈化车间附近。各构筑物间充分考虑产区内各种管线布置所需的间距。在办公生活区和各构筑物间合理安排装饰环境的景点，考虑足够的绿化用地。污泥处理厂与外界之间设有绿化带。

1. 混料车间

混料车间尺寸76m×21m×6.5m，车间设有污泥料仓、返料料仓、辅料料仓、混料机及输送装置等设备。

2. 发酵车间

发酵车间尺寸76m×63m×6.5m（12个发酵槽），车间设有曝气鼓风机、翻堆机及输送装置等设备。

3. 陈化车间

陈化车间尺寸76m×24m×6.5m（4个发酵槽），车间设有曝气鼓风机、翻堆机及输送装置等设备。

4. 加工车间及成品库

加工车间及成品库尺寸76m×48m×6.5m，包括加工车间及成品库一座。其中加工车间一座，76m×24m×6.5m，包括一条污泥产品生产线，生产能力21000t/a；成品库房1座，76m×24m×6.5m，成品产量约为59t/d，按每平方米堆置1.2t成品算，每日占用面积约为50m^2，储存1个月的成品占地1500m^2。

5. 生物滤池

设计生物滤池3座，单座尺寸为长23m×宽10m×高3m，设计钢筋混凝土结构。布置在发酵车间、陈化车间下风向侧，用于处理两个车间收集的尾气。滤池一级增湿间设有喷淋系统，用加有专用微生物除臭剂的循环水喷淋。二级生物过滤间填充1.0m高生物滤料（高效无机滤料），下部为均匀布气通道。安装喷淋水泵，Q=20m^3/h，H=30m，N=3kW，3台。

每台生物滤池从车间的 3 根排气管收集废气，通过圆形玻璃钢管道汇集进到排气风机，由玻璃钢排气风机加压进入生物滤池处理。经过除臭处理的排气通过生物滤池后端的排气筒排放，排气筒排放点高度 18m。

（四）效益分析

1. 经济效益

高温好氧发酵工艺具有工艺简单、投资少、运行费用低、能有效杀灭病原微生物、可因地制宜利用当地的各种资源等突出特点，符合城市可持续发展的战略。

2. 生态效益

高温好氧发酵工艺可以做到将污泥减量化、稳定化和无害化，从环境保护的角度来说可以避免二次污染的发生。

3. 社会效益

经高温好氧发酵处理后的产品可以资源化利用，且用途很广，可以用于植物造林、垃圾填埋场覆土、牲畜圈垫土、公路边坡绿化土等，产品中的有机质和氮、磷、钾等营养物质得以循环回用于大自然。另外，高温好氧发酵工艺使用秸秆等农作物下料作为膨松剂，使用量较大，高温好氧发酵后的产品又循环使用到土地利用上。因此，从循环经济和资源化的角度看高温好氧发酵工艺具有很大的优势。

三、厨余垃圾堆肥案例

（一）以环太湖有机废物处理及利用（苏州临湖）示范项目为例

1. 项目背景

本项目的实施区域为经济发达的环太湖区域典型村镇苏州临湖镇，开展城乡不同有机废物的协同处理与就地资源化技术示范，不仅为城乡环境整治找到了技术依托，也消除了影响环境质量的隐患，并为太湖水质的污染控制提供了有力的技术支撑。同时，该项目还可以解决土壤有机肥的补给和改善土壤质量、减少化肥投入、提高农产品品质，有利于实现整个区域生态系统的养分循环，促进整个长江三角洲区域的可持续发展。该项目的实施也将为环太湖区域乃至全国的乡村环境整治和村镇废弃物的处理提供一个综合协同资源化成功模式。

本项目采用好氧 + 厌氧、集中 + 分散的模式进行城乡有机废物处理利用。将该镇产生的不同类型有机废物包括餐厨垃圾、河湖清淤污泥、水草、农作物秸秆和园林废弃物等进行就地转化，产出栽培基质、固体和液体有机肥产品，直接返回到当地农田，实现了废物的就地处理就地利用，既实现了资源回收和化肥减量，又减少了环境污染、支持了有机生态农产品生产，从而产生了良好的示范效应。

2. 工艺说明

（1）工艺介绍　好氧堆肥资源化利用工艺，主要分为好氧堆肥固体废物稳定化和无害化处理与生产有机肥资源化利用两个部分。好氧堆肥采用了密闭式筒仓反应器高温好氧发酵，经过好氧发酵的腐熟物料通过后续的加工可使之商品化、高值化，用于园林绿化、土壤改良、土地复垦等，实现生物质资源化利用。

（2）工艺流程　临湖镇有机废物总体工艺流程如图 16-9 所示。

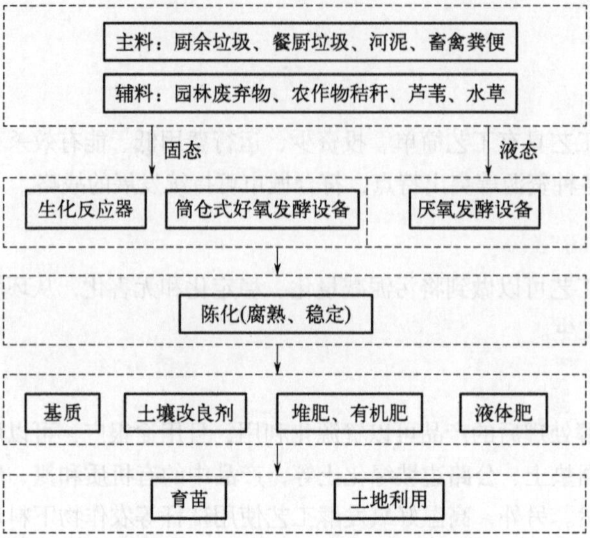

图 16-9　临湖镇有机废物总体工艺流程

（3）物料平衡　本项目处理有机废物 40t/d（含水率 80%），包括厨余垃圾、园林废弃物、河湖清淤淤泥、种植废弃物芦苇和秸秆、农业废弃物等。其物料平衡如图 16-10 所示。

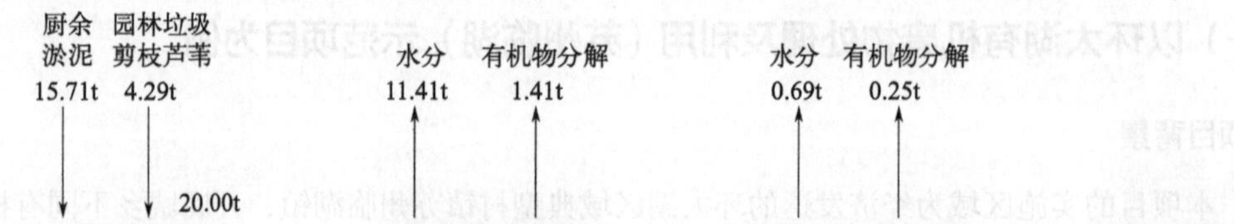

图 16-10　物料平衡

3. 工程建设

本示范项目位于苏州市临湖镇东吴村，占地面积约 5000m^2，日处理能力 40t（厨余废弃物 20t，其他 20t）。项目于 2019 开始建设，协同处理不同城乡有机废物，不同有机废物进行合理配比，固态部分进行好氧发酵处理，经过一次发酵、陈化等过程生产出土壤改良剂、堆肥、有机肥料、基质产品，用于育苗和土地利用；液体部分进行厌氧发酵处理制成液体有机肥料，达到相关标准后还田使用。

本项目的核心设备为密闭式堆肥反应器，由上料装置、动力驱动装置、筒仓本体、搅拌轴及桨叶、曝气及排气系统、控制柜等部分组成。由于它是高度集成的一体化设备系统，可以单独成系统，也可多台组合系统，布置灵活方便。

密闭式堆肥反应器是一种从顶部进料，底部卸出腐熟物料的发酵系统。这种好氧发酵方式典型的发酵周期为 7 ～ 10d（根据原料的成分和水分，处理时间有些不同）。该设备采取每天进料、每天出料的连续处理方式，可以快速高效地实现废弃物的减量化、稳定化、无害化处理，使之转变为园林绿化基质进行资源化利用。

密闭式堆肥反应器工作时，从进料口投入有机废物和少量 VT 堆肥接种剂，通过接种特定微生物来加速发酵进程。物料在驱动机构搅拌桨叶的搅动下，在筒仓内形成连续搅动的状态，同时设备的曝气和热回收装置为曝气桨叶提供干燥热空气，在桨叶后侧形成均匀的热空气空间，与物料充分接触供氧、传热、除湿，保持物料充足的供氧条件和受热的均匀度。整个好氧发酵、去水过程中，曝气和排气系统连续不断为物料提供新鲜空气，满足反应器内好氧发酵工艺要求。筒仓反应器内部有可以输送空气和进行搅拌的桨叶。在好氧条件下，通过好氧菌的作用分解有机废物，利用有机废物的分解热蒸发掉物料中的水分，使投入的物料变为有机肥。好氧发酵处理后物料的水分降到 35% 左右，发酵时的温度可达到 65 ～ 75℃，可以保证杀死各种病原菌和杂草种子等，可生产出安全、稳定的有机肥产品。

由于物料在筒仓反应器中垂直堆放、垂直流移动，出料作业时，物料从设备底部的出料口出料，通过出料皮带机输送到长皮带机上进入陈化厂房腐熟并储存。陈化厂房配置加工包装系统，由皮带出料系统送入，经过筛分、粉碎，输送进入包装系统，打包后储存。

反应器顶部安装有臭气收集管，能很密闭地进行臭气的收集，收集的气体进行热回收、脱臭处理，最后达标排空。

4. 效益分析

（1）社会效益、经济效益　本项目可促进有机循环产业发展，带动一批有机废物处理利用相关的技术服务、设备制造、产品销售等骨干企业，培育有机循环产业新兴市场；践行“绿水青山就是金山银山”理念，助力乡村振兴战略实施。环太湖五市涉及 269 个镇，项目建成后，按每镇 20 人计算，可提供 5000 人的就业岗位，培育新型职业农民；环太湖五市有机废物总量 5000 万吨 / 年，按 50% 肥料化可产出 900 万吨有机肥，按每吨 600 元计算，可增加 54 亿元产值。有机废物的循环利用，能够提升土壤有机质水平，促进生态农业的发展，提高农产品品质和农业经济效益，助力农产品供给侧改革和提高农民收入。目前太湖水体治理的各级政府每年专项经费投入约 50 亿元，开展环太湖有机废物处理利用示范区建设可大幅减少太湖水体治理经费投入。

（2）生态效益、环境效益　有机废物的循环利用，提高了土壤有机质水平，促进了村镇生态农业的发展，提高了农产品品质和农业经济效益，年产出 900 万吨有机肥，可实现 1800 万亩（1200 万公顷）耕地绿色生产（500kg/ 亩施用量），可供给土壤有机质 300 万吨，900 万吨有机肥可替代化肥 80 万吨。

该项目实现了不同类型有机废物的就地无害化处理，就地资源化利用，改善了村镇人居环境，防治太湖水体污染；每年减少往太湖水中径流 2200t 总氮、900t 总磷；减少往大气中排放 8×10^5t CO_2、4000t CH_4、320t N_2O。

本项目通过对城乡有机废物的处理和利用，让土壤养分重新回归土壤，促进土壤元素的补偿与循环利用。这样既可以减少城市垃圾和污染，又促进了农业的生产，统筹了城乡一体化和可持续发展。符合生态、环保、可持续的资源循环利用发展方向，是生态文明建设进程中的必经之路，发展潜力巨大。

（二）以上海文鑫生物科技有限公司厨余垃圾好氧生物转化工程为例

1. 项目背景

厨余垃圾好氧生物转化工程为闵行区厨余、餐厨废弃物资源化利用和无害化处理项目，是上海市闵行区餐厨垃圾处理厂的二期，位于上海市闵行区华漕镇联友路，项目总用地面积 86 亩（57333.3m^2），工程包含厨余废弃物预处理系统、餐厨废弃物预处理系统、好氧发酵与产品深加工系统、油水分离系统、污水处理系统、沼气净化利用及能源供应系统、通风及除臭系统。本工程以餐厨废弃物和厨余废弃物为主要原料，采用“好氧发酵制肥（生化处理机）工艺”，包括预处理、好氧发酵、产品深加工等工序，设计处理能力为 400t/d，包括 200t/d 厨余废弃物和 200t/d 餐厨废弃物。

2. 工艺说明

（1）预处理系统　系统可有效地将餐厨、厨余废弃物中的塑料袋、木筷、瓶子等不可发酵的杂质去除，分离出的渗滤液经收集后泵送排至油水分离系统，有机物料进入后续好氧发酵系统。

（2）好氧发酵与产品深加工系统　预处理后的有机物料输送至好氧发酵系统，按照比例投入辅料和菌剂，生化处理设备采用程序自动控制的方式，对发酵物料的温度、压力和供氧等进行严格的监测和控制。出料再经过筛分、除铁、粉碎、计量包装等深加工环节，最终产出符合国家相关标准的土壤调理剂，外售处理。

（3）油水分离系统　预处理后的渗滤液先经过蒸汽换热温度提升至 85℃，而后经过粗压榨机分离出杂质，再经过三相分离机将液体分离成油、水、渣三部分。其中水相和固相与厨余废弃物渗滤液一道经过旋流沉沙后进入厌氧消化系统；油相储存后外售。

（4）污水处理系统　采用“厌氧 +MBR+ 纳滤”的处理工艺，污水经处理后出水达标排放。污水处理过程中产生的污泥等经脱水后外运处置；厌氧处理过程中产生的沼气进入沼气净化及利用系统。

（5）沼气净化利用及能源供应系统　厌氧产生的沼气采用“湿法 + 干法”脱硫技术，净化后用于与沼气热电联产。

（6）通风及除臭系统　在整个厂区运行过程中的臭气通过臭气处理系统收集，进行集中处理达标后排放。

具体工艺流程如图 16-11 所示。

3. 效益分析

项目实现了闵行区近 300 万人口产生的餐厨垃圾和部分厨余垃圾的资源化处理，消除了“地沟油”“泔水猪”等食品安全隐患，为垃圾分类提供了必要的终端处置支撑；同时，项目资源化产品可应用于土壤改良、高标准农田建设，发挥保肥保水、提质增效作用，已在崇明开展了近万亩的品质提升，不仅大规模降低了崇明岛化肥的使用，助力国际生态岛的建设，而且大幅提高了柑橘的化渣率，使传统退化柑橘变身为精品水果，帮助农民实现增收。

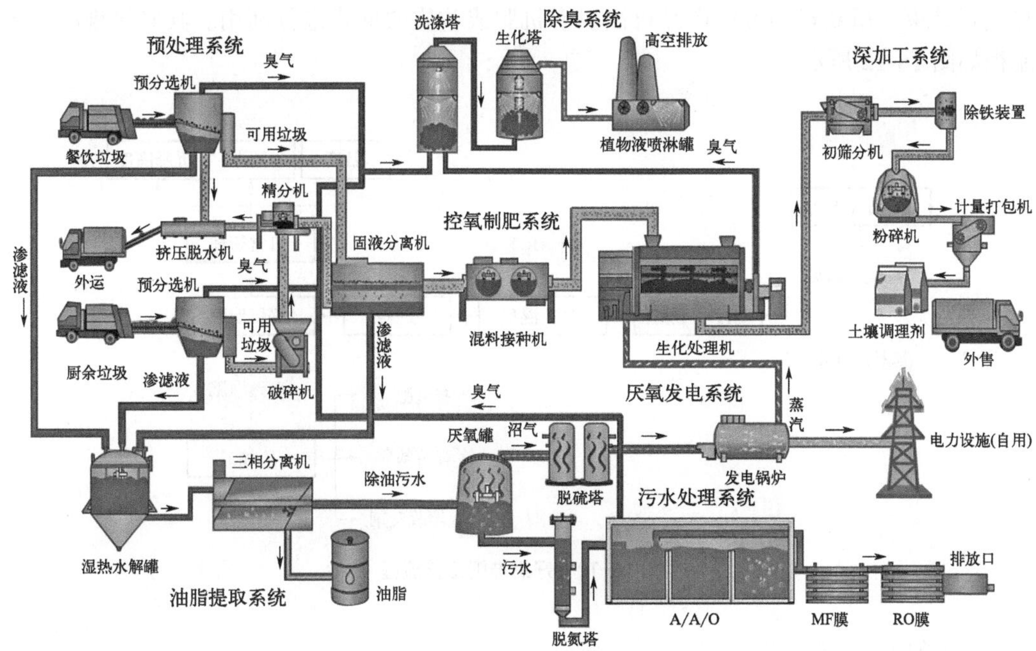

图 16-11　工艺流程

第三节　社区废弃物堆肥案例

一、餐厅厨余和园林废弃物堆肥案例

以深圳大梅沙万科园区堆肥项目为例。

(一) 项目信息

深圳市盐田区大梅沙万科中心园区总占地面积为 61730m^2，其中建筑面积 80200m^2。园区规划设计秉承“可持续发展”理念，从布局、结构优化和资源利用等方面贯彻落实绿色、环保、低碳的原则。受地理位置和气候影响，园区空气湿度较大，年平均温度约为 23℃，环境条件非常适合作为好氧堆肥技术和屋顶花园的应用示范场地。

本项目堆肥原料为餐厅厨余经黑水虻处理后的虫沙和园区内的园林废弃物，所用堆肥设施为静态箱式堆肥箱，包括物料预处理、混配、一次发酵、陈化、产品过筛和应用等工序，配套设备包含适用于园林废弃物预处理的粉碎机，用于混配、进出料和翻堆的常规工具等。

(二) 工艺说明

物料进入堆肥场地后，为保证堆肥质量，首先通过人工分选和分拣将原料中不可堆肥物（金属、纺织物、玻璃、塑料等）挑出。经粉碎机粉碎后按照适宜的 C/N 值和含水率进行物料调配。混合均匀的物料与腐熟堆肥进行混合，进料至堆肥箱，进料体积小于堆肥箱容积的 80%。在好氧发酵期间每天对堆体进行温度监测并做好记录，直至堆肥发酵过程结束。所获得的堆肥产品可以以有机肥或基质的形式进行利用。其好氧堆肥工艺流程如图 16-12 所示。

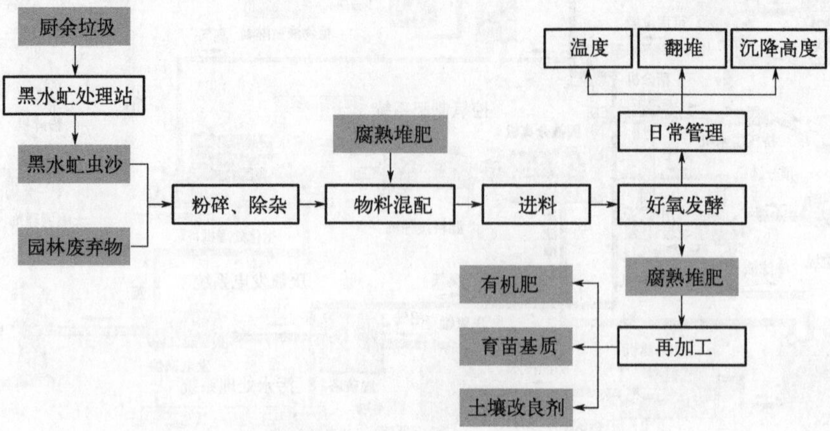

图 16-12 好氧堆肥工艺流程

主要的工艺过程如下。

1. 预处理：粉碎、除杂

园林废弃物为万科中心园区内绿化区产生的枯枝落叶、修剪草、修剪枝等；黑水虻虫沙来自园区内的黑水虻处理站，是黑水虻处理厨余垃圾的副产物；腐熟堆肥为园林废弃物和黑水虻虫沙采用该工艺经过完整发酵周期的堆肥产品。堆肥原料的理化性质如表 16-1 所列。现阶段，万科园区每日产生园林废弃物约 50kg，黑水虻处理站每日接收 80 ～ 100kg 的厨余垃圾，经过黑水虻处理后每日可以产生约 20kg 的虫沙。各类原料运输到堆肥场地后先进行预处理，人工挑除园林废弃物、黑水虻虫沙和腐熟堆肥中的杂物，用粉碎机粉碎至 3cm 以下备用。

表 16-1 堆肥原料的理化性质

原料	总碳 /（g/kg）	总氮 /（g/kg）	C/N 值	含水率 /%	pH 值	电导率 /（mS/cm）
园林废弃物	488.56	18.27	26.74	76.15	7.69	2.19
黑水虻虫沙	359.28	28.65	12.58	17.55	4.68	7.48
腐熟堆肥	286.51	18.94	15.12	61.30	7.89	3.19

2. 物料混配

将园林废弃物、黑水虻虫沙按照 C/N 值为 20 ～ 30，含水率为 55% ～ 70% 的工艺参数进行调配，并混合均匀。在混合物料中添加 20% 左右的腐熟堆肥，辅助调整堆肥原料理化性质，促进微生物降解有机质，加速堆肥腐熟进程。将准备好的堆肥原料充分混合，尽量保证堆肥原料性质均匀。

3. 进料

将混合好的堆肥物料装填至堆肥箱内，进料量为堆肥箱体积的 60% ～ 80%，有助于堆体保持一定的孔隙度，利于箱内有机质的好氧生物转化。物料填充完毕后，在堆体表面覆盖一层约 15cm 厚度的腐熟堆肥，可同时起到堆体保温、吸附臭气等作用。

4. 好氧发酵

好氧发酵在堆肥箱中进行，每个堆肥箱内胆为 100cm×100cm×80cm 的结构，箱体距地有 30cm 空间，其中上下各有两个挡板布设气孔，以维持堆体好氧环境。堆肥箱单次最大可以容纳 800L 的物料。堆肥周期为 28d，高温期堆体温度在 60 ～ 70℃可持续 8 ～ 16d，堆体最高温度超过 70℃，完全满足我国人工堆肥的无害化要求。

由于堆体体积较大，堆肥过程中会存在温度差异和局部厌氧等情况。通过翻堆可以在一定程度上提高堆体氧含量、减少堆体水分，同时重塑堆体结构，保证物料性质均匀。根据堆体温度、物料性状、臭气产生情况等参数，定期采用人工翻堆的方式对物料进行翻堆操作，以保证发酵期间堆体一直维持好氧环境。具体的翻堆和通风操作如下：当堆体中部最高温度升至 60 ～ 70℃并保持 48h 后开始翻堆，以利于完全杀灭病虫害等病原微生物、虫卵等；当最高温度升至 70℃时，保持 12h 后开始翻堆。

经过一个周期的堆肥，物料的含水率大幅度降低，当腐熟阶段堆体的温度逐渐下降并稳定时（一般 3 ～ 4 周），将发酵产物移出堆肥箱，放置在阴凉处，再放置 1 个月左右进行熟化，即完成了整个发酵过程。此时的堆肥物料外观呈黑色或黑褐色，无臭无味，质地松散，可认为堆肥腐熟。

5. 日常管理

建立堆肥管理台账，好氧发酵期间每天固定在 9：00、14：00、19：00 进行 3 次堆肥温度监测，堆肥箱从上到下设计 3 个测温孔，测温孔高度分别为 20cm、40cm、60cm，测温时将温度计插入堆体深度 50cm 处，待温度计稳定后读取数据，并记录堆肥箱上、中、下三层的发酵温度。通过卷尺测量堆体表面距离堆肥箱顶部的距离，计算物料体积减少量。同时观察记录堆肥理化性状（颜色、气味等），定期进行数据汇总及分析。

6. 堆肥产品应用

经发酵后的堆肥产品呈碱性或弱碱性，GI ＞ 70% 即达到完全腐熟的标准，可根据需求经粉碎、筛分、配料等工序加工成高附加值的有机肥或复配成育苗基质。

（三）效益分析

目前园区堆肥站共有 10 套堆肥箱组，共 20 个独立的堆肥箱，年处理量在 25t 以上，可生产有机肥料或基质产品 13t 以上。将园区内有机废物就地堆肥处理，不但可以减少垃圾收集、运输、处理过程中产生的碳排放，堆肥产物还可以作为肥料或土壤改良剂施用到园区绿地中，增加土壤碳储存，避免因焚烧或填埋处理处置不当造成的环境污染。

堆肥产品用作土壤改良剂施入园区草坪中，有机肥风干粉碎过筛后备用，根据园区内土壤质地和作物类型，修剪草坪后将有机肥均匀撒到草坪表面，替代 1/2 化肥施用，从而减少化肥施用量，提高土壤质量和肥力，达到改良土壤的目的。

二、食品加工厂废弃物堆肥案例

以日本株式会社厨余垃圾及畜禽粪便堆肥项目为例。

（一）项目背景

本案例为日本株式会社的项目，该企业认为食品垃圾再利用是顺应时代的需求，应该选择有市场前景的堆肥方法。由于堆肥对周边环境有影响，所以该企业对废气排放非常重视，要选择废气排放量少的设备。

本案例堆肥原料为食品加工厂在食品加工和便当生产过程中所产生的废弃蔬菜、剩余袋装便当以及食品废弃物等，所用堆肥设施为立式密闭高温好氧发酵设备，技术路线包括将剩余袋装便当以及食品废弃物破碎分选后与废弃蔬菜一同投入立式密闭高温好氧发酵罐进行一次发酵、产品过筛、二次发酵、产品造粒包装、有机肥销售等工序，配套设备包含适用于厨余垃圾预处理的破碎分选机、用于堆肥产品筛分的过筛机以及用于去除发酵臭气的除臭设备等。目前共有 2 台 C65 型（日本中部 ECOTEC 株式会社生产）立式密闭高温好氧发酵设备，日总处理量在 8 ～ 10t，可生成有机肥料或基质产品 1 ～ 1.5t。

（二）工艺说明

原料在进入堆肥场地前已在源头进行分类装袋控制，之后再通过运输将剩余袋装便当以及食品废弃物等经粉碎机粉碎分选，将影响发酵的物料分选出来，把粒径较大的物料粉碎成适宜尺寸。然后再将粉碎分选后的物料与废弃蔬菜一同运至立式密闭高温好氧发酵罐中进行发酵，7 ～ 12d 后一次发酵完毕，发酵后的产品通过粉碎筛分系统进行筛选，将粒径较大的物料返回重新粉碎发酵。筛分合格的产品运至陈化厂房进行二次自然发酵，2 ～ 3d 后二次发酵完毕，通过传送装置运至制粒包装系统进行制粒及包装。成型的有机肥产品则运往有机肥销售店进行售卖，企业通过采购有机肥来进行农产品的栽培。成熟合格的农产品可直接进行售卖或者供给食品加工厂。食品加工厂通过采购的农产品进行食品加工及便当生产之后销售，而在此过程中产生的便当以及食品废弃物则在源头进行分类装袋控制，与废弃蔬菜一同运往堆肥场地。如此往复形成一个良性有机循环，将厨余垃圾进行了有效的资源化利用。其中，立式密闭高温好氧发酵罐产生的废气经除臭装置净化后进行排放。其好氧堆肥工艺流程如图 16-13 所示。

（三）效益分析

由于厨余垃圾有机质含量高、产量大、产地分散、极易腐败发酸发臭滋生有害生物，若收集转运过程中发生泄漏则会污染空气、土壤及水源，严重干扰人们的正常生活。厨余垃圾含有丰富的有机营养成分，经过合理处置后是制作有机肥和生物能源的重要来源，是一种高价值的生物质资源。

本项目将厨余垃圾就地堆肥处理，不但可以减少垃圾收集、运输、处理过程中产生的碳排放，堆肥产物还可以作为肥料或土壤改良剂施用到绿地中，增加土壤碳储存，避免因焚烧或填埋处理处置不当造成的环境污染。另外，由于该企业专注于废气排放效果，所以本项目废气排放得到有效处理，与当地环境建立友好关系。

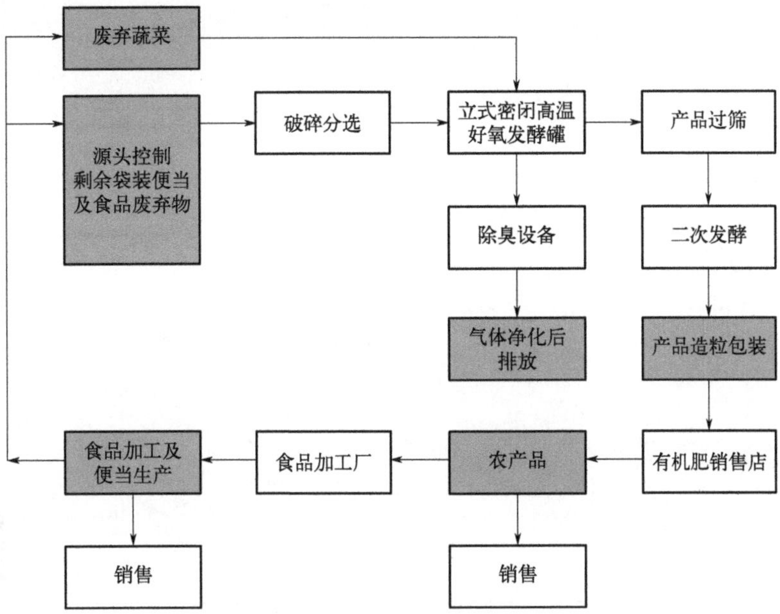

图 16-13　好氧堆肥工艺流程

本项目将废弃蔬菜、便当以及食品废弃物等原料经好氧发酵后生产成高质量的有机肥，将厨余垃圾回收、堆肥、有机肥售卖、农产品种植、食品加工等一系列工序贯穿起来，形成了一条区域联动且良性的有机循环系统。此举不仅实现了企业内部经济循环，也做到了区域内的经济循环。项目将资源化水平低、处理难彻底、经济效益低、产品附加值低、产品销售困难的问题彻底解决，实现变废为宝。

参考文献

[1] 环太湖有机废弃物处理及利用（苏州临湖）示范项目可行性研究报告 [R]. 苏州市吴中区政府，2020.

[2] 南宫堆肥厂厨余垃圾处理示范工程可行性研究报告 [R]. 南宫堆肥厂，2020.

[3] 日本厨余垃圾及畜禽粪便堆肥案例 [R]. 日本中部 ECOTEC 株式会社，2023.

[4] 山东泰昌生物科技有限公司农业废弃物无害化处理及生物肥料生产项目可行性研究报告 . 山东泰昌生物科技有限公司，2016.

[5] 上海市闵行区厨余垃圾好氧生物转化工程可行性研究报告 [R]. 上海文鑫生物科技有限公司，2020.

[6] 深圳大梅沙万科园区园林废弃物堆肥项目可行性研究报告 [R]. 万科集团，2022.

[7] 十堰市武当山污水处理厂污泥处理处置项目可行性研究报告 [R]. 十堰市伟翔环境建设有限公司，2020.

[8] 武汉沃土恒通环境工程有限公司陈家冲污泥处理厂污泥处理处置项目可行性研究报告 [R]. 北京沃土天地生物科技有限公司，2015.

[9] 新希望唐山一期猪粪处理项目介绍 [R]. 唐山新好农牧有限公司，2019.

附录

附录 1 堆肥原料成分表

1. 人畜粪便类养分含量（鲜基）

表 1 人畜粪便类养分含量（鲜基）

原料	水分 /%	C/%	N/%	P/%	K/%	C/N 值	pH 值
人粪	80.670	9.517	1.159	0.261	0.304	8.062	7.019
猪粪	68.74	13.760	0.547	0.245	0.294	20.986	8.015
牛粪	75.038	10.414	0.383	0.095	0.231	23.171	7.978
羊粪	50.746	18.859	1.014	0.216	0.532	16.620	8.080
马粪	68.463	11.965	0.437	0.134	0.381	25.623	8.116
驴粪	61.519	13.256	20.909	0.188	0.535	32.056	8.051
骡粪	62.929	8.203	0.312	0.156	0.232	26.461	7.902
兔粪	57.379	15.259	0.874	0.297	0.653	19.113	8.000
鸡粪	52.306	16.511	1.032	0.413	0.717	14.028	7.840
鸭粪	51.082	13.246	0.714	0.364	0.547	17.858	7.818
鹅粪	61.674	12.785	0.536	0.215	0.517	19.656	7.865
鸽粪	45.404	41.637	2.484	0.722	1.021	10.290	7.020
蚕沙	55.940	16.010	1.184	0.154	0.974	17.892	8.096
狗粪	65.471	—	1.330	1.809	0.261	—	8.470
鹌鹑粪	51.717	13.075	1.892	1.203	1.246	—	7.700
貂粪	68.919	—	0.267	0.059	0.134	—	8.120
猴粪	61.673	—	0.830	0.283	1.050	—	9.080
大象粪	77.130	—	0.187	0.037	0.190	—	8.627

表 2 不同粪便类养分含量（烘干基）

原料	水分 /%	C/%	N/%	P/%	K/%
鸡粪	52.0	30.1	2.34	0.929	1.606
猪粪	68.7	41.4	2.09	0.896	1.12
羊粪	50.7	33.6	2.01	0.496	1.321
牛粪	75.04	36.8	1.67	0.429	0.948
鸭粪	51.0	26.2	1.66	0.885	1.373
鹅粪	61.7	30.7	1.645	0.672	1.742

资料来源：牛俊玲，李彦明，陈信．固体有机废物肥料化利用技术．化学工业出版社，2009。

2. 堆沤肥类养分含量

表 3　厩肥类养分含量（鲜基）

原料	水分 /%	C/%	N/%	P/%	K/%	C/N 值	pH 值
猪圈肥	54.232	5.668	0.376	0.155	0.298	19.556	8.064
牛栏肥	61.207	9.954	0.500	0.131	0.720	19.178	8.390
羊圈肥	48.408	10.787	0.782	0.154	0.740	14.379	8.188
马厩肥	59.357	11.591	0.454	0.137	0.505	26.074	8.124
骡圈肥	68.940	3.756	0.396	0.110	0.547	21.275	8.280
驴圈肥	60.801	2.434	0.214	0.103	0.113	16.600	8.068
鸡窝肥	25.803	—	1.290	0.535	1.954	—	8.030

表 4　沤肥类养分含量（鲜基）

原料	水分 /%	C/%	N/%	P/%	K/%	C/N 值	pH 值
草塘泥	72.744	2.263	0.159	0.075	0.328	13.909	7.770
凼肥	47.633	—	0.230	0.098	0.772	18.859	7.169

表 5　沼气肥类养分含量（鲜基）

原料	水分 /%	C/%	N/%	P/%	K/%	C/N 值	pH 值
沼渣肥	76.620	6.748	0.499	0.216	0.203	—	7.587
沼液肥	97.833	3.255	0.109	0.019	0.088	—	7.531

3. 秸秆类养分含量（鲜基）

表 6　秸秆类养分含量（鲜基）

原料	水分 /%	C/%	N/%	P/%	K/%	C/N 值
水稻秸秆	63.5	10.9	0.30	0.048	0.67	48.0
麦秸	44.1	27.8	0.31	0.040	0.65	66.5
玉米秸	68.5	12.4	0.30	0.044	0.38	49.9
大豆秸①	—	45.3	1.81	0.196	1.17	29.3
绿豆秸①	—	—	1.58	0.240	1.07	—
蚕豆秸①	—	—	2.45	0.236	1.71	29.9
豌豆秸①	—	—	2.57	0.207	1.08	—
高粱秸①	—	49.9	1.25	0.146	1.43	46.7
谷子秸①	—	—	0.82	0.101	1.75	—

续表

原料	水分/%	C/%	N/%	P/%	K/%	C/N值
大麦秸①	—	47.9	0.56	0.086	1.37	76.6
荞麦秸①	—	42.8	0.80	0.191	2.12	50.5
燕麦秸①	—	—	0.65	0.3	1.6	—
甘薯藤①	—	36.7	2.37	0.283	3.05	14.2
马铃薯茎①	—	—	2.65	0.272	3.96	—
油菜秸①	—	44.9	0.87	0.144	1.94	55.0
花生秸①	—	42.6	1.82	0.163	1.09	23.9
向日葵秆①	—	—	0.82	0.112	1.77	—
棉秆①	—	—	1.24	0.150	1.02	—
麻秆①	—	—	1.31	0.060	0.50	—
甘蔗茎叶①	—	45.7	1.10	0.14	1.10	49.1
烟秆①	—	45.5	1.44	0.169	1.85	31.2
西瓜藤①	—	29.9	2.58	0.229	1.97	20.0
冬瓜藤①	—	—	3.43	0.520	2.77	—
南瓜藤①	—	—	4.35	0.648	2.47	—
黄瓜藤①	—	—	3.18	0.450	1.62	—
梨瓜藤①	—	—	2.62	0.376	1.60	—
辣椒秆①	—	37.9	3.27	0.299	4.49	13.9
番茄秆①	—	37.4	2.05	0.245	2.21	16.9
洋葱茎叶①	—	—	2.89	0.367	2.02	—
芋头茎叶①	—	—	2.21	0.450	5.68	—
香蕉茎叶①	—	36.7	1.91	0.196	3.67	21.0
草莓秆①	—	—	2.11	0.245	1.47	—

① 以烘干基计。

表7 作物秸秆养分含量（烘干基）

作物	N	P_2O_5	K_2O
水稻	0.91	0.30	2.28
小麦	0.65	0.18	1.27
玉米	0.92	0.35	1.42
谷子	0.82	0.23	2.11

续表

作物	N	P_2O_5	K_2O
高粱	1.25	0.33	1.72
其他谷物	0.68	0.31	2.10
豆类	1.81	0.45	1.41
薯类	2.51	0.63	4.22
花生	1.82	0.37	1.31
油菜	0.87	0.33	2.34
向日葵	0.82	0.25	2.13
棉花	1.24	0.34	1.23
麻类	1.31	0.14	0.60
甘蔗	1.10	0.32	1.33
烟叶	1.44	0.38	2.23

资料来源：全国农业技术推广中心中国有机肥料养分志．中国农业出版社，1999。

注：豆类秸秆养分含量用大豆秸秆代替，杂粮秸秆用大麦、荞麦秸秆养分的平均值代替，薯类秸秆用马铃薯、甘薯秸养分的平均值代替。

4. 绿肥类养分含量（鲜基）

表 8 绿肥类养分含量（鲜基）

原料	水分 /%	C/%	N/%	P/%	K/%	C/N 值
紫云英	88.8	5.2	0.40	0.040	0.27	13.3
苕子	81.1	8.3	0.62	0.062	0.45	13.5
箭筈豌豆	79.8	9.4	0.56	0.046	0.41	15.2
草木樨	80.8	8.8	0.54	0.040	0.29	13.8
田菁	70.6	10.2	0.67	0.059	0.43	17.9
金花菜	79.0	11.8	0.67	0.081	0.40	14.2
紫花苜蓿	76.5	—	0.61	0.065	0.69	—
柽麻[①]	—	46.4	2.69	0.280	2.03	21.5
沙打旺	82.0	7.4	0.47	0.042	0.46	14.1
小冠花[①]	—	42.0	4.00	0.280	2.58	—
蚕豆	79.7	8.5	0.45	0.046	0.30	17.1
豌豆	76.9	8.2	0.59	0.056	0.40	14.7
绿豆	73.2	12.6	0.53	0.063	0.42	27.0

续表

原料	水分 /%	C/%	N/%	P/%	K/%	C/N 值
豇豆	81.1	7.3	0.44	0.066	0.33	16.0
饭豆	77.5	10.5	0.49	0.043	0.34	23.3
菜豆	83.3	7.6	0.42	0.057	0.34	15.7
山黧豆	80.3	8.5	0.58	0.054	0.37	10.3
猪屎豆①	—	42.4	3.49	0.183	1.44	13.6
三叶草	81.0	7.8	0.64	0.059	0.59	12.3
泥豆①	—	—	3.24	0.26	1.45	—
含羞草①	—	42.2	2.90	0.220	1.46	15.7
肥田萝卜	85.8	5.6	0.36	0.055	0.37	19.8
油菜	89.2	4.6	0.33	0.042	0.42	18.7
满江红	92.0	2.9	0.23	0.029	0.18	12.2
水花生	86.3	5.7	0.35	0.039	0.71	13.9
水葫芦	90.5	2.9	0.22	0.037	0.37	13.3
水浮莲	93.3	2.0	0.19	0.037	0.28	11.9
肿柄菊	80.5	9.6	0.60	0.066	0.80	14.8
飞机草	77.2	6.8	0.39	0.060	0.56	18.0
小葵籽	84.5	6.1	0.16	0.033	0.44	26.3
籽粒苋	86.5	5.0	0.33	0.050	0.64	17.6
紫穗槐	68.0	15.7	0.91	0.098	0.45	15.4
马桑	72.6	12.0	0.60	0.056	0.24	22.7
黄荆	71.4	12.5	0.71	0.086	0.48	18.3
野葛	65.0	10.3	0.67	0.062	0.56	14.7
山毛豆①	—	41.0	2.29	0.158	1.11	17.8
银合欢①	—	45.2	3.02	0.205	1.63	16.9
构树	62.9	17.3	0.89	0.052	0.28	19.6
桤木	63.4	17.2	1.13	0.057	0.24	19.9
盐肤木	—	48.3	2.51	0.28	2.28	19.2
苦楝①	—	44.8	3.50	0.240	1.37	—
蒿草	75.4	9.4	0.63	0.092	0.80	15.8
小飞蓬①	—	—	2.83	0.200	2.61	15.2

续表

原料	水分 /%	C/%	N/%	P/%	K/%	C/N 值
苍耳①	—	—	2.62	0.41	3.61	10.7
臭黎藿①	—	—	4.23	0.510	4.98	—
蒴藋①	—	—	3.74	0.475	2.36	—
胜红蓟①	—	—	3.91	0.520	2.94	12.6
针刺草①	—	—	3.58	0.98	3.04	12.1
希金草①	—	—	2.93	0.70	4.33	14.2
茅草	56.6	14.6	0.34	0.048	0.32	42.2
苦参①	—	—	2.72	0.281	3.73	16.4
松毛①	—	—	1.08	0.101	0.48	32.5
臭牡丹①	—	—	3.09	0.242	2.20	15.6
山杜鹃①	—	—	0.97	0.150	0.53	53.7
乌桕①	—	—	3.64	0.431	1.28	11.4
枫杨①	—	—	2.68	0.37	1.48	17.7
枫香①	—	—	3.02	0.285	1.03	23.9
香椿①	—	—	2.96	0.366	3.01	18.0
化香①	—	—	2.97	0.400	1.36	16.4
喜树①	—	—	3.70	0.750	3.57	12.2
帧桐①	—	—	3.89	0.49	1.69	11.9
泡桐①	—	—	3.70	0.750	3.57	12.2
鸭脚木①	—	—	1.42	0.110	1.75	—
栎树①	—	—	1.63	0.145	0.66	23.4
红树①	—	—	2.33	0.280	1.30	20.9
橡胶树①	—	—	1.50	0.125	0.38	35.9

① 以烘干基计。

5. 土杂肥类养分含量

表 9 肥土类养分含量（烘干基）

原料	水分 /%	C/%	N/%	P/%	K/%	pH 值
熏土	—	—	0.372	0.119	1.201	7.472
硝土	—	—	0.258	0.115	1.546	7.274
炕土	—	—	0.505	0.132	1.558	7.295

表 10　泥肥类养分含量（烘干基）

原料	水分 /%	C/%	N/%	P/%	K/%	pH 值
河泥	—	2.961	0.231	0.196	1.754	6.213
湖泥	—	4.573	0.179	0.068	1.476	5.860
塘泥	—	3.649	0.242	0.118	1.956	7.156
沟泥	—	9.627	0.334	0.136	1.989	7.720
海泥	—	2.024	0.108	0.040	0.760	5.748

表 11　草木灰养分含量（烘干基）

原料	水分 /%	C/%	N/%	P/%	K/%	pH 值
草木灰	—	—	—	1.023	9.214	10.704
水稻秆灰	—	—	—	0.780	8.204	10.739
玉米秆灰	—	—	—	0.896	7.287	10.663
小麦秆灰	—	—	—	0.665	7.522	11.124
棉花秆灰	—	—	—	1.344	—	—
甘蔗叶灰	—	—	—	0.938	6.381	10.600
荞麦秆灰	—	—	—	1.159	7.921	10.100
烤烟秆灰	—	—	—	1.174	6.365	9.815
柴灰	—	—	—	1.026	6.314	9.560
山草灰	—	—	—	0.662	4.290	10.440
大豆秆灰	—	—	—	1.123	8.897	10.758
油菜秆灰	—	—	—	0.470	4.600	12.000
甘薯秆灰	—	—	—	1.354	9.309	10.568

表 12　杂灰渣及废弃物养分含量（烘干基）

原料	水分 /%	C/%	N/%	P/%	K/%	pH 值
炉渣灰	—	—	0.127	0.141	0.571	—
烟筒灰	—	—	1.530	0.260	1.418	—
火山灰	—	—	0.727	0.193	0.080	—
尿灰	—	—	0.090	0.574	3.169	—
杂灰	—	—	0.616	0.288	1.666	—
屠宰场废弃物	—	—	1.937	0.292	0.828	7.513
羽毛渣	—	—	9.083	1.340	1.060	—
骨粉	—	—	—	6.475	0.490	—
自然土	—	—	0.289	0.159	1.840	—
羊肝石	—	—	0.029	0.143	2.956	—

6. 饼肥类养分含量（风干基）

表 13 饼肥类养分含量（风干基）

原料	水分 /%	C/%	N/%	P/%	K/%	C/N 值
大豆饼	—	20.2	6.68	0.440	1.19	3.07
花生饼	—	33.6	6.92	0.547	0.96	4.7
油菜籽饼	—	33.4	5.25	0.799	1.04	6.6
棉籽饼	—	22.0	4.29	0.541	0.76	6.3
芝麻饼	—	17.6	5.08	0.73	0.56	3.69
葵花籽饼	—	—	4.76	0.478	1.32	—
桐籽饼	—	40.0	2.94	0.429	1.16	15.8
茶籽饼	—	43.5	1.44	0.282	1.18	29.8
蓖麻籽饼	—	—	4.52	0.784	1.02	—
胡麻饼	—	—	5.60	0.763	1.10	—
兰花籽饼	—	—	4.03	0.993	0.96	—
烟籽饼	—	—	4.26	0.67	1.25	—
线麻籽饼	—	—	8.14	1.92	1.40	—
栀籽饼	—	—	4.75	0.330	1.28	—
杏仁饼	—	—	4.56	0.466	0.71	—
苏子饼	—	—	5.84	0.703	0.98	—
大麻籽饼	—	—	5.05	0.828	1.12	—
柏籽饼	—	—	5.16	0.652	0.99	—
苍耳子饼	—	—	4.47	0.862	1.22	—
椰子饼	—	—	3.74	0.448	1.63	—
大米糠饼	—	—	2.33	1.04	1.47	—
花椒籽饼	—	—	2.06	0.245	2.08	—
椿树籽饼	—	—	2.78	0.417	1.48	—
酒渣	—	31.8	3.08①	0.399①	0.42①	—
醋渣①	—	49.8	1.98	0.251	0.46	—
酱油渣①	—	51.6	2.92	0.738	0.71	—
豆腐渣①	—	88.8	1.56	0.132	0.418	—
粉渣	—	45.0	1.56①	0.132①	0.418①	—
药渣①	—	46.9	1.55	0.26	0.36	—
木茹渣①	—	41.9	0.538	0.060	0.283	—

续表

原料	水分 /%	C/%	N/%	P/%	K/%	C/N 值
食用菌渣①	—	30.3	1.01	0.223	0.876	—
920 渣①	—	—	3.43	0.77	1.14	—
糖粕①	—	—	1.04	0.20	1.14	—
味精渣①	—	—	6.10	0.29	0.06	—
黄麻麸①	—	—	5.87	1.51	2.23	—
磷脂肥①	—	—	0.78	1.55	2.50	—
酱糟①	—	—	3.75	0.28	0.34	—
啤酒渣①	—	—	3.31	0.46	0.16	—
玉米酒糟①	—	—	2.23	0.31	0.33	—
大豆磷脂肥①	—	—	0.84	1.35	1.45	—
烤烟磷脂肥①	—	—	0.72	2.15	3.55	—

① 以烘干基计。

7. 海肥类养分含量

表 14 海肥类养分含量

原料	水分 /%	C/%	N/%	P/%	K/%	C/N 值
海钱①	—	—	0.40	0.04	0.17	—
海乳①	—	—	1.36	0.10	0.45	—
红螺①	—	—	1.28	0.10	0.18	—
蚝镜①	—	—	0.23	0.05	0.06	—
海五星①	—	—	1.89	0.11	0.42	—
海风车①	—	—	2.11	0.14	0.38	—
干蟹①	—	—	4.21	1.21	0.47	—
虾杂类①	—	—	3.57	2.12	0.46	—
狗罗花脯①	—	—	4.57	0.48	0.47	—
海酵果脯①	—	—	2.12	0.27	0.51	—
黑蛤蜊①	—	—	2.64	1.07	0.21	—
海蛎子皮①	—	—	1.21	0.11	0.32	—
蛤蜊皮	5.24	—	0.44	0.07	0.20	—
海暄子①	—	—	2.43	0.89	0.17	—
蛏子	38.98	—	1.17	0.14	0.42	—

续表

原料	水分 /%	C/%	N/%	P/%	K/%	C/N 值
马牙子①	—	—	1.84	0.48	0.23	—
鱼磷①	—	—	5.21	3.24	0.18	—
鱼类	—	—	0.71	0.76	0.48	—
鱼杂类	—	—	4.30	1.70	0.42	—
贝杂类	—	—	0.68	0.14	0.99	—
海藻类	—	—	0.56	0.09	0.51	19.3
苔条	88.5	—	0.23	0.02	0.73	—
海绵	84.0	—	0.32	0.02	0.29	—
海松	82.3	—	0.48	0.05	0.79	—
蕴草	86.7	—	0.26	0.03	0.55	—
海带	70.6	—	0.45	0.07	—	—
海草	84.8	—	0.37	0.07	0.41	—

①以风干基计。

8. 腐殖酸肥类养分含量（鲜基）

表 15　腐殖酸肥类养分含量（鲜基）

原料	水分 /%	C/%	N/%	P/%	K/%	pH 值
褐煤	44.59	3.53	0.36	0.04	0.51	—
风化煤	15.9	—	0.32	0.05	0.54	—

9. 农用城镇废弃物类养分含量（鲜基）

表 16　农用城镇废弃物类养分含量（鲜基）

原料	水分 /%	C/%	N/%	P/%	K/%	pH 值
城市垃圾	28.896	—	0.275	0.117	1.072	—
生活污水	—	—	0.019	0.001	0.004	6.5
工业废水	—	—	0.22	0.024	0.42	6.7
城市污泥	96.2	—	0.13	0.045	0.023	6.8
粉煤灰①	—	10	0.002 ~ 0.20	0.08 ~ 0.17	0.96 ~ 1.82	11
糠醛渣①	—	—	0.82	0.25	1.03	3
钢渣①	—	—	—	0.06	0.28	—

①以干基计。

10. 常用谷壳类成分含量（干基）

表 17 常用谷壳类成分含量（干基）

成分		木质素 /%	纤维素 /%	半纤维素 /%	N/%	C/N 值	灰分 /%
玉米	麸皮	1.00	15.00	44.00	1.76	34.09	3.00
	玉米棒渣	7.00	28.00	55.00	0.51	175.78	2.00
棉籽	皮	24.00	49.00	17.00	0.66	137.20	4.00
	种子	15.00	16.00	9.00	3.68	10.87	5.00
花生	花生壳	23.00	42.00	9.00	1.25	59.29	4.00
稻谷	糠	3.30	10.70	11.00	2.08	12.02	10.00
	稻壳	17.00	55.00	10.00	0.48	170.83	20.00
大豆	豆荚	2.00	48.00	17.00	1.94	34.61	5.00
	大豆秆	16.00	38.00	16.00	0.83	84.13	6.00
向日葵	葵子饼粉	12.00	21.00	7.00	4.14	9.65	6.00
小麦	麦麸	3.00	12.00	36.00	2.74	18.64	7.00
	麦草	7.00	34.00	27.00	1.36	50.00	7.00
	粗麦麸	2.20	8.80	26.00	2.94	12.57	2.40
	麦秆	14.00	40.00	31.00	1.58	53.93	8.00

11. 食品制造业使用原材料的肥效成分

表 18 食品制造业使用原材料的肥效成分（烘干基）

业种	调查 / 件	氮 /%	磷酸 /%	钾 /%	胃蛋白酶消化率 /%
乳业	11	6.94	5.01	0.99	46.55
乳酸饮料	9	6.81	3.92	0.53	44.46
肉类加工	7	8.53	4.73	0.75	55.6
屠宰	2	5.67	1.72	0.14	65.78
清凉饮料	6	6.67	3.87	0.87	53.05
啤酒	10	6.73	3.44	0.65	42.15
面包	10	6	3.75	0.58	43.62
酵母	4	7.14	2.38	1.61	51.98
馅儿	3	7.71	3.79	0.65	41.26
酱油	4	5.92	2.67	0.33	58.21
黄酱	3	7.08	6.36	2.14	50.72
小麦淀粉	4	9.29	6.77	0.69	70.24
玉米淀粉	2	8.07	4.82	1.01	63.95
橘子加工	9	4.39	2.31	0.44	44.33

续表

业种	调查 / 件	氮 /%	磷酸 /%	钾 /%	胃蛋白酶消化率 /%
水产加工	2	9.8	3.97	0.49	51.16
沙拉酱	3	7.35	2.76	0.58	46.16
制油	2	5	6.11	0.64	26.72
平均		7.01	4.02	0.77	50.37

资料来源：社团法人日本有机资源协会 . 堆肥化设施设计指南。

12. 日本堆肥原料成分含量

表 19　日本堆肥原料成分含量 I（烘干基）

材料名		水分 /%	石灰 /%	氧化镁 /%	碳酸钾 /%	磷酸 /%	氮 /%	碳 /%	C/N 值
家畜粪尿	牛粪	约 80	1.5 ~ 2.0	0.5 ~ 1.0	1.5 ~ 2.0	2.0 ~ 2.5	2.0 ~ 2.5	40 ~ 45	15 ~ 20
	猪粪	约 70	4.0 ~ 5.0	1.0 ~ 1.5	1.5 ~ 2.0	5.0 ~ 6.0	3.0 ~ 4.0	40 ~ 45	10 ~ 15
	鸡粪	约 65	10 ~ 15	1.0 ~ 1.5	3.0 ~ 4.0	6.0 ~ 7.0	5.0 ~ 6.0	35 ~ 40	6 ~ 10
	牛尿（鲜样）		0.0	0.0	1.0 ~ 2.0	0.1	0.5 ~ 0.7		
	猪尿（鲜样）		0.0	0.0	0.5 ~ 1.0	0.1	0.3 ~ 0.5		
秸秆类	稻秸	约 10	0.5	0.2	2.0 ~ 2.5	0.2 ~ 0.5	0.5 ~ 1.0	35 ~ 40	50 ~ 60
	麦秸	约 10	0.5	0.2	2.0 ~ 2.5	0.1 ~ 0.3	0.5 ~ 1.0	40 ~ 45	60 ~ 70
	稻壳	约 10	0.1	0.1	0.5	0.1 ~ 0.3	0.3 ~ 0.5	35 ~ 40	70 ~ 80
蔬菜渣	萝卜叶	约 90	5.0 ~ 7.0	0.3 ~ 0.5	5.0 ~ 6.0	0.8 ~ 1.0	5.0 ~ 6.0	40 ~ 45	8 ~ 10
	胡萝卜叶	约 80	3.0 ~ 4.0	0.5 ~ 0.7	5.0 ~ 6.0	0.8 ~ 1.0	3.0 ~ 4.0	40 ~ 45	10 ~ 15
	圆白菜	约 90	1.5 ~ 2.0	0.2 ~ 0.3	5.0 ~ 6.0	1.0 ~ 1.5	5.0 ~ 6.0	40 ~ 45	8 ~ 10
	大白菜	约 90	5.0 ~ 6.0	0.7 ~ 1.0	5.0 ~ 6.5	1.5 ~ 2.0	3.0 ~ 4.0	40 ~ 50	10 ~ 15
	黄瓜茎	约 70	6.0 ~ 8.0	0.5 ~ 0.7	7.0 ~ 1.0	1.0 ~ 1.5	4.0 ~ 5.0	40 ~ 45	90 ~ 12
	芋头茎叶	约 80	1.0 ~ 1.5	0.4 ~ 0.5	0.8 ~ 1.0	1.0 ~ 1.5	4.0 ~ 5.0	40 ~ 50	10 ~ 15
	甘薯茎	约 70	4.5 ~ 5.0	0.3 ~ 0.5	0.7 ~ 0.9	1.0 ~ 1.5	2.0 ~ 3.0	40 ~ 45	10 ~ 15
	玉米茎	约 70	2.5 ~ 3.0	0.7 ~ 1.0	1.5 ~ 2.0	1.0 ~ 1.5	3.5 ~ 4.0	40 ~ 50	10 ~ 15
	玉米苞皮	约 50	0.2 ~ 0.3	0.2 ~ 0.5	1.5 ~ 2.0	0.5 ~ 1.0	1.5 ~ 2.0	40 ~ 45	20 ~ 25
	柑橘皮	约 80	4.0 ~ 4.5	0.2 ~ 0.3	0.5 ~ 1.0	0.2 ~ 0.5	1.0 ~ 1.5	45 ~ 50	30 ~ 40
野草类	黑麦草	约 80	1.0 ~ 1.2	0.5 ~ 0.7	4.0 ~ 5.0	0.5 ~ 1.0	2.0 ~ 3.0	45 ~ 50	20 ~ 30
	三叶草	约 90	2.0 ~ 2.5	0.7 ~ 1.0	4.0 ~ 5.0	0.5 ~ 1.0	3.0 ~ 4.0	45 ~ 50	10 ~ 15
	荷花	约 90	2.0 ~ 2.5	0.7 ~ 1.0	2.0 ~ 3.0	0.5 ~ 1.0	3.0 ~ 4.0	45 ~ 50	10 ~ 15
	飞蓬	约 85	1.0 ~ 1.5	0.3 ~ 0.5	1.0 ~ 1.5	0.3 ~ 0.5	1.0 ~ 1.5	40 ~ 50	20 ~ 30
	藜	约 85	1.0 ~ 1.5	0.5 ~ 0.7	2.5 ~ 3.0	0.5 ~ 1.0	1.0 ~ 1.5	40 ~ 50	20 ~ 60

续表

材料名		水分/%	石灰/%	氧化镁/%	碳酸钾/%	磷酸/%	氮/%	碳/%	C/N 值
野草类	野稗	约 85	1.0 ~ 1.5	0.5 ~ 0.7	1.5 ~ 2.0	0.3 ~ 0.5	1.5 ~ 2.0	40 ~ 50	15 ~ 25
	鸭跖草	约 90	1.5 ~ 2.0	0.5 ~ 0.7	2.5 ~ 3.0	0.5 ~ 1.0	2.0 ~ 2.5	45 ~ 50	15 ~ 25
	蓼	约 85	2.0 ~ 2.5	0.5 ~ 1.0	2.0 ~ 2.5	0.5 ~ 1.0	2.5 ~ 3.0	45 ~ 50	15 ~ 20
	白三叶	约 90	1.0 ~ 1.5	0.3 ~ 0.5	2.0 ~ 2.5	0.5 ~ 1.0	2.5 ~ 3.0	45 ~ 50	15 ~ 20
	艾蒿	约 85	0.5 ~ 1.0	0.3 ~ 0.5	1.5 ~ 2.0	0.5 ~ 1.0	1.5 ~ 2.0	40 ~ 50	15 ~ 25
	结缕草	约 60			2.5 ~ 3.0	0.5 ~ 1.0	1.0 ~ 1.5	40 ~ 50	30 ~ 50
树木类	柳树类	约 70	1.0 ~ 1.5	0.2 ~ 0.5	1.0 ~ 1.5	0.5 ~ 1.0	1.0 ~ 1.5	45 ~ 50	30 ~ 40
	杉树叶	约 60	0.3 ~ 0.5	0.2 ~ 0.5	0.1 ~ 0.2	0.1 ~ 0.2	1.0 ~ 1.5	45 ~ 50	40 ~ 50
	松树叶	约 60	1.0 ~ 1.5	0.2 ~ 0.5	0.3 ~ 0.5	0.1 ~ 0.2	0.5 ~ 1.0	45 ~ 50	50 ~ 60
	银杏叶	约 50					2.0 ~ 2.5	45 ~ 50	20 ~ 25
	柿树叶	约 60	2.5 ~ 3.0	0.5 ~ 1.0	4.0 ~ 5.0	4.0 ~ 5.0	3.0 ~ 4.0	45 ~ 50	15 ~ 50
	树皮	约 30	2.0 ~ 2.5	0.1 ~ 2.0	3.0 ~ 4.0	0.1 ~ 0.2	0.0 ~ 0.1	45 ~ 50	500 ~
	锯末	约 10	0.3 ~ 0.5	0.1 ~ 0.2	0.1 ~ 0.2	0.0 ~ 0.1	0.0 ~ 0.1	45 ~ 50	500 ~
植物性食品残渣	荞麦壳	约 15			1.0 ~ 1.5	1.0 ~ 1.5	2.0 ~ 2.5	40 ~ 50	20 ~ 30
	米糠	约 15			1.5 ~ 2.0	4.0 ~ 5.0	2.0 ~ 3.0	45 ~ 45	25 ~ 25
	小松菜籽粕	约 10			1.5 ~ 2.0	2.0 ~ 3.0	5.5 ~ 6.5	45 ~ 50	7 ~ 10
	豆粕	约 10			2.0 ~ 2.5	1.5 ~ 2.0	7.0 ~ 8.0	45 ~ 50	6 ~ 8
	酒糟	约 65			0.1	0.5 ~ 1.0	7.0 ~ 8.0	45 ~ 50	6 ~ 8
	啤酒糟	约 75			0.1	1.5 ~ 2.0	4.0 ~ 5.0	45 ~ 50	8 ~ 10
	酱渣	约 40			0.5 ~ 1.0	0.5 ~ 1.0	5.0 ~ 6.0	45 ~ 50	6 ~ 8
	海带	约 75			2.0 ~ 2.5	0.5	1.5 ~ 2.0	40 ~ 45	20 ~ 30
	咖啡渣	约 75			0.1	0.1	2.5 ~ 3.0	45 ~ 50	15 ~ 20
	可可渣	约 10			2.5 ~ 3.0	1.0 ~ 1.5	2.5 ~ 3.0	45 ~ 50	15 ~ 20
	豆腐渣	约 75	0.5 ~ 0.7	0.2 ~ 0.4	1.0 ~ 1.5	1.0 ~ 1.2	4.0 ~ 5.0	50	10 ~ 12
动物性食品残渣	鱼粉	约 10				8.0 ~ 10.0	8.0 ~ 9.0	45 ~ 50	6 ~ 8
	肉粉	约 10				2.0 ~ 2.5	8.0 ~ 9.0	45 ~ 50	6 ~ 8
	骨粉	约 5				10.0 ~ 12	6.5 ~ 7.0	35 ~ 40	6 ~ 8
	沙丁鱼	约 70				4.0 ~ 5.0	8.0 ~ 9.0	45 ~ 50	6 ~ 8
	螃蟹壳	约 5			0.5	3.5 ~ 4.0	6.0 ~ 7.0	35 ~ 40	6 ~ 8
	田螺	约 60			1.0	1.0	3.5 ~ 4.0	35 ~ 40	8 ~ 10
	蝗虫	约 60			1.0 ~ 1.5	1.5 ~ 2.0	8.0 ~ 9.0	45 ~ 50	6 ~ 8
	家畜内脏	约 20			0.5 ~ 1.0	0.5 ~ 1.0	8.0 ~ 9.0	45 ~ 50	6 ~ 8
	革粉	约 15			0.2	0.1	5.0 ~ 5.5	45 ~ 50	8 ~ 10

表 20　日本堆肥原料成分含量 II（烘干基）

材料	水分 /%	容重 /（t/m^3）	吸水率 /%	TC /%	TN /%	C/N 值	纤维素 /%	半纤维素 /%	木质素 /%
锯末	25 ~ 45	0.2 ~ 0.25	280 ~ 450	44 ~ 60	0.03 ~ 0.53	230 ~ 1670	50 ~ 60	10 ~ 25	20 ~ 38
杉	17.1 ~ 26	—	310	45.2 ~ 50.9	0.08 ~ 0.16	283 ~ 636	49 ~ 56.6	13.5 ~ 21.1	28 ~ 37
松	15.2 ~ 29	—	280	44.8	0.13	345	48.6 ~ 58.3	13.7 ~ 23.8	24.9 ~ 31
刺柏	24.5 ~ 31	—	350	13.9 ~ 51.6	0.04 ~ 0.19	231 ~ 1296	—	12.3 ~ 20.7	25.7 ~ 35
柳桉	3.7 ~ 27	—	280	46.0 ~ 48	0.11 ~ 0.13	354 ~ 436	—	—	28.9
挪威云杉	15.2	—	—	50 ~ 60.1	0.03 ~ 0.53	1150 ~ 1670	21.9	—	25.6
铁杉树皮	45	—	—	52.4	0.24	218	24.7	117	38.1
木屑	19.3	0.1	152	45	0.1	450	—	—	—
稻秸	9.7 ~ 15	0.05	300 ~ 430	35.6	0.1	58	—	20.6	7.7
小麦秸	9.2 ~ 11.9	0.03	226 ~ 498	37.3	0.30	124	32 ~ 42	—	—
大麦秸	12 ~ 15	0.02	285 ~ 443	—	—	—	—	—	—
稻壳	9.5 ~ 15.0	0.1 ~ 0.13	75 ~ 80	33.5 ~ 39.8	0.56	60 ~ 72	32 ~ 42	29 ~ 37	1.3 ~ 38
粉碎稻壳	8.3 ~ 9.1	0.2	136 ~ 250	—	—	—	—	—	—

资料来源：社团法人日本有机资源协会 . 堆肥化设施设计指南。

附录 2　堆肥场记录表

表 1　堆肥场温度检测记录

日期：________________　　时间：________________

数据采集人：________________

天气情况（例：晴朗、雨天等）：________________

周围空气温度：________________℃　　风向：________________

场址观察情况和说明：________________________________

____

堆体编号	水分等级	臭味等级	温度			
			距堆体后端的距离			
			m	m	m	m

续表

堆体编号	水分等级	臭味等级	温度			
			距堆体后端的距离			
			m	m	m	m

表 2　条垛堆体温度的检测记录

条垛堆体编号：________________

堆体建成日期：________________

堆肥原料成分及说明：____

____

日期	时间	水分等级	臭味等级	温度			
				距堆体后端的距离			
				m	m	m	m

续表

日期	时间	水分等级	臭味等级	温度			
				距堆体后端的距离			
				m	m	m	m

表 3 进料情况记录

原料	添加比例	含水率	碳氮比	pH 值	粒径
主料					
辅料 1					
辅料 2					
辅料 3					
合计					

表 4 通风情况记录

风机	曝气风压	开始时间	停止时间	空气湿度	空气温度
1 号					
2 号					
3 号					
4 号					
5 号					
6 号					

表 5　翻堆情况记录

堆体编号	翻堆频率	翻堆时间
1 号堆		
2 号堆		
3 号堆		
4 号堆		
5 号堆		
6 号堆		

表 6　粉碎机运作记录

项目	良好	注意	故障	备注
粉碎效果				
刀片				
1# 电机运转				
2# 电机运转				
当日处理量				
进料皮带				
出料风机				
开关及线路				
其他易损部件				
运行时间	:	至	:	

表 7　混料机运作记录

项目	良好	注意	故障	备注
混匀效果				
搅拌系统				
电机运转				
称重精确度				
当日处理量				
进料皮带				
出料皮带				
开关及线路				
其他易损部件				
运行时间	:	至	:	

表 8　布料机运作记录

项目	良好	注意	故障	备注
布料精确度				
升降机				
电机运转				
移动系统				
当日处理量				
开关及线路				
其他易损部件				
运行时间	:	至	:	

表 9　翻堆机运作记录

项目	良好	注意	故障	备注
升降系统				
链板 / 拨齿				
防腐漆				
1# 电机运转				
2# 电机运转				
卷缆器运转				
横向移动				
纵向移动				
开关及线路				
其他易损部件				
运行时间	:	至	:	

表 10　造粒机运作记录

项目	良好	注意	故障	备注
润滑油				
轴承磨损				
压辊磨损				
电机运转				
模孔堵塞				
卡机				
当日造粒量				

续表

项目	良好	注意	故障	备注
开关及线路				
其他易损部件				
运行时间	:	至	:	

表 11 烘干机运作记录

项目	良好	注意	故障	备注
润滑油				
轴承磨损				
轴承温度				
电机运转				
风机运转				
当日烘干量				
开关及线路				
其他易损部件				
运行时间	:	至	:	

表 12 冷却机运作记录

项目	良好	注意	故障	备注
润滑油				
轴承磨损				
电机运转				
风机运转				
当日冷却量				
开关及线路				
其他易损部件				
运行时间	:	至	:	

表 13 筛分机运作记录

项目	良好	注意	故障	备注
螺栓紧固				
三角带松紧带				
电机运转				

续表

项目	良好	注意	故障	备注
漆皮磨损				
筛面破损				
当日处理量				
开关及线路				
其他易损部件				
运行时间	:	至	:	

表 14　打包秤运作记录

项目	良好	注意	故障	备注
称重精确度				
传感器				
减速机				
当日处理量				
开关及线路				
其他易损部件				
运行时间	:	至	:	

附录 3　畜禽粪便堆肥技术规范（NY/T 3442—2019）

（2019-01-17 发布，2019-09-01 实施）

1　范围

本标准规定了畜禽粪便堆肥的场地要求、堆肥工艺、设施设备、堆肥质量评价和检测方法。

本标准适用于规模化养殖场和集中处理中心的畜禽粪便及养殖垫料堆肥。

2　规范性引用文件

下列文件对于本文件的应用是必不可少的。凡是注日期的引用文件，仅注日期的版本适用于本文件。凡是不注日期的引用文件，其最新版本（包括所有的修改单）适用于本文件。

GB/T 8576　复混肥料中游离水含量的测定　真空烘箱法

GB/T 17767.1　有机 - 无机复混肥料的测定方法　第 1 部分：总氮含量

GB 18596　畜禽养殖业污染物排放标准

GB/T 19524.1　肥料中粪大肠菌群的测定

GB/T 19524.2　肥料中蛔虫卵死亡率的测定

GB/T 23349 肥料中砷、镉、铅、铬、汞生态指标

GB/T 25169—2010 畜禽粪便监测技术规范

GB/T 36195 畜禽粪便无害化处理技术规范

3 术语和定义

下列术语和定义适用于本文件。

3.1 堆肥 composting

在人工控制条件下（水分、碳氮比和通风等），通过微生物的发酵，使有机物被降解，并生产出一种适宜于土地利用的产物的过程。

3.2 辅料 auxiliary material

用于调节堆肥原料含水率、碳氮比、通透性等的物料。

注：常用辅料有农作物秸秆、锯末、稻壳、蘑菇渣等。

3.3 条垛式堆肥 pile composting

将混合好的物料堆成条垛进行好氧发酵的堆肥工艺。

注：条垛式堆肥包括动态条垛式堆肥、静态条垛式堆肥等。

3.4 槽式堆肥 bed composting

将混合好的物料置于槽式结构中进行好氧发酵的堆肥工艺。

注：槽式堆肥包括连续动态槽式堆肥、序批式动态槽式堆肥和静态槽式堆肥等。

3.5 反应器堆肥 reactor composting

将混合好的物料置于密闭容器中进行好氧发酵的堆肥工艺。

注：反应器堆肥包括筒仓式反应器堆肥、滚筒式反应器堆肥和箱式反应器堆肥等。

3.6 种子发芽指数 germination index

以黄瓜或萝卜种子为试验材料，堆肥浸提液的种子发芽率和种子平均根长的乘积与去离子水种子发芽率和种子平均根长的乘积的比值，用于评价堆肥腐熟度。

4 场地要求

4.1 畜禽粪便堆肥场选址及布局应符合 GB/T 36195 的规定。

4.2 原料存放区应防雨防水防火。畜禽粪便等主要原料应尽快预处理并输送至发酵区，存放时间不宜超过 1d。

4.3 发酵场地应配备防雨和排水设施。堆肥过程中产生的渗滤液应收集储存，防止渗滤液渗漏。

4.4 堆肥成品存储区应干燥、通风、防晒、防破裂、防雨淋。

5 堆肥工艺

5.1 工艺流程

畜禽粪便堆肥工艺流程包括物料预处理、一次发酵、二次发醇和臭气处理等环节，见图 1。

5.2 物料预处理

5.2.1 将畜禽粪便和辅料混合均匀，混合后的物料含水率宜为 45% ～ 65%，碳氮比（C/N）为（20：1）～（40：1），粒径不大于 5cm，pH 5.5 ～ 9.0。

5.2.2 堆肥过程中可添加有机物料腐熟剂，接种量宜为堆肥物料质量的 0.1% ～ 0.2%。腐熟剂应获得管理部门产品登记。

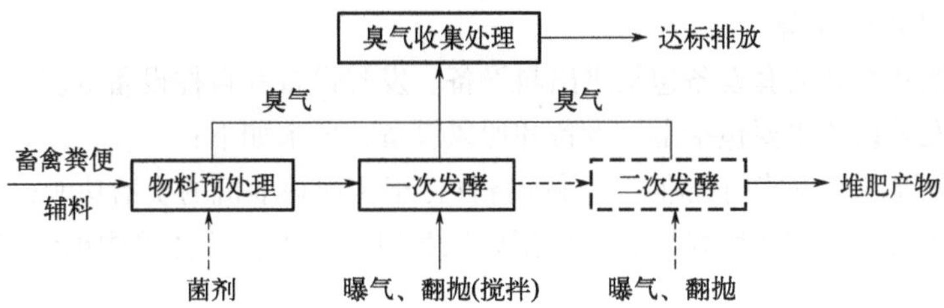

注：实线表示必需步骤，虚线表示可选步骤。

图 1　畜禽粪便堆肥工艺流程

5.3　一次发酵

5.3.1　通过堆体曝气或翻堆，使堆体温度达到 55℃以上，条垛式堆肥维持时间不得少于 15d、槽式堆肥维持时间不少于 7d、反应器堆肥维持时间不少于 5d。堆体温度高于 65℃时，应通过翻堆、搅拌、曝气降低温度。堆体温度测定方法见附录 A。

5.3.2　堆体内部氧气浓度宜不小于 5%，曝气风量宜为 $0.05m^3/min$ ～ $0.2m^3/min$（以每立方米物料为基准）。

5.3.3　条垛式堆肥和槽式堆肥的翻堆次数宜为每天 1 次；反应器堆肥宜采取间歇搅拌方式（如：开 30min 停 30min）。实际运行中可根据堆体温度和出料情况调整搅拌频率。

5.4　二次发酵

堆肥产物作为商品有机肥料或栽培基质时应进行二次发酵，堆体温度接近环境温度时终止发酵过程。

5.5　臭气控制

堆肥过程中产生的臭气应进行有效收集和处理，经处理后的恶臭气体浓度符合 GB 18596 的规定。臭气控制可采用如下方法：

a）工艺优化法：通过添加辅料或调理剂，调节碳氮比（C/N）、含水率和堆体孔隙度等，确保堆体处于好氧状态，减少臭气产生；

b）微生物处理法：通过在发酵前期和发酵过程中添加微生物除臭菌剂，控制和减少臭气产生；

c）收集处理法：通过在原料预处理区和发酵区设置臭气收集装置，将堆肥过程中产生的臭气进行有效收集并集中处理。

6　设施设备

6.1　堆肥设备选择原则

堆肥设备应根据堆肥工艺确定，分为预处理设备、发酵设备和后处理设备。

6.2　预处理设备

预处理设备主要包括粉碎设备和混料设备，混料方式可选择简易铲车混料或专用混料机混料。

6.3　发酵设备

6.3.1　条垛式堆肥设备

条垛式堆肥翻抛设备宜选择自走式或牵引式翻抛机，并根据条垛宽度和处理量选择翻抛机。对于简易垛式堆肥，也可用铲车进行翻抛。

6.3.2　槽式堆肥设备

6.3.2.1　槽式堆肥成套设备包括进出料设备、发酵设备和自控设备等。

6.3.2.2　发酵设备主要包括翻堆设备和通风设备，要求如下：

a）物料翻堆设备应使用翻堆机，并配备移行车实现翻堆机的换槽功能；

b）堆体通风设备应使用风机，并根据风压和风量要求，选择单槽单台或多槽分段多台风机。

6.3.3　反应器堆肥设备

6.3.3.1　反应器堆肥设备按进出料方式分为动态反应器和静态反应器。

6.3.3.2　动态反应器主要包括筒仓式、滚筒式和箱式等类型，设备系统特性如下：

a）筒仓式堆肥反应器是一种立式堆肥设备，从顶部进料底部出料，应配置上料、搅拌、通风、出料、除臭和自控等系统；

b）滚筒式堆肥反应器是一种卧式堆肥设备，使用滚筒抄板混合和移动物料，应配置上料、通风、出料、除臭和自控等系统；

c）箱式堆肥反应器是一种卧式堆肥设备，使用箱体内部输送带承载、移动和混合物料，应配置上料、通风、出料、除臭和自控等系统。

6.3.3.3　静态反应器主要包括箱式和隧道式等类型。

6.4　后处理设备

后处理设备主要包括筛分机和包装机等。

7　堆肥质量评价

7.1　堆肥产物质量要求

堆肥产物应符合表 1 的要求。

表 1　堆肥产物质量要求

项目	指标
有机质含量（以干基计），%	≥ 30
水分含量，%	≤ 45
种子发芽指数（GI），%	≥ 70
蛔虫卵死亡率，%	≥ 95
粪大肠菌群数，个 /g	≤ 100
总砷（As）（以干基计），mg/kg	≤ 15
总汞（Hg）（以干基计）mg/kg	≤ 2
总铅（Pb）（以干基计），mg/kg	≤ 50
总镉（Cd）（以干基计），mg/kg	≤ 3
总铬（Cr）（以干基计），mg/kg	≤ 150

7.2　采样

堆肥产物样品采样方法、样品记录和标识按照 GB/T 25169—2010 中第 5 章的规定执行，其中采样过程按照 5.3.2 的规定执行。样品的保存按照 GB/T 25169—2010 中第 8 章的规定执行。

8 检测方法

8.1 水分含量的测定

按照 GB/T 8576 的规定执行。

8.2 酸碱度的测定

按照附录 B 的规定执行。

8.3 有机质含量的测定

按照附录 C 的规定执行。

8.4 总氮的测定

按照 GB/T 17767.1 的规定执行。

8.5 种子发芽指数的测定

按照附录 D 的规定执行。

8.6 粪大肠菌群数的测定

按照 GB/T 19524.1 的规定执行。

8.7 蛔虫卵死亡率的测定

按照 GB/T 19524.2 的规定执行。

8.8 砷的测定

按照 GB/T 23349 的规定执行。

8.9 汞的测定

按照 GB/T 23349 的规定执行。

8.10 铅的测定

按照 GB/T 23349 的规定执行。

8.11 镉的测定

按照 GB/T 23349 的规定执行。

8.12 铬的测定

按照 GB/T 23349 的规定执行。

附录 A
（规范性附录）
堆体温度测定方法

A.1 适用范围

适用于高温堆肥堆体内温度的测定。

A.2 仪器

选择金属套筒温度计或热敏数显测温装置。

A.3 测定

A.3.1 将堆体自顶层到底层分成 4 段，自上而下测量每一段中心的温度，取最高温度。

测温点示意图见图 A.1a）和图 A.2a）。

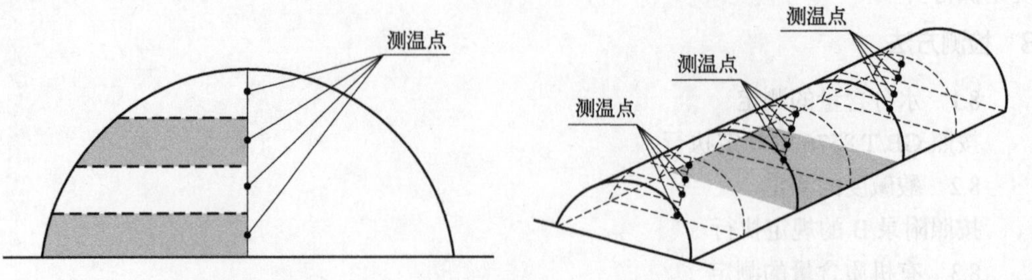

(a) 条垛测温点剖面图 (b) 条垛测温点分布图

图 A.1 条垛堆肥测温示意图

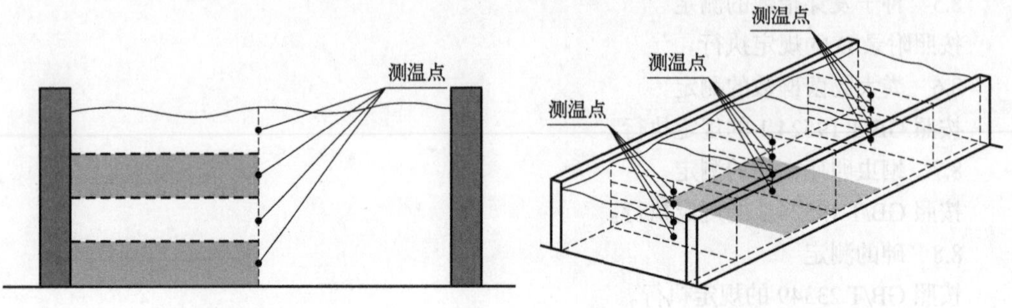

(a) 槽式测温点剖面图 (b) 槽式测温点分布图

图 A.2 槽式堆肥测温示意图

A.3.2 在整个堆体上至少选择 3 个位置，按 A.3.1 测出每一部位的最高温度，分布用 T_1、T_2、T_3 等表示。测温点示意图见图 A.1b）和图 A.2b）。

A.3.3 堆体温度取 T_1、T_2、T_3 等测得温度值的平均值。

A.3.4 在堆肥周期内应每天测试温度。

附录 B
（规范性附录）
酸碱度的测定方法 pH 计法

B.1 方法原理

试样经水浸泡平衡，直接用 pH 酸度计测定。

B.2 仪器

pH 酸度计：玻璃电极或饱和甘汞电极，或 pH 复合电极；振荡机或搅拌器。

B.3 试剂和溶液

B.3.1 pH 4.01 标准缓冲液：称取经 110℃烘 1h 的邻苯二钾酸氢钾（$KHC_8H_4O_4$）10.21g，用水溶解，稀释定容至 1L。

B.3.2 pH 6.87 标准缓冲液：称取经 120℃烘 2h 的磷酸二氢钾（KH_2PO_4）3.398g 和经 120℃ ~130℃烘 2h 的无水磷酸氢二钠（Na_2HPO_4）3.53g，用水溶解，稀释定容至 1L。

B.3.3 pH 9.18 标准缓冲液：称取硼砂（$Na_2B_4O_7 \cdot 10H_2O$）（在盛有蔗糖和食盐饱和溶液的干燥器中平衡一周）3.81g，用水溶解，稀释定容至 1L。

B.4 pH 计的校正

B.4.1 依照仪器说明书，至少使用 2 种 pH 标准缓冲溶液（B.3.1、B.3.2、B.3.3）进行 pH 计的校正。

B.4.2 将盛有缓冲溶液并内置搅拌子的烧杯置于磁力搅拌器上，开启磁力搅拌器。

B.4.3 用温度计测量缓冲溶液的温度，并将 pH 计的温度补偿旋钮调节到该温度上。有自动温度补偿功能的仪器，此步骤可省略。

B.4.4 搅拌平稳后将电极插入缓冲溶液中，待读数稳定后读取 pH。

B.5 试样溶液 pH 的测定

称取过 Φ1mm 筛的风干样 5.0g 于 100mL 烧杯中，加 50mL 水（经煮沸驱除二氧化碳），搅动 15min，静置 30min，用 pH 酸度计测定。

注：测量时，试样溶液的温度与标准缓冲溶液的温度之差不应超过 1℃。

B.6 允许差

取平行测定结果的算术平均值为最终分析结果，保留 1 位小数。平行分析结果的绝对差值不大于 0.2pH 单位。

附录 C
（规范性附录）
有机质含量的测定　重铬酸钾容量法

C.1 方法原理

用定量的重铬酸钾 - 硫酸溶液，在加热条件下，使有机肥料中的有机碳氧化，多余的重铬酸钾用硫酸亚铁标准溶液滴定，同时以二氧化硅为添加物作空白试验。根据氧化前后氧化剂消耗量，计算有机碳含量，乘以系数 1.724，为有机质含量。

C.2 仪器、设备

水浴锅；分析天平（感量为 0.0001g）。

C.3 试剂和材料

除非另有说明，在分析中仅使用确认为分析纯的试剂。

C.3.1 二氧化硅：粉末状。

C.3.2 浓硫酸（ρ=1.84g/cm^3）

C.3.3 重铬酸钾（$K_2Cr_2O_7$）标准溶液：c（$1/6K_2Cr_2O_7$）=0.1mol/L。

称取经过 130℃烘 3h ～ 4h 的重铬酸钾（基准试剂）4.9031g，先用少量水溶解，然后转移入 1L 容量瓶中，用水稀释至刻度，摇匀备用。

C.3.4 重铬酸钾溶液：c（$1/6K_2Cr_2O_7$）=0.8mol/L。

称取重铬酸钾 39.23g，先用少量水溶解，然后转移入 1L 容量瓶中，稀释至刻度，摇匀备用。

C.3.5 硫酸亚铁（$FeSO_4$）标准溶液：c（$FeSO_4$）=0.2mol/L。

称取（$FeSO_4 \cdot 7H_2O$）55.6g，溶于 900mL 水中，加硫酸（C.3.2）20mL 溶解，稀释定容至 1L，摇匀备用（必要时过滤）。此溶液的准确浓度以 0.1mol/L 重铬酸钾标准溶液（C.3.3）标定，现用现标定。

c（$FeSO_4$）=0.2mol/L 标准溶液的标定：吸取重铬酸钾标准溶液（C.3.3）20.00mL 加入 150mL 三角瓶中，加硫酸（C.3.2）3mL ～ 5mL 和 2 滴～ 3 滴邻啡啰啉指示剂（C.3.6），用硫酸亚铁标准溶液（C.3.5）滴定。根据硫酸亚铁标准溶液滴定时的消耗量按式（C.1）计算其准确浓度 c。

$$c = \frac{c_1 \times V_1}{V_2} \tag{C.1}$$

式中 c_1——重铬酸钾标准溶液的浓度，单位为摩尔每升（mol/L）；

V_1——吸取重铬酸钾标准溶液的体积，单位为毫升（mL）；

V_2——滴定时消耗硫酸亚铁标准溶液的体积，单位为毫升（mL）。

C.3.6 邻啡啰啉指示剂

称取硫酸亚铁 0.695g 和邻啡啰啉 1.485g 溶于 100mL 水，摇匀备用。此指示剂易变质，应密闭保存于棕色瓶中。

C.4 试验步骤

称取过 Φ1mm 筛的风干试样 0.2g ～ 0.5g（精确至 0.0001g），置于 500mL 的三角瓶中，准确加入 0.8mol/L 重铬酸钾溶液（C.3.4）50.0mL，再加入 50.0mL 浓硫酸（C.3.2），加一弯颈小漏斗，置于沸水中，待水沸腾后保持 30min。取出冷却至室温，用水冲洗小漏斗，洗液承接于三角瓶中。取下三角瓶，将反应物无损转入 250mL 容量瓶中，冷却至室温，定容，吸取 50.0mL 溶液于 250mL 三角瓶内，加水约至 100mL，加 2 滴～ 3 滴邻啡啰啉指示剂（C.3.6），用 0.2mol/L 硫酸亚铁标准溶液（C.3.5）滴定近终点时，溶液由绿色变成暗绿色，再逐滴加入硫酸亚铁标准溶液直至生成砖红色为止。同时，称取 0.2g（精确至 0.001g）二氧化硅（C.3.1）代替试样，按照相同分析步骤，使用同样的试剂，进行空白试验。

如果滴定试样所用硫酸亚铁标准溶液的用量不到空白试验所用硫酸亚铁标准溶液用量的 1/3 时，则应减少称样量，重新测定。

C.5 分析结果的表述

有机质含量以肥料的质量分数表示（ω），单位为百分率（%），按式（C.2）计算。

$$\omega = \frac{c(V_0 - V) \times 0.003 \times 100 \times 1.5 \times 1.724 \times D}{m(1 - X_0)} \tag{C.2}$$

式中 c——标定标准溶液的摩尔浓度，单位为摩尔每升（mol/L）；

V_0——空白试验时，消耗标定标准溶液的体积，单位为毫升（mL）；

V——样品测定时，消耗标定标准溶液的体积，单位为毫升（mL）；

0.003——1/4 碳原子的摩尔质量，单位为克每摩尔（g/mol）；

1.724——由有机碳换算为有机质的系数；
1.5——氧化校正系数；
m——风干样质量，单位为克（g）；
X_0——风干样含水量；
D——分取倍数，定容体积 / 分取体积，250/50。

C.6 允许差

取平行分析结果的算术平均值为测定结果。平行测定结果的绝对差值应符合如下要求：

a）平行测定结果的绝对差值应符合表 C.1 的要求。

表 C.1

有机质（ω），%	绝对差值，%
$\omega \leqslant 40$	0.6
$40 < \omega < 55$	0.8
$\omega \geqslant 55$	1.0

b）不同实验室测定结果的绝对差值应符合表 C.2 的要求。

表 C.2

有机质（ω），%	绝对差值，%
$\omega \leqslant 40$	1.0
$40 < \omega < 55$	1.5
$\omega \geqslant 55$	2.0

附录 D
（规范性附录）
种子发芽指数（GI）的测定方法

D.1 主要仪器和试剂

培养皿、滤纸、去离子水（或蒸馏水）、往复式水平振荡机、恒温培养箱。

D.2 试验步骤

D.2.1 称取堆肥样品 10.0g，置于 250mL 锥形瓶中，按固液比（质量 / 体积）1：10 加入 100mL 的去离子水或蒸馏水，盖紧瓶盖后垂直固定于往复式水平振荡机上，调节频率不小于 100 次 /min，振幅不小于 40mm，在室温下振荡浸提 1h，取下静置 0.5h 后，取上清液于预先安装好滤纸的过滤装置上过滤，收集过滤后的浸提液，摇匀后供分析用。

D.2.2 在 9cm 培养皿中垫上 2 张滤纸，均匀放入 10 粒大小基本一致、饱满的黄瓜（或萝卜）种子，加入堆肥浸提液 5mL，盖上皿盖，在 25℃的培养箱中避光培养 48h，统计发芽率和测量根长。每个样品做 3 个重复，以去离子水或蒸馏水作对照。

D.3 计算

种子发芽指数（GI）按式（D.1）计算。

$$\mathrm{GI}=\frac{A_1\times A_2}{B_1\times B_2}\times 100 \tag{D.1}$$

式中 A_1——堆肥浸提液的种子发芽率，单位为百分率（%）；

A_2——堆肥浸提液培养种子的平均根长，单位为毫米（mm）；

B_1——去离子水的种子发芽率，单位为百分率（%）；

B_2——去离子水培养种子的平均根长，单位为毫米（mm）。

附录 4 有机肥料（NY/T 525—2021）

（NY/T 525—2021 代替 NY 525—2012）

（2021-05-07 发布，2021-06-01 实施）

1 范围

本文件规定了有机肥料的范围、术语和定义、要求、检验规则、包装、标识、运输和储存。

本文件适用于以畜禽粪便、秸秆等有机废弃物为原料，经发酵腐熟后制成的商品化有机肥料。

本文件不适用于绿肥、农家肥和其他自积自造自用的有机肥。

2 规范性引用文件

下列文件中的内容通过文中的规范性引用而构成本文件必不可少的条款。其中，注日期的引用文件，仅该日期对应的版本适用于本文件；不注日期的引用文件，其最新版本（包括所有的修改单）适用于本文件。

GB/T 6682 分析实验室用水规格和试验方法

GB/T 8170—2008 数值修约规则与极限数值的表示和判定

GB/T 8576 复混肥料中游离水含量的测定 真空烘箱法

GB/T 15063—2020 复合肥料

GB 18382 肥料标识 内容和要求

GB/T 19524.1 肥料中粪大肠菌群的测定

GB/T 19524.2 肥料中蛔虫卵死亡率的测定

HG/T 2843 化肥产品化学分析常用标准滴定溶液、标准溶液、试剂溶液和指示剂溶液

NY/T 1978 肥料 汞、砷、镉、铅、铬含量的测定

NY/T 2540—2014 肥料 钾含量的测定

NY/T 2541—2014 肥料 磷含量的测定

NY/T 3442—2019 畜禽粪便堆肥技术规范

3 术语和定义

下列术语和定义适用于本文件。

3.1 有机肥料 organic fertilizer

主要来源于植物和 / 或动物，经过发酵腐熟的含碳有机物料，其功能是改善土壤肥力、提供植物营养、提高作物品质。

3.2 鲜样 fresh sample

现场采集的有机肥料样品。

3.3 腐熟度 maturity

腐熟度即腐熟的程度，指堆肥中有机物经过矿化、腐殖化过程后达到稳定的程度。

3.4 种子发芽指数 germination index

以黄瓜或萝卜（未包衣）种子为试验材料，在有机肥料浸提液中培养，其种子发芽率和种子平均根长的乘积与在水中培养的种子发芽率和种子平均根长的乘积的比值。用于评价有机肥料的腐熟度。

[来源：NY/T 3442—2019，3.6，有修改]

4 要求

4.1 原料

有机肥料生产原料应遵循“安全、卫生、稳定、有效”的基本原则，原料按目录分类管理，分为适用类、评估类和禁用类。优先选用附录 A 中的适用类原料；禁止选用粉煤灰、钢渣、污泥、生活垃圾（经分类陈化后的厨余废弃物除外）、含有外来入侵物种的物料和法律法规禁止的物料等存在安全隐患的禁用类原料；其余为评估类原料。如选择附录 B 中的评估类原料，须进行安全评估并通过安全性评价后才能用于有机肥料生产。

4.2 产品

4.2.1 外观

外观均匀，粉状或颗粒状，无恶臭。目视、鼻嗅测定。

4.2.2 技术指标

有机肥料的技术指标应符合表 1 的要求。

表 1 有机肥料技术指标要求及检测方法

项目	指标	检测方法
有机质的质量分数（以烘干基计），%	≥ 30	按照附录 C 的规定执行
总养分（$N+P_2O_5+K_2O$）的质量分数（以烘干基计），%	≥ 4.0	按照附录 D 的规定执行
水分（鲜样）的质量分数，%	≤ 30	按照 GB/T 8576 的规定执行
酸碱度（pH）	5.5 ~ 8.5	按照附录 E 的规定执行
种子发芽指数（GI），%	≥ 70	按照附录 F 的规定执行
机械杂质的质量分数，%	≤ 0.5	按照附录 G 的规定执行

4.2.3 限量指标

有机肥料限量指标应符合表 2 的要求。

表 2　有机肥料限量指标要求及检测方法

项目	指标	检测方法
总伸（As），mg/kg	≤15	按照 NY/T 1978 的规定执行。以烘干基计算
总汞（Hg），mg/kg	≤2	
总铅（Pb），mg/kg	≤50	
总镉（Cd），mg/kg	≤3	
总铬（Cr），mg/kg	≤150	
粪大肠菌群数，个 /g	≤100	按照 GB/T 19524.1 的规定执行
蛔虫卵死亡率，%	≥95	按照 GB/T 19524.2 的规定执行
氯离子的质量分数，%	—	按照 GB/T 15063—2020 附录 B 的规定执行
杂草种子活性，株 /kg	—	按照附录 H 的规定执行

5　检验规则

5.1　检验类别及检验项目

产品检验分为出厂检验和型式检验。出厂检验应由生产企业质量监督部门进行检验，出厂检验项目包括有机质的质量分数、总养分、水分（鲜样）的质量分数、酸碱度、种子发芽指数、机械杂质的质量分数和氯离子的质量分数。型式检验项目包括第 4 章的全部项目。在有下列情况之一时进行型式检验：

a）正式生产时，原料、工艺发生变化；

b）正常生产时，定期或积累到一定量后，每半年至少进行一次检验；

c）停产再复产时；

d）国家质量监管部门提出型式检验的要求时；

e）出现重大争议或双方认为有必要进行检验的时候。

5.2　组批

有机肥料按批检验，以 1d 或 2d 的产量为一批，最大批量为 500t。

5.3　采样

5.3.1　采样方法

5.3.1.1　袋装产品

采取随机抽样的方法，有机肥料产品总袋数与最少采样袋数见表 3。将抽出的样品袋平放，每袋从最长对角线插入取样器，从包装物的表面、中间和底部 3 个水平取样，每袋取出不少于 200g 样品，每批产品采取的样品总量不少于 4000g。或拆包用取样铲或勺取样。用于杂草种子活性测定时，应另取一份不少于 6000g 的样品，装入干净的采样袋中备用。总袋数超过 512 袋时，最少采样袋数（n）按公式（1）计算。如遇小数，则进为整数。

$$n = 3 \times \sqrt[3]{N} \tag{1}$$

式中　N——每批采样总袋数。

表 3 有机肥料产品最小采样袋数要求 单位为袋

总袋数	最少采样袋数	总袋数	最少采样袋数
1 ~ 10	全部袋数	182 ~ 216	18
11 ~ 49	11	217 ~ 254	19
50 ~ 64	12	255 ~ 296	20
65 ~ 81	13	297 ~ 343	21
82 ~ 101	14	344 ~ 394	22
102 ~ 125	15	395 ~ 450	23
126 ~ 151	16	451 ~ 512	24
152 ~ 181	17		

5.3.1.2 散装产品

从堆状等散装样品中采样时，从同一批次的样品堆中用勺、铲或取样器采集适量的样品混合均匀，随机选取的采集点不少于 7 个，从样品堆的表面及内部抽取的样品总量不少于 4000g。从产品流水线上采样时，根据物料流动的速度，每 10 袋或间隔 2min，用取样器取出所需的样品，抽取的样品总量不少于 4000g。用于杂草种子活性测定时，应另取一份不少于 6000g 的样品，装入干净的采样袋中备用。

5.3.2 样品缩分

将选取的样品迅速混匀，用四分法或缩分器将样品缩分至约 2000g，分装于 3 个干净的聚乙烯或玻璃材质的广口瓶中，每份样品重量不少于 600g，密封并贴上标签，注明生产企业名称、产品名称、批号、原料、采样日期、采样人姓名。其中，一瓶用于鲜样水分和种子发芽指数的测定，一瓶风干用于产品成分分析，一瓶保存至少 6 个月，以备查用。

5.4 试样制备

将 5.3.2 中一瓶风干后的样品，经多次缩分后取出约 100g 样品，迅速研磨至全部通过 Φ1mm 尼龙筛，混匀，收集于干净的样品瓶或自封袋中，作成分分析用。余下的样品供机械杂质的测定用。

5.5 结果判定

5.5.1 本文件中质量指标合格判断，按照 GB/T 8170—2008 中“4.3.3 修约值比较法”的规定执行。

5.5.2 生产企业应按本文件要求进行出厂检验和型式检验。出厂检验项目和型式检验项目全部符合本文件要求时，判该批产品合格。每批检验合格出厂的产品应附有质量证明书，其内容包括：生产企业名称、地址、产品名称、批号或生产日期、原料名称、产品净含量、有机质含量、总养分含量、pH 及本文件编号。

5.5.3 产品出厂检验时，如果检验结果中有指标不符合本文件要求时，应重新自同批次二倍量的包装袋中选取有机肥料样品进行复检；重新检验结果中有指标不符合本文件要求时，则整批肥料判为不合格。

5.5.4 当供需双方对产品质量发生异议需仲裁时，按有关规定执行。

6 包装、标识、运输和储存

6.1 有机肥料应用覆膜编织袋或塑料编织袋衬聚乙烯内袋包装。每袋净含量 50kg、40kg、25kg、10kg，平均每袋净含量不得低于 50.0kg、40.0kg、25.0kg、10.0kg。产品包装规格也可由供需双方协商，按双方合同规定执行。

6.2 有机肥料包装袋上应注明产品通用名称、商标、包装规格、净含量、主要原料名称（质量分数≥5%，以鲜基计）、有机质含量、总养分含量及单一养分含量、企业名称、生产地址、联系方式、批号或生产日期、肥料登记证号、执行标准号等，建议标注二维码。其余按照 GB 18382 的规定执行。

6.3 氯离子的质量分数的标明值。当产品中氯离子的质量分数≥2.0% 时进行标注。

6.4 杂草种子活性的标明值。应注明产品中杂草种子活性的标明值。

6.5 产品不得含有国家明令禁止的添加物或添加成分。

6.6 若加入或标示含有其他添加物，生产者应有足够的证据，证明添加物安全有效。应标明添加物的名称和含量，不得将添加物的含量与养分相加。

6.7 有机肥料应储存于阴凉、通风干燥处，在运输过程中应防潮、防晒、防破裂。

附录 A
（规范性）
有机肥料生产原料适用类目录

有机肥料生产原料适用类目录见表 A.1。

表 A.1 有机肥料生产原料适用类目录

原料种类	原料名称
种植业废弃物	谷、麦及薯类等作物秸秆
	豆类作物秸秆
	油料作物秸秆
	园艺及其他作物秸秆
	林草废弃物
养殖业废弃物	畜禽粪尿及畜禽圈舍垫料（植物类）
	废饲料
加工业废弃物	麸皮、稻壳、菜籽饼、大豆饼、花生饼、芝麻饼、油葵饼、棉籽饼、茶籽饼等种植业加工过程中的副产物
天然原料	草炭、泥炭、含腐殖酸的褐煤等

附录 B
（规范性）
评估类原料安全性评价要求

有机肥料生产评估类原料安全性评价要求见表 B.1。

表 B.1 有机肥料生产评估类原料安全性评价要求

序号	原料名称	安全性评价指标	佐证材料
1	植物源性中药渣	重金属、抗生素、所用有机浸提剂含量等	有机浸提剂说明、检测报告等
2	厨余废弃物（经分类和陈化）	盐分、油脂、蛋白质代谢产物（胺类）、黄曲霉素、种子发芽指数等	处理工艺（脱盐、脱油、固液分离等）说明、检测报告等
3	骨胶提取后剩余的骨粉	化学萃取剂品种和含量等	化学萃取剂说明、检测报告等
4	蚯蚓粪	重金属含量等	养殖原料说明、检测报告等
5	食品及饮料加工有机废弃物（酒糟、酱油糟、醋糟、味精渣、酱糟、酵母渣、薯渣、玉米渣、糖渣、果渣、食用菌渣等）	盐分、重金属含量等	生产工艺（包括化学添加剂的种类和含量）说明、检测报告等
6	糠醛渣	持久性有机污染物等	检测报告等
7	水产养殖废弃物（鱼杂类、蛏子、鱼类、贝杂类、海藻类、海松、海带、蛤蜊皮、海草、海绵、蕴草、苔条等）	盐分、重金属含量等	生产工艺说明、检测报告等
8	沼渣/液（限种植业、养殖业、食品及饮料加工业）	盐分、重金属含量等	生产工艺说明、检测报告等

注 1：佐证材料包括但不限于原料、成品全项检测报告，产品对土壤、作物、生物、微生物、地下水、地表水等农业生态环境的安全性影响评价资料，原料无害化处理、生产工艺措施及认证等。

注 2：生产抗生素的植物源性中药渣、未经分类和陈化处理的厨余废弃物、以污泥为饵料的蚯蚓粪、以污泥为原料的沼渣沼液不属于评估类原料，属于禁用类原料。

附录 C
（规范性）
有机质含量测定（重铬酸钾容量法）

本文件方法中所用水应符合 GB/T 6682 中三级水的规定。所列试剂，除注明外，均指分析纯试剂。本文件中所用的标准滴定溶液、标准溶液、试剂溶液和指示剂溶液，在未说明配制方法时，均按照 HG/T 2843 的规定配制。

C.1 方法原理

用定量的重铬酸钾 - 硫酸溶液，在加热条件下，使有机肥料中的有机碳氧化，多余的重铬酸钾溶液用硫酸亚铁标准溶液滴定，同时以二氧化硅为添加物作空白试验。根据氧化前后氧化剂消耗量，计算有机碳含量，乘以系数 1.724，为有机质含量。

C.2 试剂及制备

C.2.1 二氧化硅：粉末状。

C.2.2 硫酸（ρ=1.84g/mL）。

C.2.3　重铬酸钾（$K_2Cr_2O_7$）标准溶液：c（$1/6K_2Cr_2O_7$）= 0.1mol/L。

称取经过 130℃烘干至恒重（3h ～ 4h）的重铬酸钾（基准试剂）4.9031g，先用少量水溶解，然后转移入 1L 容量瓶中，用水定容至刻度，摇匀备用。

C.2.4　重铬酸钾溶液（$K_2Cr_2O_7$）：c（$1/6K_2Cr_2O_7$）= 0.8mol/L。

称取重铬酸钾（分析纯）39.23g，溶于 600mL ～ 800mL 水中（必要时可加热溶解），冷却后转移入 1L 容量瓶中，稀释至刻度，摇匀备用。

C.2.5　邻啡啰啉指示剂。

称取硫酸亚铁（$FeSO_4 \cdot 7H_2O$，分析纯）0.695g 和邻啡啰啉（$C_{12}H_8N_2 \cdot H_2O$，分析纯）1.485g 溶于 100mL 水，摇匀备用。此指示剂易变质，应密闭保存于棕色瓶中。

C.2.6　硫酸亚铁（$FeSO_4$）标准溶液：c（$FeSO_4$）= 0.2mol/L。

称取（$FeSO_4 \cdot 7H_2O$）（分析纯）55.6g，溶于 900mL 水中，加硫酸（C.2.2）20mL 溶解，稀释定容至 1L，摇匀备用（必要时过滤）。储于棕色瓶中，硫酸亚铁溶液在空气中易被氧化，使用时应标定其浓度。

c（$FeSO_4$）= 0.2mol/L 标准溶液的标定：吸取重铬酸钾标准溶液（C.2.3）20.00mL 加入 150mL 三角瓶中，加硫酸（C.2.2）3mL ～ 5mL 和 2 滴～ 3 滴邻啡啰啉指示剂（C.2.5），用硫酸亚铁标准溶液（C.2.6）滴定。根据硫酸亚铁标准溶液滴定时的消耗量，按公式（C.1）计算其准确浓度 c。

$$c = \frac{c_1 \times v_1}{v_2} \tag{C.1}$$

式中　c_1——重铬酸钾标准溶液的浓度数值，单位为摩尔每升（mol/L）；

v_1——吸取重铬酸钾标准溶液的体积数值，单位为毫升（mL）；

v_2——滴定时消耗硫酸亚铁标准溶液的体积数值，单位为毫升（mL）。

C.3　仪器、设备

C.3.1　水浴锅。

C.3.2　天平等实验室常用仪器设备。

C.4　测定步骤

称取过 Φ1mm 筛的风干试样 0.2g ～ 0.5g（精确至 0.0001g，含有机碳不大于 15mg），置于 500mL 的三角瓶中，准确加入 0.8mol/L 重铬酸钾溶液（C.2.4）50.0mL，再加入 50.0mL 硫酸（C.2.2），加一弯颈小漏斗，置于沸水中，待水沸腾后计时，保持 30min。取出冷却至室温，用少量水冲洗小漏斗，洗液承接于三角瓶中。将三角瓶内反应物无损转入 250mL 容量瓶中，冷却至室温，定容摇匀，吸取 50.0mL 溶液于 250mL 三角瓶内，加水至 100mL 左右，加 2 滴～ 3 滴邻啡啰啉指示剂（C.2.5），用硫酸亚铁标准溶液（C.2.6）滴定近终点时，溶液由绿色变成暗绿色，再逐滴加入硫酸亚铁标准溶液（C.2.6）直至生成砖红色为止。同时，称取 0.2g（精确至 0.0001g）二氧化硅（C.2.1）代替试样，按照相同分析步骤，使用同样的试剂，进行空白试验。

如果滴定试样所用硫酸亚铁标准溶液的用量不到空白试验所用硫酸亚铁标准溶液用量的 1/3 时，则应减少称样量，重新测定。

C.5　分析结果的表述

有机质含量以肥料的质量分数 ω（%）表示，按公式（C.2）计算。

$$\omega=\frac{c(V_0-V)\times 3\times 1.724\times D}{m(1-X_0)\times 1000}\times 100 \tag{C.2}$$

式中 c——硫酸亚铁标准溶液的浓度数值，单位为摩尔每升（mol/L）；

V_0——空白试验时，消耗硫酸亚铁标准溶液的体积数值，单位为毫升（mL）；

V——样品测定时，消耗硫酸亚铁标准溶液的体积数值，单位为毫升（mL）；

3——四分之一碳原子的摩尔质量数值，单位为克每摩尔（g/mol）；

1.724——由有机碳换算为有机质的系数；

m——风干试样质量的数值，单位为克（g）；

X_0——风干试样含水量的数值，单位为百分号（%）；

D——分取倍数，定容体积 / 分取体积，250/50。

C.6 允许差

C.6.1 计算结果保留到小数点后 1 位，取平行测定结果的算术平均值为测定结果。

C.6.2 平行测定结果的绝对差值应符合表 C.1 的要求。

表 C.1 平行测定结果的绝对差值要求

有机质的质量分数（ω），%	绝对差值，%
$\omega \leqslant 20$	0.6
$20 < \omega < 30$	0.8
$\omega \geqslant 30$	1.0

不同实验室测定结果的绝对差值应符合表 C.2 要求。

表 C.2 不同实验室测定结果的绝对差值要求

有机质的质量分数（ω），%	绝对差值，%
$\omega \leqslant 20$	1.0
$20 < \omega < 30$	1.5
$\omega \geqslant 30$	2.0

附录 D
（规范性）
总养分含量测定

本文件方法中所用水应符合 GB/T 6682 中三级水的规定。所列试剂，除注明外，均指分析纯试剂。本文件中所用的标准滴定溶液、标准溶液、试剂溶液和指示剂溶液，在未说明配制方法时，均按照 HG/T 2843 的规定配制。

D.1 总氮含量测定

D.1.1 方法原理

有机肥料中的有机氮经硫酸 - 过氧化氢消煮，转化为铵态氮。碱化后蒸馏出来的氮用硼酸溶液吸收，以标准酸溶液滴定，计算样品中的总氮含量。

D.1.2 试剂及制备

D.1.2.1 硫酸（ρ=1.84g/mL）。

D.1.2.2 30% 过氧化氢。

D.1.2.3 氢氧化钠溶液：质量浓度为 40% 的溶液。称取 40g 氢氧化钠（化学纯）溶于 100mL 水中。

D.1.2.4 硼酸溶液（2%，m/V）：称取 20g 硼酸溶于水中，稀释至 1L。

D.1.2.5 定氮混合指示剂：称取 0.5g 溴甲酚绿和 0.1g 甲基红溶于 100mL 95% 乙醇中。

D.1.2.6 硼酸指示剂混合液：每升 2% 硼酸（D.1.2.4）溶液中加入 20mL 定氮混合指示剂（D.1.2.5）并用稀碱或稀酸调至紫红色（pH 约为 4.5）。此溶液放置时间不宜过长，如在使用过程中 pH 有变化，需随时用稀碱或稀酸调节。

D.1.2.7 硫酸 c（$1/2H_2SO_4$ = 0.05mol/L）或盐酸 c（HCl）= 0.05mol/L 标准滴定溶液。

D.1.3 仪器、设备

D.1.3.1 实验室常用仪器设备。

D.1.3.2 消煮仪。

D.1.3.3 全自动定氮仪、定氮蒸馏仪或具有相同功效的蒸馏装置。

D.1.4 分析步骤

D.1.4.1 试样溶液制备

称取过 Φ1mm 筛的风干试样 0.5g ～ 1.0g（精确至 0.0001g），置于 250mL 锥形瓶底部或体积适量的消煮管底部，用少量水冲洗粘附在瓶 / 管壁上的试样，加 5mL 硫酸（D.1.2.1）和 1.5mL 过氧化氢（D.1.2.2），小心摇匀，瓶口放一弯颈小漏斗，放置过夜。缓慢加热至硫酸冒烟，取下，稍冷加 15 滴过氧化氢，轻轻摇动锥形瓶或消煮管，加热 10min，取下，稍冷后再加 5 滴～ 10 滴过氧化氢并分次消煮，直至溶液呈无色或淡黄色清液后，继续加热 10min，除尽剩余的过氧化氢。

取下冷却，小心加水至 20mL ～ 30mL，轻轻摇动锥形瓶或消化管，用少量水冲洗弯颈小漏斗，洗液收入锥形瓶或消煮管中。将消煮液移入 100mL 容量瓶中，冷却至室温，加水定容至刻度。静置澄清或用无磷滤纸干过滤到具塞三角瓶中，备用。

D.1.4.2 空白试验

除不加试样外，试剂用量和操作同 D.1.4.1。

D.1.4.3 测定

于锥形瓶中加入 10.0mL 硼酸 - 指示剂混合液（D.1.2.6），放置锥形瓶于蒸馏仪器氨液接收托盘上，冷凝管管口插入硼酸液面中。吸取消煮清液 50.00mL 于蒸馏瓶内，加入 200mL 水（视蒸馏装置定补水量）。将蒸馏管与定氮仪器蒸馏头相连接，加入 15mL 氢氧化钠溶液（D.1.2.3），蒸馏。当蒸馏液体达到约 100mL 时，即可停止蒸馏。

用硫酸标准溶液或盐酸标准溶液（D.1.2.7）直接滴定馏出液，由蓝色刚变至紫红色为终点。记录消耗酸标准溶液的体积。

D.1.5 分析结果的表述

肥料的总氮含量以肥料的质量分数（%）表示，按公式（D.1）计算，所得结果应保留到小数点后 2 位。

$$N=\frac{c(V-V_0)\times 14\times D}{m(1-X_0)\times 1000}\times 100 \tag{D.1}$$

式中 c——标定标准溶液的摩尔浓度，单位为摩尔每升（mol/L）；

V_0——空白试验时，消耗标定标准溶液的体积，单位为毫升（mL）；

V——样品测定时，消耗标定标准溶液的体积，单位为毫升（mL）；

14——氮的摩尔质量，单位为克每摩尔（g/mol）；

m——风干试样质量的数值，单位为克（g）；

X_0——风干试样含水量的数值；

D——分取倍数，定容体积 / 分取体积，100/50。

D.1.6 允许差

取平行测定结果的算术平均值为测定结果。平行测定结果允许绝对差应符合表 D.1 的要求。

表 D.1 总氮含量平行测定结果允许绝对差值

总氮（N），%	允许差，%
$N \leqslant 0.50$	< 0.02
$0.50 < N < 1.00$	< 0.04
$N \geqslant 1.00$	< 0.06

D.2 总磷含量测定

D.2.1 试样溶液制备

按照 D.1.4.1 操作制备。

D.2.2 空白溶液制备

除不加试样外，应用的试剂和操作同 D.2.1.

D.2.3 分析步骤与结果表述

吸取试样溶液 5.00mL ～ 10.00mL 于 50mL 容量瓶中，按照 NY/T 2541—2014 规定的“5.2 等离子体发射光谱法”或“5.3 分光光度法”执行，以烘干基计。其中，“分光光度法”为仲裁法。

D.3 总钾含量测定

D.3.1 试样溶液制备

按照 D.1.4.1 操作制备。

D.3.2 空白溶液制备

除不加试样外，应用的试剂和操作同 D.3.1。

D.3.3 分析步骤与结果表述

吸取 5.00mL 试样溶液于 50mL 容量瓶中，按照 NY/T 2540—2014 规定的“5.2 火焰光度法”或“5.3 等离子体发射光谱法”执行，以烘干基计。其中，“火焰光度法”为仲裁法。

附录 E
（规范性）
酸碱度的测定（pH 计法）

本文件方法中所用水应符合 GB/T 6682 中三级水的规定。所列试剂，除注明外，均指分析纯试剂。本文件中所用的标准滴定溶液、标准溶液、试剂溶液和指示剂溶液，在未说明配制方法时，均按照 HG/T 2843 的规定配制。

E.1 方法原理

当以 pH 计的玻璃电极为指示电极，甘汞电极为参比电极，插入试样溶液中时，两者之间产生一个电位差。该电位差的大小取决于试样溶液中的氢离子活度，氢离子活度的负对数即为 pH，由 pH 计直接读出。

E.2 仪器

实验室常用仪器及 pH 酸度计（灵敏度为 0.01pH 单位，带有温度补偿功能）。

E.3 试剂和溶液

E.3.1 pH4.00 标准缓冲液：称取经 120℃烘 1h 的邻苯二钾酸氢钾（$KHC_8H_4O_4$）10.12g，用水溶解，稀释定容至 1L。可购置有国家标准物质证书的标准缓冲液。

E.3.2 pH6.86 标准缓冲液：称取经 120℃烘 2h 的磷酸二氢钾（KH_2PO_4）3.398g 和经 120℃～130℃烘 2h 的无水磷酸氢二钠（Na_2HPO_4）3.53g，用水溶解，稀释定容至 1L。可购置有国家标准物质证书的标准缓冲液。

E.3.3 pH9.18 标准缓冲液：称取硼砂（$Na_2B_4O_7 \cdot 10H_2O$）（在盛有蔗糖和食盐饱和溶液的干燥器中平衡 1 周）3.81g，用水溶解，稀释定容至 1L。可购置有国家标准物质证书的标准缓冲液。

E.4 操作步骤

称取过 Φ1mm 筛的风干样 5.00g 于 100mL 烧杯中，加 50.0mL 不含二氧化碳的水（经煮沸 10min 驱除二氧化碳），人工或使用磁力搅拌器搅动 3min，静置 30min，用 pH 酸度计测定。测定前，用标准缓冲溶液对酸度计进行校验（温度补偿设为 25℃）。

E.5 允许差

取平行测定结果的算术平均值为最终分析结果，保留到小数点后 1 位。平行分析结果的绝对差值不大于 0.20pH 单位。

附录 F
（规范性）
种子发芽指数（GI）的测定

F.1 主要仪器和试剂

培养皿、定性滤纸、水（应符合 GB/T 6682 中三级水的规定）、往复式水平振荡机、恒温培养箱、游标卡尺。

F.2 试验步骤

称取试样（鲜样）10.00g，置于 250mL 锥形瓶中，将样品含水率折算后，按照固液比（质量 / 体积）1∶10 加入相应质量的水，盖紧瓶盖后垂直固定于往复式水平振荡机上，调节频率 100 次 /min，振幅不小于 40mm，在 25℃下振荡浸提 1h，取下静置 0.5h 后，取上清液于预先安装好滤纸的过滤装置上过滤，收集过滤后的浸提液，摇匀后供分析用。滤液当天使用，或在 0℃～4℃环境中保存不超过 48h。

在 9cm 培养皿中放置 1 张或 2 张定性滤纸，其上均匀放入 10 粒大小基本一致、饱满的黄瓜（或萝卜，未包衣）种子，加入供试样浸提液 10mL，盖上培养皿盖，在（25±2）℃的培养箱中避光培养 48h，统计发芽种子的粒数，并用游标卡尺逐一测量主根长。

以水作对照，做空白试验。

注：评估类原料可依据专家评估结果确定固液比。

F.3 分析结果的表述

种子发芽指数（GI）以 % 表示，按公式（F.1）计算。

$$\mathrm{GI}=\frac{A_1\times A_2}{B_1\times B_2}\times 100 \tag{F.1}$$

式中 A_1——有机肥料的浸提液培养的种子中发芽粒数占放入总粒数的百分比，单位为百分号（%）；

A_2——有机肥料的浸提液培养的全部种子的平均根长数值，单位为毫米（mm）；

B_1——水培养的种子中发芽粒数占放入总粒数的百分比，单位为百分号（%）；

B_2——水培养的全部种子的平均根长数值，单位为毫米（mm）。

F.4 允许差

取平行测定结果的算术平均值为最终测定结果，计算结果保留到小数点后 1 位。

平行分析结果的绝对差值不大于 5.0%。

附录 G
（规范性）
机械杂质的质量分数的测定

G.1 主要仪器

天平、试验筛（孔径 4mm）等。

G.2 分析步骤

取风干试样 500g（精确至 0.1g），记录样品总重 m_1，过 4mm 筛子，将筛上物用目选法挑出其中的石块、塑料、玻璃、金属等机械杂质并称重，记录为 m_2，计算样品中机械杂质的质量分数 ω（%）。

G.3 分析结果的表述

机械杂质含量以质量分数 ω（%）表示，按公式（G.1）计算。

$$\omega=\frac{m_2}{m_1}\times 100 \tag{G.1}$$

式中 ω——有机肥料中机械杂质的质量分数；

m_2——有机肥料中机械杂质的质量数值，单位为克（g）；

m_1——风干试样的总质量数值，单位为克（g）。

计算结果保留到小数点后 1 位。

附录 H
（规范性）
杂草种子活性的测定

H.1　主要仪器和试剂

光照培养箱、托盘、纱布、水（应符合 GB/T 6682 中三级水的规定）。

H.2　试验步骤

称取有机肥料样品（鲜样）3000g（精确至 0.1g），记录样品总重 m，均匀地铺在托盘中，厚度约为 20mm，在 30℃条件下的光照培养箱（光照强度和湿度适中）中培养 21d。在试验期间，每 2d ～ 3d 补充水分一次，以保持样品潮湿，补水采用喷壶喷水方式，将样品表面喷湿即可。为避免托盘中样品被污染，可以在样品上覆盖纱布。每次补水时，观察是否有种子发芽并做记录，21d 后统计试验期间发芽种子总株数 N。

H.3　分析结果的表述

杂草种子活性以 ω 表示，按公式（H.1）计算。

$$\omega=\frac{N}{m\times10^{-3}} \tag{H.1}$$

式中　ω——有机肥料中杂草种子活性数值，单位为株每千克（株 /kg）；

N——有机肥料中发芽种子总株数数值，单位为株；

m——称取的有机肥料质量数值，单位为克（g）。

取平行测定结果的算术平均值为最终测定结果，保留到小数点后 1 位。

附录 5　专业术语

C/N（carbon-to-nitrogen ratio）：有机物中有机碳与全氮量的比值。

NH_3（ammonia）：一种气体化合物，由氮和氢组成，有刺鼻的味道。在堆肥过程中由有机氮化合物分解产生。

NH_4^+（ammonium）：由氮和氢组成的一种离子，随堆体条件变化可与氨进行相互转化。

保肥性（nutrient-holding capacity）：土壤可吸收及保持养分的能力。

被动式堆肥（passive composting）：物料混合堆积后即开始堆肥的方法，很少进行管理和调节，不需要强制通风，翻堆只偶尔进行（如一月一次）。

被动式通风（passive aeration）：空气穿过堆肥条垛或堆体的过程，是一自然的传送、扩散、气流运动过程，也是热空气向上流动的自然趋向。

被动式通风条垛系统（passively aerated windrow composting）：一种堆肥化方法，它是在条垛的底部放入打孔的管道来使空气流通，不翻动条垛。

表施（top-dressing）：在土壤表层施用一层堆肥或其他物料。

病原菌（pathogen）：能引起疾病或感染的生物，有细菌、真菌、病毒等。废弃物料中常见这些病原菌，在堆肥过程高温阶段可以杀死大部分病原菌。

城市固体废弃物（municipal solid waste）（MSW）：固体废弃物是指人类在生产、消费、生活和其他活动中产生的固态、半固态废弃物质，通俗地说就是“垃圾”。主要包括固体颗粒、垃圾、炉渣、污泥、废弃的制品、破损器皿、残次品、动物尸体、变质食品、人畜粪便等。

城市垃圾（municipal refuse）：城市垃圾是城市中固体废物的混合体，包括工业垃圾、建筑垃圾和生活垃圾。

城市污泥（municipal biosolid）：指城市污水处理厂产生的污泥。

除草剂（herbicide）：指可使杂草彻底地或选择地发生枯死的药剂。

除臭（deodorization）：即去除臭味的过程或工艺。

处理费用（tipping fees）：用于处理废物需要支付的费用，也叫进门费。

垂直流动反应器（vertical flow reactor）：物料沿垂直方向进行流动的堆肥反应器方式。

锤式粉碎机（hammermill）：由高速旋转的活动锤击件与固定圈的相对运动，对物料进行粉碎（含锤击、碰撞、摩擦等）的机器。

猝倒病（damping-off disease）：由病原体引起的幼苗萎蔫和死亡。

大气压（atmospheric pressure）：由于地球周围大气的重力而产生的压强。

氮固定（immobilization，nitrogen）：固定指养分从一种无机形式向微生物有机（或植物）有机器官的转化，这些养分只有当生物死亡或器官降解后才能利用。高 C/N 值的物料施入土壤后就会发生氮的固定，微生物在利用碳的同时也进行着氮的固定。

电导率（electrical conductivity）：表示溶液传导电流的能力，随溶液中离子的数量和种类而变化。

垫草（litter）：干的能吸水的草垫物质如秸秆、锯末、木屑、锯屑等铺在畜棚的地面上，用来吸收和调节粪便。

垫料（bedding）：动物圈舍地面铺设的干吸附物料，如锯末、秸秆。

垫料与粪便的混合物（bedded manure pack）：即厩肥，指圈舍中垫料和粪便累积形成的物质。圈舍中动物粪便不断产生的过程中垫料也在不断地加入，这种混合物不会经常清出，而是逐渐增厚成为地面，动物则在其上站立和躺卧。为保证地面结实，就需要加入大量垫料，这样垫料与粪便混合物通常是干的。

斗式装载车（bucket loader）：用机身前端的铲斗进行铲、装、运、卸作业的施工机械。

堆肥（compost）：一类有机残体或有机残体与土壤的混合物经过堆积发酵和好氧生物分解形成的发酵产物。

堆肥工艺（composting process）：是将有机废弃原材料经过处理加工成堆肥产品的方法及技术。

堆肥化（composting）：是在有氧状态下有机质经过生物降解成为像腐殖质那样相对稳定的物质。

堆肥基质（composting substrate）：即堆肥原料。

堆肥区域（pad）：堆肥条垛或堆体所占据的地表空间或区域。

堆肥区周围环境气温（ambient air temperature）：堆体临近点的空气温度。

堆肥设施（composting facility）：用于堆肥的设施，包括场地、土建、设备、水电暖等。

堆肥调理剂（composting amendment）：堆肥原料混合物中的一类组分，用来改善混合物整体的性质。通常是向混合物添加碳源、干物料或增加孔隙度。

堆肥稳定性（compost stability）：指堆肥产品稳定的性质、状态或程度。

堆肥系统（composing system）：由原料、预处理、堆肥、后处理等组成的堆肥体系。

多聚联苯（PCBs）：一种多氯化合物，是一种工业垃圾及污泥中常见的持久性有机污染物。

二氧化碳（carbon dioxide）：一种无机气体化合物，由碳和氧组成。二氧化碳产生于堆肥过程中有机碳化合物的氧化。

发酵（fermentation）：指微生物对于有机物的某种分解过程。

翻堆（turning）：在条垛或容器中对物料进行混合和搅动的堆肥操作方式。

反硝化作用（denitrification）：是一厌氧生物过程，把氮化合物转变为氮气或氮氧化物。

反应器堆肥（in-vessel composting）：堆肥物料被放置在厂房、反应器或容器中的一类堆肥方法。

放线菌类（actinomycete）：一组微生物，介于细菌和真菌之间，通常会产生分支菌丝，产生堆肥特有的泥土味。

肥料价值（fertilizer value）：指有机肥或有机废弃物代替商品化学肥料养分（N、P、K）的估算价值，通常可表示为每吨肥料元或每吨多少养分。

废气（exhaust gas）：堆肥过程中排放出的气体，包括 CO_2、NH_3 等。

分解者（decomposers）：把自然有机物分解为简单无机物的一类生物，主要是微生物和一些无脊椎动物。

分批混合机（batch mixer）：分批对物料进行混合的机器。物料的提升、混合和卸料是分批进行的，而不是连续进行的。通常从饲料混合机改造而来，混合采用桨或螺杆进行。

粉碎（grinding）：是降低物料颗粒直径的一种操作方法，是破碎和压碎，非撕碎。

粪便（manure）：畜禽粪尿类排泄物，有时也含有与排泄物无关的东西，如挤奶房废水、污染的奶水、毛皮类以及其他纤维类。

粪便储存（manure storage）：在粪便得到最终利用或处置前可以存储一段时间粪便的单元，根据存储粪便的类型和形式可以分为不同存储类型，如地上或地下厩液池、储存土坑、固体粪便存储。

腐殖酸（humic acids）：土壤提取物酸化沉淀形成的深色有机物，包括化学组分和生物组分。

腐殖质（humus）：有机质分解产生的相对稳定、富含碳、深色或黑色的部分。

覆盖物（mulch）：覆盖在土壤表面起保持水分和孔隙度、抑制杂草生长的一类物质，常用覆盖物包括草粉、堆肥、木片、锯末、秸秆等。

干基质（dry substrate）：折算成干重后的基质。

干物质（dry matter）：它是一种物质除去水分之后的重量，干物质含量（%）等于100% 减去水分含量（%）。

高温的（thermophilic）：高温微生物，温度一般在 40℃以上。

根腐病（root rot）：一种植物疾病，特点是根系变色、腐烂。

工业污泥（industrial sludge）：工业活动中产生的各类污泥。

公用处理设施（publicly owned treatment work）（POTW）：一般指由政府拥有并经营的公用处理设施，如污水处理厂。

鼓风机（blower）：在设计条件下，风压为 30 ～ 200kPa 或压缩比 e=1.3 ～ 3 的风机称为鼓风机。根据其不同功效，鼓风机应用于生产、生活中多个环境中。

固体粪便（solid manure）：粪便有足够多的垫料或土壤或经过长期风干使得其能堆积起来不产生渗漏。最好采用装载机来处理。

固体垃圾（solid waste）：一般指固体生活垃圾，也泛指所有废弃物中的固体部分。

害虫（vermin）：各种有害的、令人讨厌的动物、昆虫或其他害虫，特别是哪些体型小的害虫，如老鼠、苍蝇。

好氧代谢（aerobic metabolism）：指需氧的代谢过程。

好氧的（aerobic）：形容某一有机体或工艺是需氧的，如好氧微生物。

好氧堆肥（aerobic composting）：指需氧的堆肥过程。

好氧氧化（aerobic oxidation）：在有氧情形下进行的氧化过程。

耗氧速率（oxygen consumption rate）：指生物和微生物进行有氧呼吸作用所消耗氧气的速率。

后熟（curing）：它是堆肥的最后阶段，期间堆肥仍在继续稳定化，但分解速率较低，以致翻堆或通风已不再需要。后熟一般在较低温或中温下进行。

呼吸率（respiration rate）：又称呼吸强度。指在一定温度下，单位重量的活细胞（组织）在单位时间内吸收氧或释放二氧化碳的量，通常以“mg（μL）/（h • g）”为单位。

化粪池污泥（septage）：化粪池产生的污泥。

化学需氧量（chemical oxygen demand，COD）：衡量水体和废水中有机及无机物消耗氧的能力。指被氧化物质在规定条件下用氧化剂进行氧化所消耗的氧量。

挥发性固体（volatile solid，VS）：是指在总固体中能在550℃高温下挥发的那部分固体，一般用VS表示。不能挥发的残余物称灰分。

挥发性化合物（volatile compound）：一类在相对低温的环境下即可以挥发的化合物或物质。

搅拌床（agitated-bed）：一种反应器堆肥方法，物料被置于一个箱子或反应器里，通过一翻堆机或螺杆进行周期性搅动，一般还会提供强制通风。

搅拌床式系统（agitated bed system）：采用搅拌床式的工艺系统。

搅动固体床（agitated solids bed）：一种具有搅拌功能的槽或床式堆肥发酵工艺。

接种菌种（inoculum）：一种引入到体内或系统内发挥某种特定作用的微生物。

土地应用（land application）：它是把粪便，污泥，城市污水，工业废弃物应用到土地上，或者作为这些废弃物的终端处理或者重新利用它们所含的养分和有机质。

秸秆（straw）：农产品收获籽粒后剩余的秸秆类副产品。

净化塔、洗涤塔（scrubbing tower）：是一种新型的气体净化处理设备。

静态床（static bed）：相对于动态发酵而言的静态堆肥系统，物料铺设成层，保持一定孔隙密度。

厩液（liquid manure）：粪便中加入足够的水分，便于泵出；通常不含秸秆及废牧草。

菌丝体（mycelium）：由许多菌丝连结在一起组成地营养体类型叫菌丝体。

可生物降解挥发性固体（biodegradable volatile solid，BVS）：可被微生物降解的那部分挥发性固体。挥发性固体是指在总固体中能在550℃高温下挥发的那部分固体，一般用VS表示。不能挥发的残余物称灰分。

可降解性（degradability）：描述堆肥过程中一种基质分解的难易程度，物料分解迅速完全的为高度可降解，物料不易分解的称为难降解或不可降解。

孔隙率（porosity）：指散粒状材料堆积体积中，颗粒之间的空隙体积占总体积的比例。堆肥中的孔隙率只考虑空气占据的孔隙，不包括水分占据的孔隙。

矿石筛筛选（trommel screening）：一种振动筛分设备。

扩展堆（extended pile）：通气静态堆肥中经常采用的，即在紧邻已建成堆体一端每天增加新的堆体，后增加的堆体叫扩展堆，最后会形成一长方体的大堆。

沥出液（leachate）：从固体和浸出物料中经溶解或悬浮产生的液体。

硫化氢（hydrogen sulfide，H_2S）：厌氧发酵中产生的有腐败鸡蛋臭味的一种气体。

绿肥（green manure）：直接施入土壤作肥料用的绿色植物。

酶（enzyme）：催化特定生物化学反应的由活细胞产生的蛋白质。

木屑（sawdust）：林木加工副产品。

泥炭（peat）：几千年形成的天然沼泽地产物，又称为草炭或是泥煤。其中含有的有机质不能或很少能分解。

农业废弃物（agricultural wastes）：农场、养殖场、牧场、林场上有关食品和纤维类生产与加工活动中产生的废弃物，如作物秸秆、畜禽粪便、动物残余等。

配方（recipe）：有关物料成分和配比的方法。

膨胀剂（bulking agent）：堆肥原料混合物中用于改善结构和孔隙度的一组物质。膨胀剂通常是紧密、干燥和较大粒径的，如秸秆。它与调理剂经常交换使用。

气压损失也叫静压损失（air pressure loss）：当空气通过静态堆肥系统的堆体、管道、风机和滤塔时压力或能量发生损失的情形。气压损失说明了空气在以一定流速通过堆肥系统所需的能量。在选择合适的风机时必须估算风压损失。

强制通风（forced aeration）：依靠风机把空气送入到堆体或反应器中并在其中流动的方法。

切碎（shredding）：一种降低物料颗粒大小的操作方法，指物料通过撕分、切削来破碎。

蚯蚓堆肥（vermicomposting）：利用蚯蚓活动处理废弃物后产生的堆肥。

曲霉菌（aspergillus fumigatus）：是一种典型的带孢子的丝状真菌，对某些人可引起过敏，或与某些疾病产生并发症。

人粪尿（night soil）：人体排泄出的粪和尿的混合物。

容积密度（bulk density）：指单位体积混合物料的质量，比如一堆木屑的重量除以其体积即为容积密度。

渗透区（infiltration area）：一片或一条土地，其上通常种植植物，并有控制地引入废水进行处理。渗透区相对平坦或略有坡度。

生物反应器（bioreactor）：是利用酶或生物体（如微生物）所具有的生物功能，在体外进行生化反应的装置系统，它是一种生物功能模拟机，如发酵罐、固定化酶或固定化细胞反应器等，在有机污染物降解方面有重要应用。

生物分解（biological decomposition）：指有机物在特定条件和时间内由细菌、真菌等微生物分解的过程。

生物过滤器或生物滤池（biofilter）：由不同填料构成的用于处理臭气的构筑物，其中接种有可降解臭气物质的微生物。

生物修复（bioremediation）：通过具有降解功能的细菌和真菌等微生物的作用，使环境介质中的污染物得以去除的过程。

生物需氧量（BOD）：有机质在一定时间、温度和环境条件下进行生物化学氧化所需氧气的数量，一般在20℃下5天时测量。

湿基质（wet substrate）：一类水分含量较高的基质，如养殖粪便、污泥。

市镇污泥（sewage sludge）：污水处理厂产生的固体废物或污泥。

水分含量（moisture content）：一种物质中水分的百分含量，水分含量（%）等于水分重量除以物质总重量。

水平流动反应器（horizontal flow reactor）：一类沿水平方向处理废物的堆肥反应器，如滚筒反应器。

酸性堆肥（sour compost）：在厌氧的环境下生产和储存的堆肥，它的 pH 为酸性，可能含有植物毒性化合物。

隧道式反应器（tunnel reactor）：一种类似隧道的堆肥反应器，属于一种密闭、静态、强制通风工艺。

条垛（windrow）：一种相对狭长、低的堆体。

条垛堆肥（windrow composting）：一种典型的堆肥工艺，占用土地面积大、以被动通风为主。

调理剂（amendment）：见堆肥调理剂。

庭院废弃物（yard waste）：庭院产生的废弃物，如生活垃圾、厨余垃圾等。

通风（aeration）：用大气中气体来替代堆体中缺氧气体的一种工艺，可通过翻堆强化通气效果。

通风量（air supply rate）：通过风机在一定时间内提供的空气的量。

通气管（aeration pipe）：用于通风的管道。

通气静态垛系统（aerated static pile）：指在静止堆体下面铺设管道，采用风机进行强制通风。

筒仓反应器（silo reactor）：为一种立式、筒仓状堆肥反应器装置。

土壤改良剂（soil amendment）：改善土壤性质的物料。如石灰、石膏、有机肥和合成聚合物等。

土壤结构（soil structure）：土壤中不同颗粒的排列和组合形式。堆肥能有利于改善土壤结构。

土壤质地（soil texture）：土壤质地是土壤物理性质之一，指土壤中不同大小直径的矿物颗粒的组合状况。

脱水污泥（dewatered sludge）：将流态的原生、浓缩或消化污泥脱除水分，转化为半固态或固态泥块称为脱水污泥。脱水污泥含水率一般在 80% 左右。

微动物区系（microfauna）：微型动物群体，包括原生动物和线虫。

微生物（microorganism）：个体微小，结构简单，通常要用光学显微镜和电子显微镜才能看清楚的生物，统称为微生物。

微生物群落（microflora）：微型生物群落，包括细菌、放线菌、真菌、藻类。

污染（contamination）：是指向环境（水、气或土壤）中混入了对人类或其他生物有害的物质，如生物、化学品、废物或废水，其数量或程度达到或超出环境承载力，从而改变环境正常状态的现象。

污染（pollution）：环境中出现的因其化学成分或数量而阻碍自净过程并产生有害于环境和健康的物质。

细菌（bacteria）：是一类形状细短，结构简单，多以二分裂方式进行繁殖的原核生物，是在自然界分布最广、个体数量最多的有机体，是大自然物质循环的主要参与者。

纤维素（cellulose）：由葡萄糖单元共价连接的长链所组成的结构多糖。是植物细胞壁的主要组成成分。

箱式堆肥（bin composting）：它是反应器堆肥系统的一种，但它常常不是整个被包围。

多数箱式堆肥配备强制通风。

消化器（digester）：为一装置，在该装置中有机物质在好氧或厌氧条件下被微生物分解转化。

消化污泥（digested sludge）：又称熟污泥，是在好氧或厌氧条件下进行消化，使污泥中挥发物含量降低到相对不易腐烂和不发恶臭的污泥。其含水率约为95%，容易脱水。

硝化作用（nitrification）：指氨在微生物作用下氧化为硝酸的生物氧化过程。

硝态氮（nitrate-nitrogen）：由氮和氧组成的带负电的离子（NO_3^-），硝态氮是水溶性的，由于其带负电荷，不会被土壤紧密吸持，因此易淋溶。

压滤饼（filter press cakes）：在压滤机上去除水分后的残余物。

厌氧的（anaerobic）：形容某一有机体或工艺是不需氧的。

厌氧堆肥（anaerobic composting）：缺氧条件下进行的堆肥。

阳离子（cation）：带有正电荷的原子或分子。

阳离子交换量（exchange capacity）：表示一种土壤、土壤改良剂或堆肥固持养分的能力，阳离子交换量指带电阳离子的作用，阴离子交换量则指带电阴离子的作用。多数土壤带负电荷，因此阳离子交换量受到重视，施肥通常会带来正电荷。

疫霉属（*Phytophthora*）：一类真菌致病菌，可导致多数植物严重的根、茎、叶疾病，在土壤湿度高的条件下易发。

阴离子（anion）：带有负电荷的原子或分子。

有机基质（organic substrate）：用于植物生长的有机类基质，堆肥、秸秆等均可。

有机质（organic matter）：植物或动物来源的化学物质，由烃类化合物及其残体组成。

有效态养分含量（nutrient availability）：土壤中可被植物吸收或同化利用的那部分营养。

玉米芯（corn cob）：是用玉米棒破碎加工而成的物料，可用作膨胀剂。

沼气（biogas）：是一种混合气体，包括二氧化碳和甲烷，能够作为燃料燃烧。

珍珠岩（perlite）：是一种火山喷发的酸性熔岩，经急剧冷却而成的玻璃质岩石，因其具有珍珠裂隙结构而得名。可用作盆栽土壤的调理剂。

真菌（fungus）：一类典型的异养微生物，绝大多数真菌的营养体都是可分枝的丝状体，单根丝状体称为菌丝（hypha）。许多菌丝在一起统称菌丝体（mycelium）。

蒸发冷却（evaporative cooling）：当空气中或堆体中的热量用于蒸发水分时产生的冷却现象。

蛭石（vermiculite）：是一种天然、无毒的矿物质，在高温作用下会膨胀的矿物。

中温的（mesophilic）：靠中温细菌维持最佳消化率的温度范围，介于10～40℃之间。

重金属（heavy metals）：指一类金属元素，包括铅、镉、锌、铜、汞、镍等，在污泥和一些其他废弃物中含量较高。土壤中重金属含量过高会影响植物和动物健康，许多国家限制高重金属废物的土地利用。

贮水池（retention basin）：为一定目的而设置的蓄水构筑物。

转鼓（rotary drum）：一种转动的、滚筒状反应器，可用于堆肥。

自燃（spontaneous combustion）：指可燃物质在空气中没有外来火源的作用，靠自热或外热而发生燃烧的现象。水分25%～45%之间可能发生。

自由通气孔隙（FAS）：堆体中自由分布的空气孔隙。